PEARSON

JN320810

マクマリー 一般化学（上）

JOHN McMURRY・ROBERT C. FAY 著

荻野 博・山本 学・大野公一 訳

東京化学同人

Authorized translation from the English language edition, entitled GENERAL CHEMISTRY: ATOMS FIRST, 1st Edition, ISBN: 0321571630 by McMURRY, JOHN; FAY, ROBERT C., published by Pearson Education, Inc., publishing as Prentice Hall, Copyright © 2010 Pearson Education, Inc., publishing as Prentice Hall.

All rights reserved. No part of this book may be reproduced or transmitted in any form or by any means, electronic or mechanical, including photocopying, recording or by any information storage retrieval system, without permission from Pearson Education, Inc.

JAPANESE language edition published by TOKYO KAGAKU DOZIN CO., LTD., Copyright © 2010.

本書は，Pearson Education, Inc. から Prentice Hall 社の出版物として出版された英語版 McMURRY, JOHN; FAY, ROBERT C. 著 GENERAL CHEMISTRY: ATOMS FIRST, 1st Edition, ISBN: 0321571630 の同社との契約に基づく日本語版である。Copyright © 2010 Pearson Education, Inc., publishing as Prentice Hall.

全権利を権利者が保有し，本書のいかなる部分も，フォトコピー，データバンクへの取込みを含む一切の電子的，機械的複製および送信を，Pearson Education, Inc. の許可なしに行ってはならない。

本書の日本語版は株式会社東京化学同人から発行された。
Copyright © 2010.

はじめに

　本書を執筆した大きな目的は，重要な原理と重要な事実の両方を盛り込んだ，明確でまとまりある化学の入門書をつくることであった．何年も前，私たち自身が学生だったときに，"こういうふうに教えてくればよかったのに"と思う方法で，現在の諸君に語りかけるような書き方をしてある．"化学を学ぶことは常に簡単だ"などと公言することはできないが，できるだけスムーズに学習できるように，本書の組立て，文章の書き方，図版の作成に最善を尽くしたと断言することはできる．

　諸君が本書で最初に気づくことはおそらく，本書の組立て方が他の化学の入門書とは違っているということだろう．化学量論と水溶液の反応が最初にくる普通の並べ方ではなく，"まず原子から"とよべるアプローチの方法をとっている．いきなり化学量論に入るのではなく，まず原子——その歴史，安定性，電子構造，それに伴う周期性——について学ぶことから始めるという理にかなったやり方をしている．このようにすると，直感的な論理で，最も簡単な基礎から段々に複雑な概念へと進んでいきながら，化学を一つのまとまったものとして学ぶことができる．

　1章から3章までで原子について一通りの知識を得たあと，原子がどのようにして結合をつくり，化合物となるのか，またそれはなぜなのかという議論に進む．4章ではまずイオンの生成とイオン結合について，ついで5章で共有結合および分子の構造について学ぶ．こうすることで，諸君は初めから化学計算に時間を費やすことなく実際の化学に触れることができる．このようにして基礎となるものをすべて修得した後，6，7章で化学反応および化学量論的な質量関係の学習に入る．

　ここまでくると，トピックスの並べ方はおなじみの順序になり，熱化学および化学エネルギー（8章）から始まり，純物質の性質（9，10章），さらに，溶液の性質，化学変換について学ぶために必要なトピックス，すなわち速度論，平衡，熱力学，電気化学など（11〜17章）に進む．ついで18〜21章では，それまでに述べられた概念を応用して，主要族元素，遷移元素，金属，新しい固体材料などの化学を議論する．最後に有機化学に簡単に触れる．

■ 本書の特徴

　化学は，私たちの生活を広げ豊かにしてくれた20世紀の多くの偉大な進歩の根底をなしている基礎的で重要な科学である．それを学ぶことは本当に魅惑的な体験になるはずである．

　諸君がうまく化学を修得できるように，私たちは本書に膨大な努力を傾けた．"まず原子から"というアプローチは，諸君がより確実な基礎を身につけ，より深く化学を理解できるような一貫した理念に基づいている．トピックス間のスムーズな移行，明快な説明，頻繁な復習に心を配っている．可能な限り文章が散漫にならないよう工夫してある．各章は多くの節に分けて，途中で一息つけるようにしてあるが，各節はまとまりのある体裁をとっている．それぞれの節は，普通，その節で扱う主題の説明から始まり，問題の解き方を学ぶための"例題"があり，最後に諸君が自分で解くべきいくつかの"問題"がついている．各章末には，その章の主題を応用あるいは拡張した面白い話題を"Interlude"として載せてある．

主題をわかりやすく明確にするための工夫の一つとして，図の説明文に本書独自の新しい方法をとった．図の下に長い説明文を置くのではなく，いくつかの短い説明文を図の中のしかるべき場所に直接配置するようにした．これによって本文から自然に図に移ることになり，それらの図を理解するために十分な時間をかけることができると思う．本書独自のもう一つの工夫は，"思い出そう…"で始まる簡単な注釈を入れたことである．これは以前の章で学んだ重要なトピックについて諸君の記憶を喚起して，新しいトピックスを理解しやすくすることを目的としている．

問題とその解法についても非常に注意を払った．数字を使わない視覚的な"基本問題"を導入した．これは公式に数字を代入する能力を試すのではなく，原理を理解しているかどうかを試すものである．数字を使わないからといって，これらの"基本問題"が簡単だと思うのは誤りである．その多くは諸君の能力を試す挑戦的な問題である．

"まず原子から"の考え方は，目に見えない原子と日常生活の中で目にする物質の挙動との結びつきを容易にかつ直感的に理解できるようにしてくれる．さらに，高等学校での化学の繰返しのように見えるのを避けて，諸君が誤って油断することがないようにしてくれるはずである．私たちは，本書が所期の目的にかなって，諸君が本書を親しみやすくわかりやすいと感じてくれること，何よりも，効果的に化学を学ぶことができると感じてくれることを心から望んでいる．

■ 謝　辞

私たちの家族およびこの"まず原子から"というアプローチの実現に力を貸してくれた多くの優れた人々に感謝する．とくに，多くの重要な補助教材を作成し，教科書を複合的な学習パッケージに引き上げてくれた，以下に示す同僚たちの多大な貢献に深く感謝したい．

- Robert Pribush (Butler University) は本書に付属する"Test Bank"を書き"The Instructor Resource Manual"を作成してくれた．
- Joseph Topich (Virginia Commonwealth University) は"Solutions Manual"，"Selected Solutions Manual"および本書巻末の問題の解答を作成してくれた．
- Alan Earhart (Southwest Community College), Travis Fridgen (Memorial University of Newfoundland)，および Bette Kreuz (University of Michigan-Dearborn) は"The Instructor Resource CD/DVD"を充実させてくれた．

最後に，本書を査読し批評し改善してくれた他の多くの大学の同僚たちすべてに感謝したい．

John McMurry
Robert C. Fay

顧 問 団

Mary Jo Bojan, *Pennsylvania State University*
Deborah Exton, *University of Oregon*
Sandra Greer, *University of Maryland*
Angela King, *Wake Forest University*
Thomas Murphy, *University of Maryland*
John Pollard, *University of Arizona*
Mary Beth Williams, *Pennsylvania State University*

査 読 者

Aaron Baba, *Xavier University*
Chipley Bennett, *Spartanburg Community College*
Mark Benvenuto, *University of Detroit Mercy*
Mary Jo Bojan, *Pennsylvania State University*
Michelle Boucher, *Utica College*
Doug Chapman, *Southern Oregon University*
Holly Cymet, *Morgan State University*
Deborah Exton, *University of Oregon*
Levente Fabry-Asztalos, *Central Washington University*
Jordan Fantini, *Denison University*
Vladimir Garkov, *Mary Baldwin College*
Steven Graham, *St. John's University*
Harold H. Harris, *University of Missouri, St. Louis*
Angela King, *Wake Forest University*
Nancy E. Lowmaster, *Allegheny College*
Stephen Mezyk, *California State University, Long Beach*
Tracy Morkin, *Emory University*
Gary Mort, *Lane Community College*
Doug Mulford, *Emory University*
Richard Mullins, *Xavier University*
Robert Pike, *College of William and Mary*
John Pollard, *University of Arizona*
Clyde Webster, *University of California, Riverside*

著者について

John McMurry（左）はハーバード大学およびコロンビア大学で教育を受け，40年間にわたって2万人以上の学生に一般化学および有機化学を教えてきた．カリフォルニア大学サンタクルス校で13年間教えた後，1980年からコーネル大学化学科の教授を勤めている．Alfred P. Sloan Fellowship（1969～1971），National Institute of Health Career Development Award（1975～1980），Alexander von Humboldt Senior Scientist Award（1986～1987），Max Planck Research Award（1991）を初めとする数々の賞を得ている．

Robert C. Fay（右）はコーネル大学化学科の教授であり，1962年以来コーネル大学で教鞭を執っている．よく準備された明快な講義で有名で，1980年に Clark Distinguished Teaching Award を受賞している．ハーバード大学やイタリアのボローニャ大学の客員教授を勤めた．彼はオーバリン大学の Phi Beta Kappa 賞を得た卒業生で，イリノイ大学で Ph.D. の学位を取得した．NSF Science Faculty Fellow として英国のイーストアングリア大学およびサセックス大学で，また NATO/Heineman Senior Fellow としてオックスフォード大学で働いた．

訳者まえがき

　読者の皆さんは本書を手に取ってどのように感じられたであろうか．訳者の第一印象は"なんと美しい教科書だろう"であった．日本でも小学校，中学校，高等学校の理科や化学の教科書はほとんどフルカラーになった．最近，大学の一般化学の教科書に2色刷りのものも現れつつあるが，フルカラーの本はほとんどないようである．

　東京化学同人から"本書の訳書をフルカラーで出版したい"と翻訳を依頼され，訳者たちは正直嬉しかった．楽しそうな本だからぜひ読みたいと思ったからである．実際に翻訳を始めてみると，カラー化していることの大きな意義がわかった．もちろん美しい写真や図解を眺めること自体楽しいが，少々込み入った説明がカラー化によっていっぺんに理解しやすくなるからである．イメージしにくい三次元の結晶構造の説明がカラー化するとわかりやすくなることは誰でも想像がつくことと思う．しかし，カラーを使うことのメリットはもっと大きい．ちょっと複雑な演習問題の出題が簡単化・簡潔化できるのである．このことは演習問題をご覧になればよくわかっていただけると思う．また，原著者はカラーであることのメリットを十分生かして解説を進めていることもよくわかった．

　原著者は"はじめに"で"諸君は本書の組立てがほかの化学の入門書とは違っていることに気づくことだろう"と述べている．ところが，幸いというべきか，本書の章立ては日本の多くの化学の入門書とあまり違わない．しかし，原著には日本でよく使われる化学書と大きく違う点が二つある．一つは周期表の族番号のつけ方，もう一つは原子量の扱いである．

　まず，周期表の族番号についてであるが，現在日本では高等学校の化学の教科書をはじめ多くの化学書がIUPAC（国際純正・応用化学連合）の勧告に従っている．すなわち，いわゆる長周期表を使い，左から右へ順に1族，2族，…，18族という族番号がつけられている．一方，本書の原著および米国の多くの化学書では，同じ長周期表を使っているのであるが，左から右へ順に1A族，2A族，3B族，4B族，…，7B族，8B族（日本で使われている周期表の8，9，10族の3列がすべて8B族である），1B族，2B族，3A族，…，8A族という族番号がつけられている（本書前見返しの周期表参照）．すなわち，主要族元素にはA，遷移元素にはBという記号がアラビア数字に添えられた族番号になっているのである．この問題には次のように対応した．本訳書全体の記述は1～18族のIUPAC方式で統一し，原著の米国方式の族番号で説明しないと却ってわかりにくくなるごく一部の箇所（第3章および第20章の一部）の記述では両方式を併記して混乱しないようにした．なお，本訳書に現れる化合物名はできるだけIUPACの命名法に関する勧告に従うようにした．

　第二の違いについて述べる．現在日本では高等学校の化学の教科書をはじめ多くの化学書で原子量を次のように定義して使っている．"ある元素の原子量は質量数12の炭素（^{12}C）を12とし，これに対する相対値である．したがって，原子量は無名数である．"これに対し，原著では原子質量単位（amu）を使っている．1 amu は ^{12}C 原子1個の質量で，1.660539×10^{-24} g に等しい．原著では原子質量単位による統一的な扱いが行われている．このように書くと，日米で非常に大きな違いがあるかのように感じられるかもしれないが，原子量・原子質量は単位の有無を除けば数値的にまったく同じになり，計算問題を解く上でも本質的な違いはない．

そこで，本訳書では原著の原子質量を使った論旨を簡単に紹介（第2章）した後，日本で一般に使われている原子量（分子量）で全体の統一を図った．

本文の基本用語や基本概念を説明する箇所に鍵のマーク（⚷）が現れる．また，同じマークは基本的に重要な例題や問題にもつけられているので，参考にしていただきたい．

各章末に"Interlude"というコラムが設けられている．ここではそれぞれの章の内容に関連の深い身近なトピックスがとりあげられている．"Interlude"を"幕間"とするか"閑話休題"とするかなどいろいろと頭をひねったのであるが，原著の表現そのままに"Interlude"とした．このコラムだけを読み進めていっても大変面白い読み物になっている．

本書の大きな特色は例題と演習問題の充実ぶりであろう．これだけ例題と演習問題が充実した化学書が日本で出版されたことはないのではなかろうか．各章に数問から十数問の例題（全体で249問）が出てくる．各例題には問題を解くための"方針"がていねいに示され，それにしたがって問題の解答が詳しい解説とともに"解"として与えてある．計算問題によっては"概算によるチェック"という解説も付け加えてある．各章の内容に対応する演習問題が上巻，下巻，演習書で実に2772問用意されている．これらはいずれも各章の説明や例題を追っていけば解けるようによく工夫され，練り上げられた問題になっている．これだけの問題を解けばその場限りのうろ覚えの知識ではなく，実力がつき，知識も本物になるのは間違いない．なお，計算問題にはマイル，ガロン，mmHg，atm（気圧）などSI単位系に属さない数値がたびたび出てくる．マイルやガロンは日本であまり使われていないので，適宜メートルやリットルに換算した問題に書き換えた．しかし，最近の日本の問題集はデータがSI単位系に整然と統一されすぎている．このため，単位の換算が不得手な人が増えていると感じている．単位の換算というプロセスを十分会得しておくことは非常に重要なことなので，圧力がmmHgで表示された問題など解答者が換算から始めなければならない出題はあえてそのままとした．

翻訳は有機化学，無機化学，物理化学を専門とする3人の化学者がおおよそ3分の1ずつ分担した．ただし，訳文全体はお互いに何度も詳細に目を通し，遠慮なく意見を出しあってつくり上げた．本書全体が1人の翻訳者によって訳されたかのように見えていることを願っている．

本書を使う方は多くの問題に取組んで，米国の大学生に負けない自信と実力をつけ，さらに次のステップへと歩を進めていただけたらと願っている．

最後に本書の翻訳の提案から出版にこぎつけるまで，東京化学同人の住田六連氏，幾石祐司氏に大変お世話になった．お二人に対しここに深甚なる謝意を表する．

2010年10月

訳者を代表して　荻　野　　博

要約目次

上巻
1. 化学 物質と測定
2. 原子の構造と安定性
3. 原子の周期性と電子構造
4. イオン結合と主要族元素の化学
5. 共有結合と分子構造
6. 化学反応における質量の関係
7. 水溶液内の反応
8. 熱化学 化学エネルギー
9. 気体 その性質と振舞い
10. 液体，固体と相変化
11. 溶液とその性質
12. 化学反応速度論

下巻
13. 化学平衡
14. 水溶液の平衡
15. 水溶液の平衡の応用
16. 熱力学：エントロピー，自由エネルギー，平衡
17. 電気化学
18. 水素，酸素および水
19. 主要族元素
20. 遷移元素と錯体化学
21. 金属と固体
22. 有機化学

目　次

1. 化学　物質と測定 ………………… 1～21
- 1・1 化学へのアプローチ: 実験 …………… 1
- 1・2 化学と元素 ………………………………… 2
- 1・3 元素と周期表 ……………………………… 2
- 1・4 元素の化学的性質 ………………………… 6
- 1・5 実験と測定 ………………………………… 9
- 1・6 質量とその測定 ………………………… 10
- 1・7 長さとその測定 ………………………… 10
- 1・8 温度とその測定 ………………………… 11
- 1・9 誘導単位: 体積とその測定 …………… 12
- 1・10 誘導単位: 密度とその測定 …………… 13
- 1・11 誘導単位: エネルギーとその測定 …… 14
- 1・12 測定の正確さ, 精密さおよび有効数字 … 15
- 1・13 数値を丸める ………………………… 16
- 1・14 計算: 単位の変換 …………………… 17
- Interlude　化学薬品, 毒性, 危険性 ……… 20

2. 原子の構造と安定性 ……………… 22～37
- 2・1 質量保存の法則と定比例の法則 ……… 22
- 2・2 倍数比例の法則とドルトンの原子論 … 23
- 2・3 原子の構造: 電子 ……………………… 25
- 2・4 原子の構造: 陽子と中性子 …………… 26
- 2・5 原子番号 ………………………………… 28
- 2・6 原子質量, 原子量および物質量 ……… 29
- 2・7 核化学: 他の元素への変換 …………… 31
- 2・8 放射能 …………………………………… 32
- 2・9 原子核の安定性 ………………………… 34
- Interlude　元素の起源 ……………………… 36

3. 原子の周期性と電子構造 ………… 38～60
- 3・1 光といろいろな電磁波 ………………… 38
- 3・2 電磁波のエネルギーと原子の線スペクトル … 40
- 3・3 電磁波のエネルギーの粒子性 ………… 42
- 3・4 物質の波動性 …………………………… 44
- 3・5 量子力学とハイゼンベルクの不確定性原理 … 45
- 3・6 波動関数と量子数 ……………………… 46
- 3・7 軌道の形状 ……………………………… 48
- 3・8 量子力学と原子の線スペクトル ……… 50
- 3・9 電子スピンとパウリの排他原理 ……… 51
- 3・10 多電子原子における軌道のエネルギー準位 … 52
- 3・11 多電子原子の電子配置 ………………… 53
- 3・12 例外的な電子配置 ……………………… 54
- 3・13 電子配置と周期表 ……………………… 56
- 3・14 電子配置と周期的性質: 原子半径 …… 57
- Interlude　蛍光灯: 原子の線スペクトルでエネルギーを節約する … 59

4. イオン結合と主要族元素の化学 … 61～84
- 4・1 分子, イオンおよび化学結合 ………… 61
- 4・2 イオンの電子配置 ……………………… 63
- 4・3 イオン半径 ……………………………… 64
- 4・4 イオン化エネルギー …………………… 66
- 4・5 高次のイオン化エネルギー …………… 67
- 4・6 電子親和力 ……………………………… 68
- 4・7 オクテット則 …………………………… 70
- 4・8 イオン結合とイオン結晶の生成 ……… 71
- 4・9 イオン結晶のおける格子エネルギー … 73
- 4・10 イオン化合物の命名法 ………………… 74
- 4・11 1族元素（アルカリ金属）の化学 …… 78
- 4・12 2族元素（アルカリ土類金属）の化学 … 80
- 4・13 17族元素（ハロゲン）の化学 ……… 81
- 4・14 18族元素（貴ガス）の化学 ………… 82
- Interlude　食塩 ……………………………… 83

5. 共有結合と分子構造 ……………… 85～116
- 5・1 分子と共有結合 ………………………… 85
- 5・2 共有結合の強さ ………………………… 87
- 5・3 イオン化合物と共有結合化合物の比較 … 87
- 5・4 極性共有結合: 電気陰性度 …………… 88
- 5・5 分子性化合物の命名法 ………………… 90
- 5・6 点電子構造 ……………………………… 91
- 5・7 多原子分子の点電子構造 ……………… 93
- 5・8 点電子構造と共鳴 ……………………… 97
- 5・9 形式電荷 ………………………………… 98
- 5・10 分子の形: VSEPRモデル ……………… 99
- 5・11 原子価結合理論 ……………………… 104
- 5・12 混成および sp^3 混成軌道 ……………… 105
- 5・13 その他の混成軌道 …………………… 106
- 5・14 分子軌道理論: 水素分子 ……………… 109
- 5・15 分子軌道理論: 他の二原子分子 …… 111
- 5・16 原子価結合理論と分子軌道理論の融合 … 113
- Interlude　分子の形, 掌性および薬物 … 114

6. 化学反応における質量の関係 ……… 117〜138
- 6・1 化学反応式の釣り合いをとる ……………… 117
- 6・2 異なるレベルでの化学記号 ………………… 119
- 6・3 化学における計算: 化学量論 ……………… 120
- 6・4 化学反応の収率 ……………………………… 123
- 6・5 制限反応物を含む反応 ……………………… 125
- 6・6 溶液中の反応物の濃度: モル濃度 ………… 126
- 6・7 濃い溶液を希釈する ………………………… 128
- 6・8 溶液の化学量論 ……………………………… 128
- 6・9 滴 定 ………………………………………… 130
- 6・10 パーセント組成と実験式 …………………… 131
- 6・11 実験式の決定: 元素分析 …………………… 133
- 6・12 分子量の決定: 質量分析法 ………………… 135
- Interlude Franklinはアボガドロ定数を知っていたか ……………………………………………… 137

7. 水溶液内の反応 ……………… 139〜161
- 7・1 化学反応の様式 ……………………………… 139
- 7・2 水溶液中の電解質 …………………………… 140
- 7・3 水溶液内反応および正味のイオン反応式 … 141
- 7・4 沈殿反応と溶解度の判断基準 ……………… 142
- 7・5 酸, 塩基および中和反応 …………………… 144
- 7・6 酸化還元反応 ………………………………… 147
- 7・7 酸化還元反応の特定 ………………………… 150
- 7・8 単体の活性系列 ……………………………… 151
- 7・9 酸化還元反応式の収支を合わせる: 半反応の方法 ……………………………………………… 153
- 7・10 酸化還元反応の化学量論 …………………… 156
- 7・11 酸化還元反応の応用 ………………………… 158
- Interlude グリーンケミストリー ……………… 160

8. 熱化学 化学エネルギー …………… 162〜186
- 8・1 エネルギーとその変化 ……………………… 162
- 8・2 熱エネルギーと状態関数 …………………… 163
- 8・3 膨張による仕事 ……………………………… 165
- 8・4 エネルギーとエンタルピー ………………… 166
- 8・5 熱力学的標準状態 …………………………… 167
- 8・6 物理変化・化学変化に伴うエンタルピー … 168
- 8・7 熱量計と熱容量 ……………………………… 170
- 8・8 ヘスの法則 …………………………………… 173
- 8・9 標準生成熱 …………………………………… 175
- 8・10 結合解離エネルギー ………………………… 177
- 8・11 化石燃料, 燃料効率, および燃焼熱 ……… 178
- 8・12 エントロピーへの序論 ……………………… 179
- 8・13 自由エネルギーへの序論 …………………… 181
- Interlude バイオ燃料 …………………………… 184

9. 気体 その性質と振舞い ……………… 187〜207
- 9・1 気体と気体の圧力 …………………………… 187
- 9・2 気体の法則 …………………………………… 190
- 9・3 理想気体の法則 ……………………………… 193
- 9・4 気体の化学量論関係 ………………………… 195
- 9・5 分圧とドルトンの法則 ……………………… 197
- 9・6 気体分子運動論 ……………………………… 198
- 9・7 グラハムの法則: 気体の拡散と噴散 ……… 200
- 9・8 実在気体の振舞い …………………………… 202
- 9・9 地球の大気 …………………………………… 203
- Interlude 吸入麻酔剤 …………………………… 206

10. 液体, 固体と相変化 ……………… 208〜236
- 10・1 極性共有結合と双極子モーメント ………… 208
- 10・2 分子間力 ……………………………………… 210
- 10・3 液体の性質 …………………………………… 215
- 10・4 相変化 ………………………………………… 216
- 10・5 蒸発, 蒸気圧と沸点 ………………………… 218
- 10・6 固体の種類 …………………………………… 221
- 10・7 結晶構造の研究: X線結晶学 ……………… 223
- 10・8 結晶の単位格子と空間充填モデル ………… 225
- 10・9 イオン結晶の構造 …………………………… 228
- 10・10 共有結合結晶の構造 ………………………… 230
- 10・11 相 図 ………………………………………… 232
- Interlude イオン性液体 ………………………… 234

11. 溶液とその性質 ……………… 237〜259
- 11・1 溶液 …………………………………………… 237
- 11・2 エネルギー変化と溶解過程 ………………… 237
- 11・3 濃度の単位 …………………………………… 241
- 11・4 溶解度に関係する因子 ……………………… 245
- 11・5 溶液の物理的挙動——束一的性質 ………… 246
- 11・6 溶液の蒸気圧降下——ラウールの法則 …… 247
- 11・7 溶液の沸点上昇と凝固点降下 ……………… 251
- 11・8 浸透と浸透圧 ………………………………… 253
- 11・9 束一的性質の利用 …………………………… 255
- 11・10 液体混合物の分別蒸留 ……………………… 256
- Interlude 血液透析 ……………………………… 259

12. 化学反応速度論 ……………… 260〜293
- 12・1 反応速度 ……………………………………… 260
- 12・2 反応速度式と反応次数 ……………………… 263
- 12・3 反応速度式の実験による決定 ……………… 264
- 12・4 一次反応の反応速度式の積分形 …………… 267
- 12・5 一次反応の半減期 …………………………… 270
- 12・6 放射壊変速度 ………………………………… 271

12・7 二次反応 ……………………………… 272	付 録
12・8 ゼロ次反応 …………………………… 275	A. 数学的操作 ……………………………… A1
12・9 反応機構 ……………………………… 276	B. 熱力学的性質（25℃）………………… A7
12・10 素反応の反応速度式 ………………… 278	C. 平衡定数（25℃）……………………… A11
12・11 全反応の反応速度式 ………………… 278	D. 標準還元電位（25℃）………………… A14
12・12 反応速度と温度: アレニウスの式 ………… 282	E. 水の性質 ………………………………… A16
12・13 アレニウスの式の応用 ……………… 285	問題の解答 …………………………………… A17
12・14 触媒作用 ……………………………… 286	和文索引 ……………………………………… A24
12・15 均一触媒と不均一触媒 ……………… 289	欧文索引 ……………………………………… A30
Interlude 酵素の触媒作用 ………………… 292	掲載図出典 …………………………………… A35

1 化学 物質と測定

1・1	化学へのアプローチ：実験	1・9	誘導単位：体積とその測定
1・2	化学と元素	1・10	誘導単位：密度とその測定
1・3	元素と周期表	1・11	誘導単位：エネルギーとその測定
1・4	元素の化学的性質	1・12	測定の正確さ，精密さおよび有効数字
1・5	実験と測定	1・13	数値を丸める
1・6	質量とその測定	1・14	計算：単位の変換
1・7	長さとその測定	Interlude	化学薬品，毒性，危険性
1・8	温度とその測定		

　人類の生活は，この2世紀の間に歴史上のいかなる時代よりも大きく変化した．世界の人口は西暦1800年に比べて5倍以上に増加しており，また医薬品の合成，病気の治療，穀物生産の増大などが可能になって，その結果平均寿命はほぼ2倍に伸びている．石油を手に入れ，それをエネルギーとして用いるようになって，交通手段は馬や馬車から自動車や航空機に変わった．天然にはない性質をもった物質の創出が可能になって，いまでは多くの物資が木材や金属に代わってポリマーやセラミックスでつくられている．

　これらの変化すべてには，多かれ少なかれ，物質の組成や性質や変換を調べる学問である**化学**（chemistry）がかかわっている．化学は，自然の中で起こる変化にも過去2世紀の大きな社会的変化にも深く関係している．さらに化学は，生命が遺伝子によってどのように制御されているかを調べる分子生物学の革命的進歩の中心の担い手となっている．現在ではいかなる教養人といえども化学の基礎的な知識なしには現代社会を理解することはできない．

1・1 化学へのアプローチ：実験

　本書を開いたからには，諸君は化学をもっと勉強しなくては，とすでに覚悟を決めていることだろう．どのようにして医薬品をつくるか，どのように遺伝子の配列を決めて操作するのか，肥料や殺虫剤はどのように作用するのか，生体はどのように機能するのか，新しい高温セラミックスは宇宙船の中でどのように使われているのか，微小な電子回路をどのようにしてシリコンチップに刻むのか，など知りたいことはいろいろある．どうすれば化学にアプローチすることができるだろうか．

　その一つの方法は，化学に限らず他の科学でも同じであるが，まわりを見回して，見たことについての論理的な説明を考えることである．たとえば，異なる物質は異なる状態や形状をしていることをよく目にするだろう：物質によって気体であったり，液体であったり，固体であったりする；あるものは硬く光沢があるが，またあるものは軟らかく光沢をもたない．また異なる物質は振舞いも異なることを見ているだろう：鉄はさびるが金はさびない；銅は電気を通すが，硫黄は通さない．これらの事実はどのように説明されるのだろうか．

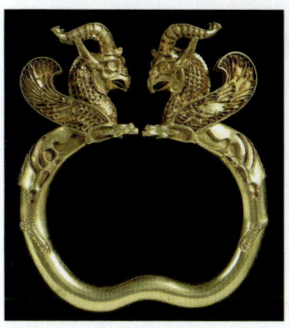

金は最も高価な元素の一つで，その美しさと腐食しにくさのために古代から尊ばれてきた．

鉄は構造建築材料として広く用いられているが，容易に腐食する．

　実際のところ，自然界ははるかに複雑で，見て考えるだけでは理解しきれるものではなく，もっと積極的なアプローチが必要である．具体的な疑問を提起して，その答を見つけるための実験をするということをしなければならない．多くの実験の結果が得られて初めて，それらの結果を説明する解釈，すなわち仮説，を導き出すことができる．その仮説に基づいてさらに多くの予測をし，行うべき実験を考え出す．これを繰返して最終的に首尾一貫した説明に到達する．これが**理論**（theory）である．

　科学の理論は決して自然に生じるものではなく，絶対に証明することができないものだということを，化学や他の科学を学ぶときに心に留めておかねばならない．新

しい実験が現存の理論では説明できない結果を与える可能性は常にある．理論は現段階で出すことのできる最良の説明を表しているに過ぎない．新たな実験が現在の理論では説明できない結果を与えたときには，その理論を修正するかあるいは新しい理論に置き換えなければならない．

1・2 化学と元素

身の回りのあらゆるものは，元素から形成されており，現在117種類の元素が知られている．元素（element）は，化学変化によってさらに単純なものに変えることができない基本的な物質である．元素のいくつかを表1・1に示すが，水銀，銀，硫黄などもその例である．

水銀，銀，硫黄（左上から時計回りに）．

117種類といったが，やや誇張があり，実際に天然に存在するのは90種類である．残りの27種類は核化学者が高エネルギー粒子加速器を用いて人工的につくり出したものである．

さらに，天然に存在する90種類ほどの元素のうち，容易に検知できる量で存在するのは83種類だけである．水素は宇宙に存在する全質量のほぼ75%を占めると考えられている．地球の地殻の質量の75%は酸素とケイ素である．人体の質量の90%以上は酸素，炭素および水素からなる（図1・1）．一方，フランシウム（Fr）という元素はどんな瞬間にも地球全体でおそらく20 g以下しか存在しない．フランシウムは不安定な放射性元素であり，その原子は天然の放射化学過程によって絶えず生成し崩壊している．放射能については2章で学ぶ．

簡単にするために，元素をアルファベット1文字あるいは2文字で表すことになっている．表1・1の例からわかるように，元素記号の最初の文字は常に大文字で表され，2文字目があるときはそれを小文字にする．多くの場合，元素記号はその元素の英語名の最初の1ないし2文字をとっている．たとえば，H（水素）＝ hydrogen，C（炭素）＝ carbon，Al（アルミニウム）＝ aluminum など．ラテン語やその他の言語に由来するものもある．たとえば，Na（ナトリウム）＝ラテン語の *natrium*（英語では sodium），Pb（鉛）＝ラテン語の *plumbum*（英語では lead），W（タングステン）＝ドイツ語の *Wolfram*（英語では tungsten），など．117種類すべての元素の名称，記号およびその他の情報をまとめた表を本書の前見返しに載せてある．この表を周期表といい，諸君も以前に見たことがあるはずである．

問題 1・1　前見返しに示した元素の五十音順の一覧表を見て，つぎの元素の記号を見つけよ．
(a) カドミウム（電池に用いられている）
(b) アンチモン（他の金属との合金で用いられる）
(c) アメリシウム（煙感知器に用いられている）

問題 1・2　前見返しに示した元素の五十音順の一覧表から，つぎの記号がどの元素を表しているかを見つけよ．
(a) Ag　(b) Rh　(c) Re　(d) Cs　(e) Ar　(f) As

1・3 元素と周期表

有史以前から10種類の元素が知られていた．すなわちアンチモン（Sb），炭素（C），銅（Cu），金（Au），鉄（Fe），鉛（Pb），水銀（Hg），銀（Ag），硫黄（S），およびスズ（Sn）である．その後に発見された最初の"新しい"元素は，1250年頃に見出だされたヒ素（As）である．1776年のアメリカ合衆国独立当時に知られていた元素はわずか24種類に過ぎなかった．

18世紀末から19世紀初頭に科学的発見のペースが速くなるに伴って，化学者たちは元素間の類似性に一般的な法則を見出だそうとし始めた．初期の特に重要な成功例は1829年にJohann Döbereinerが見出だした三つ組

表 1・1　おもな元素の名称と記号　かっこ内は元素記号の由来となった英語以外の原語名

元素の名称	元素記号	元素の名称	元素記号
亜　鉛	Zn	窒　素	N
アルゴン	Ar	鉄（*ferrum*）	Fe
アルミニウム	Al	銅（*cuprum*）	Cu
硫　黄	S	ナトリウム（*natrium*）	Na
塩　素	Cl	鉛（*plumbum*）	Pb
カリウム（*kalium*）	K	バリウム	Ba
カルシウム	Ca	フッ素	F
銀（*argentum*）	Ag	ヘリウム	He
ケイ素	Si	ホウ素	B
酸　素	O	マグネシウム	Mg
臭　素	Br	マンガン	Mn
水銀（*hydrargyrum*）	Hg	ヨウ素	I
水　素	H	リチウム	Li
炭　素	C	リン	P

1・3 元素と周期表

(a) 地殻での相対存在率

酸素は地殻中でも人体中でも最も多く存在する元素である

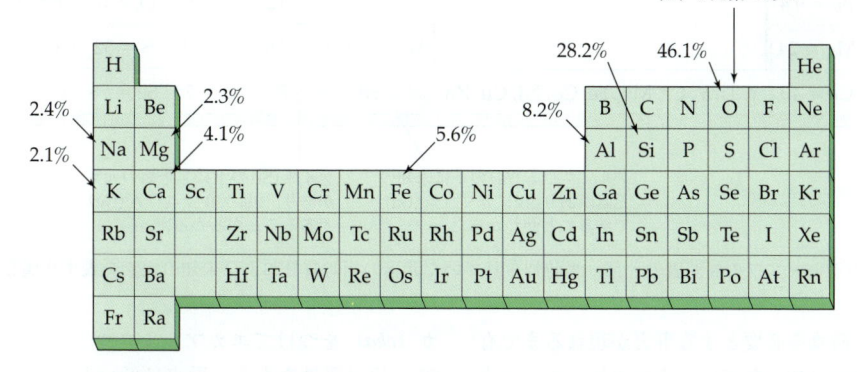

(b) 人体中での相対存在率

図 1・1 (a) 地殻および (b) 人体における元素組成の推定値（質量パーセント）．それぞれ主要な成分だけを示しており，他の多くの元素も少量ずつ存在する．

元素（triad），つまり似た挙動をする 3 種類の元素のグループ，である．カルシウム（Ca），ストロンチウム（Sr），バリウム（Ba）がその一つであり，他に塩素（Cl），臭素（Br），ヨウ素（I）のグループや，リチウム（Li），ナトリウム（Na），カリウム（K）のグループがある．1843 年までに 16 組の三つ組元素が知られ，化学者たちはその説明を探求していた．

19 世紀中頃に，グループ内の元素の類似性を説明する多くの試みがなされたが，1869 年にロシアの化学者 Dmitri Mendeleev が現在の周期表の先駆けとなるものを創案して，大きく進展した．彼の創案はまさに科学の理論がいかにして発展するかを示す格好の例である．初めは，数多くの元素の性質と挙動についての情報がばらばらに存在していた．より多くの事実が蓄積されてくると，筋の通った説明ができるようにそれらのデータを整理する試みがなされ，最終的に矛盾のない仮説ができるのである．

優れた仮説は二つのことができなければならない．すなわち，既知の事実を説明すること，および未知の現象を予測することである．予測したことを検証して，それが正しければ，その仮説は優れているということになり，

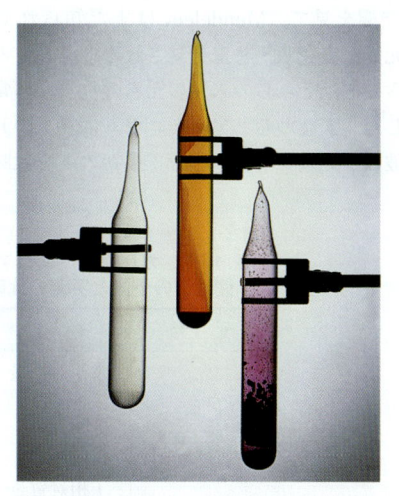

左から右へ，塩素，臭素，ヨウ素．これらは似た化学的性質をもつデベライナーの三つ組元素の一つである．

H = 1									
Li = 7	Be = 9.4				B = 11	C = 12	N = 14	O = 16	F = 19
Na = 23	Mg = 24				Al = 27.3	Si = 28	P = 31	S = 32	Cl = 35.5
K = 39	Ca = 40	?, Ti, V, Cr, Mn, Fe, Co, Ni, Cu, Zn			? = 68	? = 72	As = 75	Se = 78	Br = 80

アルミニウム(Al)の下に未知の元素があり，後にガリウム(Ga)であることがわかった．

ケイ素(Si)の下にも未知の元素があり，後にゲルマニウム(Ge)であることがわかった．

図 1・2 メンデレーエフの周期表の一部．当時知られていた元素の相対質量および未知の元素を表す空欄を示す．

仮説の修正ないし破棄を必要とする事実が現れるまで有効である．それまでに知られていた化学の知識を系統立ててまとめようとするメンデレーエフの仮説はあるゆる検証に耐えた．彼の周期表は，データを実用的で矛盾のない方法で整理してあり，化学反応についての既知の事実を説明できるだけではなく，いくつかの注目すべき予測をしており，それらが正しいことが後に明らかになった．

Mendeleev は，元素について実験で得られた事実を系統化の基本方針として用いて，既知の元素を原子の相対質量〔原子量という，§2・6〕の順に並べ，さらにそれらの化学反応性に従ってグループ化した．その過程で，彼は表に空欄があることに気がついた．その一部を図 1・2 に示す．アルミニウム（相対質量 ≈ 27.3）の化学的挙動はホウ素（相対質量 ≈ 11）と似ているが，アルミニウムの下の欄に入るべき元素はその当時知られていなかった．同様にケイ素（相対質量 ≈ 28）は多くの点で炭素（相対質量 ≈ 12）に似ているが，ケイ素の下にくるべき元素は当時知られていなかった．

この空欄を見て，Mendeleev はまだ知られていない二つの元素が実在し，将来発見されるであろうと予測した．さらに彼はそれらの未知の元素の性質を非常に正確に予測した．すなわち，アルミニウムの真下の元素は，これを彼はサンスクリット語で"最初の"を意味するエカ（*eka*）をつけてエカアルミニウムとよんだが，ほぼ 68 の相対質量をもち，融点は低いと予測した．1875 年に発見されたガリウム（Ga）はまさにそのような性質をもっていた．Mendeleev がエカケイ素とよんだケイ素の真下の元素は 72 に近い相対質量をもち暗灰色をしていると予測された．1886 年に発見されたゲルマニウム（Ge）の性質は正確に予測通りであった（表 1・2）．

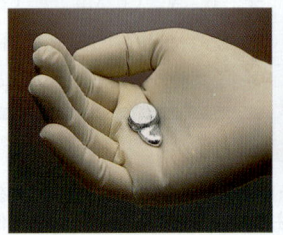

ガリウムは光沢をもつ融点の低い金属である．

ゲルマニウムは硬く灰色のメタロイドである．

現在の**周期表**（periodic table）を図 1・3 に示すが，元素は**周期**（period）とよばれる 7 段の横列と**族**（group）とよばれる 18 行の縦列からなる格子上に置かれている．このように並べると，同じ族の元素は似た性質をもっている．リチウム，ナトリウム，カリウム，およびその他の 1 族の金属元素は似た挙動をする．ベリリウム，マグネシウム，カルシウム，およびその他の 2 族元素も互い

表 1・2 ガリウム（エカアルミニウム）とゲルマニウム（エカケイ素）の諸性質の予測と実測の比較

元 素	性 質	メンデレーエフの予測	実測された性質
ガリウム	相対質量 密 度 融 点	68 5.9 g/cm^3 低い	69.7 5.91 g/cm^3 29.8 ℃
ゲルマニウム	相対質量 密 度 色	72 5.5 g/cm^3 暗灰色	72.6 5.35 g/cm^3 明灰色

に似た挙動を示す．フッ素，塩素，臭素，およびその他の17族元素も互いに同じように振舞う．これは周期表のどこでもいえることである．（ところで，Mendeleevは18族元素——He, Ne, Ar, Kr, Xe, Rn——の存在には全く気づいていなかった．なぜなら彼が周期表をつくったときには，これらは一つとして知られていなかったからである．これらはすべて無色無臭の気体で，ほとんどあるいは全く化学反応性をもたない．18族元素で最初に発見されたのは1894年のアルゴンである．）

族の名称は周期表の左から右に1から18の番号を付

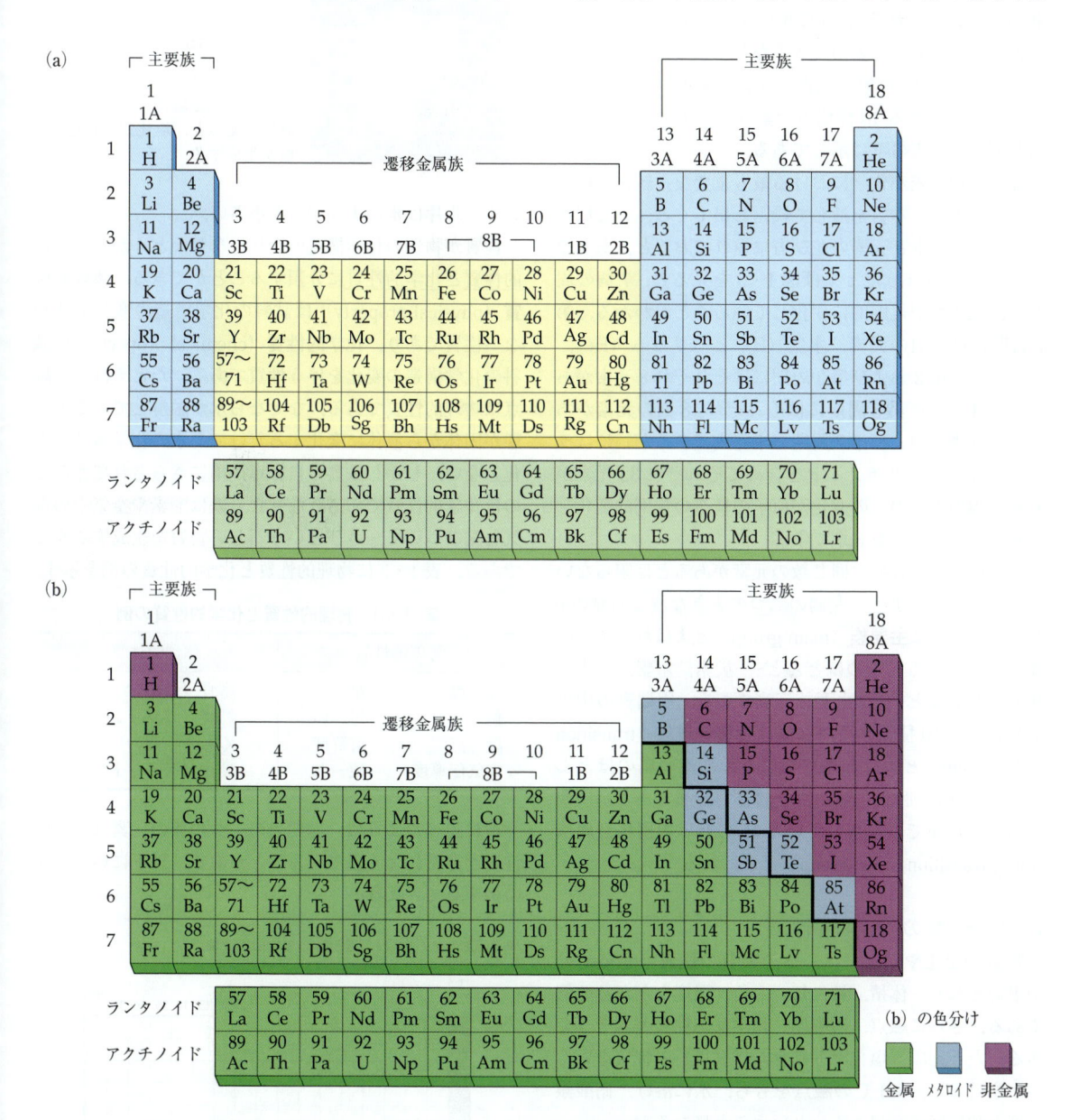

図 1・3 周期表．各元素は1文字あるいは2文字の記号をもち，原子番号で特徴づけられる．周期表は左上隅の水素（H，原子番号1）から始まり，原子番号118まで続く．ランタン（La，原子番号57）から始まる15元素と，アクチニウム（Ac，原子番号89）から始まる15元素は抜き出して，周期表の下に別枠で示されている．(a) 元素は縦18列の族と横7列の周期に分けて並べられている．左端の二つの族と右側の6個の族は主要族であり，中央部の10個の族は遷移金属族である．ランタンから始まる15元素はランタノイド，アクチニウムから始まる15元素はアクチノイドであり，これら二つを合わせて内遷移金属族という．族の番号づけは，最上列に示したように2系統あり，本文で説明してある．(b) ホウ素（B）とアスタチン（At）を結ぶジグザグの線の左側の元素（水素を除く）は金属であり，右側は非金属である．ジグザグ線に隣接している9元素のうち7個はメタロイドである．

ける方法が国際的な標準となっており，本書でもこれを採用するが，米国ではこれとは異なる，数字と大文字のアルファベットを組合わせる方法が一般的に使われている．図1・3にはこの方法による名称も併記してある．

一つ注意しておくべきことがある．第6および第7周期の3族にはそれぞれ15種類の元素がある．しかし一つの表にまとめると表が大きくなりすぎるので，ランタンから始まる15種類の元素（ランタノイド）とアクチニウムから始まる15種類の元素（アクチノイド）は別にして，周期表の下に示してある．

元素の周期表が化学における最も重要な系統化の原則であることは，本書を通じて繰返し出てくる．いま周期表のレイアウトと元素の並び方に慣れておくと，あとで役に立つだろう．たとえば図1・3を見ると，7個の周期で，大きさが規則的に変化していることがわかる．第1周期には2個の元素，水素（H）とヘリウム（He），しかない．第2および第3周期にはそれぞれ8元素があり，第4および第5周期にはそれぞれ18個の元素がある．第6周期および第7周期（未完成であるが）にはランタノイドとアクチノイドを含めてそれぞれ32元素がある．周期表でのこの変化が原子の構造の規則的変化を反映していることを3章で学ぶ．

また周期表の各族に同じ数の元素があるとは限らないことにも注意しよう．左側の二つの大きな族と右側の6個の大きな族は**主要族**（main group）とよばれ，生命の基となっている元素のほとんど——炭素，水素，窒素，酸素，リンなど——は主要族元素である．周期表の中央部分にある10種類の小さな族は**遷移金属族**（transition metal group）とよばれる．なじみのある金属のほとんど——鉄，銅，亜鉛，金など——は遷移金属である．周期表の下に別枠で表示されている15の族は**内遷移金属族**（inner transition metal group）とよばれる．

1・4 元素の化学的性質

物質の記述や同定には，その物質の**性質**（property）が用いられる．体積，量，匂い，色，温度などがその例である．さらに融点，溶解度，化学反応性などもそうである．たとえば，塩化ナトリウム（食塩）の性質をいくつか挙げると，801℃の融点をもち，水に溶け，硝酸銀溶液と化学反応を起こす，ということになる．

性質が試料の量によって変化するかどうかで，示強的性質（示強性）と示量的性質（示量性）に分類される．**示強性**（intensive property）は，温度や融点のように試料の量によらない性質をいう．小さな氷片も巨大な氷山も同じ融点をもっている．**示量性**（extensive property）は，長さや体積のように試料の大きさに依存する性質を

硝酸銀溶液を塩化ナトリウム溶液に加えると，塩化銀の白色沈殿が生成する．

いう．氷片は氷山よりずっと小さい．

性質が物質の化学構造の変化を含むかどうかで，物理的性質と化学的性質に分類することができる．**物理的性質**（physical property）は試料の化学構造の変化を伴わない性質であり，**化学的性質**（chemical property）は試料の化学構造の変化を伴う性質である．たとえば氷の融点は物理的性質である．なぜなら氷が融解してもその状態が固体から液体に変化するだけで，水の化学構造は変化しない．しかし鉄製の自転車が雨にさらされてさびるのは化学的性質である．なぜなら鉄は酸素や空気中の湿気と結びついて，さびという新しい物質を生成するからである．表1・3に物理的性質と化学的性質の例を示す．

表 1・3　物理的性質と化学的性質の例

物理的性質	化学的性質
温度　　量	腐食（鉄の）
色　　匂い	燃焼（ガソリンの）
融点　溶解度	くもり（銀の）
電気伝導度　硬さ	硬化（セメントの）

前に述べたように，周期表の一つの族の元素は化学的性質が非常によく似ていることがある．以下にいくつかの例を見てみよう．

■ **1族——アルカリ金属**（alkali metal）

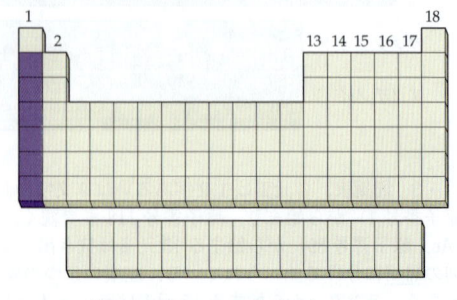

リチウム（Li），ナトリウム（Na），カリウム（K），ルビジウム（Rb），セシウム（Cs）は軟らかく光沢をもつ金属である．いずれも水と速やかに（ときとして激し

く）反応して非常にアルカリ性の，すなわち塩基性の強い生成物を与える．アルカリ金属の名称はこれに由来する．その高い反応性のためにアルカリ金属は天然には純粋な形では存在せず，常に他の元素と結合した形で見出だされる．フランシウム（Fr）もアルカリ金属であるが，前に述べたように，わずかしか存在せず，その性質はほとんどわかっていない．

注意すべきことは，水素（H）も1族に含まれるが，これは無色の気体であり，形状も挙動もアルカリ金属とは全く異なるということである．その理由は§3・13で学ぶ．

ナトリウムはアルカリ金属の一つで，水と激しく反応して，水素ガスを発生しアルカリ性の（塩基性の）溶液となる．

■ 2族——アルカリ土類金属（alkaline earth metal）

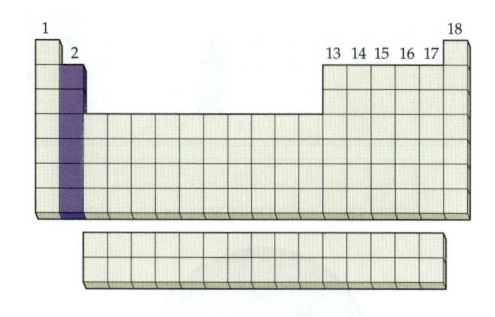

ベリリウム（Be），マグネシウム（Mg），カルシウム（Ca），ストロンチウム（Sr），バリウム（Ba），ラジウム（Ra）もまた光沢のある銀白色の金属であるが，隣の1族元素よりは反応性が低い．アルカリ金属と同様に，アルカリ土類金属もまた天然に純粋な形で見出だされることはない．

■ 17族——ハロゲン（halogen）

フッ素（F），塩素（Cl），臭素（Br），ヨウ素（I）は色のついた腐食性の非金属である．これらも天然には他の元素と結合した形でのみ見出だされる．食塩（塩化ナトリウム，NaCl）中の塩素がその例である．実は，ハロゲンという名称はギリシャ語で"塩"を意味する *hals* からきている．アスタチン（At）もハロゲンの一つであるが，存在量が少なく，ほとんどわかっていない．

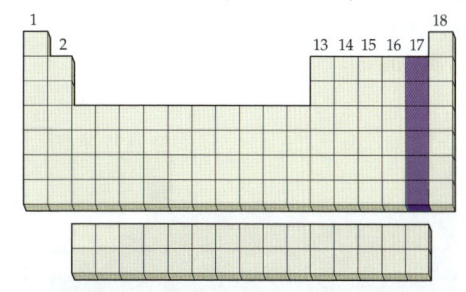

臭素はハロゲンの一つであり，室温で腐食性をもつ暗赤色の液体である．

ネオンは貴ガスの一つであり，ネオン電球やネオンサインに用いられる．

■ 18族——貴ガス（noble gas）*

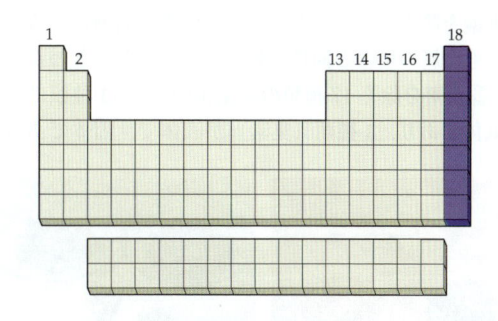

ヘリウム（He），ネオン（Ne），アルゴン（Ar），クリプトン（Kr），キセノン（Xe），ラドン（Rn）は化学反応性が非常に低い無色の気体である．ヘリウムとネオ

＊（訳注）希ガス（rare gas）ともいう．

ンは他の元素と結合しないが，アルゴン，クリプトン，キセノンはまれに結合する．

図1・3にあるように，周期表にある元素は，金属，非金属，メタロイドに分けられる．

■ **金 属**（metal）

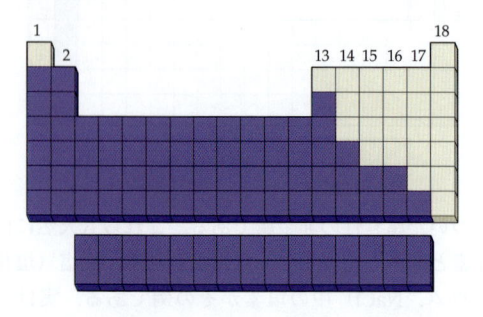

金属は最も元素の数が多く，周期表の左側を占め，右側は上段のホウ素（B）から下段のアスタチン（At）を結ぶジグザグの線で区切られている．金属はその外観に特徴がある．水銀以外の金属はすべて室温で固体であり，そのほとんどはいわゆる金属光沢をもっている．さらに金属は一般的にもろく砕けることはなく可鍛性である．すなわち曲げたりワイヤー状にひき延ばすことができる．金属は熱や電気をよく通す．

■ **非 金 属**（nonmetal）

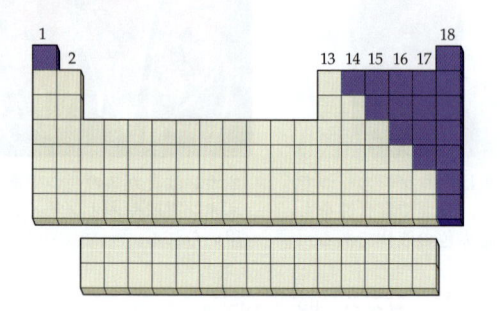

水素を除くすべての非金属は周期表の右端にある．非金属も金属の場合と同様，外観で容易にそれとわかる．118番元素を除く17種類の非金属のうち11種類は室温で気体であり，1種類（臭素）が液体で，固体であるのは5種類（炭素，リン，硫黄，セレン，ヨウ素）だけである．光沢があるものはなく，いくつかは鮮やかな色をしている．固体の非金属は可鍛性がなく，もろく砕けやすく，熱や電気を通しにくい．

■ **メタロイド**（metalloid）

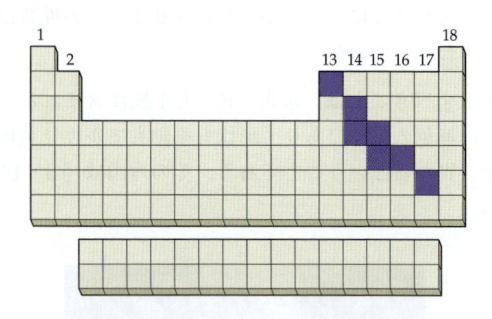

周期表で金属と非金属の間にジグザグに存在する7種類の元素——ホウ素，ケイ素，ゲルマニウム，ヒ素，アンチモン，テルル，アスタチン——は金属と非金属の中間の性質をもつことからメタロイドとよばれる．メタロイドはすべて室温で固体であり，大部分は光沢をもつが，可鍛性がなく砕けやすく，熱や電気を通しにくい．たとえば，ケイ素は電気伝導性が金属と絶縁体の中間である<u>半導体</u>として広く用いられている．

問題 1・3 つぎの元素は金属，非金属，メタロイドのどれか．
(a) Ti (b) Te (c) Se (d) Sc (e) At (f) Ar

問題 1・4 3種類のいわゆる"貨幣金属"は周期表の中央付近に位置している．それらは何か．つぎの周期表を見て答えよ．

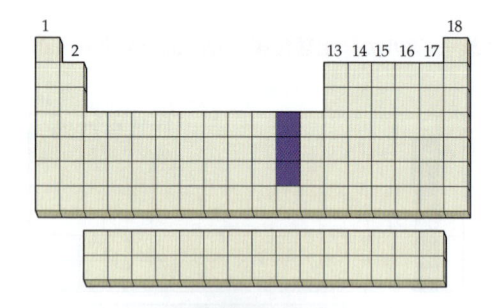

金，銅，マグネシウム（上から時計回りに）は典型的な金属である．いずれも電気を通し，ワイヤー状に加工できる．

リン，ヨウ素，硫黄（左上から時計回りに）は典型的な非金属である．いずれももろく，電気を通さない．

米国のダイム（10セント硬貨）は貨幣金属の一つである銅を92%含む合金である．

1・5 実験と測定

化学は実験科学である．しかし実験を再現性のあるものにするためには，取扱っている物質の量，体積，温度などをきちんと記述できなければならない．したがって化学において最も重要な要件の一つは，<u>測定の方法</u>があるということである．

1960年に結ばれた国際的な協定に基づいて，世界中の科学者は測定に国際単位系（フランス語の *Systéme Internationale d'Unités* から SI 単位系と略される）を用いている．SI 単位系は米国以外のすべての先進国で用いられているメートル法に基づいており，7種類の基本単位がある（表 1・4）．これら 7 種類の基本単位とそれから誘導される単位ですべての科学的測定に十分である．本章ではまず三つの単位——質量，長さ，温度の単位——を学び，残りは後の章で必要に応じて学ぶことにする．

表 1・4　7 種類の SI 基本単位

物理量	単位の名称	略号
質　量	キログラム	kg
長　さ	メートル	m
温　度	ケルビン	K
物質量	モル	mol
時　間	秒	s
電　流	アンペア	A
光　度	カンデラ	cd

どんな測定においても問題になることであるが，単位が大きすぎたり小さすぎたりして不都合なことがよくある．たとえば，化学者がナトリウム原子の直径（0.000 000 000 372 m）を話題にするとき，メートル（m）という単位は大きすぎるが，天文学者が地球から太陽までの距離（150,000,000,000 m）を話題にするときメートルでは小さすぎる．非常に小さなあるいは大きな量を問題にするときは，SI 単位に接頭語をつけて用いる．たとえば，ミリという接頭語は千分の一を意味し，1 ミリメートル（mm）は 1 メートルの千分の一である．またキロという接頭語は千倍を意味し，1 キロメートル（km）は 1000 メートルである．〔質量の SI 単位（kg）はすでにキロという接頭語を含んでいることに注意しよう．〕接頭語の一覧表を表 1・5 に示す．最もよく使われるものを赤字で示してある．

表 1・5 では，非常に大きいあるいは小さい数を表すのに指数表記を用いていることに注意しよう．たとえば，55,000 は指数表記では 5.5×10^4 と書かれ，0.003 20 は 3.20×10^{-3} となる．指数表記に不安であったり，指数を含む数字の操作に慣れていない場合には付録 A を復習しよう．

また測定値は常に数値と単位の両方をもっていることに注意しよう．単位がなく数値だけでは役に立たない．もし友人に最寄りのテニスコートまでの距離をたずねたときに，ただ "3" と答えられたのでは，3 ブロックなのか 3 キロメートルなのか 3 マイルなのかわからない．

問題 1・5　つぎの量を指数表記で表せ．
(a) ナトリウム原子の直径，0.000 000 000 372 m
(b) 地球から太陽までの距離，150,000,000,000 m

問題 1・6　つぎの略号はどのような単位を表しているか．
(a) μg　(b) dm　(c) ps　(d) kA　(e) mmol

表 1・5　SI 単位の倍数の接頭語

倍　数		接頭語	記　号	例
1,000,000,000,000	= 10^{12}	テラ	T	1 テラグラム（Tg）= 10^{12} g
1,000,000,000	= 10^{9}	ギガ	G	1 ギガメートル（Gm）= 10^{9} m
1,000,000	= 10^{6}	メガ	M	1 メガメートル（Mm）= 10^{6} m
1,000	= 10^{3}	キロ	k	1 キログラム（kg）= 10^{3} g
100	= 10^{2}	ヘクト	h	1 ヘクトグラム（hg）= 100 g
10	= 10^{1}	デカ	da	1 デカグラム（dag）= 10 g
0.1	= 10^{-1}	デシ	d	1 デシメートル（dm）= 0.1 m
0.01	= 10^{-2}	センチ	c	1 センチメートル（cm）= 0.01 m
0.001	= 10^{-3}	ミリ	m	1 ミリグラム（mg）= 0.001 g
*0.000 001	= 10^{-6}	マイクロ	μ	1 マイクロメートル（μm）= 10^{-6} m
*0.000 000 001	= 10^{-9}	ナノ	n	1 ナノ秒（ns）= 10^{-9} s
*0.000 000 000 001	= 10^{-12}	ピコ	p	1 ピコ秒（ps）= 10^{-12} s
*0.000 000 000 000 001	= 10^{-15}	フェムト	f	1 フェムトモル（fmol）= 10^{-15} mol

* 科学においては，大きな数字の場合に小数点以上 3 桁ごとにコンマを入れるのと同様に，非常に小さな数字の場合小数点以下 3 桁ごとに小さなスペースを入れるのが一般的になっている．

1・6 質量とその測定

質量(mass)は物体を構成する**物質**の量である．その**物質**(matter)とは，物理的に存在する——つまり触れたり，味わったり，嗅いだりすることができる——あらゆるものの総称である．(より科学的にいえば，物質とは質量をもつものである．) 質量のSI単位は**キログラム**(kilogram, **kg**)である．キログラムは多くの場合大きすぎるので，**グラム**(gram, **g**; 1 g = 0.001 kg)，**ミリグラム**(milligram, **mg**; 1 mg = 0.001 g = 10^{-6} kg)，**マイクログラム**(microgram, **μg**; 1 μg = 0.001 mg = 10^{-6} g = 10^{-9} kg)がよく使われる．1 gは米国のダイム(10セント)硬貨の質量の半分よりやや少ない＊．

$$1 \text{ kg} = 1000 \text{ g} = 1{,}000{,}000 \text{ mg} = 1{,}000{,}000{,}000 \text{ μg}$$
$$1 \text{ g} = 1000 \text{ mg} = 1{,}000{,}000 \text{ μg}$$
$$1 \text{ mg} = 1000 \text{ μg}$$

"質量"と"重量"はよく混同して用いられるが，その意味は全く異なる．質量は物体の中の物質の量を表す物理的性質であり，重量は重力が物体に及ぼす力を表すものである．質量は物体の存在する場所によらない．諸君の身体にある物質の量は地球にいようと月にいようと同じである．しかし重量は場所によって違ってくる．地球で体重が60 kgであっても，地球よりも重力の小さい月では約10 kgしかない．

地球上の同じ場所であれば，同じ質量をもつ二つの物体の重量は同じである．つまり二つの物体は地球の重力を同じように受けている．したがって，ある物体の質量は，その重量を既知の質量をもつ基準物体の重量と比べることによって求めることができる．質量と重量の混同の多くは言葉の問題からきている．"重さを測る"というとき，重量を比べることによって質量を測っているのである．図1・4に実験室で質量を測るために用いられる2種類の天秤を示す．

1・7 長さとその測定

SI系で長さの基本単位は**メートル**(meter, **m**)である．1790年に，赤道から北極点までの距離の千万分の一を1 mとすると定義されたのだが，1889年に，パリ近郊に保管されている白金-イリジウム合金の棒に刻まれた2本の線の間の距離と再定義された．正確さに対する必要性の増大に対応して，1983年に，光が真空中で1/299,792,458秒の間に進む距離と定義し直された．この新しい定義は，棒に刻まれた線の間の距離に比べると把握しにくいが，なくなったり傷がついたりすることがないという大きな利点がある．

1 mは39.37インチで化学における多くの測定には大きすぎる．他のもっとよく使われる長さの単位は**センチメートル**(centimeter, **cm**; 1 cm = 0.01 m)，**ミリメートル**(millimeter, **mm**; 1 mm = 0.001 m)，**マイクロメートル**(micrometer, **μm**; 1 μm = 10^{-6} m)，**ナノメートル**(nanometer, **nm**; 1 nm = 10^{-9} m)，**ピコメートル**(picometer, **pm**; 1 pm = 10^{-12} m)である．たとえば，ナトリウム原子の直径は372 pm (3.72 × 10^{-10} m)である．

$$1 \text{ m} = 100 \text{ cm} = 1000 \text{ mm} = 1{,}000{,}000 \text{ μm}$$
$$= 1{,}000{,}000{,}000 \text{ nm}$$
$$1 \text{ cm} = 10 \text{ mm} = 10{,}000 \text{ μm} = 10{,}000{,}000 \text{ nm}$$
$$1 \text{ mm} = 1000 \text{ μm} = 1{,}000{,}000 \text{ nm}$$

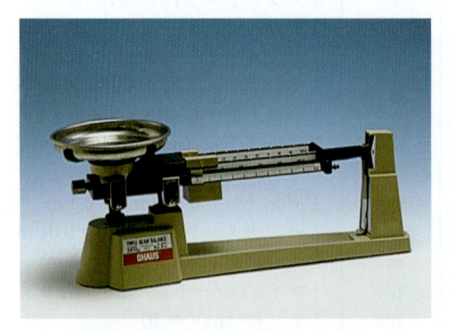

図1・4 実験室で質量測定に用いられる天秤．(左)片ひじ天秤．スライド式の釣り合いおもりがあり，皿の上の物体の重さと釣り合わせる．(右)最新式の電子天秤．

＊(訳注)日本の1円硬貨はちょうど1 gである．

このピン先の細菌の長さは約 5×10^{-7} m である．

1・8 温度とその測定

米国で一般に用いられている質量や長さの単位であるポンドやヤードが徐々にキログラムやメートルに置き換えられているのと同様に，温度の測定に普通に使われているファーレンハイト（華氏）温度（単位はファーレンハイト度 degree Fahrenheit，°F）は徐々に**セルシウス（摂氏）温度**（単位はセルシウス度 degree Celsius，°C）に置き換えられている．しかし科学分野ではこれら両者に代わって**ケルビン温度**（単位はケルビン kelvin，K）が用いられるようになっている．（単に"K"であり，"°K"ではないことに注意しよう．）

摂氏温度でもケルビン温度でも，1度の大きさは標準大気圧での水の凝固点と沸点との間隔の百分の一であるが，各点での数字が両者で異なる．摂氏温度では水の凝固点を 0°C，水の沸点を 100°C とするが，ケルビン温度では，可能な最も低い温度，−273.15°C，を 0 K（絶対零度とよばれる）とする．つまり 0 K = −273.15°C であり，273.15 K = 0°C である．初夏のある日の気温が摂氏温度で 25°C であれば，ケルビン温度では 25 + 273.15 = 298 K である．

ケルビン温度 = 摂氏温度 + 273.15
摂氏温度 = ケルビン温度 − 273.15

ケルビン温度や摂氏温度と対照的に，華氏温度は水の凝固点（32°F）と沸点（212°F）の間を 180 等分している．したがって華氏の 1 度は摂氏の 1 度の 100/180 = 5/9 の大きさしかない．ケルビン，摂氏，華氏の目盛りの比較を図 1・5 に示す．

華氏温度と摂氏温度との変換には二つの補正が必要である．一つは 1 度の大きさの補正であり，もう一つは零点の違いの補正である．1 度の大きさの補正には 1°C = (9/5)°F あるいは 1°F = (5/9)°C の関係を用いる．零点補正は水の凝固点が華氏で摂氏よりも 32 度高いことを考慮する．そこで，摂氏から華氏に変換したいときは，摂氏温度に 9/5 を掛けて大きさの補正を行い，つぎに 32 を足して零点補正をする．逆に華氏から摂氏に変換するときは，華氏温度から 32 を引いて零点補正をし，つぎに 5/9 を掛けて大きさの補正をする．式で示すとつぎのようになる．例題 1・1 に計算方法が示してある．

摂氏から華氏へ
$$°F = \left(\frac{9 \, °F}{5 \, °C} \times °C\right) + 32 \, °F$$

華氏から摂氏へ
$$°C = \frac{5 \, °C}{9 \, °F} \times (°F - 32 \, °F)$$

例題 1・1 華氏温度から摂氏温度への変換

食塩の融点は 1474°F である．摂氏温度およびケルビン温度では何度になるか．

解 この問題に限らず化学の問題を解くには二つのやり方がある．一つは何をしているのかをよく考え確認しながら解いていく方法，もう一つは手っ取り早く公式に数値を代入する方法である．前者は常にうまく行くが，後者は公式が正しいときだけうまく行く．

考えて解くやり方: 華氏温度が与えられていて，これを摂氏温度に変換しなければならない．1474°F ということは水の凝固点より 1474°F − 32°F = 1442°F だけ高いということである．1°F は 1°C の 5/9 の大きさであるから，水の凝固点より 1442°F 高いということは 1442 × 5/9 = 801°C だけ水の凝固点（0°C）より高いことになり，答は 801°C となる．ケルビン温度では，同じ大きさ（801 K）だけ水の凝固点（273.15 K）より高いのだから，273.15 + 801 = 1074 K となる．

公式に代入するやり方: 華氏を摂氏に変換する公式を用いて解くとつぎのようになる．

$$°C = \left(\frac{5 \, °C}{9 \, °F}\right)(1474 \, °F - 32 \, °F) = 801 \, °C$$

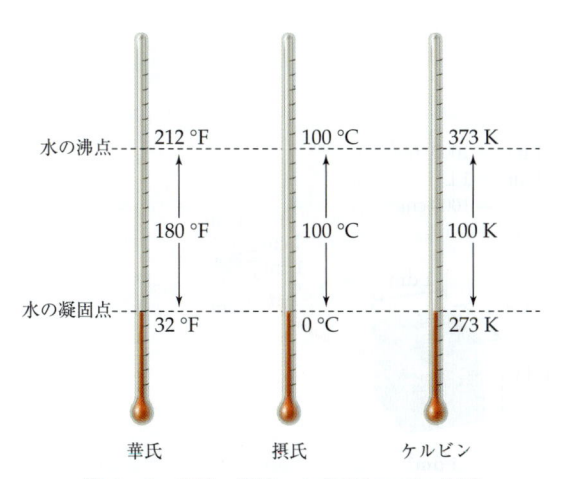

図 1・5 華氏，摂氏，およびケルビン温度目盛りの比較．華氏 1 度は 1 ケルビンあるいは摂氏 1 度の 100/180 = 5/9 である．

水の沸点 — 212°F / 100°C / 373 K
180°F / 100°C / 100 K
水の凝固点 — 32°F / 0°C / 273 K

華氏　　摂氏　　ケルビン

ケルビン温度へ変換すると 801° + 273.15° = 1074 K となる.
　この二つの方法で解いた答が一致しているから,思考が正しい道筋を通っており,この課題を理解できているとかなり自信をもっていうことができる.(もし答が一致していなければ,どこかで誤った理解をしているということになる.)

塩化ナトリウムの融点は 1474 °F すなわち 801 ℃ である.

問題 1・7 健康な大人の標準体温は 98.6 °F である.摂氏温度とケルビン温度では何度か.

問題 1・8 つぎの変換を行え.
　(a) −78 ℃ = ? K　(b) 158 ℃ = ? °F　(c) 375 K = ? °F

1・9　誘導単位: 体積とその測定

　表 1・4 に戻って 7 種類の SI 基本単位を見ると,よく出てくる面積,体積,密度,速度,圧力,エネルギーなどの単位がないことに気づくであろう.これらの量はすべて 7 種類の基本単位を組合わせて表すことができるので,誘導量とよばれる(表 1・6).

表 1・6　誘導量の例

量	定　義	誘導単位(名称)
面　積	長さ×長さ	m^2
体　積	面積×長さ	m^3
密　度	単位体積当たりの質量	kg/m^3
速　度	単位時間当たりの距離	m/s
加速度	単位時間当たりの速度の変化	m/s^2
力	質量×加速度	$(kg \cdot m)/s^2$ (ニュートン, N)
圧　力	単位面積当たりの力	$kg/(m \cdot s^2)$ (パスカル, Pa)
エネルギー	力×距離	$(kg \cdot m^2)/s^2$ (ジュール, J)

　体積は,物体によって占められる空間の大きさであり,SI 単位では**立方メートル**(cubic meter, m^3)で表される.$1 m^3$ は一辺が 1 m の立方体が占める空間の大きさである(図 1・6).

　$1 m^3$ は 264.2 米国ガロンに等しく,化学で用いる量としては大きすぎる.そこで,より小さくて使いやすい単位がよく用いられる.**立方デシメートル**(cubic decimeter; $1 dm^3 = 0.001 m^3$)はよく見かける**リットル**(liter, **L**)に等しく,**立方センチメートル**(cubic centimeter; $1 cm^3 = 0.001 dm^3 = 10^{-6} m^3$)は**ミリリットル**(milliliter, **mL**)と同じで,これらは特に便利である.1 L は 1 辺 1 dm の立方体の体積に相当する.同様に 1 辺 1 cm の立方体の体積が 1 mL である(図 1・6).

$$1 m^3 = 1000 dm^3 = 1,000,000 cm^3$$
$$1 dm^3 = 1 L = 1000 mL$$

　図 1・7 に実験室で液体の体積を測るのによく用いら

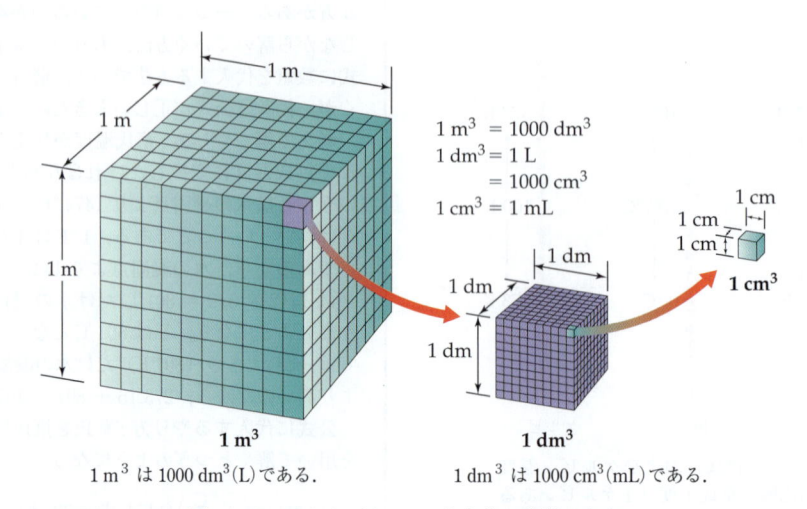

$1 m^3 = 1000 dm^3$
$1 dm^3 = 1 L$
　　　$= 1000 cm^3$
$1 cm^3 = 1 mL$

$1 m^3$ は 1000 dm^3(L) である.　　　　$1 dm^3$ は 1000 cm^3(mL) である.

図 1・6　$1 m^3$ は 1 辺 1 m の立方体の体積である.

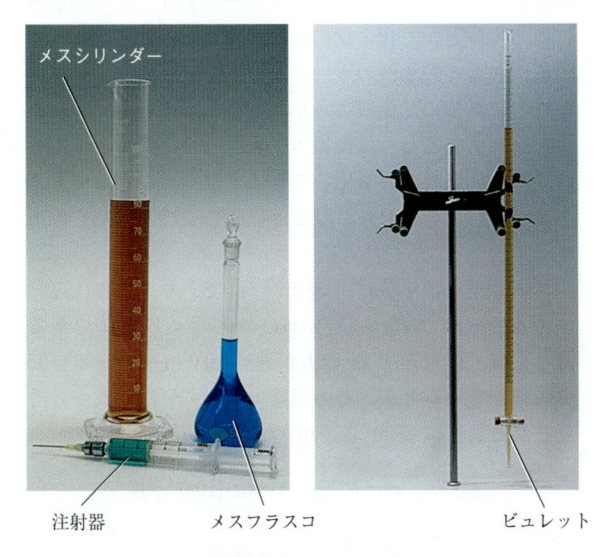

図 1・7 液体の体積を測るための実験器具.

1・10 誘導単位: 密度とその測定

密度は物体の質量と体積を関連づける示強的性質である.**密度**(density)は物体の質量をその体積で割った値であり,固体については g/cm³,液体については g/mL という SI 誘導単位で表される.よく見かける物質の密度を表 1・7 に示す.

$$\text{密度} = \frac{\text{質量}〔\text{g}〕}{\text{体積}〔\text{mL あるいは cm}^3〕}$$

ほとんどの物質は熱したり冷やしたりすると体積が変化するので,密度は温度に依存する.たとえば 3.98 ℃において,1.0000 mL の容器に入った水は正確に 1.0000 g である(密度 = 1.0000 g/mL).しかし温度が上がると水は膨張するので,100 ℃ で 1.0000 mL の容器には 0.9584 g の水しか入らない(密度 = 0.9584 g/mL).密度を記すときは,温度を特定しなければならない.

ほとんどの物質は熱すると膨張し,冷やすと収縮するが,水は違う.水は 100 ℃ から 3.98 ℃ までは冷やすと収縮するが,この温度からさらに下げるとまた膨張し始める.つまり液体の水の密度は 3.98 ℃ で最大の 1.0000 g/mL になるが,0 ℃ では減少して 0.999 87 g/mL となる(図 1・8).凝固すると密度はさらに下がり,0 ℃ の氷の密度は 0.917 g/cm³ である.氷を含めて水より密度の小さい物質は水に浮くが,水より密度の大きな物質は沈む.

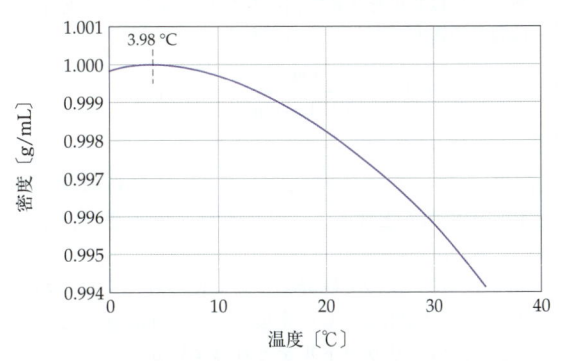

図 1・8 水の密度の温度変化.

特に液体の場合,密度がわかっていると非常に便利である.なぜなら液体を質量で測るより,体積で測る方がずっと容易だからである.たとえば,1.12 g のエタノール(エチルアルコール)が欲しいとしよう.正確な重さを測ろうとするより,エタノールの密度(20 ℃ で 0.7893 g/mL)を調べて,その体積を注射器で正確に測りとる方がずっと容易である.

$$\text{密度} = \frac{\text{質量}}{\text{体積}} \quad \text{であるから} \quad \text{体積} = \frac{\text{質量}}{\text{密度}}$$

$$\text{体積} = \frac{1.12\,\text{g エタノール}}{0.7893\,\dfrac{\text{g}}{\text{mL}}} = 1.42\,\text{mL エタノール}$$

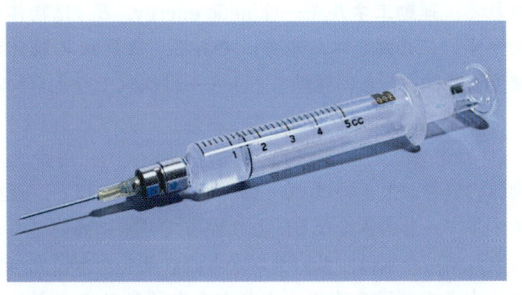

表 1・7 物質の密度の例

物 質	密 度〔g/cm³〕
氷 (0 ℃)	0.917
水 (3.98 ℃)	1.0000
金	19.31
ヘリウム (25 ℃)	0.000 164
空 気 (25 ℃)	0.001 185
ヒト脂肪	0.94
ヒト筋肉	1.06
コルク	0.22〜0.26
バルサ材	0.12
地 球	5.54

液体の正確な量は,密度がわかれば注射器で容易に測りとることができる.

例題 1・2 密度を計算する

324.5 g の銅の試料が 36.2 cm³ の体積をもっているとして，銅の密度を g/cm³ で表せ．

解 密度は質量を体積で割ったものであるから：

$$\text{密度} = \frac{\text{質量}}{\text{体積}} = \frac{324.5 \text{ g}}{36.2 \text{ cm}^3} = 8.96 \text{ g/cm}^3$$

例題 1・3 密度を用いて体積を計算する

454 g の金の体積は cm³ 単位でいくらか(表 1・7 を見よ)．

解 密度は質量を体積で割ったものであるから，体積は質量を密度で割ったものである．

$$\text{体積} = \frac{454 \text{ g}}{19.31 \text{ g/cm}^3} = 23.5 \text{ cm}^3$$

問題 1・9 重さが 27.43 g のガラスの試料の体積が 12.40 cm³ であるとすると，このガラスの密度 (g/cm³) はいくらか．

問題 1・10 かつて麻酔薬として使われたクロロホルムは 20 ℃ で 1.483 g/mL の密度をもつ．9.37 g を必要とするとき，何ミリリットルをとればよいか．

1・11 誘導単位: エネルギーとその測定

エネルギーは誰でもなじみのある言葉であるが，それを専門用語を使わないで簡単に説明するのは驚くほど難しい．わかりやすく定義すれば，**エネルギー** (energy) とは熱を供給したり仕事をしたりする能力であるということができる．たとえば，ダムから流れ落ちる水はエネルギーをもっており，それでタービンを回して電気を発生させるのに使うことができる．タンクに入ったプロパンガスはエネルギーをもっており，それは燃焼という化学反応によって放出されて，家を暖房したりハンバーガーを焼いたりすることができる．

エネルギーは**運動エネルギー**と**位置エネルギー**に分類される．**運動エネルギー** (kinetic energy, E_K) は物体を動かすのに必要なエネルギーである．質量 m の物体が速度 v で動くときの運動エネルギーは次式で与えられる．

$$E_K = \frac{1}{2} mv^2$$

物体の質量が大きいほど，また速度が大きいほど，運動エネルギーも大きくなる．したがって非常に高いダムから流れ落ちた水は，低いダムから流れ落ちた水に比べてより大きな速度をもち，より大きな運動エネルギーをもっている．

これに対して**位置エネルギー** (potential energy, E_P) は物体に貯えられているエネルギーであり，高いところにある物体とか，化学反応をしようとする分子がもっている．ダムの貯水池の水はダムの下を流れる水より高いところにあるので位置エネルギーをもっている．水がダムを流れ落ちるときに位置エネルギーは運動エネルギーに変わる．燃料として用いられるプロパンなどは位置エネルギーをもっており，酸素と反応して燃焼し熱を放出する．

エネルギーの単位は (kg·m²)/s² であり，これは運動エネルギーの式 $E_K = (1/2)mv^2$ から導くことができる．たとえば，体重 50.0 kg の人が速度 10.0 m/s で走る自転車に乗っているとき，その運動エネルギーは次式から計算されるように 2500 (kg·m²)/s² となる．

$$E_K = \frac{1}{2} mv^2 = \frac{1}{2} (50.0 \text{ kg}) \left(10.0 \frac{\text{m}}{\text{s}}\right)^2$$

$$= 2500 \frac{\text{kg·m}^2}{\text{s}^2} = 2500 \text{ J}$$

このエネルギーの SI 誘導単位 (kg·m²)/s² は，英国の物理学者 James Prescott Joule (1818〜1889) にちなんで**ジュール** (joule, J) とよばれている．1 J はかなり小さなエネルギー量である．コーヒーカップ 1 杯の水を室温から沸騰するまで熱するのには約 100,000 J が必要である．そこで化学ではキロジュール (kJ) がより頻繁に用いられる．

化学や生化学では SI 単位であるジュールとともに，**カロリー** (cal; c は小文字) という単位がまだよく使われている．最初は 1 g の水の温度を 1 ℃ だけ(厳密には 14.5 ℃ から 15.5 ℃ に)上げるのに必要なエネルギーの量と定義されたが，現在では，正確に 4.184 J を 1 cal とすると定義されている．

$$1 \text{ cal} = 4.184 \text{ J}（正確に）$$

栄養学でも**カロリー** (Cal; C は大文字．大カロリーともいう) が用いられていて，紛らわしいのだが，これは 1000 cal すなわち 1 kcal のことである．

$$1 \text{ Cal} = 1000 \text{ cal} = 1 \text{ kcal} = 4.184 \text{ kJ}$$

食品のエネルギー値ないしカロリー量はこのカロリー (Cal) で表示される．したがって"バナナ 1 本が 70 Cal ある"ということは，そのバナナが体内で燃料として使われると，70 Cal (すなわち 70 kcal = 290 kJ) のエネルギーが放出されることを意味する．

問題 1・11 28.3 m/s で走っている 1070 kg の自動車の運動エネルギーは何キロジュールか．

問題 1・12 マクドナルドのビッグマックハンバーガー 1 個は 540 Cal である．

(a) ビッグマック1個は何キロジュールか．
(b) ビッグマック1個のエネルギーで100 W（ワット，watt；1 W＝1 J/s）の電球を何時間灯せるか．

このランプの75 W白熱球は75 J/sの速さでエネルギーを消費する．そのエネルギーのわずか5％が光となり，残り95％は熱として放出される．

1・12　測定の正確さ，精密さおよび有効数字

ものを測るということは，料理にしろ建築にしろ化学にしろ，多くの人が日常的にやっていることである．しかしそれらの測定はどのくらい十分なものだろうか．どんな測定も，測定を行う人間の技量や用いる装置の信頼度に依存する．たとえば，体重を測る場合に，浴室の体重計と医師の診察室の体重計では少し読みが違う，つまり体重にある程度の不確かさがあるという経験をしたことがあるだろう．同じことが化学にもいえる．測定値は常にある程度の不確かさをもつのである．

測定における不確かさを語るときに使う用語に，**正確さ**と**精密さ**がある．これら二つは日常生活ではよく混同して用いるが，実際には重要な違いがある．**正確さ**（accuracy；確度）は測定値が真の値にどのくらい近いかを表す用語であり，**精密さ**（precision；精度）はたくさんの独立な測定値がどのくらい互いに一致しているかを表す用語である．たとえば，真の質量が54.441 778 gであるテニスボールの重さを測る場合を考えよう．3種類の天秤を用いて，それぞれ3回ずつ測定して，つぎの表に示すデータを得たとしよう．

測定番号	体重計	片ひじ天秤	化学天秤
1	0.0 kg	54.4 g	54.4418 g
2	0.0 kg	54.5 g	54.4417 g
3	0.1 kg	54.3 g	54.4418 g
（平均）	（0.03 kg）	（54.4 g）	（54.4418 g）

体重計を使った場合には測定値（平均値＝ 0.03 kg）は正確でも精密でもない．測定値は1桁だけで，真の値からはほど遠く正確さが劣る．また測定値のばらつきが大きく，精密さも劣る．実験室用の安価な片ひじ天秤を使って測った場合，測定値（平均値＝ 54.4 g）は3桁でかなり正確であるが，部屋の空気が動くためか天秤の性能のためであろうが，3個の読みは54.3 gから54.5 gまで変化しており，十分に精密とはいえない．研究室にあるような高価な化学天秤を使った場合には，測定値（平均値＝ 54.4418 g）は正確であり精密である．測定値が真の値に近いので正確であり，6桁あって互いにほとんど違わないので精密であるといえる．

測定の不確かさを表すためには，数値が確かであるすべての桁にさらに不確かさのある1桁を加えて表示する．1度ごとに目盛りのある水銀温度計を読むとき，水銀面の上端に一番近い目盛り——たとえば25 ℃——を確かな値として読み，上端が25 ℃と26 ℃の間にあれば，さらに1桁を目分量で推測してたとえば25.3 ℃と読む．

測定値の全桁数を，その測定値の**有効数字**（significant figure）の桁数という．たとえば片ひじ天秤で測ったテニスボールの質量（54.4 g）は有効数字3桁であるが，化学天秤で測った質量（54.4418 g）は有効数字6桁である．最後の桁以外は確実であるが，最後の桁は推測によるもので，普通±1の誤差を含むと考えられる．

有効数字の桁数を見つけるのは普通は簡単であるが，ゼロがあると面倒になる．つぎの例を見よう．

4.803 cm	有効数字4桁：4, 8, 0, 3
0.00661 g	有効数字3桁：6, 6, 1
55.220 K	有効数字5桁：5, 5, 2, 2, 0
34,200 m	有効数字3桁（3, 4, 2）から5桁
	（3, 4, 2, 0, 0）までのいずれか

さまざまな状況を整理するとつぎのような規則になる．

1. 数値の中ほどにあるゼロは常に意味がある．したがって4.803 cmは有効数字4桁である．
2. 数値の最初にあるゼロは意味がなく，単に小数点の位置を示すものである．したがって0.006 61 gは有効数字3桁である．（0.006 61 gは 6.61×10^{-3} gあるいは6.61 mgと書き換えることができることに注意しよう．）
3. 数値の最後にあり小数点の後にあるゼロは常に意味がある．これは意味のないゼロは書かないという前提に立っている．したがって55.220 Kは有効数字5桁である．（もし有効数字が4桁であれば55.22 Kと書かねばならない．）
4. 数値の最後にあるが小数点の前にあるゼロは意味がある場合もない場合もある．そのようなゼロが測定値の一部なのか，あるいは単に小数点の位置を示すものなのかは場合によりけりである．したがって34,200 mの有効数字は3桁かもしれないし，4桁あるいは5桁

かもしれない．しかし常識で判断できるときもある．20℃という温度計の読みは有効数字2桁とみるべきであろう．なぜなら有効数字1桁ならば温度が10℃から30℃のどこかにあるということになり，実用的に意味がない．同様に体積300 mLといえば，有効数字3桁であろう．しかし地球から太陽までの距離が150,000,000 kmという場合，有効数字は2桁か3桁と考えるべきであろう．

4番目の規則は，数値は普通の表記より指数表記で表す方が便利であることを示している．指数表記にすると有効数字を明示することができるからである．34,200を 3.42×10^4 と書けば有効数字は3桁であり，3.4200×10^4 と書けば有効数字は5桁である．

有効数字に関してもう一つ注意点がある．ある種の数値，たとえば物体の数を数えて得られる数値，は正確であり誤差を含まない．したがって有効数字の桁数は実質的に無限大と考えることができる．1週は正確に7日であり，6.9日とか7.0日とか7.1日ということはない．1フィート (ft) は正確に12インチ (in.) であり，11.9 in. とか12.0 in. とか12.1 in. ということはない．さらに，指数表記に用いられる10のべき乗は正確な数である．すなわち 10^3 は正確に1000である．しかし 1×10^3 は有効数字1桁の数値である．

例題 1・4 有 効 数 字

つぎの測定値の有効数字は何桁か．
(a) 0.036 653 m (b) 7.2100×10^{-3} g
(c) 72,100 km (d) 25,030 円

解 (a) 5（規則2から） (b) 5（規則3から）
(c) 3, 4, あるいは5（規則4から） (d) 25,030円は正確な数である．

問題 1・13 ペンキ除去剤としてよく使われる溶媒であるアセトン 1.000 mL を質量 38.0015 g の小さな瓶に入れた．このアセトン入りの瓶の重さの測定値は 38.7798 g, 38.7795 g, 38.7801 g であった．アセトンの質量が 0.7791 g であったとして，これらの測定値の正確さと精密さについて何がいえるか．

問題 1・14 つぎの量は何桁の有効数字をもつか．その根拠を述べよ．
(a) 76.600 kJ (b) $4.502\ 00 \times 10^3$ g (c) 3000 nm
(d) 0.003 00 mL (e) 18 名の学生 (f) 3×10^{-5} g
(g) 47.60 mL (h) 2070 km

1・13 数値を丸める

計算機（電卓）を使って計算をするときなどによく起こることであるが，数値が妥当な有効数字の桁数以上の数字をもつことがある．たとえば自動車のガソリン消費率（燃費）を計算する場合，447 km を走行するのに 44.30 L のガソリンを使ったとすると，

$$燃費 = \frac{走行距離}{ガソリン消費量} = \frac{447\ \text{km}}{44.30\ \text{L}}$$
$$= 10.090\ 293\ \text{km/L}$$

電卓に表示される答は8桁もあるが，そんなに正確であるはずはない．有効数字はせいぜい3桁であろう．したがって意味のない数字を省いて**丸める**（round off）と 10.1 km/L が答となる．

どこで丸めるかをどのように決めればよいであろうか．多くの目的には，つぎの二つの規則を使えばよい．

1. <u>掛け算や割り算では，答の有効数字の桁数は，もとの数の有効数字の桁数のうち最も少ないものと同じになる</u>．これは常識で判断できる．走行距離を有効数字3桁以上に知ることはできないのだから（447は446, 447, 448 のいずれかということである），燃費も有効数字3桁以上には計算できない．

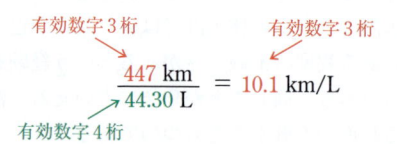

$$\frac{447\ \text{km}}{44.30\ \text{L}} = 10.1\ \text{km/L}$$

（447 km：有効数字3桁，44.30 L：有効数字4桁，10.1 km/L：有効数字3桁）

2. <u>足し算や引き算では，答の小数点以下の桁数は，もとの数の小数点以下の桁数のうち最も少ないものと同じになる</u>．たとえば，3.18 L の水に 0.013 15 L の水を加えると，3.19 L になる．これも常識で判断できる．最初の体積が小数点以下2桁までしかわからないのだから（3.17, 3.18, 3.19のいずれか），さらに加えた後の体積も小数点以下2桁までしかわからない．

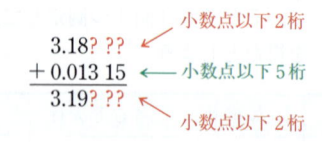

$$\begin{array}{r} 3.18?\ ??\\ +\ 0.013\ 15\\ \hline 3.19?\ ?? \end{array}$$

（3.18：小数点以下2桁，0.013 15：小数点以下5桁，3.19：小数点以下2桁）

このようにして答を何桁にすればよいかが決まれば，つぎの規則に従って数値を丸めればよい．

1. <u>省く最初の桁の数字が4以下であれば，それとそれ以下の桁を取り除く</u>．したがって 5.664 525 を有効数字3桁に丸めると 5.66 となる（省く最初の桁の数字が4であるから）．

2. 省く最初の桁の数字が6以上であれば，その左の桁に1を足して丸める．したがって5.664 525を有効数字2桁に丸めると5.7となる（省く最初の桁の数字が6であるから）．

3. 省く最初の桁の数字が5で，それ以下に0ではない桁があるときは，その左の桁に1を足して丸める．したがって5.664 525を有効数字4桁に丸めると5.665となる．

4. 省く桁が一つだけで，その数字が5であるときは，その5を取り除く．したがって5.664 525を有効数字6桁に丸めると5.664 52となる．

例題 1・5 有効数字を使う計算

英国のロンドンから米国イリノイ州のシカゴまでの距離は6359 kmで，飛行機で9.25時間（h）かかる．この飛行機の平均飛行速度は毎時何キロメートルか．

解 まず，距離を飛行時間で割る式を立てる．

$$平均速度 = \frac{6359 \text{ km}}{9.25 \text{ h}} = 687.459\,46 \text{ km/h}$$

つぎに答の有効数字が何桁になるべきかを考える．もとの数で有効数字が最も少ないのは3桁（9.25 h）であるから，答の有効数字も3桁でなければならない．つぎに数値を丸める．省くべき最初の桁の数字は4であるから，これとこれ以下の桁を取り除いて687 km/hとなる．このような問題を解く場合，意味があるなしにかかわらずすべての数字を使って計算し，答を出す段階で数値を丸めること．計算の途中で丸めてはならない．

問題 1・15 つぎの数値をかっこ内に示した有効数字の桁数に丸めよ．

(a) 3.774 499 L （4）　(b) 255.0974 K （3）
(c) 55.265 kg （4）　(d) 906.401 kJ （5）

問題 1・16 つぎの計算を行い，正しい有効数字の桁数で結果を示せ．

(a) 24.567 g + 0.044 78 g = ? g
(b) 4.6742 g ÷ 0.003 71 L = ? g/L
(c) 0.378 mL + 42.3 mL − 1.5833 mL = ? mL

問題 1・17 つぎの摂氏温度計の読みはいくらか．答の有効数字は何桁か．

1・14 計算: 単位の変換

多くの科学活動——測定したり，秤量したり，溶液をつくったり，など——は数値の計算を伴っており，一つの単位を別の単位に変換することもときおり必要になる．単位の変換は難しくはない．日常生活でもよくやっていることである．たとえば，1周200 mのトラックを7.5周走ると何メートル走ったことになるかを計算するとき，周という距離の単位とmという距離の単位との間で換算して，1500 mという答を出す（7.5周×200 m/周）．一つの科学単位を別のものに変換するのもこれと同じくらい簡単である．

$$7.5\text{周} \times \frac{200 \text{ m}}{1\text{周}} = 1500 \text{ m}$$

異なる単位を含む計算を行う最も簡単な方法は，**次元解析法**（dimensional-analysis method）を用いる方法である．この方法では，単位間の関係を表す**換算係数**（conversion factor）を用いて，一つの単位で表されたある量を別の単位で表されたそれと同じ量に変換する．

もとの量 × 換算係数 ＝ 変換後の量

§1・7で1 mが39.37 in.に等しいことを述べた．この関係を比の形で書くと，m/in. あるいは in./m の換算係数の形になる．

メートルとインチの換算係数
$$\frac{1 \text{ m}}{39.37 \text{ in.}} = \frac{39.37 \text{ in.}}{1 \text{ m}} = 1$$

一般に換算係数は実質的に1に等しいことに注意しよう．なぜなら分子にある量と分母にある量は等価なのだから．したがって換算係数を掛けるということは1を掛けることに等しく，量に変化をもたらさない．

この二つの量は等価である $\frac{1 \text{ m}}{39.37 \text{ in.}}$　$\frac{39.37 \text{ in.}}{1 \text{ m}}$ この二つの量は等価である

この次元解析法を用いる問題解決の鍵は，単位も数値と同じように扱われ，掛けたり割ったりすることができるということである．問題を解くときの考え方は，不要な単位は相殺され，必要な単位だけが残るような式を立てることである．まずわかっている量を書き，これに操作を加える．たとえば，身長が69.5 in.で，これをmで表したいという場合，まずインチ単位の身長を書き，これにm/in.の換算係数を掛ける．

$$\underset{\text{もとの量}}{69.5 \text{ in.}} \times \underset{\text{換算係数}}{\frac{1 \text{ m}}{39.37 \text{ in.}}} = \underset{\text{変換後の量}}{1.77 \text{ m}}$$

式の中で"in."の単位は相殺され，"m"の単位だけが残る．

この次元解析法は，不要な単位が相殺されるような式を立てたときにのみ，正しい答が得られる．そうでないと単位がきちんと相殺されず，正しい答が得られない．たとえばインチ単位の身長に in./m の換算係数を掛けると，意味のない単位をもつ誤った答になってしまう．

$$?? \quad 69.5 \text{ in.} \times \frac{39.37 \text{ in.}}{1 \text{ m}} = 2740 \text{ in.}^2/\text{m} \quad ??$$

次元解析法の欠点は，計算の筋道が理解できなくても正しい答が得られてしまうことである．したがって答を出した後で，概算によってチェックしてみるのがよい．もしその概算が式を使って出した答に近くないならば，どこかに間違いがあり，問題を解き直さなければならない．

概算をしないまでも，計算が道理にかなっているかどうか考えることは重要である．たとえば，ヒトの細胞の体積を計算しようとして，5.3 cm^3 という答に到達したならば，それはおかしいと気づくべきである．細胞は肉眼では見えないほど小さいが，5.3 cm^3 はクルミの体積ほどである．

次元解析法と概算によるチェックは，単位の変換のみならず，さまざまな問題の解決に役立つ．問題が複雑に見えても，問題を正しく解析すれば，複雑さの理由を理解することができる．

・与えられた情報を単位を含めて確認する．
・答に必要な情報を単位を含めて確認する．
・既知の情報と未知の答の間の関係を見出だし，答を得るための方針を練る．
・計算を行って問題を解く．
・計算の答が妥当かどうかを概算によってチェックする．

例題 1・6〜1・8 では，方針を考案し，答をチェックする方法を示す．スペースの節約のため，このやり方で説明するのはつぎの数章だけにするが，問題を解くときは常にこの方法によらなければならない．

例題 1・6 単位の変換における有効数字

テスラ社製の電気自動車は毎時 130 マイル（mi）の最高速度をもつとされている．これは毎時何キロメートルか．

方 針 既知の情報は mi/h 単位の速度であり，未知の答は km/h 単位の速度である．本書見返しにある表から適当な換算係数を見つけ，mi の単位が相殺されるような式を立てて，次元解析法を用いる．

解
$$\frac{130 \text{ mi}}{1 \text{ h}} \times \frac{1.609 \text{ km}}{1 \text{ mi}} = 209 \frac{\text{km}}{\text{h}}$$

もとの 130 mi/h の有効数字が 2 桁（130±10 mi/h）か 3 桁（130±1 mi/h）かわからないので，答の有効数字の数は不確かである．しかし 3 桁とするのが妥当であろう．なぜなら自動車の速度計が 120 mi/h と 140 mi/h を区別できないとしたら，役に立たないからである．

概算によるチェック 答はおそらく大きな値，たぶん 200 km/h 以上になるだろう．さらに詳しくいえば，1 mi = 1.609 km であるから，同じ距離をキロメートルで測ればマイルで測った値の約 1.5 倍になるだろう．したがって，130 mi はほぼ 200 km であり，130 mi/h はほぼ 200 km/h である．この概算は計算値と一致している．

例題 1・7 複雑な単位変換と有効数字

ある大型のスポーツ多目的車（SUV）は 125 km/h の速度で走ると 100 km で 16 L のガソリンを消費する．これは mi/gal 単位（gal はガロン）で表すとどうなるか．

方 針 ガソリンの消費率（燃費）が L/km（あるいは km/L）で与えられて，それを mi/gal 単位に変換するという問題である．2 種類の変換，一つはキロメートルからマイルへ，もう一つはリットルからガロンへ，が必要である．慣れるまでは一つずつやるのがよい．まず距離をキロメートルからマイルに変換し，ついでガソリンの量をリットルからガロンに変換する．最後に距離をガソリンの量で割って燃費が得られる．

解
$$100 \text{ km} \times \frac{0.6214 \text{ mi}}{1 \text{ km}} = 62.14 \text{ mi}$$
$$16 \text{ L} \times \frac{1 \text{ gal}}{3.79 \text{ L}} = 4.22 \text{ gal}$$
$$\frac{62.14 \text{ mi}}{4.22 \text{ gal}} = 14.73 \frac{\text{mi}}{\text{gal}}$$

丸めると 15 mi/gal

計算の途中では余分な桁も残しておき，最後の答えを出すときに数値を丸めるということに注意しよう．

このような多段階変換の問題に慣れてくれば，すべての不要な単位が一度に相殺されるような一つの式を立てることができるようになるだろう．

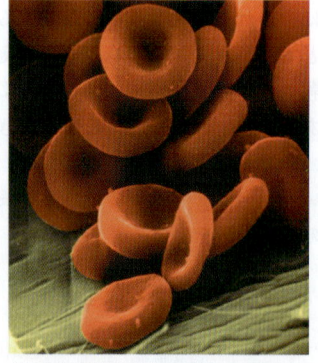

赤血球の体積はどのくらいだろう．

$$\frac{100 \text{ km}}{16 \text{ L}} \times \frac{3.79 \text{ L}}{1 \text{ gal}} \times \frac{0.6214 \text{ mi}}{1 \text{ km}} = 14.73 \frac{\text{mi}}{\text{gal}}$$

丸めると 15 mi/gal

概算によるチェック この車の燃費は低く，おそらく 10 ないし 15 mi/gal であろう．しかし複数の変換が必要なので，推測するのはちょっと難しい．1 段階ずつ考えながら，中間の推測を書き出すのがよい．
- 16 L で 100 km ということは約 6 km/L である．
- 1 km はほぼ 0.6 mi であるから，6 km/L は約 4 mi/L である．
- 1 L はほぼ 1 qt すなわち 1/4 gal であるから，4 mi/L は約 16 mi/gal である．

この概算は詳しい計算とよく一致している．

例題 1・8　複雑な単位変換と有効数字

1883 年 8 月 27 日にインドネシアのクラカタウ島を襲った火山の噴火は，4.3 立方マイル（mi^3）と推定される堆積物を大気中に放出し，数年にわたって地球の気象に影響を与えた．この堆積物の量は SI 単位では何立方メートル（m^3）になるか．

方針 体積が立方マイルで与えられて，それを立方メートルに変換しなければならない．まず mi^3 を km^3 に変換し，ついで km^3 を m^3 に変換するのが最も簡単である．

解

$$4.3 \text{ mi}^3 \times \left(\frac{1 \text{ km}}{0.6214 \text{ mi}}\right)^3 = 17.92 \text{ km}^3$$

$$17.92 \text{ km}^3 \times \left(\frac{1000 \text{ m}}{1 \text{ km}}\right)^3 = 1.792 \times 10^{10} \text{ m}^3$$

丸めると 1.8×10^{10} m^3

概算によるチェック 1 m は 1 mi よりずっと小さいから，1 mi^3 を m^3 で表すと，巨大な数字になるだろう．1 km はほぼ 0.6 mi であるから 1 km^3 は 1 mi^3 のほぼ $(0.6)^3$ 倍すなわち約 0.2 倍である．つまり 1 mi^3 は約 5 km^3 となり，したがって 4.3 mi^3 は約 20 km^3 となる．つぎに，1 km^3 は $(1000 \text{ m})^3 = 10^9$ m^3 である．したがって，クラカタウ島の噴火で吹き飛んだ堆積物の体積は約 20×10^9 m^3 すなわち 2×10^{10} m^3 となる．この概算は詳しい計算と一致している．

問題 1・18 つぎの問題の答を計算せよ．その答を概算によってチェックせよ．

(a) 金の融点は 1064 ℃ である．これは華氏温度で何度か．

(b) 赤血球が直径 6×10^{-6} m，厚さ 2×10^{-6} m の円盤状であるとして，その体積は cm^3 単位でいくらか．

問題 1・19 宝石の重さは<u>カラット</u>（carat）で測り，1 carat = 200 mg（正確に）である．世界最大の青色ダイヤモンドである 44.4 カラットの"ホープ・ダイヤモンド"の質量は何グラムか．またこれは何オンス（oz）か（1 oz = 28.35 g）．

問題 1・20 質量 0.1000 g の純粋なダイヤモンドは 5.014×10^{21} 個の炭素原子を含み，その密度は 3.52 g/cm^3 である．"ホープ・ダイヤモンド"（問題 1・19）の体積はいくらか．また何個の炭素原子を含んでいるか．

要　約

化学（chemistry）は**物質**（matter）の組成，性質，変化を研究する学問である．その最善のアプローチは，問題を提起し，実験を行い，実験事実を説明する**理論**（theory）を案出することである．

あらゆる物質は，117 種類の**元素**（element）の一つあるいはそれ以上からなっている．元素は化学的にさらに分解することができない基本物質である．元素は一つないし二つのアルファベットからなる記号をもち，**族**（group; 縦列）と**周期**（period; 横列）からなる**周期表**（periodic table）に整理される．同じ族に属する元素は似た化学的挙動を示す．周期表の左側の大きな二つの族と右側の大きな 6 個の族は**主要族**（main group）とよばれる．周期表の中央部分の小さな 10 個の族は**遷移金属族**（transition metal group）とよばれ，表の下に別枠で示されている 15 個の族は**内遷移金属族**（inner transition metal group）とよばれる．元素は**金属**（metal），**非金属**（nonmetal），**半金属**（semimetal）に分けられる．

物質の特徴を示す**性質**（property）は，何通りかの方法で分類できる．**物理的性質**（physical property）は試料の化学組成を変化させることなく決められる性質であり，**化学的性質**（chemical property）は試料の化学変化を伴う性質である．**示強性**（intensive property）は試料の大きさによらない性質であり，**示量性**（extensive property）は試料の大きさに依存する性質である．

正確な測定は科学の実験には非常に重要である．単位は国際単位〔**SI 単位**（SI unit）〕を用いる．7 種の SI 基本単位があり，その他に誘導単位がある．物体中の物質の量を表す**質量**（mass）は**キログラム**（kilogram, **kg**）で測る．**長さ**（length）は**メートル**（meter, **m**）で，**温度**（temperature）は**ケルビン**（kelvin, **K**）で，**体積**（volume）は**立方メートル**（cubic meter, **m**^{3}）で測る．よりなじみのある**リットル**（liter, **L**）や**ミリリットル**（milliliter, **mL**）が体積を測るのに，また**セルシウス度**（Celsius degree, **℃**）が温度を測るのに使われている．**密度**（density）は質量と体積を関連づける示強的物理的性質であり，SI 誘導単位である g/cm^3 あるいは g/mL

で表される．**エネルギー**（energy）は熱を与えたり，仕事をしたりする能力であり，SI 誘導単位（kg·m²/s²）あるいは**ジュール**（joule, J）で測る．エネルギーには，物体が動くための**運動エネルギー**（kinetic energy, E_K）と物体に貯えられている**位置エネルギー**（potential energy, E_P）がある．

多くの実験は数値計算を含むので，異なる単位の取扱いや換算が必要となる．そのような変換を行う最も簡単な方法は**次元解析法**（dimensional-analysis method）を用いることである．それは不要な単位が相殺され，必要な単位だけが残るように式を立てることである．物理量を測定して計算を行う際に重要なことは，測定結果を正しい**有効数字**（significant figure）の桁数まで**丸めて**（round off）測定値の精密さを示すことである．

キーワード

アルカリ金属（alkali metal）　6
アルカリ土類金属（alkaline earth metal）　7
位置エネルギー（potential energy, E_P）　14
運動エネルギー（kinetic energy, E_K）　14
SI 単位（SI unit）　9
エネルギー（energy）　14
化学（chemistry）　1
化学的性質（chemical property）　6
換算係数（conversion factor）　17
貴ガス（noble gas）　7
キログラム（kilogram, kg）　10
金属（metal）　8
グラム（gram, g）　10
ケルビン（kelvin, K）　11
元素（element）　2
示強性（intensive property）　6
次元解析法（dimensional-analysis method）　17
質量（mass）　10

Interlude

化学薬品，毒性，危険性

人生は常に安全とは限らない．毎日多くの危険にさらされていて，それに全く気づかないこともしばしばである．自転車で交通事故死する可能性は 1 km 当たり自動車の 10 倍以上であるにもかかわらず，自動車をやめて自転車に乗る決心をするかもしれない．米国では毎年 400,000 人以上が喫煙によって死亡しているにもかかわらず，喫煙したいと思うかも知れない．

"化学物質"による危険性はどうだろう？　食品は外部は殺虫剤まみれで内部は添加物だらけであるとか，土地は有毒な廃棄物で汚染されているとか，医薬品は安全ではないとか，そのような報告がときおり発表されている．化学物質による危険性はどのくらい深刻なのだろうか．またその危険性をどのように評価するのだろうか．

まず第一に，われわれ自身の身体を含めて<u>あらゆるものが化学物質からできている</u>ということを認識しなければならない．それはまさに物質とは何かということである．"化学物質の入っていない"食品，化粧品，洗剤などというものは存在しない．第二に，"天然の"物質と"人造の"物質には有意の差はない，ということである．化学物質は化学物質である．多くの天然物——たとえばヘビ毒——はきわめて有毒であるし，多くの合成物質——たとえばポリエチレン——は無毒である．

表 1・8　ラットにおける LD₅₀ の例

物　質	LD₅₀ 〔g/kg〕
ストリキニーネ	0.005
三酸化ヒ素	0.015
DDT	0.115
アスピリン	1.1
クロロホルム	1.2
硫酸鉄(Ⅱ)	1.5
エタノール	7.1
シクラミン酸ナトリウム	12.8

化学物質の危険性評価は，実験動物，普通はマウスやラット，を化学物質にさらして，損傷の兆候を監視することによって行う．試験に要する費用や時間に限りがあるので，ヒトが普通遭遇する量の数百ないし数千倍の量が投与される．動物実験で観測された<u>急性化学毒性</u>（慢性毒性に対して）は <u>LD₅₀ 値</u>として報告される．LD₅₀ 値とは，実験動物の 50% が死亡するときの体重 1 kg 当たりの化学物質のグラム単位の量である．LD₅₀ 値の例を表 1・8 に示す．数値が小さいほど，その物質の毒性は高い．

動物実験で LD₅₀ 値が確定しても，ヒトが化学物質に被ばくしたときの危険性は評価が難しい．ある化学

周期（周期表の）（period） 4	物質（matter） 10
周期表（periodic table） 4	物理的性質（physical property） 6
主要族（周期表の）（main group） 6	マイクログラム（microgram, μg） 10
ジュール（joule, J） 14	マイクロメートル（micrometer, μm） 10
示量性（extensive property） 6	丸め（rounding off） 16
正確さ（accuracy） 15	密度（density） 13
性質（property） 6	ミリグラム（milligram, mg） 10
精密さ（precision） 15	ミリメートル（millimeter, mm） 10
セルシウス度（degree Celsius, ℃） 11	ミリリットル（milliliter, mL） 12
遷移金属族（周期表の）（transition metal group） 6	メタロイド（metalloid） 8
センチメートル（centimeter, cm） 10	メートル（meter, m） 10
族（周期表の）（group） 4	有効数字（significant figure） 15
内遷移金属族（inner transition metal group） 6	リットル（liter, L） 12
ナノメートル（nanometer, nm） 10	立方センチメートル（cubic centimeter, cm^3） 12
ハロゲン（halogen） 7	立方デシメートル（cubic decimeter, dm^3） 12
非金属（nonmetal） 8	立方メートル（cubic meter, m^3） 12
ピコメートル（picometer, pm） 10	理論（theory） 1

物質がラットに有毒であるならば，必然的にヒトにも有毒なのだろうか．小動物への大量投与の結果が，大きなヒトへの少量投与の場合に当てはまるのだろうか．あらゆる物質が生物に対してある程度の毒性をもっており，有益であるか有害であるかの差は程度の問題である．たとえばビタミンAは視覚に必要な物質であるが，大量に投与するとがんをひき起こす．三酸化ヒ素は典型的な毒物であるが，ある種の白血病の症状を軽減させるのでトリセノックスという名前で医薬品として市販されている．水ですら有毒なことがある．大量に飲むと体液中の塩類を薄めて低ナトリウム血症とよばれる致命的な症状を起こすことがあり，何人かのマラソンランナーがそのために死亡している．さらに危険性の評価は，なじみがあるかどうかに強く影響される．多くの食品は合成添加物や残留農薬よりはるかに毒性の強い天然成分を含んでいることがあるが，それらの食品がおなじみのものであるという理由で，そのような天然成分が不問に付されることがある．

あらゆる決定には交換条件がある．食物生産を増大させるという殺虫剤の効用は，100万人に1人への健康被害よりも優先するのだろうか．新薬の有効性は少数の患者への危険な副作用に優先するのだろうか．百人百様の意見があるであろうが，感情的に反応するよりまず事実を正直に評価することが大事である．

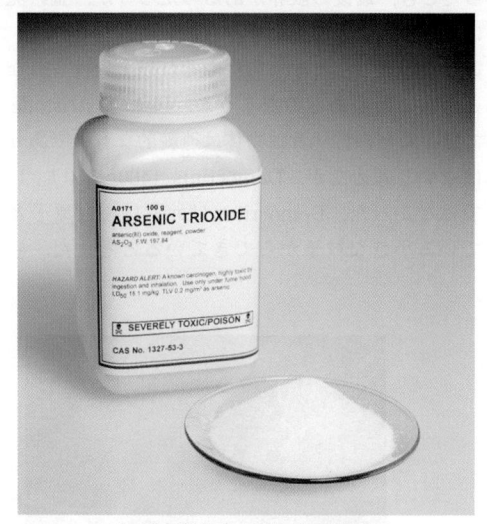

これは毒薬か白血病の治療薬か？

問題 1・21 食塩（塩化ナトリウム）のラットにおけるLD$_{50}$は4 g/kgである．ラットとヒトでLD$_{50}$は同じであるとして，体重70 kgのヒトが死亡する確率が50％になるためにはどのくらいの食塩を摂取する必要があるか．

2　原子の構造と安定性

2・1　質量保存の法則と定比例の法則
2・2　倍数比例の法則とドルトンの原子論
2・3　原子の構造：電子
2・4　原子の構造：陽子と中性子
2・5　原子番号
2・6　原子質量，原子量および物質量
2・7　核化学：他の元素への変換
2・8　放射能
2・9　原子核の安定性
Interlude　元素の起源

　人類は常に変化，特に劇的な変化や有用な変化，に魅せられてきた．古代においては，木の棒が燃えて熱を出し，小さな灰の塊になるという変化は特に重要なものであった．また赤い岩石の塊（鉄鉱石）を炭とともに熱すると，武器や道具として非常に有用な灰色の金属（鉄）となるという変化もそうであった．そのような変化を観察して，哲学者たちは物質が何からできているのかを考えるようになり，現在元素とよばれている基本的な物質の概念にいたった．

　哲学者たちはさらに，元素は何からできているのか，という疑問にも挑戦した．物体をより小さな部分に分けていったとき，最後の限界があるのだろうか．金の塊を二つに切り分け，その一つをさらに二つに切り分け，ということを繰返したとき，もはやそれ以上分けられなくなるということがあるのだろうか．Plato や Aristotle を含めてほとんどの哲学者は物体は連続的なものであり，限界はないと考えたが，Democritus（460〜370 B.C.）はそうではなかった．Democritus は元素は現在原子とよばれている小さな粒子からできていると考えた．原子 (atom) は "不可分の" を意味するギリシャ語の *atomos* に由来している．しかしそれから約 2000 年後に近代実験科学が誕生するまで，元素や原子についての知識にそれ以上の進展はなかった．

2・1　質量保存の法則と定比例の法則

　独立の学問としての化学を最初に研究し，厳密な化学の実験を最初に行ったとされるのは英国の Robert Boyle（1627〜1691）である．Boyle は気体の性質と挙動についての一連の注意深い研究によって，物質が原子からできているという明確な証拠を示した．さらに彼は初めて，化学的にそれ以上分割できない物質として元素 (element) を明確に規定し，多くの異なる元素があるはずであると示唆した．これらの異なる元素の原子がいろいろな形で寄り集まって，現在化合物 (chemical compound) とよばれている膨大な数の物質をつくることができる．

　Boyle の後，数十年間化学の進歩は停滞したが，Joseph Priestley（1733〜1804）の研究が現れて大きく進展した．Priestley は 1774 年に酸化水銀を加熱することによって

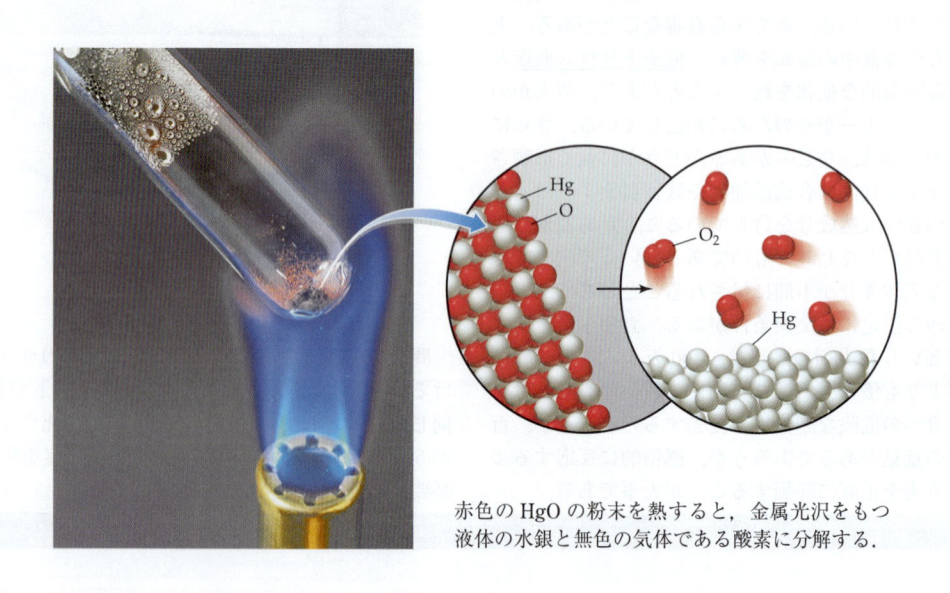

赤色の HgO の粉末を熱すると，金属光沢をもつ液体の水銀と無色の気体である酸素に分解する．

酸素ガスを単離した．この化学反応は現在 $2\,\mathrm{HgO} \rightarrow 2\,\mathrm{Hg} + \mathrm{O}_2$ と書き表すことができる．

この化学変換を書き表すための式において，各化合物は**化学式**（chemical formula）で表される．化学式は，構成元素を記号で書き並べて，下付き数字で各元素の原子数を表すものである．下付き数字がなければ，原子数は1と考える．反応は**化学反応式**（chemical equation）で書き表される．反応式では，反応を起こす物質を左側に，生成する物質を右側に書き，化学変換の向きを示す矢印をその間に書く．

プリーストリの発見の後，しばらくして，Antoine Lavoisier（ラボアジエ）（1743～1794）は，酸素が燃焼において鍵となる物質であることを示した．さらに彼は密閉した容器の中で燃焼させる注意深い実験によって，燃焼生成物の質量が出発物質の質量と完全に等しいことを証明した．たとえば，水素ガスが燃えて酸素と結合し水（$\mathrm{H_2O}$）ができるとき，生成した水の質量は消費された水素および酸素の質量の和に等しい．この原理は**質量保存の法則**（law of mass conservation）とよばれ，化学において最も基本的な原理の一つである．

▶ **質量保存の法則**　化学反応において質量は決して増えたり減ったりすることはない．

質量保存の法則は，図2・1に示すような実験によって簡単に証明することができる．3.25 g の硝酸水銀 $[\mathrm{Hg(NO_3)_2}]$ と 3.32 g のヨウ化カリウム（KI）をそれぞれ水に溶かして，その溶液を混合すると，直ちに化学反応が起こり，ヨウ化水銀（$\mathrm{HgI_2}$）が不溶性のオレンジ色の固体として生成する．この反応混合物を沪過すると 4.55 g のヨウ化水銀が得られ，残りの溶液から水を蒸発させて除くと 2.02 g の硝酸カリウム（$\mathrm{KNO_3}$）が残る．したがって反応物の質量の和（3.25 g + 3.32 g = 6.57 g）は生成物の質量の和（4.55 g + 2.02 g = 6.57 g）に正確に等しい．

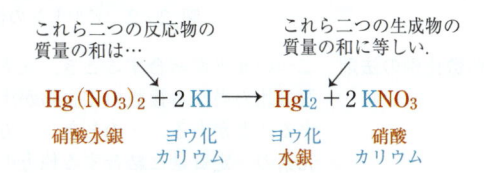

これら二つの反応物の質量の和は… これら二つの生成物の質量の和に等しい．

$$\mathrm{Hg(NO_3)_2} + 2\,\mathrm{KI} \longrightarrow \mathrm{HgI_2} + 2\,\mathrm{KNO_3}$$
硝酸水銀　　ヨウ化カリウム　　ヨウ化水銀　　硝酸カリウム

Lavoisier のこの発見の後，数十年に及ぶさまざまな研究ののち，フランスの化学者 Joseph Proust（プルースト）（1754～1826）は現在**定比例の法則**（law of definite proportion）とよばれているもう一つの重要な化学原理を見出だした．

▶ **定比例の法則**　純粋な一つの化合物において元素の質量比は常に一定である．

水（$\mathrm{H_2O}$）のどんな試料でも，水素と酸素の質量比は常に 1：8 であり，二酸化炭素（$\mathrm{CO_2}$）の試料は常に炭素と酸素を質量比 3：8 で含んでいる．つまり，<u>元素は常に一定の割合で結合し，任意の割合で結合することはない</u>．

2・2　倍数比例の法則とドルトンの原子論

Proust が定比例の法則を見出だしたのとほぼ同じ頃，英国の学校教師であった John Dalton（ドルトン）（1766～1844）も似たような研究をしていた．彼は研究成果に基づいて，後に**倍数比例の法則**（law of multiple proportion）とよばれるようになった法則を提唱した．

既知量の KI と $\mathrm{Hg(NO_3)_2}$ を測り取って水に溶かす．

二つの溶液を混ぜると $\mathrm{HgI_2}$ の固体を生じる．これを沪過して取り除く．

残った溶液を蒸発させると $\mathrm{KNO_3}$ の固体が得られる．秤量すると，生成物の質量の和は反応物の質量の和に等しい．

図 2・1　質量保存の法則を示す例．どんな化学反応においても，最終生成物の質量の和は，出発の反応物の質量の和に等しい．

2. 原子の構造と安定性

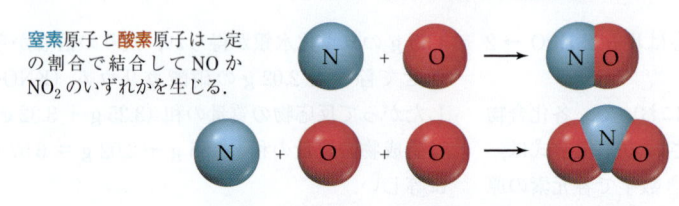

窒素原子と酸素原子は一定の割合で結合してNOかNO₂のいずれかを生じる。

NO₂は窒素原子1個当たりNOの正確に2倍の数の酸素原子をもっている。

図 2・2 ドルトンの倍数比例の法則を示す例.

倍数比例の法則 二つの元素が結合するとき，元素の質量比の異なる複数の化合物が生成することがある．そのとき，一方の元素の一定質量と結合する他方の元素の質量は，簡単な整数比となる．

Daltonの主張は，同じ組合わせの元素が異なる割合で結合して異なる化合物を与えることがあることを見出だしたことに基づいている．たとえば窒素と酸素は7：8の質量比で結合して酸化窒素（NO）とよばれている化合物をつくることもあり，7：16の質量比で結合して二酸化窒素（NO₂）とよばれている化合物をつくることもある．後者は前者のちょうど2倍の酸素を含んでいる．

NO：7gの窒素に対して8gの酸素
   N：O 質量比 ＝ 7：8
NO₂：7gの窒素に対して16gの酸素
   N：O 質量比 ＝ 7：16

NOとNO₂でのN：O比の比較

$$\frac{\text{NOでのN：O 質量比}}{\text{NO}_2\text{でのN：O 質量比}} = \frac{(7\,\text{g N})/(8\,\text{g O})}{(7\,\text{g N})/(16\,\text{g O})} = 2$$

この結果が意味をなすには，物体が特有の質量をもつ不連続な原子からできており，それらの原子はある決まったやり方で結合すると仮定しなければならない（図2・2）．

質量保存の法則，定比例の法則，および倍数比例の法則をまとめることによって，Daltonは物体についての新しい理論を提唱した．彼はつぎのように推論した：

- 元素は**原子**（atom）とよばれる小さな粒子からできている．Daltonは原子がどのようなものであるかはわからなかったが，多くの種類の元素が存在することを説明するには原子を想定することが必要であると考えた．
- 各元素はそれを構成している原子の質量で特徴づけられる．同じ元素の原子は同じ質量をもつが，異なる元素の原子は異なる質量をもつ．Daltonは異なる元素の原子を区別する特徴があるに違いないと考えた．プルーストの定比例の法則によれば，元素は常に一定の質量比で結合するのだから，元素を区別する特徴は質量であるとDaltonは考えた．
- 元素が化学的に結合して複数の異なる化合物を生成するとき，化合物における各元素の原子数の比は小さな整数比となる．原子が整数比で結合することによって化合物中の元素は一定の質量比となる（定比例の法則および倍数比例の法則）．化学反応において1個に満たない原子が関与することはない．
- 化学反応では，原子の結びつき方が変わるだけであり，原子そのものが変化するのではない．Daltonは質量保存の法則が成り立つためには，原子は化学的に破壊できないものでなければならないと考えた．出発物と生成物が同数同種の原子を含むならば，質量も同じでなければならない．

Daltonの主張がすべて正しかったわけではない．たとえば彼は水はH₂OではなくHOであると考えていた．にもかかわらず彼の原子論は最終的に受入れられ，現代化学の基礎を形づくることになった．

この硫黄と炭素の試料は質量は異なるが同数の原子を含んでいる．

例題 2・1 倍数比例の法則を使う

メタンとプロパンはともに天然ガスの成分である．あるメタンの試料は炭素5.70gと水素1.90gからできている．あるプロパンの試料は4.47gの炭素と0.993gの水素からできている．この二つの化合物が倍数比例の法則に従っていることを示せ．

方 針 各化合物におけるC：H質量比を求め，それらの数値が二つの化合物の間で互いに小さな整数比になっているかどうかを確かめる．

2・3 原子の構造: 電子

解

$$\text{メタン:} \quad \text{C:H 質量比} = \frac{5.70 \text{ g C}}{1.90 \text{ g H}} = 3.00$$

$$\text{プロパン:} \quad \text{C:H 質量比} = \frac{4.47 \text{ g C}}{0.993 \text{ g H}} = 4.50$$

$$\frac{\text{メタンの C:H 質量比}}{\text{プロパンの C:H 質量比}} = \frac{3.00}{4.50} = \frac{2}{3}$$

問題 2・1 化合物 A と B は硫黄と酸素が結合してできる無色の気体である．化合物 A は硫黄 6.00 g と酸素 5.99 g が結合してでき，化合物 B は硫黄 8.60 g と酸素 12.88 g が結合してできる．両化合物における質量比が互いに簡単な整数比になっていることを示せ．

2・3 原子の構造: 電子

ドルトンの原子論はそれとして完璧なものであるが，原子が何からできているのかという素朴な疑問には答えていない．Dalton 自身この問に答えるすべをもっていなかった．その手がかりを与えたのは，それからほぼ 1 世紀も後の英国の物理学者 J. J. Thomson (1856〜1940) の実験であった．

Thomson が実験で用いたのは，現在でも一部のテレビやパソコンの画面表示に用いられている陰極線管 (CRT) の初期のものであった．図 2・3 a に示すように，陰極線管は，電極として 2 枚の金属薄片を封入して脱気したガラス管である．電極間に十分な高電圧をかけると，負の電圧をかけた電極（カソード，陰極）から正の電圧をかけた電極（アノード，陽極）に電子が流れる．管が完全な真空ではなく少量の空気や他の気体があると，電流が陰極線とよばれる白熱光として目に見える．さらに，陽極に孔を開け，管の末端に硫化亜鉛のような蛍光物質を塗っておくと，陰極線の一部が孔を通って管の末端に達して明るい光のスポットを与える．これはまさに CRT を用いたテレビやパソコンの画面で起こっていることである．

1890 年代の物理学者たちの実験によって，ガラス管の近くに磁石や帯電した金属板を近づけると，陰極線が偏向することがわかった（図 2・3 b）．陰極線が陰極でつくられ，正電荷のある方向に曲がることから，Thomson は，陰極線が負の電荷をもつ小さな粒子——現在**電子** (electron) とよばれている——からなっていると考えた．さらに，いろいろな金属を電極に使ったときにいつも電子が放出されることから，これらすべての金属が電子をもっていると考えた．

Thomson は陰極線管の中で近くの磁場や電場によって電子線が偏向する度合いはつぎの三つの因子によると

(a) 電子流は普通まっすぐに流れる．

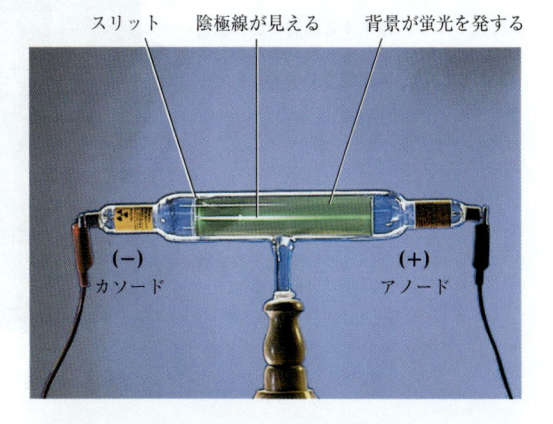

(b) 電子流は磁場や電場によって曲げられる．

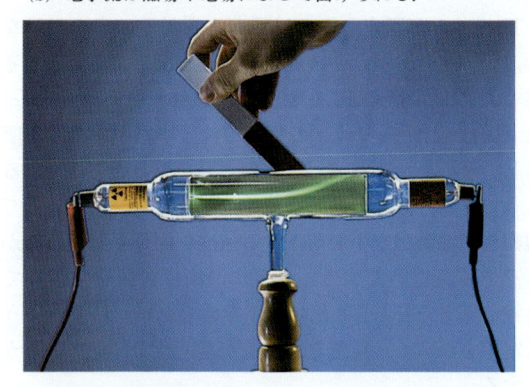

図 2・3 陰極線管の中でカソードから放出された電子流はスリットを通ってアノードに向かって流れ，蛍光を発する帯となって観測される．

推論した．

1. **磁場や電場の強度**．磁場が強いほど，あるいは金属板にかかる電圧が高いほど，偏向は大きい．
2. **電子のもつ負電荷の大きさ**．粒子のもつ電荷が大きいほど，磁場や電場との相互作用が大きく，偏向も大きい．
3. **電子の質量**．粒子が軽いほど，偏向は大きい（ピンポン球の方がボウリングの球よりも曲がりやすい）．

既知の強さの磁場や電場による偏向の度合いを注意深く測定して，Thomson は電子の電荷と質量の比 e/m を計算した．その値は現在つぎのようである:

$$\frac{e}{m} = 1.758\,820 \times 10^8 \text{ C/g}$$

ここで，e は電子のもつ電荷をクーロン (C) 単位で表したものであり，m は電子のグラム単位の質量である．（電荷やクーロンという単位については 17 章で学ぶ．）ここで，e は正の値と定義されているので，電子のもつ

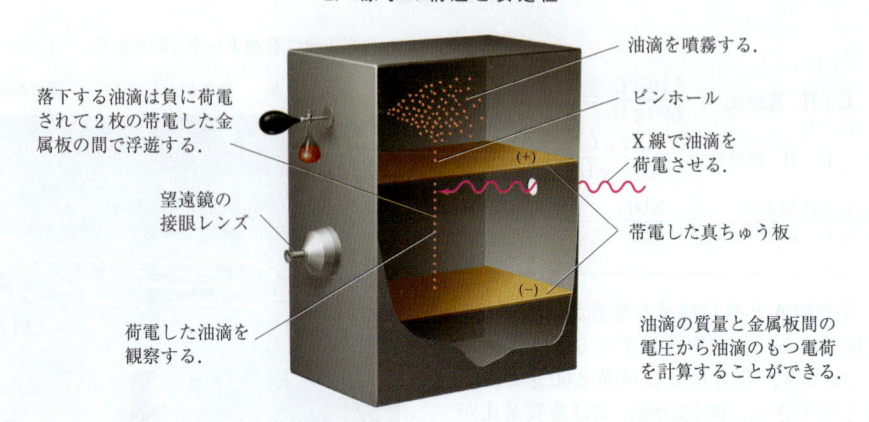

図 2・4　ミリカンの油滴実験.

電荷は$-e$であることに注意しよう.

　Thomson が測定したのは電荷や質量そのものではなく，その比であったが，電子の質量を測定する方法を考案したのは米国の R. A. Millikan（1868～1953）であった（図2・4）．ミリカンの実験では，小室の中で油を噴霧し，その小さな油滴が2枚の水平な板の間を落下するようにする．球状の油滴を望遠鏡の接眼レンズを通して観察し，油滴が空中を落下する速度を測定して，これからその質量を計算する．つぎに油滴にX線を照射して負電荷をもたせる．2枚の水平板の上側が正になるように電圧をかけて，荷電した油滴が落下せずに止まるようにする．

　2枚の板にかかる電圧と油滴の質量から，Millikan はどの油滴の電荷も e の整数倍になっていることを示した．現在，e の値は $1.602\,176 \times 10^{-19}$ C とされている．この値をトムソンの電荷-質量比に代入することによって，電子の質量 m が $9.109\,382 \times 10^{-28}$ g と計算される．

$$\frac{e}{m} = 1.758\,820 \times 10^{8} \text{ C/g} \text{ であるから}$$

$$m = \frac{e}{1.758\,820 \times 10^{8} \text{ C/g}} = \frac{1.602\,176 \times 10^{-19} \text{ C}}{1.758\,820 \times 10^{8} \text{ C/g}}$$

$$= 9.109\,382 \times 10^{-28} \text{ g}$$

2・4　原子の構造: 陽子と中性子

　トムソンの陰極線管の実験を思いだそう．物体は全体として電気的に中性であるから，電極にある原子が負の電荷をもつ粒子（電子）を放出しうるということは，それらの原子は電子と電気的に釣り合うような正の電荷をもつ粒子をもっていることを意味している．このような正の電荷をもつ粒子を探索し，原子の構造の全体像をつかもうとする努力が，1911年に公表されたニュージーランドの物理学者 Ernest Rutherford（1871～1937）の画期的な実験につながった．

　ラザフォードの実験は，ラジウム，ポロニウム，ラドンといった天然の放射性元素から放出される一種の放射線である α（アルファ）粒子を用いるものであった．Rutherford は α粒子が電子の約7000倍の質量をもつこと，電子の電荷の2倍の大きさの正電荷をもつことを見出だした．

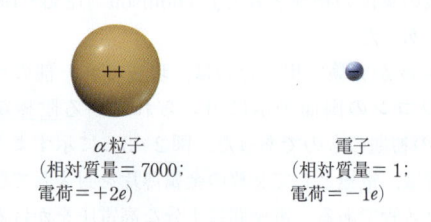

α粒子
（相対質量＝7000；
電荷＝＋2e）

電子
（相対質量＝1；
電荷＝−1e）

　α粒子線を金の薄膜に当てると，その大部分は偏向することなく薄膜を通過するが，ごく少数の粒子（ほぼ20,000個に1個）はある角度で曲げられ，その一部は線源にはね返ってきた（図2・5）．

　Rutherford はこの実験結果から，金属原子はほとんど何もない空間からできており，その質量は **原子核**（nucleus）とよばれる小さな中心部分に集中している，と考えた．原子の質量の大部分と正電荷が原子核にあり，電子はそれからかなり遠いところに存在すると考えると，観測された実験事実を説明することができる．すなわち，大部分の α粒子は薄膜を通過するとき，何もない空間を素通りするが，たまたま小さいけれども重くて正の電荷をもつ原子核の近くにきた α粒子は強く反発してはね返る．

　現在の測定では，原子の直径はほぼ 10^{-10} m であり，原子核の直径はほぼ 10^{-15} m であることがわかっている．この数字だけでは，原子核が実際どのくらい小さいのかわかりにくいが，原子が大きなドーム球場の大きさであるとすると，原子核はグラウンドの中心に置いた小さな豆つぶの大きさに相当する．

2・4 原子の構造：陽子と中性子

1910年から1930年の間にRutherfordたちが行った実験から，原子核は陽子および中性子とよばれる2種類の粒子からできていることがわかった．**陽子**（proton）は$1.672\,622 \times 10^{-24}$ g（電子のほぼ1836倍）の質量をもち，正の電荷をもっている．陽子のもつ電荷は電子のもつ電荷と符号が逆であるが大きさは等しいので，中性原子における陽子の数は電子の数に等しい．**中性子**（neutron；$1.674\,927 \times 10^{-24}$ g）は陽子とほぼ同じ質量をもっているが電荷をもたない．また原子核の中にある中性子の数は陽子や電子の数とは直接関連していない．原子を構成するこれら3種類の基本的粒子を比較して表2・1にまとめ，図2・6に原子の全体図を示す．

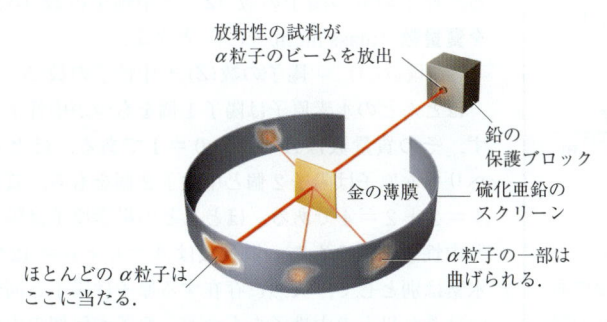

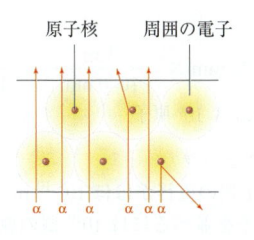

α粒子のビームを金の薄膜に向けると，大部分の粒子は曲げられることなく通り抜けるが，一部は大きな角度で曲げられ，線源にはね返ってくる粒子もごくわずかにある．

拡大して見ると，原子のほとんどの部分が何もない空間であり，原子核に衝突するα粒子だけが曲げられることがわかる．

図2・5 ラザフォードの散乱実験．

表2・1 原子を構成する粒子の比較

粒子	質量 グラム	質量 amu*	電荷 クーロン	電荷 e
電子	$9.109\,382 \times 10^{-28}$	$5.485\,799 \times 10^{-4}$	$-1.602\,176 \times 10^{-19}$	-1
陽子	$1.672\,622 \times 10^{-24}$	$1.007\,276$	$+1.602\,176 \times 10^{-19}$	$+1$
中性子	$1.674\,927 \times 10^{-24}$	$1.008\,665$	0	0

* 原子質量単位（amu）の定義は§2・6で述べる．

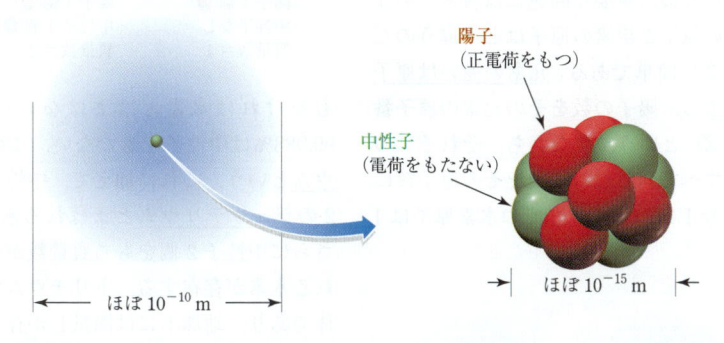

負電荷をもつ電子で占められる空間

陽子と同数の電子が原子核の周りを飛んでいて原子の体積の大部分を占めている．

原子核にある陽子と中性子はほんのわずかの体積しか占めないが，原子のほぼすべての質量を担っている．

図2・6 原子の概観．

例題 2・2 原子の大きさを使う計算

普通の鉛筆はグラファイトとよばれる炭素でできている．鉛筆の線幅が 0.35 mm であり，炭素原子の直径を 1.5×10^{-10} m とすると，この線幅に何個の原子が並んでいるか．

方針 与えられた情報から出発して，不要な単位を相殺するような換算係数を用いた式を立てる．この例では，ミリメートル単位の線幅から始めて，それをメートル単位に変換し，それをメートル単位で表した1個の原子の直径で割る．

解

$$\text{原子数} = 0.35 \text{ mm} \times \frac{1 \text{ m}}{1000 \text{ mm}} \times \frac{1 \text{ 原子}}{1.5 \times 10^{-10} \text{ m}}$$
$$= 2.3 \times 10^{6} \text{ 原子}$$

概算によるチェック

炭素原子1個の直径がほぼ 10^{-10} m であるから，1 m の幅に原子を並べるには 10^{10} 個の原子が必要である．したがって 1 mm の幅では 10^{7} 個，0.35 mm の幅では約 0.3×10^{7} 個（すなわち 3×10^{6} つまり 300 万個）の炭素原子ということになる．この概算はほぼ計算と一致している．

問題 2・2 Rutherford が散乱実験で用いた金の薄膜の厚さは約 0.005 mm であった．金原子1個の直径を 2.9×10^{-8} cm とすると，この薄膜は原子何個分の厚さか．

問題 2・3 ピン先ほどの大きさの炭素の粒1個はほぼ 10^{19} 個の炭素原子からできており，炭素原子の直径は 1.5×10^{-10} m で，赤道上での地球の周囲が 40,075 km とすると，炭素の粒1個に含まれる炭素原子を一列に並べると地球を何周するか．

2・5 原子番号

これまでは，原子の一般像を見てきたが，原子間の違いは何によるのかという最も重要な問題には答えていなかった．たとえば金の原子と炭素の原子はどう違うのだろうか．その答は非常に簡単である：元素の違いは原子核にある陽子の数による．陽子の数をその元素の**原子番号**（atomic number; Z）という．すなわち，それぞれの元素に属する原子はすべて同じ数の陽子をその原子核にもつ．水素は原子番号1なので，すべての水素原子は1個の陽子をもっている．ヘリウムは原子番号2であり，ヘリウム原子は常に2個の陽子をもつ．炭素は原子番号6であり，炭素原子は常に6個の陽子をもつ．もちろん，中性原子は常に陽子の数と同じ数の電子をもっている．

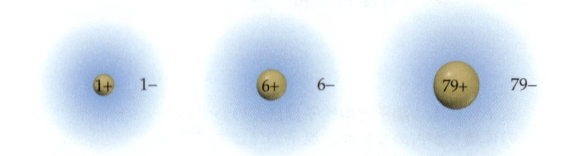

原子番号(Z) = 原子核にある陽子の数
= 原子核を取り巻く電子の数

ほとんどの原子の原子核には陽子に加えて中性子がある．原子のもつ陽子の数（Z）と中性子の数（N）の和を**質量数**（mass number; A）とよぶ．

質量数(A) = 陽子の数(Z) + 中性子の数(N)

ほとんどの水素原子は陽子1個をもつが中性子はもたず，その質量数は $A = 1 + 0 = 1$ である．ほとんどのヘリウム原子は陽子2個と中性子2個をもち，質量数は $A = 2 + 2 = 4$ である．ほとんどの炭素原子は陽子6個と中性子6個をもち，質量数は $A = 6 + 6 = 12$ である．水素は別として，天然に存在する原子は陽子と同数あるいはそれ以上の中性子をもつが，原子が何個の中性子をもつかを予測するのは簡単ではない．

前段で，"ほとんどの"という言葉が繰返し出てきたことに注意しよう．同じ元素でも中性子の数が異なり，したがって質量数の異なる原子が存在することがある．原子番号が同じでありながら質量数の異なる原子を**同位体**（isotope）という．たとえば水素には3種類の同位体がある．

すべての水素原子はその原子核に陽子1個をもつ（さもなければ水素とはよばない）．しかしそのうちの 99.988% は中性子をもたない．このような水素を<u>プロチウム</u>という．これに加えて，中性子を1個もち質量数が2の<u>ジュウテリウム</u>とよばれる水素が 0.012% 存在する．さらに中性子2個をもち質量数が3の<u>トリチウム</u>とよばれる水素が存在する．トリチウムは不安定な放射性同位体であり，地球上には微量しか存在しないが，原子炉中で人工的につくられる．その他の例として，窒素には 16 種類の同位体が知られているが，天然に存在するのは2種類だけである．ウランには 25 種類の同位体が知られており，そのうち3種類だけが天然に存在する．117 種類の元素にはすべてで 3600 種類以上の同位体が

2・6 原子質量，原子量および物質量

確認されている．

同位体を特定するには，元素記号の左上に質量数を，左下に原子番号をつけて表す．したがってプロチウムは ^1_1H，ジュウテリウムは ^2_1H，トリチウムは ^3_1H となる．天然に存在する窒素の同位体は $^{14}_7N$（窒素-14 という）と $^{15}_7N$（窒素-15 という）と表される．同位体中の中性子の数は明示されていないが，質量数（左上）から原子番号（左下）を引くことによって計算することができる．たとえば $^{14}_7N$ の中性子の数は質量数 14 から原子番号 7 を引いて 7 となる．

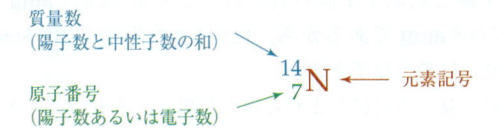

質量数（陽子数と中性子数の和）
原子番号（陽子数あるいは電子数）
$^{14}_7N$ ← 元素記号

原子中の中性子の数はその原子の化学的性質にはほとんど影響しない．ある元素の化学的挙動はそれがもつ電子の数，すなわち核にある陽子の数によってほぼ完全に決まる．したがって水素の3種類の同位体は化学反応において同じような（完全に同じではないが）挙動を示す．

例題 2・3 同位体の記号を解釈する

原子力を生み出すのに用いられるウランの同位体は $^{235}_{92}U$ である．$^{235}_{92}U$ の原子は陽子，中性子，電子をそれぞれ何個ずつもつか．

方　針 $^{235}_{92}U$ という記号で，原子番号（左下の92）は原子のもつ陽子の数（電子の数でもある）を示している．中性子の数は質量数（左上の 235）から原子番号（92）を引いたものである．

解 $^{235}_{92}U$ の原子は 92 個の陽子と 92 個の電子と 235 − 92 = 143 個の中性子をもつ．

例題 2・4 同位体の記号を書く

元素 X は高濃度では人体に有害であるが，低濃度では生命に不可欠である．X の原子は 24 個の陽子をもつ．この元素は何か．28 個の中性子をもつ同位体の記号を書け．

方　針 原子の核がもつ陽子の数がその元素の原子番号である．質量数は原子番号と中性子数の和である．

解 周期表によれば，原子番号 24 の元素はクロム Cr である．この問題の同位体は質量数が 24 + 28 = 52 であるから $^{52}_{24}Cr$ である．

問題 2・4 セレンの同位体 $^{75}_{34}Se$ は膵臓病の診断に使われている．$^{75}_{34}Se$ の原子は陽子，電子，中性子をそれぞれ何個ずつもっているか．

問題 2・5 食塩（塩化ナトリウム）に含まれる元素の一つである塩素には，おもな同位体として質量数 35 および 37 の二つがある．塩素の原子番号を調べて，各同位体がもつ中性子の数を求め，それぞれの記号を書け．

問題 2・6 元素 X の原子は 47 個の陽子と 62 個の中性子をもつ．この元素は何か．この同位体を記号で表せ．

2・6 原子質量，原子量および物質量

鉛筆を手にとって，その先端を見てみよう．その先端にはどのくらいの原子（鉛筆の芯は炭素でできている）があるだろうか．一つ確かなことは，原子は非常に小さいので，目に見えるようになるには膨大な数が必要だということである．肉眼で見える最も小さな塵の1粒でさえ，少なくとも 10^{17} 個の原子を含んでいる．原子1個の質量をグラム単位で表すと非常に小さな数字になって不便なので，化学では**原子質量単位**（atomic mass unit, **amu**）という単位を用いる．これは生物学では**ドルトン**（Da）ともよばれている．1 amu は $^{12}_6C$ 原子1個の質量の正確に 1/12 と定義されており，$1.660\,539 \times 10^{-24}$ g に等しい．

$^{12}_6C$ 原子1個の質量 = 12 amu（正確に）

$$1\,\text{amu} = \frac{^{12}_6C \text{原子1個の質量}}{12} = 1.660\,539 \times 10^{-24}\,\text{g}$$

原子の中の電子の質量は陽子や中性子の質量に比べて無視できるので，$^{12}_6C$ 原子1個の質量の 1/12 を 1 amu と定義したということは，陽子や中性子1個の質量がほぼ 1 amu であるということを意味する（表 2・1）．したがって原子質量単位で表した特定の原子の質量——これをその原子の**同位体質量**という——はその原子の質量数に近い．たとえば ^1_1H 原子の質量は 1.007 825 amu であり，$^{235}_{92}U$ 原子の質量は 235.043 930 amu である．

ほとんどの元素は同位体の混合物として天然に存在する．前見返しの周期表で，元素記号の下に書いてある数字は**原子質量**（amu 単位）の数値であり**原子量**とよばれるものである．

6 ← 原子番号
C ← 元素記号
12.011 ← 原子量

ある元素の**原子質量**（atomic mass）とは，その元素の天然に存在する同位体の同位体質量を加重平均したものである．たとえば炭素には2種類の主要な同位体，$^{12}_6C$（自然存在比 98.93 %）と $^{13}_6C$（自然存在比 1.07 %）が天然に存在する．同位体質量は 12 amu（炭素-12 原子）と 13.0034 amu（炭素-13 原子）であり，その加重平均（すなわち原子質量）は 12.011 amu となる．（炭素

のもう一つの同位体 $^{14}_{6}$C も存在するがその自然存在比は非常に小さく原子質量の計算では無視できる．)

$$\begin{aligned}
\text{C の原子質量} &= (^{12}_{6}\text{C の質量})(^{12}_{6}\text{C の存在比}) + \\
&\quad (^{13}_{6}\text{C の質量})(^{13}_{6}\text{C の存在比}) \\
&= (12 \text{ amu})(0.9893) + (13.0034 \text{ amu})(0.0107) \\
&= 11.872 \text{ amu} + 0.139 \text{ amu} = 12.011 \text{ amu}
\end{aligned}$$

通常は，原子質量の代わりに**原子量**（atomic weight）が用いられる．原子量は $^{12}_{6}$C 原子の質量を 12 と定義し，これを基準とした相対質量であり，単位をもたない量である．その数値は原子質量に等しく，たとえば炭素の原子量は 12.011 である．

原子量の便利なところは，これが原子の数と質量の間の換算係数として働くことである．つまり，試料を秤量することによって莫大な原子の数を数えることができる．たとえば炭素の原子量が 12.011 であることがわかれば，鉛筆の芯の先端 15 mg（1.5×10^{-2} g）には 7.5×10^{20} 個の原子があることが計算できる．

$$(1.5 \times 10^{-2} \text{ g})\left(\frac{1}{1.6605 \times 10^{-24} \text{ g}}\right)\left(\frac{1 \text{ 個の C}}{12.011}\right)$$
$$= 7.5 \times 10^{20} \text{ 個の C}$$

別の例では，銀の原子量が 107.868 であるから，1.872 g の銀の指輪は 1.045×10^{22} 個の銀原子からできている．

$$(1.872 \text{ g})\left(\frac{1}{1.6605 \times 10^{-24} \text{ g}}\right)\left(\frac{1 \text{ 個の Ag}}{107.868}\right)$$
$$= 1.045 \times 10^{22} \text{ 個の Ag}$$

原子量を使って原子の数を数えることができるという

ことの意味をもう少し考えてみよう．上で見たように，原子の数がいくらであってもその全質量の数値は，原子量に原子数を掛けたものである．したがって同数の原子を含む 2 種類の異なる元素の試料があれば，それらの試料の質量の比は原子，原子量および物質量の比に等しい．たとえば炭素と銀をとると，炭素（12.011）と銀（107.868）の原子量の比は 12.011：107.868 であるから，原子数がいくらであっても同数の炭素原子と銀原子の質量比は常に 12.011：107.868 である．さらにこの比の値は用いた質量の単位によらずに同じである．炭素原子 1 個と銀原子 1 個の質量はそれぞれ 12.011 **amu** と 107.868 **amu** であるから，12.011 **g** の炭素と 107.868 **g** の銀は同数の原子を含む．

目に見える量に含まれる膨大な数の原子を扱うとき，**モル**（mole）という SI 基本単位（記号は mol である）を用いて**物質量**（amount of substance）を表す．元素 1 mol とは，グラム単位で表した元素の質量がその原子量と同じ数値になる量である．この量を g/mol 単位で表したものを**モル質量**（molar mass）という．炭素原子 1 mol の質量は 12.011 g であり，銀原子 1 mol の質量は 107.868 g である．したがってモル質量は原子のグラム単位の質量と原子数との間の換算係数となる．同じ物質量であれば異なる元素でも常に同じ数の原子を含む．

$6.022\,140\,76 \times 10^{23}$ 個の原子を含む元素を 1 mol とする．この値は，原子の質量と数との関係の重要性を初めて認識したイタリアの科学者にちなんで**アボガドロ数**（Avogadro's number）* とよばれている．どんな元素でも，アボガドロ数に相当する数の原子——すなわち 1 mol——のグラム単位の質量の数値はその元素の原子量に等しい．

アボガドロ数ほどの巨大な数字の大きさを把握するのは難しいので，感覚的な比較をしてみよう．秒で表した宇宙の年齢（137 億年すなわち 4.32×10^{17} s）はアボガドロ数の百万分の一よりも小さい．地球の海洋にある水のミリリットル単位の体積（1.3×10^{24} mL）はアボガドロ数の 2 倍程度である．キログラム単位の地球の質量

ここに示したヘリウム，硫黄，銅，水銀の試料はいずれも 1 mol である．これらの質量は同じであろうか．

地球の海洋水の量（リットル）　地球の年齢（秒）　地球の人口
アボガドロ数：602,200,000,000,000,000,000,000
地球から太陽までの距離（センチメートル）　大学の授業料の平均値（米ドル）

---

* （訳注）国際単位系（SI）では，アボガドロ定数（Avogadro constant, N_A）を $6.022\,140\,76 \text{ mol}^{-1}$ と厳密に定めることにより 1 mol を定義している．すなわちアボガドロ定数の数値（単位を除いた部分）がアボガドロ数（Avogadro's number）である．

(5.98×10^{24} kg) はアボガドロ数の 10 倍に過ぎない.

例題 2・5 原子量を計算する

塩素には天然に 2 種類の同位体が存在する. すなわち自然存在比 75.76% で相対質量 34.969 の $^{35}_{17}Cl$ と自然存在比 24.24% で相対質量 36.966 の $^{37}_{17}Cl$ である. 塩素の原子量はいくらか. (同位体の相対質量は,同位体質量の数値に等しく,単位をもたない.)

方針 元素の原子量は同位体の相対質量の加重平均であるから,各同位体の相対質量と存在比の積を足し合わせたものである.

原子量 = ($^{35}_{17}Cl$ の相対質量)($^{35}_{17}Cl$ の存在比) + ($^{37}_{17}Cl$ の相対質量)($^{37}_{17}Cl$ の存在比)

解 原子量 = (34.969)(0.7576) + (36.966)(0.2424)
= 35.45

概算によるチェック 原子量は二つの同位体の相対質量である 35 と 37 の間にあり,より多量に存在する同位体の相対質量に近く,おそらく 35.5 くらいであろう.

例題 2・6 質量を物質量や原子数に変換する

10.53 g のケイ素の試料は何 mol であり,何個の原子を含むか. ケイ素の原子量は 28.0855 である.

方針 ケイ素の原子量が 28.0855 ということは,ケイ素 1 mol が 28.0855 g ということである. このモル質量の値を用いて,質量を物質量に換算し,つぎにアボガドロ定数を用いて原子数を求める.

解 (10.53 g Si)$\left(\dfrac{1 \text{ mol Si}}{28.0855 \text{ g Si}}\right)$ = 0.3749 mol Si

(0.3749 mol Si)$\left(\dfrac{6.022 \times 10^{23} \text{ 個の Si 原子}}{1 \text{ mol Si}}\right)$
= 2.258×10^{23} 個の Si 原子

概算によるチェック ケイ素 10.53 g はそのモル質量 (28.0855 g/mol) の 1/3 強である. したがってこの試料は 0.33 mol 強のケイ素を含んでおり,その原子数はアボガドロ数の 1/3 すなわち 2×10^{23} 個より少し多いということになる.

問題 2・7 金属銅には銅-63 (69.15%, 相対質量 = 62.93) および銅-65 (30.85%, 相対質量 = 64.93) の二つの天然に存在する同位体がある. 銅の原子量を計算し,その答を周期表でチェックせよ.

問題 2・8 問題 2・7 の答から重さ 2.15 g の純銅製の硬貨があるとして,これが何個の銅原子を含むか計算せよ.

問題 2・9 つぎの試料の質量は何グラムか.
(a) 1.505 mol の Ti (b) 0.337 mol の Na
(c) 2.583 mol の U

問題 2・10 つぎの試料は何モルか.
(a) 11.51 g の Ti (b) 29.127 g の Na (c) 1.477 kg の U

2・7 核化学: 他の元素への変換

この章の初めで学び,今後も繰返し出てくるが,異なる化学物質が互いに反応して生成物を与えるとき,原子の種類(原子番号)は決して変化しない. 天然ガス(メタン; CH_4)が酸素の中で燃えるとき,その C, H, O の原子は結びつきを変えて二酸化炭素 (CO_2) や水 (H_2O) になるが, C, H, O 原子そのものは変化しない. 金属ナトリウム (Na) が気体状の塩素原子 (Cl) と反応すると塩化ナトリウム (NaCl) ができるが,Na 原子や Cl 原子そのものは変化しない. しかし新聞を読んだりテレビを見たりする人なら誰でも,原子はその独自性を変化させることがある,つまりある元素から別の元素に変化することがある,ということを知っている. 核兵器や核エネルギーや家庭にある放射性ラドンガスはいずれも社会的に重要な話題であり,これらはすべて原子核の性質や変化を調べる学問分野である**核化学** (nuclear chemistry) がかかわっている.

たとえば炭素をとりあげてみよう. 炭素には 15 種類の同位体が知られており,そのうちの 2 種類 (^{12}C と ^{13}C) は普通に存在しており,一つ (^{14}C) は成層圏で ^{14}N 原子への宇宙線の作用で少量生成する. 残りの 12 種類の炭素同位体は人工的につくられたものである. 普通に存在している 2 種類だけが非放射性であり,他の 13 種類は自発的な核の変化を起こす. たとえば炭素-14 はゆっくりと電子 1 個を放出して窒素-14 に変わる. この変化をつぎの核反応式で書き表すことができる (§2・1 で述べた化学反応式と比較せよ).

$$^{14}_{6}C \longrightarrow {}^{14}_{7}N + {}^{\ 0}_{-1}e$$

核反応式 (nuclear equation) では元素記号は中性の原子ではなくその原子核だけを表しており,左下の数字は陽子の数すなわち核の電荷数を示している. 放出される電子は $^{\ 0}_{-1}e$ と書かれ,左上の 0 は電子の質量が陽子や中性子に比べるとほとんどゼロであることを示し,左下の -1 は電荷が -1 であることを示している.

^{14}C の自発的分解すなわち壊変のような核反応はナトリウムと塩素との反応のような化学反応とはいくつかの点で異なっている.

- 核反応では原子の核の変化が起こり,普通は別の元素が生成する. これに対して化学反応では原子間の結合の仕方だけが変化する. 化学変化では原子核そのものの変化が起こったり,別の元素ができたりということはない.

- §18・2 で述べるように,化学反応では一つの元素の種々の同位体は基本的に同じ挙動を示すが,核反応で

- 核反応に伴うエネルギー変化は化学反応に伴うエネルギー変化よりはるかに大きい．1.0 g のウラン-235（$^{235}_{92}$U）の核反応は 1.0 g のメタンの燃焼の**百万倍以上**のエネルギーを放出する．

2・8 放 射 能

科学者たちは 1896 年に，多くの原子核が**放射能**をもつ（radioactive）——すなわち自発的に壊変してある種の放射線を放出する——ことを見出だした．1897 年に Rutherford が行った**放射性同位体**すなわち**ラジオアイソトープ**（radioisotope）に関する初期の研究で，非常に性質の異なる 3 種類の放射線があることがわかった．それらはギリシャ語のアルファベットの最初の 3 文字をとって，α（アルファ）線，β（ベータ）線，γ（ガンマ）線とよばれている．

α 線

図 2・7 に示すような簡単な実験で Rutherford は，α 線（α radiation）が粒子の流れであり，その粒子は正に帯電した電極とは反発するが負に帯電した電極とは引き合うこと，およびヘリウムの原子核（$^{4}_{2}$He^{2+}）と同じ質量-電荷比をもつことを見出だした．つまり α 粒子は陽子 2 個と中性子 2 個からなっている．

原子核からの α 粒子の放出によって陽子 2 個と中性子 2 個が失われるから，その原子核の質量数は 4 だけ減り原子番号は 2 だけ減る．α 壊変は重い放射性同位体では普通に見られる．たとえばウラン-238 は自発的に α 粒子を放出してトリウム-234 を生成する．

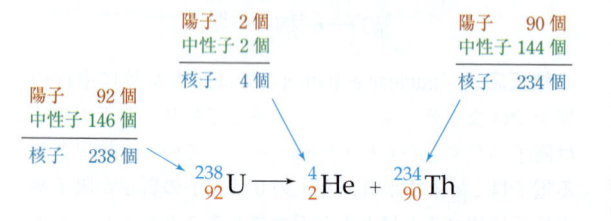

ウラン-238 の放射性壊変の核反応式の書き方に注意しよう．中性子と陽子（合わせて**核子**（nucleon）という）の総数は式の両辺で等しく，原子核および素粒子（陽子と電子）のもつ電荷の数も両辺で等しいとき，この式は釣り合いがとれているという．たとえば $^{238}_{92}$U が壊変して $^{4}_{2}$He と $^{234}_{90}$Th になるとき，式の両辺に 238 個の核子と 92 の核電荷がある．

β 線

19 世紀末に Rutherford はさらに β 線（β radiation）を見出だした．これも粒子線であるが，この粒子は正電極に引き寄せられるが（図 2・7），負電極とは反発し，質量-電荷比から電子，$^{0}_{-1}$e あるいは β^-，と考えられた．β 線の放射は，原子核内の中性子が自発的に壊変して陽子と電子になり，その電子が放出されることによって起こる．壊変後の原子核は，中性子が陽子に変わっているので元の原子核と同じ質量数をもつが，原子番号は一つ増える．^{131}I が ^{131}Xe となる反応がその一つの例である．

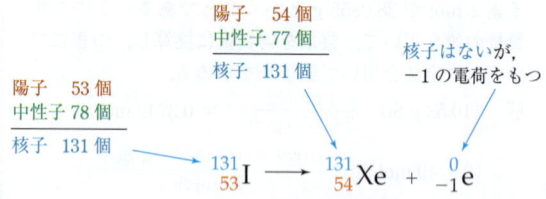

放出された β 粒子を $^{0}_{-1}$e と書くことによって，この核反応の電荷の収支がはっきりする．左辺の $^{131}_{53}$I の下付きの 53 は，右辺の二つの下付き数字の和に等しい（54 − 1 = 53）．

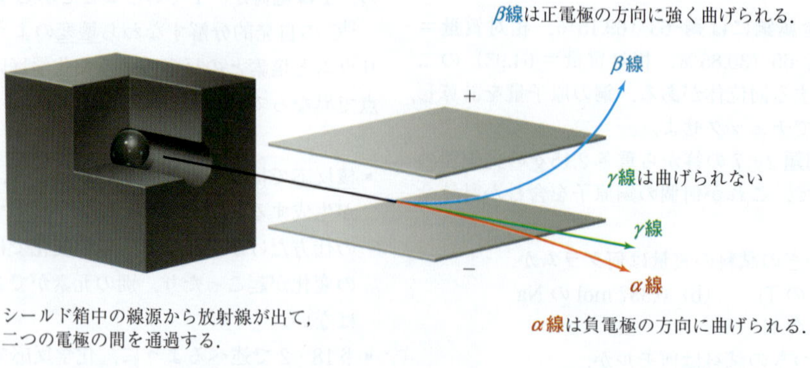

図 2・7 α 線，β 線，γ 線に対する電場の効果．

γ 線

γ線 (γ radiation) は電場にも磁場にも影響されず (図 2・7)，質量をもたない．可視光線，紫外線，X線などの放射と同じく，γ線は非常に高エネルギーの電磁放射であり，これについては §3・2 でさらに詳しく述べる．γ線はエネルギーの放出機構としては常に α 線や β 線に付随しているが，核の質量数や原子番号を変化させることはないので，核反応式には書かない．

陽電子放射と電子捕獲

α, β, γ 線放射に加えて，他の 2 種類の放射壊変過程，すなわち陽電子放射および電子捕獲もよく起こる．**陽電子放射** (positron emission) は，原子核内の陽子が中性子と陽電子 ($_{+1}^{0}$e あるいは $β^+$) とに変化するときに起こる．陽電子は電子と同じ質量であるが逆の電荷をもつ．

陽電子放射が起こると，原子核の原子番号が 1 だけ減るが質量数は変化しない．たとえばカリウム-40 は陽電子放射を起こしてアルゴン-40 に変わる．この核反応は地質学において岩石の年代測定に重要である．つぎの核反応式において，右辺の下付き数字の和 (18 + 1 = 19) が左辺の $_{19}^{40}$K の下付き数字と等しいことに注意しよう．

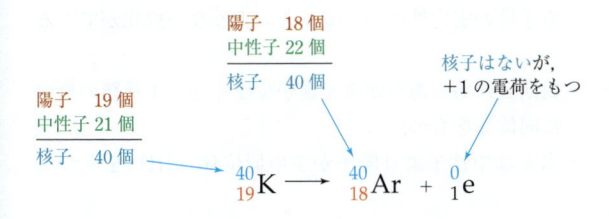

陽子 19 個
中性子 21 個
核子 40 個

陽子 18 個
中性子 22 個
核子 40 個

核子はないが，+1 の電荷をもつ

$$_{19}^{40}\text{K} \longrightarrow {}_{18}^{40}\text{Ar} + {}_{+1}^{0}\text{e}$$

画像診断で使われる PET という語は陽電子放射トモグラフィー (positron emission tomography) の略である．陽電子を放出する同位体を含む化学物質を体内に注入すると，腫瘍などの患部に蓄積する．壊変が起こると放射された陽電子は周辺の電子と反応して γ 線を放射して消滅する．その γ 線を検出して患部を特定することができる．

電子捕獲 (electron capture) は，原子核がそれを取巻く電子を 1 個捕獲して，陽子を中性子に変える過程である．陽電子放射と同じく，原子核の質量数は変化しないが，原子番号が 1 だけ減少する．水銀-197 が金-197 に変わる過程がその例である．

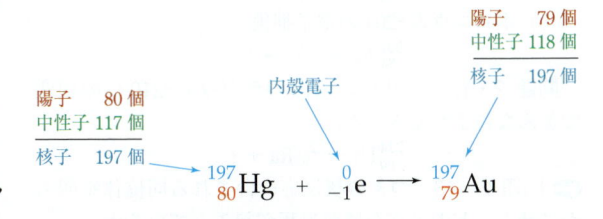

陽子 80 個
中性子 117 個
核子 197 個

内殻電子

陽子 79 個
中性子 118 個
核子 197 個

$$_{80}^{197}\text{Hg} + {}_{-1}^{0}\text{e} \longrightarrow {}_{79}^{197}\text{Au}$$

さまざまな放射壊変過程の特徴を表 2・2 にまとめておく．

例題 2・7 核反応式の釣り合いをとる

つぎの過程に対して釣り合いのとれた核反応式を書け．

(a) キュリウム-242 からの α 線放射：
$$_{96}^{242}\text{Cm} \rightarrow {}_{2}^{4}\text{He} + ?$$
(b) マグネシウム-28 からの β 線放射：
$$_{12}^{28}\text{Mg} \rightarrow {}_{-1}^{0}\text{e} + ?$$
(c) キセノン-118 からの陽電子放射：
$$_{54}^{118}\text{Xe} \rightarrow {}_{+1}^{0}\text{e} + ?$$

方 針 核反応式を書く際に重要なことは，核子の数が式の両辺で等しく，また原子核の電荷と電子あるいは陽電子の電荷の和が両辺で等しいことを確認することである．

解 (a) α 線放射においては，質量数は 4，原子番号は 2 減少するので，プルトニウム-238 ができる．
$$_{96}^{242}\text{Cm} \rightarrow {}_{2}^{4}\text{He} + {}_{94}^{238}\text{Pu}$$
(b) β 線放射においては，質量数は変わらないが原子番号が 1 だけ増加するので，アルミニウム-28 ができる．
$$_{12}^{28}\text{Mg} \rightarrow {}_{-1}^{0}\text{e} + {}_{13}^{28}\text{Al}$$
(c) 陽電子放射においては，質量数は変化せず原子番号が 1 だけ減少するので，ヨウ素-118 ができる．
$$_{54}^{118}\text{Xe} \rightarrow {}_{+1}^{0}\text{e} + {}_{53}^{118}\text{I}$$

表 2・2 放射壊変過程の比較

過 程	記 号	原子番号の変化	質量数の変化	中性子数の変化
α 線放射	$_{2}^{4}$He あるいは α	−2	−4	−2
β 線放射	$_{-1}^{0}$e あるいは $β^-$	+1	0	−1
γ 線放射	$_{0}^{0}γ$ あるいは γ	0	0	0
陽電子放射	$_{+1}^{0}$e あるいは $β^+$	−1	0	+1
電子捕獲	E.C.	−1	0	+1

問題 2・11 つぎの過程に対して釣り合いのとれた核反応式を書け.

(a) ルテニウム-106 からの β 線放射:
$$^{106}_{44}\text{Ru} \rightarrow {}^{0}_{-1}\text{e} + ?$$

(b) ビスマス-189 からの α 線放射:
$$^{189}_{83}\text{Bi} \rightarrow {}^{4}_{2}\text{He} + ?$$

(c) ポロニウム-204 の電子捕獲:
$$^{204}_{84}\text{Po} + {}^{0}_{-1}\text{e} \rightarrow ?$$

問題 2・12 トリウム-214 のラジウム-210 への壊変でどんな粒子ができるか.
$$^{214}_{90}\text{Th} \rightarrow {}^{210}_{88}\text{Ra} + ?$$

問題 2・13 つぎの核反応に含まれる同位体を明らかにせよ. どのような壊変過程が起こっているか.

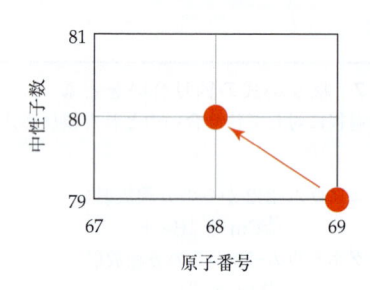

2・9 原子核の安定性

自発的放射壊変を起こす原子核と起こさない原子核があるのはなぜだろうか. たとえば, 炭素-14 核は陽子 6 個と中性子 8 個をもち, 自発的に β 粒子を放射するのに対して, 陽子 6 個と中性子 7 個をもつ炭素-13 核は非放射性であるのはなぜだろう.

その答は中性子と陽子の比および原子核をまとめている力と関係がある. 中性子/陽子比が原子核の安定性に及ぼす影響を知るために, 図 2・8 を見てみよう. 縦軸は中性子の数, 横軸は陽子の数である. 92 番元素までは天然に存在するが, 残りの原子は人工的につくられた**超ウラン元素**(transuranium element)である. (実際にはこの 92 種類の元素のうち天然に存在するのは 90 種類である. テクネチウムとプロメチウムは同位体がすべて放射性で短寿命である. フランシウムとアスタチンは地球にはごくわずかしか存在しない.)

3600 種以上の既知の同位体を中性子数と陽子数で図 2・8 のようにプロットすると, 核安定域とよばれる曲がった帯状になる. この帯状域の中でさえ非放射性の同位体はわずか 264 種である. その他の同位体は, 速さはさまざまであるが自発的に壊変する. この核安定域の外側は不安定域で, 多くの中性子数-陽子数の組合わせがあるが, いずれも検出されていない. 特に興味深いのは陽子数 114, 中性子数 184 の付近にある超重同位体が存在する島状の安定域である. この群に属する最初の同位体――^{287}114, ^{288}114 および ^{289}114――は 1999 年につくられ, 数秒間の寿命をもつほど安定であると考えられている.

原子核の安定性についてつぎのような一般化ができる.

- 周期表にあるあらゆる元素が少なくとも 1 種類の放射性同位体をもつ.
- 水素は中性子より陽子が多い同位体($^{1}_{1}$H)をもつ唯

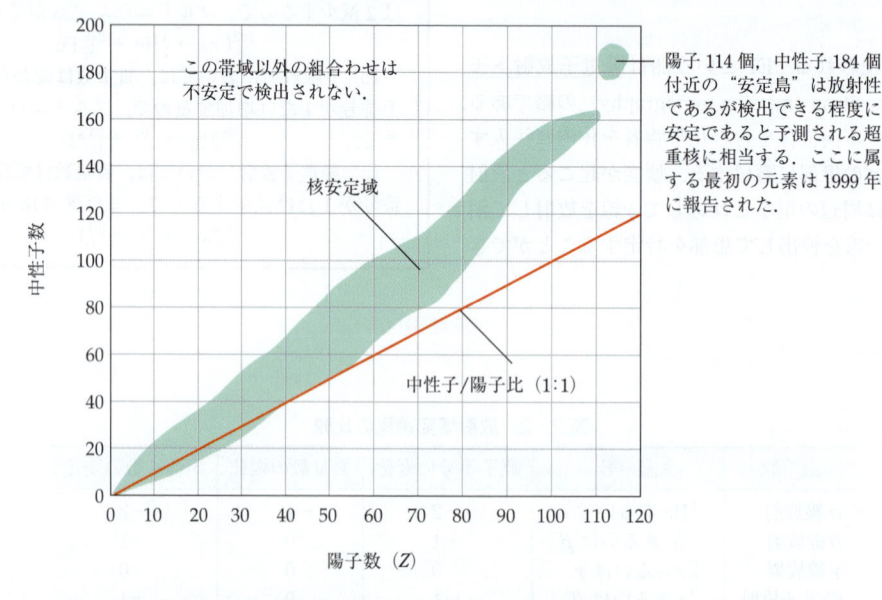

図 2・8 核安定域は, 非放射性あるいは放射性であっても観測できるほど十分にゆっくりと壊変する原子核を与える中性子数と陽子数の組合わせを示す.

2・9 原子核の安定性

一の元素である.
- 中性子数と陽子数の比は徐々に増加し，核安定域は上方に曲がった形になる.
- ビスマス-209 より重いすべての同位体は放射性であるが，中には壊変が非常に遅く，天然に存在するものもある.

核安定域をさらに詳しく見ると（図 2・9），中性子数/陽子数比の大きな放射性核種（帯域の上部）は β 粒子を放射する傾向があり，中性子数/陽子数比の小さな核種（帯域の底部）は陽電子放射，電子捕獲，α 線放射をする傾向が強いことがわかる.

図 2・9 に示された傾向の理由は明らかである．帯域の上部の核種は中性子が豊富なので，β 壊変によって中性子を陽子に変えて中性子数/陽子数比を下げようとする．これに対して帯域の底部の核種は中性子が少なく，中性子数/陽子数比を高めるような過程を行う．α 線放射が中性子数が陽子数より多い重い核種では中性子数/陽子数比を増大させることを確認しておこう．

中性子数 / 陽子数比を減少させる過程
  β 線放射：中性子 $\longrightarrow$ 陽子 $+ \beta^-$
中性子数 / 陽子数比を増大させる過程
$\begin{cases} 陽電子放射：陽子 \longrightarrow 中性子 + \beta^+ \\ 電子捕獲：陽子 + 電子 \longrightarrow 中性子 \\ \alpha 線放射：{}^A_Z X \longrightarrow {}^{A-4}_{Z-2} Y + {}^4_2 He \end{cases}$

問題 2・14 (a) 二つの同位体 ^{173}Au と ^{199}Au のうち，一つは β 線放射により壊変し，もう一つは α 線放射により壊変する．どちらがどちらか.

(b) 二つの同位体 ^{196}Pb と ^{206}Pb のうち，一つは非放射性で一つは陽電子放射により壊変する．どちらがどちらか.

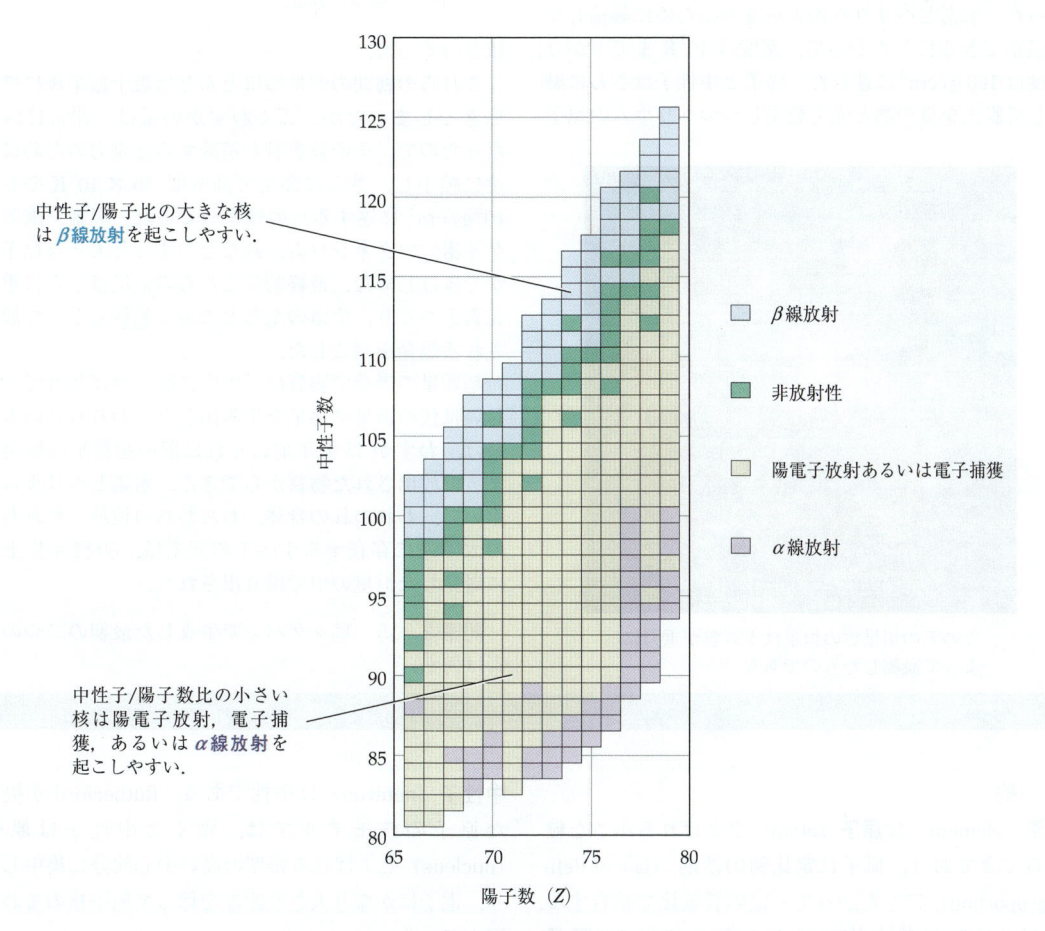

図 2・9 $Z = 66$（ジスプロシウム）から $Z = 79$（金）までの範囲の核安定域を詳しくみると，さまざまな放射性核種が起こす放射過程がわかる.

Interlude

元素の起源

　宇宙学者たちは，この宇宙がほぼ 137 億年前にビッグバンとよばれる異常なできごとで始まったと理論づけている．最初非常な高温であったが，1 秒後に 10^{10} K まで下がり，陽子，中性子，電子などの基本的な粒子，さらに陽電子やニュートリノ（電子よりずっと小さな質量をもつ中性粒子）ができはじめた．3 分後に温度は 10^9 K まで下がり，陽子は中性子と融合してヘリウムの原子核 $^4_2\text{He}^{2+}$ ができはじめた．拡大していく宇宙が約 10,000 K に冷えるまで数百万年の間，物質はこの状態であった．そののち電子が陽子やヘリウム核と結合することができるようになり，安定な水素原子とヘリウム原子が生成した．

　密度が平均より高い領域で引力的に働く重力のために，物質が局所的に大量に集中し始めて，最終的にそれぞれが数十億個の恒星からなる数十億個の星雲となった．水素とヘリウムの雲が重力のために凝縮して恒星ができるにしたがって，温度は 10^7 K まで下がり，密度は 100 g/cm^3 に達した．陽子と中性子はさらに融合して膨大な量の熱と光を発生しつつヘリウムの原子核をつくった．

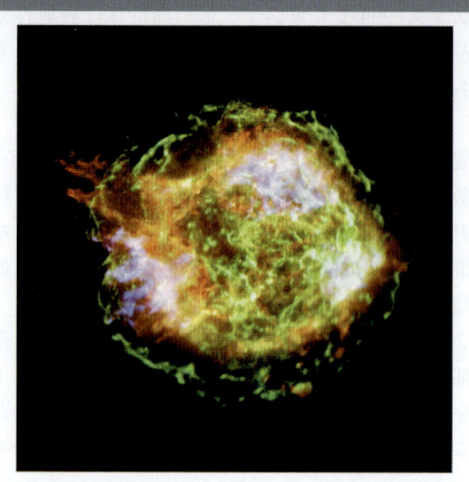

1667 年に巨大星カシオペア A が瞬間的重力崩壊によって超新星爆発を起こし，その残骸は現在でも観測できる．

　これらの初期の恒星のほとんどは数十億年後に燃え尽きてしまったが，ごくわずかの星は，非常に巨大だったので，その核燃料が消滅すると重力のために急速に縮小し，さらに高温で高密度（5×10^8 K や 5×10^5 g/cm^3 に達する）の殻をつくった．炭素，酸素，ケイ素，マグネシウム，鉄などのずっと大きな原子核ができはじめた．最終的にこれらの恒星はさらに重い元素をつくり，宇宙の至るところで超新星として観測される爆発を起こした．

　超新星の爆発で物質は星雲中に吹き飛ばされて，新しい世代の恒星や惑星を生み出した．われわれの太陽系は，わずか 45 億年前にそれ以前の超新星の爆発によって放出された物質からできた．水素とヘリウムを除いて，われわれの身体，われわれの地球，われわれの太陽系に存在するすべての元素は，50 億年以上前に爆発した恒星の中で創り出された．

この天の川星雲の恒星はガス雲が重力によって凝縮したものである．

問題 2・15　ビッグバンで生成した最初の二つの元素は何か．

要　約

　元素（element）は**原子**（atom）とよばれる小さな粒子からできており，原子は**定比例の法則**（law of definite proportion）にしたがって一定の質量比で結合する．原子は 3 種類の基本的粒子からなっている: **陽子**（proton）は正の，**電子**（electron）は負の電荷をもち，**中性子**（neutron）は中性である．Rutherford が提案した原子の核モデルでは，陽子と中性子は**原子核**（nucleus）とよばれる密度の高い中心部分に集中しており，電子はかなり大きな距離を保って原子核のまわりを回っている．

　元素の違いは原子がもつ陽子の数に基づいており，そ

の数を**原子番号**（atomic number, Z）という．**質量数**（mass number, A）は原子のもつ陽子と中性子の数の和である．各元素のすべての原子は同じ原子番号をもつが，原子のもつ中性子の数によって質量数は異なることがある．原子番号が同じで質量数の異なる原子を**同位体**（isotope）という．原子の質量は ^{12}C 原子の質量の 1/12 として定義される**原子質量単位**（atomic mass unit, **amu**）を用いて測る．陽子も中性子もほぼ 1 amu の質量をもつので，原子質量単位で測った原子の質量（同位体質量）はその質量数に近い数字となる．元素の**原子質量**（atomic mass）は，天然に存在するその元素の原子の質量の加重平均となる．原子質量の代わりに**原子量**（atomic weight）がよく用いられる．

目に見える量の物質をつくっている原子の膨大な数を表すのに，**モル**（mole）という SI 基本単位が用いられる．グラム単位の質量の数値がその原子量に等しい**物質量**（amount of substance）が 1 mol であり，その質量を**モル質量**（molar mass）といい，通常 g/mol で表される．どんな元素でも，1 mol は 6.022×10^{23} 個の原子を含んでおり，この数値を mol^{-1} を単位として表したものを**アボガドロ定数**（Avogadro constant, N_A）という．

核化学（nuclear chemistry）は原子核の性質や反応を研究する分野である．核反応は化学反応と違って，原子核の変化を伴い，異なる元素を生成することもある．核反応は釣り合いのとれた**核反応式**（nuclear equation）を用いて表すが，ここで用いる元素記号は中性原子全体ではなく，原子核だけを表している．

放射能（radioactivity）は，不安定な原子核からの放射線の自発的放出である．**α線**（alpha(α) radiation）は陽子 2 個と中性子 2 個をもつヘリウム原子核（$^{4}_{2}He^{2+}$）からなっている．**β線**（beta(β) radiation）は電子（$^{0}_{-1}e$ あるいは β^-）からなっており，**γ線**（gamma(γ) radiation）は質量をもたない高エネルギー電磁波からなっている．**陽電子放射**（positron emission）では，原子核内の陽子が電子と同じ質量をもち電荷が逆の陽電子（$^{0}_{1}e$ あるいは β^+）を放出して中性子に変わる．**電子捕獲**（electron capture）は原子核内の陽子が内殻電子を捕獲する過程である．この過程は γ 線の放射を伴い，核内の陽子が中性子に変わる．

キーワード

アボガドロ定数（Avogadro constant, N_A） 30
α（アルファ）線（alpha(α) radiation） 32
化学式（chemical formula） 23
化学反応式（chemical equation） 23
核化学（nuclear chemistry） 31
核子（nucleon） 32
核反応式（nuclear equation） 31
化合物（chemical compound） 22
γ（ガンマ）線（gamma(γ) radiation） 33
原子（atom） 24
原子核（nucleus） 26
原子質量（atomic mass） 29
原子質量単位（atomic mass unit, amu） 29
原子番号（atomic number, Z） 28
原子量（atomic weight） 30
元素（element） 22
質量数（mass number, A） 28
質量保存の法則（law of mass conservation） 23
中性子（neutron） 27
超ウラン元素（transuranium element） 34
定比例の法則（law of definite proportion） 23
電子（electron） 25
電子捕獲（electron capture） 33
同位体（isotope） 28
倍数比例の法則（law of multiple proportion） 23
物質量（amount of substance） 30
β（ベータ）線（beta(β) radiation） 32
放射性同位体（radioisotope） 32
放射性の（radioactive） 32
モル（mole） 30
モル質量（molar mass） 30
陽子（proton） 27
陽電子放射（positron emission） 33
ラジオアイソトープ（radioisotope） 32

3 原子の周期性と電子構造

- 3・1 光といろいろな電磁波
- 3・2 電磁波のエネルギーと原子の線スペクトル
- 3・3 電磁波のエネルギーの粒子性
- 3・4 物質の波動性
- 3・5 量子力学とハイゼンベルクの不確定性原理
- 3・6 波動関数と量子数
- 3・7 軌道の形状
- 3・8 量子力学と原子の線スペクトル
- 3・9 電子スピンとパウリの排他原理
- 3・10 多電子原子における軌道のエネルギー準位
- 3・11 多電子原子の電子配置
- 3・12 例外的な電子配置
- 3・13 電子配置と周期表
- 3・14 電子配置と周期的性質: 原子半径
- Interlude 蛍光灯: 原子の線スペクトルでエネルギーを節約する

§1・3で学んだ周期表は, 化学における最も重要な基本原理である. 周期表のある族(縦の列)のどれか一つの元素の性質がわかれば, その族の他のすべての元素の性質を十分に予測することができ, さらにその隣の族の元素の性質すら予測することができる. 周期表は初めは経験的な事実から組立てられたものであるが, その科学的な基礎はすでに確立されており, よく理解されている.

なぜ周期表とよばれるのかを理解するために, 図3・1に示した原子番号と原子半径のグラフを見てみよう. グラフが周期的に上がったり下がったりしているのがわかる. 左端の原子番号1(水素)から始まって, 原子の大きさは原子番号3(リチウム)で極大になり, ついで極小に低下してから, 再び原子番号11(ナトリウム)で極大になり, また極小になる, という変化を繰返している. 極大はすべて1族元素 — Li, Na, K, Rb, Cs, Fr — であり, 極小はすべて17族元素 — F, Cl, Br, I — である.

図3・1に示した原子半径の周期性は決してこれだけが特別なのではない. 多くの物理的, 化学的性質のどれもが同じような周期性を示す. 本章と次章でそのような周期性のいくつかの例を見ていこう.

3・1 光といろいろな電磁波

原子半径を初めとして元素のもつ多くの特徴の周期的な変化は, 原子のどのような基本的性質に基づいているのであろうか. この疑問はMendeleev以後50年以上にわたって化学者を悩ませたが, 1920年代になってやっとその答が確定した. 答がなかなか出なかった理由を理解するためには, まず可視光を初めとする電磁波のエネルギーの性質に注目する必要がある. 歴史的に見ても, 電磁波のエネルギーと物体との相互作用は原子の構造についての洞察に大きく寄与してきた.

常識的にはまったく異なるもののように思われるが, 可視光, 赤外線, マイクロ波, 電波, X線などはいずれも電磁波(electromagnetic wave)の一つの形態である. これらをまとめると図3・2に示す電磁波のスペクトル(electromagnetic spectrum)となる.

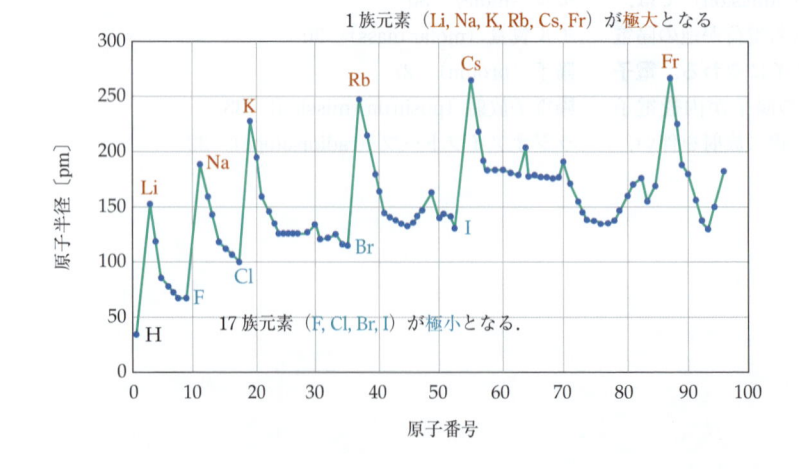

図3・1 原子番号とピコメートル(pm)単位で表した原子半径とのグラフは周期的に上下する. (18族元素については正確なデータはない)

3・1 光といろいろな電磁波

真空中を伝わる電磁波は，ちょうど海洋で水を伝わる波に似ている．海洋の波と同様に，電磁波も振動数，波長，振幅によって特徴づけられる．ある場所に立って横から見ると，水を伝わる海洋波の断面は規則的な上がり

可視領域はスペクトルの中央付近の狭い部分にしか過ぎない．

波長 (λ) 〔m〕: 原子 10^{-12}, ウイルス 10^{-10}, 細菌 10^{-8}, ちり 10^{-6}, ピンの先 10^{-4}, 指の爪 10^{-2}, 人間 1

γ線 | X線 | 紫外線 | 赤外線 | マイクロ波 | 電波

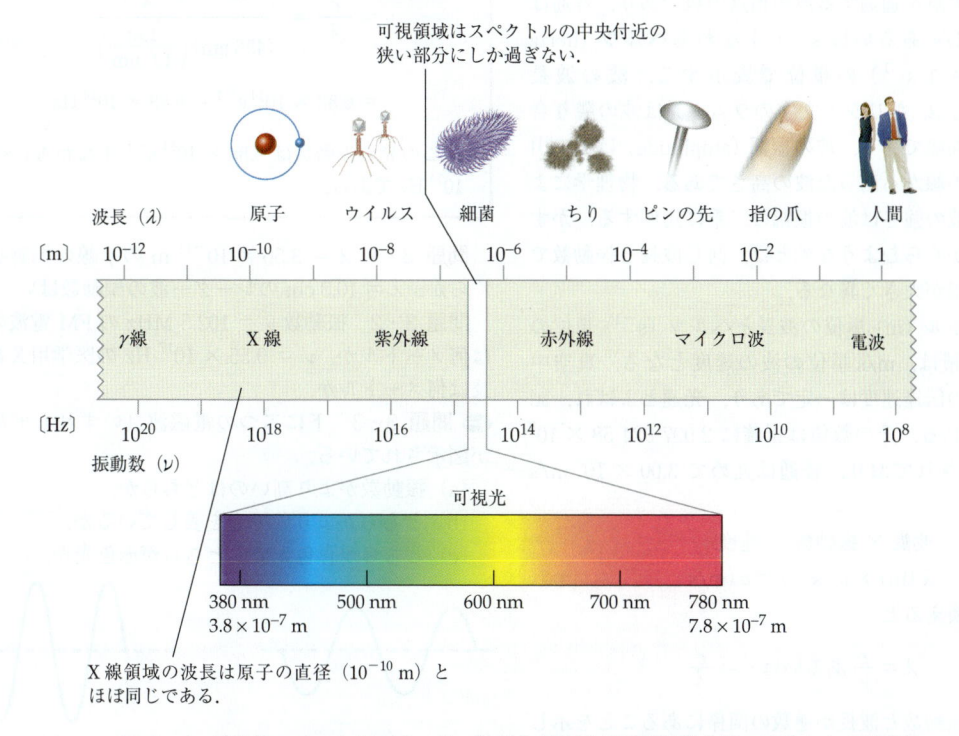

振動数 (ν) 〔Hz〕: 10^{20}, 10^{18}, 10^{16}, 10^{14}, 10^{12}, 10^{10}, 10^{8}

可視光: 380 nm (3.8×10^{-7} m), 500 nm, 600 nm, 700 nm, 780 nm (7.8×10^{-7} m)

X線領域の波長は原子の直径 (10^{-10} m) とほぼ同じである．

図 3・2 電磁波のスペクトルは，その波長と振動数が低振動数末端の電波から高振動数末端の γ 線まで連続的に広がっている．

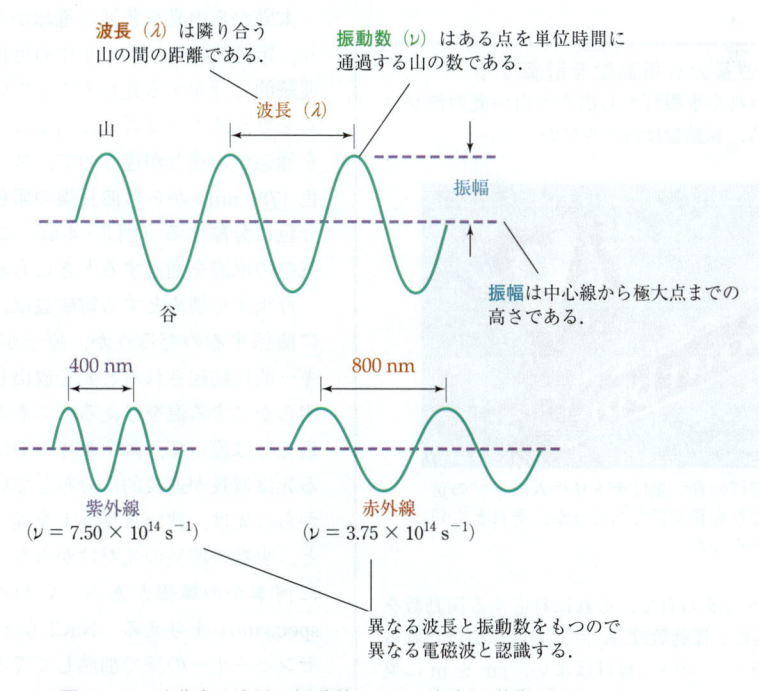

波長 (λ) は隣り合う山の間の距離である．

振動数 (ν) はある点を単位時間に通過する山の数である．

山　波長 (λ)　振幅　谷

振幅は中心線から極大点までの高さである．

400 nm　紫外線 ($\nu = 7.50 \times 10^{14}$ s^{-1})

800 nm　赤外線 ($\nu = 3.75 \times 10^{14}$ s^{-1})

異なる波長と振動数をもつので異なる電磁波と認識する．

図 3・3 電磁波は波長，振動数，および振幅で特徴づけられる．

下がりのパターンが見られるだろう（図3・3）．波の**振動数**（frequency，ν，ギリシャ文字のニュー）は単位時間内に任意の点を通過する波の頂点の数であり，普通は秒の逆数（1/s あるいは s^{-1}）すなわち**ヘルツ**（hertz，**Hz**，1 Hz = 1 s^{-1}）の単位で表示する．波の**波長**（wavelength，λ，ギリシャ文字のラムダ）は波の隣り合う頂点間の間隔であり，波の**振幅**（amplitude）は波の山と谷の中央の線から測った波の高さである．物理学によれば，電磁波の強さは波の振幅の二乗に比例する．かすかな光と目がくらむような光とは，同じ波長と振動数であっても振幅が大きく異なる．

波のメートル（m）単位の波長とヘルツ（s^{-1}）単位の振動数との積は，m/s 単位の波の速度となる．真空中での電磁波の伝達速度は一定であり，光速とよばれ，記号 c で表される．その数値は正確に $2.997\,924\,58 \times 10^8$ m/s と定義されており，普通は丸めて 3.00×10^8 m/s とされる．

$$波長 \times 振動数 = 速度$$
$$\lambda\,(m) \times \nu\,(s^{-1}) = c\,(m/s)$$

これを書き換えると

$$\lambda = \frac{c}{\nu} \text{ あるいは } \nu = \frac{c}{\lambda}$$

この式は振動数と波長が逆数の関係にあることを示している．電磁波の波長が長いほど振動数は低く，波長が短いほど振動数は高い．

例題 3・1　波長から振動数を計算する

街灯に使われる水銀灯から出る青白い光の波長は 436 nm である．振動数は何ヘルツか．

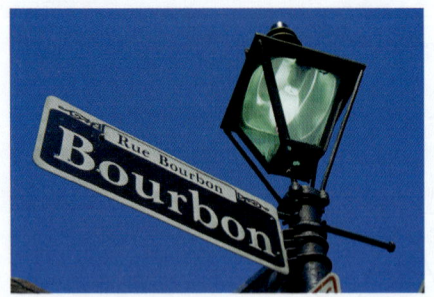

この水銀灯の青い光はナトリウムランプの黄色い光よりも長波長であろうか，それとも短波長であろうか．

方針　波長が与えられて，それに対応する振動数を求めたい．波長と振動数は $\lambda\nu = c$ で関係づけられるから，これを ν について解けばよい．nm を m に換算することを忘れないように．

解

$$\nu = \frac{c}{\lambda} = \frac{\left(3.00 \times 10^8\,\dfrac{m}{s}\right)}{(436\,nm)\left(\dfrac{1\,m}{10^9\,nm}\right)}$$

$$= 6.88 \times 10^{14}\,s^{-1} = 6.88 \times 10^{14}\,Hz$$

この光の振動数は $6.88 \times 10^{14}\,s^{-1}$ すなわち 6.88×10^{14} Hz である．

問題 3・1　$\lambda = 3.56 \times 10^{-11}$ m の γ 線の振動数はいくらか．$\lambda = 10.3$ cm のレーダー波の振動数はいくらか．

問題 3・2　振動数 $\nu = 102.5$ MHz の FM 電波の波長は何メートルか．$\nu = 9.55 \times 10^{17}$ Hz の医学用 X 線の波長は何メートルか．

問題 3・3　下に二つの電磁波（いずれも可視光）が図示されている．
(a) 振動数がより高いのはどちらか．
(b) どちらがより強い光を表しているか．
(c) どちらが青色光で，どちらが赤色光か．

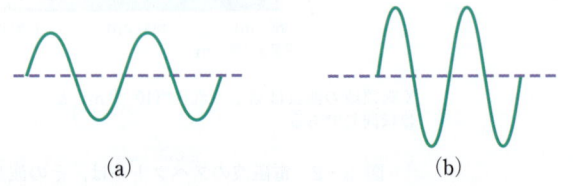

3・2　電磁波のエネルギーと原子の線スペクトル

太陽からの光や普通の電球からの光は"白色"光であり，電磁波のスペクトル中の可視光の全領域にわたって連続的に分布する光からなっている．白色光の細いビームをガラスのプリズムに当てると，波長によってガラスを通過する速さが違うので，スペクトルの長波長端の赤色（780 nm）から短波長端の紫色（380 nm）にわたる成分色に分離する（図3・4a）．この色の分離は，光が大気中の水滴を通過するときにも起こり，これが虹である．

可視光を初めとする電磁波は，原子の構造とどのように関係するのだろうか．原子が熱などによってエネルギー的に励起されると光を放出し，それが原子の構造を明らかにする鍵を与えるのである．しかし太陽からの白色光とは違って，エネルギー的に励起された原子から出る光は波長が連続的に分布していない．励起された原子からの光は，狭いスリットを通ってからプリズムを通ると，少数の波長の光だけからなっており，黒い背景の上に何本かの輝線がある，いわゆる**線スペクトル**（line spectrum）を与える．NaCl などのナトリウム塩をブンゼンバーナーの炎で加熱してできる励起ナトリウム原子は黄色の光を発し，水素原子はいくつかの異なる色から

なる青い光を出す（図3・5）．花火の明るく輝く光は金属原子の混合物が爆薬によって熱せられてできたものである．

　励起された原子が特定の波長の光を放出することが見出だされた直後から，化学者たちはさまざまな元素の線スペクトルの目録をつくり始めた．すぐに，それぞれの元素が固有のスペクトルをもつことが明らかになり，これを用いて鉱物などに含まれる元素を同定することができるようになった．1885年になってスイスの学校教師であったJohann Balmer（バルマー）が，原子の線スペクトルに一定のパターンがあることを初めて見出だした．その当時水素が図3・5に示すような4本の線をもつスペクトルを与えることがわかっていた．これら4本の線の波長は656.3 nm（赤色），486.1 nm（青緑色），434.0 nm（青色），410.1 nm（青紫色）である．

　この水素のスペクトルを考察し，データを系統立てようと試行錯誤した結果，Balmerはこの4本の線の波長がつぎの式で表せることを発見した：

$$\frac{1}{\lambda} = R_\infty \left[\frac{1}{2^2} - \frac{1}{n^2}\right] \text{あるいは} \nu = R_\infty \cdot c \left[\frac{1}{2^2} - \frac{1}{n^2}\right]$$

ここで R_∞ は $1.097 \times 10^{-2}\,\text{nm}^{-1}$ の値をもつ定数（現在リュードベリ定数とよばれている）であり，n は3以上の整数である．たとえば 656.3 nm の赤色のスペクトル線はバルマーの公式で $n = 3$ の場合に相当する．

$$\frac{1}{\lambda} = [1.097 \times 10^{-2}\,\text{nm}^{-1}]\left[\frac{1}{2^2} - \frac{1}{3^2}\right]$$
$$= 1.524 \times 10^{-3}\,\text{nm}^{-1}$$
$$\lambda = \frac{1}{1.524 \times 10^{-3}\,\text{nm}^{-1}} = 656.3\,\text{nm}$$

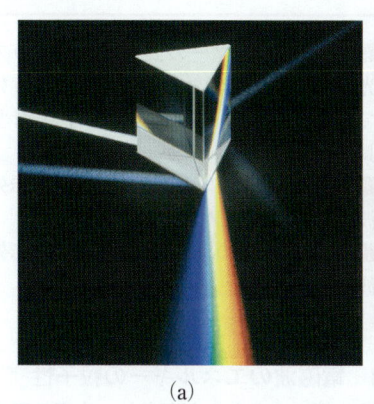

図 3・4　(a) 通常の白色光の細いビームをガラスのプリズムに通すと，異なる波長の光は異なる速度でガラスを通過し，異なる色に見える．光が空気中の水滴を通過するときに同様なことが起こり，虹となって見える．(b) 光が雲の中の氷の結晶を通過すると，幻日とよばれる現象が見られる．

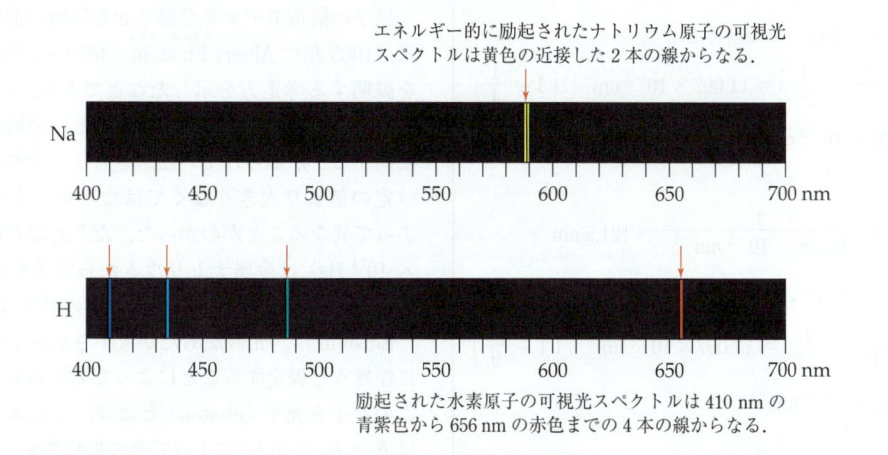

エネルギー的に励起されたナトリウム原子の可視光スペクトルは黄色の近接した2本の線からなる．

励起された水素原子の可視光スペクトルは 410 nm の青紫色から 656 nm の赤色までの4本の線からなる．

図 3・5　原子の線スペクトル．

同様に，$n = 4$ は 486.1 nm の青緑色，$n = 5$ は 434.0 nm の青色，などである．自分自身でバルマーの公式を解いて確認しよう．

電磁波のスペクトルの可視光領域におけるバルマー系列の輝線の発見に引き続いて，非可視光領域にももっと多くのスペクトル線が存在することがわかった．たとえば水素は紫外線領域や赤外線領域にも一連のスペクトル線を示す．

スウェーデンの物理学者 Johannes Rydberg(リュードベリ)は，バルマーの公式を拡張して一般化したリュードベリの公式 (Rydberg equation) によって，水素の全スペクトルのすべての線を当てはめることができることを示した．

🔷 リュードベリの公式

$$\frac{1}{\lambda} = R_\infty \left[\frac{1}{m^2} - \frac{1}{n^2}\right] \text{ あるいは } \nu = R_\infty \cdot c \left[\frac{1}{m^2} - \frac{1}{n^2}\right]$$

ここで，m と n はともに整数であり $n > m$ である．$m = 1$ は紫外線領域の線に対応し，$m = 2$ は可視光領域のバルマー系列に対応する．$m = 3$ は赤外線領域に対応する，などである．例題 3・2 でその他の線の計算をする．

§3・8 でさらに詳しくリュードベリの公式を検討して，m や n が何を意味しているのかを考えることにする．

例題 3・2　リュードベリの公式を用いる

水素のスペクトル系列で $m = 1$，$n > 1$ の場合，最長波長の 2 本の線は何ナノメートルか．

方　針　n が最小のときに波長 λ は最大となるから，$n = 2$ と $n = 3$ について計算すればよい．

$$\frac{1}{\lambda} = R_\infty \left[\frac{1}{m^2} - \frac{1}{n^2}\right] \text{ ここで } m = 1$$

解　式を $n = 2$ について解くと

$$\frac{1}{\lambda} = R_\infty \left[\frac{1}{1^2} - \frac{1}{2^2}\right] = (1.097 \times 10^{-2}\,\text{nm}^{-1})\left(1 - \frac{1}{4}\right)$$

$$= 8.228 \times 10^{-3}\,\text{nm}^{-1}$$

すなわち

$$\lambda = \frac{1}{8.228 \times 10^{-3}\,\text{nm}^{-1}} = 121.5\,\text{nm}$$

式を $n = 3$ について解くと

$$\frac{1}{\lambda} = R_\infty \left[\frac{1}{1^2} - \frac{1}{3^2}\right] = (1.097 \times 10^{-2}\,\text{nm}^{-1})\left(1 - \frac{1}{9}\right)$$

$$= 9.751 \times 10^{-3}\,\text{nm}^{-1}$$

すなわち

$$\lambda = \frac{1}{9.751 \times 10^{-3}\,\text{nm}^{-1}} = 102.6\,\text{nm}$$

したがって最長波長の 2 本の線は 121.5 nm と 102.6 nm にある．

例題 3・3　リュードベリの公式を用いる

水素のスペクトル系列で $m = 1$，$n > 1$ の場合，最短波長の線は何ナノメートルか．

方　針　最短波長の線は，n が無限に大きい場合すなわち $1/n^2$ がゼロの場合に相当する．

解

$$\frac{1}{\lambda} = R_\infty \left[\frac{1}{1^2} - \frac{1}{\infty^2}\right] = (1.097 \times 10^{-2}\,\text{nm}^{-1})(1 - 0)$$

$$= 1.097 \times 10^{-2}\,\text{nm}^{-1}$$

すなわち

$$\lambda = \frac{1}{1.097 \times 10^{-2}\,\text{nm}^{-1}} = 91.16\,\text{nm}$$

したがって最短波長の線は 91.16 nm にある．

問題 3・4　バルマーの公式は電磁波のスペクトルの可視光領域を越えて紫外線領域を含むように拡張することができる．バルマー系列で $n = 7$ に相当する紫外線の波長は何ナノメートルか．

問題 3・5　水素の $m = 3$ に相当する赤外線領域での最長波長の線は何ナノメートルか．

問題 3・6　水素の $m = 3$ に相当する赤外線領域での最短波長の線は何ナノメートルか．

3・3　電磁波のエネルギーの粒子性

原子の線スペクトルが存在し，水素の可視スペクトルがバルマーの公式に当てはまるということは，原子の構造を明らかにする一般的な原理が存在することを示しているが，その原理が見出されたのはその数年後であった．

原子の構造モデルを発展させる最初の重要なステップは，1905 年に Albert Einstein(アインシュタイン) (1879〜1955) が光電効果を説明する考え方を示したことである．19 世紀末から，きれいな金属の表面に光を当てると，金属から電子が飛び出すことが知られていた．さらに，その光の振動数は一定の値より大きくなくてはならず，その値は金属によって異なることがわかった．たとえば青色光 ($\nu \approx 6.7 \times 10^{14}$ Hz) は金属ナトリウムから電子を放出させるが，赤色光 ($\nu \approx 4.0 \times 10^{14}$ Hz) にはその効果はない．

Einstein は，光線があたかも小さな粒子の流れのように振舞うと仮定することによって光電効果を説明した．この粒子を**光子** (photon) とよび，そのエネルギー (E) は $E = h\nu = hc/\lambda$ によってその振動数 ν (あるいは波長 λ) と関連づけられるとした．比例定数 h は現在プラン

ク定数とよばれている基本的物理定数であり，6.626×10^{-34} J·s の値をもつ．たとえば振動数 4.62×10^{14} s^{-1}（波長 649 nm）の赤色光の光子 1 個は 3.06×10^{-19} J のエネルギーをもつ．〔§1·11 で学んだようにエネルギーの SI 単位はジュール（J）であり，1 J $= 1$ (kg·m^2)/s^2 である．〕

$$E = h\nu = (6.626 \times 10^{-34} \text{ J·s})(4.62 \times 10^{14} \text{ s}^{-1})$$
$$= 3.06 \times 10^{-19} \text{ J}$$

§2·6 で学んだように，どんな物質であってもアボガドロ定数（6.022×10^{23}/mol）に相当する個数を含む量を 1 モル（mol）とよぶことを思い出そう．電磁波のエネルギーを光子 1 個当たりではなく 1 mol 当たりで表すと便利なことがよくある．光子 1 個当たりのエネルギー 3.06×10^{-19} J にアボガドロ定数を掛けると 184 kJ/mol となる．

$$\left(3.06 \times 10^{-19} \frac{\text{J}}{\text{光子}}\right)\left(6.022 \times 10^{23} \frac{\text{光子}}{\text{mol}}\right)$$
$$= 1.84 \times 10^5 \frac{\text{J}}{\text{mol}}$$
$$\left(1.84 \times 10^5 \frac{\text{J}}{\text{mol}}\right)\left(\frac{1 \text{ kJ}}{1000 \text{ J}}\right) = 184 \text{ kJ/mol}$$

振動数が高いほどあるいは波長が短いほど，光子のエネルギーは高く，振動数が低いほどあるいは波長が長いほど，光子のエネルギーは低い．たとえば青色光（$\lambda \approx 450$ nm）は赤色光（$\lambda \approx 650$ nm）よりも短波長であり，したがってエネルギーはより大きい．同様に X 線（$\lambda \approx 1$ nm）は FM 電波（$\lambda \approx 10^{10}$ nm すなわち 10 m）よりも短波長であり，したがってエネルギーはより大きい．

金属に衝突する光子の振動数（あるいはエネルギー）がある最小値（しきい値）より低ければ，電子は放出されない．そのしきい値より高ければ，電子を金属につなぎ止めている引力に打ち勝つのに十分なエネルギーが光子から電子に移動する（図 3·6）．

光子のエネルギーはその振動数（あるいは波長）だけに依存し，光線の強度とは関係がないことに注意しよう．振動数が光子のエネルギーの尺度であるのに対して，光線の強度は光線中の光子の数の尺度である．高エネルギーの光子は強度が低くても金属から少数の電子をたたき出すことができるが，低エネルギーの光子は光線の強度が大きくても 1 個の電子すらたたき出せない．

大ざっぱなたとえであるが，ガラス窓にいろいろな質量のボールを投げつけることを考えよう．1000 個のピンポン球（低エネルギー）を投げても窓から跳ね返るだけであるが，野球のボール（高エネルギー）を 1 個投げつけるだけでガラスは割れる．これと同じことで，低エネルギーの光子は金属表面に当たって跳ね返るが，あるしきい値以上のエネルギーをもつ光子は金属を"壊して"電子を追い出す．

Einstein の研究からの重要な結論は，光を初めとする電磁波のエネルギーの挙動はそれまで考えられてきた以上に複雑であるということである．光のエネルギーは波動として振舞うのに加えて粒子としても振舞う．この考え方は初めは奇異に思えるかもしれないが，光は物質と似たものであると考えれば納得できるであろう．物質も電磁波のエネルギーも量子化されている，すなわち決まった量しかとりえない．1 個あるいは 2 個の水素原子はあっても 1.5 個や 1.8 個の水素原子はありえない．それと同様に，1 個あるいは 2 個の光子はあっても 1.5 個や 1.8 個の光子はありえないのである．原子 1 個のもつ物質量がきわめて小さいのと同様に，光子 1 個に相当するエネルギーの量，すなわち量子（quantum），もきわめて小さく，考え方は同じである．

量子化は日常生活における階段と斜面にたとえることができる．斜面は高さが連続的に変化するのに対して，階段は一定の量ずつ高さが変化する，すなわち量子化さ

金属表面から放出される電子の数を光の振動数に対してプロットするとしきい値が見られる．

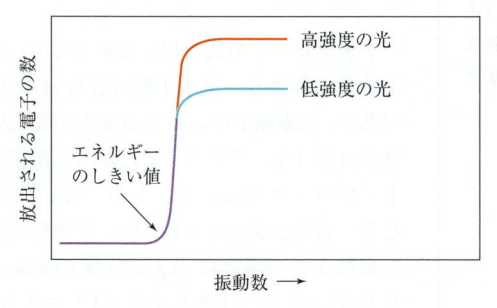

振動数を一定にしておいて光の強度を増すと放出される電子の数は増大するがしきい値は変わらない．

図 3·6 光電効果

れていると見ることができる.

一旦電磁波のエネルギーの粒子性が認識されると, 原子の線スペクトルの謎の一部は説明ができる. エネルギー的に励起された原子は連続的に変化する波長の光を放出することはできず, したがって連続スペクトルは与えない. そうではなく原子はいくつかの特定のエネルギーをもつ量子しか放出することができず, したがって線スペクトルを与える.

この洞察に基づいて, デンマークの物理学者 Niels Bohr (1885~1962) は 1914 年に, 水素原子のモデルを提唱した. それは太陽のまわりの軌道を惑星が回っているのと似て, 原子核のまわりの軌道を電子が回っているというものであった. Bohr によれば, 軌道のエネルギー準位は量子化されていて, 電子はある特定のエネルギーをもつ軌道にだけ存在することができる. 外側のエネルギーの高い軌道から内側のエネルギーの低い軌道に電子が落ちるとき, この二つの軌道の間のエネルギー差に相当するエネルギーの量子が放出され, それが線スペクトルとして観測される (図 3・7).

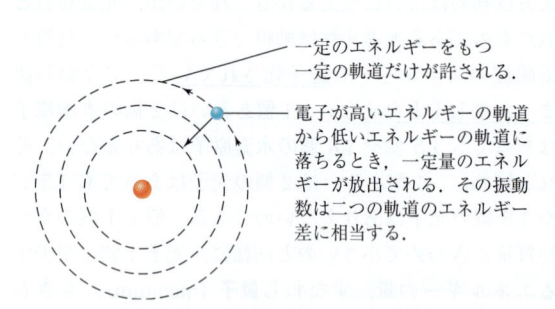

図 3・7 水素原子のボーアモデル. 原子核のまわりの円状の軌道を電子が回っている.

例題 3・4 光子のエネルギーを
その振動数から計算する

$\nu = 3.35 \times 10^8$ Hz のレーダー波のエネルギーは何ジュールか. このエネルギーは 1 mol 当たり何キロジュールか.

方 針 振動数 ν の光子のエネルギーは $E = h\nu$ の式から計算できる. 光子 1 mol 当たりのエネルギーを求めるには, 光子 1 個のエネルギーにアボガドロ定数を掛ければよい (§ 2・6).

解
$$E = h\nu = (6.626 \times 10^{-34} \text{ J·s})(3.35 \times 10^8 \text{ s}^{-1})$$
$$= 2.22 \times 10^{-25} \text{ J}$$

$$\left(2.22 \times 10^{-25} \frac{\text{J}}{\text{光子}}\right)\left(6.022 \times 10^{23} \frac{\text{光子}}{\text{mol}}\right)$$
$$= 0.134 \text{ J/mol} = 1.34 \times 10^{-4} \text{ kJ/mol}$$

問題 3・7 水素のスペクトルで $m = 1$, $n > 1$ の系列における最も短波長の線に相当する光子のエネルギーは 1 mol 当たり何キロジュールか (例題 3・3).

問題 3・8 一般的に電磁波の生物学的な影響は, その電磁波のエネルギーが大きくなるほど深刻になる. 赤外線は心地よい暖房効果をもつが, 紫外線は日焼けを起こし, X 線はかなりの組織の損傷を起こすことがある. つぎの波長に相当するエネルギーは 1 mol 当たり何キロジュールか: $\lambda = 1.55 \times 10^{-6}$ m の赤外線, $\lambda = 250$ nm の紫外線, $\lambda = 5.49$ nm の X 線.

3・4 物質の波動性

20 世紀初頭に見出だされた物質と電磁波のエネルギーの類似性は 1924 年にフランスの物理学者 Louis de Broglie (1892~1987) によってさらに拡張された. de Broglie は, 光がいくつかの観点で物質と似た振舞いをするのならば, 物質もいくつかの観点で光と似た振舞いをするのではないかと考えた. つまり物質も粒子性と波動性をもっていると.

物質の波動性の理論を展開する過程で, de Broglie は光子のエネルギーと波長の逆数関係に注目した.

$$E = \frac{hc}{\lambda} \text{ であるから } \lambda = \frac{hc}{E}$$

1905 年に Einstein が特殊相対性理論の一部として提唱した有名な式 $E = mc^2$ を用いて E を置き換えると次式となる.

$$\lambda = \frac{hc}{E} = \frac{hc}{mc^2} = \frac{h}{mc}$$

de Broglie は光速 c を粒子の速度 v に置き換えると, 電子のような移動している粒子に対して同様の関係が成り立つと考えた. その結果得られる**ド・ブローイの式** (de Broglie equation) を用いると, 速度 v で移動する質量 m の電子あるいはその他の粒子や物質の"波長"を計算することができる.

● ド・ブローイの式 $\qquad \lambda = \dfrac{h}{mv}$

ド・ブローイの式を用いる例として, 水素原子中の電子を見てみよう. 電子 1 個の質量 m は 9.11×10^{-31} kg であり, 水素原子中の電子の速度 v は 2.2×10^6 m/s (光速のほぼ 1%) である. したがって水素原子中の電子のド・ブローイ波長は 3.3×10^{-10} m すなわち 330 pm となる. 通常はジュール秒 (J·s) の単位で表されるプランク定数をこの場合は (kg·m²)/s の単位で表さなければならないことに注意しよう 〔1 J = 1 (kg·m²)/s² である〕.

$$\lambda = \frac{h}{mv} = \frac{6.626 \times 10^{-34} \frac{\text{kg} \cdot \text{m}^2}{\text{s}}}{(9.11 \times 10^{-31} \text{ kg})\left(2.2 \times 10^6 \frac{\text{m}}{\text{s}}\right)}$$

$$= 3.3 \times 10^{-10} \text{ m}$$

光と物質がいずれも波動として振舞うことも粒子として振舞うこともあるということは何を意味するのだろうか．その答は，少なくとも日常の人間の尺度では"大したことではない"となる．なぜなら波動・粒子の二重性は数学上のモデルに過ぎないからである．原子を直接見てその挙動を観測することはできず，できるのはせいぜい原子の性質や挙動を正しく説明する数式を組立てることである．

光や物質の波動・粒子二重性を理解しようとする際の問題点は，われわれの常識がそれに適応できないことである．われわれの直感は個人的な体験に基づいており，光や物質がどのように振舞う"べき"かを自分自身の目や五感を使って感じとってきた．しかしわれわれには原子の尺度での個人的体験はなく，したがって原子のレベルでの光や物質の挙動を常識に基づいて扱うすべをもたない．長さも質量もきわめて小さい原子の尺度では，光も物質もわれわれの常識とは異なるやり方で振舞うのである．

問題 3・9 1150 kg の質量をもち 24.6 m/s の速度で走る小型車のド・ブロイ波長は何メートルか．その波長は原子の直径（ほぼ 200 pm）より長いか短いか.

3・5 量子力学とハイゼンベルクの不確定性原理

エネルギーの粒子性および物質の波動性を理解したところで，原子の構造の問題に戻ろう．19 世紀末から 20 世紀初頭に，§3・3 で述べたボーアモデルのような原子構造のいくつかのモデルが提唱された．ボーアモデルは，電子がある特定のエネルギー準位だけをとることを示した点で歴史的に非常に重要であったが，2 個以上の電子をもつ原子には適用できなかった．

1926 年にオーストリアの物理学者 Erwin Schrödinger (1887〜1961) が後に原子の**量子力学モデル** (quantum mechanical model) とよばれるようになったモデルを提案して，これが原子構造理解の突破口となった．その基本となる考え方は，電子を原子核のまわりの一定の軌道を回る微粒子と考えるのをやめて，電子の波動性に注目するものであった．事実，1927 年に Werner Heisenberg (1901〜1976) は電子の位置やその軌跡を正確に知ることは不可能であることを示した．これが**ハイゼンベルクの不確定性原理** (Heisenberg uncertainty principle) である．

ハイゼンベルクの不確定性原理は，ある瞬間に存在する電子の位置を決めようとすると，何が起こるかを想像すれば理解できよう．電子を"見る"ためには，適当な振動数をもった光子がその電子と相互作用して跳ね返らなければならない．しかしそのような相互作用によって光子から電子へエネルギーが移動し，電子はエネルギーが増大してさらに速く動く．つまり，電子の位置を決めようとする行為が電子の位置を変えてしまう．

数学用語を使えば，ハイゼンベルクの原理は，電子の位置の不確かさ Δx とその運動量の不確かさ Δmv の積は $h/4\pi$ より大きい，と表現される．

ハイゼンベルクの不確定性原理　　$(\Delta x)(\Delta mv) \geq \dfrac{h}{4\pi}$

この式によれば，電子（あるいは他のどんな粒子でも）の位置と速度の両方をある一定の精密さを越えて決めることは決してできない．電子の速度が高い確かさでわかれば（Δmv が小さい），その位置は不確かにならざるを得ない（Δx は大きくなる）．逆に，電子の位置が正確にわかれば（Δx が小さい），その速度を知ることはできない（Δmv が大きい）．結果として，電子の位置と速度を物理的に決めようとすると，電子は常にぼやけて見える．

簡単な計算で，不確定性原理の結論をよりはっきりさせることができる．前の節で述べたように，電子の質量 m は 9.11×10^{-31} kg であり，水素原子中の電子の速度 v は 2.2×10^6 m/s である．速度が 10% すなわち 0.2×10^6 m/s の誤差でわかると仮定すると，水素原子中の電子の位置の不確かさは 3×10^{-10} m すなわち 300 pm となる．しかし水素原子の直径は 240 pm しかないのだから，電子の位置の不確かさは原子の大きさと同程度ということになる！

$(\Delta x)(\Delta mv) \geq \dfrac{h}{4\pi}$ であるから $(\Delta x) \geq \dfrac{h}{(4\pi)(\Delta mv)}$

$$\Delta x \geq \frac{6.626 \times 10^{-34} \frac{\text{kg} \cdot \text{m}^2}{\text{s}}}{(4)(3.1416)(9.11 \times 10^{-31} \text{ kg})\left(0.2 \times 10^6 \frac{\text{m}}{\text{s}}\right)}$$

$\Delta x \geq 3 \times 10^{-10}$ m すなわち 300 pm

日常生活で見られるように，物体の質量 m が比較的大きい場合はハイゼンベルクの式における Δx も Δv も非常に小さいので，目に見える物体の位置と速度の両方を測定することは問題なくできる．このような問題は原子のスケールでのみ起こる．

3・6 波動関数と量子数

原子の構造についてのシュレーディンガーの量子力学モデルは，液体で起こる波の動きを記述する方程式と形が似ているために波動方程式とよばれる微分方程式の形で組立てられる．波動方程式の解は波動関数（wave function）あるいは軌道（orbital）とよばれ，ψ（ギリシャ文字でプサイ）という記号で表される．電子の波動関数は，その二乗 ψ^2 が原子核の周りの任意の場所で電子を見出だす確率を表す，と考えるのが最もわかりやすい．Heisenberg が示したように，電子の位置を確定することはできない．しかし波動関数は，電子が見出だされる確率が最も高いのはどこかを教えてくれる．

波動方程式 $\longrightarrow$ 解く $\longrightarrow$ 波動関数あるいは軌道（ψ） $\longrightarrow$ 空間内で電子を見出だす確率（ψ^2）

波動関数は量子数（quantum number）とよばれる3個のパラメータで特徴づけられる．それらは n, l, および m_l と書き表され，これらのパラメータによって軌道のエネルギー準位と電子が占める領域の三次元的な形状が表現される．

■ **主量子数**（principal quantum number, n）は正の整数（$n = 1, 2, 3, 4, \cdots$）であり，軌道の大きさとエネルギー準位はまずこの値で決まる．水素や He^+ などの1電子原子では，軌道のエネルギーは n だけに依存する．2個以上の電子をもつ原子では軌道のエネルギーは n およびつぎに述べる量子数 l の両方に依存する．

n の値が大きくなるにしたがって，可能な軌道の数が増し，軌道の大きさも増大して，電子は原子核から遠ざかることができる．負電荷を正電荷から引き離すにはエネルギーを必要とするから，電子と原子核との距離が増すということは，量子数 n が増すとともに，その軌道にある電子のエネルギーが増大することを意味する．

しばしば主量子数 n に従って軌道を原子核を取巻く層すなわち殻（shell）にグループ分けする．たとえば $n = 3$ の軌道は3番目の殻にあるという．

■ **方位量子数**（azimuthal quantum number, l）は軌道の三次元的形状を決める*．主量子数 n の軌道について，方位量子数 l は 0 から $n-1$ までの整数値のいずれかをとる．つまりそれぞれの殻に n 種類の異なる軌道の形状がある．

$n = 1$ ならば $l = 0$
$n = 2$ ならば $l = 0$ あるいは 1
$n = 3$ ならば $l = 0, 1$, あるいは 2

などとなる．

主量子数 n に応じて軌道を殻にグループ分けしたのと同じように，方位量子数 l によって一つの殻の中の軌道を副殻（subshell）に分けることができる．副殻は数字ではなく s, p, d, f, g の順に文字でよぶ（歴史的には s, p, d, f は，原子スペクトルの吸収線を表す *sharp, principal, diffuse, fundamental* にそれぞれ由来している）．f 以降の副殻はアルファベット順に g, h, … となる．

量子数 l:　　0　1　2　3　4 …
副殻の表記：　s　p　d　f　g

たとえば $n = 3$, $l = 2$ の軌道は 3d 軌道となる．ここで 3 は 3 番目の殻であること，d は $l = 2$ の副殻であることを表している．

表 3・1　最初の四つの殻の量子数 n, l, m_l の組合わせ

n	l	m_l	軌道の記号	副殻中の軌道の数	殻中の軌道の数
1	0	0	1s	1	1
2	0	0	2s	1	4
	1	$-1, 0, +1$	2p	3	
3	0	0	3s	1	9
	1	$-1, 0, +1$	3p	3	
	2	$-2, -1, 0, +1, +2$	3d	5	
4	0	0	4s	1	16
	1	$-1, 0, +1$	4p	3	
	2	$-2, -1, 0, +1, +2$	4d	5	
	3	$-3, -2, -1, 0, +1, +2, +3$	4f	7	

---

* 方位量子数は軌道角運動量量子数（orbital angular-momentum quantum number）ともよばれる．

3・6 波動関数と量子数

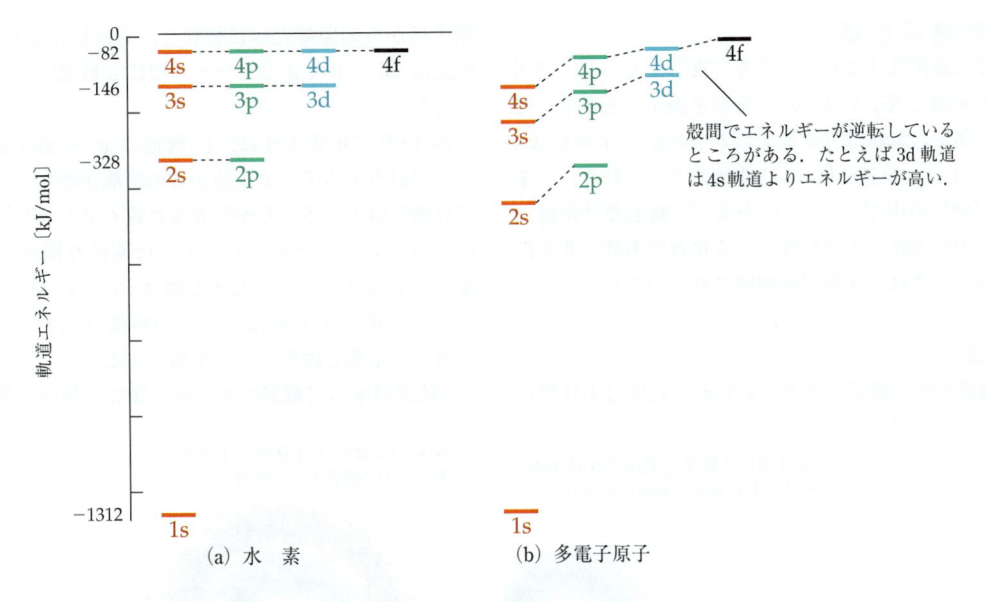

図3・8 (a) 水素原子, および (b) 典型的多電子原子の軌道のエネルギー準位. (b) の副殻間のエネルギー差はわかりやすく誇張してある.

殻間でエネルギーが逆転しているところがある. たとえば3d軌道は4s軌道よりエネルギーが高い.

■ **磁気量子数** (magnetic quantum number, m_l) は座標軸に関する軌道の空間的な配向を決める. 方位量子数が l の軌道に対して, 磁気量子数は $-l$ から $+l$ までの整数値のいずれかを取る. すなわち, 一つの副殻の中で, 形状は同じであるが空間的な向きが異なる $2l+1$ 個の軌道が存在する. この点については次節でさらに詳しく学ぶ.

$l = 0$ ならば $m_l = 0$
$l = 1$ ならば $m_l = -1, 0,$ あるいは $+1$
$l = 2$ ならば $m_l = -2, -1, 0, +1,$ あるいは $+2$

などとなる.

最初の4個の殻について, 許容される量子数の組合わせを表3・1にまとめる.

いろいろな軌道のエネルギー準位を図3・8に示す. この節の初めに記したように, 水素原子では各軌道のエネルギー準位は主量子数 n だけで決まるが, 多電子原子では n と l の両方に依存する. 言い換えれば一つの殻の中の軌道は, 水素では同じエネルギーをもつが, それ以外の原子では副殻によってわずかに違うエネルギーをもつ. 事実, 他の殻とエネルギーが交差することもある. たとえば, いくつかの多電子原子では3d軌道が4s軌道よりも高いエネルギーをもっている.

例題3・5 量子数から軌道の種類を求める
$n = 3, l = 1, m_l = +1$ の量子数をもつ軌道の殻と副殻は何か.

方 針 主量子数 n から殻の番号がわかり, 方位量子数 l から副殻の種類がわかる. 磁気量子数 m_l は軌道の空間的配向にかかわる.

解 $n = 3$ は3番目の殻であること, $l = 1$ は軌道がpタイプであることを示す. したがって, この軌道は3p軌道である.

例題3・6 軌道に量子数を帰属する
4p軌道に可能な量子数の組合わせは何か.

方 針 4pは, 主量子数 $n = 4$, 方位量子数 $l = 1$ の軌道であることを示している. 磁気量子数 m_l は $-1, 0, +1$ の3個の値をとりうる.

解 許容される組合わせはつぎの3通りである.
$n = 4, l = 1, m_l = -1$
$n = 4, l = 1, m_l = 0$
$n = 4, l = 1, m_l = +1$

問題3・10 表3・1を拡張して, $n = 5$ に許容される量子数の組合わせを書け. 5番目の殻には何個の軌道が存在するか.

問題3・11 つぎの量子数をもつ軌道は何か.
(a) $n = 2, l = 1, m_l = +1$
(b) $n = 4, l = 3, m_l = -2$
(c) $n = 3, l = 2, m_l = -1$

問題3・12 つぎの軌道に対して, 量子数の可能な組合わせを書け.
(a) 3s軌道 　　(b) 2p軌道 　　(c) 4d軌道

3・7 軌道の形状

前節で波動関数すなわち軌道を二乗したものが，空間の一定の領域で電子を見出だす確率を表すことを学んだ．その空間領域の形状は方位量子数 l で決まり，$l=0$ は s 軌道，$l=1$ は p 軌道，$l=2$ は d 軌道とよばれる．さまざまな可能性の中で，s, p, d, および f 軌道だけが既知の元素の中で実際に占められている軌道であり，非常に重要である．これら4種類を個別に見ていこう．

s 軌道

s 軌道はすべて球形であり，s 電子を見出だす確率は原子核からの距離だけに依存し，方向にはよらない．s 軌道は $m_l=0$ であり，一つの殻に s 軌道は一つしか存在しない．

図 3・9 に示すように，1s 軌道の ψ^2 の値は原子核の近くで最も大きく，原子核からの距離が増すにしたがって急速に低下する．しかし非常に遠くでも決してゼロにはならない．したがって原子には明確な限界はなく決まった大きさもない．しかし図 3・9 のように図示するために，電子がそのほとんどの時間（たとえば 95%）を過ごす空間を囲む境界面を想定する．

s 軌道はすべて球形であるが，異なる殻の s 軌道の間

2s 軌道には電子を見出だす確率がゼロである球面（節面）がある．

3s 軌道には電子を見出だす確率がゼロである節面が二つある．

節面

節面

色の違いは波動関数の符号（波における位相に相当する）の違いに対応している．

1s　2s　3s

図 3・9　1s, 2s, 3s 軌道の図．上は球状の軌道の断面図で，下はそれをさらに半分に割ったもの．電子を見出だす確率を色の濃淡で表してある．

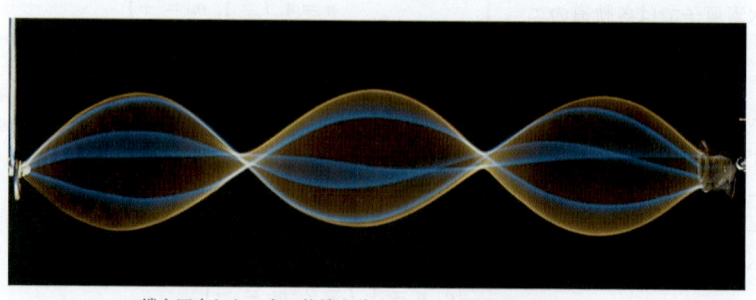

一端を固定したひもの他端を速く振ると，定常波が生じる．

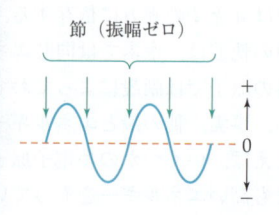

節（振幅ゼロ）

波には異なる符号，＋と－，をもつ二つの位相があり，節とよばれる振幅がゼロの部分で隔てられている．

図 3・10　振動するひもで見られる定常波．

には大きな違いがある．一つには，殻が大きくなるにしたがってs軌道の大きさが増す．つまり外側の殻のs軌道にある電子は，平均すると，内側の殻にある電子よりも原子核から遠い．もう一つには，外側の殻のs軌道の電子分布は確率の高い領域が二つ以上存在する．図3・9に示すように，2s軌道は実質的に二重の球からなっていて存在確率の高い領域が二つあり，それらは節（node）とよばれる確率がゼロの面で隔てられている．同様に3s軌道は3個の高確率の領域と2個の球形の節をもっている．

軌道の節，つまり電子の存在確率がゼロではない領域を隔てる存在確率ゼロの面，という概念は理解しにくく，"電子は節に存在できないのに，なぜ軌道の一つの領域から別の領域に移ることができるのか"という疑問が生じるかも知れない．しかしこの質問は間違っている．なぜならそれは電子に波動ではなく粒子としての挙動を想定しているからである．実際，節は波がもつ本質的な性質であり，海洋の水が示す動く波からひもやギターの弦を振動させたときに生じる定常的な波に至るあらゆる波に見られる（図3・10）．節はこのような波の振幅がゼロの部分に相当する．節のどちら側でも振幅はゼロでない．波は二つの位相（phase），すなわち基線から上側の"山"と下側の"谷"があり，+と-の逆の符号に相当する．同様に2sおよび3s軌道の異なる領域は異なる位相，+と-，をもち，図3・9では異なる色で示してある．

p 軌 道

p軌道は球形ではなく亜鈴形をしており，電子は原子核を含む節面の両側に広がる同形の二つのローブ（lobe）に集まっている．したがって原子核の近くで電子を見出す確率はゼロである．一つのp軌道の二つのローブは位相が異なり，図3・11では異なる色で示している．同じ位相のローブだけが相互作用して共有結合を形成することができるので，位相が非常に重要であることを5章で学ぶ．

$l=1$の場合m_lは3通りの値をとることができるので，2番目以降の殻はそれぞれ3個のp軌道をもち，それらは座標軸x, y, zに沿って互いに90°をなして配向している．たとえば2番目の殻では3個のp軌道は$2p_x$, $2p_y$, $2p_z$とよばれる．3番目以降の殻のp軌道は2番目の殻のp軌道より大きく，原子核から遠くに広がっている．しかし形状はほぼ同じである．

d 軌道と f 軌道

3番目以降の殻はそれぞれ5個のd軌道をもち，それらの軌道はs軌道やp軌道と違って2種類の異なる形状をもっている．5個のd軌道のうち4個はクローバーの葉の形をしていて，それぞれが原子核を通る2枚の節面で隔てられた4個のローブをもつ（図3・12 a～d）．5番目のd軌道はp_z軌道に形が似ているが，さらにxy平面内にドーナツ形の領域をもつ（図3・12 e）．形状が違うにもかかわらず，同一殻内の5個のd軌道は同じエネルギーをもつ．p軌道と同じようにd軌道も交互に異なる位相をもつ．

副殻のl量子数が増すにしたがって，節面の数も軌道の形状の複雑さも増すことに気づくであろう．s軌道はローブが一つだけで核を通る節面はない．p軌道は二つのローブと1枚の節面をもち，d軌道は4個のローブと2枚の節面をもつ．7個のf軌道はさらに複雑であり，原子核を通る3枚の節面で隔てられた8個のローブをもつ（図3・12 fに7個の4f軌道のうちの一つを示す）．しかし今後の章で扱う元素のほとんどは結合にf軌道を使わないので，これ以上は触れない．

p軌道には，電子を見出だす確率の高いローブが二つあり，それらは原子核を通る節面によって隔てられている．

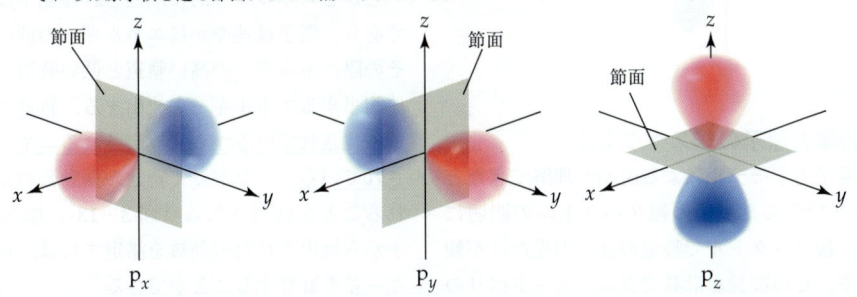

ローブの色の違いは符号の違い（波の位相の違いに似ている）を表す．

図 3・11　3個のp軌道の図．いずれも亜鈴状をしており3個の座標軸x, y, zに沿って配向している．

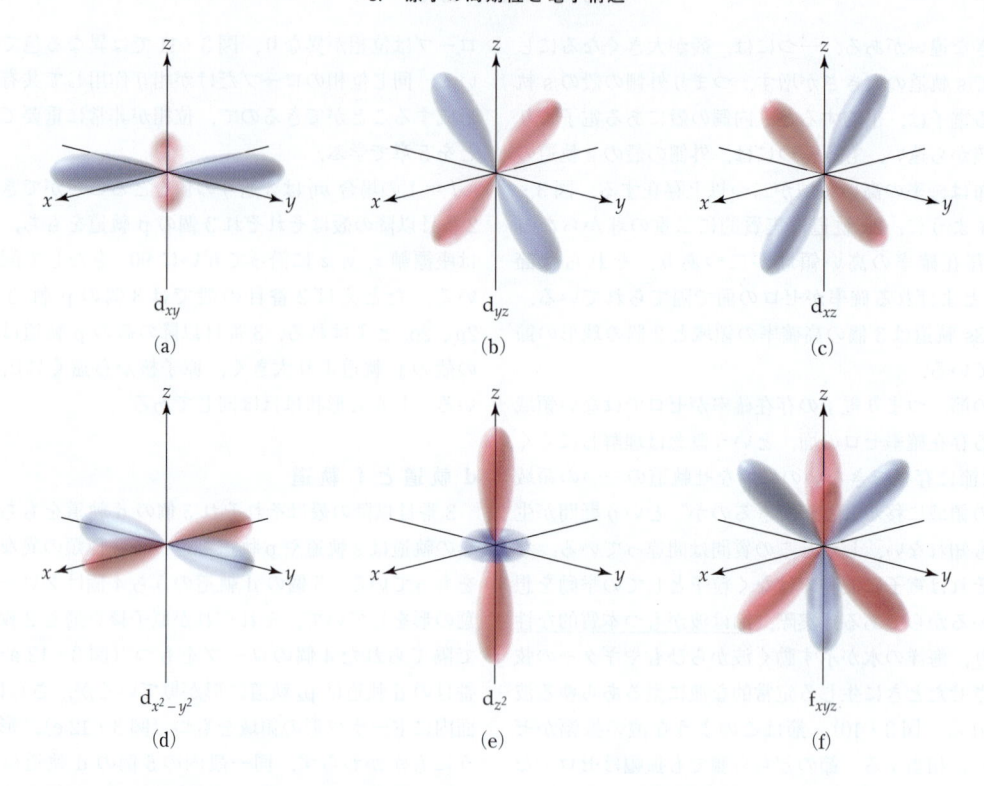

図 3・12 5個の 3d 軌道の図. 4個の軌道（a～d）はクローバーの葉の形をしており，残りの一つ（e）は伸びた亜鈴にドーナツがはまった形をしている. 7個の 4f 軌道の一つを（f）に示す. 図 3・11 の p 軌道の場合と同じく，ローブの色の違いは位相の違いを反映している.

問題 3・13 g 軌道には原子核を通る節面が何枚あると思うか.

問題 3・14 つぎに示す 4 番目の殻にある軌道に可能な n および l 量子数の組合わせは何か.

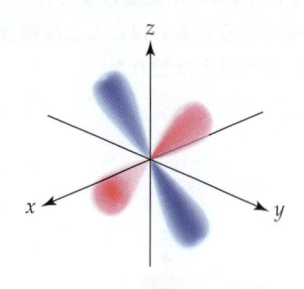

3・8 量子力学と原子の線スペクトル

原子構造の量子力学モデルによる説明が理解できたところで，§3・2 で学んだ原子の線スペクトルの問題に戻ってみよう. 線スペクトルで特定の波長の光だけが観測されることや，その波長を計算できるリュードベリの公式を，量子力学モデルでどのように説明するのだろうか.

原子中の電子は軌道を占有しており，その軌道は固有のエネルギー準位をもっている. したがって，電子がとりうるエネルギーは量子化されている. その電子が占有している軌道に特有のエネルギー値しかとれない. 原子が炎や放電によって加熱されると，その熱エネルギーによって電子はエネルギーの低い軌道から高い軌道へ飛び移る. たとえば，水素原子では，加えられたエネルギーの大きさに応じて，電子は 1s 軌道から 2 番目の殻，3 番目の殻あるいはさらにどんな高い殻にある軌道へも飛び移ることができる.

しかしエネルギー的に励起された原子は比較的不安定であり，電子は速やかにエネルギーの低い軌道に戻る. その際エネルギーの高い軌道と低い軌道のエネルギー差に相当するエネルギーを放出する. 軌道のエネルギーが量子化されているから，放出されるエネルギーも量子化されている. したがって特定の振動数の光だけが放出されることが観測される（図 3・13）. 励起された水素原子から放出された振動数を測定すれば，軌道間のエネルギー差を計算することができる.

水素のリュードベリの公式（§3・2）における変数 m および n は，電子遷移に関与する二つの軌道の主量子

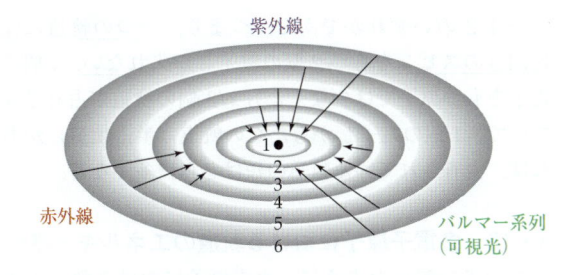

3・9 電子スピンとパウリの排他原理

kJ が放出されることを意味する．

$$H^+ + e^- \longrightarrow H + エネルギー \quad (1312 \text{ kJ/mol})$$

電子1個が H^+ に付加するときに放出されるエネルギーは，水素から電子1個を取り除くときに吸収されるエネルギーに等しいから，水素原子から電子1個を取り除くのに 1312 kJ/mol のエネルギーを必要とすることがわかる．次章で，原子から電子を取り除くのに必要なエネルギーの量が，その元素の化学反応性の重要な鍵になることを学ぶ．

水素についていえることは他のすべての原子にも当てはまる．どんな原子でも，エネルギー的に励起された電子が外側の殻にあるエネルギーの高い軌道から内側の殻にあるエネルギーの低い軌道に落ちるとき線スペクトルを与える．しかし，多電子原子では，一つの殻にある異なる軌道のエネルギーがもはや同一ではなく，多種類の電子遷移が可能なので，線スペクトルは非常に複雑になる．

例題 3・7　二つの軌道間のエネルギー差を計算する

水素原子の $m = 1$ のスペクトル系列の最低エネルギーの発光（$n = 2$）が $\lambda = 121.5$ nm で起こるとすると，1番目の殻と2番目の殻のエネルギー差は何 kJ/mol か．

方針　$m = 1, n = 2$ に相当する最低エネルギーの線は，電子が2番目の殻から1番目の殻に落ちるときに放出される光に相当し，その光のエネルギーがそれらの殻間のエネルギー差に相当する．光の波長がわかれば，$E = hc/\lambda$ から光子1個のエネルギーが計算され，これにアボガドロ定数を掛ければ J/mol あるいは kJ/mol 単位の答が得られる．

解

$$E = \frac{hcN_A}{\lambda}$$

$$= \frac{(6.626 \times 10^{-34} \text{ J·s})\left(3.00 \times 10^8 \frac{\text{m}}{\text{s}}\right)\left(10^9 \frac{\text{nm}}{\text{m}}\right)(6.022 \times 10^{23} \text{ mol}^{-1})}{121.5 \text{ nm}}$$

$$= 9.85 \times 10^5 \text{ J/mol} = 985 \text{ kJ/mol}$$

水素原子の1番目の殻と2番目の殻のエネルギー差は 985 kJ/mol となる．

問題 3・15　水素原子の1番目の殻から電子を完全に取り除くのに必要なエネルギーは何 kJ/mol か（$R_\infty = 1.097 \times 10^{-2} \text{ nm}^{-1}$ である）．

3・9　電子スピンとパウリの排他原理

§3・6 で学んだ三つの量子数，n, l, m_l で軌道のエネルギーと形状と空間的配向が決まるが，それで終わりではない．いろいろな多電子原子の線スペクトルを詳しく

[左段の図および説明：]

図 3・13　原子の線スペクトルの起源

電子が高エネルギーの外殻軌道から低エネルギーの内殻軌道に落ちるときに，電磁波（光子）を放出する．その振動数は軌道間のエネルギー差に相当する．

（紫外線／赤外線／バルマー系列（可視光））

軌道のエネルギー [kJ/mol]
- 0　　$n = \infty$
- −52.5　　5番目の殻 ($n=5$)
- −82.0　　4番目の殻 ($n=4$)
- −146　　3番目の殻 ($n=3$)
- バルマー系列
- −328　　2番目の殻 ($n=2$)
- −1312　　1番目の殻 ($n=1$)

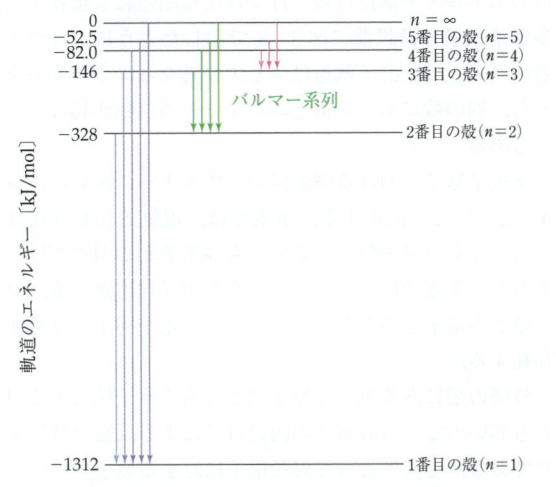

スペクトル系列の違いは外殻軌道から別の内殻軌道への電子遷移に対応している．

数を表している．変数 n は電子が飛び出すエネルギーの高い外側の軌道の主量子数に相当し，変数 m は電子が飛び込むエネルギーの低い内側の軌道の主量子数に相当する．たとえば $m = 1$ では，放出光の振動数は1番目の殻の軌道（1s）と外側の殻にある種々の軌道とのエネルギー差に相当する．$m = 2$ では，振動数は2番目の殻にある軌道とさらに外側の殻にある軌道とのエネルギー差に相当する．

図 3・13 で n が大きくなり無限大に近づくと，最初の殻と n 番目の殻とのエネルギー差が 1312 kJ/mol に収束することに注目しよう．これは，電子が遠く（"無限遠"殻）からやってきて H^+ に付加して，電子が1番目の殻に入った水素原子 1 mol を生成するときに，1312

$$\frac{1}{\lambda} = R_\infty \left(\frac{1}{m^2} - \frac{1}{n^2}\right)$$

電子が入る殻（内側の殻）　　電子が出る殻（外側の殻）

調べると，いくつかの線が非常に狭い間隔の<u>2重線</u>からなっていることがわかる（図3・5のナトリウムの可視スペクトルをよく見ると2本になっているのがわかる）．つまり，単純な量子力学で予測されるより多くのエネルギー準位が存在することになり，第4の量子数が必要になる．m_s で表される4番目の量子数は<u>電子スピン</u>とよばれる性質とかかわっている．

ちょうど地球が自転しているのと同じように，電子はいくつかの意味で一つの軸のまわりを回転しているかのように振舞う．自転している電荷は小さな磁場を生み出し，$+1/2$ か $-1/2$ のいずれかの値をとる**スピン磁気量子数**（spin magnetic quantum number, m_s）が生じる（図3・14）．ふつう $+1/2$ のスピンを上向きの矢印（↑）で，

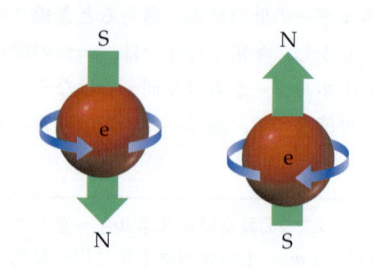

図3・14 一つの観点からすると，電子は自転している微小な電荷をもつ球のように振舞う．このスピン（青色の矢印）は微小な磁場（緑色の矢印）を産み出し，$+1/2$ か $-1/2$ のいずれかの値をとる4番目の量子数 m_s を生じさせる．

$-1/2$ のスピンを下向きの矢印（↓）で表す．n, l, m_l の値が互いに関連しているのとは違って，m_s の値は他の量子数には依存しないことに注意しよう．

多電子原子において電子が一定の軌道を占有する場合に，スピン磁気量子数が重要になる．1925年にオーストリアの物理学者 Wolfgang Pauli（1900～1958）が提唱した**パウリの排他原理**（Pauli exclusion principle）によれば，一つの原子中のどの二つの電子も4種類の量子数の組合わせが同じになることはない．言い換えれば，一つの電子がもつ4種類の量子数は原子の中でのその電子固有の"番地"に相当し，二つの電子が同じ番地をもつことはない．

▶ **パウリの排他原理** 一つの原子中のどの二つの電子も4種類の量子数の組合わせが同じになることはない．

パウリの排他原理がもたらす結果を考えてみよう．同じ軌道を占める電子は3種類の量子数 n, l, m_l が同じである．n, l, m_l が同じであれば4番目の量子数が違う値にならなければならない．すなわち $m_s = +1/2$ か m_s

$= -1/2$ のいずれかである．つまり，<u>一つの軌道には逆向きのスピンをもつ2個の電子しか入れない</u>．x 個の電子をもつ原子では少なくとも $x/2$ 個の軌道が占有されていて，1個の電子しかもたない軌道（半占軌道）があれば，占有されている軌道の数はさらに多くなる．

3・10 多電子原子における軌道のエネルギー準位

§3・6で述べたように，水素原子における軌道のエネルギー準位は，電子が1個しかないので，主量子数 n だけで決まる．しかし多電子原子では状況は違って，軌道のエネルギー準位は殻だけではなく副殻にも依存する．多電子原子では以前に図3・8で示したように，一つの殻の中の s, p, d, f 軌道は少しずつ異なるエネルギーをもち，別の殻にある軌道とエネルギーの逆転が起こることもある．

多電子原子における副殻間のエネルギーの違いは，電子-電子反発に由来する．水素では，電気的相互作用は正電荷をもつ原子核と負電荷をもつ電子との引力だけであるが，多電子原子ではいろいろな相互作用がある．原子核と各電子との引力だけではなく，電子同士の反発が存在する．

外側の殻にある電子は原子核から遠く原子核による引力も弱いので，外殻電子の内殻電子による反発は特に重要である．それによって外殻電子に対する原子核の引力の一部は相殺されており，これを外殻電子は内殻電子によって原子核から<u>遮蔽されている</u>という（図3・15）．電子が実際に感じる原子核の電荷を**有効核電荷**（effective nuclear charge, Z_{eff}）とよぶが，これは原子核が実際にもつ電荷 Z よりかなり小さい．

▶ **有効核電荷** $Z_{eff} = Z -$ 電子による遮蔽

どのようにして電子による遮蔽が殻内の軌道間のエネ

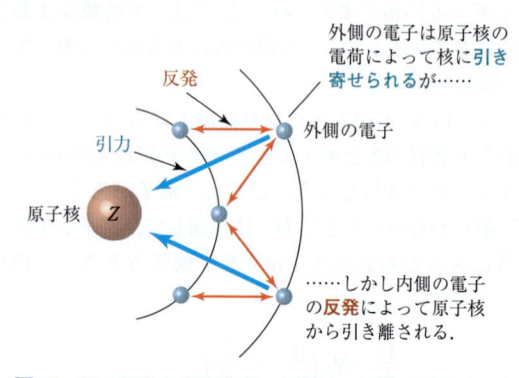

図3・15 電子の遮蔽と Z_{eff} の起源．外側の電子は，内側の電子が原子核の電荷を遮蔽するために，核による引力が減少したように感じる．

ルギー差をひき起こすのだろうか．軌道の形の違いがその答である．たとえば 2s 軌道と 2p 軌道を比べてみよう．2s 軌道は球形で，原子核の近くに大きな確率密度をもつのに対して，2p 軌道は亜鈴形で原子核のところに節面をもつ (§3・7)．2s 軌道にある電子は原子核の近くにある確率が 2p 軌道にある電子よりも高く，したがって遮蔽が少ない．2s 電子は 2p 電子より大きな Z_{eff} を感じ，原子核により強く引きつけられていて，よりエネルギーが低い．同様に 3p 電子は 3d 電子より原子核の近くに存在し，より大きな Z_{eff} を感じ，より低いエネルギーをもつ．より一般的にいえば，どの殻においても，方位量子数 l が小さいほど Z_{eff} が大きく，エネルギーが低い．

異なる軌道にある電子は遮蔽の大きさが異なり，異なる Z_{eff} を感じるという考え方は非常に便利であり，さまざまな化学現象を説明するのにこれを用いることになる．

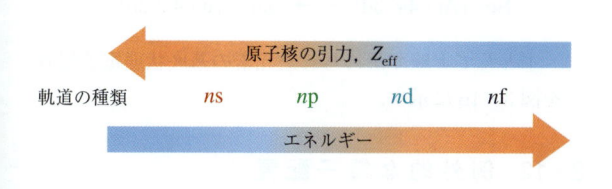

3・11 多電子原子の電子配置

ここまでで，あらゆる元素についてその電子の状態を説明するための準備が整った．さまざまな軌道の相対的なエネルギーがわかると，それぞれの元素についてどの軌道に電子が入っているか —— これをその元素の**電子配置** (electron configuration) という —— を予測することができる．

三つの規則からなる**構成原理** (Aufbau principle) とよばれる原理が，軌道を満たす順序の指針となる．一般的に電子を 1 個ずつ最もエネルギーの低い軌道から順に入れていく．その結果得られる最も低エネルギーの配置をその原子の**基底状態電子配置** (ground-state electron configuration) とよぶ．いくつかの軌道が同じエネルギーをもつことがある．たとえば一つの副殻の中の 3 個の p 軌道あるいは 5 個の d 軌道がそうである．同じエネルギーをもつ軌道は**縮退している** (degenerate; 縮重しているともいう) という．

構成原理の規則

1. よりエネルギーの低い軌道が先に占有される．軌道のエネルギーの序列は図 3・8 に示してある．

2. 一つの軌道には 2 個の電子しか入れず，それらは逆向きのスピンをもたなければならない．これは，原子中の 2 個の電子は同じ 4 個の量子数の組合わせをもつことはないというパウリの排他原理 (§3・9) を言い換えたものである．

3. 二つ以上の縮退した軌道が存在する場合，それらのすべての軌道が半占状態になるまで電子は別々の軌道に入る．これを**フントの規則** (Hund's rule) とよぶ．それ以降の電子は半占軌道に入る．さらに各半占軌道にある電子は同じスピン磁気量子数をもたなければならない．

- **フントの規則** 同じエネルギーをもつ軌道が 2 個以上存在する場合，すべての軌道が半占になるまで各軌道に 1 個ずつ電子が入る．半占軌道にある電子はすべて同じスピン磁気量子数をもつ．

フントの規則は，電子は互いに反発し，できるだけ離れようとするという事実に基づいている．当然，電子が同じ領域を占める同じ軌道にあるよりも異なる空間領域を占める異なる軌道にある方が，互いに離れており，低いエネルギーをとることができる．また，半占軌道にある電子は逆向きのスピンをもつより同じ向きのスピンをもつ方が平均的に離れていることがわかっている．

電子配置の表示は，エネルギーの低い軌道から順に，占有軌道の量子数 n と s, p, d, f 表示の組合わせに，その軌道にある電子の数を示す上付き数字をつけて表すのが一般的である．構成原理の規則の使い方をつぎの例で見てみよう．

- **水素**: 水素は電子を 1 個しかもたず，それは最もエネルギーの低い 1s 軌道に入る．したがって水素の基底状態電子配置は $1s^1$ である．

$$\text{H}: 1s^1$$

- **ヘリウム**: ヘリウムは 2 個の電子をもち，いずれも最もエネルギーの低い 1s 軌道に入る．2 個の電子は逆のスピンをもつ．

$$\text{He}: 1s^2$$

- **リチウムとベリリウム**: 1s 軌道がいっぱいになると，3 番目と 4 番目の電子はつぎにエネルギーの低い 2s 軌道に入る．

$$\text{Li}: 1s^2 2s^1 \qquad \text{Be}: 1s^2 2s^2$$

- **ホウ素からネオンまで**: ホウ素からネオンまでの 6 個の元素では，3 個の 2p 軌道が順次占有される．3 個

の 2p 軌道は同じエネルギーをもつので，縮退しておりフントの規則に従って占有される．たとえば炭素では 2 個の 2p 電子は異なる軌道にあり，それらの軌道は電子配置を書くときは $2p_x$, $2p_y$, $2p_z$ と区別される．窒素の場合も同じで，3 個の p 電子は 3 個の異なる軌道に入る．電子配置を書くときには普通は明記しないが，炭素や窒素の 2p 軌道を半占している電子は同じスピン磁気量子数の値 —— +1/2 と −1/2 のいずれか —— をとらなければならない．

わかりやすくするために，電子配置を表すのに電子を矢印で示した軌道占有図を使うことがある．スピン磁気量子数の二つの値は矢印の上向きと下向きで表す．上向きと下向きの対は軌道が満たされていることを表し，上向き（あるいは下向き）の 1 本だけのものは軌道が半占されていることを表す．炭素と窒素の図で，縮退した 2p 軌道はフントの規則に従って半占されており，電子スピンは同じ向きであることに注意しよう．

B: $1s^2 2s^2 2p^1$

C: $1s^2 2s^2 2p_x^1 2p_y^1$

N: $1s^2 2s^2 2p_x^1 2p_y^1 2p_z^1$

酸素からネオンまでは，3 個の p 軌道が順次占有されていく．フッ素とネオンではもはや異なる p 軌道を区別する必要がないので，$2p^5$ とか $2p^6$ と書く．

O: $1s^2 2s^2 2p_x^2 2p_y^1 2p_z^1$

F: $1s^2 2s^2 2p^5$

Ne: $1s^2 2s^2 2p^6$

- **ナトリウムとマグネシウム**: つぎに 3s 軌道に電子が入り，ナトリウムとマグネシウムの基底状態電子配置は下のようになる．電子配置を省略して書く場合には，満たされた殻を表すのにその前の周期の貴ガス元素の記号を用いて，部分的に満たされた殻にある電子だけを示す．

Na: $1s^2 2s^2 2p^6 3s^1$ あるいは [Ne] $3s^1$

Mg: $1s^2 2s^2 2p^6 3s^2$ あるいは [Ne] $3s^2$

- **アルミニウムからアルゴンまで**: つぎに，前にホウ素からネオンまでの 2p 軌道を満たすのに用いたのと同じ規則に従って 3p 軌道を満たす．Si, P, S において縮退した 3p 軌道のどれが占有されるかを明示する代わりに，その亜殻にある電子の総数を肩付きで示すことにする．たとえば，ケイ素の場合 $3p_x^1 3p_y^1$ の代わりに単に $3p^2$ と書く．

Al: [Ne] $3s^2 3p^1$ Si: [Ne] $3s^2 3p^2$ P: [Ne] $3s^2 3p^3$
S: [Ne] $3s^2 3p^4$ Cl: [Ne] $3s^2 3p^5$ Ar: [Ne] $3s^2 3p^6$

- **アルゴン以降の元素**: アルゴンの 3p 副殻が満たされると，軌道を満たす順序の最初の交差が起こる．3 番目の殻を満たす手順は 3d 軌道に進むのではなく，カリウムとカルシウムにおける次の 2 個の電子は 4s 軌道に入る．それが済んでからスカンジウムから亜鉛までの第一遷移金属による 3d 副殻の占有が始まる．

K: [Ar] $4s^1$ Ca: [Ar] $4s^2$
Sc: [Ar] $4s^2 3d^1$ ⟶ Zn: [Ar] $4s^2 3d^{10}$

主として実験で決められた元素の基底状態電子配置を図 3・16 に示す．

3・12 例外的な電子配置

前節で述べた基底状態電子配置の決め方の指針はよくできているが，完全に正確ではない．図 3・16 をよく見ると，91 個の電子配置はこの規則で正しく予測されるが，21 個の配置は予測とは違っている．

予測と異なる原因は，半占されたあるいは満たされた副殻の特別な安定性にある．たとえばクロムでは，[Ar]$4s^2 3d^4$ と予測されるが，実際には [Ar] $4s^1 3d^5$ という配置をもつ．1 個の電子が 4s 軌道から同程度のエネルギーをもつ 3d 軌道に移ることによって，クロムの満たされた副殻 1 個 ($4s^2$) が半占副殻 2 個 ($4s^1 3d^5$) に変わる．同様に銅では予測は [Ar] $4s^2 3d^9$ であるが，実際の配置は [Ar] $4s^1 3d^{10}$ である．電子 1 個が 4s 軌道から 3d 軌道に移動することにより，満たされた副殻 ($4s^2$) が別の満たされた副殻 ($3d^{10}$) に代わり，自身は半占副殻 ($4s^1$) となる．

図 3・16 にある例外的な電子配置のほとんどは，原子番号が 41 以上の副殻間のエネルギー差が小さい元素で起きている．すべての場合で，電子が一つの副殻から別の副殻に移動することによって電子-電子反発が減少するため原子の全エネルギーが低下する．

問題 3・16 図 3・16 の電子配置を見て，21 個の例外的な電子配置を指摘せよ．

1	2	3	4	5	6	7	8	9	10	11	12	13	14	15	16	17	18
1 H $1s^1$																	2 He $1s^2$
3 Li $2s^1$	4 Be $2s^2$											5 B $2s^22p^1$	6 C $2s^22p^2$	7 N $2s^22p^3$	8 O $2s^22p^4$	9 F $2s^22p^5$	10 Ne $2s^22p^6$
11 Na $3s^1$	12 Mg $3s^2$											13 Al $3s^23p^1$	14 Si $3s^23p^2$	15 P $3s^23p^3$	16 S $3s^23p^4$	17 Cl $3s^23p^5$	18 Ar $3s^23p^6$
19 K $4s^1$	20 Ca $4s^2$	21 Sc $4s^23d^1$	22 Ti $4s^23d^2$	23 V $4s^23d^3$	24 Cr $4s^13d^5$	25 Mn $4s^23d^5$	26 Fe $4s^23d^6$	27 Co $4s^23d^7$	28 Ni $4s^23d^8$	29 Cu $4s^13d^{10}$	30 Zn $4s^23d^{10}$	31 Ga $4s^23d^{10}4p^1$	32 Ge $4s^23d^{10}4p^2$	33 As $4s^23d^{10}4p^3$	34 Se $4s^23d^{10}4p^4$	35 Br $4s^23d^{10}4p^5$	36 Kr $4s^23d^{10}4p^6$
37 Rb $5s^1$	38 Sr $5s^2$	39 Y $5s^24d^1$	40 Zr $5s^24d^2$	41 Nb $5s^14d^4$	42 Mo $5s^14d^5$	43 Tc $5s^24d^5$	44 Ru $5s^14d^7$	45 Rh $5s^14d^8$	46 Pd $4d^{10}$	47 Ag $5s^14d^{10}$	48 Cd $5s^24d^{10}$	49 In $5s^24d^{10}5p^1$	50 Sn $5s^24d^{10}5p^2$	51 Sb $5s^24d^{10}5p^3$	52 Te $5s^24d^{10}5p^4$	53 I $5s^24d^{10}5p^5$	54 Xe $5s^24d^{10}5p^6$
55 Cs $6s^1$	56 Ba $6s^2$	ランタノイド	72 Hf $6s^24f^{14}5d^2$	73 Ta $6s^24f^{14}5d^3$	74 W $6s^24f^{14}5d^4$	75 Re $6s^24f^{14}5d^5$	76 Os $6s^24f^{14}5d^6$	77 Ir $6s^24f^{14}5d^7$	78 Pt $6s^14f^{14}5d^9$	79 Au $6s^14f^{14}5d^{10}$	80 Hg $6s^24f^{14}5d^{10}$	81 Tl $6s^24f^{14}5d^{10}6p^1$	82 Pb $6s^24f^{14}5d^{10}6p^2$	83 Bi $6s^24f^{14}5d^{10}6p^3$	84 Po $6s^24f^{14}5d^{10}6p^4$	85 At $6s^24f^{14}5d^{10}6p^5$	86 Rn $6s^24f^{14}5d^{10}6p^6$
87 Fr $7s^1$	88 Ra $7s^2$	アクチノイド	104 Rf $7s^25f^{14}6d^2$	105 Db $7s^25f^{14}6d^3$	106 Sg $7s^25f^{14}6d^4$	107 Bh $7s^25f^{14}6d^5$	108 Hs $7s^25f^{14}6d^6$	109 Mt $7s^25f^{14}6d^7$	110 Ds $7s^15f^{14}6d^9$	111 Rg $7s^15f^{14}6d^{10}$	112 Cn $7s^25f^{14}6d^{10}$	113 Nh	114 Fl	115 Mc	116 Lv	117 Ts	118 Og

ランタノイド	57 La $6s^25d^1$	58 Ce $6s^24f^15d^1$	59 Pr $6s^24f^3$	60 Nd $6s^24f^4$	61 Pm $6s^24f^5$	62 Sm $6s^24f^6$	63 Eu $6s^24f^7$	64 Gd $6s^24f^75d^1$	65 Tb $6s^24f^9$	66 Dy $6s^24f^{10}$	67 Ho $6s^24f^{11}$	68 Er $6s^24f^{12}$	69 Tm $6s^24f^{13}$	70 Yb $6s^24f^{14}$	71 Lu $6s^24f^{14}5d^1$
アクチノイド	89 Ac $7s^26d^1$	90 Th $7s^26d^2$	91 Pa $7s^25f^26d^1$	92 U $7s^25f^36d^1$	93 Np $7s^25f^46d^1$	94 Pu $7s^25f^6$	95 Am $7s^25f^7$	96 Cm $7s^25f^76d^1$	97 Bk $7s^25f^9$	98 Cf $7s^25f^{10}$	99 Es $7s^25f^{11}$	100 Fm $7s^25f^{12}$	101 Md $7s^25f^{13}$	102 No $7s^25f^{14}$	103 Lr $7s^25f^{14}6d^1$

図 3・16 元素の基底状態電子配置.

3・13 電子配置と周期表

なぜ電子配置が重要なのだろうか，また電子配置は周期表とどのような関係があるのだろうか．その答は図3・16をよく見るとわかる．**原子価殻**（valence shell）とよばれる最も外側の殻にある電子だけに注目すると，周期表の一つの族に属するすべての元素の原子価殻は似た電子配置をもつ（表3・2）．たとえば1族元素の原子価殻はs^1配置をもち，2族元素の原子価殻はs^2配置をもち，13族元素の原子価殻は$s^2 p^1$配置をもつ．これは周期表のすべての族について当てはまる（少数の例外はあるが）．さらに，原子価殻電子は最も外側にあるので，元素の性質を決める最も重要な要素となっており，周期表の一つの族に属する元素がなぜ似通った化学的性質を示すのかを説明している．

周期表は軌道の満たされ方によって，4個の領域すなわちブロックに分けられる（図3・17）．周期表の左側にある1族および2族の元素はs軌道に電子を入れていくことによって得られるので**s-ブロック元素**（s-block element）とよばれる．周期表の右側にある13〜18族元素はp軌道を満たすことによって得られるので**p-ブロック元素**（p-block element）とよばれる．遷移金属の**d-ブロック元素**（d-block element）はd軌道を満たすことによって得られ，周期表の一番下にあるランタノイド/アクチノイドの**f-ブロック元素**（f-block element）はf軌道を満たすことによって得られる．

周期表を図3・17に示したように考えると，軌道が満たされる順序を覚えやすい．周期表の左上から始めて各周期を左から右にたどれば，それが自動的に軌道を満たす正しい順序になっている．たとえば，周期表の第1周期には2個のs-ブロック元素であるHとHeだけがあり，したがって最初のs軌道（1s）がまず満たされる．第2周期は2個のs-ブロック元素（LiとBe）から始まり，6個のp-ブロック元素（BからNeまで）と続く．したがって2番目のs軌道（2s），ついで最初のp軌道が満たされる．第3周期は第2周期と同じで3s軌道と3p軌道が満たされる．第4周期も2個のs-ブロック元素（KとCa）から始まるが，つぎに10個のd-ブロック元素（ScからZnまで）と6個のp-ブロック元素（GaからKrまで）がくる．したがって軌道の占有順序は，まず4s，ついで最初のd軌道（3d），そのつぎに4pとなる．周期表をさらに高周期まで進んでいくと，すべての占有順序はつぎのようになる．

1s → 2s → 2p → 3s → 3p → 4s → 3d → 4p → 5s → 4d → 5p → 6s → 4f → 5d → 6p → 7s → 5f → 6d → 7p

表3・2 主要族元素の原子価殻電子配置

族	原子価殻電子配置	
1	ns^1	（1電子）
2	ns^2	（2電子）
13	$ns^2 np^1$	（3電子）
14	$ns^2 np^2$	（4電子）
15	$ns^2 np^3$	（5電子）
16	$ns^2 np^4$	（6電子）
17	$ns^2 np^5$	（7電子）
18	$ns^2 np^6$	（8電子）

周期表を左上から出発して各行を順にたどっていくと，軌道を満たす順序を覚えられる．すなわち1s → 2s → 2p → 3s → 3p → 4s → 3d → 4p のようになる．

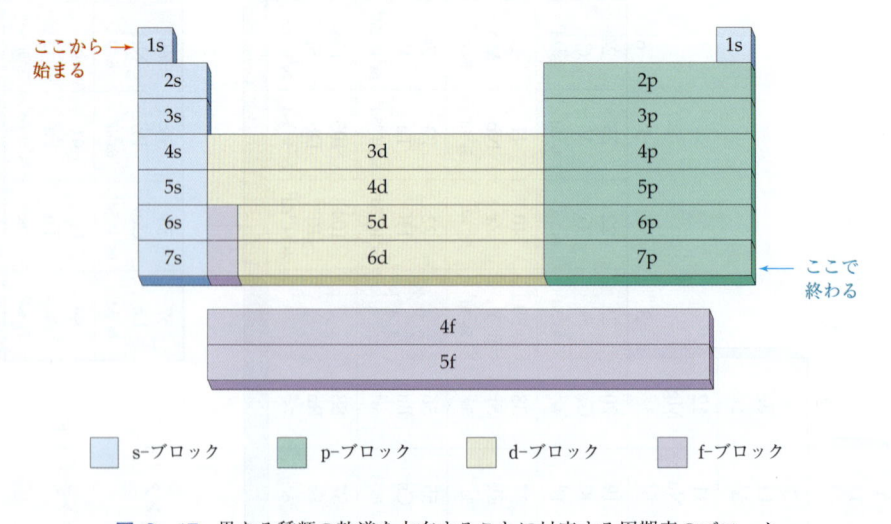

図3・17 異なる種類の軌道を占有することに対応する周期表のブロック．

例題 3·8 原子の基底状態電子配置を決める

ヒ素 ($Z = 33$) の基底状態電子配置を求め，電子を上向きあるいは下向きの矢印で表した軌道占有図を描け．

方針 図 3·17 のように元素を s, p, d, f のブロックに分けた周期表を考えよう．左上の水素から出発して 33 個の電子を入れていこう．一つの軌道には 2 個の電子しか入れないこと，縮退した軌道の組があるときは，それらすべてが半占状態になった後に軌道が満たされていくことに注意しよう．

解
$$\text{As}: 1s^2\ 2s^2\ 2p^6\ 3s^2\ 3p^6\ 4s^2\ 3d^{10}\ 4p^3$$
$$\text{あるいは}\ [\text{Ar}]4s^2\ 3d^{10}\ 4p^3$$

軌道占有図は各軌道の電子を矢印で表す．3 個の 4p 電子がすべて同じスピンをもつことに注意せよ．

As: [Ar] ↑↓ ↑↓ ↑↓ ↑↓ ↑↓ ↑ ↑ ↑
     　　 4s　　　 3d　　　　 4p

例題 3·9 基底状態電子配置から原子を同定する

つぎに示す基底状態電子配置をもつ原子は何か．

[Kr] ↑↓ ↑ ↑ ↑ ↑ ↑ — — —

方針 この問題を解く一つの方法は，電子配置を確認して，その配置をもつのはどの原子かを考えることである．もう一つは，単純に電子の数を数えて原子番号を決める方法である．

解 基底状態電子配置から，クリプトンに続く第 5 周期にあるとわかり，その配置 $5s^2\,4d^5$ からテクネチウムであるとわかる．もう一つの方法では，電子が $36 + 7 = 43$ 個あるので，$Z = 43$ の元素であるとわかる．

問題 3·17 つぎの原子の基底状態電子配置を予測せよ．(a)〜(c) については軌道占有図を描け．
(a) Ti ($Z = 22$)　(b) Zn ($Z = 30$)
(c) Sn ($Z = 50$)　(d) Pb ($Z = 82$)

問題 3·18 次章で学ぶように，イオンは電荷をもつ化学種であり，1 個以上の電子が中性原子に加わったり，あるいはそれから失われることによって生成する．中性のナトリウム原子から電子 1 個が奪われて生成するナトリウムイオン Na⁺ の基底状態電子配置はどのようなものか．また，中性の塩素原子に電子 1 個が加わって生成する塩化物イオン Cl⁻ の基底状態電子配置はどのようなものか．

問題 3·19 つぎの基底状態電子配置をもつ原子は何か．

[Ar] ↑↓ ↑↓ ↑↓ ↑↓ ↑ ↑ — — —

3·14 電子配置と周期的性質：原子半径

本章の初めに，原子半径が周期的な挙動を示す性質の一つであることを述べた．しかし，§3·7 で述べたように，原子の周りで電子が占める軌道には明確な境界がないことを考えると，原子の明確な大きさをどのように決めるのか不思議に思うであろう．普通は，二つの同じ原子が互いに結合しているときに，その原子核間の距離の半分を原子の半径と定義する．たとえば Cl_2 で二つの塩素原子核の間の距離は 198 pm であり，ダイヤモンド (単体の炭素) で二つの炭素原子間の距離は 154 pm である．そこで，塩素の原子半径は Cl–Cl 結合距離の半分，すなわち 99 pm であり，炭素の原子半径は C–C 結合距離の半分，すなわち 77 pm であるとする．

原子半径の正確さは，数値の加成性を確認することでチェックすることができる．たとえば，Cl の原子半径が 99 pm であり，C の原子半径は 77 pm であるとすると，この二つの原子が結合しているときに，Cl と C の距離はほぼ $99 + 77 = 176$ pm になるはずである．事実，クロロメタン (CH_3Cl) における塩素と炭素の距離の実測値は 178 pm であり，予測値に非常に近い．

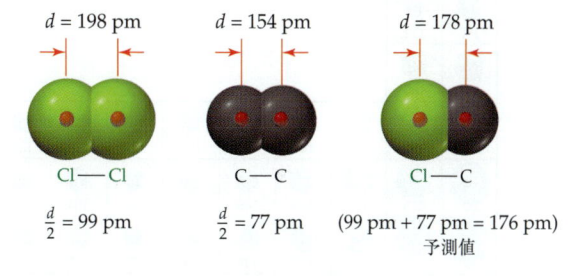

$d = 198$ pm　　$d = 154$ pm　　$d = 178$ pm

Cl — Cl　　　　C — C　　　　　Cl — C

$\dfrac{d}{2} = 99$ pm　　$\dfrac{d}{2} = 77$ pm　　(99 pm + 77 pm = 176 pm)
　　　　　　　　　　　　　　　　　　　予測値

図 3·18 に図示し，また本章初めの図 3·1 にグラフで示したように，原子半径と原子番号とは，周期的に増減する関係にある．原子半径は，一つの族の中で周期表の下にいくほど増大する (たとえば Li < Na < K < Rb < Cs) が，左から右に行くにしたがって減少する (たとえば Na > Mg > Al > Si > P > S > Cl)．この傾向はどのように説明されるのだろう．

一つの族の中で周期表の下に行くほど半径が大きくなるのは，順次大きな原子価殻の軌道が占有されるからである．たとえば，最も外側の占有殻は Li では 2 番目の殻 ($2s^1$) であり，Na では 3 番目 ($3s^1$)，K では 4 番目 ($4s^1$)，さらに Rb ($5s^1$), Cs ($6s^1$), Fr ($7s^1$) となる．大きな殻が占有されると，原子半径も大きくなる．

周期表の左から右にいくにしたがって原子半径が減少するのは，原子核中の陽子数が増すとともに有効核電荷が増大するためである．§3·10 で述べたように，電子が実際に感じる有効核電荷 Z_{eff} は，原子中の他の電子に

よる遮蔽のために，真の核電荷 Z よりも小さくなる．ある電子が感じる遮蔽の大きさは，その電子と相互作用している他の電子の殻や副殻に依存する．一般則として，原子価殻電子は

- 原子核に近い内殻にある電子によって強く遮蔽される
- 同じ殻にある他の電子による遮蔽は s＞p＞d＞f の順で遮蔽が減少する
- 同じ副殻にある他の電子には，原子核からの距離が同じなのでほとんど遮蔽されない．

たとえば第 3 周期で Na から Ar にいくにしたがって，同じ殻に電子が 1 個ずつ加わる（Na の $3s^1$ から Ar の $3s^2 3p^6$ まで）．同じ殻にある電子は原子核からほぼ等距離にあるので，互いへの遮蔽は有効ではない．しかし同時に核電荷 Z は Na の +11 から Ar の +18 へと増大する．したがって原子価殻電子の有効核電荷は右に行くほど増大し，すべての原子価殻電子をより強く原子核に引き寄せるので，原子半径は順次減少する（図 3・19）．

原子半径に当てはまることは，原子のもつ他の性質にも当てはまり，それらの周期性は電子配置によって説明できる．次章でもこの主題をとりあげる．

問題 3・20 つぎの二つの原子のうちどちらがより大きいと予測されるか．その理由を説明せよ．
(a) Mg と Ba (b) W と Hf
(c) Si と Sn (d) Os と Lu

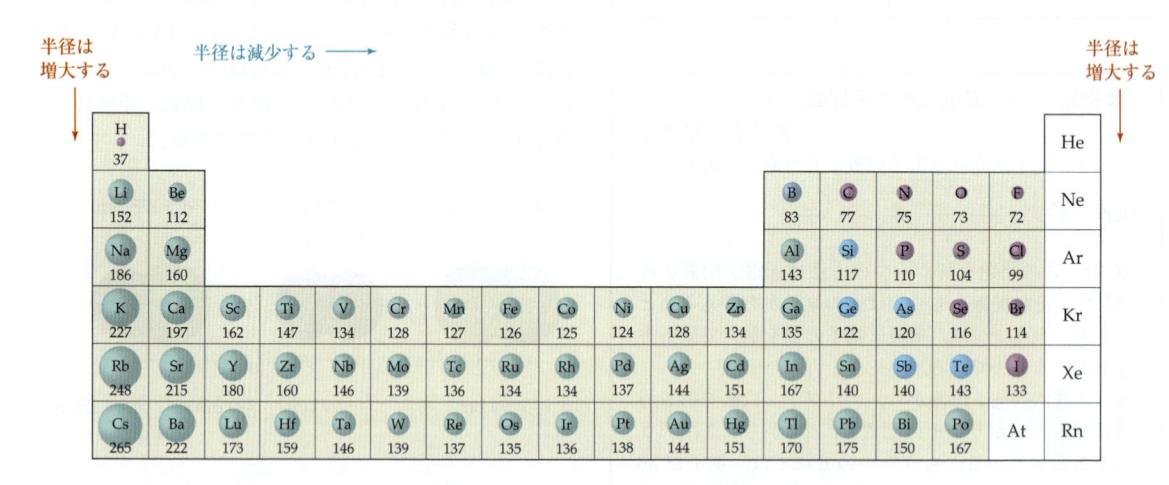

図 3・18 元素の原子半径（pm 単位）

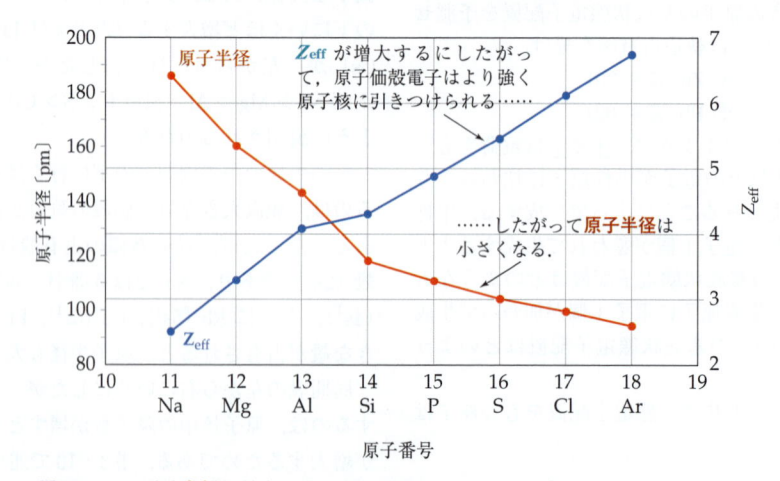

図 3・19 原子半径と最高エネルギー電子の Z_{eff} の原子番号に対するプロット．

要 約

　原子や分子の性質の理解は，**電磁波のスペクトル**（electromagnetic spectrum）を生成する，光を初めとする**電磁波のエネルギー**（electromagnetic energy）の理解から始まる．電磁波は真空中を光速（c）で移動し，その**振動数**（frequency, ν），**波長**（wavelength, λ），および**振幅**（amplitude）で特徴づけられる．太陽からの白色光がほぼ連続した波長の光からなっているのと違って，励起された原子から放出される光は少数の特定の波長の光からなっており，これを**線スペクトル**（line spectrum）という．観測される波長は，異なるエネルギー準位間のエネルギー差に相当している．

　原子の線スペクトルができるのは，電磁波のエネルギーが**量子**（quantum）とよばれる一定の量でのみ生じるからである．光がいくつかの観点で微小な粒子（**光子**（photon））の流れとして振舞うように，電子やその他の微小な粒子もいくつかの観点で波として振舞う．速度 v で動く質量 m の粒子の波長はド・ブローイの式（de Broglie equation），$\lambda = h/mv$，で与えられる．ここで h はプランク定数である．

　1926 年に Schrödinger が提唱した**量子力学モデル**（quantum mechanical model）は，原子を波の動きを表すのに用いられるのと類似した数式で表現した．原子中の各電子の振舞いは**波動関数**（wave function），すなわち**軌道**（orbital）で特徴づけられる．波動関数の二乗は空間の任意の体積中に電子を見出だす確率を与える．波動関数は**量子数**（quantum number）とよばれる 3 種類のパラメーターの組をもっている．**主量子数**（principal quantum number, n）は軌道の大きさを決め，**方位量子数**（azimuthal quantum number, l）は軌道の形を決め，**磁気量子数**（magnetic quantum number, m_l）は軌道の空間的配向を決める．電子を 1 個しかもたない水素原子では，軌道のエネルギーは n だけに依存する．多電子原子では軌道のエネルギーは n と l の両方に依存する．さらに**スピン磁気量子数**（spin magnetic quantum number, m_s）は電子スピンが $+1/2$ と $-1/2$ のいずれであるか

Interlude

蛍光灯: 原子の線スペクトルでエネルギーを節約する

　1 世紀以上にわたって使われてきた白熱球では，細いタングステンのフィラメントに電流を通すと，発熱して光を発する．その長い歴史にもかかわらず，白熱球はきわめて効率の悪い器具であった．事実白熱球が消費する電気エネルギーのわずか 5% 程度が光になるだけで，残りの 95% は熱になる．そこで，多くの家庭や企業では，エネルギーの節約のために，白熱球を蛍光灯に代えている．（蛍光灯自身が非常に効率がよいというわけではなく，消費するエネルギーの約 20% が光に変わるだけである．しかし白熱球に比べればほぼ 4 倍も効率がよい．）*

　要するに，蛍光灯は §2·3 で述べた陰極線管の一つの変形である．蛍光灯は，少量の水銀蒸気を含むアルゴンで満たされたガラス管と高圧電流を制御する電気装置の二つの主要部からできている．電流を通すことによってフィラメントが発熱し管に電子流を放出する．電子流の一部が水銀原子と衝突し多量の運動エネルギーを渡すことによって，水銀の電子を高エネルギーの軌道へと励起する．励起された電子が基底状態に戻る際に光子が放出され，原子の線スペクトルを生成する．

　励起水銀原子から放出される光子の一部は可視領域にあり，目に見える光となるが，大部分は紫外線領域の 254 nm と 185 nm にあり，目には見えない．この紫外線エネルギーを捉えるために蛍光灯の内側には，蛍光体という紫外線を吸収してそのエネルギーを可視光として再放出する物質が塗布されている．その結果，蛍光灯では無駄になるエネルギーが白熱灯よりずっと少ない．

　蛍光灯にはいろいろな蛍光体が使われており，それぞれさまざまな色の可視光を放出する．よく使われるのは，トリフォスファーとよばれるつぎのような 3 種の金属酸化物とランタノイドイオンとの錯体の混合物である: Y_2O_3: Eu^{3+}（赤色発光），$CeMgAl_{11}O_{19}$: Tb^{3+}（緑色発光），$BaMgAl_{10}O_{17}$: Eu^{2+}（青色発光）．結果として得られる光の色は，製造過程で思いのままに調整することができるが，通常は，3 種の発光が一緒になって可視光の全領域にほぼむらなく分布し，自然の白色光の場合と同じような色を再現する．

問題 3·21 原子の線スペクトルがどのようにして蛍光灯の光になるのか．

---

*（訳注）最近では，さらにエネルギー効率のよい発光ダイオード（light emitting diode, LED）を用いた電球が普及し始めている（21 章参照）．

を決める．

　軌道を，その主量子数 n によって連続する層すなわち**殻**（shell）に分類することができる．一つの殻の中で，軌道はその方位量子数 l によってさらに s, p, d, f の**副殻**（subshell）に分類される．s 副殻に属する軌道は球状であり，p 副殻にある軌道は亜鈴状である．d 副殻にある 5 個の軌道のうち 4 個はクローバーの葉の形をしている．

　多電子原子の**基底状態電子配置**（ground-state electron configuration）は，**構成原理**（Aufbau principle）とよばれる一連の規則に従って求めることができる．

1. 最もエネルギーの低い軌道が最初に占有される．
2. どの軌道にも逆向きのスピンをもつ 2 個の電子しか入れない（**パウリの排他原理**（Pauli exclusion principle））．
3. 二つ以上の軌道が同じエネルギーをもつ（**縮退している**（degenerate））場合，そのすべてに電子が 1 個ずつ入った後に 2 個目が入る（**フントの規則**（Hund's rule））．

　周期表は化学の体系化における最も重要な原理である．周期表の各族に属する元素は似た**原子価殻電子配置**（valence-shell electron configuration）をもち，したがって似た性質を示す．たとえば，元素の原子半径は周期表における元素の位置に応じて周期的に増減する．周期表の下に行くにしたがって，n が大きくなるために原子半径も増大する．また周期表の左から右に行くにしたがって**有効核電荷**（effective nuclear charge, Z_{eff}）が増大するので，原子半径は減少する．

キーワード
位相（phase） 49
s-ブロック元素（s-block element） 56
f-ブロック元素（f-block element） 56
殻（shell） 46
基底状態電子配置（ground-state electron configuration） 53
軌道（orbital） 46
原子価殻（valence shell） 56
光子（photon） 42
構成原理（Aufbau principle） 53
磁気量子数（magnetic quantum number, m_l） 47
縮退している（degenerate） 53
主量子数（principal quantum number, n） 46
振動数（frequency） 40
振幅（amplitude） 40
スピン磁気量子数（spin magnetic quantum number, m_s） 52
節（node） 49
線スペクトル（line spectrum） 40
d-ブロック元素（d-block element） 56
電磁波（electromagnetic wave） 38
電子配置（electron configuration） 53
電磁波のスペクトル（electromagnetic spectrum） 38
ド・ブローイの式（de Broglie equation） 44
ハイゼンベルクの不確定性原理（Heisenberg uncertainty principle） 45
パウリの排他原理（Pauli exclusion principle） 52
波長（wavelength, λ） 40
波動関数（wave function） 46
p-ブロック元素（p-block element） 56
副殻（subshell） 46
フントの規則（Hund's rule） 53
ヘルツ（hertz, Hz） 40
方位量子数（azimuthal quantum number, l） 46
有効核電荷（effective nuclear charge, Z_{eff}） 52
リュードベリの公式（Rydberg equation） 42
量子（quantum） 43
量子数（quantum number） 46
量子力学モデル（quantum mechanical model） 45

4 イオン結合と主要族元素の化学

4・1　分子, イオンおよび化学結合
4・2　イオンの電子配置
4・3　イオン半径
4・4　イオン化エネルギー
4・5　高次のイオン化エネルギー
4・6　電子親和力
4・7　オクテット則
4・8　イオン結合とイオン結晶の生成
4・9　イオン結晶における格子エネルギー
4・10　イオン化合物の命名法
4・11　1族元素（アルカリ金属）の化学
4・12　2族元素（アルカリ土類金属）の化学
4・13　17族元素（ハロゲン）の化学
4・14　18族元素（貴ガス）の化学
Interlude　食塩

　個々の原子の電子構造の詳細がわかったので，これを化合物における原子の記述に拡張しよう．化合物の中で原子はどのような力で結びついているのだろうか．原子間に何らかの力が働いているはずである．さもなければ原子はばらばらになってしまう．原子を結びつけている力は化学結合とよばれており，共有結合とイオン結合の二つのタイプがある．本章と次章で，化学結合の本質および結合の生成と切断に伴うエネルギーの変化について学ぶことにしよう．本章では，まずイオンとよばれる荷電粒子について，そして主要族金属とハロゲンの間で形成されるイオン結合について学ぶ．

4・1　分子, イオンおよび化学結合

　化学反応の初期段階で，二つの原子が互いに近づくとき，何が起こるかを想像してみよう．原子中の電子は原子核よりはるかに大きな空間に広がっているから，原子が衝突するとき実際に接触を起こすのは電子である．したがって，化合物の中で原子を結びつけている力，すなわち化学結合（chemical bond）にかかわるのは電子である．

　原子間の化学結合は普通共有結合とイオン結合のいずれかに分類される．一般則として，共有結合は主として非金属原子間で生成し，イオン結合は主として金属原子と非金属原子の間で生成する．まず両者を簡単に紹介してから，本章の主題であるイオン結合に入ろう．

共有結合: 分子

　共有結合（covalent bond）は最もありふれた化学結合であり，二つの原子がいくつかの（普通は2個の）電子を共有して生成する．共有結合における電子の共有を綱引きにたとえるとわかりやすい．2人の人間が綱を引き合うとき，2人は事実上一体になっている．2人は綱を握っている限り，お互いから離れることはできない．原子も同様で，二つの原子が共有した電子をつかんでいれば，それらの原子は互いに結びついている（図4・1）．

　二つ以上の原子が共有結合で結びついてできるものを分子（molecule）とよぶ．たとえば，水素原子と塩素原子が2個の電子を共有すると塩化水素分子（HCl）がで

二つのチームは同じロープを引っ張り合っているので一つになっている．

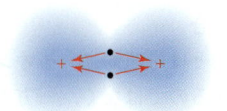

図4・1　原子間の共有結合は綱引きに似ている．

同様に，二つの原子は両方の原子核（+）が同じ電子（点）を引っ張り合っているので一つになっている．

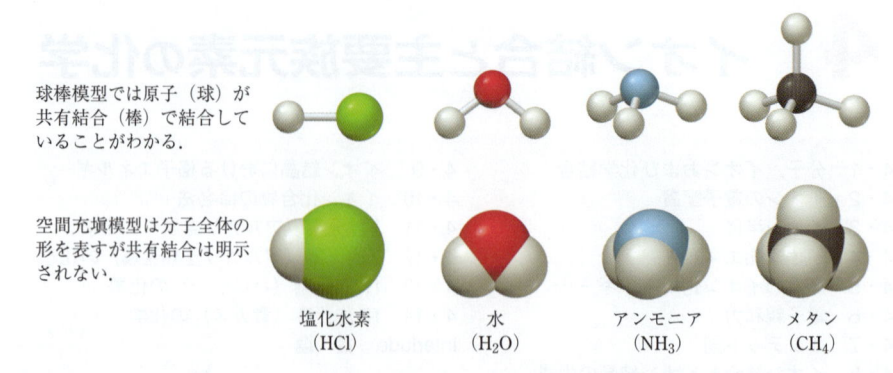

球棒模型では原子（球）が共有結合（棒）で結合していることがわかる．

空間充填模型は分子全体の形を表すが共有結合は明示されない．

塩化水素 (HCl)　水 (H₂O)　アンモニア (NH₃)　メタン (CH₄)

図 4・2　このように図示することで分子を視覚化している．

きる．二つの水素原子がそれぞれ一つの酸素原子との間で2個の電子を共有すると水分子（H₂O）ができる．3個の水素原子がそれぞれ一つの窒素原子との間で2個の電子を共有するとアンモニア分子（NH₃）ができるという具合である．これらの分子を視覚的にとらえるには，図 4・2 に示すように，球で表した原子が集まって特定の三次元的な形をもった分子ができる様子を考えるとよい．いわゆる<u>球棒模型</u>では原子間の共有結合が明示されるのに対して，<u>空間充填模型</u>は分子全体の形を正確に表すが，共有結合はあからさまには示されない．

　非金属元素でも，原子ではなく分子として存在するものがある．水素，窒素，酸素，フッ素，塩素，臭素，ヨウ素はいずれも二つの原子が共有結合でつながった二原子分子として存在する．したがって化学反応式の中で使うときは，これらの元素を H₂, N₂, O₂, F₂, Cl₂, Br₂, I₂ のように書く．これらの元素は水素を除いてすべて周期表の右端に集まっていることに注意しよう．

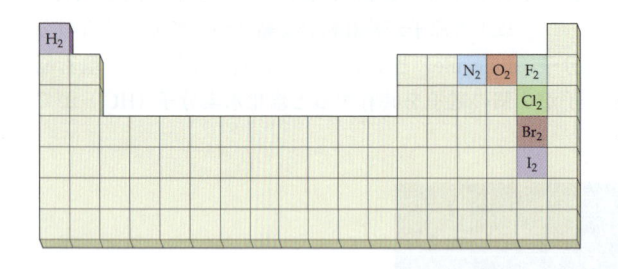

塩素（左）は緑色をした有毒な気体であり，ナトリウム（中）は反応性の高い金属であるが，塩化ナトリウム（右）は無害な白色固体である．

イオン結合

　共有結合とは対照的に，**イオン結合**（ionic bond）は電子を共有するのではなく，一方の原子から他方の原子へ1個以上の電子を移動させることによって生成する．ナトリウム，マグネシウム，亜鉛などの金属元素は電子を与えやすく，酸素，窒素，塩素などの非金属元素は電子を受取りやすい．

　イオン結合のでき方を理解するには，金属ナトリウムと塩素ガスが互いに近づくとき何が起こるかを想像してみればよい．一つのナトリウム原子から塩素原子へ電子1個が渡されて，**イオン**（ion）とよばれる荷電粒子が2個できる．ナトリウム原子は電子1個を失うので，負電荷1個がなくなり +1 の電荷をもつ Na⁺ イオンとなる．このような正のイオンを**カチオン**（cation, 陽イオンともいう）とよぶ．逆に塩素原子は電子1個を受取るので，負電荷1個が増え −1 の電荷をもつ Cl⁻ イオンとなる．このような負のイオンを**アニオン**（anion, 陰イオンとも

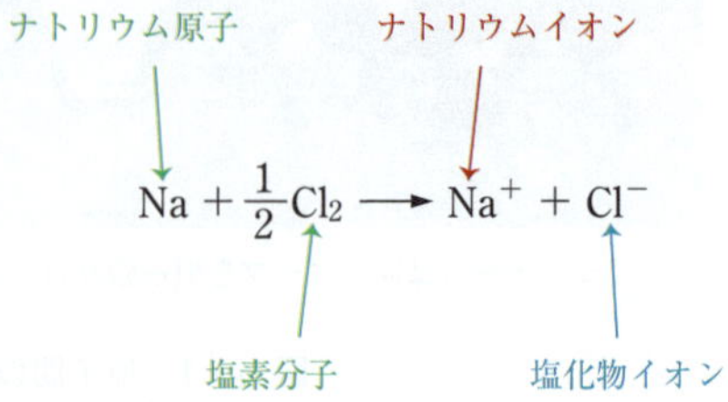

ナトリウム原子　　ナトリウムイオン

$$Na + \frac{1}{2}Cl_2 \longrightarrow Na^+ + Cl^-$$

塩素分子　　塩化物イオン

4・2 イオンの電子配置

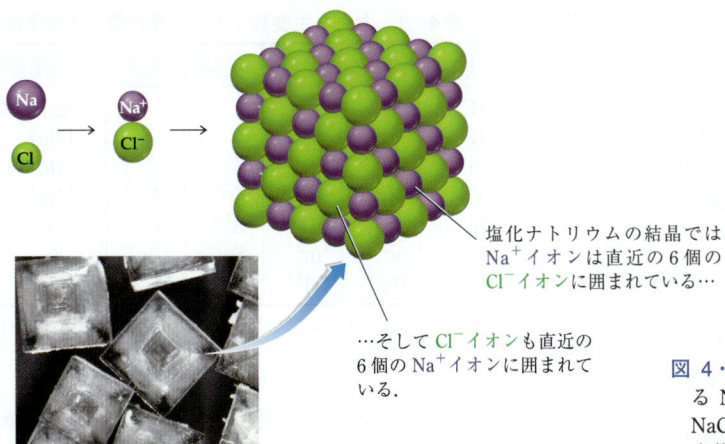

図 4・3 塩化ナトリウムの結晶における Na$^+$ イオンと Cl$^-$ イオンの配列. NaCl という明確な分子は存在せず, 全体としてイオン結晶を形成している.

塩化ナトリウムの結晶では Na$^+$ イオンは直近の 6 個の Cl$^-$ イオンに囲まれている…

…そして Cl$^-$ イオンも直近の 6 個の Na$^+$ イオンに囲まれている.

いう)とよぶ.

マグネシウム原子と塩素原子が接近すると,似たような反応が起こって MgCl$_2$ が生成する. マグネシウム原子は電子 2 個を二つの塩素原子に与えて,二重に荷電した Mg^{2+} カチオンと 2 個の Cl$^-$ アニオンを生じる.

$$Mg + Cl_2 \longrightarrow Mg^{2+} + Cl^- + Cl^- \quad (MgCl_2)$$

逆の電荷は互いに引き合うので, Na$^+$ や Mg^{2+} のような正の電荷をもつカチオンと Cl$^-$ のような負の電荷をもつアニオンは互いに電気的に強く引き合う. これがイオン結合である. しかし共有結合が生成するときとは違って,通常の条件下では NaCl あるいは MgCl$_2$ という明確な分子ができるのではない. アニオンとカチオンが規則正しく配列した**イオン結晶** (ionic crystal) ができる(図 4・3). たとえば,食塩の結晶中では,各 Na$^+$ イオンは隣接する 6 個の Cl$^-$ イオンに囲まれており,各 Cl$^-$ イオンは隣接する 6 個の Na$^+$ イオンに囲まれている. しかし共有結合の場合とは違って,どの二つのイオンが対をつくっていると特定することはできない.

共有結合で結ばれた原子団が電荷をもつこともよくあり,**多原子イオン** (polyatomic ion) とよばれる. アンモニウムイオン (NH$_4^+$), 水酸化物イオン (OH$^-$), 硝酸イオン (NO$_3^-$), 二重の電荷をもつ硫酸イオン (SO$_4^{2-}$) などがその例である. 多原子イオンは,特定の数と種類の原子が共有結合で結ばれており,原子団全体として正ないし負の電荷をもっているので,荷電分子と考えることができる. このようなイオンをもつ物質の化学式を書くときは,原子団をかっこでくくる. たとえば, Ba(NO$_3$)$_2$ という化学式は Ba^{2+} カチオンと NO$_3^-$ という多原子アニオンを 1 : 2 の比で含む物質を指す. §4・10 でこれらのイオンについて詳しく述べる.

例題 4・1 イオン化合物と分子性化合物を予測する
つぎの化合物はイオン性か,それとも分子性(共有結合性)か.
(a) BaF$_2$ (b) SF$_4$ (c) PH$_3$ (d) CH$_3$OH
方 針 共有結合は一般に非金属原子間で生成し,共有結合性の分子化合物を与えるが,イオン結合は金属原子と非金属原子の間でできる.
解 化合物 (a) は金属(バリウム)と非金属(フッ素)との化合物であるからイオン性である. 化合物 (b)〜(d) は非金属だけでできているので,分子性である.

問題 4・1 つぎの化合物のうち,どれがイオン性でどれが分子性か.
(a) LiBr (b) SiCl$_4$ (c) BF$_3$ (d) CaO

問題 4・2 つぎの図のうち,イオン化合物を表しているのはどちらか. また分子性化合物を表しているのはどちらか.

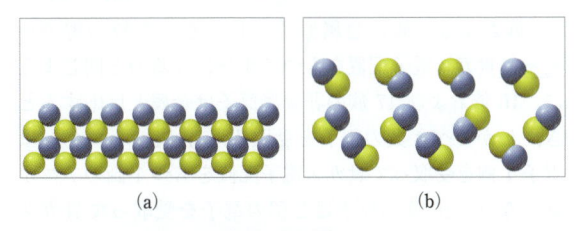

(a)　　　　(b)

4・2 イオンの電子配置

周期表の左側にある金属元素は,化学反応で電子を失ってカチオンになりやすいのに対して,周期表の右側にあるハロゲンや他のいくつかの非金属元素は,化学反応で電子を受取ってアニオンになる傾向がある. これらのイオンはどのような基底状態電子配置をもつのだろうか.

主要族元素の金属が電子を放出してカチオンになると

き，最もエネルギーの高い占有軌道にある電子が放出される．一方，非金属が電子を受取ってアニオンを生じるとき，その電子は**構成原理**（Aufbau principle）（§3・11）に従って最もエネルギーの低い空の軌道に入る．たとえば，ナトリウム原子（$1s^2 2s^2 2p^6 3s^1$）が塩素原子と反応して電子1個を放出するとき，原子価殻の 3s 電子が失われて，ネオンと同じ貴ガス電子配置（$1s^2 2s^2 2p^6$）をもつ Na^+ となる．一方，塩素原子（$1s^2 2s^2 2p^6 3s^2 3p^5$）はナトリウムから電子1個を受取るが，その電子は満たされていない 3p 副殻に入って，アルゴンの貴ガス電子配置（$1s^2 2s^2 2p^6 3s^2 3p^6$）をもつ Cl^- を生じる．

Na: $1s^2 2s^2 2p^6 3s^1 \xrightarrow{-e^-}$ Na$^+$: $1s^2 2s^2 2p^6$

Cl: $1s^2 2s^2 2p^6 3s^2 3p^5 \xrightarrow{+e^-}$ Cl$^-$: $1s^2 2s^2 2p^6 3s^2 3p^6$

> **思い出そう…**
> **構成原理**に従って，エネルギーの低い軌道から順に占有され，一つの軌道にはスピンが逆向きの2個の電子しか入れない（§3・11）．

ナトリウムで起こることは他の1族元素にも当てはまる．どの元素も反応するとその原子価殻にある s 電子を失ってカチオンとなり，そのカチオンはいずれも貴ガスの電子配置をもつ．同様のことが2族元素にもいえる．どの元素も反応すると，原子価殻にある2個の電子を失って2価のカチオンを生じる．たとえば，Mg 原子（$1s^2 2s^2 2p^6 3s^2$）は 3s 電子2個を失ってネオンの電子配置（$1s^2 2s^2 2p^6$）をもつ Mg^{2+} イオンになる．

1族原子：[貴ガス]ns^1 $\xrightarrow{-e^-}$ 1族イオン$^+$：[貴ガス]

2族原子：[貴ガス]ns^2 $\xrightarrow{-2e^-}$ 2族イオン$^{2+}$：[貴ガス]

1族および2族の金属原子がしかるべき数の電子を<u>失って</u>貴ガス電子配置をもつイオンになるのと同じように，16族および17族の非金属原子は金属と反応するとき，しかるべき数の電子を<u>受取る</u>．17族のハロゲンは電子1個を受取って貴ガス電子配置をもつ1価のアニオンとなり，16族の原子は2個の電子を受取って貴ガス電子配置をもつ2価のアニオンとなる．たとえば，酸素（$1s^2 2s^2 2p^4$）は金属と反応してネオンの電子配置（$1s^2 2s^2 2p^6$）をもつ O^{2-} となる．

16族原子：[貴ガス]$ns^2 np^4$ $\xrightarrow{+2e^-}$ 16族イオン$^{2-}$：[貴ガス]$ns^2 np^6$

17族原子：[貴ガス]$ns^2 np^5$ $\xrightarrow{+e^-}$ 17族イオン$^-$：[貴ガス]$ns^2 np^6$

表4・1 おもな主要族イオンとその貴ガス電子配置

1族	2族	13族	16族	17族	電子配置
H$^+$					電子はない
H$^-$					[He]
Li$^+$	Be^{2+}				[He]
Na$^+$	Mg^{2+}	Al^{3+}	O^{2-}	F$^-$	[Ne]
K$^+$	Ca^{2+}	*Ga^{3+}	S^{2-}	Cl$^-$	[Ar]
Rb$^+$	Sr^{2+}	*In^{3+}	Se^{2-}	Br$^-$	[Kr]
Cs$^+$	Ba^{2+}	*Tl^{3+}	Te^{2-}	I$^-$	[Xe]

* これらのイオンは d 副殻が満たされており，真の貴ガス電子配置ではない．

最もよく見かける主要族イオンの化学式と電子配置を表4・1に示す．

遷移金属元素からのイオンの生成は主要族元素の場合と少し違う．遷移金属は非金属と反応してカチオンを生じるとき，まず原子価殻の s 電子を失い，ついで d 電子を失う．その結果，遷移金属のカチオンでは残っている原子価電子はすべて d 軌道にある．たとえば，鉄は 4s 電子2個を失って Fe^{2+} イオンを生成し，s 電子2個と d 電子1個を失って Fe^{3+} イオンを生成する．

Fe: [Ar]$4s^2 3d^6$ $\xrightarrow{-2e^-}$ Fe^{2+}: [Ar]$3d^6$

Fe: [Ar]$4s^2 3d^6$ $\xrightarrow{-3e^-}$ Fe^{3+}: [Ar]$3d^5$

周期表を構成するときはまず 4s 電子が入った後に 3d 電子が入ったのに，イオンができるときはまず<u>先に</u> 4s 電子が抜けて，その後で 3d 電子が抜けるのは奇妙に感じられるかも知れない．しかし，これら二つの過程は互いに逆になっているのではないから，直接比較するのは意味がない．周期表を構成するときは，原子価殻に電子1個が加わると同時に，原子核に正電荷が1個加わる．しかし，イオン生成の場合は，原子価殻から電子が取り去られるが原子核には変化がない．

問題 4・3 つぎのイオンの基底状態電子配置を予測し，その根拠を説明せよ．
(a) Ra^{2+} (b) Y^{3+} (c) Ti^{4+} (d) N^{3-}

問題 4・4 つぎの基底状態電子配置をもつ2価のカチオンは何か: $1s^2 2s^2 2p^6 3s^2 3p^6 3d^{10}$

4・3 イオン半径

原子半径（atomic radius, §3・14）に規則的な変化があるように，イオンの半径もまた規則的に変化する．図4・4に示すように，1族および2族の元素では原子が電子を失ってイオンになると，非常に大きく縮む．たとえば，Na 原子の半径が 186 pm であるのに対して，Na$^+$ カチオンの半径は 102 pm である．同様に Mg 原子の半径は 160 pm であるが，Mg^{2+} カチオンの半径は 72

4・3 イオン半径

思い出そう…
原子半径は，周期表の一つの族を下に行くにしたがって順次大きな原子価殻軌道に電子が入るために増加し，一つの周期を左から右に行くにしたがって有効核電荷が増大するために減少する（§3・14）。

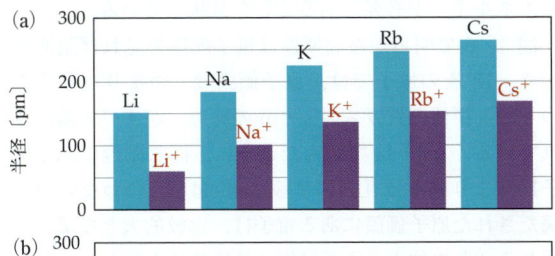

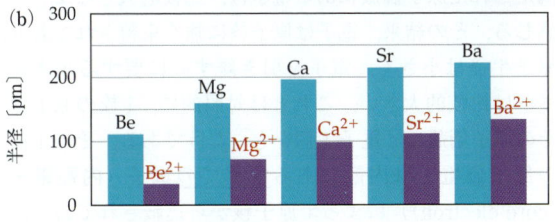

1族元素が電子1個を失ったときに受けるのと同様の現象が，2族元素が2個の電子を失ったときにも起こる。たとえば，Mg 原子（$1s^2 2s^2 2p^6 3s^2$）から原子価殻電子2個が失われると Mg^{2+} カチオン（$1s^2 2s^2 2p^6$）になる。Mg^{2+} の原子価殻が小さいことと，有効核電荷の増大とが重なって，サイズは顕著に小さくなる。同様にして周期表の左側の3分の2を占める金属原子はどれも，カチオンになったときにそのサイズが小さくなる。

中性原子が1個以上の電子を失ってカチオンになったときにサイズが小さくなるのと同様に，1個以上の電子を受取ってアニオンに変わるとそのサイズは大きくなる。図4・5に示すように，17族元素（ハロゲン）での変化は顕著である。たとえば，塩素の半径は中性原子での 99 pm から塩化物イオンの 184 pm とほぼ2倍になっている。

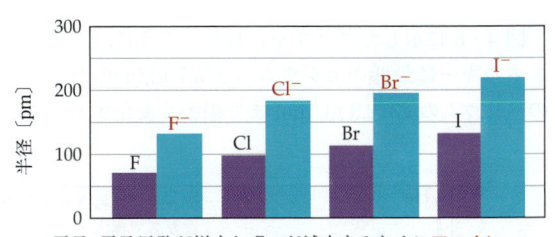

カチオンは中性原子よりも小さい．それはカチオンの方が原子価殻電子の主量子数がより小さいことと Z_{eff} がより大きいことによる．

図 4・4 (a) 1族の原子とそのカチオンの半径．(b) 2族の原子とそのカチオンの半径．

pm である．

中性原子から電子1個を失って生じるカチオンは元の原子より小さくなるが，それはより大きな原子価殻から電子が取り除かれるため，および有効核電荷（effective nuclear charge, Z_{eff}, §3・10）が増大するためである．たとえば，中性の Na 原子から電荷をもつ Na^+ カチオンになると，電子配置は $1s^2 2s^2 2p^6 3s^1$ から $1s^2 2s^2 2p^6$ に変わる．Na 原子の原子価殻は 3番目の殻 であるが，Na^+ カチオンの原子価殻は 2番目の殻 である．つまり，Na^+ イオンは Na 原子よりも原子価殻が小さく，したがってサイズも小さい．さらに，原子価殻電子が感じる有効核電荷は中性原子よりも Na^+ イオンの方が大きい．Na 原子は陽子 11 個と電子 11 個をもつが，Na^+ カチオンは陽子は 11 個であるが電子は 10 個だけである．カチオンの方が電子が少ないので，電子は互いを遮蔽する程度が少なく，より強く原子核に引き寄せられている．

電子-電子反発が増大し Z_{eff} が減少するためにアニオンの方が中性原子より大きい．

図 4・5 17族（ハロゲン）原子とそのアニオンの半径．

17 族原子が電子1個を受取ってアニオンになるときの膨張は，原子価殻の量子数の変化では説明できない．なぜなら，たとえば Cl 原子の [Ne] $3s^2 3p^5$ から Cl^- アニオンの [Ne] $3s^2 3p^6$ への変化でわかるように，加わった電子はすでに占有されている p 副殻を満たすだけだからである．つまり，サイズの増大はすべて，有効核電荷の減少および電子が1個加わったために起こる電子-電子反発の増大に起因する．

問題 4・5 つぎに示す原子あるいはイオンの対のうち，どちらがより大きいと思うか．その根拠を説明せよ．
(a) O と O^{2-}　　(b) O と S
(c) Fe と Fe^{3+}　　(d) H と H^-

問題 4・6 つぎの球で，K^+ イオン，K 原子，Cl^- イオンはそれぞれどれか．

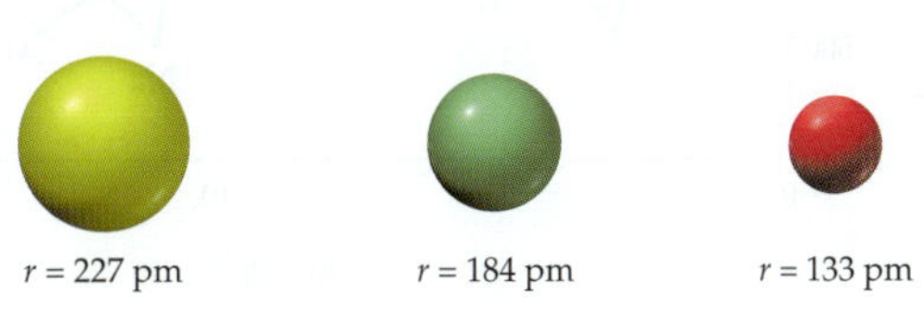

思い出そう…
電子が感じる有効核電荷（Z_{eff}）は内側の電子によって外側の電子が遮蔽されることによるものであり，実際の核電荷よりかなり小さい：$Z_{eff} = Z_{実際} -$ 電子遮蔽（§3・10）．

$r = 227$ pm　　　$r = 184$ pm　　　$r = 133$ pm

4・4 イオン化エネルギー

3章で，原子が電磁波を吸収すると，電子配置が変化することを学んだ．原子価殻電子がエネルギーの低い軌道から主量子数 n がより大きな高いエネルギーの軌道に遷移する．もし十分なエネルギーが吸収されれば，電子を完全に原子から取り除いてイオンにすることができる．気体状態で孤立した中性原子から最もエネルギーの高い電子を取り去るのに必要なエネルギー量を**イオン化エネルギー**（ionization energy）とよび，E_i と略記する．水素では $E_i = 1312.0$ kJ/mol である．

$$H \xrightarrow{1312.0 \text{ kJ/mol}} H^+ + e^-$$

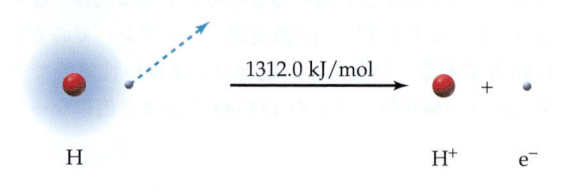

図4・6に示したグラフからわかるように，イオン化エネルギーは最低のセシウムの 375.7 kJ/mol から最高のヘリウムの 2372.3 kJ/mol まで幅広く変化する．さらに，明らかに周期性があることがわかる．E_i の極小値は1族元素（アルカリ金属）に相当しており，極大値は18族原子（貴ガス）に相当している．周期表の一つの周期を左から右へ（たとえば Na から Ar へ）行くにしたがって E_i は順次増大する．すべての値が正であることに注意しよう．これは原子から電子を取り去るには常にエネルギーが必要であることを意味している．

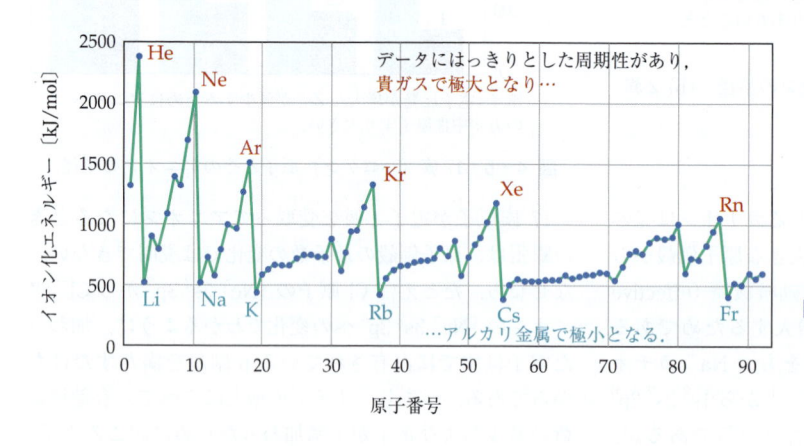

図4・6で明らかな周期性は電子配置を見れば説明がつく．18族の原子では，原子価副殻，つまりヘリウムのsおよび他の貴ガスのsとpの両方，がすべて満たされている．§3・14で学んだように，同じ副殻にある電子はあまり強くは互いに遮蔽（shield）し合わないので，満たされた原子価殻にある電子は，比較的大きな Z_{eff} を感じる．その結果，電子は原子核に強く束縛されており，原子半径は小さく，電子を引き離すのに要するエネルギーは比較的大きい．これとは対照的に，1族の原子はその原子価殻にs電子1個をもつだけである．その1個の原子価電子は内殻にあるすべての電子（**内殻電子**（core electron））によって原子核から遮蔽されており，

図4・6 原子番号 92 番までの元素のイオン化エネルギー．

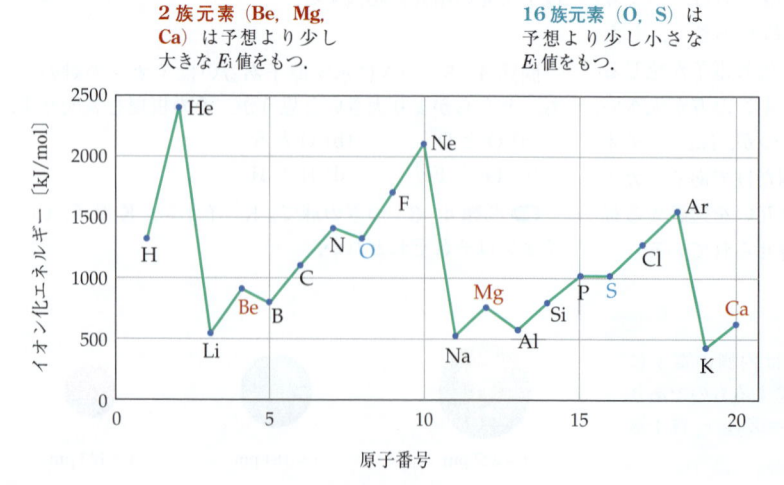

2族元素（Be，Mg，Ca）は予想より少し大きな E_i 値をもつ．

16族元素（O，S）は予想より少し小さな E_i 値をもつ．

図4・7 原子番号 20 番までの元素のイオン化エネルギー．

Z_{eff} が小さい．したがって原子価電子は束縛が弱く，これを取り去るのに必要なエネルギーは比較的小さい．

> **思い出そう…**
> 原子価電子は内殻電子によって強く遮蔽されるが，同じ殻にある他の電子による遮蔽は s＞p＞d＞f の順に弱くなり，同じ副殻にある電子による遮蔽は弱い（§3・14）．

図4・6のイオン化エネルギーのグラフからは，明らかな周期性以外にもいくつかの傾向が読み取れる．その一つは，たとえば He から Rn へ，あるいは Li から Fr へと周期表の下方に行くにしたがって，イオン化エネルギーがしだいに小さくなることである．一つの族を下に行くにしたがって原子番号が増すので，原子価殻電子の主量子数も，それらの原子核からの平均距離も増大する．その結果，原子価殻電子の受ける束縛が減少し，E_i は小さくなる．

E_i のデータのもう一つの特徴は，周期表の横列で見られる小さな不規則性である．最初の20個の元素の E_i 値を拡大してみると（図4・7），ベリリウムの E_i は隣のホウ素に比べて大きく，窒素の E_i は隣の酸素よりも大きい．同様にマグネシウムの E_i はアルミニウムより大きく，リンの E_i はわずかながら硫黄より大きい．

Be，Mg などの2族元素で E_i が少し大きくなるのは，その電子配置で説明ができる．たとえば，ベリリウムとホウ素を比べると，ベリリウムのイオン化では 2s 電子が取り除かれるが，ホウ素のイオン化では 2p 電子が取り除かれる．

s 電子が取り除かれる

$$Be(1s^2\,2s^2) \longrightarrow Be^+(1s^2\,2s^1) + e^-$$
$$E_i = 899.4\ \text{kJ/mol}$$

p 電子が取り除かれる

$$B(1s^2\,2s^2\,2p^1) \longrightarrow B^+(1s^2\,2s^2) + e^-$$
$$E_i = 800.6\ \text{kJ/mol}$$

2s 電子は原子核の近くに存在する時間が 2p 電子より多いので，より強く束縛されており，引き離すのが難しい．したがって，ベリリウムの E_i はホウ素より大きい．別のいい方をすると，ホウ素の 2p 電子は 2s 電子に多少遮蔽されており，したがって，ベリリウムの 2s 電子より引き離しやすい．

16族元素で E_i が低いのもまた電子配置で説明できる．たとえば，窒素と酸素を比べると，窒素の電子は半占軌道から取り除かれるが，酸素の電子は満たされた軌道から取り除かれる．

半占軌道

$$N(1s^2\,2s^2\,2p_x^1\,2p_y^1\,2p_z^1) \longrightarrow N^+(1s^2\,2s^2\,2p_x^1\,2p_y^1) + e^-$$
$$E_i = 1402.3\ \text{kJ/mol}$$

満たされた軌道

$$O(1s^2\,2s^2\,2p_x^2\,2p_y^1\,2p_z^1) \longrightarrow O^+(1s^2\,2s^2\,2p_x^1\,2p_y^1\,2p_z^1) + e^-$$
$$E_i = 1313.9\ \text{kJ/mol}$$

電子は互いに反発し，できるだけ離れようとするので，満たされた軌道にある電子は半占軌道にある電子よりもエネルギーが少しだけ高く，わずかながら取り去りやすい．したがって，酸素の E_i は窒素よりも小さい．

> **例題 4・2 イオン化エネルギー**
> Se，Cl，S をイオン化エネルギーが増大する順に並べよ．
> **方針** イオン化エネルギーは一般に，周期表を横に左から右に行くにしたがって増大し，また一つの族では上から下に行くにしたがって減少する．塩素は隣の硫黄よりも E_i が大きく，セレンは硫黄よりも E_i が小さいと考えられる．
> **解** 順序は Se＜S＜Cl となる．

問題 4・7 周期表を見て，つぎの各組のどちらの元素がより大きなイオン化エネルギーをもつか予測せよ．
(a) K と Br　　(b) S と Te
(c) Ga と Se　　(d) Ne と Sr

4・5 高次のイオン化エネルギー

イオン化によって原子から失われる電子は，1個に限られてはいない．2個，3個あるいはそれ以上の電子が順次原子から引き離されることがあり，それぞれの段階にかかわるエネルギーも測定することができる．

第一イオン化エネルギー（E_{i1}）
　M ＋ エネルギー ⟶ M$^+$ ＋ e$^-$
第二イオン化エネルギー（E_{i2}）
　M$^+$ ＋ エネルギー ⟶ M^{2+} ＋ e$^-$
第三イオン化エネルギー（E_{i3}）
　M^{2+} ＋ エネルギー ⟶ M^{3+} ＋ e$^-$
　など

イオン化が進むにしたがって，しだいに大きなエネルギーが必要になる（表4・2）．正電荷をもつイオンから負電荷をもつ電子を引き離すのは，中性原子から電子を引き離すよりもずっと難しいからである．しかし，各段階間のエネルギー差が元素によって大きく変化すること

表 4・2 第 3 周期元素の高次イオン化エネルギー [kJ/mol]

E_i 番号	Na	Mg	Al	Si	P	S	Cl	Ar
E_{i1}	496	738	578	787	1,012	1,000	1,251	1,520
E_{i2}	4,562	1,451	1,817	1,577	1,903	2,251	2,297	2,665
E_{i3}	6,912	7,733	2,745	3,231	2,912	3,361	3,822	3,931
E_{i4}	9,543	10,540	11,575	4,356	4,956	4,564	5,158	5,770
E_{i5}	13,353	13,630	14,830	16,091	6,273	7,013	6,540	7,238
E_{i6}	16,610	17,995	18,376	19,784	22,233	8,495	9,458	8,781
E_{i7}	20,114	21,703	23,293	23,783	25,397	27,106	11,020	11,995

は興味深い．ナトリウムから 2 個目の電子を取り去るには，最初の電子を取り去るときのほぼ 10 倍のエネルギー (4562 kJ/mol と 496 kJ/mol) を要するが，マグネシウムから 2 個目の電子を取り去るには，最初の電子を取り去るときのほぼ 2 倍のエネルギー (1451 kJ/mol と 738 kJ/mol) で済む．

イオン化エネルギーの増加量が大きく変化する現象は他の元素でも見られ，表 4・2 でジグザグの線で示したところで起こっている．マグネシウムでは第二と第三イオン化エネルギーの間で起こり，アルミニウムでは第三と第四の間，ケイ素では第四と第五イオン化エネルギーの間という具合である．

イオン化エネルギーの大きな増大が表 4・2 のジグザグの線のところで起こるのもまた電子配置と関連している．部分的に電子の入った原子価殻から電子を取り去るのは Z_{eff} が小さいので比較的容易であるが，満たされた原子価殻から電子を取り去るのは Z_{eff} が大きく比較的難しい．言い換えれば，主要族元素の反応で生じるイオンは一般に s および p 副殻が満たされており (貴ガスの電子配置)，原子価殻に 8 個の電子をもっている (これをオクテットという)．ナトリウム ([Ne]3s^1) では容易に失いうる電子は 1 個だけであり，マグネシウム ([Ne]2s^2) では容易に失いうる電子は 2 個だけ，アルミニウム ([Ne]2s^2 2p^1) では 3 個だけである．原子価殻電子のオクテットの安定性については §4・7 でさらに探求する．

外側の (2 番目の) 殻に電子が 8 個ある．

Na (1s^2 2s^2 2p^6 3s^1) ⟶ Na$^+$ (1s^2 2s^2 2p^6) + e$^-$
Mg (1s^2 2s^2 2p^6 3s^2) ⟶ Mg^{2+} (1s^2 2s^2 2p^6) + 2 e$^-$
Al (1s^2 2s^2 2p^6 3s^2 3p^1) ⟶ Al^{3+} (1s^2 2s^2 2p^6) + 3 e$^-$
⋮
Cl (1s^2 2s^2 2p^6 3s^2 3p^5) ⟶ Cl^{7+} (1s^2 2s^2 2p^6) + 7 e$^-$

例題 4・3 高次のイオン化エネルギー
Ge と As で，第五イオン化エネルギーはどちらが大きいか．
方針 周期表で各元素の位置を確認しよう．14 族元素のゲルマニウムは 4 個の原子価殻電子をもつので，比較的低いイオン化エネルギーは 4 個である．一方，15 族元素のヒ素は原子価殻電子が 5 個あり，5 個のイオン化エネルギーが比較的低い．
解 ゲルマニウムの方がヒ素より大きな E_{i5} をもつ．

問題 4・8 (a) 第三イオン化エネルギーは Be と N のどちらがより大きいか．
(b) 第四イオン化エネルギーは Ga と Ge のどちらがより大きいか．

問題 4・9 つぎの電子配置をもつ 3 種類の原子がある．
(a) 1s^2 2s^2 2p^6 3s^2 3p^1 (b) 1s^2 2s^2 2p^6 3s^2 3p^5
(c) 1s^2 2s^2 2p^6 3s^2 3p^6 4s^1
これらのうち E_{i1} が最も大きいのはどれか．E_{i4} が最も小さいのはどれか．

問題 4・10 下に示した 3 種類の元素を，3 個目の電子を失いやすい順に並べよ．

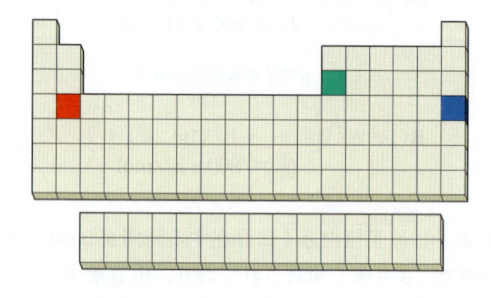

4・6 電子親和力

原子から電子を取り去ってカチオンを生成する際のエネルギー変化を測定できるのと同様に，原子に電子を与えてアニオンを生成する際のエネルギー変化もまた測定することができる．気体状態で孤立した原子に電子を加えるときに起こるエネルギー変化を，その元素の**電子親**

4・6 電子親和力

17族元素（ハロゲン） の場合のように，E_{ea} 値が負であることは，原子に電子が加わるとエネルギーが放出されることを意味している．

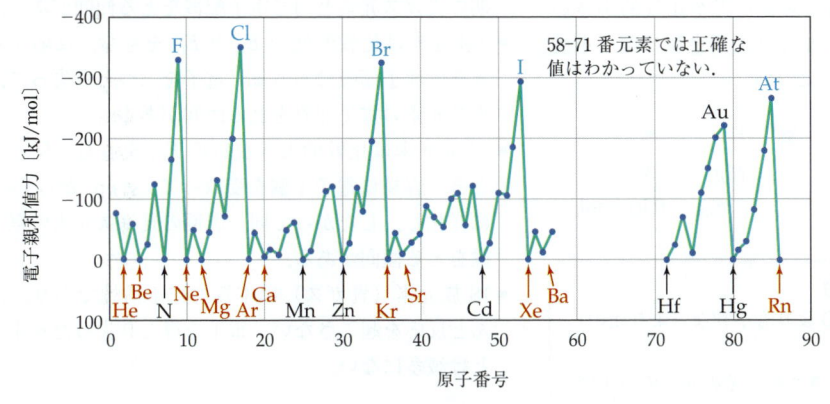

2族元素（アルカリ土類）や18族元素（貴ガス） の場合のように E_{ea} がゼロであることは，エネルギーが吸収されるが，その量は測定できないことを意味している．

58-71番元素では正確な値はわかっていない．

図 4・8　1～57番元素と72～86番元素の電子親和力．

和力（electron affinity）とよび，E_{ea} で表す．

　負電荷をもつ電子をその結果生じる正電荷をもつカチオンから引き離すためにはエネルギーを加える必要があるから，イオン化エネルギーは常に正の値である（§4・4）．しかし，中性の原子に電子を加えるときには普通エネルギーが放出されるから，電子親和力は一般に負の値である*．正のエネルギー変化はエネルギーの獲得を意味し，負のエネルギー変化はエネルギーの放出を意味する．これが化学における決まりとなっていることを8章でとりあげる．

　E_{ea} が負で大きくなるほど，原子が電子を受入れる傾向は強くなり，生じるアニオンは安定になる．これに対して，電子が加わることで不安定なアニオンを生じる原子では原理的に E_{ea} は正になるが，そのような過程は実際には起こらないので，実験的に測定することはできない．そのような原子では E_{ea} はゼロより大きいといえるだけである．たとえば，水素の E_{ea} は -72.8 kJ/mol であり，これはエネルギーが放出され，H$^-$ が安定であることを意味する．しかし，ネオンの E_{ea} は 0 kJ/mol より大きく，これは Ne$^-$ は不安定であり Ne に電子が加わることはないことを意味している．

$$H(1s^1) + e^- \longrightarrow H^-(1s^2) + 72.8 \text{ kJ/mol}$$
$$E_{ea} = -72.8 \text{ kJ/mol}$$

$$Ne(1s^2\,2s^2\,2p^6) + e^- + エネルギー \longrightarrow$$
$$Ne^-(1s^2\,2s^2\,2p^6\,3s^1)$$
$$E_{ea} > 0 \text{ kJ/mol}$$

　イオン化エネルギーと同様に，電子親和力も元素の電子配置と関連した周期性を示す．図 4・8 のデータは，17族元素が最も負で大きい電子親和力をもち，最も大きなエネルギーを放出するのに対して，2族および18族元素はほぼゼロか正の電子親和力をもち，エネルギーの放出が少ないかあるいは吸収することを示している．

　元素の電子親和力の値には，いくつかの相殺し合う要因が作用している．加わった電子と原子核の引力は E_{ea} を負で大きくするが，電子が加わったことによる電子-電子反発の増加は E_{ea} をより正にする．

　ハロゲン（F, Cl, Br, I）は大きな Z_{eff} 値をもっており，また原子価殻にさらに電子が入る余地があるので，E_{ea} は大きな負の値となる．ハロゲン化物イオンはs および p 副殻が満たされた貴ガス電子配置をもち，つけ加わった電子と原子核との引力は強い．貴ガス元素（He, Ne, Ar, Kr, Xe）では正の E_{ea} になっており，それは，s および p 副殻がすでに満たされているため，加わる電子は，より高いつぎの殻に入らなければならず，そこでは原子核から遮蔽されており，感じる Z_{eff} が比較的小さいからである．したがって加わった電子に対する原子核の引力は小さく，電子-電子反発の増加で相殺されてしまう．

ハロゲン： $Cl(\cdots 3s^2\,3p^5) + e^- \longrightarrow Cl^-(\cdots 3s^2\,3p^6)$
$$E_{ea} = -348.6 \text{ kJ/mol}$$

貴ガス： $Ar(\cdots 3s^2\,3p^6) + e^- \longrightarrow Ar^-(\cdots 3s^2\,3p^6\,4s^1)$
$$E_{ea} > 0 \text{ kJ/mol}$$

　図 4・8 のデータでさらに別の特徴を探すと，アルカリ土類金属（Be, Mg, Ca, Sr, Ba）がゼロに近い E_{ea} をもっていることが特に目立つ．これらの元素の原子は，

---

* 本書では，中性原子が電子を獲得してアニオンとなるときのエネルギー変化として E_{ea} を定義している．しかし，E_{ea} を中性原子が電子を獲得してアニオンとなるときに放出されるエネルギーと定義している書籍や文献もあり，本書の定義とは符号が逆になっている．

s 副殻が満たされており，加わる電子は p 副殻に入らなければならない．p 副殻がより高いエネルギーをもっていることと，周期表の左側にある元素が比較的小さい Z_{eff} をもつことのために，アルカリ土類金属は電子を受入れにくいので E_{ea} 値はゼロに近い．

アルカリ土類金属： $Mg(\cdots 3s^2) + e^- \longrightarrow$
$Mg^-(\cdots 3s^2 3p^1)$
$E_{ea} \approx 0 \text{ kJ/mol}$

例題 4・4 電子親和力
窒素はなぜ両隣の C や O よりも不利な（より正の） E_{ea} をもつのか．
方針と解 元素の E_{ea} の大きさは，その元素の原子価殻電子配置に依存している．C，N，O の電子配置はつぎのようである．

炭素： $1s^2 2s^2 2p_x^1 2p_y^1$　　窒素： $1s^2 2s^2 2p_x^1 2p_y^1 2p_z^1$
酸素： $1s^2 2s^2 2p_x^2 2p_y^1 2p_z^1$

炭素はその 2p 副殻に 2 個の電子しかもたないので，空の $2p_z$ 軌道にさらに電子を受入れることができる．しかし，窒素は 2p 副殻は半分満たされているので，加わる電子はすでに入っている電子と対をつくらなければならず，それらの電子による反発が大きい．したがって，窒素の E_{ea} は炭素より不利になる．酸素でもまた，電子はすでに電子が 1 個入っている軌道に入らなければならないが，周期表を右に行くために Z_{eff} が増大することによる安定化効果が，電子反発の効果と逆に働くので，酸素の E_{ea} は窒素よりも有利である．

問題 4・11 マンガン（原子番号 25）が，その両隣の元素より不利な E_{ea} をもつのはなぜか．

問題 4・12 つぎに示した 3 種類の元素のうち，E_{ea} が最も不利なのはどれか．最も有利なのはどれか．

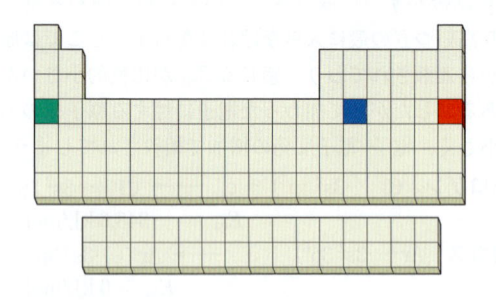

4・7 オクテット則

これまでの 4 節で述べた重要なポイントを整理して，一般的な結論を引き出せるか検討しよう．

- 1 族元素は比較的低い E_{i1} をもち，反応する際にその原子価殻にある ns^1 電子を容易に失って，その前の周期の貴ガス元素と同じ電子配置をとる傾向がある．
- 2 族元素は比較的低い E_{i1} と E_{i2} をもち，反応するときその原子価殻にある ns^2 電子を二つとも失って，貴ガス元素の電子配置をとる傾向がある．
- 17 族元素は比較的大きな負の E_{ea} をもち，反応するとき，容易に電子 1 個を受取って $ns^2 np^5$ から $ns^2 np^6$ に変化し，したがって同一周期の貴ガス元素の電子配置をとる傾向がある．
- 18 族元素（貴ガス）は本質的に不活性であり，ほとんど反応を起こさない．電子を得たり失ったりすることは滅多にない．

これらの観察事項は，**オクテット則**（octet rule）*とよばれる一つの法則にまとめることができる．

▶ **オクテット則**　主要族元素は外殻電子が 8 個になるように反応する傾向がある．すなわち，主要族元素はその原子価殻の s および p 副殻が満たされた貴ガス電子配置となるように反応する．

つぎの第 5 章で学ぶように，オクテット則には，特に第 3 および第 4 周期で例外がある．それにもかかわらず，この規則は，さまざまな予測をすることができ，化学結合についての洞察を深めるのに役に立つ．

なぜオクテット則が成り立つのだろうか．原子が得たり失ったりする電子の数はどのような要因で決まるのだろうか．まず第一に，束縛の弱い電子が最も失われやすいのは明らかである．つまり，そのような電子は比較的小さい有効核電荷 Z_{eff} を感じ，したがってイオン化エネルギーが小さい．たとえば，1 族，2 族，3 族の金属元素の原子価殻電子は，内殻電子によって原子核から遮蔽されていて，感じる Z_{eff} が小さく，したがって比較的容易に電子を失う．しかし一旦貴ガス電子配置になると，さらに電子を失うことが急に難しくなる．そのような電子は，ずっと大きな Z_{eff} を感じている内殻にあるからである．

逆に，大きな Z_{eff} で強く束縛されるようになる電子が，最も取込まれやすい．たとえば，16 族や 17 族元素の原子価殻電子は遮蔽が弱く，感じる Z_{eff} 値が大きいので，容易には失われない．つまりこの大きい Z_{eff} は，空の原子価殻軌道への 1 個以上の電子の受入れを可能にする．しかし，一旦貴ガス電子配置になると，低いエネルギー

---

* （訳注）オクテットとは "8 個で 1 組" を意味する．

の軌道がなくなり，さらなる電子は Z_{eff} の小さい高エネルギーの軌道に入らざるを得ない．

したがって 8 という数字は，原子価殻電子についてのマジックナンバーである．満たされたオクテットから電子を取出すのは，大きな Z_{eff} によって強く束縛されているので難しい．一方，満たされたオクテットに電子をつけ加えるのは，s と p 副殻がすでに満たされていて低エネルギーの軌道がないために難しい．

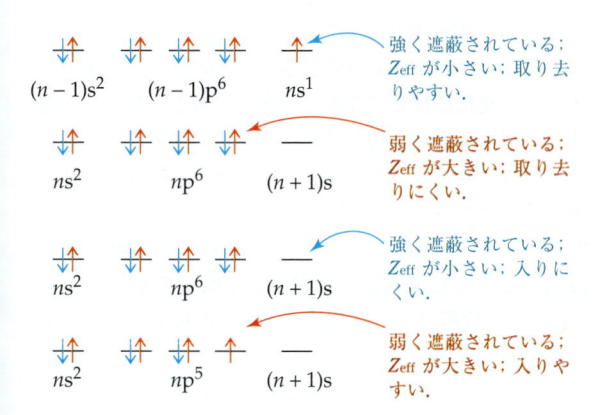

$$
\begin{array}{cc}
1s^2\,2s^2\,2p^6\,3s^1 & 1s^2\,2s^2\,2p^6 \\
\downarrow & \downarrow \\
\text{Na} + \text{Cl} \longrightarrow & \text{Na}^+\ \text{Cl}^- \\
\uparrow & \uparrow \\
1s^2\,2s^2\,2p^6\,3s^2\,3p^5 & 1s^2\,2s^2\,2p^6\,3s^2\,3p^6
\end{array}
$$

と Cl⁻ イオンが生成する．

ナトリウムと塩素が反応して Na⁺ イオンと Cl⁻ イオンが生成するときのエネルギー変化は全体でどのくらいだろうか．（ある量の変化を示すのにギリシャ文字の大文字のデルタ（Δ）を使うことを思いだそう．この場合は ΔE となる．） E_i と E_{ea} の値から，塩素原子が電子を受取るときに放出されるエネルギー量（$E_{ea} = -348.6$ kJ/mol）は，ナトリウム原子が電子を放出するときに失うエネルギー量（$E_i = +495.8$ kJ/mol）を相殺するには不足である．

[図：電子配置のダイアグラム]
- $(n-1)s^2\ (n-1)p^6\ ns^1$：強く遮蔽されている；Z_{eff} が小さい；取り去りやすい．
- $ns^2\ np^6\ (n+1)s$：弱く遮蔽されている；Z_{eff} が大きい；取り去りにくい．
- $ns^2\ np^6\ (n+1)s$：強く遮蔽されている；Z_{eff} が小さい；入りにくい．
- $ns^2\ np^5\ (n+1)s$：弱く遮蔽されている；Z_{eff} が大きい；入りやすい．

Na の E_i	$= +495.8$ kJ/mol	（不利）
Cl の E_{ea}	$= -348.6$ kJ/mol	（有利）
ΔE	$= +147.2$ kJ/mol	（不利）

例題 4・5 化学反応とオクテット則
金属リチウムは窒素と反応して Li_3N となる．Li_3N 中の窒素はどのような貴ガス電子配置をもつか．
方針と解　Li_3N は 3 個のリチウムイオンをもっているが，それらはリチウム原子（1族）から 2s 電子が失われて生じる．したがって Li_3N の窒素は，中性原子に 3 個の電子が加わって生じるので，3 個の負電荷をもち原子価殻がオクテットとなったネオンの電子配置をもつ．
N の配置：$(1s^2\,2s^2\,2p^3)$　　N^{3-} の配置：$(1s^2\,2s^2\,2p^6)$

問題 4・13　つぎの元素は反応してイオンを生成したとき，どのような貴ガス電子配置をとるか．
(a) Rb　(b) Ba　(c) Ga　(d) F

問題 4・14　16 族元素がイオンになるときどうなるか――電子を得るかそれとも失うか．その数は何個か．

4・8　イオン結合とイオン結晶の生成

§4・1 で述べたように，比較的電子を放出しやすい（正で小さなイオン化エネルギーをもつ）元素が，電子を受取りやすい（負で大きな電子親和力をもつ）元素に接近すると，小さな E_i をもつ元素から負の E_{ea} をもつ元素に電子が移動し，カチオンとアニオンが生成する．たとえば，ナトリウムと塩素が反応すると，Na⁺ イオン

ナトリウム原子と塩素原子の反応の正味の ΔE は $+147.2$ kJ/mol だけ不利であり，何か別の要因がない限り，この反応は起こらないはずである．電子移動に伴う不利なエネルギー変化に十分に打ち勝つだけの別の要因となるのが，イオン結合生成による大きな安定性の獲得である．

固体の金属ナトリウムと気体の塩素から固体の塩化ナトリウムができる実際の反応は，段階的にではなく一挙に起こる．しかし，正確なエネルギー変化が実験で測定できる仮想的な段階を考え，それがひき続いて起こると仮定した方が，エネルギーの計算をするには便利である．ここでは，全エネルギー変化を計算するために 5 段階を考える．〔反応式を書く際に，反応物や生成物の物理的状態を示すために固体には (s)，気体には (g) の記号を付け加えることにする．同様に，液体には (l)，水溶液には (aq) の記号が用いられる．〕

段階 1　まず固体のナトリウムを孤立した気体状のナトリウム原子に変える．この変化を昇華とよぶ．固体中で原子を束縛している力を分断するためにエネルギーを加えなければならないから，昇華熱は正の値であり，Na では $+107.3$ kJ/mol である．

段階 2　気体状の Cl_2 分子を 2 個の Cl 原子に引き離す．分子を壊すにはエネルギーを加える必要がある

から，結合開裂に必要なエネルギーは正の値であり，Cl_2 では +243 kJ/mol である（1/2 Cl_2 に対して +122 kJ/mol）．結合解離エネルギーについては §8・10 で述べる．

段階3 単独の Na 原子をイオン化して Na^+ イオンと電子にする．必要なエネルギーはナトリウムの第一イオン化エネルギー（E_{i1}）であり，+495.8 kJ/mol の正の値である．

段階4 Cl 原子に電子1個を加えて Cl^- イオンとする．必要なエネルギーは塩素の電子親和力（E_{ea}）であり，−348.6 kJ/mol の負の値である．

段階5 最後に，孤立した Na^+ イオンと Cl^- イオンから固体の NaCl を生成する．ここでのエネルギー変化は，固体中でイオン間に働く全静電相互作用に相当する．孤立したイオンが凝集して固体を生じるときに放出されるエネルギー量であり，負の値をとる．NaCl では −787 kJ/mol である．

正味の反応：Na(s) + 1/2 Cl_2(g) ⟶ NaCl(s)

正味のエネルギー変化：−411 kJ/mol

金属ナトリウムと気体塩素との反応における仮想的な5段階の反応を図4・9に示す．これは**ボルン–ハーバーサイクル**（Born-Haber cycle）とよばれ，全体のエネルギー変化に対して各段階がどのように寄与しているかを示しており，全過程が個々の段階の和になっていることを明らかにしている．図からわかるように，段階1, 2, 3は正の値をもちエネルギーを吸収するが，段階4と5は負の値でありエネルギーを放出する．最も寄与が大きいのは段階5であり，生成物であるイオン結晶におけるイオン間の静電的な力，すなわちイオン結合の強さ，を表している．このイオン結合による固体の大きな安定化がなければ，この反応は起こらないはずである．

マグネシウムと塩素との反応に対する同様のボルン・ハーバーサイクルは，アルカリ土類金属元素の反応で起こるエネルギー変化を示している（図4・10）．ナトリウムと塩素から NaCl ができる反応と同様に，全体のエネルギー変化に対して5段階の寄与がある．最初に，固体のマグネシウム金属が単独の気体状マグネシウム原子に変わる（昇華）．2段階目に，Cl_2 分子の結合が切れて塩素原子となる．3段階目に，マグネシウム原子が電子2個を失って2価の Mg^{2+} イオンとなる．4段階目に，2段階目で生じた塩素原子が電子を受取って Cl^- イオンとなる．5段階目で，気体状のイオンが集まってイオン結晶の $MgCl_2$ を生成する．このボルン・ハーバーサイクルが示すように，全反応を駆動するのは，十分なエネルギーを放出するイオン結合生成の寄与である．

問題 4・15 K(s) + 1/2 F_2(g) → KF(s) の反応で，各元素から KF(s) が生成するときの正味のエネルギー変化を計算せよ．必要な情報はつぎの通りである．

K(s) の昇華熱 = 89.2 kJ/mol
F_2(g) の結合解離エネルギー = 158 kJ/mol

① Na(s) → Na(g)　107.3 kJ/mol
② 1/2 Cl_2(g) → Cl(g)　122 kJ/mol
③ Na(g) → Na^+(g) + e^-　495.8 kJ/mol
④ Cl(g) + e^- → Cl^-(g)　−348.6 kJ/mol
⑤ Na^+(g) + Cl^-(g) → NaCl(s)　−787 kJ/mol

正味の反応
Na(s) + 1/2 Cl_2(g) → NaCl(s)
−411 kJ/mol

五つの段階のエネルギー変化の和が反応全体の正味のエネルギー変化に等しい．

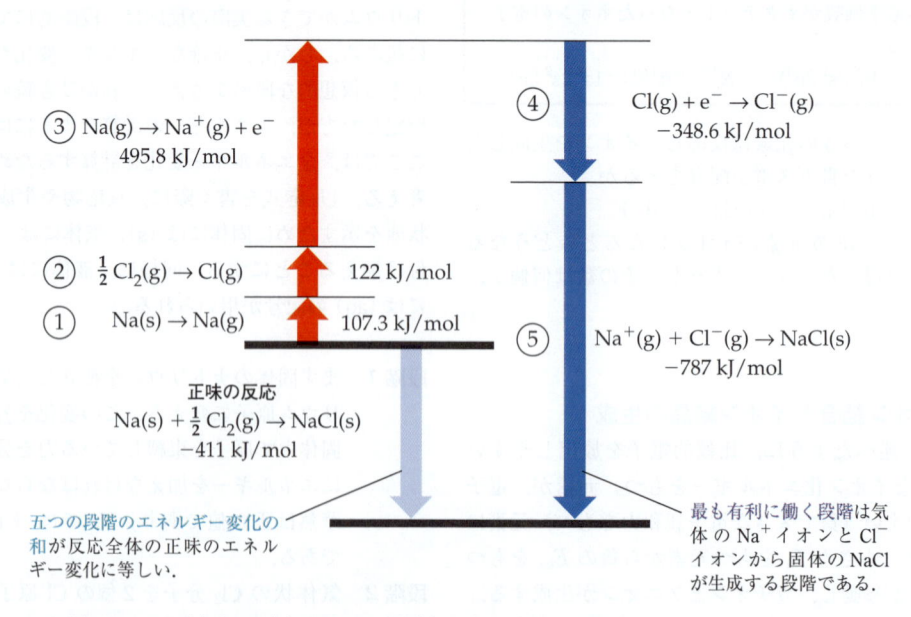

最も有利に働く段階は気体の Na^+ イオンと Cl^- イオンから固体の NaCl が生成する段階である．

図4・9　Na(s) と Cl_2(g) からの NaCl(s) 生成に対するボルン・ハーバーサイクル．

4·9 イオン結晶における格子エネルギー

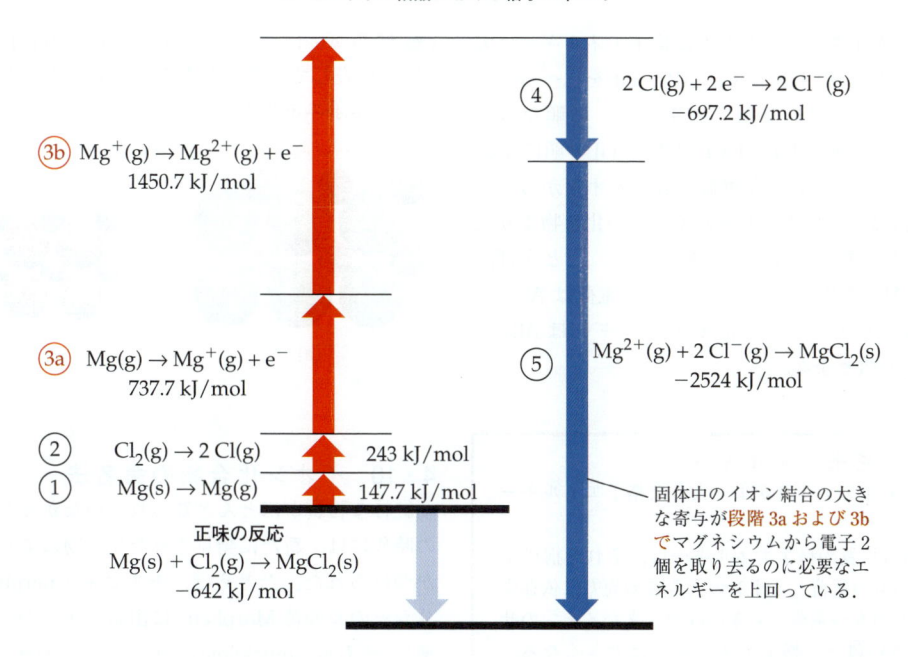

④ $2\,Cl(g) + 2\,e^- \to 2\,Cl^-(g)$
　　$-697.2\,kJ/mol$

③b $Mg^+(g) \to Mg^{2+}(g) + e^-$
　　$1450.7\,kJ/mol$

③a $Mg(g) \to Mg^+(g) + e^-$
　　$737.7\,kJ/mol$

⑤ $Mg^{2+}(g) + 2\,Cl^-(g) \to MgCl_2(s)$
　　$-2524\,kJ/mol$

② $Cl_2(g) \to 2\,Cl(g)$　$243\,kJ/mol$
① $Mg(s) \to Mg(g)$　$147.7\,kJ/mol$

正味の反応
$Mg(s) + Cl_2(g) \to MgCl_2(s)$
$-642\,kJ/mol$

固体中のイオン結合の大きな寄与が**段階 3a および 3b**でマグネシウムから電子2個を取り去るのに必要なエネルギーを上回っている．

図 4·10　元素からの $MgCl_2$ 生成に対するボルン・ハーバーサイクル．

KF(s) における静電相互作用 $= -821\,kJ/mol$
F(g) の $E_{ea} = -328\,kJ/mol$
K(g) の $E_i = 418.8\,kJ/mol$

4·9　イオン結晶における格子エネルギー

固体におけるイオン間の静電相互作用エネルギーの尺度，したがってその固体のイオン結合の強さの尺度となるのが，**格子エネルギー**（lattice energy, U）である．格子エネルギーはイオン結晶を個々の気体状イオンに分解するために供給しなければならないエネルギーと定義されるので，正の値をもつという約束である．しかし，イオンからの固体の生成はその逆反応であり，図4·9 のボルン・ハーバーサイクルの段階5は $-U$ の値をもつ．

$NaCl(s) \longrightarrow Na^+(g) + Cl^-(g)$
　　$U = +787\,kJ/mol$（エネルギーの吸収）
$Na^+(g) + Cl^-(g) \longrightarrow NaCl(s)$
　　$-U = -787\,kJ/mol$（エネルギーの放出）

電荷の相互作用に由来する力 F は**クーロンの法則**（Coulomb's law）に従っており，イオンのもつ電荷，z_1 と z_2 の積をイオンの中心間の距離 d の二乗で割って定数 k を掛けたものに等しい．

● クーロンの法則　$F = k \times \dfrac{z_1 z_2}{d^2}$

しかしエネルギーは力と距離の積であるから，格子エネルギーに負号をつけたものは次式のようになる．

$$-U = F \times d = k \times \dfrac{z_1 z_2}{d}$$

定数 k の値はそれぞれの化合物でのイオンの並び方に依存しており，物質によって異なる．

格子エネルギーは，イオン間の距離 d が小さい場合や電荷 z_1, z_2 が大きい場合に大きくなる．距離 d が小さいということは，イオン半径が小さくイオンが接近していることを意味する．z_1, z_2 が一定であれば，表4·3 に示すようにイオンが最も小さいときに格子エネルギーは最大になる．アニオンが同じでカチオンが変化する場合，カチオンが小さくなるにしたがって，格子エネルギーは大きくなる．LiF, NaF, KF を比べると，カチオンの大きさは $K^+ > Na^+ > Li^+$ の順であり，したがって格子エネルギーは LiF > NaF > KF の順になる．同様に，カチオンは同じでアニオンが違う一連の化合物では，ア

表4·3　イオン結晶の格子エネルギー〔kJ/mol〕

カチオン	アニオン				
	F^-	Cl^-	Br^-	I^-	O^{2-}
Li^+	1036	853	807	757	2925
Na^+	923	787	747	704	2695
K^+	821	715	682	649	2360
Be^{2+}	3505	3020	2914	2800	4443
Mg^{2+}	2957	2524	2440	2327	3791
Ca^{2+}	2630	2258	2176	2074	3401
Al^{3+}	5215	5492	5361	5218	15,916

オンのサイズが小さくなるとともに格子エネルギーは大きくなる．たとえば，LiF, LiCl, LiBr, LiI を比べると，アニオンのサイズは $I^- > Br^- > Cl^- > F^-$ の順なので，格子エネルギーは逆に LiF>LiCl>LiBr>LiI の順になる．

また表4・3から，大きな電荷をもつイオンからできている化合物の方が小さな電荷のイオンの化合物より大きな格子エネルギーをもつことをわかる．たとえば，NaI, MgI$_2$, AlI$_3$ を比べると，カチオンの電荷は $Al^{3+} > Mg^{2+} > Na^+$ の順なので，格子エネルギーは AlI$_3$ > MgI$_2$ > NaI の順となる．

例題 4・6　格子エネルギー

NaCl と CsI のいずれがより大きな格子エネルギーをもつか．

方針　ある物質の格子エネルギーは，それを構成するイオンのもつ電荷とイオンの大きさの両方に依存する．イオンのもつ電荷が大きいほど，またイオンのサイズが小さいほど，格子エネルギーは大きくなる．Na^+, Cs^+, Cl^-, I^- のいずれも1価のイオンであるがサイズは異なる．

解　Na^+ は Cs^+ より小さく，Cl^- は I^- より小さいので，イオン間の距離は CsI よりも NaCl の方が小さい．したがって NaCl の方が格子エネルギーが大きい．

例題 4・7　格子エネルギー

つぎのアルカリ金属ハロゲン化物のうち，格子エネルギーはどちらが大きく，どちらが小さいか．その理由を説明せよ．

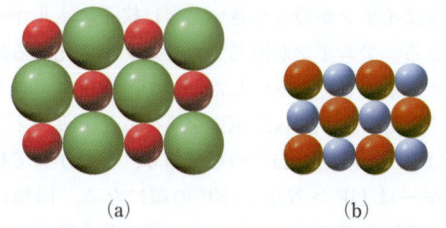

(a) 　　　　(b)

方針　格子エネルギーは，イオンの電荷が大きければ大きく，イオン間の距離（すなわちイオンの半径）が大きければ小さくなる．この場合は，図示されているすべてのイオンが1価であるから，イオンの大きさだけを考えればよい．

解　図(b)のイオンの方が図(a)よりも小さいから，(b)の方が格子エネルギーが大きい．

問題 4・16　つぎの対のうち，どちらの物質がより大きい格子エネルギーをもつか．
(a) KCl と RbCl　　(b) CaF$_2$ と BaF$_2$
(c) CaO と KI

問題 4・17　つぎの図の一方は NaCl を，他方は MgO を表している．どちらがどちらか．どちらがより大きな格子エネルギーをもつか．

(a) 　　　　(b)

4・10　イオン化合物の命名法

純粋な物質がほとんど知られていなかった化学の初期の時代には，新たに発見された化合物によく奇抜な名前がつけられた．たとえば，モルヒネ (morphine；古代ギリシャの夢の神 Morpheus に由来．ケシから採れる鎮痛剤)，生石灰 (quicklime；"生きている石灰"の意)，炭酸カリウム (potash；"釜の灰"の意)，バルビツル酸 (barbituric acid；発見者が彼の友達の Barbara にちなんで名づけたといわれている) などがある．現在では3700万種類以上の純物質が知られており，化合物に系統的に名前をつけないと大混乱を起こしてしまう．すべての化合物に一義的な，しかも化学者が（そしてコンピューターが）その化学構造をすぐ書けるような名前をつける必要がある．

化合物の種類が異なれば，命名の規則も異なる．たとえば，食塩はその化学式 NaCl に基づいて<u>塩化ナトリウム</u>と命名されるが，砂糖 ($C_{12}H_{22}O_{11}$) は炭水化物に固有の規則によって<u>β-D-フルクトフラノシル-α-D-グルコピラノシド</u>と命名される．（実際，有機化合物はしばしば非常に複雑な構造をもつので，名前も複雑になることがあるが，当面はあまり気にしなくてよい．）まず簡単なイオン化合物の命名法を学び，必要に応じて後の章で規則を追加していくことにしよう．

二元イオン化合物

2種類の元素だけからできている<u>二元イオン化合物</u>の英語名は，カチオンの名称の後にアニオンの名称を付ける．カチオンは元素の名称をそのまま用い，アニオンは元素名の語幹の部分に語尾 -ide を付ける．たとえば，KBr は，K^+ の名称 potassium と Br の元素名 bromine に由来する Br^- の名称 bromide を組合わせて potassium bromide となる．日本語では，アニオンの名称の後にカチオンの名称を付ける．アニオンの名称は，元素名 "〜（素）" を "〜化" とする（"塩素" は "塩化"，"酸素"

は"酸化","セレン"は"セレン化"など)*. カチオンの名称は元素名をそのまま用いる. したがって KBr は臭化カリウムとなる. 図4・11 におもな主要族イオンを,図4・12 におもな遷移金属イオンを示す.

LiF   AlCl₃   CaBr₂
lithium fluoride   aluminum chloride   calcium bromide
フッ化リチウム   塩化アルミニウム   臭化カルシウム

オクテット則から予測されるように,周期表の一つの族に属する主要族元素は互いに似たイオンを生成し,その電荷数は族番号によって決まる. 1族および2族金属は族番号と同じ数の電荷をもつカチオンを生成し,13族および14族金属は族番号から10を引いた数の電荷をもつカチオンを生成する. 主要族非金属は族番号から18を引いた数の電荷をもつアニオンを生成する. したがって,1族元素は1価カチオン(M^+)を,2族元素は2価カチオン(M^{2+})を,13族元素は3価カチオン(M^{3+})を生成し,16族元素は2価アニオンを(16 − 18 = −2),17族元素は1価アニオン(17 − 18 = −1)を生成する. 18族元素はイオンを生成しない(18 − 18 = 0).

図4・11 および図4・12 からわかるように,いくつかの金属は2種類以上のカチオンを生成する. たとえば,鉄は2価の Fe^{2+} と3価の Fe^{3+} を生成する. イオンの命名においては,これらのイオンは正電荷の数を示すローマ数字をかっこに入れて区別する. したがって $FeCl_2$ は iron(II) chloride,$FeCl_3$ は iron(III) chloride とな

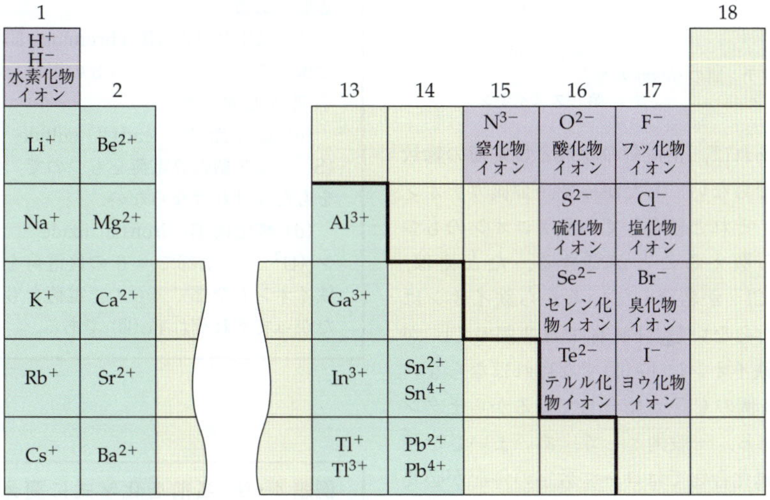

図4・11 主要族元素カチオン(緑)とアニオン(紫). カチオンはそれが由来する元素と同じ名称. アニオンの名称は語尾が"〜化物"で終わる.

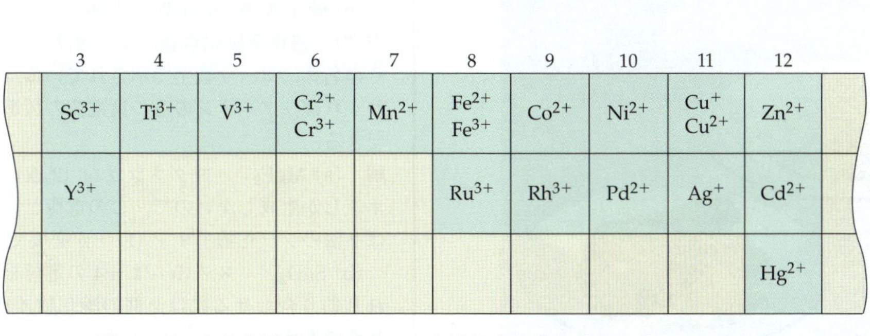

図4・12 おもな遷移金属イオン. 水溶液中に存在するイオンのみを示す.

---

*(訳注) アニオンそのものの名称は"〜化物イオン"であるが(図4・11 をみよ),化合物名の中では"〜化"となる. また H^- は例外的に"素"を残して"水素化物イオン""水素化"となる.

る．日本語ではそれぞれ，塩化鉄(Ⅱ)，塩化鉄(Ⅲ)となる．古い方法では，元素のラテン語の名称（鉄の場合は *ferrum*）の語幹に，低電荷のイオンには語尾 -ous を，高電荷のイオンには語尾 -ic を付けて区別する．日本語では元素名の前に，低電荷のイオンには"第一"を，高電荷のイオンには"第二"を付けて区別する．したがって FeCl$_2$ は ferrous chloride（塩化第一鉄），FeCl$_3$ は ferric chloride（塩化第二鉄）となる．この方法は現在ではほとんど用いられておらず，本書でも滅多に出てこない．

$$Fe^{2+} \qquad\qquad Fe^{3+}$$
iron(Ⅱ) ion　　　　　　iron(Ⅲ) ion
鉄(Ⅱ)イオン　　　　　　鉄(Ⅲ)イオン
ferrous ion　　　　　　　ferric ion
　　　　（ラテン語の *ferrum* から）
第一鉄イオン　　　　　　第二鉄イオン

$$Sn^{2+} \qquad\qquad Sn^{4+}$$
tin(Ⅱ) ion　　　　　　　tin(Ⅳ) ion
スズ(Ⅱ)イオン　　　　　スズ(Ⅳ)イオン
stannous ion　　　　　　stannic ion
　　　　（ラテン語の *stannum* から）
第一スズイオン　　　　　第二スズイオン

　中性の化合物であれば，正電荷の総数と負電荷の総数は同じでなければならない．したがって，金属カチオンのもつ電荷の数は，それと結合しているアニオンのもつ負電荷の総数から数えることができる．たとえば，FeCl$_2$ では 2 個の Cl$^-$ が結合しているから鉄イオンは Fe(Ⅱ) でなければならないし，FeCl$_3$ では 3 個の Cl$^-$ が結合しているから鉄イオンは Fe(Ⅲ) でなければならない．同様に TiCl$_3$ では 3 個の Cl$^-$ が結合しているからチタンイオンは Ti(Ⅲ) である．一般則として，あいまいさを避けるために遷移金属化合物ではローマ数字の併記が必要

である．さらに主要族金属のスズ (Sn)，タリウム (Tl)，鉛 (Pb) も 2 種類以上のイオンの生成が可能であり，その命名にはローマ数字の使用が必要となる．1 族と 2 族の金属では 1 種類のカチオンしか生成しないので，ローマ数字は不要である．

例題 4・8　二元イオン化合物の命名

つぎの化合物に系統的な名称をつけよ．
 (a) BaCl$_2$　　(b) CrCl$_3$　　(c) PbS
 (d) Fe$_2$O$_3$

方針　結合しているアニオンのもつ負電荷の数からそれぞれのカチオンのもつ正電荷の数を決める．図 4・11 と図 4・12 を参照せよ．

解　(a) 塩化バリウム barium chloride　バリウムは 2 族元素なので Ba^{2+} しか生成せず，ローマ数字は不必要である．

 (b) 塩化クロム(Ⅲ) chromium(Ⅲ) chloride　遷移金属であるクロム上の +3 の電荷を示すのにローマ数字 Ⅲ が必要である．

 (c) 硫化鉛(Ⅱ) lead(Ⅱ) sulfide　硫化物イオン (S^{2-}) は 2 個の負電荷をもつので，鉛は 2 個の正電荷をもたなければならない．

 (d) 酸化鉄(Ⅲ) iron(Ⅲ) oxide　3 個の酸化物イオン (O^{2-}) は全部で −6 の負電荷をもつので，2 個の鉄イオンも全部で +6 の正電荷をもたねばならず，したがってそれぞれ Fe(Ⅲ) である．

例題 4・9　名前を化学式に変える

つぎの化合物の化学式を書け．
 (a) フッ化マグネシウム　magnesium fluoride
 (b) 酸化スズ(Ⅳ)　tin(Ⅳ) oxide
 (c) 硫化鉄(Ⅲ)　iron(Ⅲ) sulfide

方針　遷移金属化合物では，カチオンのもつ電荷がその名称にローマ数字で示されている．正電荷の数がわかれば，アニオンのもつ負電荷の数を求めることができる．

解　(a) MgF$_2$　マグネシウム（2 族）は 2+ のカチオンしか生成しないので，この電荷と釣り合わせるには 2 個のフッ化物イオン (F$^-$) が必要である．

 (b) SnO$_2$　スズ(Ⅳ) は +4 の電荷をもつので，これと釣り合わせるには 2 個の酸化物イオン (O^{2-}) が必要である．

 (c) Fe$_2$S$_3$　鉄(Ⅲ) は +3，硫化物イオン (S^{2-}) は −2 の電荷をもつので，鉄 2 個と硫黄 3 個が必要である．

塩化鉄(Ⅱ)四水和物の結晶は緑色であるが，塩化鉄(Ⅲ)六水和物の結晶は黄褐色である．

問題 4・18 つぎの化合物の系統的な名称は何か.
(a) CsF (b) K$_2$O (c) CuO (d) BaS
(e) BeBr$_2$

問題 4・19 つぎの化合物の化学式を書け.
(a) 塩化バナジウム(Ⅲ)　vanadium(Ⅲ) chloride
(b) 酸化マンガン(Ⅳ)　manganese(Ⅳ) oxide
(c) 硫化銅(Ⅱ)　copper(Ⅱ) sulfide
(d) 酸化アルミニウム　aluminum oxide

問題 4・20 つぎの周期表に3種類の二元イオン化合物（同じ色どうし）が示されている．それぞれを命名し化学式を書け．

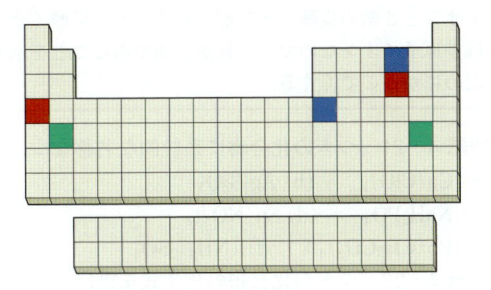

多原子イオンをもつ化合物

多原子イオン（§4・1）を含むイオン化合物も二元イオン化合物と同様の方法で命名される．英語ではカチオン，アニオンの順に，日本語ではアニオン，カチオンの順になる．たとえば，Ba(NO$_3$)$_2$ は，Ba^{2+} がカチオンであり NO$_3^-$ が nitrate（硝酸イオン）という名称の多原子アニオンなので，barium nitrate（硝酸バリウム）となる．残念ながら，多原子イオン自身の命名法が単純ではないので，表4・4に示したよく出てくる多原子イオンについては名称と化学式と電荷数を覚える必要がある．この表の中で，アンモニウムイオン（NH$_4^+$）だけがカチオンで，他はすべてアニオンである．

表4・4のイオンについて，いくつかの点を注意しておく必要がある．第一に，ほとんどの多原子アニオンの英語名の語尾が -ite あるいは -ate であることに注意しよう．これらのアニオンは酸から H$^+$ が抜けた形をしており，日本語では元の酸の名称をそのまま用いて，イオンの名称は"〜酸イオン"，化合物名の中では"〜酸"となる．hydroxide（OH$^-$，水酸化物イオン），cyanide（CN$^-$，シアン化物イオン），peroxide（O$_2^{2-}$，過酸化物イオン）だけが -ide という語尾をもつ．日本語では，これらのイオンの名称は"〜化物イオン"であるが，化合物名の中では"〜化"となる．

第二に，いくつかのアニオンが，中心原子に異なる数の酸素原子が結合している一連のオキソ酸イオン（oxoanion）を形成している．次亜塩素酸イオン（hypochlorite, ClO$^-$），亜塩素酸イオン（chlorite, ClO$_2^-$），塩素酸イオン（chlorate, ClO$_3^-$），過塩素酸イオン（perchlorate, ClO$_4^-$）がその例である．亜硫酸イオン（sulfite, SO$_3^{2-}$）と硫酸イオン（sulfate, SO$_4^{2-}$）のように，系列中のオキソ酸イオンが2種類だけの場合は，酸素数の少ない方が語尾 -ite（日本語では接頭語"亜"をつける）となり，酸素数が多い方が -ate となる．

SO$_3^{2-}$　亜硫酸イオン（sulfite ion；酸素が少ない）
SO$_4^{2-}$　硫酸イオン（sulfate ion；酸素が多い）
NO$_2^-$　亜硝酸イオン（nitrite ion；酸素が少ない）
NO$_3^-$　硝酸イオン（nitrate ion；酸素が多い）

表4・4　おもな多原子イオン

化学式	名称		化学式	名称	
カチオン			**1価アニオン**		
NH$_4^+$	ammonium	アンモニウムイオン	（つづき）		
			NO$_2^-$	nitrite	亜硝酸イオン
1価アニオン			NO$_3^-$	nitrate	硝酸イオン
CH$_3$CO$_2^-$	acetate	酢酸イオン	**2価アニオン**		
CN$^-$	cyanide	シアン化物イオン	CO$_3^{2-}$	carbonate	炭酸イオン
ClO$^-$	hypochlorite	次亜塩素酸イオン	CrO$_4^{2-}$	chromate	クロム酸イオン
ClO$_2^-$	chlorite	亜塩素酸イオン	Cr$_2$O$_7^{2-}$	dichromate	二クロム酸イオン
ClO$_3^-$	chlorate	塩素酸イオン	O$_2^{2-}$	peroxide	過酸化物イオン
ClO$_4^-$	perchlorate	過塩素酸イオン	HPO$_4^{2-}$	hydrogen phosphate	リン酸水素イオン
H$_2$PO$_4^-$	dihydrogen phosphate	リン酸二水素イオン	SO$_3^{2-}$	sulfite	亜硫酸イオン
HCO$_3^-$	hydrogen carbonate (bicarbonate)	炭酸水素イオン（あるいは重炭酸イオン）	SO$_4^{2-}$	sulfate	硫酸イオン
HSO$_4^-$	hydrogen sulfate (bisulfate)	硫酸水素イオン（あるいは重硫酸イオン）	S$_2$O$_3^{2-}$	thiosulfate	チオ硫酸イオン
OH$^-$	hydroxide	水酸化物イオン	**3価アニオン**		
MnO$_4^-$	permanganate	過マンガン酸イオン	PO$_4^{3-}$	phosphate	リン酸イオン

系列中に3種類以上のオキソ酸イオンがある場合は，最も酸素の少ないイオンに接頭語 hypo-（"より少ない"を意味する；日本語では"次"）をつけ，最も酸素の多いイオンに接頭語 per-（"より多い"を意味する；日本語では"過"）をつける．

- ClO⁻　次亜塩素酸イオン（hypochlorite ion；亜塩素酸イオンより酸素が少ない）
- ClO₂⁻　亜塩素酸イオン（chlorite ion）
- ClO₃⁻　塩素酸イオン（chlorate ion）
- ClO₄⁻　過塩素酸イオン（perchlorate ion；塩素酸イオンより酸素が多い）

第三に，水素があるものとないもので対になっているイオンがあることに注意しよう．炭酸水素イオン（hydrogen carbonate ion, HCO₃⁻）は炭酸イオン（carbonate ion, CO₃²⁻）に H⁺ がついたものであり，硫酸水素イオン（hydrogen sulfate ion, HSO₄⁻）は硫酸イオン（sulfate ion, SO₄²⁻）に H⁺ がついたものである．水素がついたイオンは接頭語 bi-（日本語では"重"）をつけてよぶことがあり，たとえば NaHCO₃ は重炭酸ナトリウム（sodium bicarbonate）とよばれるが，現在ではあまり使われない．

- HCO₃⁻　炭酸水素イオン（重炭酸イオン）〔hydrogen carbonate (bicarbonate) ion〕
- CO₃²⁻　炭酸イオン（carbonate ion）
- HSO₄⁻　硫酸水素イオン（重硫酸イオン）〔hydrogen sulfate (bisulfate) ion〕
- SO₄²⁻　硫酸イオン（sulfate ion）

例題 4・10　多原子イオンをもつ化合物の命名
つぎの化合物に系統的な名前をつけよ．
(a) LiNO₃　(b) KHSO₄
(c) CuCO₃　(d) Fe(ClO₄)₃

方針　一般的な多原子イオンの名称と電荷数は覚えなくてはならない．必要なら表4・4をみよ．

解　(a) 硝酸リチウム　lithium nitrate　リチウム（1族元素）から生成するのは Li⁺ だけであり，ローマ数字は不必要．
　(b) 硫酸水素カリウム　potassium hydrogen sulfate　カリウム（1族元素）から生成するのは K⁺ だけ．
　(c) 炭酸銅(II)　copper(II) carbonate　炭酸イオンは-2の電荷をもつので Cu は+2でなければならない．銅は遷移金属であり2種類以上のイオンを生成するのでローマ数字の併記が必要．
　(d) 過塩素酸鉄(III)　iron(III) perchlorate　-1の電荷をもつ過塩素酸イオンが3個あるので鉄は+3の電荷をもたなければならない．

例題 4・11　多原子イオンをもつ化合物の化学式を書く
つぎの化合物の化学式を書け．
(a) 次亜塩素酸カリウム　(b) クロム酸銀(I)
(c) 炭酸鉄(III)

解　(a) KClO　カリウムから生成するのは K⁺ イオンだけなので，ClO⁻ イオンは1個だけ必要である．
　(b) Ag₂CrO₄　多原子イオンであるクロム酸イオンは-2の電荷をもつので，2個の Ag⁺ イオンを必要とする．
　(c) Fe₂(CO₃)₃　鉄(III)イオンは+3の電荷をもち，炭酸イオンは-2の電荷をもつ．したがって2個の鉄イオンと3個の炭酸イオンが必要である．炭酸イオンは多原子イオンなので，それが3個であることを示すためにかっこでくくる．

問題 4・21　つぎの化合物に系統的な名称をつけよ．
(a) Ca(ClO)₂　(b) Ag₂S₂O₃
(c) NaH₂PO₄　(d) Sn(NO₃)₂
(e) Pb(CH₃CO₂)₄　(f) (NH₄)₂SO₄

問題 4・22　つぎの化合物の化学式を書け．
(a) リン酸リチウム　lithium phosphate
(b) 硫酸水素マグネシウム　magnesium hydrogen sulfate
(c) 硝酸マンガン(II)　manganese(II) nitrate
(d) 硫酸クロム(III)　chromium(III) sulfate

問題 4・23　つぎの図は固体のイオン化合物を示しており，緑の球はカチオンを，青の球はアニオンを表している．

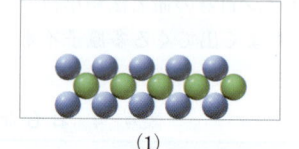

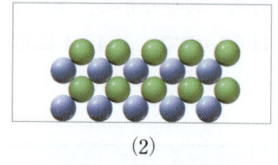

それぞれの図に相当するのはつぎの化学式のどれか．
(a) LiBr　(b) NaNO₂　(c) CaCl₂　(d) K₂CO₃
(e) Fe₂(SO₄)₃

4・11　1族元素（アルカリ金属）の化学

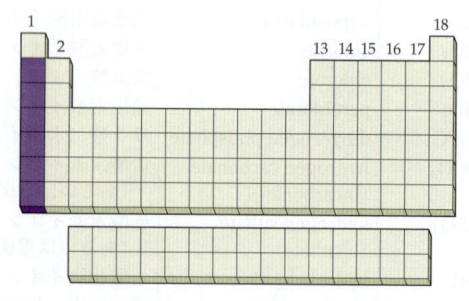

イオン化エネルギー，電子親和力，格子エネルギー，

オクテット則についてひと通り学んだので，イオン結合を形成する元素の化学を簡単に見ていこう．1族のアルカリ金属 —— Li, Na, K, Rb, Cs, および Fr —— はその原子価殻が ns^1 電子配置をもつので，イオン化エネルギーがあらゆる元素の中で最も小さい（図4・6）．したがって，化学反応において ns^1 電子を容易に失って +1 の電荷をもつイオンを生成する．

その族名が示すように，アルカリ金属は<u>金属</u>である．明るい金属光沢をもち，展性があり，電気をよく通す．鉄のようなよく見かける金属とは違って，アルカリ金属はいずれも軟らかくてナイフで簡単に切ることができ，融点と密度が低い．また非常に反応性が高く，酸素や湿気と即座に反応するので，石油の中に保存しなくてはならない．天然には元素の状態では存在せず，塩としてのみ出現する．表4・5にアルカリ金属の性質をまとめてある．

ハロゲンとの反応

アルカリ金属は 17 族元素（ハロゲン）と速やかに反応して<u>ハロゲン化物</u>とよばれる無色で結晶性の塩を生成する．

$$2\,M(s) + X_2 \longrightarrow 2\,MX(s)$$
金属ハロゲン化物

ここで　M = アルカリ金属(Li, Na, K, Rb, あるいは Cs)
　　　　X = ハロゲン(F, Cl, Br, あるいは I)

アルカリ金属の反応性はイオン化エネルギーの減少とともに増大し，その順序は Cs > Rb > K > Na > Li である．セシウムが最も反応性が高く，ハロゲンとはほとんど爆発的に反応する．

酸素との反応

すべてのアルカリ金属は酸素と速やかに反応するが，生成物は金属によって異なる．リチウムは O_2 と反応して<u>酸化物</u> Li_2O を生成する．ナトリウムは反応して<u>過酸化物</u> Na_2O_2 を生成する．残りのアルカリ金属 K, Rb, Cs は反応条件や酸素の存在量に応じて過酸化物 M_2O_2 あるいは<u>超酸化物</u> MO_2 を与える．これらの違いの理由は，生成物の安定性の違いおよび結晶中のイオンの充填のされ方と大きく関係する．アルカリ金属カチオンはいずれの場合も +1 の電荷をもつが，酸素アニオンは O^{2-}, O_2^{2-}, あるいは O_2^- のいずれかとなる．

$$4\,Li(s) + O_2(g) \longrightarrow 2\,Li_2O(s)$$
<u>酸化物</u>；アニオンは O^{2-}

$$2\,Na(s) + O_2(g) \longrightarrow Na_2O_2(s)$$
<u>過酸化物</u>；アニオンは O_2^{2-}

$$K(s) + O_2(g) \longrightarrow KO_2(s)$$
<u>超酸化物</u>；アニオンは O_2^-

超酸化カリウム KO_2 は，次式に従って湿気や CO_2 を除去して酸素を発生するので，特に宇宙船や自給式呼吸器において重要な化合物である．

$$2\,KO_2(s) + H_2O(g) \longrightarrow KOH(s) + KO_2H(s) + O_2(g)$$

$$4\,KO_2(s) + 2\,CO_2(g) \longrightarrow 2\,K_2CO_3(s) + 3\,O_2(g)$$

水との反応

アルカリ金属の反応で最もよく知られているのは，水と激しく反応して水素ガスとアルカリ金属水酸化物 MOH を生成する反応である．アルカリ金属という名称は，水に加えたときに生成する金属水酸化物の溶液が<u>アルカリ性</u>すなわち塩基性を示すことに由来している．

$$2\,M(s) + 2\,H_2O(l) \longrightarrow 2\,M^+(aq) + 2\,OH^-(aq) + H_2(g)$$
(M = Li, Na, K, Rb, Cs)

リチウムはこの反応で活発に発泡しつつ水素を放出する．ナトリウムは発熱しながら速やかに反応し，カリウムは発生した水素が直ちに発火して炎を上げるほど激しく反応する．ルビジウムとセシウムもほとんど爆発的に反応する．

表4・5　アルカリ金属の性質

名　称	融点〔℃〕	沸点〔℃〕	密度〔g/cm³〕	第一イオン化エネルギー〔kJ/mol〕	地球上での天然存在比(%)	原子半径〔pm〕	イオン(M^+)の半径〔pm〕
リチウム	180.5	1342	0.534	520.2	0.002 0	152	68
ナトリウム	97.7	883	0.971	495.8	2.36	186	102
カリウム	63.3	759	0.862	418.8	2.09	227	138
ルビジウム	39.3	688	1.532	403.0	0.009 0	248	152
セシウム	28.4	671	1.873	375.7	0.000 10	265	167
フランシウム	—	—	—	～400	極　微	—	—

リチウムは発泡しながら活発に反応する．　ナトリウムは激しく反応する．　カリウムはほとんど爆発的に反応する．

アルカリ金属はいずれも水と反応して H_2 ガスを発生する．

アンモニアとの反応

アルカリ金属はアンモニアと反応して，H_2 ガスと金属アミド（MNH_2）を生成する．この反応はアルカリ金属と水との反応に似ている．

$$2\,M(s) + 2\,NH_3(l) \longrightarrow 2\,M^+(soln) + 2\,NH_2^-(soln) + H_2(g)$$
$$(M = Li, Na, K, Rb, Cs)$$

ここで，soln は"溶液（solution）"の意味である．

この反応は低温ではゆっくり起こるので，アルカリ金属を $-33\,°C$ で液体アンモニアに溶かすことができ，金属カチオンと溶媒和電子を含む深青色の溶液が生成する．

$$M(s) \xrightarrow[\text{溶媒}]{\text{液体 } NH_3} M^+(soln) + e^-(soln)$$
$$(M = Li, Na, K, Rb, Cs)$$

問題 4・24 つぎの化合物で，酸素を含むアニオンの電荷数はいくつか．
(a) Li_2O　　(b) K_2O_2　　(c) CsO_2

問題 4・25 つぎの反応式を，原子の種類と数が矢印の両側で同じになるようにして完成させよ．反応が起こらない場合は N.R.（起こらない）と書け．
(a) $Cs(s) + H_2O(l) \longrightarrow$?　　(b) $Rb(s) + O_2(g) \longrightarrow$?
(c) $K(s) + NH_3(g) \longrightarrow$?

4・12　2族元素（アルカリ土類金属）の化学*

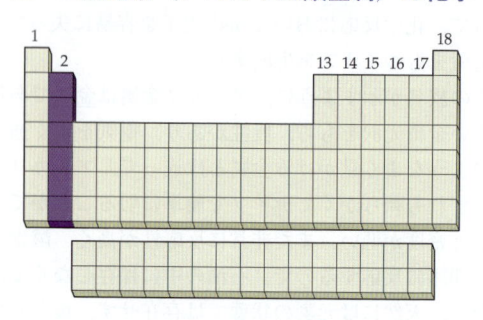

2族のアルカリ土類金属 —— Be, Mg, Ca, Sr, Ba, および Ra —— は多くの点でアルカリ金属と似ている．しかし，違うのは ns^2 の原子価殻電子配置をもっており，したがって2個の電子を失って2価の陽イオン M^{2+} を生成することである．第一イオン化エネルギーはアルカリ金属より大きいので（図4・6），2族の金属はアルカリ金属より若干反応性が低い傾向がある．一般的な反応性の順序は $Ba > Sr > Ca > Mg > Be$ である．

隣の1族の元素よりは硬いが，アルカリ土類金属も比較的軟らかく光沢をもつ金属である．しかし，表4・6に示すように，アルカリ金属より高い融点と密度をもつ．アルカリ土類金属の酸素や水に対する反応性はアルカリ金属より低いが，天然には元素の状態ではなく塩としてのみ見出される．

アルカリ土類金属はハロゲンと反応して，イオン性のハロゲン化物塩 MX_2 を生成し，酸素と反応して酸化物 MO を生成する．

金属ナトリウムは低温で液体アンモニアに溶けて，Na^+ イオンと溶媒和された電子からなる青色の溶液となる．

---

*（訳注）Be と Mg は Ca, Sr, Ba, Ra とは少し違って非金属的な性質も示すのでアルカリ土類金属に含めないこともある．

表 4・6 アルカリ土類金属の性質

名　称	融点〔℃〕	沸点〔℃〕	密度〔g/cm³〕	第一イオン化エネルギー〔kJ/mol〕	地球上での天然存在比（%）	原子半径〔pm〕	イオン(M²⁺)の半径〔pm〕
ベリリウム	1287	2471	1.848	899.4	0.000 28	112	44
マグネシウム	650	1090	1.738	737.7	2.33	160	66
カルシウム	842	1484	1.55	589.8	4.15	197	99
ストロンチウム	777	1382	2.54	549.5	0.038	215	112
バリウム	727	1897	3.62	502.9	0.042	222	134
ラジウム	700	1140	～5.0	509.3	極微	223	143

$$M + X_2 \longrightarrow MX_2 \quad (M = Be, Mg, Ca, Sr, Ba)$$
$$2M + O_2 \longrightarrow 2MO \quad (X = F, Cl, Br, I)$$

ベリリウムとマグネシウムの酸素に対する反応性は室温では比較的低いが，炎で熱すれば両者とも白くまばゆい光を発しながら燃える．カルシウム，ストロンチウム，バリウムは反応性が高いので，空気を遮断するために石油中で保存するのがよい．ストロンチウムとバリウムはアルカリ金属と同様に過酸化物 MO_2 を生成する．

ベリリウムは例外であるが，アルカリ土類金属は水と反応して金属水酸化物 $M(OH)_2$ を生成する．マグネシウムは 100 ℃ 以上でないと反応しないが，カルシウムとストロンチウムは室温で水とゆっくり反応する．バリウムだけは室温で水と激しく反応する．

$$M(s) + 2H_2O(l) \longrightarrow M(OH)_2 + H_2(g)$$
$$(M = Mg, Ca, Sr, Ba)$$

金属カルシウムは室温で水とゆっくり反応する．

問題 4・26 つぎの反応の生成物を予測し，原子の種類と数が矢印の両側で等しくなるように釣り合いのとれた反応式を完成させよ．
(a) $Be(s) + Br_2(l) \longrightarrow ?$ (b) $Sr(s) + H_2O(l) \longrightarrow ?$
(c) $Mg(s) + O_2(g) \longrightarrow ?$

問題 4・27 マグネシウムと 16 族元素である硫黄との反応で何が生成するだろうか．生成物における硫化物イオンの電荷はいくつか．

4・13　17 族元素（ハロゲン）の化学

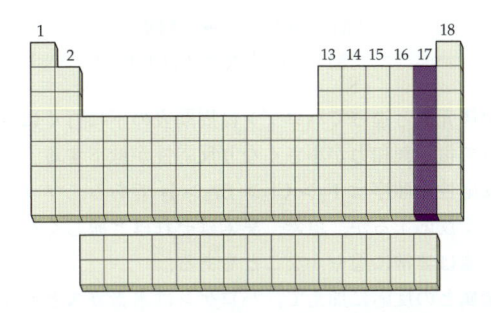

17 族のハロゲン —— F，Cl，Br，I，および At —— はこれまで述べてきた主要族金属とは完全に異なっている．ハロゲンは金属ではなく非金属であり，単独の原子としてではなく 2 原子分子として存在する．ns^2np^5 の電子配置をもつために，電子を失うのではなく受取ることによって反応を起こす．言い換えれば，ハロゲンは電子親和力が負で大きく，イオン化エネルギーが正で大きいことが特徴である．表 4・7 にハロゲンの性質を示す．

ハロゲンは反応性が大きく，天然に元素としては存在せず，さまざまな塩や無機物中のアニオンとしてのみ見出だされる．そもそもハロゲン（halogen）という語はギリシャ語の hals（塩）と gennan（生成する）に由来しており，文字通り "塩を生成するもの" の意味である．

ハロゲンは周期表にある最も反応性の大きな元素に属する．事実，フッ素は 3 種類の貴ガス元素 He，Ne，および Ar 以外のすべての元素と化合物を形成する．以前に述べたように，負で大きな電子親和力のために，ハロゲンは他の原子から電子を受入れてハロゲン化物イオン X^- を生成する．

ハロゲンはあらゆる金属と反応して金属ハロゲン化物を生成する．アルカリ金属およびアルカリ土類金属とのハロゲン化物の化学式は容易に予測できる．しかし遷移

表 4・7　ハロゲンの性質

名　称	融点〔℃〕	沸点〔℃〕	密度〔g/cm³〕	電子親和力〔kJ/mol〕	地球上での天然存在比(%)	原子半径〔pm〕	イオン(X^-)の半径〔pm〕
フッ素	−220	−188	1.50(l)	−328	0.062	72	133
塩素	−101	−34	2.03(l)	−349	0.013	99	181
臭素	−7	59	3.12(l)	−325	0.000 3	114	196
ヨウ素	114	184	4.930(s)	−295	0.000 05	133	220
アスタチン	—	—	—	−270	極微	—	—

金属元素とは反応条件や反応物の量によって2種類以上の生成物がありうる．たとえば，鉄は Cl_2 と反応して $FeCl_2$ と $FeCl_3$ のいずれかを生成する．遷移金属化学の知識をもっと得た後でないと，生成物を予測するのは不可能である．一般的な反応式はつぎのように書ける．

$$2\,M + n\,X_2 \longrightarrow 2\,MX_n$$
$$(M = 金属, X = F, Cl, Br, I)$$

金属元素と違ってハロゲンは周期表の下に行くにしたがって電子親和力が小さくなり反応性が低下する．つまり反応性の順序は $F_2 > Cl_2 > Br_2 > I_2$ である．フッ素は激しく反応するが，塩素，臭素はそれほど激しくなく，ヨウ素は非常に穏やかなこともある．

金属との反応に加えて，ハロゲンは水素ガスとも反応してハロゲン化水素 HX を生成する．

$$H_2(g) + X_2 \longrightarrow 2\,HX(g)$$
$$(X = F, Cl, Br, I)$$

フッ素は水素ガスと混ぜると瞬時に爆発的に反応する．塩素は火花や紫外線で反応を開始させれば爆発的に反応するが，暗所での両気体の混合物は安定である．臭素やヨウ素の反応は遅い．

§7・5で述べるが，ハロゲン化水素の重要性は，水に溶かしたときに酸すなわち H^+ を発生する化合物として振舞うことにある．HClの水溶液は塩酸とよばれ，化学産業において鋼鉄の洗浄剤（鉄の酸化物被膜を除去する）からゼラチン製造のための動物の骨の溶解剤に至るまで，幅広い用途に用いられている．

$$HX \xrightarrow{\text{水に溶かす}} H^+(aq) + X^-(aq)$$

フッ化水素（HF）は，それがガラスと反応する数少ない物質の一つであるため，ガラスのエッチングによく用いられる．

$$SiO_2(s) + 4\,HF(g) \longrightarrow SiF_4(g) + 2\,H_2O(l)$$

4・14　18族元素（貴ガス）の化学

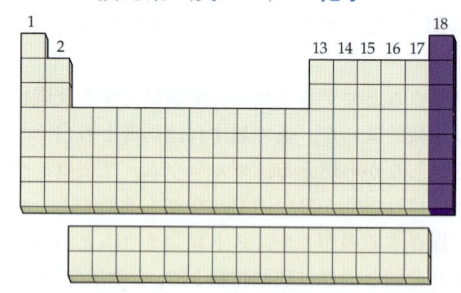

18族の貴ガス——He, Ne, Ar, Kr, Xe, および Rn——は多くの元素がそうであるような金属でもなく，ハロゲンのような反応性の高い非金属でもない．貴ガスは無色無臭で反応性をもたない気体である．He は $1s^2$ の，それ以外は $ns^2\,np^6$ の原子価殻電子配置をもち，すでにオクテットが成立しており，したがって貴ガスは電子を受取ることも失うことも困難である．

希ガスあるいは不活性ガスとよばれることもあるが，18族元素は決して希ではなく完全に不活性でもないので，これらの名称は厳密には正しくない．たとえば，アルゴンが乾燥空気のほぼ1%の体積を占めており，クリプトンやキセノンには天然には存在しないが数十種類の化合物が知られている．表4・8に貴ガスの性質を示す．

ヘリウムとネオンは化学反応を全く起こさず，化合物も全く知られていないが，アルゴンは唯一 HArF を形成し，クリプトンとキセノンはフッ素とのみ反応する．キセノンは反応条件と反応物の量によって3種類のフッ化物 XeF_2, XeF_4, あるいは XeF_6 を生成する．

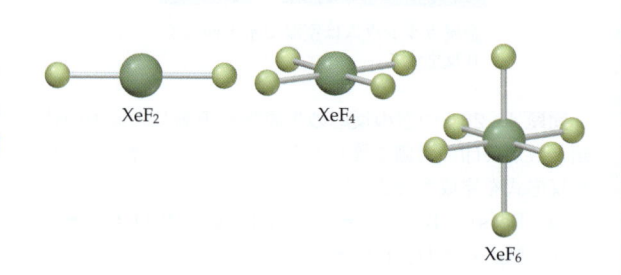

XeF₂　　　XeF₄

XeF₆

表4・8 貴ガスの性質

名　称	融点〔℃〕	沸点〔℃〕	第一イオン化エネルギー〔kJ/mol〕	乾燥空気中での存在比(%)
ヘリウム	−272.2	−268.9	2372.3	5.2×10^{-4}
ネオン	−248.6	−246.1	2080.6	1.8×10^{-3}
アルゴン	−189.3	−185.9	1520.4	0.93
クリプトン	−157.4	−153.2	1350.7	1.1×10^{-4}
キセノン	−111.8	−108.0	1170.4	9×10^{-6}
ラドン	−71	−61.7	1037	極微

$$Xe(g) + F_2(g) \longrightarrow XeF_2(s)$$
$$Xe(g) + 2\,F_2(g) \longrightarrow XeF_4(s)$$
$$Xe(g) + 3\,F_2(g) \longrightarrow XeF_6(s)$$

貴ガスが反応性に乏しいのは，その並外れて大きなイオン化エネルギー（図4・6）とほぼゼロか正の電子親和力（図4・8）の結果であり，これらはいずれも貴ガスの原子価殻電子配置に起因している．

Interlude

食　塩

普通の人なら，食事の際に食卓の食塩容器に手を伸ばすことに少し気がとがめるだろう．塩分の摂り過ぎと高血圧が密接に関係していることは，最近数十年で最もいわれている食事上の注意の一つであろう．

食塩はいつもこのように不評であったわけではない．歴史的には，食塩は有史以来調味料および食品保存料として高く評価されてきた．生命を与え，生命を支える物質として，塩は多くの原語での言い回しやことわざに使われている．たとえば，親切で寛大な人を"地の塩"("the salt of the earth")とよび，"塩に値する"("worth one's salt") = 有能な"という言い回しもある．ローマ時代には兵士の給料は塩で支払われたし，英語のサラリー salary は"塩で賃金を支払う"を意味するラテン語の salarium に由来している．

食塩はあらゆる無機物の中で最も早く純粋な形で手に入ったものである．日射が豊富で雨が少ない海洋性気候をもつ世界のあらゆる場所で，数千年にわたって用いられてきた最も簡単な方法は，海水を蒸発させることであった．正確な量は場所によって異なるが，海水は質量比で約3.5%の溶解物質を含んでおり，その大部分が塩化ナトリウムである．世界中の海水をすべて蒸発させるとほぼ1900 km^{3}の NaCl が得られると推定されている．

現在では，世界の食塩生産のわずか10%が海水の蒸発によっている．大部分は，古代の内陸海水が蒸発してできた膨大な埋蔵量の岩塩を採掘して得られる．これらの塩床は地表から数 m ないし数千 m の深さのところに最大数百 m の厚さで存在する．岩塩の採掘は少なくとも3400年の歴史があり，ポーランドのガリシアにあるウィーリツカ鉱山は1996年に閉山するまで700年以上にわたって稼働してきた．

また食卓に戻ろう．食塩摂取と高血圧の関係はどうなのだろう．先進国のほとんどの人が食塩を比較的多く摂っていることは疑いがなく，先進国で高血圧患者が増大していることも疑いない．しかしこの二つがどのように関連しているのかは，厳密には明らかではない．

食塩摂取量が異なる非常にかけ離れた住民，たとえば現代米国人とアマゾンの熱帯雨林に住む住民の健康状態を比較して，食塩とは関係がないという見方もされている．しかし明らかに，産業化は単に食塩摂取量の増加という以上の大きな変化をもたらしており，高血圧に対して食塩以外のこれらの変化の寄与がずっと重要である可能性もある．

2001年に公表された DASH-ナトリウム研究とよばれる研究で，食塩摂取量の変化と血圧の変化の間に強い相関があることがわかった．志願者が食塩摂取量を米国人の平均に近い1日8.3 g から1日3.8 g に減らしたところ，血圧がかなり下がった．最も血圧が低下したのはすでに高血圧と診断されていた人たちだったが，正常な血圧の人たちも血圧が数%下がった．

個人は何をすべきだろうか．いろいろあるが最もよい答は節度と常識に従うということである．高血圧の人はナトリウムの摂取量を減らすべく厳しく努力すること．そうでない人も無塩のスナック菓子を食べ，料理に使う塩を減らし，食品表示のナトリウム含量を読むことである．

問題4・28　食塩は商業的にどのように得られているか．

要　約

化合物中の原子をまとめている力は**化学結合**（chemical bond）とよばれており，2種類ある．**共有結合**（covalent bond）は原子間で電子を共有することによって形成され，**イオン結合**（ionic bond）は一つの原子から別の原子に1個以上の電子が移動することによって形成される．共有結合によってまとめられた物質の単位を**分子**（molecule）とよび，1個以上の電子を受取ったり失ったりすることで生成する荷電粒子を**イオン**（ion）という．**カチオン**（cation, 陽イオン）は正の電荷をもつ粒子であり，**アニオン**（anion, 陰イオン）は負の電荷をもつ粒子である．**多原子イオン**（polyatomic ion）は共有結合で結ばれた原子群で，全体として正または負の電荷をもっている．

周期表の左側にある金属元素は電子を放出してカチオンになりやすく，周期表の右側にあるハロゲンやいくつかの非金属元素は電子を受取ってアニオンになりやすい．主要族金属がカチオンになるときに放出する電子は，エネルギーが最も高い被占軌道からくる．非金属がアニオンになるとき受取る電子はエネルギーが最も低い空の軌道に入る．たとえば，金属ナトリウムはその原子価殻にある3s電子を失って，ネオンの電子配置をもつNa^+イオンを生成し，塩素は3p電子を得てアルゴンの電子配置をもつCl^-アニオンを生成する．

単独の中性原子から原子価電子を取り去るのに必要なエネルギー量を，その原子の**イオン化エネルギー**（ionization energy, E_i）という．イオン化エネルギーは周期表の左側にある金属元素で最も小さく，右側にある非金属元素で最も大きい．その結果，一般に金属は化学反応において電子を放出する．

イオン化で原子から失われる電子は1個とは限らない．2個，3個，あるいはさらに多くの電子を順次原子から取り去ることができる．しかし必要なエネルギーも順次増大する．一般に，原子価殻電子は**内殻電子**（core electron）より取り除きやすい．

単独の中性原子に電子が加わるときに放出ないし吸収されるエネルギー量を，その原子の**電子親和力**（electron affinity, E_{ea}）という．エネルギーが放出されるときE_{ea}は負，吸収されるとき正とする．電子親和力は17族元素が負で最も大きく，2族元素と18族元素が正で最も大きい．その結果，17族元素は化学反応において電子受容体として働く．

一般に，主要族元素の反応は**オクテット則**（octet rule）で説明できる．オクテット則によれば，これらの元素は原子価殻のsおよびp副殻が満たされた貴ガスと同じ電子配置になるように反応を起こす傾向がある．周期表の左側にある元素は電子を放出して貴ガスの電子配置を取ろうとし，周期表の右側にある元素は電子を受取って貴ガスの電子配置を取ろうとする．貴ガス自身は基本的に反応しない．

1族および2族の主要族金属元素は17族のハロゲンと反応し，その際金属は1個以上の電子をハロゲンに与える．生成物であるNaClのような金属ハロゲン化物は**イオン結晶**（ionic crystal）であり，イオン結合によって静電的に互いに引き合っている金属カチオンとハロゲン化物アニオンからなっている．結晶中でのすべてのイオン間の相互作用エネルギーをその結晶の**格子エネルギー**（lattice energy, U）という．二元イオン化合物はカチオンとアニオンの名称をつなげて命名する．

キーワード

アニオン（anion）　63
イオン（ion）　62
イオン化エネルギー（ionization energy, E_i）　66
イオン結合（ionic bond）　62
イオン結晶（ionic crystal）　62
オキソ酸イオン（oxoanion）　78
オクテット則（octet rule）　70
化学結合（chemical bond）　61
カチオン（cation）　62
共有結合（covalent bond）　61
クーロンの法則（Coulomb's law）　73
格子エネルギー（lattice energy, U）　73
多原子イオン（polyatomic ion）　62
電子親和力（electron affinity, E_{ea}）　69
内殻電子（core electron）　66
分子（molecule）　61
ボルン・ハーバーサイクル（Born–Haber cycle）　72

5 共有結合と分子構造

- 5・1 分子と共有結合
- 5・2 共有結合の強さ
- 5・3 イオン化合物と共有結合化合物の比較
- 5・4 極性共有結合: 電気陰性度
- 5・5 分子性化合物の命名法
- 5・6 点電子構造
- 5・7 多原子分子の点電子構造
- 5・8 点電子構造と共鳴
- 5・9 形式電荷
- 5・10 分子の形: VSEPR モデル
- 5・11 原子価結合理論
- 5・12 混成および sp^3 混成軌道
- 5・13 その他の混成軌道
- 5・14 分子軌道理論: 水素分子
- 5・15 分子軌道理論: 他の二原子分子
- 5・16 原子価結合理論と分子軌道理論の融合
- Interlude 分子の形, 掌性および薬物

金属と反応性をもつ非金属との結合は, 主として電子の移動によって形成されることを4章で学んだ. 金属原子は1個以上の電子を失ってカチオンとなり, 反応性をもつ非金属原子は1個以上の電子を受取ってアニオンとなる. 反対の電荷をもつイオンは静電引力によって引きつけあって, イオン結合を生成する.

しかし, 同じ元素の原子同士あるいは似た元素の原子間で, 結合はどのようにできるのだろうか. H_2, Cl_2, CO_2 を初めとする数千万種類の非イオン性の物質の結合をどのように表せばよいだろうか. 簡単にいえば, そのような化合物の結合は, 一つの原子から別の原子に電子が移動して形成されるのではなく, 二つの原子が電子を共有することによって形成される. §4・1で学んだように, 電子を共有することによって形成される結合を**共有結合** (covalent bond) という. 一つ以上の共有結合によってまとめられた物質の単位を**分子** (molecule) という. 本章では共有結合の本質について調べよう.

⇨ **共有結合** 原子間で電子が共有されてできる結合
⇨ **分子** 共有結合によって一つになった物質の単位

5・1 分子と共有結合

原子の間で電子が共有されてできる結合をどのように記述したらよいかを調べるために, 最も簡単な例として H_2 分子の H—H 結合に注目しよう. 二つの水素原子が接近すると, その間に静電的な相互作用が生じる. 二つの正の電荷をもつ原子核は互いに反発し, 二つの負の電荷をもつ電子同士もまた反発し合う. しかし, それぞれの原子核は電子を引き寄せる (図5・1). 引力が反発力より強ければ, 共有結合が形成されて, 二つの原子は一つに結ばれ, 共有された二つの電子は原子核の間の領域

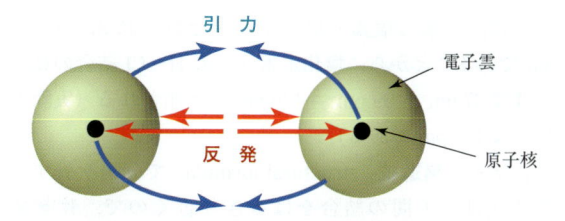

原子核-電子間の引力は原子核-原子核間および電子-電子間の反発より大きく, 原子を結びつける正味の引力となる.

図 5・1 引力的および反発的な静電力が働いて H—H 共有結合ができる.

を占める.

要するに, 共有された電子は, 二つの原子を結びつけて H_2 分子にする一種の"のり"の働きをしている. 二つの原子核が同じ二つの電子を同時に引き寄せるので, 一つになっている. 綱引きの二つのチームが同じロープを引っ張り合って一つに結ばれているのとよく似ている.

共有結合において, 原子核と電子の間で働くさまざまな引力や反発力の大きさは, それらの原子がどのくらい近づいているかに依存する. もし水素原子が遠く離れていれば, 引力は小さく結合は存在しない. 水素原子が近づきすぎると, 原子核間の反発が非常に強くなり, 原子を離そうとする. つまり, 正味の引力が最大となり H—H 分子が最も安定となるような原子間の最適な距離があり, これを**結合距離** (bond length) という. H_2 分子において, 結合距離は 74 pm である. 核間距離とエネルギーのグラフで, 結合距離はエネルギーが最小の最も安定な配列における H—H 距離である (図5・2).

共有結合には, それに固有の最も安定な結合距離があり, それは原子半径からほぼ予測できる (§3・14). た

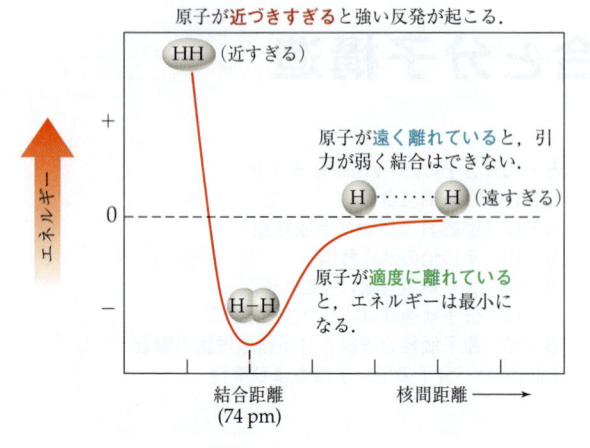

図 5・2 H₂ 分子の核間距離と位置エネルギーの関係を示すグラフ．

とえば，水素と塩素の原子半径がそれぞれ 37 pm，99 pm であることから，塩化水素分子の H—Cl 結合の長さはほぼ 37 pm + 99 pm = 136 pm と予測される（実際の長さは 127 pm である）．

化学者は**構造式**（structural formula）で分子を表す．構造式は原子間の結合をはっきり書くので，**化学式**（chemical formula）より多くの情報をもっている．たとえばエタノールの化学式は C₂H₆O であり，下に示す構造式をもっている．

> **思い出そう…**
> 化合物の**化学式**は，化合物を構成する元素の記号を並べ，各元素の原子数を示す下付き数字を付けて表す．下付き数字がない場合は 1 とみなす（§2・1）．

構造式では共有結合を原子間の線で表す．エタノールでは，二つの炭素原子は互いに共有結合で結合しており，酸素原子は炭素原子の一つに結合している．6 個の水素原子のうち，3 個が一つの炭素に，2 個がもう一つの炭素に，1 個が酸素に結合している．

構造式は**有機化学**── 炭素化合物の化学 ── において特に重要である．大きく複雑な分子の挙動は，ほぼ完全にその構造に支配されている．たとえば，比較的簡単な有機物質であるグルコースを例にとろう．グルコースの化学式 C₆H₁₂O₆ からは原子がどのようにつながっているかはわからない．事実，非常に多くのつながり方が考えられる．しかしグルコースの構造式は，5 個の炭素と 1 個の酸素が環をつくっており，残りの 5 個の酸素のそれぞれが異なる炭素および 1 個の水素と結合している，ということを明らかにしてくれる．

グルコース（C₆H₁₂O₆）　　［赤＝ O，黒＝ C，白＝ H］

例題 5・1　構造式を描く

プロパン C₃H₈ は 3 個の炭素原子が一列に並び，両端の炭素にはそれぞれ 3 個の水素が結合し，中央の炭素には 2 個の水素が結合している構造をもつ．共有結合を原子間の線で表した構造式を描け．

解

プロパン

問題 5・1　腐った魚の臭いの元であるメチルアミン CH₅N の構造式を描け．炭素原子は窒素原子および 3 個の水素原子と結合している．窒素原子は炭素原子および 2 個の水素原子と結合している．

問題 5・2　タンパク質を構成している 20 種類のアミノ酸の一つであるメチオニンはつぎの構造をもっている．メチオニンの化学式は何か．化学式を書くときは元素をアルファベット順に並べよ．

メチオニン（アミノ酸の一種）

問題 5・3　"攻撃-逃避" ホルモンといわれるアドレナリンはつぎの球棒模型で表される．アドレナリンの化学式は何か．（黒＝ C，白＝ H，赤＝ O，青＝ N）

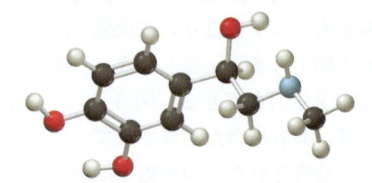

表5・1　平均的な結合解離エネルギー, D 〔kJ/mol〕

H—H	436[†1]	C—H	410	N—H	390	O—H	460	F—F	159[†1]
H—C	410	C—C	350	N—C	300	O—C	350	Cl—Cl	243[†1]
H—F	570[†1]	C—F	450	N—F	270	O—F	180	Br—Br	193[†1]
H—Cl	432[†1]	C—Cl	330	N—Cl	200	O—Cl	200	I—I	151[†1]
H—Br	366[†1]	C—Br	270	N—Br	240	O—Br	210	S—F	310
H—I	298[†1]	C—I	240	N—I	—	O—I	220	S—Cl	250
H—N	390	C—N	300	N—N	240	O—N	200	S—Br	210
H—O	460	C—O	350	N—O	200	O—O	180	S—S	225
H—S	340	C—S	260	N—S	—	O—S	—		

多重結合[†2]

C=C	611	C≡C	815	C=O	732	O=O	498[†1]	N≡N	945[†1]

[†1] 正確な値.
[†2] 多重結合については §5・6 で述べる.

5・2 共有結合の強さ

もう一度図5・2のエネルギーと核間距離のグラフを見て, H_2 分子が二つの離れた水素原子よりも安定であることに注目しよう. 2個の水素原子が結合すると, 436 kJ/mol を放出して安定な H_2 分子をつくる. 逆向きに見ると, 1 mol の H_2 分子を切断してばらばらの水素原子にするには 436 kJ を加える必要がある.

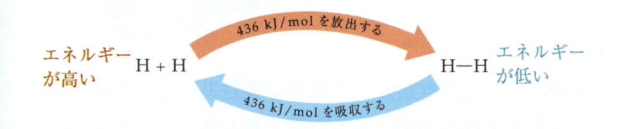

エネルギーが高い　H + H　←436 kJ/mol を放出する / 436 kJ/mol を吸収する→　H—H　エネルギーが低い

気体状態で孤立した分子の化学結合を切断するために加えなければならないエネルギー——つまりその結合ができるときに放出されるエネルギー——を **結合解離エネルギー**（bond dissociation energy, D）とよぶ. 結合を切断するためにはエネルギーを加えなければならないので, 結合解離エネルギーは常に正である. したがって, 結合ができるときのエネルギー変化は常に負になる.

あらゆる分子のあらゆる結合が, それに固有の結合解離エネルギーをもつ. しかし当然, 結合原子対が同じであれば結合解離エネルギーは似たような値になる. たとえば, 炭素-炭素結合は分子の構造によらず大体 350〜380 kJ/mol の D をもつ.

似た結合は似た結合解離エネルギーをもつので, 平均値の一覧表をつくって異なる種類の結合を比較することができる（表5・1）. しかし, 個々の分子の実際の値は平均値から ±10% 程度ばらつくことがあることを頭に入れておこう.

表5・1 の結合解離エネルギーは, I—I 結合の 151 kJ/mol から H—F 結合の 570 kJ/mol まで広い範囲にわたっている. 大ざっぱにいって, 天然に存在する分子でよく見かける結合の多く（C—H, C—C, C—O）は 350〜400 kJ/mol の範囲にある.

5・3 イオン化合物と共有結合化合物の比較

表5・2 にある NaCl と HCl の比較を見てみよう. イオン化合物である塩化ナトリウムは融点 801 ℃, 沸点 1465 ℃ の白色固体である. 一方, 共有結合化合物である HCl は融点 −115 ℃, 沸点 −84.9 ℃ の無色の気体である. イオン化合物と共有結合化合物のこの大きな違いはどこからくるのだろうか.

イオン化合物はイオン結合のために融点の高い固体である. すでに §4・1 で学んだように, 塩化ナトリウムは NaCl 分子からできているのではなく, 各 Na^+ イオンがそれを取り囲む多数の Cl^- イオンに引き寄せられ, また各 Cl^- イオンもそれを取り囲む多数の Na^+ イオンに引き寄せられた, イオンの大きな三次元ネットワークからできている. 塩化ナトリウムが融解し沸騰してばら

エタン　D = 377 kJ/mol
プロパン　D = 370 kJ/mol
ブタン　D = 372 kJ/mol

表5・2　NaCl と HCl の物理的性質

性　質	NaCl	HCl
式量*・分子量	58.44	36.46
見かけ	白色固体	無色気体
結合の種類	イオン結合	共有結合
融　点	801 ℃	−115 ℃
沸　点	1465 ℃	−84.9 ℃

＊（訳注）式量については §6・3 をみよ.

ばらのイオンになるには，結晶全体のイオンの引力 —— **格子エネルギー**（lattice energy）—— に打ち勝たねばならず，非常に大きなエネルギーを必要とする．

> 思い出そう…
> **格子エネルギー**（U）は，イオン結晶を個々の気体状イオンに変えるために供給しなければならないエネルギーであり，したがってその結晶のイオン結合の強さの尺度となる（§4・9）．

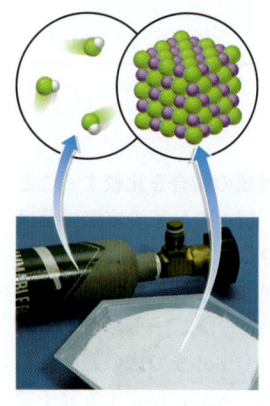

イオン化合物である塩化ナトリウムは融点 801 ℃ の白色結晶である．共有結合化合物である塩化水素は室温で気体である．

これに対して，共有結合化合物は沸点の低い固体や液体であり，ときには気体のこともある．共有結合化合物の試料，たとえば塩化水素は HCl 分子からできている．分子内の共有結合は非常に強いが，異なる分子間に働く引力はかなり小さい．その結果，分子間の力に打ち勝って融解あるいは沸騰させるのに必要なエネルギーは比較的少なくて済む．分子間力や沸騰の過程については 10 章で学ぶ．

5・4 極性共有結合: 電気陰性度

これまでのところでは，結合は，電子が完全に移動した純粋なイオン結合か，電子が同等に共有された純粋な共有結合のいずれかであるような印象を受けているだろう．しかし実際は，イオン結合と共有結合は可能性の両極端に過ぎない．多くの結合はこの二つの極端の間にあ

る．つまり，結合電子は完全に移動しているのではないが，同等に共有されているのでもない．このような結合を**極性共有結合**（polar covalent bond）とよぶ（図 5・3）．原子のもつ部分的な電荷を表すのにギリシャ文字の小文字のデルタ（δ）を用いることにすると，結合電子の分担が少ない原子には部分正電荷（δ+）があり，分担の多い原子には部分負電荷（δ−）がある．

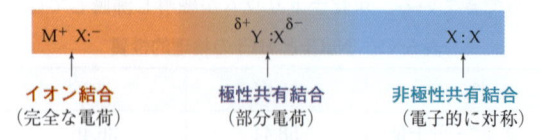

結合の例として，NaCl，HCl，および Cl_2 を比較しよう．

■ **NaCl** 　固体塩化ナトリウムにおける結合はほぼ Na^+ と Cl^- の間のイオン結合である．実験によれば，これまで述べてきたこととは少し違って，約 80% はイオン結合であるが，Na から Cl に移動した電子はいくらかの時間をナトリウムの近くで過ごしている．このような電子移動をうまく視覚的に表現するには，いわゆる**静電ポテンシャル図**を使うのがよい．これは，孤立した気相中の分子について計算された電子分布を色で表すものである．青色は電子の欠乏（部分正電荷）を，赤色は電子の過剰（部分負電荷）を表す．

$Na^+\ Cl^-$　イオン結合

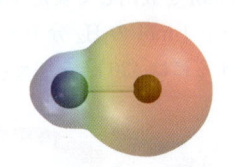

■ **HCl** 　塩化水素分子の結合は極性共有結合である．塩素原子は水素原子よりも強く結合電子対を引きつけるので，電子の分布が非対称になる．したがって塩素は部分負電荷（静電ポテンシャル図で橙色）をもち，水素は部分正電荷（静電ポテンシャル図で青色）をもつ．実験によれば，H—Cl 結合は約 83% が共有結合で 17% がイオン結合である．

$\delta^+H — Cl^{\delta-}$

[H :Cl]

極性共有結合
結合電子は H より Cl に強く引き寄せられている．

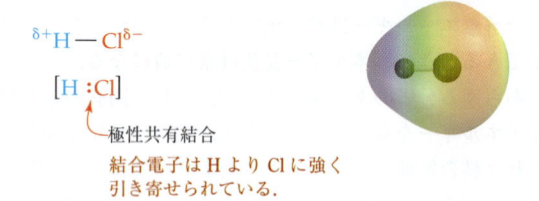

■ **Cl_2** 　塩素分子の結合は非極性共有結合で，結合電子は二つの塩素原子に同等に引きつけられている．二つの同じ原子間で共有結合している 2 原子分子ではすべて同様の状況にある．

$M^+ X:^-$	$^{\delta+}Y\!:\!X^{\delta-}$	$X\!:\!X$
イオン結合	極性共有結合	非極性共有結合
（完全な電荷）	（部分電荷）	（電子的に対称）

極性共有結合は非対称な電子分布をもち，結合電子は一方の原子に引き寄せられている．

図 5・3 　イオン結合から非極性共有結合にいたるさまざまな結合〔記号 δ（ギリシャ語のデルタ）は部分電荷を意味し，部分正電荷（δ+）と部分負電荷（δ−）がある．〕

Cl:Cl 　非極性共有結合

5・4 極性共有結合:電気陰性度

電気陰性度は左から右に向かって増大する.

H 2.1																	He
Li 1.0	Be 1.5											B 2.0	C 2.5	N 3.0	O 3.5	F 4.0	Ne
Na 0.9	Mg 1.2											Al 1.5	Si 1.8	P 2.1	S 2.5	Cl 3.0	Ar
K 0.8	Ca 1.0	Sc 1.3	Ti 1.5	V 1.6	Cr 1.6	Mn 1.5	Fe 1.8	Co 1.9	Ni 1.9	Cu 1.9	Zn 1.6	Ga 1.6	Ge 1.8	As 2.0	Se 2.4	Br 2.8	Kr
Rb 0.8	Sr 1.0	Y 1.2	Zr 1.4	Nb 1.6	Mo 1.8	Tc 1.9	Ru 2.2	Rh 2.2	Pd 2.2	Ag 1.9	Cd 1.7	In 1.7	Sn 1.8	Sb 1.9	Te 2.1	I 2.5	Xe
Cs 0.7	Ba 0.9	La 1.1	Hf 1.3	Ta 1.5	W 1.7	Re 1.9	Os 2.2	Ir 2.2	Pt 2.2	Au 2.4	Hg 1.9	Tl 1.8	Pb 1.9	Bi 1.9	Po 2.0	At 2.1	Rn

電気陰性度は下から上に向かって増大する.

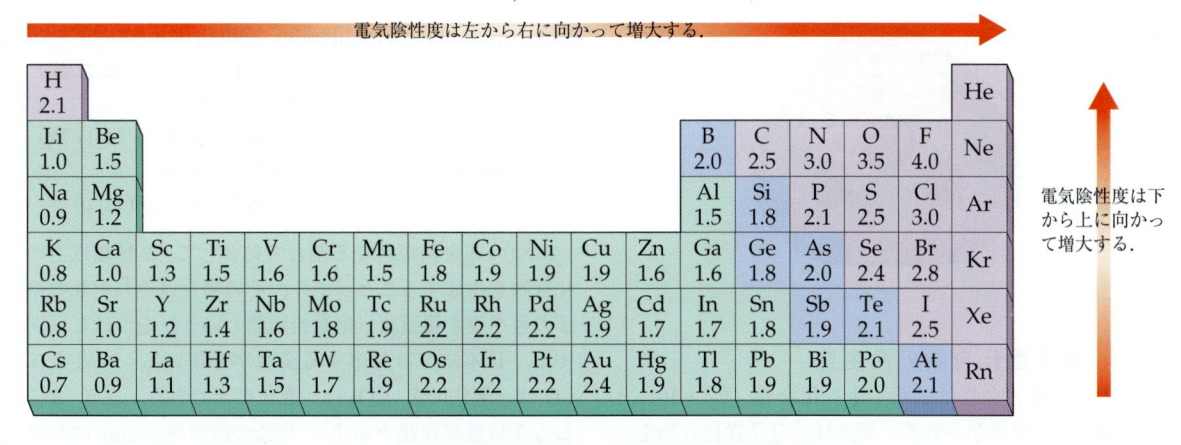

図5・4 電気陰性度の数値と周期表における傾向.

結合が極性をもつのは,**電気陰性度**(electronegativity, **EN**)に差があるためである.電気陰性度とは,分子内の原子が共有結合をしている電子を引きつける能力を指す.図5・4に示すように,電気陰性度は最も強く電子を引きつける元素であるフッ素を4.0とする単位をもたない数値による尺度で表される.周期表の左側にある金属元素は電子を引きつける能力が弱く,したがって最も電気陰性度が小さい.周期表の右上にあるハロゲンや反応性をもつ非金属元素は電子を強く引きつけるので,電気陰性度が大きい.また図5・4から,周期表の一つの族の中では一般に下に行くにしたがって電気陰性度は減少することがわかる.

電気陰性度は分子の中の原子が共有電子を引きつける能力の尺度なので,**電子親和力**(electron affinity, E_{ea})(§4・6)や**イオン化エネルギー**(ionization energy, E_i)(§4・4)と関係があるのは当然である.電子親和力は孤立した原子が電子を受入れる傾向の尺度であり,イオン化エネルギーは孤立した原子が電子を失う傾向の尺度である.実際,電気陰性度の初期の算出方法の一つは,E_{ea} と E_i の絶対値を平均し,それをフッ素の電気陰性度が4.0となるように調整するというものであった.

> **思い出そう…**
> **電子親和力**(E_{ea})は,孤立した気体状の原子に電子を加えるときに起こるエネルギー変化である(§4・6).これに対して,**イオン化エネルギー**(E_i)は,気体状態の孤立した中性原子から電子を取り去るのに必要なエネルギーである(§4・4).

電気陰性度を用いてどのように結合の極性を予測するのだろうか.一般的ではあるが,やや任意性のある指針は,電気陰性度が同じか似た原子間の結合は非極性共有結合であり,電気陰性度の差が約2以上の原子間の結合はイオン結合であり,その差が約2以下の原子間の結合は極性共有結合である,というものである.したがって,クロロホルム $CHCl_3$ の C—Cl 結合は極性共有結合であり,塩化ナトリウムの Na^+Cl^- 結合はほぼイオン結合である,というのはかなり確かである.

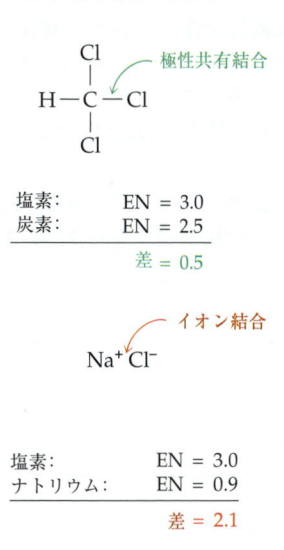

```
      Cl
      |          ← 極性共有結合
  H—C—Cl
      |
      Cl
```

塩素: EN = 3.0
炭素: EN = 2.5
差 = 0.5

Na^+Cl^- ← イオン結合

塩素: EN = 3.0
ナトリウム: EN = 0.9
差 = 2.1

問題 5・4 図5・4の電気陰性度の値を用いて,つぎの化合物中の結合が極性共有結合かイオン結合かを予測せよ.
(a) $SiCl_4$　(b) CsBr　(c) $FeBr_3$　(d) CH_4

問題 5・5 つぎの化合物を結合のイオン性が増大する順に並べよ:CCl_4, $BaCl_2$, $TiCl_3$, Cl_2O

問題 5・6 水の静電ポテンシャル図を示す.H と O のどちらが正に分極(電子欠乏)し,どちらが負に分極(電子豊富)しているか.この分極は図5・4にある O と H の電気陰性度と矛盾しないか.

水

	PCl₃	phosphorus trichloride　三塩化リン
		（P は 15 族；Cl は 17 族）
	SF₄	sulfur tetrafluoride　四フッ化硫黄
		（S は 16 族；F は 17 族）
	N₂O₄	dinitrogen tetroxide　四酸化二窒素
		（N は 15 族；O は 16 族）

　二つの非金属が異なる割合で結合して，2種類以上の化合物を生成することがあり，その場合はそれぞれの原子の数を表す接頭語（倍数接頭語という）をつけて区別する．日本語では対応する漢数字を用いる．たとえばCOは一酸化炭素，CO₂は二酸化炭素である．表5.3におもな倍数接頭語を示す*．英語の接頭語 mono- は名称の前部にくる元素には用いず，日本語の接頭語"一"は名称の末尾にくる元素には用いない．たとえばCO₂は二酸化炭素 carbon dioxide であり，二酸化一炭素 monocarbon dioxide とはしない．

5・5　分子性化合物の命名法

　二元分子性化合物は二元イオン化合物（§4・10）とほぼ同じ方法で命名される．要点は，分子性化合物をつくっている二つの元素のどちらがより電子欠乏で"カチオン的"か，どちらがより電子豊富で"アニオン的"かを電気陰性度を用いて判断することである．イオン化合物と同様に，電子欠乏でカチオン的な元素は元素の名称をそのまま用いて，英語では前に，日本語では後に置く．電子豊富でアニオン的な元素は，英語では語尾を -ide として後に置き，日本語では"〜化"として前に置く．たとえば HF という化合物は <u>hydrogen fluoride</u>（フッ化水素）とよばれる．

HF　水素は電気陰性度が小さく（EN = 2.1）よりカチオン的であり，フッ素は電気陰性度が大きく（EN = 4.0）よりアニオン的である．したがってこの化合物の名称は <u>hydrogen fluoride</u>（フッ化水素）となる．

　どちらの元素がカチオン的かあるいはアニオン的かは，周期表での相対的な位置を見れば決めることができる．左あるいは下にいくほど，電気陰性度は小さく，よりカチオン的になり，右あるいは上にいくほど，電気陰性度は大きく，よりアニオン的になる（貴ガスは別である）．

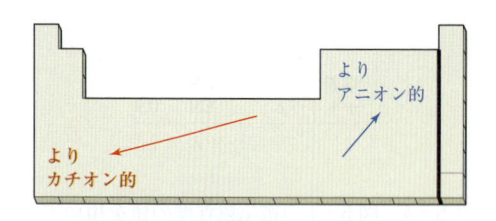

表5・3　化合物命名法における倍数接頭語

| | 接頭語 | | |
| 数 | 英語 | 日本語 | |
		翻訳[†1]	字訳[†2]
1	mono-	一	モノ
2	di-	二	ジ
3	tri-	三	トリ
4	tetra-	四	テトラ
5	penta-	五	ペンタ
6	hexa-	六	ヘキサ
7	hepta-	七	ヘプタ
8	octa-	八	オクタ
9	nona-	九	ノナ
10	deca-	十	デカ

†1　元素あるいは翻訳名（基本的に漢字）をもつ基の数を表す場合に用いる．本章で出てくる化合物の命名ではこれが用いられる．例：carbon dioxide 二酸化炭素；lead tetraacetate 四酢酸鉛

†2　字訳名（カタカナ）をもつ基の数を表す場合に用いる．字訳とは英語のつづりを規則にしたがって機械的にカタカナに置き換える方法である．たとえば，有機化合物の命名（22章参照）については，trinitrobenzene トリニトロベンゼン；dichloroacetic acid ジクロロ酢酸

　以下にこの一般則の適用例を示す．

CO	carbon monoxide　一酸化炭素
	（C は 14 族；O は 16 族）
CO₂	carbon dioxide　二酸化炭素

例題5・2　二元分子性化合物の命名法
つぎの化合物に系統的な名称をつけよ．
(a) PCl₃　(b) N₂O₃　(c) P₄O₇　(d) BrF₃

---

*　接頭語が a あるいは o（i は別）で終わり，アニオン名が母音で始まる場合（たとえば oxide），母音が続くのを避けるために接頭語の a や o を省く．CO は carbon monooxide ではなく carbon monoxide とし，N₂O₄ は dinitrogen tetraoxide ではなく dinitrogen tetroxide とする．

方針 周期表を見て，それぞれの化合物でどちらの元素がカチオン的（電気陰性度が小さい）か，どちらがアニオン的（電気陰性度が大きい）かを調べる．つぎに必要な倍数接頭語を用いて命名する．

解 (a) 三塩化リン phosphorus trichloride
(b) 三酸化二窒素 dinitrogen trioxide
(c) 七酸化四リン tetraphosphorus heptoxide
(d) 三フッ化臭素 bromine trifluoride

問題 5・7 つぎの化合物に系統的な名称をつけよ．
(a) NCl_3 (b) P_4O_6 (c) S_2F_2 (d) SeO_2

問題 5・8 つぎの名称をもつ化合物の化学式を書け．
(a) 二塩化二硫黄 (b) 一塩化ヨウ素
(c) 三ヨウ化窒素

問題 5・9 つぎの化合物に系統的な名称をつけよ．

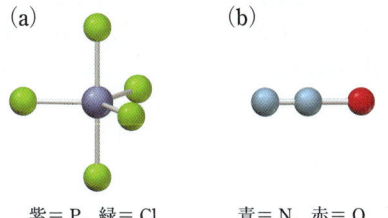

(a) 紫＝P，緑＝Cl
(b) 青＝N，赤＝O

5・6 点電子構造

共有結合や極性共有結合で原子間に共有されている電子を表す一つの方法に，**点電子構造**（electron-dot structure）がある．これはカリフォルニア大学バークレー校の G. N. Lewis にちなんで**ルイス構造**（Lewis structure）ともよばれる．点電子構造は，原子価電子を点で表し，分子の中で電子がどのように分布しているかを点の配置で示すものである．たとえば，水素分子は水素原子の間に 2 個の点を書いて表され，2 個の電子が共有結合で共有されていることを示す．

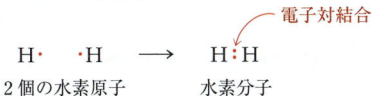

H· ·H ⟶ H:H （電子対結合）
2 個の水素原子　　水素分子

共有結合で 2 個の電子を共有することで，それぞれの水素原子が事実上電子対を保有し，ヘリウムと同じ安定な $1s^2$ 電子配置をもつことになる．

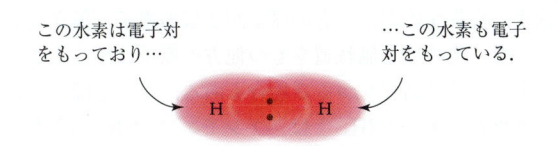

この水素は電子対をもっており…　　…この水素も電子対をもっている．

水素以外の原子も電子対を共有することで共有結合を形成するので，それぞれの原子に正しい数の原子価電子を振り分けることによって，結果としてできる分子の点電子構造を描くことができる．ホウ素のような 13 族の原子は原子価電子を 3 個もち，炭素のような 14 族の原子は原子価電子を 4 個もつ．17 族のフッ素原子は 7 個の原子価電子をもち，F_2 分子の点電子構造をみれば共有結合のできる様子がわかる．

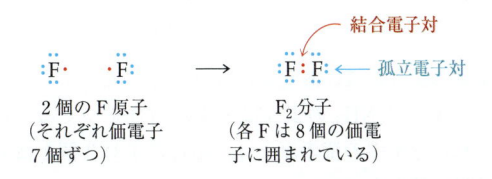

:F· ·F: ⟶ :F:F:　結合電子対／孤立電子対
2 個の F 原子（それぞれ価電子 7 個ずつ）　　F_2 分子（各 F は 8 個の価電子に囲まれている）

フッ素原子のもつ 7 個の価電子のうち 6 個は，すでに対になって 3 個の満たされた原子軌道に入っており，結合生成にはかかわらない．しかし，7 個目の価電子は対をつくっておらず，共有結合を形成してもう一つのフッ素と共有される．生成した F_2 分子ではそれぞれのフッ素原子が 8 個の原子価電子をもつ貴ガス電子配置をとり，したがって§4・7 で学んだ**オクテット則**（octet rule）に従う．それぞれのフッ素原子にある 3 対の電子は**孤立電子対**（lone pair；ローンペアともいう）あるいは**非結合電子対**（nonbonding pair）とよばれ，共有されている電子対は**結合電子対**（bonding pair）とよばれる．

> **思い出そう…**
> **オクテット則**によれば，主要族元素は，その原子価殻にある s および p 副殻が満たされた貴ガス電子配置になるように反応を起こす傾向がある（§4・7）．

主要族の原子が結合を形成するとき，s および p 副殻を満たして貴ガスの電子配置をとろうとする傾向があることを指導原理として，多くの分子の化学式や点電子構造を予測することができる．一般則として，主要族の原子は，共有する電子がなくなるか，あるいはオクテット配置を達成するまで，できるだけ多くの原子価電子を共有する．つぎの指針が成り立つ．

■ ホウ素のような **13 族元素**は 3 個の原子価電子をもち，したがってボラン BH_3 のような 3 個の電子対結合をもつ中性分子を形成することができる．しかし，生成した分子中のホウ素原子は結合電子を 3 対しかもたず，オクテットに到達することはできない．（BH_3 における結合はさらに複雑であり，それについては§19・4 で説明する．）

·B· + 3 H· ⟶ H:B:H （H 上）　ボラン　　ホウ素のまわりには電子が 6 個だけ

- 炭素のような **14 族元素** は 4 個の原子価電子をもち，したがってメタン CH_4 のように 4 本の結合をつくる．形成された分子中の炭素原子は，4 個の結合電子対をもつ．

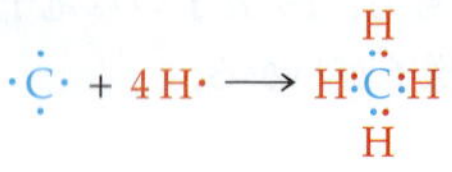

$$\cdot \overset{\cdot}{\underset{\cdot}{C}} \cdot \; + \; 4\,H\cdot \; \longrightarrow \; H\overset{H}{\underset{H}{:\!\!C\!\!:}}H$$
メタン

- 窒素のような **15 族元素** は 5 個の原子価電子をもち，アンモニア NH_3 のように 3 本の結合をつくる．形成された分子中の窒素原子は，結合電子対 3 個と孤立電子対 1 個をもつ．

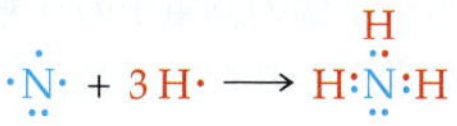

$$\cdot \overset{\cdot\cdot}{\underset{\cdot}{N}} \cdot \; + \; 3\,H\cdot \; \longrightarrow \; H\overset{\cdot\cdot}{\underset{}{:\!\!N\!\!:}}H\;\;H$$
アンモニア

- 酸素のような **16 族元素** は 6 個の原子価電子をもち，水 H_2O のように 2 本の結合をつくる．形成された分子中の酸素原子は，結合電子対 2 個と孤立電子対 2 個をもつ．

$$\cdot \overset{\cdot\cdot}{\underset{\cdot\cdot}{O}} \cdot \; + \; 2\,H\cdot \; \longrightarrow \; H\!:\!\overset{\cdot\cdot}{\underset{\cdot\cdot}{O}}\!:\!H$$
水

- フッ素のような **17 族元素**（ハロゲン）は 7 個の原子価電子をもち，フッ化水素 HF のように 1 本の結合をつくる．形成された分子中のフッ素は結合電子対 1 個と孤立電子対 3 個をもつ．

$$:\!\overset{\cdot\cdot}{\underset{\cdot}{F}}\!\cdot \; + \; H\cdot \; \longrightarrow \; H\!:\!\overset{\cdot\cdot}{\underset{\cdot\cdot}{F}}\!:$$
フッ化水素

- ネオンのような **18 族元素**（貴ガス）はすでに原子価殻がオクテットを形成しているので，共有結合をつくることは希である．

$$:\!\overset{\cdot\cdot}{\underset{\cdot\cdot}{Ne}}\!:\quad \text{共有結合をつくらない}$$

これらの結論を表 5・4 にまとめておく．

表 5・4　第 2 周期元素の共有結合

族	原子価電子の数	結合の数	例
13	3	3	BH_3
14	4	4	CH_4
15	5	3	NH_3
16	6	2	H_2O
17	7	1	HF
18	8	0	Ne

すべての共有結合が，これまで述べてきたように共有結合電子対を 1 個しかもたない，つまり **単結合**（single bond）であるとは限らない．O_2 や N_2，そしてさらに多くの分子が，2 対以上の電子を共有して多重結合を形成する．たとえば，O_2 分子中の酸素原子は 2 対すなわち 4 個の電子を共有して **二重結合**（double bond）をつくり，それによって原子価殻がオクテットに達する．同様に，N_2 分子中の窒素原子は 3 対すなわち 6 個の電子を共有して **三重結合**（triple bond）をつくる．

多重結合をもつ分子において，原子間で共有される電子対の数を表すのに **結合次数**（bond order）という用語を用いる．たとえば，F_2 分子中の F—F 結合の結合次数は 1 であり，O_2 分子中の O=O 結合の結合次数は 2 であり，N_2 分子中の N≡N 結合の結合次数は 3 である．（下の O_2 分子の点電子構造は二重結合をもっているが，これはいくつかの点で正確ではなく，これについては §5・15 で述べる．）

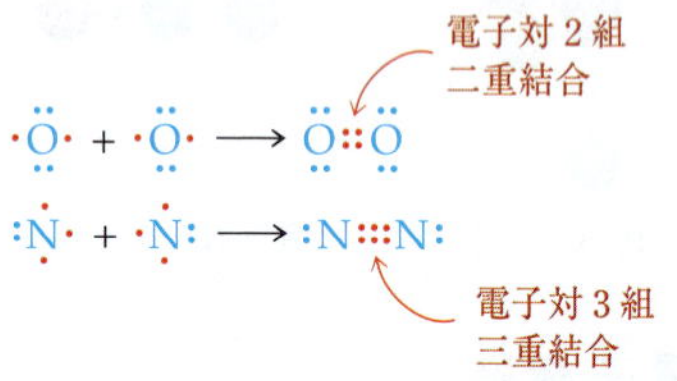

$$\cdot\overset{\cdot\cdot}{\underset{\cdot\cdot}{O}}\cdot + \cdot\overset{\cdot\cdot}{\underset{\cdot\cdot}{O}}\cdot \longrightarrow \overset{\cdot\cdot}{\underset{\cdot\cdot}{O}}::\overset{\cdot\cdot}{\underset{\cdot\cdot}{O}} \quad\text{電子対 2 組 二重結合}$$

$$:\!N\!: + :\!N\!: \longrightarrow :\!N\!:::\!N\!: \quad\text{電子対 3 組 三重結合}$$

多重結合は，より多くの電子が原子を結びつけているので，対応する単結合よりも短く強い．たとえば，O_2 分子中の O=O 二重結合と H_2O_2（過酸化水素）分子中の O—O 単結合を比較し，また N_2 分子中の N≡N 三重結合と N_2H_4（ヒドラジン）分子中の N—N 単結合を比較してみよう．

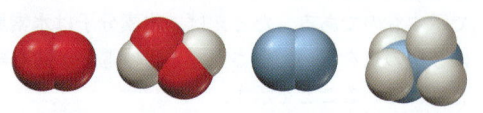

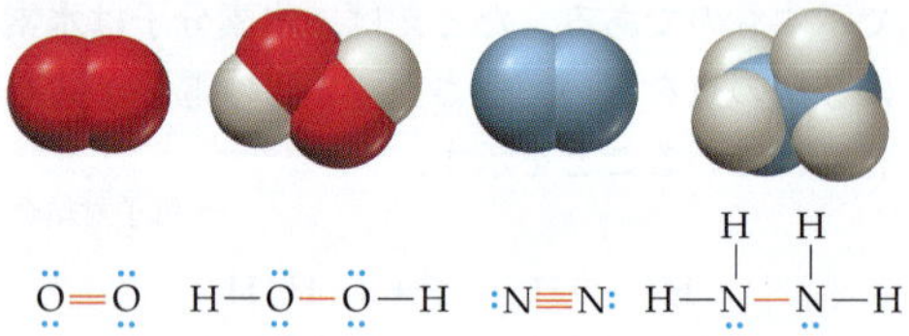

Ö=Ö	H—Ö—Ö—H	:N≡N:	H—N—N—H（H H）
結合距離：121 pm	148 pm	110 pm	145 pm
結合解離エネルギー：498 kJ/mol	213 kJ/mol	945 kJ/mol	275 kJ/mol

共有結合についての最後の注意点は，結合電子の起源である．大部分の共有結合では，二つの原子が電子を 1 個ずつ提供するが，一方の原子が 2 個の電子（孤立電子対）を，空の原子価軌道をもつ他方の原子に与えることによって共有結合をつくる場合もある．たとえば，アンモニウムイオン（NH_4^+）は，アンモニア $:NH_3$ の窒素原子から 2 個の孤立電子が H^+ に提供されることによって生成する．そのようにしてできる結合を <u>配位結合</u> とよぶことがある．

通常の共有結合——各原子が電子を1個ずつ提供する.

$$\text{H·} + \text{·H} \longrightarrow \text{H:H}$$

配位結合——窒素原子が2個の電子を提供する.

$$\text{H}^+ + :\overset{\text{H}}{\underset{\text{H}}{\text{N}}}\text{:H} \longrightarrow \left[\overset{\text{H}}{\underset{\text{H}}{\text{H:N:H}}}\right]^+$$

アンモニウムイオン (NH_4^+) の窒素原子は通常の3本より多い4本の結合をもっているが, 原子価殻電子はオクテットになっていることに注意しよう. 窒素, 酸素, リン, 硫黄などの原子はしばしば配位結合をつくる.

例題 5・3 点電子構造を描く

ホスフィン PH_3 の点電子構造を描け.

方 針 主要族元素がつくる共有結合の数は, その元素の族番号によって決まる. リンは15族元素であるから5個の原子価電子をもち, 孤立電子対1個を残して3本の結合をつくることによって原子価殻がオクテットになる.

解

$$\text{H:}\overset{..}{\underset{\text{H}}{\text{P}}}\text{:H}$$

ホスフィン

問題 5・10 つぎの分子の点電子構造を描け.
(a) H_2S, 腐った卵から発生する有毒ガス
(b) $CHCl_3$, クロロホルム

問題 5・11 オキソニウムイオン H_3O^+ の点電子構造を描き, H_2O と H^+ の反応でどのように配位結合ができるかを示せ.

5・7 多原子分子の点電子構造

水素と第2周期元素だけを含む化合物

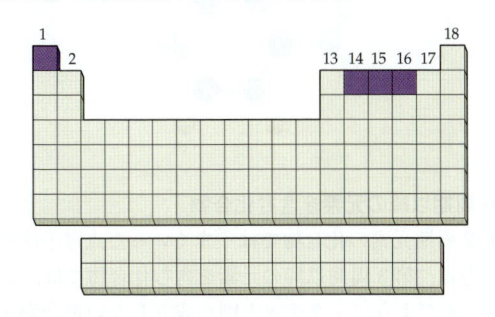

生命にかかわる天然化合物——タンパク質, 脂肪, 炭水化物, その他の数多くの化合物——の多くは水素と第2周期元素である炭素, 窒素, 酸素だけからできている.

このような化合物の点電子構造を描くのは比較的簡単である. ほとんど常にオクテット則が満たされており, 各元素がつくる結合の数を予測できるからである (表 5・4).

第2周期の原子と水素だけを含む比較的小さな化合物では, 第2周期原子が中心部をなし, 水素がその周囲にある. たとえば, エタン (C_2H_6) では, 4本の結合をつくる炭素原子2個と, 1本の結合しかつくらない水素原子6個とが結びついている. 2個の炭素を結合させ, それぞれに水素を結合させれば, 可能な唯一の構造ができあがる.

$$\left.\begin{array}{l}6\,\text{H·}\\2\,\text{·}\overset{..}{\text{C}}\text{·}\end{array}\right\} \Longrightarrow \begin{array}{c}\text{H H}\\\text{H:C:C:H}\\\text{H H}\end{array} \text{あるいは} \begin{array}{c}\text{H H}\\|\ \ |\\\text{H-C-C-H}\\|\ \ |\\\text{H H}\end{array}$$

エタン, C_2H_6

いろいろな第2周期原子を含むより大きな化合物では, 一般に2種類以上の点電子構造が可能である. その場合, 構造を描くためには原子がつながる順序についての知識が必要となる. 例題 5・4〜5・7 および問題 5・12〜5・14 で練習しよう.

例題 5・4 点電子構造を描く

ヒドラジン N_2H_4 の点電子構造を描け.

方 針 15族元素である窒素は5個の原子価電子をもち, 3本の結合をつくる. 2個の窒素を結合させて, それぞれの窒素に水素を2個ずつ結合させる.

解

$$\left.\begin{array}{l}2\,\text{·}\overset{..}{\text{N}}\text{·}\\4\,\text{H·}\end{array}\right\} \Longrightarrow \begin{array}{c}\text{H H}\\\text{H:}\overset{..}{\text{N}}\text{:}\overset{..}{\text{N}}\text{:H}\end{array} \text{あるいは} \begin{array}{c}\text{H H}\\|\ \ |\\\text{H-N-N-H}\end{array}$$

ヒドラジン, N_2H_4

(訳注: 厳密には左の構造式のように, すべての価電子を点で表したものを"点電子構造"というが, 本書では, 右の構造式のように2個の結合電子を1本の線で置き換えたものも点電子構造に含める. ただし非結合電子は点で明示しなければならない.)

例題 5・5 点電子構造を描く

二酸化炭素 CO_2 の点電子構造を描け.

方 針 炭素が4本の結合をつくり, 酸素はそれぞれ2本の結合をつくるように原子をつなぐ. 2個の炭素-酸素二重結合をもつ構造が, 唯一の可能な構造である.

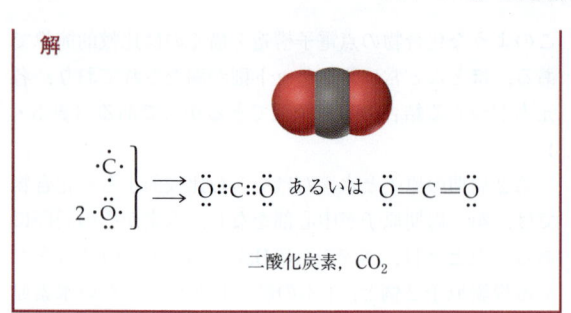

例題 5・6 点電子構造を描く

致死性ガスであるシアン化水素 HCN の点電子構造を描け.

方 針 まず炭素と窒素を結合させる. 炭素が4本の結合をつくり窒素が3本の結合をつくるためには, 炭素-窒素三重結合がなければならない.

解

$$\left.\begin{array}{l}\text{H·}\\ \text{·}\underset{\text{·}}{\text{C}}\text{·}\\ \text{·}\underset{\text{··}}{\text{N}}\text{:}\end{array}\right\} \Longrightarrow \text{H:C:::N:} \quad \text{あるいは} \quad \text{H—C}\equiv\text{N:}$$

シアン化水素, HCN

解

$$\left.\begin{array}{l}\text{·}\underset{\text{·}}{\text{C}}\text{·}\\ 2\,\text{·}\underset{\text{··}}{\text{O}}\text{·}\end{array}\right\} \Longrightarrow \ddot{\text{O}}::\text{C}::\ddot{\text{O}} \quad \text{あるいは} \quad \ddot{\text{O}}=\text{C}=\ddot{\text{O}}$$

二酸化炭素, CO_2

例題 5・7 分子中の多重結合を見つける

つぎの構造は, タンパク質を構成するアミノ酸の1種であるヒスチジンを表している. 原子のつながり方だけが示されていて, 多重結合は描かれていない. ヒスチジンの化学式を書き, 多重結合と孤立電子対がどこにあるかを示して構造を完成させよ (赤 = O, 黒 = C, 青 = N, 白 = H).

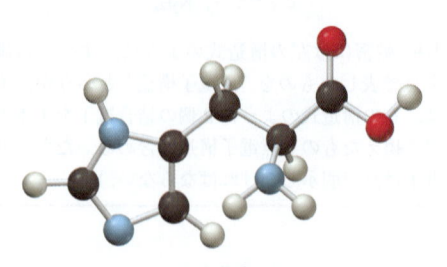

ヒスチジン

方 針 化学式を求めるために各元素の原子数を数える. つぎに構造中のそれぞれの原子に何が欠けているかを見きわめよう. 炭素 (黒) は結合4本, 酸素 (赤) は結合2本と孤立電子対2個, 窒素 (青) は結合3本と孤立電子対1個をもたなければならない.

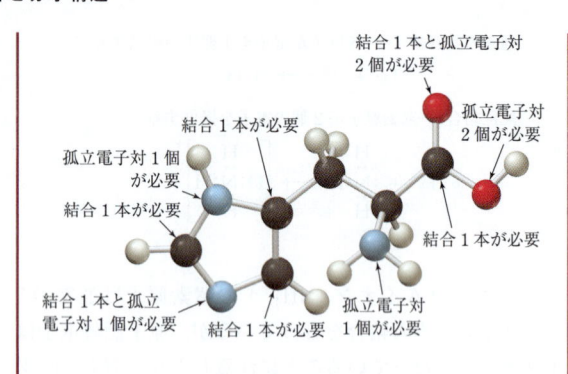

解 ヒスチジンの化学式は $C_6H_9N_3O_2$ である.

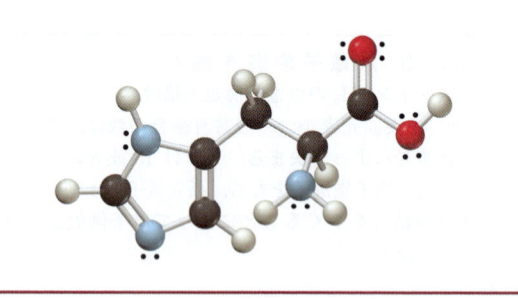

問題 5・12 つぎの分子の点電子構造を描け.
(a) プロパン C_3H_8 (b) 過酸化水素 H_2O_2
(c) メチルアミン CH_5N (d) エチレン C_2H_4
(e) アセチレン C_2H_2 (f) ホスゲン Cl_2CO

問題 5・13 化学式 C_2H_6O をもつ2種類の分子がある. それぞれの点電子構造を描け.

問題 5・14 つぎの構造は, あらゆる生体細胞にみられる DNA の成分であるシトシンを表している. 原子のつながり方だけで, 多重結合は示されていない. シトシンの化学式を書き, 多重結合と孤立電子対の位置を示して構造を完成させよ (赤 = O, 黒 = C, 青 = N, 白 = H).

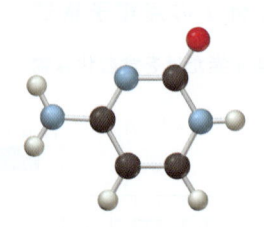

第3周期以降の元素を含む化合物

第2周期元素の化合物ではうまくいった点電子構造の描き方は, 第3周期以降の元素を含む化合物では, §4・7 で学んだようにオクテット則が成立しない場合があるので, うまくいかないことがある. たとえば, 四フッ化硫黄では結合の数は2ではなく4であり, 原子価殻にある電子は8個ではなく10個である.

5・7 多原子分子の点電子構造

硫黄の原子価電子は10個

四フッ化硫黄, SF₄

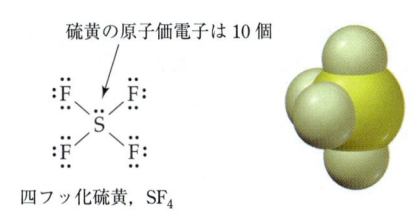

オクテット則が破綻するのは，周期表の右方にある13族～18族で，第3周期以降の元素である（図5・5）．これらの元素の原子は第2周期の原子より大きく，そのすぐ周囲に原子5個以上を配置することができ，したがって5本以上の結合を形成することができる．たとえば第2周期元素である窒素は塩素を3個しか結合できずNCl₃を生成し，したがってオクテット則に従っているが，第3周期元素であるリンは5個の塩素原子と結合してPCl₅を生成することができ，したがってオクテット則に従わない．

どのような化合物にも使える，点電子構造の一般的な描き方はつぎの通りである．

段階1　分子中のすべての原子について，原子価電子の総数を数える．アニオンでは，負電荷1個について電子1個を追加し，カチオンでは正電荷1個について電子1個を差引く．たとえば，SF₄では価電子の総数は34個である（硫黄から6個，フッ素4原子からそれぞれ7個）．OH⁻では，総数は8個であり（酸素から6個，水素から1個，負電荷に対して1個），NH₄⁺では総数は8個である（窒素から5個，水素4原子から各1個，これから正電荷に対する1個を差引く）．

SF₄
:S·　4 :F̈:
6e + (4×7e)
= 34e

OH⁻
:Ö· H·　+1e
6e + 1e +1e
= 8e

NH₄⁺
:N· 4 H·　−1e
5e + (4×1e) −1e
= 8e

段階2　原子のつながり方を決め，結合を表す線を描く．原子のつながり方は与えられている場合もあり，自分で判断しなければならない場合もある．つぎのことを思いだそう．

- 水素とハロゲンは結合を1本しかもたない．
- 第2周期元素は一般に表5・4に示した数の結合を形成する．
- 第3周期以降の元素は，他の原子に囲まれた中心原子となっており，オクテット則から予測されるよりも多くの結合を生成する場合がある．

また，中心原子は電気陰性度が最も小さい原子（水素を除く）である場合が多い．たとえば，SF₄における原子のつながり方を予測するとき，硫黄が中心にあり，それにフッ素がそれぞれ1本の結合でつながっており，したがって硫黄は族番号から予想されるよりも多くの結合をつくっている，と考えるのが最も妥当である．

F　F
 S
F　F

四フッ化硫黄, SF₄

段階3　段階1で計算した総電子数から結合に使われた価電子の数を引いて，残りの電子数を求め，それらを（水素以外の）末端原子に，オクテットになるように割り振る．SF₄の場合，全価電子34個のうち8個が共有結合をつくるのに使われたので，残りは34 − 8 = 26である．そのうち24電子は末端にある4個のフッ素原子がオクテット配置になるのに必要である．

:F̈: :F̈:
　S
:F̈: :F̈:

8 + 24 = 32個の電子が帰属済み

段階4　段階3が済んでもまだ電子が残っているな

図5・5　青で示した主要族元素ではオクテット則が成り立たない場合がある．

第3周期以降にあるこれらの元素の原子は第2周期の原子より大きく，したがってさらに多くの原子を結合することができる．

らば，それを中心原子に帰属する．SF₄ では，34 個のうち 32 個が帰属済みなので，残り 2 個を中心の S 原子に置く．

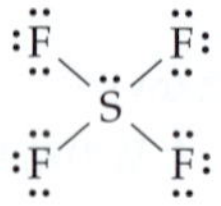

:F̈:　　:F̈:
　＼　／
　　S̈
　／　＼
:F̈:　　:F̈:

34 個の電子がすべて帰属された

段階 5　段階 3 が済んだときに，未帰属の電子がなく，中心原子がまだオクテットに達していない場合は，隣接原子から 1 個以上の孤立電子対を用いて多重結合（二重結合あるいは三重結合）をつくる．酸素，炭素，窒素，硫黄はしばしば多重結合を形成する．例題 5・9 にその例が出ている．

例題 5・8　点電子構造を描く

五塩化リン PCl₅ の点電子構造を描け．

方針　上に示した各段階に従う．まず原子価電子の総数を数える．リンは 5 個，塩素はそれぞれ 7 個をもち，総数は 40 個である．つぎに，原子のつながり方を決め，結合を示す線を描く．塩素は 1 本の結合しか形成しないから，PCl₅ では 5 個すべての塩素が中心のリン原子に結合していると考えられる．

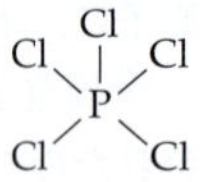

　　Cl　　Cl
　　　＼／
　Cl―P―Cl
　　　／
　　Cl

40 個の価電子のうち 10 個は 5 本の P—Cl 結合に必要である．残り 30 個を各塩素原子がオクテットをもつように割り振る．これで 30 個すべてがこの段階で使われる．

解

:C̈l:　　:C̈l:
　　＼／
:C̈l―P―C̈l:
　　／
:C̈l:

五塩化リン，PCl₅

例題 5・9　点電子構造を描く

合板やチップボードの製造に用いられるホルムアルデヒド CH₂O の点電子構造を描け．

方針　まず，価電子の総数を数える．炭素は 4 個，水素はそれぞれ 1 個，酸素は 6 個，計 12 個の価電子がある．つぎに，原子のつながり方を決め，結合を線で示す．ホルムアルデヒドの場合，電気陰性度がより小さい原子（炭素）が中心原子となり，二つの水素と酸素が炭素に結合する．

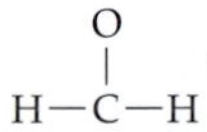

　　　O
　　　｜
　H―C―H

12 個の価電子のうち 6 個が結合に使われ，残りの 6 個が末端の酸素に帰属される．

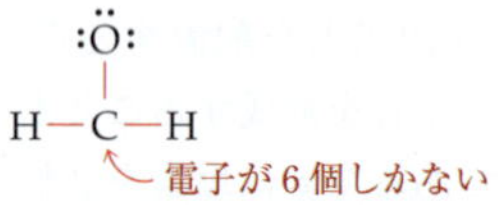

　　　:Ö:
　　　｜
　H―C―H
　　　　　← 電子が 6 個しかない

この時点で，すべての価電子が帰属されたが，中心の炭素原子はまだオクテットになっていない．したがって，酸素上の 2 個の電子を孤立電子対から結合電子対になるように移動して，炭素-酸素二重結合をつくると，酸素，炭素ともにオクテットを満たした構造になる．

解

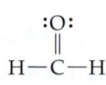

　　　:Ö:
　　　‖
　H―C―H

ホルムアルデヒド，CH₂O

例題 5・10　点電子構造を描く

非常に希な貴ガスイオンの一つである XeF₅⁺ の点電子構造を描け．

方針　価電子の総数を数える．キセノンは 8 個，フッ素はそれぞれ 7 個をもち，正電荷があるので 1 を引くと，総数は 42 個となる．つぎに，原子のつながり方を決め，結合を線で表す．XeF₅⁺ の場合，5 個のフッ素が第 5 周期元素であるキセノンに結合していると考えるのがもっともらしい．

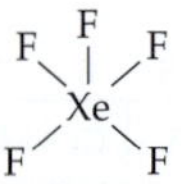

　　F　　F
　　　＼／
　F―Xe―F
　　　／
　　F

42 個の価電子のうち 10 個が結合に使われ，残り 32 個の電子を末端のフッ素原子のそれぞれがオクテットになるように割り振る．2 個の電子が余るので，これをキセノンに帰属すると，正電荷をもつ最終的な構造が得られる．

解

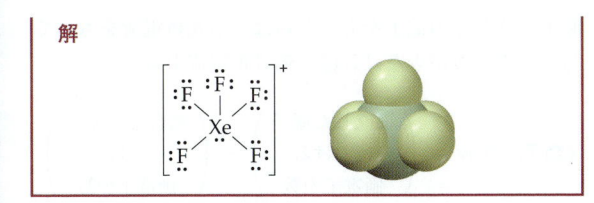

[XeF₄]⁺ の点電子構造図

問題 5・15 一酸化炭素 CO は燃料の不完全燃焼で発生する致死性ガスである. CO の点電子構造を描け.

問題 5・16 つぎの分子の点電子構造を描け.
(a) AlCl₃ (b) ICl₃ (c) XeOF₄ (d) HOBr

問題 5・17 つぎのイオンの点電子構造を描け.
(a) OH⁻ (b) H₃S⁺ (c) HCO₃⁻ (d) ClO₄⁻

5・8 点電子構造と共鳴

前節で述べた点電子構造を段階的に描く方法は, ときどき面白い問題に発展する. たとえば, オゾン O₃ を見てみよう. 段階1でこの分子は18個の価電子をもつことがわかり, 段階2〜4でつぎの構造が描ける.

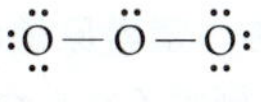

$$:\ddot{O}-\ddot{O}-\ddot{O}:$$

この時点で中心の酸素原子がオクテットになっていないので, 末端の酸素原子から孤立電子対の一つを結合電子対になるように動かして, 中心の酸素をオクテットにしなければならない. しかし孤立電子対を"右側"の酸素からもってくるべきだろうか, あるいは"左側"の酸素からだろうか. どちらでも妥当な構造が得られる.

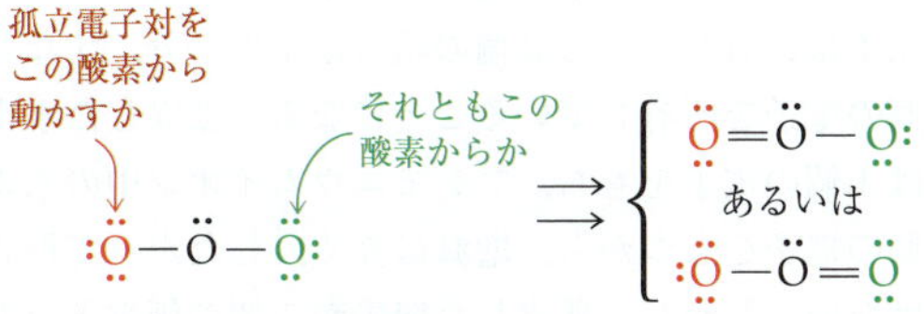

孤立電子対をこの酸素から動かすか / それともこの酸素からか
⟹ { $\ddot{O}=\ddot{O}-\ddot{O}:$ あるいは $:\ddot{O}-\ddot{O}=\ddot{O}$ }

これら二つの構造のうち, どちらが O₃ として正しいだろうか. 実はどちらもそれだけでは正しくない. 一つの分子に対して2個以上の妥当な点電子構造が描ける場合, 実際の電子構造はそれらの平均になっている. これを**共鳴混成体** (resonance hybrid) といい, 各点電子構造を共鳴構造とよぶ. 二つの共鳴構造は原子価殻電子 (結合電子と孤立電子) の配置が違うだけであることに注意しよう. どちらの構造も価電子の総数は同じであり, 原子のつながり方も同じであり, 原子の相対的な位置も同じである.

オゾンは, 共鳴構造のそれぞれが示すように O=O 二重結合1個と O—O 単結合1個をもつのではなく, 二つの等価な O—O 結合をもつ. この結合は純粋な単結合と純粋な二重結合の中間で, 結合次数1.5と考えることができる. 二つの結合は同じ 128 pm の結合距離をもっている.

O₃ の二つの O—O 結合が等価であることを一つの点電子構造で示すことはできない. 電子の位置を示すのに用いる方法が不十分だからである. その代わりに, 二つ (あるいはそれ以上の) 点電子構造を描き, それらが共鳴混成体に寄与していることを示すために矢印が両向きについた共鳴の矢印を用いることによって, 共鳴という考え方を表現する. この両向きの矢印は共鳴を表すときだけに使われ, それ以外の目的では決して使われない.

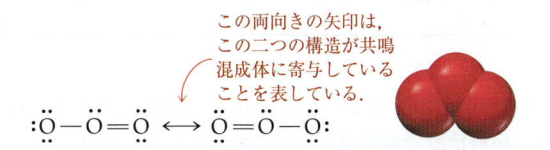

この両向きの矢印は, この二つの構造が共鳴混成体に寄与していることを表している.

$$:\ddot{O}-\ddot{O}=\ddot{O} \longleftrightarrow \ddot{O}=\ddot{O}-\ddot{O}:$$

一つの点電子構造で表すことができない分子があるという事実は, 点電子構造が単純化され過ぎていて, 分子内の電子分布を常に正しく表しているのではない, ということを示唆している. 電子分布をより正確に表す方法として**分子軌道理論**があり, いずれこれについて学ぶ. しかしこの方法は複雑なので, 化学者も普段は簡単な点電子構造を使っている.

例題 5・11 共鳴構造を描く

硝酸イオン NO₃⁻ は3個の等価な酸素原子をもち, その電子構造は3個の点電子構造の共鳴混成体である. それらを描け.

方針 まず, これまでのように点電子構造を一つ描く. 硝酸イオンには, 窒素から5個, 3個の酸素からそれぞれ6個, 負電荷に対して1個, 計24個の価電子がある. 3個の等価な酸素はいずれも, より電気陰性度の小さな窒素と結合している.

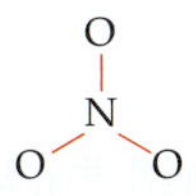

O—N(—O)—O   24個の価電子のうち6個が帰属される

残り18個の電子を, 酸素に振り分けると酸素はいずれもオクテットになるが, 窒素は6個の電子しかもたない.

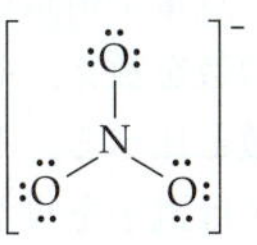

[:Ö—N(—Ö:)—Ö:]⁻

窒素にオクテットをもたせるために，酸素の一つは孤立電子対を使ってN=O二重結合をつくらなければならない．それはどの酸素だろうか．3通りの可能性があり，したがって結合電子対と孤立電子対の位置だけが違う3種類の点電子構造が描ける．三つの構造で，原子のつながり方も原子の位置も同じである．

解

$$[:\ddot{O}=N(\ddot{O}:)(\ddot{O}:)]^- \leftrightarrow [:\ddot{O}-N(=\ddot{O})(\ddot{O}:)]^- \leftrightarrow [:\ddot{O}-N(\ddot{O}:)(=\ddot{O})]^-$$

問題 5・18 "笑気"とよばれる一酸化二窒素（N_2O）は，歯科治療で麻酔薬として使われている．原子のつながり方がN—N—Oであるとして，N_2Oの二つの共鳴構造を描け．

問題 5・19 つぎの分子あるいはイオンについて，水素以外のすべての原子がオクテットをもつようにして，可能なすべての共鳴構造を描け．
(a) SO_2 (b) CO_3^{2-} (c) HCO_2^- (d) BF_3

問題 5・20 つぎの構造は，香料製造に用いられる化合物アニソールについて，原子のつながり方を示したものである．多重結合の位置を示して，アニソールの二つの共鳴構造を描け（赤＝O, 黒＝C, 白＝H）．

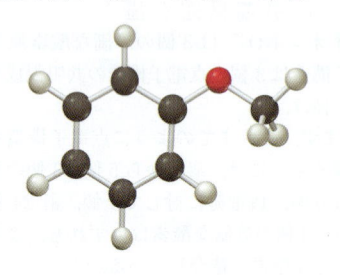

5・9 形式電荷

§5・4で述べた電気陰性度や極性共有結合の考え方と密接に関係しているのが，点電子構造における特定の原子上の**形式電荷**（formal charge）の概念である．形式電荷は一種の電子"簿記"に由来しており，つぎのようにして計算される．点電子構造において，一つの原子の周りにある価電子の数を数え，それをその原子が孤立状態でもつ価電子の数と比べる．その数が同じでなければ，分子中のその原子は電子を得たか失ったかしており，したがって形式電荷をもつ．分子中の原子が孤立状態の原子より多くの電子をもつならば，形式負電荷をもっており，電子数が少なければ，形式正電荷をもっている．

$$形式電荷 = \begin{pmatrix} 孤立した原子 \\ における \\ 価電子の数 \end{pmatrix} - \begin{pmatrix} 結合した原子 \\ における \\ 価電子の数 \end{pmatrix}$$

結合した原子のもつ価電子の数を数えるときに，共有されていない非結合電子と共有されている結合電子を区別する必要がある．簿記の目的では，非結合電子はすべてその原子に属するが，結合電子は相手原子と共有しているのでその半数がその原子に属すると考える．そこで，形式電荷の定義をつぎのように書き換えることができる．

$$形式電荷 = \begin{pmatrix} 孤立した原子 \\ における \\ 価電子の数 \end{pmatrix} - \frac{1}{2}(結合電子の数) - (非結合電子の数)$$

たとえばアンモニウムイオン（NH_4^+）において，4個の等価な水素原子は窒素と共有結合をしていてそれぞれ2個の価電子をもち，窒素原子は4本のN—H結合に2個ずつ，計8個の価電子をもつ．

$$\left[\begin{array}{c} H \\ H:\ddot{N}:H \\ H \end{array}\right]^+$$

アンモニウムイオン
窒素のまわりに8個の価電子
各水素のまわりに2個の価電子

簿記の目的では，それぞれの水素は共有している2個の結合電子の半分，すなわち1個の電子を所有しており，窒素原子は共有している8個の結合電子の半分，すなわち4個の電子を所有していることになる．孤立した水素原子は1個の電子をもち，アンモニウムイオン中の水素も1個の電子をもつから，増減はなく，したがって形式電荷はない．しかし，孤立した窒素が5個の価電子をもつのに対して，NH_4^+中の窒素は4個しか所有しておらず，したがって+1の形式電荷をもつ．すべての原子がもつ形式電荷の和（この場合は+1）は，そのイオンの全電荷に等しくなければならない．

$$\begin{array}{c} H \\ H:\ddot{N}:H \\ H \end{array}^+$$

水素： 孤立した水素の価電子数　　1
結合した水素の結合電子数　2
結合した水素の非結合電子数　0
形式電荷 = 1 − 1/2(2) − 0 = 0

窒素： 孤立した窒素の価電子数　　5
結合した窒素の結合電子数　8
結合した窒素の非結合電子数　0
形式電荷 = 5 − 1/2(8) − 0 = +1

形式電荷の計算の意義は，前節で述べた共鳴構造への応用で明らかになる．一つの化合物に対する二つの共鳴構造が等価ではないことがある．共鳴構造の一つが他のものより"優れている"，すなわち実際の電子構造により近い，ということがある．そのような場合共鳴混成体はその好ましい構造により強く重みがかかっている．

たとえば，タンパク質と関連があるアセトアミドという有機化合物を例にとろう．アセトアミドに対して，C，N，および O 原子がいずれもオクテット則を満たした2個の妥当な共鳴構造を書くことができる．このうち一方は形式電荷をもたず，他方は O および N 原子上に形式電荷をもつ．（形式電荷が正しいことを自分で確かめよ．）

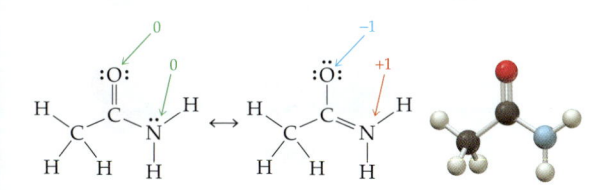

アセトアミド

この二つの構造のどちらが，この分子をより正確に表しているだろうか．＋ と － の電荷を分離するのにエネルギーが必要だから，形式電荷をもたない構造がもつ構造よりエネルギーが低いと考えられる．したがって，アセトアミドの実際の電子構造は，より有利な低エネルギーの構造に近い．

別の例を挙げると，N_2O において，形式負電荷が電気陰性度の小さな窒素上ではなく電気陰性度の大きな酸素上にある構造の方が，この分子をより正確に表していると考えられる．

例題 5・12 形式電荷を計算する

つぎに示す SO_2 の点電子構造における各原子の形式電荷を計算せよ．

:Ö—S̈=Ö:

方 針 各原子について別々に，孤立状態での価電子の数から結合状態での結合電子数の半分と非結合電子の数を差引く．

解
硫黄： 　　　　孤立した硫黄の価電子数　　　6
　　　　　　　結合した硫黄の結合電子数　　　6
　　　　　　　結合した硫黄の非結合電子数　　2
　　　　　　　形式電荷 = $6 - \frac{1}{2}(6) - 2 = +1$
単結合の酸素：孤立した酸素の価電子数　　　6
　　　　　　　結合した酸素の結合電子数　　　2
　　　　　　　結合した酸素の非結合電子数　　6
　　　　　　　形式電荷 = $6 - \frac{1}{2}(2) - 6 = -1$
二重結合の酸素：孤立した酸素の価電子数　　6
　　　　　　　結合した酸素の結合電子数　　　4
　　　　　　　結合した酸素の非結合電子数　　4
　　　　　　　形式電荷 = $6 - \frac{1}{2}(4) - 4 = 0$

SO_2 の硫黄原子は +1 の形式電荷をもち，単結合をした酸素原子は -1 の形式電荷をもつ．したがって SO_2 の構造はつぎのように書ける．

:Ö—S̈=Ö:

問題 5・21 例題 5・11 の硝酸イオンの3個の共鳴構造について各原子上の形式電荷を計算せよ．

問題 5・22 つぎの構造の各原子がもつ形式電荷を計算せよ．

(a) シアン酸イオン　　[N̈=C=Ö:]⁻

(b) オゾン　　:Ö—Ö=Ö:

5・10 分子の形: VSEPR モデル

以下に示した水，アンモニア，およびメタンのコンピューターで計算して描いた球棒モデルを見てみよう．これらの分子は ── 他のあらゆる分子もそうであるが ── 固有の三次元の形をしている．特に生物学的に重要な分子では，三次元の形がその分子の化学に重要な役割を果たしている．

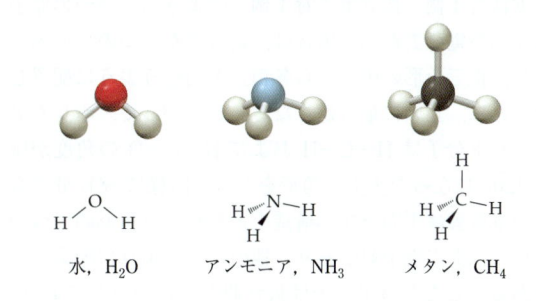

水, H_2O　　　アンモニア, NH_3　　　メタン, CH_4

他の多くの性質と同様に，分子の形もそれを構成する原子の電子構造によって決まる．分子の形は**原子価殻電子対反発モデル** (valence-shell electron pair repulsion model, VSEPR model) によって予測することができる．

結合電子対も孤立電子対も，互いに反発してできるだけ離れようとする"電荷雲"と考えることができ，それが分子が特定の形をとる原因となる．VSEPR 法を適用するためには，つぎの 2 段階を覚えておけばよい．

段階 1 §5・7で述べたように分子の点電子構造を描き，対象原子を取り囲む電荷雲の数を数える．電荷雲は単に電子の塊であり，結合電子でも孤立電子でもよい．つまり電荷雲の数は結合と孤立電子対の総数である．電荷雲に何個の電子があろうと構わないので，多重結合も単結合と同じように一つの電荷雲と数える．

段階 2 電荷雲は互いにできるだけ離れるように配向すると考えて，原子の周りの電荷雲の幾何学的配置を予測する．その配置は電荷雲の数で決まる．いくつかの可能性を見てみよう．

2 個の電荷雲 CO_2（二重結合 2 個）や HCN（単結合 1 個と三重結合 1 個）の炭素原子のように，一つの原子に電荷雲が 2 個だけある場合は，電荷雲が逆方向を向いているときに，互いに最も遠くなる．したがって，CO_2 や HCN は 180° の**結合角**（bond angle）をもつ直線分子である．

CO_2 は 180° の結合角をもつ直線分子である．

HCN は 180° の結合角をもつ直線分子である．

3 個の電荷雲 ホルムアルデヒドの炭素原子（単結合 2 個と二重結合 1 個）や SO_2 の硫黄原子（単結合 1 個，二重結合 1 個，孤立電子対 1 個）のように，一つの原子に 3 個の電荷雲がある場合は，電荷雲が一つの平面内にあり，正三角形の中心から各頂点を向かうように配置したときに，互いに最も遠くなる．したがって，ホルムアルデヒド分子は H—C—H および H—C=O の角度がほぼ 120° になった<u>平面三角形</u>をとる．同様に SO_2 分子もその電荷雲は平面三角形構造をとるが，三角形の一つの頂点には孤立電子対があり，他の二つの頂点に酸素原子がある．したがって分子は折れ曲がった形をしており，O—S—O 角は 180° ではなくほぼ 120° である．ここで分子の形という場合，分子内の原子の配置を指しており，原子の周りの電荷雲の幾何学的配置を指しているのではないことに注意しよう．

ホルムアルデヒド分子は平面三角形をしており，結合角はほぼ 120° である．

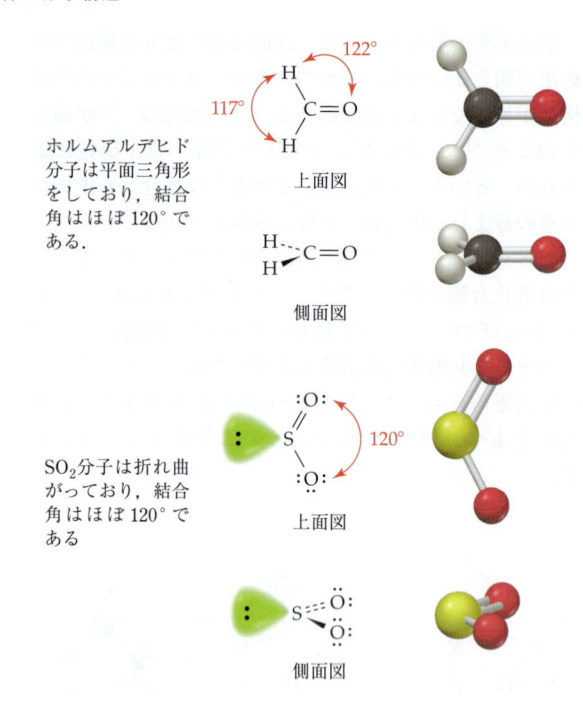

SO_2 分子は折れ曲がっており，結合角はほぼ 120° である．

4 個の電荷雲 CH_4（単結合 4 個），NH_3（単結合 3 個と孤立電子対 1 個），H_2O（単結合 2 個と孤立電子対 2 個）の中心原子のように，一つの原子が 4 個の電荷雲をもつ場合は，電荷雲が正四面体の中心から各頂点を向かうように配置したとき，互いに最も遠くなる．図 5・6 に示したように，正四面体は 4 枚の面が同一の正三角形からなる立体である．中心原子は正四面体の中心に位置し，電荷雲は各頂点を向く．中心と頂点を結ぶ線はどの二つも 109.5° の角度をなしている．

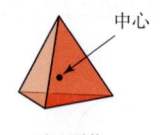

正四面体
原子は正四面体の中心に位置している．

4 個の電荷雲は正四面体の四つの頂点を向いている．

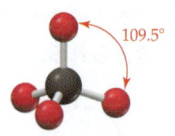

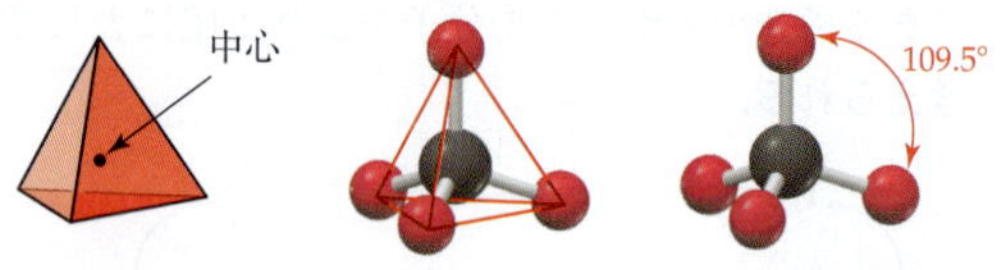

正四面体分子
どの二つの結合のなす角度も 109.5° である．

図 5・6 まわりに 4 個の電荷雲をもつ原子の正四面体構造．

特に第 2 周期元素では価電子はオクテットになるのが普通なので，非常に多くの分子で，原子は正四面体に基づく配置をとる．たとえば，メタンは H—C—H 角が 109.5° の正四面体をしている．NH_3 では，4 個の電荷雲が正四面体配置をとるが，正四面体の一つの頂点は孤立電子対が占めるので，分子の形は<u>三角錐</u>となる．同様

5・10 分子の形: VSEPRモデル

に，H_2O では正四面体の二つの頂点を孤立電子対が占めるので，折れ曲がった形となる．

メタン分子は正四面体形をしており，結合角は 109.5° である．

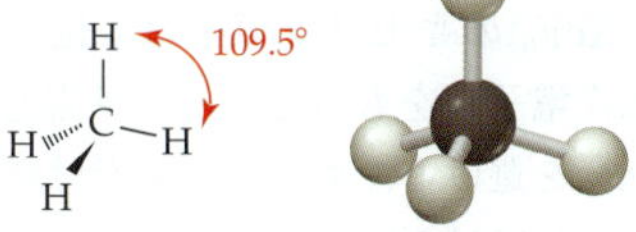

アンモニア分子は三角錐形をしており，結合角は 107° である．

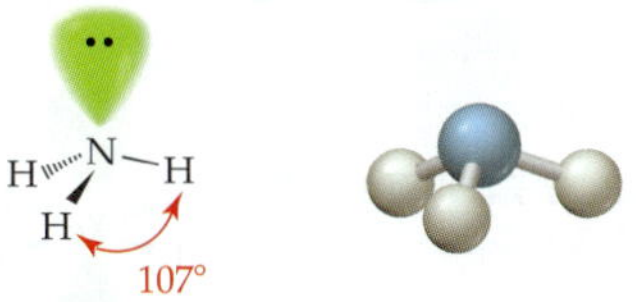

水分子は折れ曲がった形をしており，結合角は 104.5° である．

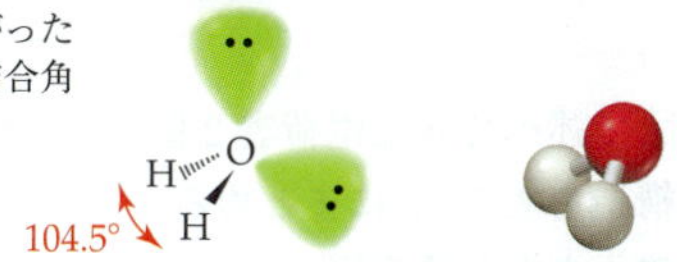

上の 3 個の分子の三次元的な形の描き方に注意しよう．くさび形の実線は紙面の手前に出ている．実線は紙面内に，くさび形の破線は紙面の後方に，と考える．また，アンモニアの H—N—H 結合角(107°)や水の H—O—H 結合角(104.5°)が理想的な正四面体角 109.5° よりも小さいことに注目しよう．結合角が小さくなるのは孤立電子対が存在するからである．孤立電子対の電荷雲は，原子間の空間に束縛されていないので，結合電子の電荷雲よりも広がっている．その結果，孤立電子対の少し大きくなった電荷雲が分子の残りの結合角を圧縮している．

5 個の電荷雲　PCl_5, SF_4, ClF_3, I_3^- などの中心原子に見られる 5 個の電荷雲は，三方両錐形(trigonal bipyramid)とよばれる立体の各頂点を向いている．3 個の電荷雲は平面内にあり正三角形の頂点を向くように配向し，残り 2 個はこの平面に垂直に上下に配向している．

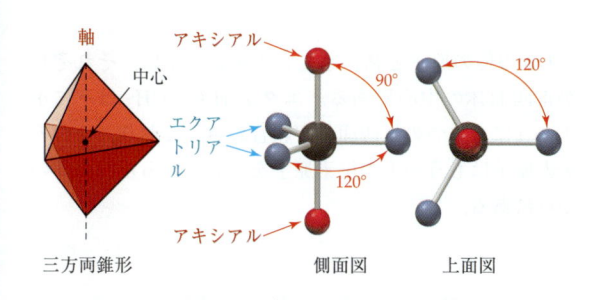

三方両錐形には，これまで述べてきた直線形，平面三角形，正四面体形と違って，2 種類の位置がある．すなわち，3 個のエクアトリアル(equatorial)位(両錐形の"赤道"のまわり)と 2 個のアキシアル(axial)位(両錐

形の"軸"方向)である．3 個のエクアトリアル位は互いに 120° をなし，アキシアル位に対して 90° をなしている．2 個のアキシアル位は互いに 180° をなし，エクアトリアル位に対して 90° をなしている．

5 個の電荷雲が三方両錐形をとる化合物は，電荷雲が結合電子対か孤立電子対かによって，異なる形になる．たとえば，五塩化リンは，リンの周りの 5 個の位置がすべて塩素で占められので，分子の形も三方両錐形となる．

PCl_5 分子は三方両錐形である．

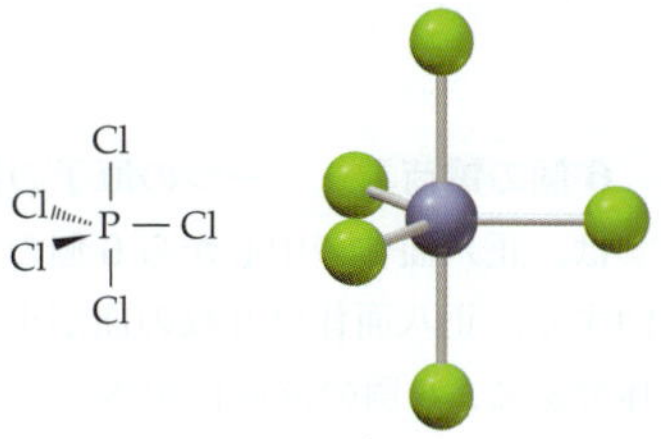

SF_4 の硫黄原子は他の 4 個の原子と結合しており，1 個の孤立電子対をもっている．孤立電子対は結合電子より広がっており，より大きな空間を占めるので，SF_4 の孤立電子対は，接近した電荷雲(90° 離れた)が 2 個だけのエクアトリアル位を占める．もしアキシアル位を占めると，3 個の電荷雲と接近してしまう．その結果，SF_4 はシーソー形とよばれることもある形をとる．(90° 回せばシーソーに見える．)

SF_4 分子はシーソーのような形をしている(90° 回してみよ)．

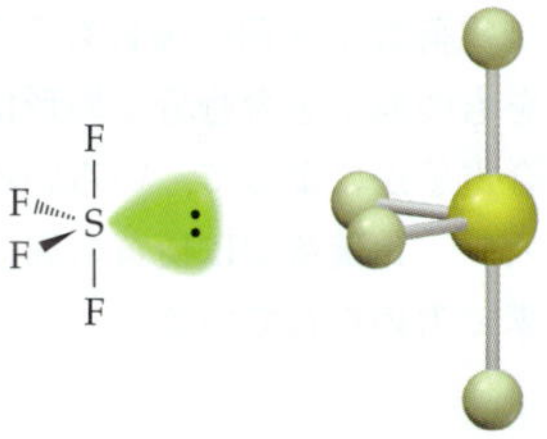

ClF_3 の塩素原子は他の 3 個の原子と結合しており，2 個の孤立電子対をもっている．孤立電子対はともにエクアトリアル位を占めるので，ClF_3 分子は T 字形をとる．(シーソー形のときと同じように 90° 回してみればよい．)

ClF_3 分子は T 字形をしている(90° 回してみよ)．

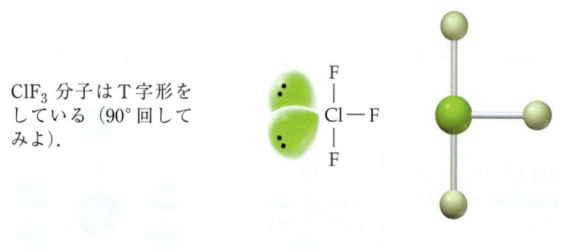

I_3^- イオンの中央のヨウ素原子は他の 2 個の原子と結

合しており，3個の孤立電子対をもっている．3個の孤立電子対はいずれもエクアトリアル位を占めるので，I₃⁻は直線状となる．

I₃⁻イオンは直線状である．

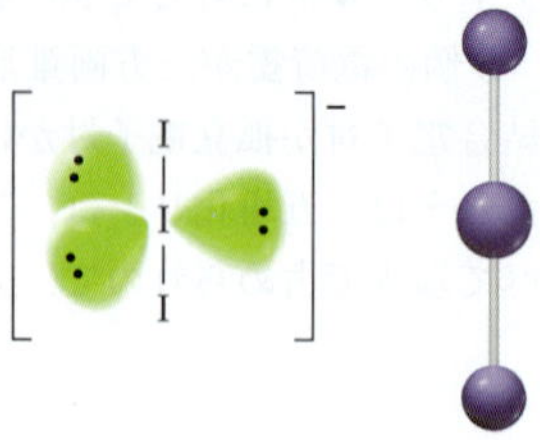

6個の電荷雲 一つの原子の周りにある6個の電荷雲は，正八面体の中心から6個の頂点に向かうように配向する．正八面体は8枚の面が正三角形でできている立体である．6個の位置はすべて等価であり，隣り合う位置のなす角度はすべて90°である．

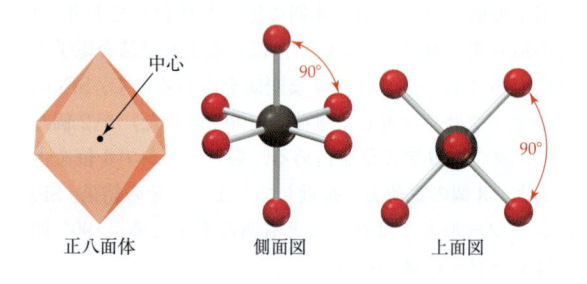

電荷雲が5個の場合もそうであったが，6個の電荷雲をもつ原子を含む分子の形は，電荷雲が結合電子か非結合電子かによって，いろいろな可能性がある．たとえば，六フッ化硫黄では硫黄の周りの6個の位置がすべてフッ素で占められている．

SF₆分子は正八面体形である．

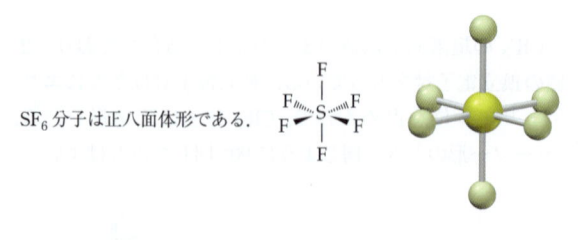

SbCl₅²⁻イオンのアンチモン原子も6個の電荷雲をも

SbCl₅²⁻イオンは四角錐形をしている．

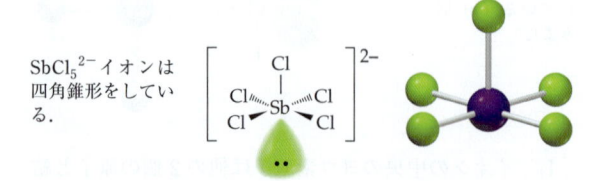

つが，結合しているのは5個の原子だけであり，1個の孤立電子対をもつ．その結果，このイオンは**四角錐形**（square pyramidal）をしている．

XeF₄のキセノン原子は4個の原子と結合し，2個の孤立電子対をもっている．予測通り，孤立電子対は電子反発を避けるためにできるだけ離れるように配向するので，分子は**平面正方形**（square planar）をしている．

XeF₄分子は平面正方形をしている．

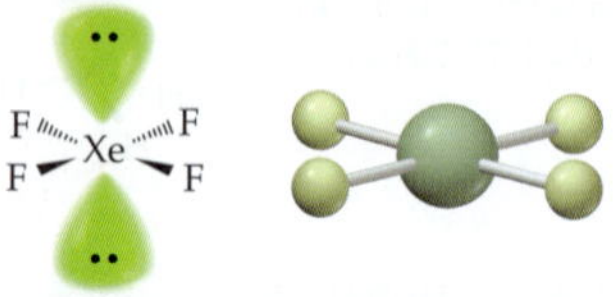

これまで述べてきた電荷雲2個から6個までのすべての幾何構造を表5・5にまとめる．

さらに大きな分子の形 さらに大きな分子における個々の原子の周りの形も表5・5にまとめた規則で予測することができる．たとえば，エチレン（H₂C＝CH₂）の2個の炭素原子は，それぞれ3個の電荷雲をもつので平面三角形構造になる．H—C—C および H—C—H の角度はほぼ120°である．分子全体として平面構造をとる（§5・13 をみよ）．

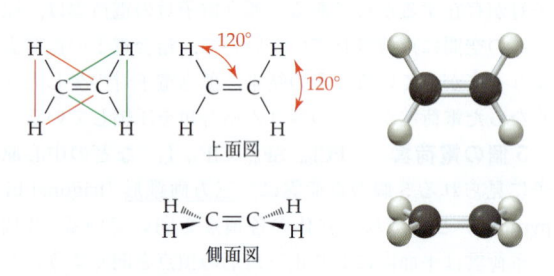

エチレンの炭素原子は平面三角形である．分子全体も平面で120°の結合角をもつ．

4個の他の原子と結合している炭素原子は，それぞれが正四面体の中心にある．エタン H₃C—CH₃ は下に示すように，二つの正四面体が組合わさっており，一つの炭素原子はもう一方の炭素原子を中心とする正四面体の頂点にある．

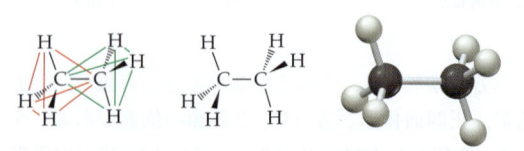

エタンの炭素原子は正四面体形をしており，109.5°の結合角をもつ．

表 5・5 電荷雲 2, 3, 4, 5, 6 個をもつ原子のまわりの幾何構造

結合の数	孤立電子対の数	電荷雲の数	分子の幾何構造	例
2	0	2	直線状	O=C=O
3	0	3	平面三角形	H₂C=O
2	1	3	折れ曲がり形	O₂S
4	0	4	正四面体形	CH₄
3	1	4	三角錐形	NH₃
2	2	4	折れ曲がり形	H₂O
5	0	5	三方両錐形	PCl₅
4	1	5	シーソー形	SF₄
3	2	5	T字形	ClF₃
2	3	5	直線状	I₃⁻
6	0	6	正八面体形	SF₆
5	1	6	四角錐形	[SbCl₅]²⁻
4	2	6	平面正方形	XeF₄

例題 5・13 VSEPR モデルを使って形を予測する

BrF₅ の形を予測せよ.

方 針 まず, BrF₅ の点電子構造を描いて, 中心の臭素原子が6個の電荷雲（5個の結合と1個の孤立電子対）をもつことを確認する. つぎに, 6個の電荷雲がどのように配置されるかを予測する.

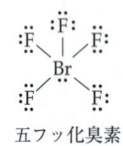

五フッ化臭素

解 電荷雲が6個なので正八面体配置となり, 1個は孤立電子対なので分子の形は四角錐形となる.

問題 5・23 つぎの分子やイオンの形を予測せよ.
(a) O₃ (b) H₃O⁺ (c) XeF₂ (d) PF₆⁻
(e) XeOF₄ (f) AlH₄⁻ (g) BF₄⁻ (h) SiCl₄
(i) ICl₄⁻ (j) AlCl₃

問題 5・24 酢酸 CH₃COOH は食酢の主成分である. 酢酸の点電子構造を描き, 分子全体の形を示せ.（2個の炭素原子は単結合で結ばれており, 2個の酸素原子は同じ炭素に結合している.）

問題 5・25 つぎの分子模型の中心原子のまわりの幾何構造はどうなっているか.

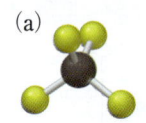

(a)　　(b)

5・11 原子価結合理論

§5・6 と §5・7 で述べた点電子構造は, 分子内での価電子の分布を予測する簡単な方法であり, §5・10 で述べた VSEPR モデルは分子の形を予測する簡単な方法である. しかしどちらの方法も共有結合の電子的な本質については何も触れていない. これを明らかにするために, **原子価結合理論**（valence bond theory）とよばれる量子力学モデルが発展してきた.

原子価結合理論は, 共有結合において電子対がどのように共有されるかをわかりやすく示す軌道図を与えてくれる. 要するに, 2個の原子が接近して, それぞれの原子の電子が1個だけ入った原子価軌道が互いに空間的に**重なり合う**（overlap）ことによって, 共有結合が生成する. 重なり合った軌道に入っている対になった電子は, 両方の原子の原子核に引きつけられ, そのために二つの原子の間に結合ができる. たとえば, H₂ 分子では, 電子が1個だけ入った水素 1s 軌道二つが重なり合って H—H 結合が形成される.

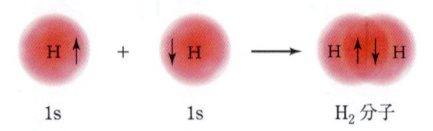

原子軌道が**シュレーディンガーの波動方程式**（Schrödinger wave equation）に従って生成すること, および, p 原子軌道では二つのローブが異なる色で示される異なる**位相**（phase）をもつことを思い出そう. 原子価結合理論では, 二つの重なり合うローブは同じ位相をもたなければならず, 形成された共有結合の強さは軌道の重なり具合に依存しており, 重なりが大きいほど結合は強くなる. このことは, s 軌道以外の軌道が重なってできる結合は方向性をもつことを意味している. たとえば F₂ 分子において, それぞれのフッ素原子は [He] 2s² 2p$_x^2$ 2p$_y^2$ 2p$_z^1$ の電子配置をもつので, F—F 結合は電子1個をもつ二つの 2p 軌道の重なりによって生成する. 重なりが最大になるためには, 二つの 2p 軌道は互いの方向を向かなければならないので, F—F 結合は軌道軸の方向に生成する. このように軌道が正面から重なり合って生成する結合を**シグマ (σ) 結合**（sigma bond）とよぶ.

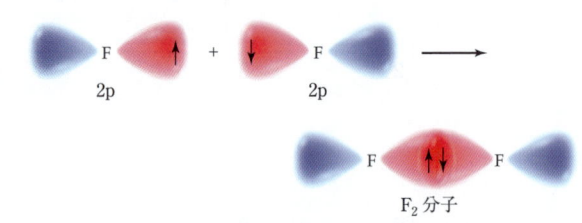

> **思い出そう…**
> **シュレーディンガーの波動方程式**は, 原子の波動性に注目して原子構造の量子力学モデルを記述する. 波動方程式の解を波動関数あるいは軌道とよぶ（§3・6）. p 軌道の二つのローブは波動関数で異なる数学的符号をもち, これは波の位相に相当する（§3・7）.

HCl の共有結合は, 水素の 1s 軌道と塩素の 3p 軌道の重なりによって生成し, p 軌道軸の方向にある.

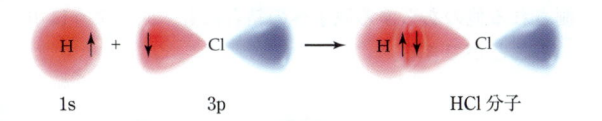

原子価結合理論の基本的な考え方

- 共有結合は，スピンの向きが逆の電子1個ずつをもつ二つの原子軌道の重なりによって生成する．
- 結合をつくった各原子はそれ自身の原子軌道を保持するが，重なり合った軌道にある電子対は両原子に共有される．
- 軌道の重なりが大きいほど結合は強くなる．このことから，s 以外の軌道が関与する結合は方向性をもつ．

5・12 混成および sp³ 混成軌道

原子価結合理論はどのように複雑な多原子分子の電子構造を表現し，分子内の原子の周りの幾何構造を説明するのだろうか．まずメタン CH_4 のような簡単な四面体形分子を見てみよう．いくつかの問題点がある．

炭素の基底状態電子配置は [He] $2s^2 2p_x^1 2p_y^1$ である．したがって4個の価電子をもち，そのうちの2個は対をつくって 2s 軌道に入っており，残りの2個は対をつくらずに異なる 2p 軌道に入っている．これを仮に $2p_x$ と $2p_y$ とする．しかし2個の価電子がすでに対をつくっており，対をつくっていない電子が2個しかないのならば，どのようにして4本の結合をつくることができるのだろうか．その答は，エネルギーの低い 2s 軌道にある電子の一つがエネルギーの高い空の $2p_z$ 軌道に昇位して [He] $2s^1 2p_x^1 2p_y^1 2p_z^1$ という<u>励起状態電子配置</u>になる，ということである．これによって不対電子が4個になり4本の結合を形成することができる．

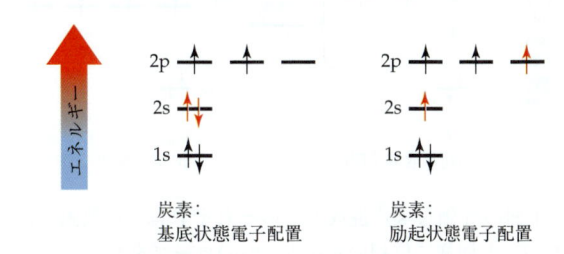

炭素：基底状態電子配置   炭素：励起状態電子配置

つぎの問題はもっと難しい．励起状態の炭素が結合形成に 2s と 2p の2種類の軌道を使うのならば，どのようにして4個の等価な結合ができるのだろうか．さらに，3個の 2p 軌道が互いに 90° をなし，2s 軌道が方向性をもたないのならば，どのようにして結合角 109.5° の結合ができるのだろうか．その答は 1931 年に<u>混成軌道</u>（hybrid orbital）の概念を導入した Linus Pauling によって与えられた．

Pauling は，シュレーディンガーの波動方程式から導かれる s および p 軌道に対する波動関数を数学的に組合わせることによって**混成原子軌道**（hybrid atomic orbital）とよばれる1組の等価な波動関数ができることを示した．励起状態の炭素原子で生じる s 軌道1個と p 軌道3個を組合わせると，**sp³ 混成軌道**（sp³ hybrid orbital）とよばれる4個の等価な混成軌道ができる．（sp³ の肩付き数字の3は，軌道を占める電子の数ではなく混成軌道をつくるのに使われる p 軌道の数を示し

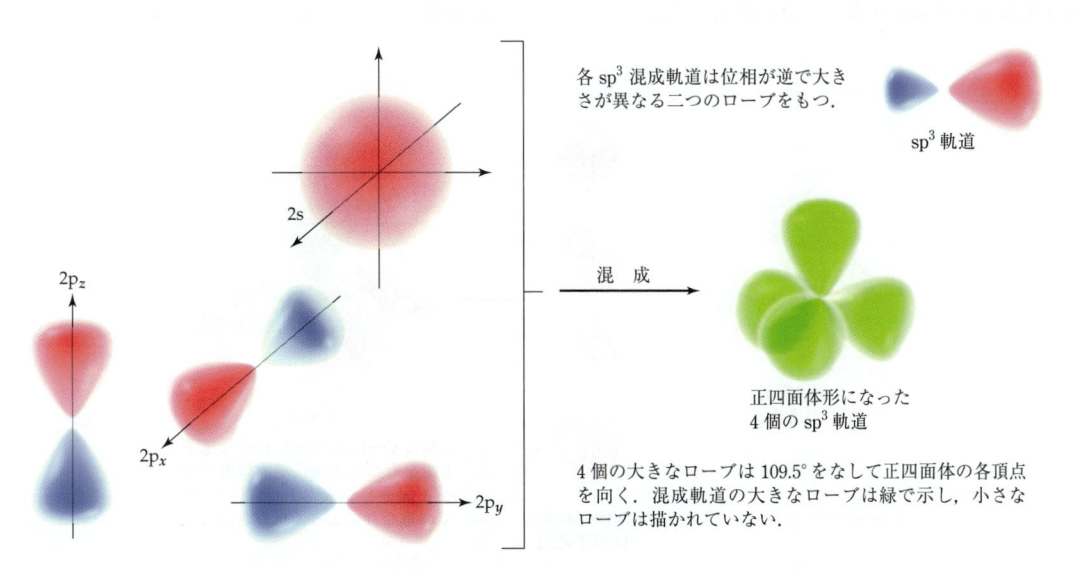

各 sp³ 混成軌道は位相が逆で大きさが異なる二つのローブをもつ．

sp³ 軌道

混 成

正四面体形になった 4 個の sp³ 軌道

4個の大きなローブは 109.5° をなして正四面体の各頂点を向く．混成軌道の大きなローブは緑で示し，小さなローブは描かれていない．

図 5・7 s 原子軌道1個と p 原子軌道3個が組合わさって4個の sp³ 混成軌道が生成する．

ている.)

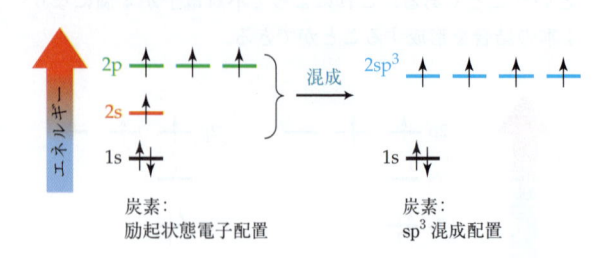

測される他のあらゆる原子への結合にも,同じように用いることができる.

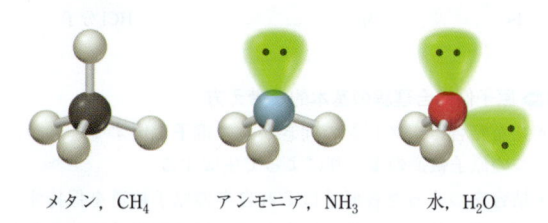

4個の等価な sp³ 混成軌道のそれぞれは,p軌道(§3・7)と同様に位相の異なる二つのローブをもっているが,その一方は他方より大きく,それによって軌道の事実上の方向性が決まる.4個の大きなローブは図5・7に示すように,互いに 109.5° をなして正四面体の各頂点を向いている.色の使い方を統一するために,一つの軌道の異なるローブを赤と青で示し,生成する混成軌道の大きなローブを緑で示すことにする.

空間的な方向性をもった混成軌道を使って形成された共有結合にある電子は,二つの原子核間の領域で大部分の時間を過ごす.その結果,sp³ 混成軌道でつくられた結合は強い.事実,CH₄ の4個の強い C—H 結合ができるときに放出されるエネルギーは,炭素を励起状態にするのに必要なエネルギーを補って余りある.メタンの4本の C—H σ 結合が,炭素の sp³ 混成軌道と水素の 1s 軌道の正面での重なりによって生成する様子を図5・8に示す.

メタンの炭素への結合を説明するのに用いた sp³ 混成は,三角錐構造をもつアンモニアの窒素原子への結合や,折れ曲がった水分子の酸素原子への結合,さらに VSEPR 理論で4個の電荷雲が正四面体配置をもつと予

問題 5・26 エタン C₂H₆ の結合を説明し,各原子のどのような軌道が重なって C—C 結合や C—H 結合をつくるのかを示せ.

5・13 その他の混成軌道

表5・5に示したその他の幾何構造も,それぞれ固有の軌道混成で説明することができる.もっとも5個あるいは6個の電荷雲をもつ原子については状況はさらに複雑になる.それぞれを見ていこう.

sp² 混成

3個の電荷雲をもつ原子は,s軌道1個とp軌道2個を組合わせて混成し,3個の **sp² 混成軌道** (sp² hybrid orbital) をつくる.これら3個の sp² 混成軌道は一つの平面内にあり,互いに 120° をなして,正三角形の各頂点を向いている.p軌道1個がそのまま残っているが,これは図5・9に示すように,sp² 混成軌道のなす平面に垂直な方向を向いている.

sp² 混成をした原子に,混成にかかわらなかったp軌道が1個残っていることは,面白い結果を生じる.たと

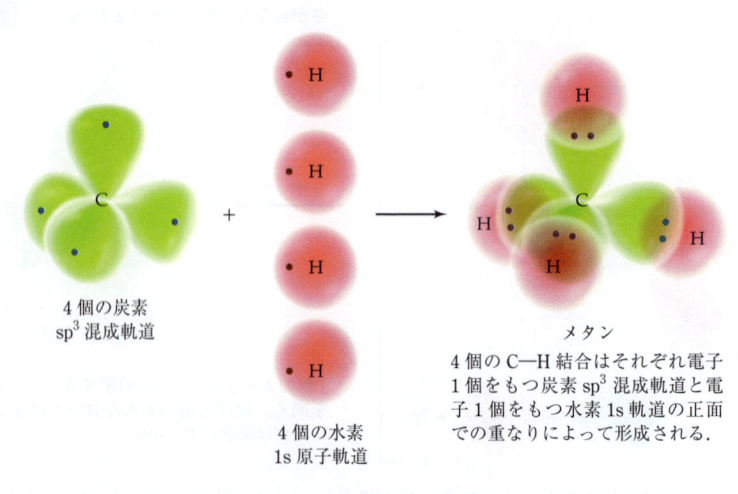

図 5・8 メタンの結合.

えば，ポリエチレンの工業的生産の出発原料となる無色の気体であるエチレン $H_2C=CH_2$ を見てみよう．エチレンの各炭素は3個の電荷雲をもつので，sp^2 混成をしている．二つの sp^2 混成炭素が接近すると，二つの sp^2 混成軌道が正面から重なって σ 結合をつくるが，混成していない p 軌道も互いに接近して，正面からではなく並んで側面から結合を生成する．このような側面での結合では，共有された電子は，原子核を結ぶ軸上ではなく，その軸の上下に広がる領域を占める．このような結合を **π（パイ）結合**（pi bond）とよぶ（図5・10）．さらに，残った4個の sp^2 混成軌道と水素の 1s 軌道との重なりによってエチレンの C—H 結合ができる．

π 結合は軌道が重なった領域が二つあり，一つは原子核を結ぶ軸の上側に，もう一つは下側にある．二つの領域は同じ一つの軌道であり，2個の共有電子は両方の領域に広がっている．いつもどおり，二つの p 軌道が結合をつくるには，同じ位相同士で重ならなければならない．σ の重なりと π の重なりの両方で4個の電子を共有することで炭素-炭素二重結合ができる．

問題 5・27 ホルムアルデヒド $H_2C=O$ の炭素原子の混成を説明し，結合にかかわる軌道を示して分子の概略図を描け．

sp 混 成

2個の電荷雲をもつ原子は，s 軌道1個と p 軌道1個を組合わせて混成し，2個の **sp 混成軌道**（sp hybrid orbital）をつくる．これら2個の sp 混成軌道は互いに 180°の方向を向いている．sp 混成では p 軌道は1個しか使われないので，2個の p 軌道が使われずに残っており，これらは図5・11に示すように，sp 混成軌道に対

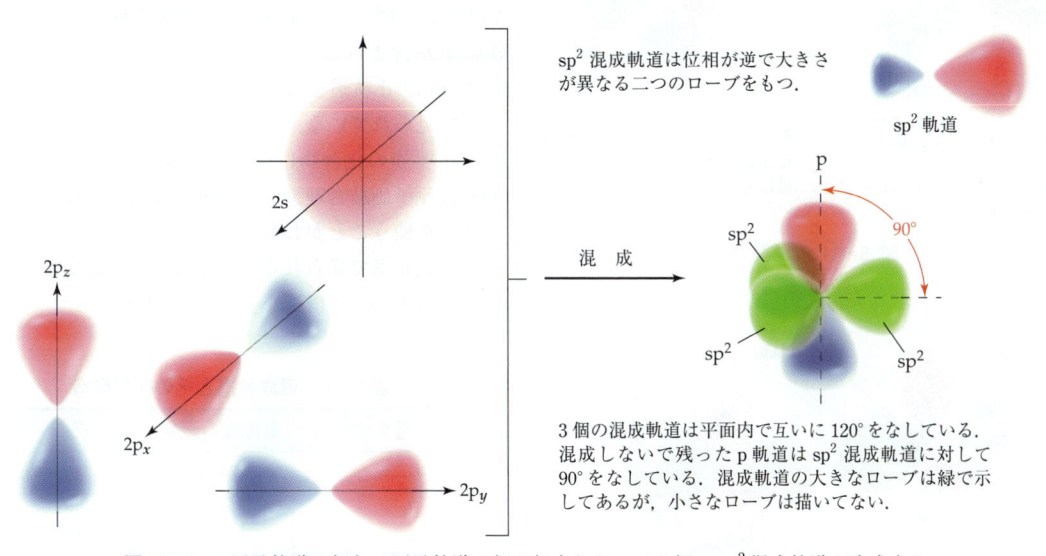

図 5・9 s 原子軌道1個と p 原子軌道2個が組合わさって3個の sp^2 混成軌道が生成する．

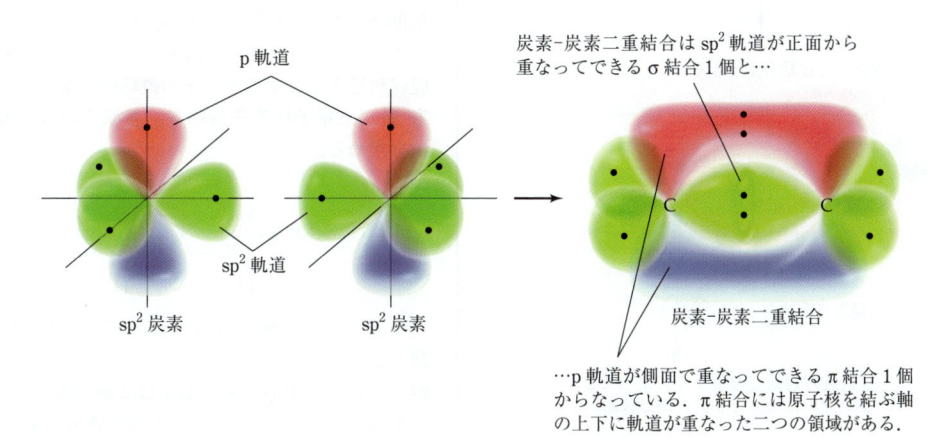

図 5・10 炭素-炭素二重結合の構造．

して垂直な方向を向いている．

sp 混成の最も簡単な例が，溶接に使われる無色の気体であるアセチレン H—C≡C—H に見られる．アセチレンの二つの炭素原子ともに sp 混成をしている．二つの sp 混成炭素が互いに接近すると，sp 軌道は正面から重なってσ結合を形成し，混成にかかわらない p 軌道は側面で重なってπ結合を形成する．2 個の p 軌道は結合軸の上下で，他の 2 個の p 軌道は結合軸の手前とうしろで重なる．つまり sp 混成軌道が正面で重なったσ結合に加えて，p 軌道が側面同士で重なって互いに垂直になった 2 個のπ結合がある．全体で，6 個の電子を共有して三重結合ができている（図 5・12）．さらに，残りの 2 個の sp 混成軌道に水素の 1s 軌道が重なって 2 個の C—H 結合が生成してアセチレンができあがる．

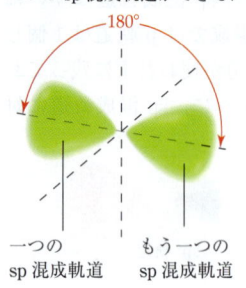

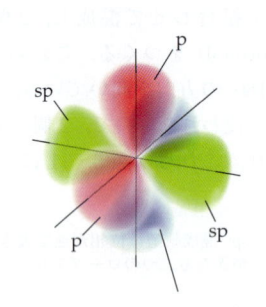

問題 5・28 シアン化水素 H—C≡N の炭素原子の混成を説明し，結合に使われる混成軌道を示してこの分子の概略図を描け．

5 個および 6 個の電荷雲をもつ原子

PCl_5 のリンや SF_6 の硫黄のような 5 個あるいは 6 個の電荷雲をもつ主要族原子は，それぞれ 5 個および 6 個の原子軌道を組合わせて混成をすると一時は考えられた．しかし，どの殻にも s 軌道と p 軌道は全部で 4 個しかないから，5 個ないし 6 個の原子軌道を使うということは，d 軌道が含まれるということである．§20・11 で述べるように，d 軌道を含む混成は多くの遷移金属化合物で実際に見られている．しかし最近の量子力学計算によれば，主要族の化合物は混成に d 軌道を使わず，その代わりに原子価結合理論では簡単に説明できない複雑な結合様式を使うことがわかった．

主要族元素で見られる 3 種類のおもな混成と，それに伴う電荷雲の幾何構造を表 5・6 にまとめる．

図 5・11 sp 混成．

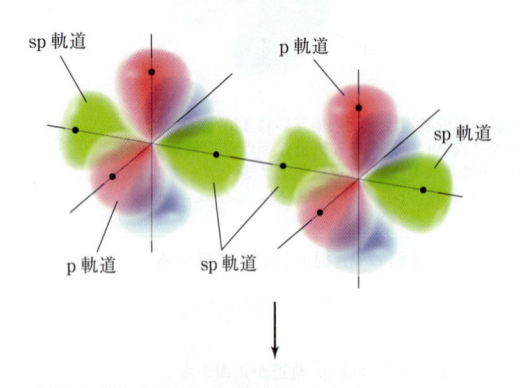

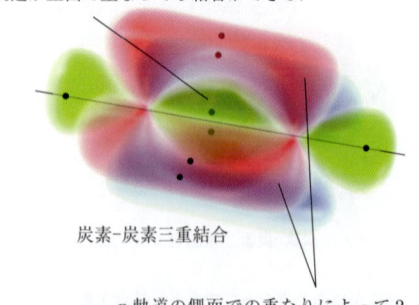

図 5・12 2 個の sp 混成原子による三重結合の生成．

表 5・6 混成軌道とその幾何構造

電荷雲の数	電荷雲の幾何構造	混成
2	直線状	sp
3	平面三角形	sp^2
4	正四面体形	sp^3

例題 5・14 原子の混成を予測する

アレン $H_2C=C=CH_2$ の炭素原子の混成を説明し，混成軌道を示してこの分子の概略図を描け．

方 針 点電子構造を描いて，各原子のもつ電荷雲の数を求める．

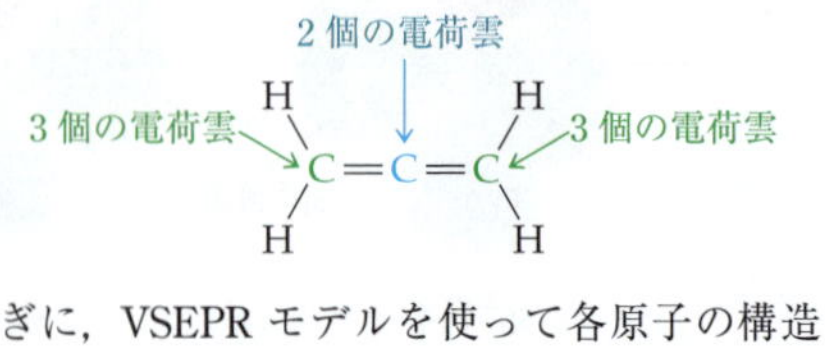

つぎに，VSEPR モデルを使って各原子の構造を予測する．

解 アレンの中心の炭素原子は 2 個の電荷雲（2 個の二重結合）をもつから，sp 混成であり直線状をしている．末端の二つの炭素原子はそれぞれ 3 個の電荷

雲をもつから，sp^2 混成であり平面三角形になっている．中心炭素は sp 軌道を使って両末端の炭素と 180° をなす 2 個の σ 結合をつくり，混成に関与していない 2 個の p 軌道を使って両末端の炭素と π 結合をつくる．両末端の炭素原子はそれぞれ中心炭素と sp^2 混成軌道 1 個を使って σ 結合を，p 軌道を使って π 結合をつくり，残りの 2 個の sp^2 軌道で C—H 結合をつくる．2 個の π 結合は互いに直交しているから，二つの CH$_2$ 基も互いに直交していることに注意しよう．

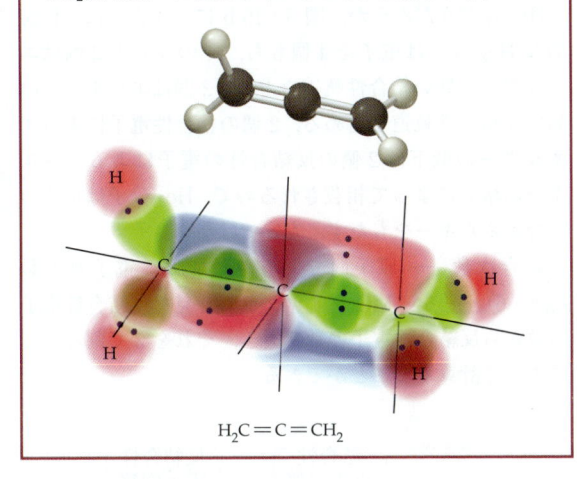

H$_2$C＝C＝CH$_2$

問題 5・29 二酸化炭素の炭素原子の混成を説明し，混成軌道と π 軌道を示して，この分子の概略図を描け．

問題 5・30 有毒ガスであるホスゲン Cl$_2$CO の炭素原子の混成を説明し，混成軌道と π 軌道を示して，この分子の概略図を描け．

◆ **問題 5・31** つぎの混成軌道の集合は何か．

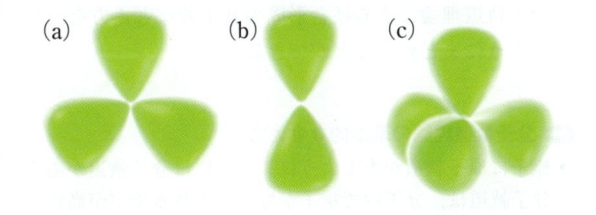

(a)　(b)　(c)

5・14　分子軌道理論: 水素分子

共有結合を軌道の重なりで説明する原子価結合モデルは，目で見てわかりやすく，ほとんどの分子に満足のいく説明ができる．しかし，いくつかの問題点がある．おそらく原子価結合モデルの最も深刻な弱点は，ときとして誤った説明になってしまうことである．そのために，**分子軌道 (MO) 理論** (molecular orbital theory) とよばれる，結合形成を説明する別の理論がよく使われる．分子軌道モデルは原子価結合モデルに比べて，特に大きな分子の場合，複雑で可視化しにくいが，化学的性質や物理的性質をより十分に説明できることが多い．

分子軌道理論の基礎的な考え方を導入するために，また軌道に注目しよう．軌道の概念は量子力学の波動方程式から導かれ，波動関数の二乗が空間の任意の領域で電子を見出だす確率を与える．これまで扱ってきた軌道は個々の原子に特徴的なもので，**原子軌道** (atomic orbital) とよばれる．同じ原子上にある原子軌道が組合わさって混成軌道ができ，二つの原子の原子軌道が重なって共有結合ができる．しかしそれらの軌道と電子は，一つないし二つの原子に局在している．

◆ **原子軌道**　その二乗が一つの原子の中の任意の空間領域で電子を見出だす確率を与える波動関数．

分子軌道理論は，個々の原子に注目するのではなく，分子全体を考慮して結合を考える．原子について原子軌道があったように，分子について**分子軌道** (molecular orbital, MO) がある．

◆ **分子軌道**　その二乗が一つの分子の中の任意の空間領域で電子を見出だす確率を与える波動関数．

原子軌道と同様に，分子軌道も一定のエネルギーと一定の形をもち，最大 2 個の逆向きのスピンをもつ電子を入れることができる．分子軌道のエネルギーと形は分子の大きさと複雑さに依存しており，かなり複雑になる場合もあるが，基本的には原子軌道と類似している．簡単な二原子分子である H$_2$ の分子軌道理論による表現を見て，MO 理論の一般的な特徴をつかもう．

孤立した二つの水素原子が互いに接近して相互作用し始めたときに，何が起こるかを想像してみよう．二つの 1s 軌道が混ざり始め，電子が両方の原子に広がっていく．分子軌道理論によれば，軌道の相互作用の起こり方に加法的と減法的の二通りがある．加法的な相互作用によっ

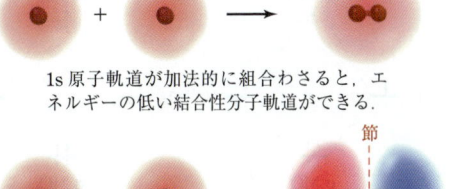

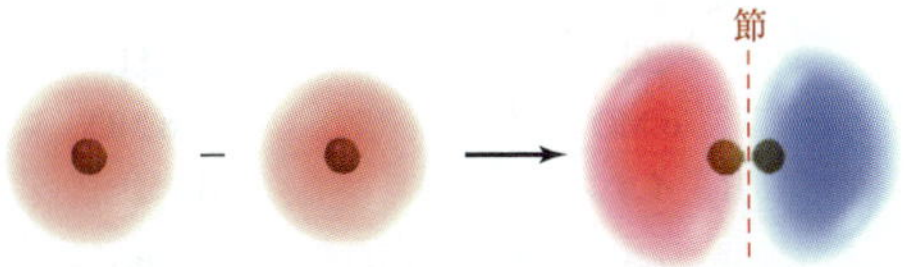

1s 原子軌道が加法的に組合わさると，エネルギーの低い結合性分子軌道ができる．

節

1s 原子軌道が減法的に組合わさると，エネルギーの高い，核間に節をもつ反結合性分子軌道ができる．

図 5・13　H$_2$ 分子における分子軌道の生成．

てほぼ卵形をした分子軌道が生成し，一方減法的な相互作用によって原子間に節をもつ分子軌道が生成する（図5・13）．

加法的な組合わせは，σと表示され，二つの孤立した1s軌道よりエネルギーが低く，**結合性分子軌道**（bonding molecular orbital）とよばれる．この軌道にある電子は，大部分の時間を二つの原子核の間の領域で過ごし，原子を結びつけるように働く．減法的な組合わせは，σ*（シグマスターと読む）と表示され，二つの孤立した1s軌道よりもエネルギーが高く，**反結合性分子軌道**（antibonding molecular orbital）とよばれる．この軌道にある電子は原子核間の領域を占めることができず，結合生成に寄与しない．

いろいろな軌道のエネルギー関係を示すのに図5・14のようなダイヤグラムを用いる．二つの孤立したHの原子軌道を両側に書きH_2の2個の分子軌道を中央に書く．出発の水素原子軌道はそれぞれ1個ずつの電子をもち，共有結合ができるとそれらは対をつくってエネルギーの低い結合性軌道を占める．

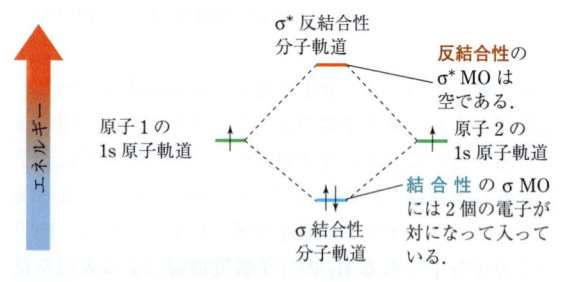

図5・14 H_2分子における分子軌道のエネルギー準位．

H_2^-やHe_2のような原子2個でできた化学種についても，同様のダイヤグラムを描いて安定性の予測をすることができる．たとえば，電子1個をもった中性のH·原子と2個の電子をもつH:⁻アニオンを一つにしてH_2^-アニオンをつくることを考えよう．生成するH_2^-アニオンは3個の電子をもつから，そのうちの2個はエネルギーの低い結合性のσMOを占め，1個はエネルギーの高い反結合性のσ*MOを占める（図5・15a）．2個の電子はエネルギーを低下させ，1個だけがエネルギーを高めるので，全体で安定化が起こる．したがって，H_2^-は安定であると予測され，実験によって観測されている．

He_2はどうだろうか．図5・15bに示すように，仮想的なHe_2分子は電子を4個もち，そのうちの2個はエネルギーの低い結合性軌道を占め，2個はエネルギーの高い反結合性軌道を占める．2個の結合性電子によるエネルギーの低下は2個の反結合性電子によるエネルギーの増大によって相殺されるので，He_2分子は正味の結合エネルギーをもたず，安定ではない．

結合次数 ── 原子間で共有されている電子対の数（§5・6）── を，MOダイヤグラムを見て，結合性電子の数から反結合性電子の数を引き，それを2で割ることによって計算することができる．

$$結合次数 = \frac{\left(\begin{array}{c}結合性\\電子の数\end{array}\right) - \left(\begin{array}{c}反結合性\\電子の数\end{array}\right)}{2}$$

たとえば，H_2分子は結合性電子2個をもち，反結合性電子をもたないので結合次数は1である．同様にしてH_2^-の結合次数は1/2である．He_2の結合次数は0となり，この仮想的な分子の不安定性を示している．

分子軌道理論による結合形成の基本的な考え方を，つぎのようにまとめることができる．

▶ 分子軌道理論の基本的な考え方
- 原子に原子軌道があるように，分子には分子軌道がある．分子軌道は，分子内で電子が見出だされる確率が高い領域を表すものであり，一定の大きさ，形，およびエネルギー準位をもつ．
- 分子軌道は，異なる原子にある原子軌道を組合わせて形成される．分子軌道の数は，組合わされる原子軌道の数に等しい．
- 出発の原子軌道よりエネルギーの低い分子軌道は結合性であり，出発原子軌道よりエネルギーの高いMOは反結合性である．
- 電子は最もエネルギーの低いMOから順に軌道を占有する．それぞれの軌道を占有できる電子は2個までで，それらのスピンは対をなす．
- 結合性電子の数から反結合性電子の数を引いて2で割ることによって，結合次数を計算することができる．

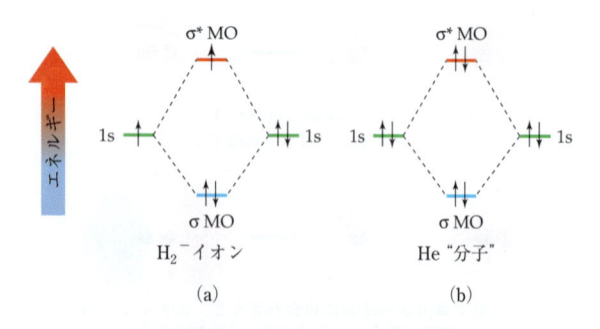

図5・15 (a) 安定なH_2^-イオンおよび (b) 不安定なHe_2分子の分子軌道のエネルギー準位．

問題 5・32 He$_2^+$ イオンの MO ダイヤグラムを組立てよ．このイオンは安定であろうか．結合次数はいくらか．

5・15 分子軌道理論: 他の二原子分子

H$_2$ における結合について学んだので，さらに複雑な第 2 周期の二原子分子——N$_2$, O$_2$, および F$_2$——における結合についてみることにしよう．§5・11 で述べた原子価結合モデルによれば，N$_2$ の窒素原子は三重結合をしており，それぞれ孤立電子対 1 個をもつと予測される．O$_2$ の酸素原子は二重結合をしており，各原子は孤立電子対を 2 個ずつもち，F$_2$ のフッ素原子は単結合をしており，各原子は孤立電子対を 3 個ずつもつと予測される．

原子価結合理論からの予測	:N≡N:	Ö=Ö	:F̈—F̈:
	σ 結合 1 個と π 結合 2 個	σ 結合 1 個と π 結合 1 個	σ 結合 1 個

図 5・16 なぜ液体 O$_2$ は磁石の極に吸い付くのか．

この単純な原子価結合理論によれば，これらすべての分子で電子の**スピン**は対をつくっている，言い換えれば，すべての分子の点電子構造で，占有原子軌道は電子を 2 個ずつもっている，と予測されるが，残念ながらこれは必ずしも正しくない．実験によって簡単にわかるが，O$_2$ 分子では 2 個の電子が対をつくっておらず，別々の軌道に 1 個ずつ入っている．

O$_2$ の電子構造の実験的証拠は，不対電子をもつ物質は**常磁性**（paramagnetic）とよばれる，磁場に引き寄せられる性質があることに基づいている．分子中の不対電子の数が多いほど，常磁性による引力は強くなる．これに対して，電子がすべて対をつくっている物質は磁場によって弱い反発を受け，これを**反磁性**（diamagnetic）であるという．N$_2$ と F$_2$ はその点電子構造から予測される通り反磁性であるが，O$_2$ は常磁性である．図 5・16 に示すように，液体の O$_2$ を強い磁石の極に注ぐと，O$_2$ は磁極に吸い付く．

なぜ O$_2$ は常磁性なのだろうか．点電子構造や原子価結合理論では説明できないが，分子軌道理論ではこの実験事実を明快に説明することができる．N$_2$, O$_2$, および F$_2$ の分子軌道理論による説明では，二つの原子が接近すると，それらの原子価殻にある原子軌道が相互作用して分子軌道をつくる．4 個ずつの軌道が相互作用すると，4 個の結合性 MO と 4 個の反結合性 MO ができ，それらの相対的なエネルギーは図 5・17 に示すようになる．（N$_2$ の σ$_{2p}$ および π$_{2p}$ 軌道の相対的なエネルギーが O$_2$ や F$_2$ とは違うことに注意しよう．）

図 5・17 のダイヤグラムから，つぎの 4 種類の軌道相互作用があることがわかる．

8 個の MO があり，4 個は**結合性**で 4 個は**反結合性**である．

(a) N$_2$ (b) O$_2$ と F$_2$

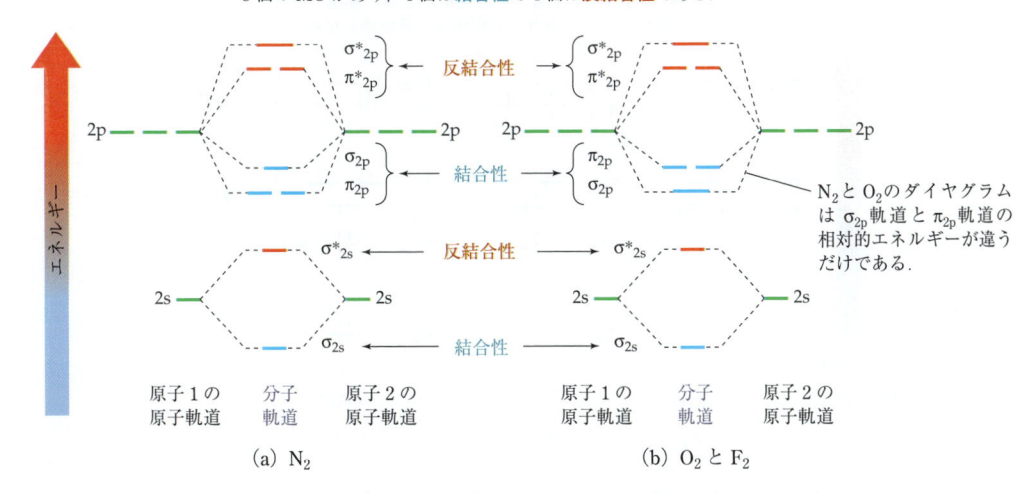

N$_2$ と O$_2$ のダイヤグラムは σ$_{2p}$ 軌道と π$_{2p}$ 軌道の相対的エネルギーが違うだけである．

図 5・17 (a) N$_2$ と (b) O$_2$ および F$_2$ の分子軌道のエネルギー準位．

- 2s 軌道同士が相互作用して σ_{2s} MO と σ^*_{2s} MO ができる．
- 原子核間を結ぶ軸方向にある 2 個の 2p 軌道が正面で相互作用して σ_{2p} MO と σ^*_{2p} MO ができる．
- 原子核間を結ぶ軸に垂直な残りの 2 対の 2p 軌道は側面で相互作用して，互いに直交する 2 個の縮退した π_{2p} MO と 2 個の縮退した π^*_{2p} MO を生成する（§3・11 で述べたように縮退した軌道は同じエネルギーをもつ．）

σ_{2p}, σ^*_{2p}, π_{2p}, および π^*_{2p} MO の形を図 5・18 に示す．適当な数の価電子が軌道を占有すると，図 5・19 に示すようになる．N_2 と F_2 ではすべての電子が対をつくっているが，O_2 では縮退した π^*_{2p} 軌道に 1 個ずつ電子が入っている．したがって N_2 と F_2 は反磁性であるが，O_2 は常磁性になる．

図 5・19 に示したようなダイヤグラムは数学的な計算で得られるものであって，必ずしも予測できるとは限らないことに注意しよう．したがって，MO 理論は原子価

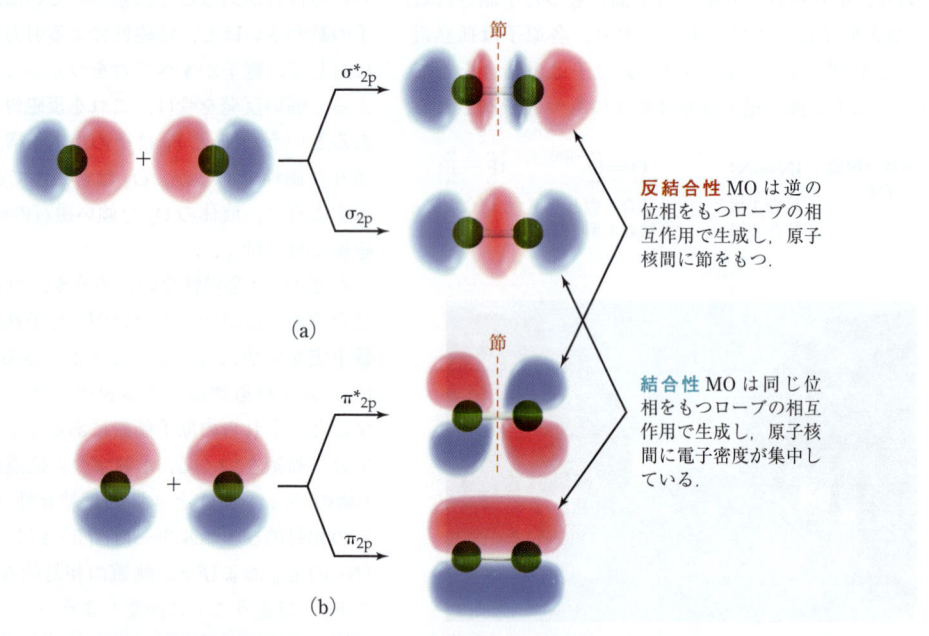

図 5・18 (a) 二つの p 原子軌道の正面での相互作用による σ_{2p} および σ^*_{2p} MO の生成と (b) 側面での相互作用による π_{2p} および π^*_{2p} MO の生成．

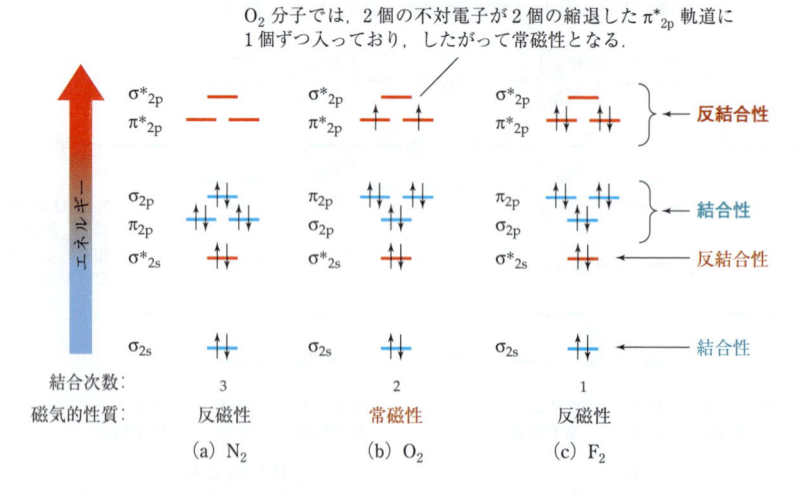

図 5・19 第 2 周期の二原子分子である (a) N_2, (b) O_2, および (c) F_2 の分子軌道のエネルギー準位．

結合理論よりも図示したり直感的に理解したりするのが難しい．

問題 5・33 B_2 分子や C_2 分子は図5・17aに示した N_2 と同様の MO ダイヤグラムをもつ．B_2 や C_2 ではどの MO が占有されているか．それぞれの結合次数はいくらか．これらの分子は常磁性だろうか．

5・16 原子価結合理論と分子軌道理論の融合

同じ概念を異なる二つの理論で説明しようとするとき，どちらの理論の方がよりよいか，という疑問がもちあがる．しかし，"よりよい" が何を意味するかによるので，この疑問に答えるのは容易ではない．単純さにおいては原子価結合理論の方が優れているが，正確さにおいては MO 理論の方が優れている．しかし，最もよいのは，二つの理論を結びつけて，それぞれの長所を引き出すことである．

原子価結合理論の大きな問題点はつぎの二つである．(1) O_2 のような分子では，原子価結合理論は誤った電子構造を予測してしまう．(2) O_3 のような分子では，一つの構造では不十分で，二つ以上の構造を含む共鳴の概念が必要になる (§5・8)．第一の問題はあまり起こらないが，第二の問題はかなりよく起こる．共鳴をうまく取扱うために，結合理論を組合わせて，一つの分子の中の σ 結合は原子価結合理論で記述し，π 結合は MO 理論で記述するという方法をとる．

O_3 を例にとろう．原子価結合理論ではオゾンは，O—O σ 結合 2 個と O＝O π 結合 1 個をもつ二つの等価な構造の共鳴混成体である (§5・8)．一方の構造では，左側の酸素原子上の p 軌道に孤立電子対があり，右側に π 結合がある．もう一方の構造では，右側の酸素原子上の p 軌道に孤立電子対があり，左側に π 結合がある．O_3 の実際の構造は，この二つの共鳴構造の平均であり，4個の電子は互いに重なった 3 個の p 軌道を含む全領域を占める．共鳴構造間の違いは p 電子の配置だ

けであって，原子自身の位置は両構造で同じであり，その幾何構造も同じである (図5・20)．

つまり，原子価結合理論はオゾンの O—O σ 結合はうまく記述しているが，p 原子軌道間の π 結合で，4 個の電子が分子全体に広がっている，すなわち**非局在化している**ことを十分に記述できない．しかし MO 理論は，電子が分子全体に非局在化した結合を記述するのを得意としている．そこで原子価結合理論と分子軌道理論を組合わせて用い，σ 結合は原子対の間に局在化しているとして原子価結合理論で説明し，π 電子は分子全体に非局在化しているとして分子軌道理論で説明する．

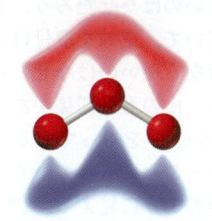

最低エネルギーの π 分子軌道

問題 5・34 ギ酸イオン HCO_2^- の二つの共鳴構造を描け．π 電子が二つの酸素原子に非局在化している様子を示す π 分子軌道を図示せよ．

要　約

共有結合 (covalent bond) は，原子の間で電子が共有されることによって生成する．すべての共有結合は，最も安定となる**結合距離** (bond length) をもち，その強さの尺度となる**結合解離エネルギー** (bond dissociation energy) をもつ．結合が生成するときエネルギーが放出され，切断されるときエネルギーが吸収される．一般的には，主要族の原子は，共有する電子がなくなるかあるいはオクテットに達するまで，できるだけ多くの原子価殻電子を共有する．周期表の第 3 および第 4 周期の原子はオクテット則で予測されるより多くの結合をもつことがある．

点電子構造 (electron-dot structure) は原子のもつ価電子を点で表し，**単結合** (single bond) をつくる電子を，原子間の 2 個の点で表す．**構造式** (structural formula) では共有結合を原子を結ぶ 1 本の線で表す．同様に，**二重結合** (double bond) は原子間の 4 個の点あるいは 2 本の線で表し，**三重結合** (triple bond) は原子間の 6 個の点あるいは 3 本の線で表す．ときとして，一つの分子が 2 個以上の点電子構造で表される場合がある．その場合，一つの構造だけでは不十分なのである．その分子の実際の電子構造は複数の構造の**共鳴混成体** (resonance hybrid) となっている．

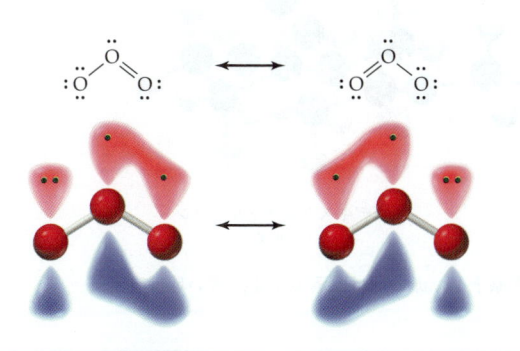

図 5・20　オゾンの構造．

HClのように似ていない原子間の結合では，一方の原子が他方の原子より強く結合電子を引きつけており，**極性共有結合**（polar covalent bond）となっている．結合の極性は，分子内の原子が共有電子を引きつける能力の尺度である**電気陰性度**（electronegativity）の差に基づく．電気陰性度は，周期表を左から右に行くほど大きくなり，上から下に行くほど小さくなる．

分子の形は**原子価殻電子対反発**（valence-shell elec-

Interlude

分子の形，掌性および薬物

右手用の手袋は右手にはぴったりはまるが，左手にはしっくりしないのはなぜだろう．電球のねじ山は一方向に旋回していて，電球を取付けるときに時計方向に回さなければならないのはなぜだろう．その理由は手袋や電球のねじ山の形と関係があり，これらがともに**掌性**（handedness）をもっているからである．右手用の手袋を鏡のところにもっていくと，鏡に映った像は左手用の手袋のように見える．（やってみよ．）時計回りのねじ山をもつ電球を鏡に映すと，鏡の中の電球は反時計回りのねじ山をもっている．

分子もまた掌性をもつことがあり，実像と鏡像の関係にある2種類の形，一つは右回りの形，もう一つは左回りの形，で存在することがある．たとえば，炭水化物（糖類），タンパク質，脂肪，核酸など，生物がもつさまざまな種類の生体分子の多くが，掌性をもっており，自然界にある有機体には，実像と鏡像の関係にある2種類の形のうちの一方だけが存在している．もう一方の形は実験室で合成することはできるが，天然には存在しない．

分子の形が生物学に及ぼす影響は非常に劇的なことがある．たとえば，デキストロメトルファンとレボメトルファンの構造を見てみよう．（ラテン語に由来する接頭語デキストロとレボはそれぞれ"右"と"左"を意味する．）デキストロメトルファンは多くの市販のかぜ薬に含まれている咳止めであるが，その鏡像体であるレボメトルファンはモルヒネに似た作用をもつ強力な麻薬性鎮痛剤である．この二つの物質は，掌性以外の化学的性質は全く同一であるが，生物学的な性質は全く異なる．

分子の形と掌性の影響を示すもう一つの例として，カルボンとよばれる物質をみてみよう．左手形のカルボンはハッカ系の植物に存在し，スペアミントの香りをもつが，右手形のカルボンはハーブ系の植物に存在し，キャラウェイ（ヒメウイキョウ）の香りをもつ．ここでも，二つの構造は掌性以外は全く同一であるにもかかわらず，全く異なる匂いをもつ．

なぜ互いに鏡像の関係にある二つの分子が，異なる生物学的性質をもつのだろうか．それは，なぜ右手用の手袋が右手にしかぴったりしないのかという疑問に

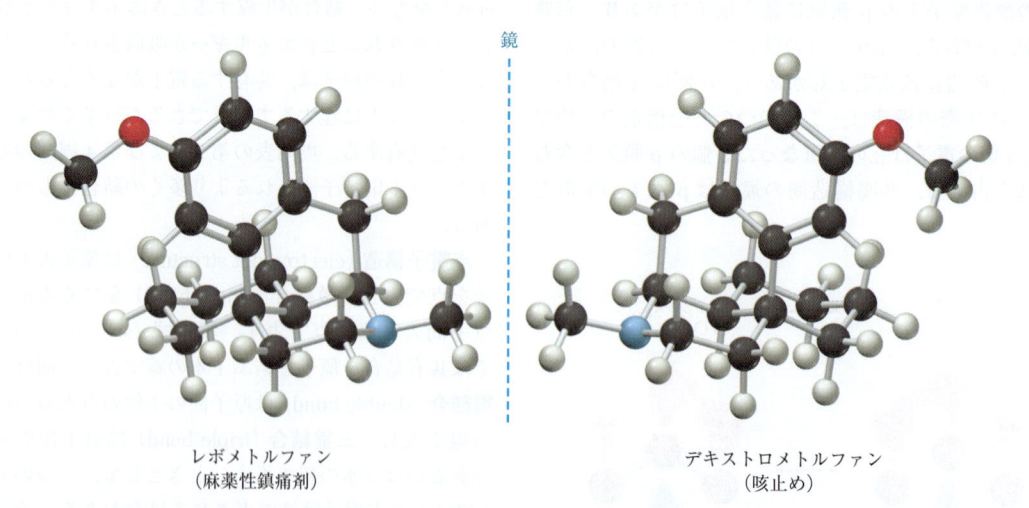

鏡

レボメトルファン
（麻薬性鎮痛剤）

デキストロメトルファン
（咳止め）

これらの構造で，黒い球は炭素原子を，白い球は水素原子を，赤い球は酸素原子を，青い球は窒素原子をそれぞれ表している．

tron-pair repulsion, VSEPR) モデルで予測することができる. VSEPR モデルは, 原子のまわりの電子を互いに反発する電荷雲として扱い, 電荷雲は互いにできるだけ遠く離れるように配向すると考える. 電荷雲を2個, 3個, 4個もつ原子では, 電荷雲はそれぞれ直線状, 平面三角形, 正四面体形に配向する. 電荷雲を5個および6個もつ原子は, それぞれ三方両錐形および正八面体形をとる.

原子価結合理論(valence bond theory)によれば, 共

立ち返る. 右手が右手用の手袋にぴったりするのは, これら二つの形が相補的だからである. 右手が左手用の手袋にうまくはまらないのはこれら二つの形が相補的ではないからである. それと同じように, デキストロメトルファンやカルボンのような掌性をもつ分子は, 体内にあるこれらと相補的な形をしたレセプター部位とのみぴったりあう. これらの鏡像体はこれらのレセプター部位に適合することができず, おなじ生物学的応答をすることができない.

あらゆる生体にとって厳密な分子の形がきわめて重要である. 生体内で起こるほとんどすべての化学的相互作用は, 掌性をもった分子とそれを受け止めるレセプターとの間の相補性に支配されている.

問題 5・35 つぎの二つの分子のうち一つは掌性をもち, 互いに鏡像の関係にある二つの形で存在するが, もう一方はそうではない. どちらがどちらか. それはなぜか.

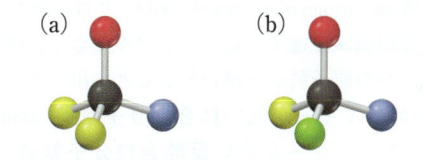

(a)　　　(b)

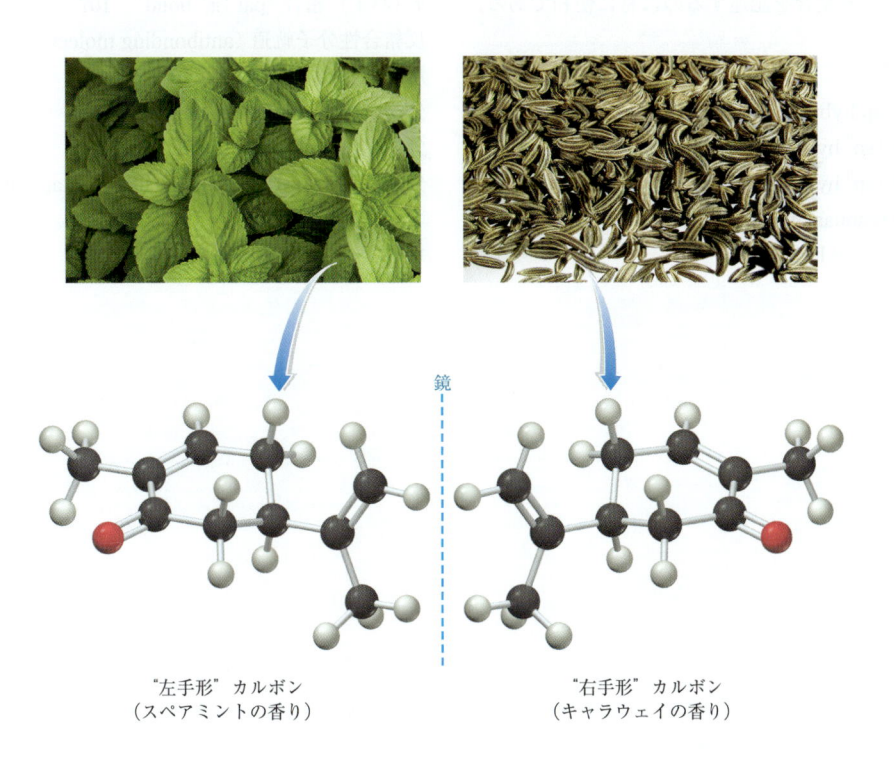

"左手形" カルボン
(スペアミントの香り)

鏡

"右手形" カルボン
(キャラウェイの香り)

二つの植物はともにカルボンを産するが, ミントの葉からは"左手形"のカルボンが, キャラウェイの実からは"右手形"のカルボンが得られる.

有結合は，スピンが逆向きの電子を1個ずつもつ二つの原子軌道が互いに重なり合うことによって生成する．原子核を結ぶ軸に沿って正面から重なれば，**σ結合**（σ bond）が生成し，原子核を結ぶ軸の上下で側面同士で重なれば，**π結合**（π bond）が生成する．主要族化合物における結合の幾何構造は，sおよびp原子軌道が組合わさって**混成軌道**（hybrid orbital）をつくり，それが特定の方向に配向することによって決まる．二つの**sp混成軌道**（sp hybrid orbital）は直線構造をとり，三つの**sp^2混成軌道**（sp^2 hybrid orbital）は平面三角形構造をとり，四つの**sp^3混成軌道**（sp^3 hybrid orbital）は正四面体構造をとる．電荷雲を5個ないし6個もつ主要族原子の結合はさらに複雑である．

分子軌道理論（molecular orbital theory）は一般に原子価結合理論よりも正確に電子構造を記述することができる．**分子軌道**（molecular orbital, MO）とは，その二乗が任意の空間領域で電子を見出だす確率となる波動関数である．二つの原子軌道を組合わせると，出発の原子軌道よりもエネルギーが低い**結合性分子軌道**（bonding MO）と，エネルギーが高い**反結合性分子軌道**（antibonding MO）の二つができる．分子軌道理論は分子内に非局在化したπ結合を記述するのに特に便利である．

キーワード

sp混成軌道（sp hybrid orbital）　107
sp^2混成軌道（sp^2 hybrid orbital）　106
sp^3混成軌道（sp^3 hybrid orbital）　105
共鳴混成体（resonance hybrid）　97
共有結合（covalent bond）　85
極性共有結合（polar covalent bond）　88
形式電荷（formal charge）　98
結合解離エネルギー（bond dissociation energy, D）　87
結合角（bond angle）　100
結合距離（bond length）　85
結合次数（bond order）　92
結合性分子軌道（bonding molecular orbital）　110
結合電子対（bonding pair）　91
原子価殻電子対反発（VSEPR）モデル（valence-shell electron pair repulsion（VSEPR）model）　99
原子価結合理論（valence bond theory）　104
構造式（structural formula）　86
孤立電子対（lone pair）　91
混成原子軌道（hybrid atomic orbital）　105
三重結合（triple bond）　92
σ（シグマ）結合（sigma（σ）bond）　104
常磁性（の）（paramagnetic）　111
単結合（single bond）　92
電気陰性度（electronegativity, EN）　89
点電子構造（electron-dot structure）　91
二重結合（double bond）　92
π（パイ）結合（pai（π）bond）　107
反結合性分子軌道（antibonding molecular orbital）　110
反磁性（の）（diamagnetic）　111
分子（molecule）　85
分子軌道（molecular orbital）　109
分子軌道（MO）理論（molecular orbital（MO）theory）　109
ローンペア（lone pair）　91

6 化学反応における質量の関係

6・1 化学反応式の釣り合いをとる
6・2 異なるレベルでの化学記号
6・3 化学における計算：化学量論
6・4 化学反応の収率
6・5 制限反応物を含む反応
6・6 溶液中の反応物の濃度：モル濃度
6・7 濃い溶液を希釈する
6・8 溶液の化学量論
6・9 滴定
6・10 パーセント組成と実験式
6・11 実験式の決定：元素分析
6・12 分子量の決定：質量分析法
Interlude　Franklin はアボガドロ定数を知っていたか

化学の勉強を始めると，反応が科学の中心テーマであることを忘れそうになることがある．新しい術語や概念や原理がつぎつぎに紹介されるので，化学の最大の関心事——物質の変化——を考える余裕がなくなりそうである．

この章では，化学反応をどのように記述するのかを学ぶ最初の段階として，まず化学反応式を書くときの約束や，反応物と生成物の間の量的関係について触れる．ほとんどの化学反応は純物質ではなく溶液を用いて行うので，溶液中の物質の濃度を記述するための単位について考える．最後に，化学式の決め方と分子量の測定法について学ぶことにする．

6・1 化学反応式の釣り合いをとる

前章で反応のいくつかの例が出てきた．たとえば，水素が酸素と反応して水を生成する，ナトリウムが塩素と反応して塩化ナトリウムを生成する，硝酸水銀(II)がヨウ化カリウムと反応してヨウ化水銀(II)を生成する，などである．

左辺は H 4 原子と　　　　　　右辺も H 4 原子と
O 2 原子　　　　　　　　　　O 2 原子
$$2\,H_2 + O_2 \longrightarrow 2\,H_2O$$

左辺は Na 2 原子と　　　　　右辺も Na 2 原子と
Cl 2 原子　　　　　　　　　　Cl 2 原子
$$2\,Na + Cl_2 \longrightarrow 2\,NaCl$$

左辺は Hg 1 原子，　　　　　右辺も Hg 1 原子，
N 2 原子，O 6 原子，　　　　N 2 原子，O 6 原子，
K 2 原子，I 2 原子　　　　　　K 2 原子，I 2 原子
$$Hg(NO_3)_2 + 2\,KI \longrightarrow HgI_2 + 2\,KNO_3$$

これまで明確には述べなかったが，化学反応式は常に釣り合いがとれた形で書くことになっている．すなわち，原子の種類と数が，反応を示す矢印の両側で等しくなければならない．この要件は質量保存の法則 (mass conservation law) からきている (§2・1)．原子は化学反応で生成したり消滅したりすることはないので，その種類と数は反応物と生成物で同じになっていなければならない．

> 思い出そう…
> 質量保存の法則によれば，質量は化学反応中に生成することもなくなることもない (§2・1)．

化学反応式の釣り合いをとるには，まずいくつの化学式単位の物質が反応に関与しているかを見出さなければならない．化学式単位 (formula unit) とは文字通り，一つの化学式に相当する一つのまとまり——原子，イオン，分子にかかわらず——である．NaCl の 1 化学式単位は Na^+ イオン 1 個と Cl^- イオン 1 個であり，$MgBr_2$ の 1 化学式単位は Mg^{2+} イオン 1 個と Br^- イオン 2 個であり，H_2O の 1 化学式単位は H_2O 1 分子である．

複雑な反応式は，次章でとり上げるような規則正しい方法を用いて釣り合いをとる必要があるが，簡単な反応式については常識と試行錯誤で釣り合わせることができる．

1. 反応物と生成物の正しい化学式を用いて，釣り合いをとらずに反応式を書く．たとえば，メタン (CH_4, 天然ガス) が酸素と反応 (燃焼) して二酸化炭素と水を生成する反応については，まずつぎのように書ける．

   $$CH_4 + O_2 \longrightarrow CO_2 + H_2O \quad 釣り合っていない$$

2. 適当な係数 (coefficient) を見つける．係数とは，反応式の釣り合いをとるのに各化合物についていくつの化学式単位が必要かを示すために，それぞれの化学式の前に置く数字のことである．反応式を釣り合わせるには，化学式は変えずにこの係数だけを変化させる．メタンと酸素の反応を例にとると，O_2 と H_2O に係数 2 をつけると，式の両辺がともに炭素原子 1 個，水素原子 4 個，酸素原子 4 個になって，釣り合いがとれる．

118   6. 化学反応における質量の関係

これらの係数を付け加えると反応式が釣り合う

$$CH_4 + 2\,O_2 \longrightarrow CO_2 + 2\,H_2O$$

3. 必要ならば，すべての係数を共通の除数で割って最小の整数値にする．
4. 原子の種類と数が，式の両辺で同じになっているかを確認する．

さらに例題で練習しよう．

例題 6・1　化学反応式の釣り合いをとる

プロパン C_3H_8 は，キャンプや家庭での暖房あるいは調理用燃料として用いられる無色無臭の気体である．プロパンが酸素と反応して二酸化炭素と水を生成する反応について，釣り合いのとれた反応式を書け．

方針と解答　本文で述べた4段階に従う．

1. すべての化合物について正しい化学式を使って，釣り合いをとらずに反応式を書く．

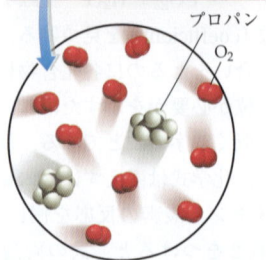

プロパンはキャンプや家庭で燃料として使われる．

$$C_3H_8 + O_2 \longrightarrow CO_2 + H_2O \quad \text{釣り合っていない}$$

2. 反応式が釣り合うように係数を決める．最も複雑な化合物 —— この場合は C_3H_8 —— から始めるとよい．元素を1種類ずつ考えていく．釣り合っていない式を見ると，左辺には炭素原子が3個あるが，右辺は1個だけである．そこで右辺の CO_2 に係数3をつけると，炭素が釣り合う．

$$C_3H_8 + O_2 \longrightarrow 3\,CO_2 + H_2O \quad \text{C は釣り合っている}$$

つぎに水素原子の数を調べる．左辺には8個の水素があるが，右辺は2個（H_2O）だけである．右辺の H_2O に係数4をつけると，水素が釣り合う．

$$C_3H_8 + O_2 \longrightarrow 3\,CO_2 + 4\,H_2O \quad \text{C と H は釣り合っている}$$

最後に酸素原子の数を調べる．左辺に2個，右辺に10個である．左辺の O_2 に係数5をつけると，酸素が釣り合う．

$$C_3H_8 + 5\,O_2 \longrightarrow 3\,CO_2 + 4\,H_2O \quad \text{C, H, O が釣り合う}$$

3. 係数が最小の整数値になっていることを確認する．上の式はすでに正しい答になっているが，試行錯誤の結果，つぎのような別の式が出てくるかも知れない．

$$2\,C_3H_8 + 10\,O_2 \longrightarrow 6\,CO_2 + 8\,H_2O$$

この式は釣り合いはとれているが，係数は最小の整数値にはなっていない．すべての係数を2で割ると，最終的な正しい答となる．

4. 答を確かめる．式の両辺の原子の種類と数を数えて，同じであることを確認する．

左辺は C 3 原子，H 8 原子，O 10 原子　　右辺も C 3 原子，H 8 原子，O 10 原子

$$C_3H_8 + 5\,O_2 \longrightarrow 3\,CO_2 + 4\,H_2O$$

例題 6・2　化学反応式の釣り合いをとる

通常のマッチの主成分は塩素酸カリウム $KClO_3$ であり，燃焼反応の際に酸素の供給源となる．たとえば，スクロース（ショ糖，$C_{12}H_{22}O_{11}$）とは激しく反応して，塩化カリウム，二酸化炭素，および水を生成する．この反応について釣り合いのとれた反応式を書け．

方針と解答　1. すべての化合物の化学式が正しいことを確認しながら，釣り合いをとらずに反応式を書く．

KClO₃ + C₁₂H₂₂O₁₁ ⟶
　　　　KCl + CO₂ + H₂O　　　釣り合っていない

2． 最も複雑な化合物（スクロース）から始めて元素1種類ごとに，式が釣り合うように係数を決める．左辺に炭素原子12個があり，右辺には1個だけであるから，右辺の CO₂ に係数12をつけて，炭素を釣り合わせる．

KClO₃ + C₁₂H₂₂O₁₁ ⟶
　　　　KCl + 12 CO₂ + H₂O　　　C が釣り合う

水素は左辺に22個，右辺に2個であるから，右辺の H₂O に係数11をつける．

KClO₃ + C₁₂H₂₂O₁₁ ⟶
　　　　KCl + 12 CO₂ + 11 H₂O　　　C と H が釣り合う

酸素は右辺に35個あるが，左辺には14個しかない（スクロースに11個，KClO₃ に3個）．したがって，左辺の酸素を21個増やさなければならない．C と H の釣り合いを保ったままそうするには，KClO₃ を7個増やせばよい．つまり，左辺の KClO₃ の係数を8とする．

8 KClO₃ + C₁₂H₂₂O₁₁ ⟶
　　　　KCl + 12 CO₂ + 11 H₂O　　　C, H, O が釣り合う

カリウムと塩素については，右辺の KCl に係数8をつければ釣り合う．

8 KClO₃ + C₁₂H₂₂O₁₁ ⟶
　　　　8 KCl + 12 CO₂ + 11 H₂O　　　C, H, O, K, Cl が釣り合う

3 と 4． 上の釣り合いのとれた反応式で，係数はすでに最小の整数値になっている．式の両辺で原子の種類と数が同じであることを確認する．

左辺は K 8原子，Cl 8原子，C 12原子，H 22原子，O 35原子

8 KClO₃ + C₁₂H₂₂O₁₁ ⟶
　　　　8 KCl + 12 CO₂ + 11 H₂O

右辺も K 8原子，Cl 8原子，C 12原子，H 22原子，O 35原子

例題 6・3　化学反応式の釣り合いをとる

つぎに示す元素 A（赤い球）と元素 B（青い球）の反応について釣り合いのとれた反応式を書け．

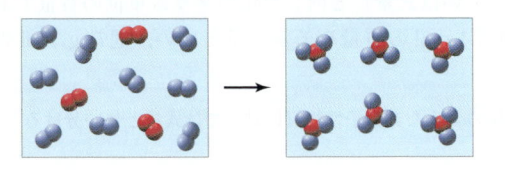

方針　このように模型で表された反応の釣り合いをとるには，まず反応物と生成物の数を数える．この例では，反応物の箱には3個の赤い A₂ 分子と9個の青い B₂ 分子が入っており，生成物の箱には6個の AB₃ 分子があり，反応物は残っていない．

解　　3 A₂ + 9 B₂ ⟶ 6 AB₃
　　　　すなわち A₂ + 3 B₂ ⟶ 2 AB₃

問題 6・1　塩素酸ナトリウム NaClO₃ は加熱すると分解して塩化ナトリウムと酸素を生成する．この反応は多くの定期旅客機で緊急用呼吸マスクの酸素を供給するために使われている．この反応の釣り合いのとれた反応式を書け．

問題 6・2　つぎの反応式の釣り合いをとれ．
(a) C₆H₁₂O₆ ⟶ C₂H₆O + CO₂
　　　　　　（糖の発酵によるエタノールの生成）
(b) CO₂ + H₂O ⟶ C₆H₁₂O₆ + O₂
　　　　　　（緑色植物中の光合成反応）
(c) NH₃ + Cl₂ ⟶ N₂H₄ + NH₄Cl
　　　　（ロケット燃料に使うヒドラジンの合成法）

問題 6・3　つぎに示す元素 A（赤い球）と元素 B（緑の球）の反応について釣り合いのとれた反応式を書け．

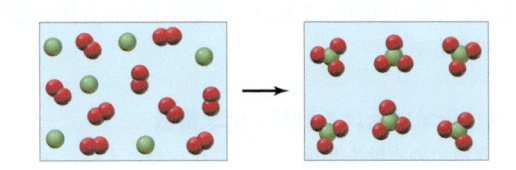

6・2　異なるレベルでの化学記号

化学式や化学反応式を書くとき，何を意味しようとしているのだろうか．化学記号のもつ意味が状況によって変わってくるので，この疑問に対する答は簡単ではない．化学者は，同じ記号を小さな規模の微視的なレベルでも大きな規模の巨視的なレベルでも使い，しかもこの二つのレベルを混乱を感ずることなく行ったり来たりする．しかし初心者は混乱しがちである．

微視的なレベルでは，化学記号は個々の原子や分子の挙動を表す．原子や分子は小さすぎて目で見えないにもかかわらず，それらの微視的な挙動を記述することができる．2 H₂ + O₂ → 2 H₂O という反応式を見て，"2個の水素分子が1個の酸素分子と反応して2個の水分子を

生成する"と理解する．化学者が，反応がどのようにして起こるのかを理解しようとして取組むのはこの微視的な世界である．

巨視的なレベルでは，化学式や反応式は，目に見える性質として現れる原子や分子の挙動を記述する．言い換えれば，H_2，O_2，H_2O という記号は，1個の分子ではなく，測定可能な物理的性質をもつ膨大な数の分子の集合体を表している．ただ1個の孤立した H_2O 分子は固体でも液体でも気体でもない．しかし，多数の H_2O 分子が集合すれば，0℃ で凍り 100℃ で沸騰する無色の液体としてわれわれの目に見えるようになる．化学者が，一定の量を秤量し，フラスコに入れ，目に見える変化を観測するというように，実験室の中で取扱うのは，明らかにこのような巨視的な挙動である．

同様に，1個の銅原子は固体でも液体でも気体でもなく，電気伝導性を示さず，色をもたない．しかし銅原子が大量に集まれば，引き延ばすと電線になり，貨幣になったりする光沢のある赤褐色の金属として目に見えるようになる．

化学式や反応式は何を意味するのだろうか．その状況に応じていろいろな意味をもつのである．H_2O という記号は，小さな目に見えない1個の分子を意味する場合もあり，その中で泳ぐことができる分子の集合体を意味する場合もある．

6・3 化学における計算：化学量論

研究室での実験を想像してみよう．たとえば，エチレン $C_2H_4(g)$ が塩化水素 $HCl(g)$ と反応して，医者や体操のトレーナーが軽傷用のスプレー式麻酔剤として使う塩化エチル $C_2H_5Cl(l)$ を生成する反応を考えよう．〔§4・8で学んだように，固体を (s)，液体を (l)，気体を (g)，水溶液を (aq) という記号で表して反応物や生成物の化学式の後につけて，それらの物理的状態を示す．今後これをしばしば用いる．〕

どれだけの量のエチレンと塩化水素を実験に用いればよいだろうか．釣り合いのとれた反応式によれば，二つの反応物は 1：1 の比で必要である．しかし，分子の数を数えることはできないから，重さを測らなければならない．つまり，釣り合いのとれた反応式の係数から得られる反応物分子の数の比を質量の比に変換して，正しい量の反応物を量ることになる．

質量比は，反応に含まれる物質の分子量を用いて決める．**分子量** (molecular weight)〔イオン性物質と分子性物質の両方を含めるときは**式量** (formula weight) という*〕は，その分子中のすべての原子の原子量の和であり，無単位の量である．

▷ **分子量** 分子中のすべての原子の原子量の和
▷ **式量** 分子性，イオン性によらず，化合物の1化学式単位に含まれるすべての原子の原子量の和

たとえば，エチレンの分子量は 28.0 であり，塩化水素と塩化エチルの分子量はそれぞれ 36.5 と 64.5 である．（これらの数値は便宜上小数点1桁で丸めてある．実際にはもっと詳しい数値が知られている．）

エチレン C_2H_4 について
C 2個分の原子量 ＝ 2 × 12.0　＝ 24.0
H 4個分の原子量 ＝ 4 × 1.0　　＝ 4.0
C_2H_4 の分子量　　　　　　　＝ 28.0

塩化水素 HCl について
H の原子量　＝ 1.0
Cl の原子量　＝ 35.5
HCl の分子量 ＝ 36.5

塩化エチル C_2H_5Cl について
C 2個分の原子量 ＝ 2 × 12.0　＝ 24.0
H 5個分の原子量 ＝ 5 × 1.0　　＝ 5.0
Cl の原子量　　　　　　　　　 ＝ 35.5
C_2H_5Cl の分子量　　　　　　＝ 64.5

分子量をどのように用いるか．§2・6で学んだように，どんな元素でも，その元素の原子量と同じ数値のグラム単位の質量をもつ物質量を **1 mol** という．これと同じように，ある化合物 1 mol とは，その化合物の分子量（あるいは式量）と同じ数値のグラム単位の質量である．物質 1 mol の質量をモル質量といい，通常 g/mol の単

$C_2H_4(g)$ ＋ $HCl(g)$ ⟶ $C_2H_5Cl(l)$
エチレン　　塩化水素　　　塩化エチル
　　　　　　　　　　　　　（麻酔剤）

---

*（訳注）分子性物質に対しては分子量，イオンからなる塩や金属のような非分子性物質に対しては式量と使い分けることもある．

位で表す．1 mol の物質は**アボガドロ定数**（Avogadro constant）の数値に相当する数の化学式単位（原子，分子あるいはイオン）を含む．つまり，1 mol のエチレンは 28.0 g の質量をもち，1 mol の HCl は 36.5 g の質量をもち，1 mol の C_2H_5Cl は 64.5 g の質量をもつ，という具合である．

HCl

分子量	モル質量	1 mol
36.5	36.5 g/mol	6.022×10^{23} 個の HCl 分子

C_2H_4

分子量	モル質量	1 mol
28.0	28.0 g/mol	6.022×10^{23} 個の C_2H_4 分子

C_2H_5Cl

分子量	モル質量	1 mol
64.5	64.5 g/mol	6.022×10^{23} 個の C_2H_5Cl 分子

> **思い出そう…**
> **モル**は物質の量を測るための SI 基本単位である．原子，イオン，分子を問わずどんな物質でもその 1 mol は，その物質の原子量あるいは式量と同じ数値のグラム単位の量である．1 mol は**アボガドロ定数**（6.022×10^{23}/mol）に相当する化学式単位を含んでいる（§2・6）．

釣り合いのとれた化学反応式では，係数からその反応に含まれる物質の化学式単位の数がわかり，したがって mol 単位で表した物質量がわかる．つぎに，モル質量を換算係数として反応物の質量を計算できる．たとえば，つぎに示すアンモニアの工業的合成法の釣り合いのとれた反応式を見れば，3 mol の $H_2(g)$（3 mol × 2.0 g/mol = 6.0 g）が 1 mol の $N_2(g)$（28 g）と反応して 2 mol の $NH_3(g)$（2 mol × 17.0 g/mol = 34.0 g）を生成することがわかる．

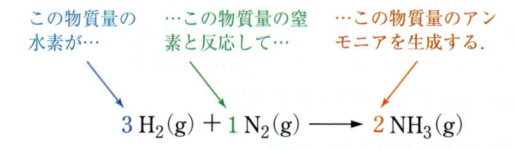

この物質量の水素が… …この物質量の窒素と反応して… …この物質量のアンモニアを生成する．

$$3\ H_2(g) + 1\ N_2(g) \longrightarrow 2\ NH_3(g)$$

物質量と質量の変換に必要な化学の計算法のことを**化学量論**（stoichiometry；ギリシャ語の *stoicheion*（元素）と *metron*（測定する）に由来する）という．エチレンと HCl の反応をもう一度見てみよう．15.0 g のエチレンがあるとして，何グラムの HCl が反応に必要だろうか．

$$C_2H_4(g) + HCl(g) \longrightarrow C_2H_5Cl(l)$$

釣り合いのとれた反応式によれば，エチレン 1 mol について 1 mol の HCl が必要である．15.0 g のエチレンに対して何グラムの HCl が必要かを計算するには，まず 15.0 g のエチレンが何モルかを知らなければならない．この換算を行うには，エチレンのモル質量を計算し，これを換算係数として用いる．

C_2H_4 の分子量 = $(2 \times 12.0) + (4 \times 1.0) = 28.0$
C_2H_4 のモル質量 = 28.0 g/mol
C_2H_4 の物質量 = 15.0 g エチレン × $\dfrac{1\ \text{mol エチレン}}{28.0\ \text{g エチレン}}$
 = 0.536 mol エチレン

エチレンの物質量（0.536 mol）がわかると，反応式から必要な HCl の物質量（0.536 mol）もわかる．つぎに物質量−質量換算をして，必要な HCl の質量を求めなければならない．ここでもまた HCl の分子量を計算し，モル質量を換算係数として用いる．

HCl の分子量 = 1.0 + 35.5 = 36.5
HCl のモル質量 = 36.5 g/mol
HCl の質量
 = 0.536 mol C_2H_4 × $\dfrac{1\ \text{mol HCl}}{1\ \text{mol } C_2H_4}$ × $\dfrac{36.5\ \text{g HCl}}{1\ \text{mol HCl}}$
 = 19.6 g HCl

したがって，15.0 g のエチレンに対して 19.6 g の HCl が必要である．

釣り合いのとれた反応式で
$a\text{A} + b\text{B} \longrightarrow c\text{C} + d\text{D}$

A の質量（g 単位） がわかれば
↓ モル質量を換算係数として使う
A の物質量（mol 単位）
↓ 釣り合いのとれた反応式の係数から物質量の比がわかる
B の物質量（mol 単位）
↓ モル質量を換算係数として使う
B の質量（g 単位） がわかる

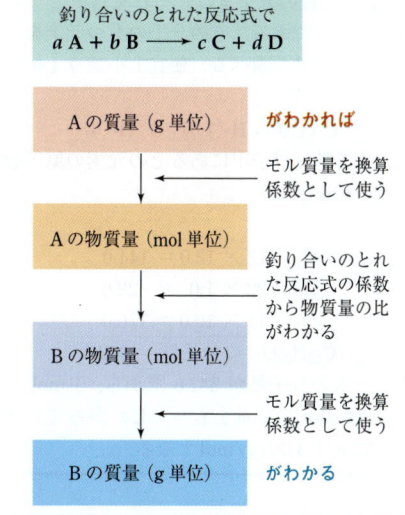

図 6・1 化学反応における物質量と質量の換算のまとめ．物質量は各反応物が何分子ずつ必要かを表し，釣り合いのとれた反応式の係数で示される．グラム単位の量は必要な反応物の質量を表す．

これまでの計算の各段階を注意して見直そう．モル単位の物質量（分子の数）は釣り合いのとれた反応式の係数として与えられるが，実験室で反応物を秤量するにはグラム単位の質量が必要である．物質量は何分子の反応物が必要であるかを示すのに対して，グラム単位の量はどれだけの質量の反応物が必要であるかを示している．

物質量　⟶　分子あるいは化学式単位の数
グラム単位の量　⟶　質量

必要となる換算を図6・1の流れ図に示す．一つの反応物の質量から他の反応物の質量を直接求めることはできないことに注意しよう．まず物質量への換算が必要である．

例題6・4　分子量を計算する

スクロース（ショ糖，$C_{12}H_{22}O_{11}$）の分子量はいくらか．そのモル質量は何 g/mol か．

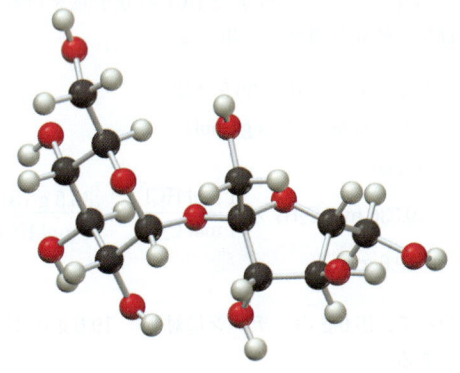

スクロース

方針　ある物質の分子量は，それを構成している原子の原子量の和である．その分子のもつ元素を列挙し，それぞれの原子量を調べる（便宜上小数点1桁に丸める）．

C (12.0)；H (1.0)；O (16.0)

つぎに，原子量に分子中にあるその元素の原子数を掛けて，その和をとる．

解

C_{12}　$12 \times 12.0 = 144.0$
H_{22}　$22 \times 1.0 = 22.0$
O_{11}　$11 \times 16.0 = 176.0$
$C_{12}H_{22}O_{11}$ の分子量 = 342.0

スクロースの分子量が342.0だから，1 mol のスクロースは342.0 g の質量をもつ．したがってスクロースのモル質量は342.0 g/mol となる．

例題6・5　質量を物質量に換算する

茶さじ1杯2.85 g のショ糖には何モルのスクロースがあるか．（スクロースのモル質量は例題6・4で計算した．）

方針　この問題はスクロースの質量が与えられて，質量–物質量の換算を求めている．スクロースのモル質量を換算係数として用いて，不要の単位が相殺されるように式を立てる．

解

$$2.85 \text{ g スクロース} \times \frac{1 \text{ mol スクロース}}{342.0 \text{ g スクロース}}$$
$$= 0.008\,33 \text{ mol スクロース}$$
$$= 8.33 \times 10^{-3} \text{ mol スクロース}$$

概算によるチェック　スクロースの分子量は342.0であるから，1 mol のスクロースの質量は342.0 g である．したがって2.85 g のスクロースは1 mol の百分の一すなわち 0.01 mol より少し少ない．この概算は詳しい解答と合っている．

例題6・6　物質量を質量に換算する

Alka-Seltzer 錠の主成分である $NaHCO_3$ 0.0626 mol は何グラムか．

方針　この問題は $NaHCO_3$ の物質量が与えられて，物質量–質量の換算を求めている．まず，$NaHCO_3$ のモル質量を計算し，つぎにこのモル質量を換算係数として用いて，不要の単位が相殺されるように式を立てる．

解

$NaHCO_3$ の式量 $= 23.0 + 1.0 + 12.0 + (3 \times 16.0)$
$= 84.0$

$NaHCO_3$ のモル質量 $= 84.0$ g/mol

$$0.0626 \text{ mol NaHCO}_3 \times \frac{84.0 \text{ g NaHCO}_3}{1 \text{ mol NaHCO}_3}$$
$$= 5.26 \text{ g NaHCO}_3$$

例題6・7　一方の反応物の質量から他方の反応物の質量を求める

家庭用漂白剤として最もよく知られている次亜塩素酸ナトリウム NaClO の水溶液は，水酸化ナトリウムと塩素の反応でつくられる．25.0 g の塩素と反応させるには何グラムの NaOH が必要か．

$$2\,NaOH(aq) + Cl_2(g) \longrightarrow NaClO(aq) + NaCl(aq) + H_2O(l)$$

方針　反応物の化学式単位数の関係を知るには，図6・1に示した一般的な方針に従って，常に物質量で考えなければならない．

解　まず25.0 g の Cl_2 が何モルであるかを求める．この質量–物質量の換算は Cl_2 のモル質量（70.9 g/mol）を換算係数としていつも通りにやればよい．

$$25.0 \text{ g Cl}_2 \times \frac{1 \text{ mol Cl}_2}{70.9 \text{ g Cl}_2} = 0.353 \text{ mol Cl}_2$$

つぎに，釣り合いのとれた反応式の係数を見よう．1 mol の Cl_2 に対して 2 mol の NaOH が反応するから，0.353 mol の Cl_2 には 2×0.353 mol $= 0.706$ mol の NaOH が反応する．NaOH の物質量がわかれば，NaOH のモル質量（40.0 g/mol）を換算係数とした物質量から質量への換算を行えば，28.2 g の NaOH が必要であることがわかる．

NaOH の質量
$$= 0.353 \text{ mol Cl}_2 \times \frac{2 \text{ mol NaOH}}{1 \text{ mol Cl}_2} \times \frac{40.0 \text{ g NaOH}}{1 \text{ mol NaOH}}$$
$$= 28.2 \text{ g NaOH}$$

この問題は，これらの段階をまとめて，一つの大きな式を立てて解くこともできる．

$$\text{NaOH の質量} = 25.0 \text{ g Cl}_2 \times \frac{1 \text{ mol Cl}_2}{70.9 \text{ g Cl}_2}$$
$$\times \frac{2 \text{ mol NaOH}}{1 \text{ mol Cl}_2} \times \frac{40.0 \text{ g NaOH}}{1 \text{ mol NaOH}}$$
$$= 28.2 \text{ g NaOH}$$

概算によるチェック　NaOH のモル質量は Cl_2 のほぼ半分であり，1 mol の Cl_2 に対して 2 mol の NaOH が必要なのだから，必要な NaOH の質量は Cl_2 の質量とほぼ同じ約 25 g となる．

問題 6・4　つぎの物質の式量あるいは分子量を計算せよ．
(a) Fe_2O_3（さび）　(b) H_2SO_4（硫酸）
(c) $C_6H_8O_7$（クエン酸）
(d) $C_{16}H_{18}N_2O_4S$（ペニシリン G）

▶ **問題 6・5**　アスピリンはつぎの球棒模型で表される（赤 = O，黒 = C，白 = H）．アスピリンの化学式を求め，分子量を計算せよ．アスピリンの 500 mg の錠剤は何モルか．何分子あるか．

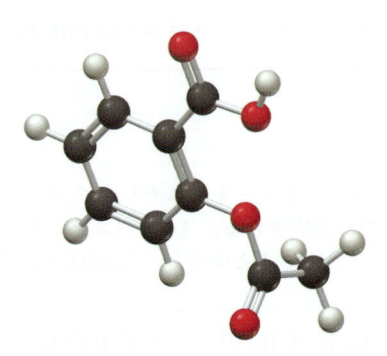

問題 6・6　アスピリンは，サリチル酸（$C_7H_6O_3$）と無水酢酸（$C_4H_6O_3$）からつぎの反応でつくられる．

$$C_7H_6O_3 + C_4H_6O_3 \longrightarrow C_9H_8O_4 + CH_3COOH$$
サリチル酸　　無水酢酸　　　　　アスピリン　　　酢酸

4.50 g のサリチル酸に対して何グラムの無水酢酸が必要か．生成するアスピリンは何グラムか．副生成物として何グラムの酢酸が生成するか．

6・4　化学反応の収率

前節で述べた化学量論の例では，すべての反応は"完全に進行する"と暗黙のうちに仮定していた．つまり，すべての反応物分子が生成物に変わると仮定した．実際には，そのように進行することはほとんどない．さらに，大部分の反応物は予測通り反応しても，それ以外の過程，すなわち副反応，が起こることもある．したがって，実際に生成する生成物の量 —— これを反応の**収量**（yield）という —— は，計算で予測される量より少ないのが普通である．

実際に生成した生成物の量を理論的に可能な生成量で割って 100% を掛けたものを，その反応の**収率**（percent yield）という．たとえば，化学量論から考えて 6.9 g の生成物が得られるはずであるのに，実際には 4.7 g しか得られなかったとすると，その反応の収率は $4.7/6.9 \times 100\% = 68\%$ となる．

$$\text{収率} = \frac{\text{生成物の実際の収量}}{\text{生成物の理論収量}} \times 100\%$$

例題 6・8 および 6・9 に収率の計算法と使い方を示す．

例題 6・8　収率を計算する

ガソリンの添加剤であったが現在は健康への影響のために使われなくなったメチル t-ブチルエーテル（MTBE，$C_5H_{12}O$）はイソブチレン（C_4H_8）とメタノール（CH_4O）との反応でつくられる．26.3 g のイソブチレンと過剰量のメタノールから 32.8 g のメチル t-ブチルエーテルが得られたとすると，この反応の収率はいくらか．

$$C_4H_8(g) + CH_4O(l) \longrightarrow C_5H_{12}O(l)$$
イソブチレン　　　　　　　　メチル t-ブチル
　　　　　　　　　　　　　　エーテル（MTBE）

アスピリン

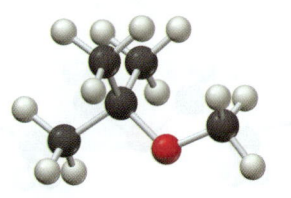

メチル t-ブチルエーテル

方針 26.3 g のイソブチレンから理論的に生成するはずのメチル t-ブチルエーテルの量を計算し,これを実際に得られた量 (32.8 g) と比較する.いつも通り,化学量論の問題は反応物と生成物のモル質量を計算することから始める.釣り合いのとれた反応式の係数から物質量の比を求め,モル質量を物質量と質量の換算係数として用いる.

解 イソブチレン, C_4H_8:
　分子量 = $(4 \times 12.0) + (8 \times 1.0) = 56.0$
　モル質量 = 56.0 g/mol
MTBE, $C_5H_{12}O$:
　分子量 = $(5 \times 12.0) + (12 \times 1.0) + 16.0$
　　　　 = 88.0
　モル質量 = 88.0 g/mol

26.3 g のイソブチレンから理論的に生成するはずの MTBE の量を計算するためには,まずモル質量を換算係数として反応物の物質量を知らなければならない.

$$26.3 \text{ g } C_4H_8 \times \frac{1 \text{ mol } C_4H_8}{56.0 \text{ g } C_4H_8} = 0.470 \text{ mol } C_4H_8$$

釣り合いのとれた反応式によれば,反応物 1 mol について生成物 1 mol ができるので,0.470 mol のイソブチレンから 0.470 mol の MTBE が理論的に生成する.物質量-質量換算によって MTBE の質量がわかる.

$$0.470 \text{ mol } C_4H_8 \times \frac{1 \text{ mol MTBE}}{1 \text{ mol } C_4H_8} \times \frac{88.0 \text{ g MTBE}}{1 \text{ mol MTBE}}$$

$$= 41.4 \text{ g MTBE}$$

実際の収量を理論収量で割って 100% を掛けることによって収率が得られる.

$$\frac{32.8 \text{ g MTBE}}{41.4 \text{ g MTBE}} \times 100\% = 79.2\%$$

例題 6・9 収率から収量を計算する

病院で麻酔薬として使われるジエチルエーテル ($C_4H_{10}O$) は,エタノール (C_2H_6O) を酸で処理することによって合成される.その反応の収率が 87% であるとすると,40.0 g のエタノールから何グラムのジエチルエーテルが得られるか.

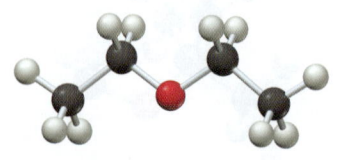

ジエチルエーテル

$$2 \text{ } C_2H_6O(l) \xrightarrow{\text{酸}} C_4H_{10}O(l) + H_2O(l)$$
エタノール　　　　　　ジエチルエーテル

方針 典型的な化学量論の問題である.40.0 g のエタノールから理論的に生成するジエチルエーテルの量を計算し,その値に 87% を掛ければ実際の収量が得られる.

解 まず,反応物と生成物のモル質量を計算する.

エタノール, C_2H_6O:
　分子量 = $(2 \times 12.0) + (6 \times 1.0) + 16.0$
　　　　 = 46.0
　モル質量 = 46.0 g/mol
ジエチルエーテル, $C_4H_{10}O$:
　分子量 = $(4 \times 12.0) + (10 \times 1.0) + 16.0$
　　　　 = 74.0
　モル質量 = 74.0 g/mol

つぎに,モル質量を換算係数として,40.0 g のエタノールが何モルかを計算する.

$$40.0 \text{ g } C_2H_6O \times \frac{1 \text{ mol } C_2H_6O}{46.0 \text{ g } C_2H_6O} = 0.870 \text{ mol } C_2H_6O$$

釣り合いのとれた反応式は 2 mol のエタノールから 1 mol のジエチルエーテルができることを示しているので,0.870 mol のエタノールから出発すれば,理論的に 0.435 mol の生成物が得られる.

$$0.870 \text{ mol } C_2H_6O \times \frac{1 \text{ mol } C_4H_{10}O}{2 \text{ mol } C_2H_6O} = 0.435 \text{ mol } C_4H_{10}O$$

モル質量を換算係数として,0.435 mol のジエチルエーテルが何グラムかを計算する.

$$0.435 \text{ mol } C_4H_{10}O \times \frac{74.0 \text{ g } C_4H_{10}O}{1 \text{ mol } C_4H_{10}O} = 32.2 \text{ g } C_4H_{10}O$$

最後に,生成物の理論収量に実際の収率 (87% = 0.87) を掛ければ,実際に生成するジエチルエーテルの量がわかる.

$$32.2 \text{ g } C_4H_{10}O \times 0.87 = 28 \text{ g } C_4H_{10}O$$

問題 6・7 エタノールはエチレン C_2H_4 と水との反応で工業的に合成される.4.6 g のエチレンから 4.7 g のエタノールができるとすると,この反応の収率はいくらか.

$$C_2H_4(g) + H_2O(l) \longrightarrow C_2H_6O(l)$$
エチレン　　　　　　　　エタノール

6・5 制限反応物を含む反応

125

れるのに十分な量の水があることを確かめれば過剰量の水を使う方がずっと簡単である．もちろん，過剰量の水が存在しても，化学量論で必要とされる量の水しか反応には使われない．余分な水は反応せずにそのまま残る．

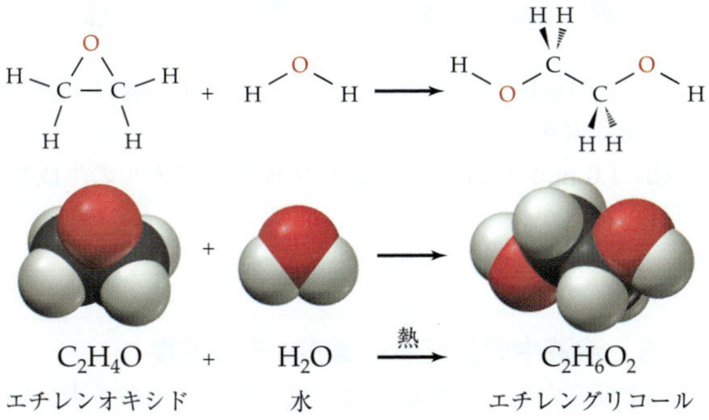

実験で使われる反応物分子の比が，釣り合いのとれた反応式の係数から得られる比と異なる場合は，過剰な反応物は反応が終わったときに残る．したがって，化学反応がどの程度まで起こるのかは，すべて消費され，反応の進行を限定する反応物 ── **制限反応物**(limiting reactant) ── に依存する．もう一方の反応物は<u>過剰反応物</u>とよばれる．

過剰反応物と制限反応物の状況は，人といすの関係に例えることができる．室内に5人の人がいて，いすは3脚しかないという場合，3人だけが座れて，残りの2人は立たなければならない．座れる人の数はいすの数によって限定されている．これと同じように，5 mol の水と 3 mol のエチレンオキシドがあっても，反応できる水は 3 mol だけで，残りの 2 mol は変化しない．

問題 6・8 コーヒー豆のカフェイン除去の溶媒として使われるジクロロメタン (CH_2Cl_2) は，メタン (CH_4) と塩素の反応で合成される．収率が 43.1% であるとすると，1.85 kg のメタンから何グラムのジクロロメタンが得られるか．

$$CH_4(g) + 2\,Cl_2(g) \longrightarrow CH_2Cl_2(l) + 2\,HCl(g)$$
　　メタン　　　塩素　　　　　　ジクロロメタン

6・5 制限反応物を含む反応

反応式は普通釣り合いのとれた形で書くので，常に正しい比率の反応物を正確に使って反応を行うような印象を受けがちである．しかし，そうではないことが多い．多くの反応では，反応物の一つを過剰に ── 化学量論に基づく必要量よりも多く ── 用いる．たとえば，自動車の不凍液やポリエステルの合成原料として用いられるエチレングリコール $C_2H_6O_2$ の工業的合成法を見てみよう．米国では毎年 200 万トン以上のエチレングリコールが，エチレンオキシド C_2H_4O と水を高温で反応させて合成されている．

水は安価で豊富なので，エチレンオキシド 1 mol に対して正確に 1 mol の水を用いるように注意を払うのは意味がない．より高価なエチレンオキシドが完全に消費さ

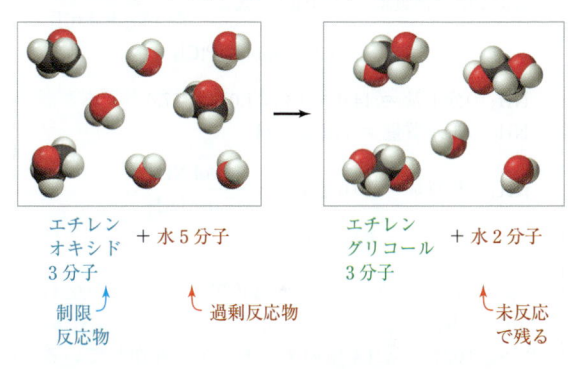

例題 6・10 では，どの反応物が制限反応物となるかを判断し，消費される過剰反応物の量を計算する方法を練習する．

例題 6・10　過剰反応物の量を計算する

固形腫瘍の治療に用いられる抗がん剤であるシスプラチンは，テトラクロロ白金酸カリウムとアンモニアの反応でつくられる．10.0 g の K_2PtCl_4 と 10.0 g の NH_3 を反応させるとしよう．

$$K_2PtCl_4(aq) + 2\,NH_3(aq) \longrightarrow$$
テトラクロロ
白金酸カリウム

$$Pt(NH_3)_2Cl_2(s) + 2\,KCl(aq)$$
　　　　シスプラチン

(a) 反応物のどちらが制限反応物で，どちらが過剰反応物か．

(b) 過剰反応物のうち何グラムが消費され，何グラムが残るか．

(c) 何グラムのシスプラチンが生成するか.

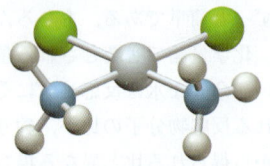

シスプラチン

方 針 制限反応物を扱う問題を解くときの考え方は，すべての反応物が実際に何モルずつ存在するかを計算し，実際に存在する反応物の物質量の比を釣り合いのとれた反応式から得られる理論的物質量の比と比較することである．この比較から多すぎる反応物（過剰反応物）と少なすぎる反応物（制限反応物）を判断する．

解 (a) 反応物の物質量を求めるときは，まず式量を計算し，モル質量を換算係数として使う．

K_2PtCl_4 の式量 $= (2 \times 39.1) + 195.1 + (4 \times 35.5)$
$\qquad = 415.3$

K_2PtCl_4 のモル質量 $= 415.3$ g/mol

K_2PtCl_4 の物質量 $= 10.0$ g $K_2PtCl_4 \times \dfrac{1 \text{ mol } K_2PtCl_4}{415.3 \text{ g } K_2PtCl_4}$

$\qquad = 0.0241$ mol K_2PtCl_4

NH_3 の分子量 $= 14.0 + (3 \times 1.0) = 17.0$
NH_3 のモル質量 $= 17.0$ g/mol

NH_3 の物質量 $= 10.0$ g $NH_3 \times \dfrac{1 \text{ mol } NH_3}{17.0 \text{ g } NH_3}$

$\qquad = 0.588$ mol NH_3

これらの計算から，0.588 mol のアンモニアと 0.0241 mol の K_2PtCl_4 があり，したがって K_2PtCl_4 の 0.588/0.0241 $=$ 24.4 倍のアンモニアが存在していることがわかる．しかし，釣り合いのとれた反応式の係数から，K_2PtCl_4 の 2 倍のアンモニアがあればよい．つまり NH_3 が大過剰に存在しており，K_2PtCl_4 が制限反応物である．

(b) 過剰反応物と制限反応物がわかったので，まず何モルずつが反応するかを考え，つぎに物質量-質量換算によって，消費される各反応物の質量を求める．制限反応物（K_2PtCl_4）は全量が消費されるが，過剰反応物（NH_3）は化学量論が要請する量しか反応しない．

消費される K_2PtCl_4 の物質量 $= 0.0241$ mol

消費される NH_3 の物質量
$\qquad = 0.0241$ mol $K_2PtCl_4 \times \dfrac{2 \text{ mol } NH_3}{1 \text{ mol } K_2PtCl_4}$
$\qquad = 0.0482$ mol NH_3

消費される NH_3 のグラム数
$\qquad = 0.0482$ mol $NH_3 \times \dfrac{17.0 \text{ g } NH_3}{1 \text{ mol } NH_3}$
$\qquad = 0.819$ g NH_3

消費されない NH_3 の質量 $= (10.0$ g $- 0.819$ g$)$ の $NH_3 = 9.2$ g の NH_3

(c) 釣り合いのとれた反応式によれば，消費される K_2PtCl_4 1 mol につき 1 mol のシスプラチンが生成する．つまり 0.0241 mol の K_2PtCl_4 から 0.0241 mol のシスプラチンが生成する．生成するシスプラチンの質量を求めるには，そのモル質量を計算し，物質量-質量換算を行う．

$Pt(NH_3)_2Cl_2$ の分子量
$\qquad = 195.1 + (2 \times 17.0) + (2 \times 35.5) = 300.1$

$Pt(NH_3)_2Cl_2$ のモル質量 $= 300.1$ g/mol

$Pt(NH_3)_2Cl_2$ の質量
$\qquad = 0.0241$ mol $Pt(NH_3)_2Cl_2 \times \dfrac{300.1 \text{ g } Pt(NH_3)_2Cl_2}{1 \text{ mol } Pt(NH_3)_2Cl_2}$
$\qquad = 7.23$ g $Pt(NH_3)_2Cl_2$

問題 6・9 酸化リチウムはスペースシャトルの中で，つぎの反応によって空気中の水を除去するのに用いられる．

$$Li_2O(s) + H_2O(g) \longrightarrow 2\, LiOH(s)$$

除去すべき水が 80.0 kg あり，65 kg の Li_2O が入手可能である場合，どちらが制限反応物となるか．何キログラムの過剰反応物が残るか．

問題 6・10 スペースシャトルの中で Li_2O と H_2O の反応で水酸化リチウムができると（問題 6・9），それはつぎの反応によって空気中に吐き出された二酸化炭素を除去するのに用いられる．

$$LiOH(s) + CO_2(g) \longrightarrow LiHCO_3(s)$$

500.0 g の LiOH は何グラムの CO_2 を吸収できるか．

問題 6・11 つぎの図は A（赤い球）と B（青い球）の反応を表している．

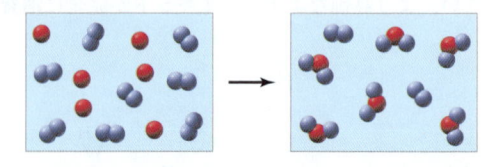

(a) この反応の釣り合いのとれた反応式を書け．制限反応物は何か．
(b) 1.0 mol の A と 1.0 mol の B から何モルの生成物が得られるか．

6・6 溶液中の反応物の濃度：モル濃度

化学反応が起こるためには，反応する分子やイオンは

6・6 溶液中の反応物の濃度：モル濃度

互いに接触しなければならない．これは，反応物は動き回らなければならないことを意味する．ほとんどの化学反応は，固体状態ではなく液体状態あるいは溶液中で行われる．したがって，溶液中での物質の量を正確に記述する標準的な方法が必要となる．

これまで学んできたように，化学反応の化学量論的な計算は常に物質量を用いている．したがって，溶液の濃度を表す最も一般的で有用な方法は**モル濃度**（molarity, **M**）である．モル濃度とは，1 L の溶液に溶けている物質，つまり**溶質**（solute）の物質量である．たとえば，1.00 mol（58.5 g）の NaCl を水に溶かして 1.00 L の溶液とした場合，その溶液の濃度は 1.00 mol/L であり，これを 1.00 M と表す．どんな溶液のモル濃度も，溶質の物質量を溶液の体積で割って得られる．

$$\text{モル濃度 (M)} = \frac{\text{溶質の物質量(mol)}}{\text{溶液の体積(L)}}$$

重要なのは溶液の最終的な体積であって，用いた溶媒の体積ではないことに注意しよう．溶液の最終的な体積は，溶質の体積が加わるために溶媒の体積より少し大きくなる．実際にモル濃度のわかった溶液をつくるには，必要量の溶質を秤量して，これを図 6・2 に示す**メスフラスコ**とよばれる容器に入れる．適当量の溶媒を入れて溶質を溶解させ，さらに正確に検量された体積に到達するまで溶媒を加える．最後に溶液を振って均一に混ぜる．

モル濃度は，溶液の体積と溶質の物質量を関連づける換算係数としての役割をもつ．溶液のモル濃度と体積がわかれば，溶質の物質量を計算することができる．溶質の物質量と溶液のモル濃度がわかれば，溶液の体積を求めることができる．例題 6・11 と 6・12 に計算の仕方を示す．

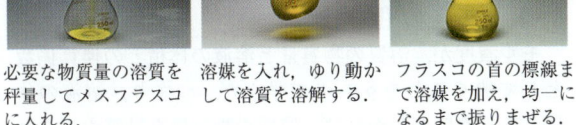

必要な物質量の溶質を秤量してメスフラスコに入れる． 溶媒を入れ，ゆり動かして溶質を溶解する． フラスコの首の標線まで溶媒を加え，均一になるまで振りまぜる．

図 6・2 モル濃度のわかった溶液のつくり方．

$$\text{モル濃度} = \frac{\text{溶質の物質量(mol)}}{\text{溶液の体積(L)}}$$

$$\text{溶質の物質量} = \text{モル濃度} \times \text{溶液の体積}$$

$$\text{溶液の体積} = \frac{\text{溶質の物質量}}{\text{モル濃度}}$$

例題 6・11 溶液のモル濃度を計算する

2.355 g の硫酸（H_2SO_4）を水に溶かし，さらに希釈して最終体積 50.0 mL とした溶液のモル濃度はいくらか．

方 針 モル濃度は溶液 1 L 当たりの溶質の物質量である．したがって 2.355 g の硫酸の物質量を求め，これを溶液の体積で割る．

解

H_2SO_4 の分子量 $= (2 \times 1.0) + 32.1 + (4 \times 16.0)$
$= 98.1$

H_2SO_4 のモル質量 $= 98.1$ g/mol

$$2.355 \text{ g } H_2SO_4 \times \frac{1 \text{ mol } H_2SO_4}{98.1 \text{ g } H_2SO_4} = 0.0240 \text{ mol } H_2SO_4$$

$$\frac{0.0240 \text{ mol } H_2SO_4}{0.0500 \text{ L}} = 0.480 \text{ M}$$

この溶液の硫酸濃度は 0.480 M である．

例題 6・12 溶液中の溶質の物質量を計算する

塩酸は 12.0 M 水溶液として市販されている．12.0 M 溶液 300.0 mL 中には何モルの HCl があるか．

方 針 溶質の物質量は溶液のモル濃度に体積を掛けて得られる．

解

HCl の物質量 $=$（溶液のモル濃度）$\times$（溶液の体積）

$$= \frac{12.0 \text{ mol HCl}}{1 \text{ L}} \times 0.3000 \text{ L}$$

$$= 3.60 \text{ mol HCl}$$

12.0 mol の溶液 300.0 mL には 3.60 mol の HCl がある．

検 算 12.0 M の HCl 1 L は 12 mol の HCl を含んでいるから，300 mL（0.3 L）の溶液は $0.3 \times 12 = 3.6$ mol を含んでいる．

問題 6・12 つぎの溶液には何モルの溶質が含まれているか．

(a) 125 mL の 0.20 M $NaHCO_3$
(b) 650.0 mL の 2.50 M H_2SO_4

問題 6・13 つぎの溶液をつくるには何グラムの溶質が必要か．

(a) 1.25 M の NaOH 溶液 500.0 mL
(b) 0.250 M のグルコース（$C_6H_{12}O_6$）溶液 1.50 L

問題 6・14 25.0 g のグルコース（$C_6H_{12}O_6$）を得るには，0.20 M のグルコース（$C_6H_{12}O_6$）溶液何ミリリットルが必要か．

問題 6・15 血液中のコレステロール（$C_{27}H_{46}O$）の正常な濃度はほぼ 0.005 M である．750 mL の血液には何グラムのコレステロールが含まれているか．

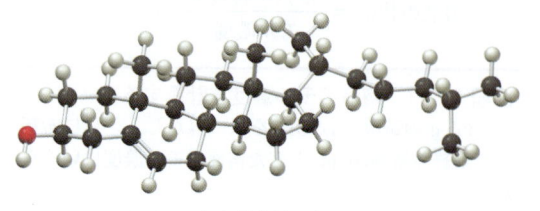

コレステロール

6・7 濃い溶液を希釈する

化学薬品は濃い溶液として購入して保存しておき，使用する直前に希釈することがよくある．たとえば，塩酸は 12.0 M 溶液として売られているが，実験室では 6.0 M あるいは 1.0 M の濃度になるように水で希釈して用いるのが普通である．

濃い溶液 ＋ 溶媒 ⟶ 薄い溶液

濃い溶液を薄めるときに忘れてはならないことは，溶質の物質量は一定であり，溶媒を加えることによって溶液の体積だけが変化するということである．溶質の物質量はモル濃度に体積を掛けることによって計算できるから，つぎの式を立てることができる．

$$\text{溶質の物質量（一定）} = \text{モル濃度} \times \text{体積}$$
$$= M_i \times V_i = M_f \times V_f$$

ここで，M_i は初期濃度，V_i は初期体積，M_f は最終濃度，V_f は最終体積である．この式をもっと使いやすく書き換えると，希釈後のモル濃度（M_f）は初期濃度（M_i）に初期体積と最終体積の比（V_i/V_f）を掛けて得られることがわかる．

$$M_f = M_i \times \frac{V_i}{V_f}$$

たとえば，2.00 M H_2SO_4 溶液 50.0 mL を 200.0 mL に薄めることを考えよう．溶液の体積は 4 倍に（50 mL から 200 mL へ）増加するから，溶液の濃度は 1/4 に（2.00 M から 0.500 M へ）減少しなければならない．

$$M_f = 2.00 \text{ M} \times \frac{50.0 \text{ mL}}{200.0 \text{ mL}} = 0.500 \text{ M}$$

実際には，希釈は図 6・3 に示したやり方で行うのが普通である．薄めようとする溶液をピペットとよばれる目盛りのついたガラス管を用いて吸い取り，一定の体積の空のメスフラスコに入れ，標線まで溶媒を入れて希釈

する．この手順の例外は，H_2SO_4 のような強酸を希釈する場合である．大量の熱が放出されるので，このようなときは酸に水を加えるのではなく，水に酸を加える．

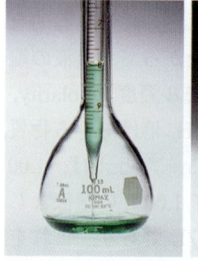

薄めようとする溶液の一定量を空のメスフラスコに入れる．　　溶媒を標線のすぐ下まで加えて，フラスコを振る．　　ちょうど標線までさらに溶媒を加え，またフラスコを振る．

図 6・3 濃い溶液を希釈する操作．

例題 6・13 溶液を希釈する

濃度 1.000 M の NaOH 溶液から出発して，0.2500 M 溶液 500.0 mL をつくるにはどうすればよいか．

方針 この問題は，最初と最後の濃度（M_i と M_f）および最終的な体積（V_f）が与えられて，最初の体積（V_i）を求めるものである．$M_i \times V_i = M_f \times V_f$ の式を $V_i = (M_f/M_i) \times V_f$ と書き換えれば答が得られる．

解

$$V_i = \frac{M_f}{M_i} \times V_f = \frac{0.2500 \text{ M}}{1.000 \text{ M}} \times 500.0 \text{ mL} = 125.0 \text{ mL}$$

1.000 M NaOH 溶液 125.0 mL を 500.0 mL のメスフラスコに入れて，標線まで水を加えればよい．

検算 希釈によって濃度が 1/4 に（1.000 M から 0.2500 M へ）減るから，体積は 4 倍になるはずである．したがって，500.0 mL の溶液をつくるには，500.0/4 = 125.0 mL から出発しなければならない．

問題 6・16 3.50 M グルコース溶液 75.0 mL を希釈して 400.0 mL とした場合，最終濃度はいくらか．

問題 6・17 硫酸は普通 18.0 M の濃度のものを購入する．250 mL の 0.500 M H_2SO_4 をつくるにはどうすればよいか．（酸に水を加えるのではなく，水に酸を加えることを忘れるな．）

6・8 溶液の化学量論

モル濃度が，溶質の物質量と溶液の体積との換算係数として働くことを §6・6 で学んだ．つまり，溶液の体積とモル濃度がわかれば，溶質の物質量を計算することができる．溶質の物質量とモル濃度がわかれば体積を求

めることができる.

図 6・4 の流れ図に示したように，溶液中の物質について化学量論的な計算をするには，モル濃度を用いることが不可欠である．モル濃度から，一定体積の別の溶液と反応するのに必要な溶液の体積を計算することができる．例題 6・14 に示すように，この種の計算は酸や塩基の化学において特に重要である．

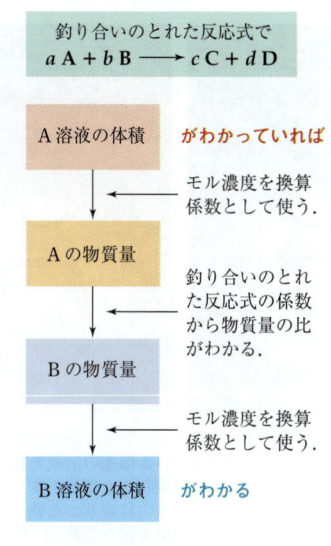

図 6・4 物質量と体積との換算係数としてモル濃度を使う化学量論計算をまとめた流れ図．

例題 6・14 溶液反応の化学量論

HCl の希薄水溶液である胃酸は，次式のように炭酸水素ナトリウム NaHCO₃ との反応で中和される．

$$HCl(aq) + NaHCO_3(aq) \longrightarrow NaCl(aq) + H_2O(l) + CO_2(g)$$

18.0 mL の 0.100 M HCl を中和するには何ミリリットルの 0.125 M NaHCO₃ 溶液が必要か．

方 針 化学量論の問題を解くには，常に一つの反応物の物質量を見つけ，釣り合いのとれた反応式の係数からもう一方の反応物の物質量を求めて，その量を計算することが必要となる．図 6・4 にこの手順をまとめてある．

解 まず 0.100 M 溶液 18.0 mL 中に何モルの HCl があるかを，体積にモル濃度を掛けて求める．

$$HClの物質量 = 18.0\,\text{mL} \times \frac{1\,\text{L}}{1000\,\text{mL}} \times \frac{0.100\,\text{mol}}{1\,\text{L}}$$
$$= 1.80 \times 10^{-3}\,\text{mol HCl}$$

つぎに，釣り合いのとれた反応式の係数から 1 mol の HCl が 1 mol の NaHCO₃ と反応することを確かめて，何ミリリットルの 0.125 M NaHCO₃ 溶液が 1.80 × 10⁻³ mol に相当するかを計算する．

$$1.80 \times 10^{-3}\,\text{mol HCl} \times \frac{1\,\text{mol NaHCO}_3}{1\,\text{mol HCl}}$$
$$\times \frac{1\,\text{L の溶液}}{0.125\,\text{mol NaHCO}_3} = 0.0144\,\text{L の溶液}$$

結局，18.0 mL の 0.100 M HCl を中和するには，14.4 mL の 0.125 M NaHCO₃ 溶液が必要である．

概算によるチェック 釣り合いのとれた反応式から，HCl と NaHCO₃ は物質量 1:1 で反応することがわかり，二つの溶液の濃度はほぼ同じであることが与えられているので，NaHCO₃ 溶液の体積は HCl 溶液の体積とほぼ同じである．

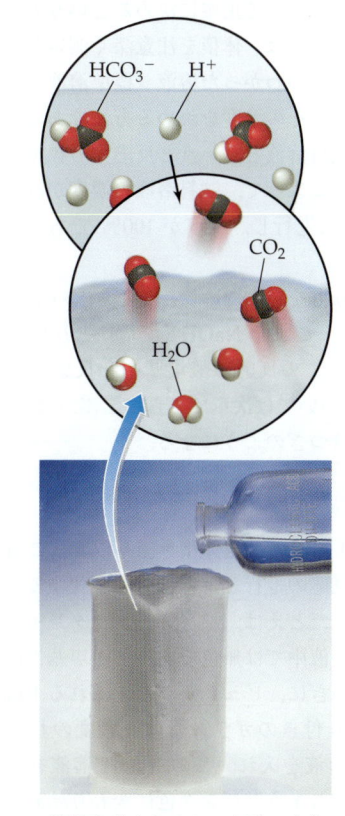

炭酸水素ナトリウムを酸で中和すると，CO₂ ガスが泡立ちながら発生するのが見える．

問題 6・18 50.0 mL の 0.100 M NaOH と反応するのに必要な 0.250 M H₂SO₄ の体積はいくらか．反応式はつぎの通りである．

$$H_2SO_4(aq) + 2\,NaOH(aq) \longrightarrow Na_2SO_4(aq) + 2\,H_2O(l)$$

問題 6・19 25.0 mL の 0.150 M KOH 溶液と反応するのに 68.5 mL の HNO₃ 溶液が必要であるとすると，この HNO₃ 溶液のモル濃度はいくらか．

$$\text{HNO}_3(\text{aq}) + \text{KOH}(\text{aq}) \longrightarrow \text{KNO}_3(\text{aq}) + \text{H}_2\text{O}(l)$$

6・9 滴　定

モル濃度のわかった溶液のつくり方には二通りの方法がある．一つは §6・6 で述べたもので，正確に秤量した溶質に溶媒を検量された体積まで正確に加えて溶かすという方法である．しかしもっと便利なのは，およその量の溶質をおよその量の溶媒に溶かして，その溶液のモル濃度を <u>滴定</u> によって正確に決めるという方法である．

<u>滴定</u>（titration）は，体積を注意深く測定した溶液を，別の物質の濃度のわかった溶液（<u>標準溶液</u>）と反応させることによってその濃度を決める方法である．体積のわかっている試料溶液とちょうど反応する標準溶液の体積を決めることによって，試料溶液の濃度が計算される．（反応が完全に進行し，収率が 100% であることが必要である．）

滴定のやり方を見るために，濃度を求めたい HCl 溶液（酸）があり，これを NaOH（塩基）と反応させることを考えよう．この反応は酸塩基中和反応とよばれる．（この反応については次章でさらに学ぶ．）釣り合いのとれた反応式はつぎのようになる．

$$\text{NaOH}(\text{aq}) + \text{HCl}(\text{aq}) \longrightarrow \text{NaCl}(\text{aq}) + \text{H}_2\text{O}(l)$$

まず，HCl 溶液の一定体積を測り取り，これに <u>指示薬</u> とよばれる反応の進行とともに色が変化する化合物を少量添加する．たとえば，フェノールフタレインという化合物は酸性溶液中では無色であるが，塩基性溶液中では赤くなる．つぎに，<u>ビュレット</u> とよばれる下端にコックのある目盛り付きのガラス管に，濃度のわかっている NaOH 標準溶液を入れ，この NaOH 溶液をフェノールフタレインがちょうどピンク色に変わり始めるまでゆっくりと HCl 溶液に加えていく．ピンク色になった時点は，すべての HCl が完全に反応し，溶液中にわずかに過剰の NaOH が存在しているという状態である．つぎに，加えた NaOH 標準溶液の体積をビュレットの目盛りから読み取る．HCl 溶液の体積がわかっているので，その濃度を計算することができる．滴定の手順を図 6・5 にまとめ，図 6・6 にその操作を示す．

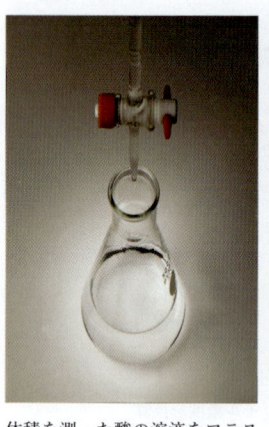

体積を測った酸の溶液をフラスコに入れ，指示薬のフェノールフタレインを加える．

ビュレットから濃度のわかっている塩基の溶液を指示薬の色が変わるまで滴下する．ビュレットの目盛りから使った塩基の体積を読み取れば，酸の濃度を計算することができる．

図 6・6　濃度のわからない酸の溶液を濃度のわかった塩基溶液で滴定する．

20.0 mL の HCl 溶液を用いて，48.6 mL の 0.100 M NaOH をビュレットから加えたところで反応が完結したとしよう．NaOH 標準溶液のモル濃度を換算係数として用いると，反応に使われた NaOH の物質量が計算できる．

$$\text{NaOH の物質量} = 0.0486 \text{ L NaOH} \times \frac{0.100 \text{ mol NaOH}}{1 \text{ L NaOH}}$$

$$= 0.00486 \text{ mol NaOH}$$

釣り合いのとれた反応式
NaOH + HCl ⟶ NaCl + H₂O

NaOH の体積 → NaOH の物質量 → HCl の物質量 → HCl のモル濃度
がわかれば　　　　　　　　　　　　　　　　　　　　　　　　　　　　がわかる

NaOH のモル濃度を換算係数として使う．
釣り合いのとれた反応式の係数から物質量の比を求める．
HCl の体積で割る．

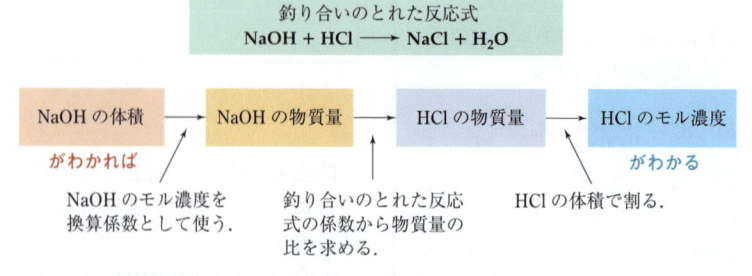

図 6・5　酸-塩基滴定の流れ図．NaOH 標準溶液を使った滴定で HCl 溶液の濃度を決めるために必要な計算をまとめてある．

釣り合いのとれた反応式によれば，HCl の物質量は NaOH の物質量と同じである．

$$\text{HCl の物質量} = 0.004\,86 \text{ mol NaOH} \times \frac{1 \text{ mol HCl}}{1 \text{ mol NaOH}}$$
$$= 0.004\,86 \text{ mol HCl}$$

HCl の物質量を体積で割れば，HCl のモル濃度が得られる．

$$\text{HCl のモル濃度} = \frac{0.004\,86 \text{ mol HCl}}{0.0200 \text{ L HCl}} = 0.243 \text{ M}$$

問題 6・20 食酢（希薄な酢酸，CH_3CO_2H）の試料 25.0 mL を 0.200 M NaOH で滴定すると，94.7 mL を消費する．酢酸溶液のモル濃度はいくらか．反応式はつぎの通りである．

$$NaOH(aq) + CH_3CO_2H(aq) \longrightarrow CH_3CO_2Na(aq) + H_2O(l)$$

問題 6・21 ビュレットには H^+ イオンが，フラスコには OH^- イオンが同体積中に図に示す割合で含まれているとしよう．ビュレット中の酸の濃度は 1.00 M であるとして，フラスコ中の塩基を中和するのに，ビュレット中の全体積を要したとすると，塩基の濃度はいくらか．反応式は $H^+(aq) + OH^-(aq) \longrightarrow H_2O(l)$ である．

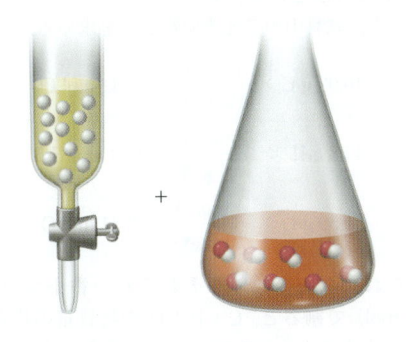

6・10 パーセント組成と実験式

これまで取扱ってきた物質はすべて化学式がわかっていた．しかし，新しい化合物を研究室でつくったり，自然界で見出だしたりした場合，その化学式は実験によって決定しなければならない．

新しい化合物の化学式を決めるには，その物質を分析して，どんな元素があり，それぞれがどんな割合で存在しているか，つまりその<u>組成</u>を調べることから始める．ある化合物の**パーセント組成**（percent composition）は，存在する元素を同定し，それぞれの質量パーセントを表示することによって記述される．たとえば，ガソリンに含まれるある無色の液体は，質量比で 84.1% の炭素と 15.9% の水素を含んでいる，と表現される．この化合物 100.0 g は 84.1 g の炭素原子と 15.9 g の水素原子を含んでいる，と言い換えてもよい．

ある化合物のパーセント組成がわかれば，その化合物の化学式を計算することができる．図 6・7 に示すように，その手順は，まず化合物中の各元素の相対的な物質量を求め，つぎにこれらの数値を使って元素の物質量の比を決める．この比から化学式の下付き数字が決まる．

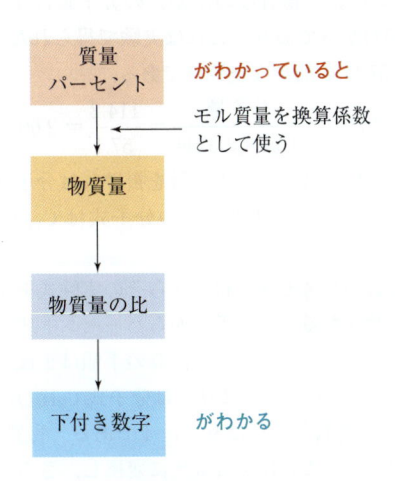

図 6・7 化合物のパーセント組成から化学式を計算する手順の流れ図．

質量で 84.1% の炭素と 15.9% の水素をもつ無色の液体を例にとろう．計算しやすくするために 100 g の試料があるとしよう．モル質量を換算係数として使えば 100 g の試料は

$$84.1 \text{ g C} \times \frac{1 \text{ mol C}}{12.01 \text{ g C}} = 7.00 \text{ mol C}$$

$$15.9 \text{ g H} \times \frac{1 \text{ mol H}}{1.008 \text{ g H}} = 15.8 \text{ mol H}$$

を含んでいる．C と H の相対的物質量がわかったから，小さい数字（7.00）で割ると物質量の比がわかる．

$$C_{\left(\frac{7.00}{7.00}\right)} H_{\left(\frac{15.8}{7.00}\right)} = C_1 H_{2.26}$$

C：H の物質量の比が 1：2.26 となるから，この液体の化学式はひとまず $C_1H_{2.26}$ となる．これらの下付き数字に試行錯誤で小さな整数を掛けて，ともに整数になるようにする．こうして得られるのが**実験式**（empirical formula）で，この化合物のもつ原子の最も小さな整数比を与える．今の場合は下付き数字に 4 を掛けると実験式 C_4H_9 が得られる．（データの誤差のために常に完全

な整数になるとは限らないが，ずれはなるべく小さくなければならない．）

$$C_{(1\times 4)}H_{(2.26\times 4)} = C_4H_{9.04} = C_4H_9$$

パーセント組成から決められた実験式は，化合物中の原子の比を示すだけである．分子のもつ原子の実際の数を示す**分子式**（molecular formula）は実験式と同じかあるいはその倍数になっている．分子式を決めるには，その物質の分子量を知る必要がある．今の場合，化合物（オクタンという物質なのだが）の分子量は114.2であることがわかっており，これは実験で得られた C_4H_9 の分子量（57.1）の簡単な整数倍である．

$$倍数 = \frac{分子量}{実験式の式量} = \frac{114.2}{57.1} = 2.00$$

実験式の下付き数字にこの倍数を掛ければ分子式が得られる．今の例では，オクタンの分子式は $C_{(4\times 2)}H_{(9\times 2)} = C_8H_{18}$ となる．

ある物質のパーセント組成からその実験式を求めたように，実験式あるいは分子式からパーセント組成を求めることもできる．この二つの計算の手順は正反対になっている．たとえば，アスピリンは分子式 $C_9H_8O_4$ をもち，C：H：O の物質量の比は9：8：4である．物質量-質量換算を使って，この比を質量比に変換し，さらにパーセント組成を求めることができる．

計算を簡単にするために，化合物 1 mol で始めることにしよう．

$$1\,mol\,のアスピリン \times \frac{9\,mol\,C}{1\,mol\,のアスピリン} \times \frac{12.0\,g\,C}{1\,mol\,C}$$
$$= 108\,g\,C$$

$$1\,mol\,のアスピリン \times \frac{8\,mol\,H}{1\,mol\,のアスピリン} \times \frac{1.01\,g\,H}{1\,mol\,H}$$
$$= 8.08\,g\,H$$

$$1\,mol\,のアスピリン \times \frac{4\,mol\,O}{1\,mol\,のアスピリン} \times \frac{16.0\,g\,O}{1\,mol\,O}$$
$$= 64.0\,g\,O$$

各元素の質量を全質量で割って100％を掛ければパーセント組成が得られる．

$$アスピリン\,1\,mol\,の全質量 = 108\,g + 8.08\,g + 64.0\,g$$
$$= 180\,g$$

$$\%\,C = \frac{108\,g\,C}{180\,g} \times 100\% = 60.0\%$$

$$\%\,H = \frac{8.08\,g\,H}{180\,g} \times 100\% = 4.49\%$$

$$\%\,O = \frac{64.0\,g\,O}{180\,g} \times 100\% = 35.6\%$$

答が妥当かどうかは，質量のパーセント値の和が誤差範囲内で100％になることで確認できる．60.0％ + 4.49％ + 35.6％ = 100.1％

例題6・15と6・16に，パーセント組成と実験式の変換の例をさらに示す．

例題6・15　パーセント組成から実験式を計算する

ビタミンC（アスコルビン酸）は質量比で C 40.92％，H 4.58％，O 54.50％ を含む．アスコルビン酸の実験式は何か．

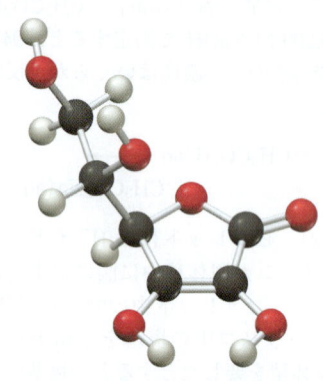

アスコルビン酸

方針　100.00 g のアスコルビン酸があると仮定して，図6・7に示した手順を行う．

解　まず，試料中の各元素の物質量を求める．

$$40.92\,g\,C \times \frac{1\,mol\,C}{12.0\,g\,C} = 3.41\,mol\,C$$

$$4.58\,g\,H \times \frac{1\,mol\,H}{1.01\,g\,H} = 4.53\,mol\,H$$

$$54.50\,g\,O \times \frac{1\,mol\,O}{16.0\,g\,O} = 3.41\,mol\,O$$

得られた3個の数値をそれぞれ一番小さい数値（3.41 mol）で割ると，C：H：O の物質量の比が 1：1.33：1 となるから，$C_1H_{1.33}O_1$ という仮の式が得られる．下付き数字に小さな整数を掛けてすべてが整数になるように試行錯誤を繰返すと，実験式が

$$C_{(3\times 1)}H_{(3\times 1.33)}O_{(3\times 1)} = C_3H_4O_3$$

となる．

例題6・16　化学式からパーセント組成を計算する

血糖ともよばれるグルコースの分子式は $C_6H_{12}O_6$ である．実験式は何か．パーセント組成はどうなるか．

方針と解答　グルコースのパーセント組成は分子式（$C_6H_{12}O_6$）から計算することもできるし，実験式（CH_2O）から求めることもできる．分子式を用いる場

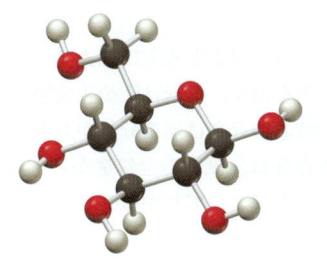

グルコース

合は，化合物が 1 mol あるとして物質量-質量換算を使って C : H : O の物質量比 6 : 12 : 6 を質量比に変換する．

1 mol のグルコース × $\frac{6 \text{ mol C}}{1 \text{ mol のグルコース}}$ × $\frac{12.0 \text{ g C}}{1 \text{ mol C}}$
= 72.0 g C

1 mol のグルコース × $\frac{12 \text{ mol H}}{1 \text{ mol のグルコース}}$ × $\frac{1.01 \text{ g H}}{1 \text{ mol H}}$
= 12.1 g H

1 mol のグルコース × $\frac{6 \text{ mol O}}{1 \text{ mol のグルコース}}$ × $\frac{16.0 \text{ g O}}{1 \text{ mol O}}$
= 96.0 g O

各元素の質量を全質量で割って 100% を掛ければパーセント組成が得られる．質量のパーセント値の和が 100% になることに注意しよう．
1 mol のグルコースの全質量
= 72.0 g + 12.1 g + 96.0 g = 180.1 g

%C = $\frac{72.0 \text{ g C}}{180.1 \text{ g}}$ × 100% = 40.0%

%H = $\frac{12.1 \text{ g H}}{180.1 \text{ g}}$ × 100% = 6.72%

%O = $\frac{96.0 \text{ g O}}{180.1 \text{ g}}$ × 100% = 53.3%

問題 6・22 ロケット燃料として使われる無色の液体であるジメチルヒドラジン $C_2H_8N_2$ の実験式とパーセント組成を求めよ．

問題 6・23 Bufferin 錠に含まれるある成分のパーセント組成は質量比で C 14.25%, O 56.93%, Mg 28.83% である．実験式を求めよ．

問題 6・24 かんきつ類に多く含まれる有機酸であるクエン酸のパーセント組成を求めよ（黒 = C, 赤 = O, 白 = H）．

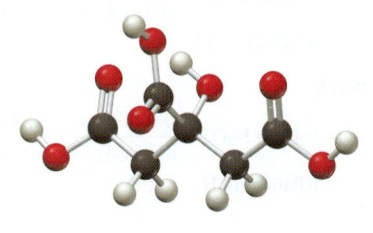

クエン酸

6・11 実験式の決定：元素分析

化合物のパーセント組成と実験式を決めることを元素分析といい，その一般的な方法の一つに燃焼分析がある．この方法では，組成のわかっていない化合物を酸素と燃焼させ，その化合物に含まれる炭素と水素をそれぞれ CO_2 と H_2O に変えて，ガスクロマトグラフとよばれる装置でこれらを自動的に分離して秤量する．たとえば，メタン（CH_4）はつぎの反応式に従って燃焼する．

$$CH_4(g) + 2 O_2(g) \longrightarrow CO_2(g) + 2 H_2O(g)$$

炭素を含む生成物（CO_2）と水素を含む生成物（H_2O）の質量を測定すれば，炭素と水素の物質量が求められ，これから元の化合物中の C : H 物質量比を計算することができる．さらに図 6・8 の流れ図に従って化学式を求めることができる．

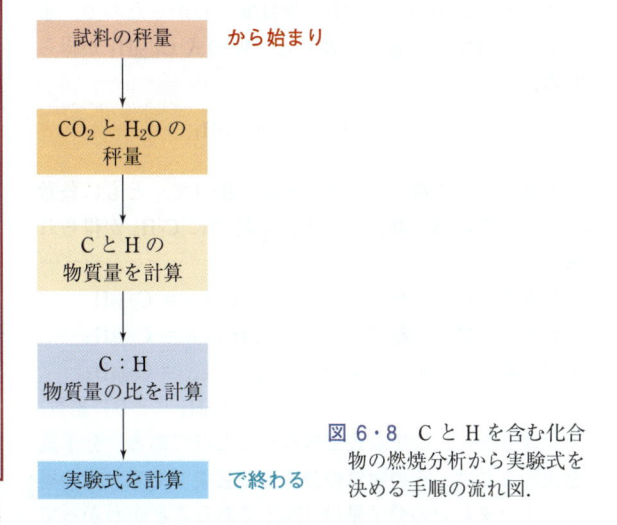

試料の秤量 ← から始まり
↓
CO_2 と H_2O の秤量
↓
C と H の物質量を計算
↓
C : H 物質量の比を計算
↓
実験式を計算 ← で終わる

図 6・8 C と H を含む化合物の燃焼分析から実験式を決める手順の流れ図．

純粋な物質の試料，ここでは家庭用防虫剤としてよく使われるナフタレンを例にとって燃焼分析の手順を追ってみよう．試料を秤量し，純酸素中で燃焼させ，生成物を分析する．0.330 g のナフタレンを酸素と反応させて，1.133 g の CO_2 と 0.185 g の H_2O が生成したとしよう．まず，生成物の CO_2 と H_2O に含まれる炭素と水素の物質量を計算して，ナフタレン試料中の存在していた各元素の物質量を求める．

1.133 g の CO_2 中の C の物質量
= 1.133 g CO_2 × $\frac{1 \text{ mol } CO_2}{44.01 \text{ g } CO_2}$ × $\frac{1 \text{ mol C}}{1 \text{ mol } CO_2}$
= 0.025 74 mol C

0.185 g の H₂O 中の H の物質量

$$= 0.185 \text{ g H}_2\text{O} \times \frac{1 \text{ mol H}_2\text{O}}{18.02 \text{ g H}_2\text{O}} \times \frac{2 \text{ mol H}}{1 \text{ mol H}_2\text{O}}$$

$$= 0.0205 \text{ mol H}$$

ナフタレンは炭素と水素しか含んでいないので，今の場合は必要ないのだが，他の元素が存在しているかどうかを確かめることができる．そのためには，物質量-質量換算をして試料中のCとHの質量を求める．

$$\text{C の質量} = 0.025\,74 \text{ mol C} \times \frac{12.01 \text{ g C}}{1 \text{ mol C}} = 0.3091 \text{ g C}$$

$$\text{H の質量} = 0.0205 \text{ mol H} \times \frac{1.01 \text{ g H}}{1 \text{ mol H}} = 0.0207 \text{ g H}$$

C と H の全質量 = 0.3091 g + 0.0207 g = 0.3298 g

生成物中のCとHの全質量（0.3298 g）が，出発試料の質量（0.330 g）に等しいので，ナフタレンにはその他の元素は含まれていないことがわかる．

ナフタレン中のCとHの物質量がわかったので，小さい方の数字で各数字を割ると，仮の式 C₁.₂₆H₁ が得られる．

$$\text{C}_{\left(\frac{0.02574}{0.0205}\right)}\text{H}_{\left(\frac{0.0205}{0.0205}\right)} = \text{C}_{1.26}\text{H}_1$$

この式の下付き数字に小さな整数を掛けて，ともに整数になるように試行錯誤すると，最終的に C₅H₄ が得られる．

下付き数字に 2 を掛ける：$\text{C}_{(1.26\times 2)}\text{H}_{(1\times 2)} = \text{C}_{2.52}\text{H}_2$
下付き数字に 3 を掛ける：$\text{C}_{(1.26\times 3)}\text{H}_{(1\times 3)} = \text{C}_{3.78}\text{H}_3$
下付き数字に 4 を掛ける：$\text{C}_{(1.26\times 4)}\text{H}_{(1\times 4)} = \text{C}_{5.04}\text{H}_4$
$\qquad\qquad\qquad\qquad\quad = \text{C}_5\text{H}_4$（ともに整数）

元素分析からは実験式が得られるだけである．分子式を決めるには，その物質の分子量が必要である．今の場合，ナフタレンの分子量は 128.2 であることがわかっている．すなわち C₅H₄ の式量（64.1）の 2 倍である．したがって，ナフタレンの分子式は $\text{C}_{(2\times 5)}\text{H}_{(2\times 4)} = \text{C}_{10}\text{H}_8$

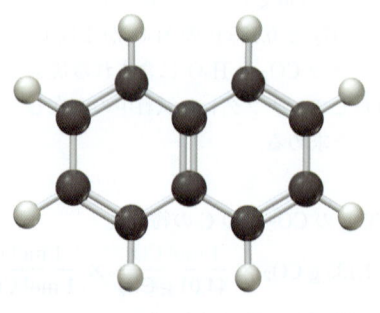

ナフタレン

となる．

例題 6・17 には，炭素と水素に加えて酸素を含む試料の燃焼分析の例を示す．酸素は燃焼生成物を与えないから，分子中の酸素の存在は燃焼分析から直接にはわからない．酸素の存在は，試料の全質量からCとHの計算質量を差引くことによってわかる．

例題 6・17 燃焼分析から実験式と分子式を計算する

ヤギや汚れた靴下やランニングシューズの臭いの元であるカプロン酸は，炭素と水素と酸素を含んでいる．燃焼分析をすると，0.450 g のカプロン酸試料から 0.418 g の H₂O と 1.023 g の CO₂ が得られた．カプロン酸の実験式は何か．分子量が 116.2 であれば，カプロン酸の分子式は何か．

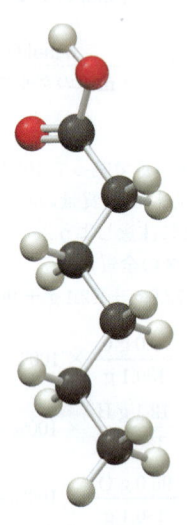

カプロン酸

方針 図6・8に示した手順に従って，カプロン酸の実験式を求め，式量を計算し，それを分子量と比較する．

解 まず，試料中のCとHの物質量を求める．

C の物質量

$$= 1.023 \text{ g CO}_2 \times \frac{1 \text{ mol CO}_2}{44.01 \text{ g CO}_2} \times \frac{1 \text{ mol C}}{1 \text{ mol CO}_2}$$

$$= 0.023\,24 \text{ mol C}$$

H の物質量

$$= 0.418 \text{ g H}_2\text{O} \times \frac{1 \text{ mol H}_2\text{O}}{18.02 \text{ g H}_2\text{O}} \times \frac{2 \text{ mol H}}{1 \text{ mol H}_2\text{O}}$$

$$= 0.0464 \text{ mol H}$$

つぎに，試料中のCとHの質量を求める．

$$\text{Cの質量} = 0.02324 \text{ mol C} \times \frac{12.01 \text{ g C}}{1 \text{ mol C}} = 0.2791 \text{ g C}$$

$$\text{Hの質量} = 0.0464 \text{ mol H} \times \frac{1.01 \text{ g H}}{1 \text{ mol H}} = 0.0469 \text{ g H}$$

出発試料の質量からCとHの質量を差引くと，0.124 gの説明がついていない．

$$0.450 \text{ g} - (0.2791 \text{ g} + 0.0469 \text{ g}) = 0.124 \text{ g}$$

試料には酸素があるということなので，この"行方不明"の質量は酸素に由来するはずである．したがって，試料中の酸素の物質量はつぎのようになる．

$$\text{Oのモル数} = 0.124 \text{ g O} \times \frac{1 \text{ mol O}}{16.00 \text{ g O}}$$
$$= 0.00775 \text{ mol O}$$

3種類すべての元素の相対的物質量がわかったので，これらの数字を一番小さい数字（Oの0.00775 mol）で割ると，C：H：Oの比が3：6：1となる．

$$C_{\left(\frac{0.02324}{0.00775}\right)} H_{\left(\frac{0.0464}{0.00775}\right)} O_{\left(\frac{0.00775}{0.00775}\right)} = C_3H_6O$$

したがってカプロン酸の実験式は C_3H_6O となり，実験式の式量は58.1である．カプロン酸の分子量は116.2であり，実験式の式量の2倍なので，分子式は $C_{(2\times3)}H_{(2\times6)}O_{(2\times1)} = C_6H_{12}O_2$ となる．

問題 6・25 ペパーミント油から得られる香料であるメントールは炭素と水素と酸素からなる．燃焼分析で1.00 gのメントールから1.161 gの H_2O と 2.818 gの CO_2 が得られる．メントールの実験式は何か．

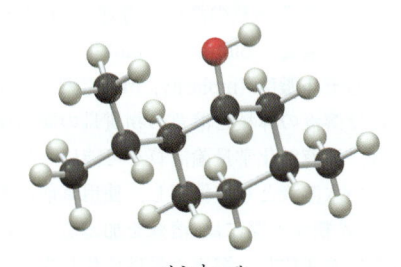

メントール

問題 6・26 あらゆる生体の細胞中に存在する糖であ

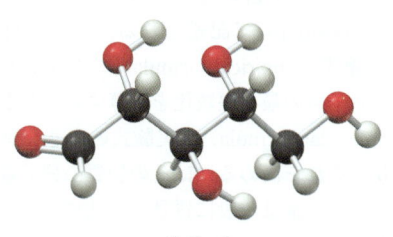

リボース

るリボースの分子量は150であり，実験式は CH_2O である．リボースの分子式は何か．

問題 6・27 つぎのパーセント組成から分子式を求めよ．

(a) ジボラン：H 21.86%，B 78.14%；分子量 = 27.7
(b) トリオキサン：C 40.00%，H 6.71%，O 53.28%；分子量 = 90.08

6・12 分子量の決定：質量分析法

前節で述べたように，化合物の分子式を決めるにはその分子量がわかっていなければならない．それでは分子量はどのように決めるのだろうか．

原子量や分子量を決める最も一般的な方法は，図6・9に示した**質量分析計**とよばれる装置を用いる方法である．試料を気化して，希薄な気体として真空にした小室に注入し，高エネルギーの電子線を当てる．電子線は試料分子から電子をたたき出して，正に荷電したイオンに変える．イオン化した分子の一部はそのまま生き延び，他は小さなイオンへと断片化する．異なる質量をもついろいろなイオンは，電場によって加速されて強い磁石の両極の間を通過し，その間に磁場によって飛跡を曲げられる．

イオン M^+ が磁極の間を通過する際に曲げられる角度はその質量に依存しており，軽いイオンは重いイオンよりも大きく曲げられる．磁場の強さを変えることによって，異なる質量のイオンを順次スリットを通して検知装置へ導くことができる．

このようにして得られる質量スペクトルは，イオンの強度を質量に対してプロットしたグラフ，すなわち装置内で生成したいろいろなイオンの相対的な数をそれらのイオンの質量に対してプロットしたグラフとなる．

質量スペクトルは一般に多くの異なる質量をもつイオンを含んでいるが，最も重いイオンは普通イオン化した分子そのもの，つまり分子イオンである．このイオンの質量を測定することによって，分子の質量を決めることができる．たとえば，前節で扱ったナフタレン試料の場合，質量スペクトルの128 amuの位置に強いピークが現れるので，分子量は128となり，分子式 $C_{10}H_8$ と矛盾しない（図6・9b）．

最近の質量分析計は非常に精密で，分子の質量を有効数字7桁まで測定できるほどである．たとえば，ナフタレンの $^{12}C_{10}{}^{1}H_8$ 分子が128.0626 amuの質量をもつことが質量分析法で測定される．

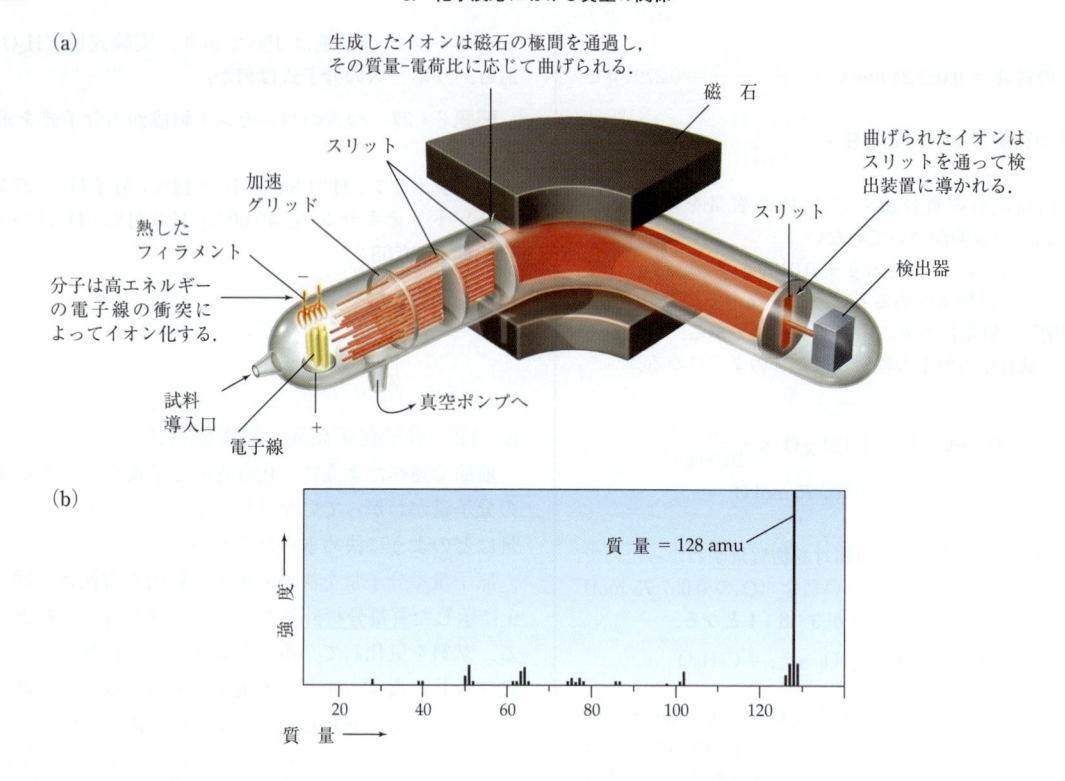

図 6・9 (a) 質量分析計の模式図. (b) ナフタレン (分子量 = 128) の質量スペクトル. 横軸に質量をとって異なる質量のピークを表示している.

要 約

質量は反応によって生成することもなくなることもないので，すべての化学反応式は**釣り合いがとれて**(balanced) いなければならない．つまり，反応を示す矢印の両側で，原子の種類と数は同じでなければならない．釣り合いのとれた反応式から，反応物と生成物の**化学式単位** (formula unit) の数の比がわかる．

原子量が一つの原子の相対質量であるように，**分子量** (molecular weight) は分子の相対質量である．イオンなどの非分子性物質を含めるときには**式量** (formula weight) という用語が用いられる．分子量は，その分子にあるすべての原子の原子量の和である．物質 1 mol とは，その物質の分子量あるいは式量と同じ数字のグラム単位の量である．質量-物質量の関係を用いて化学計算を行うことを**化学量論** (stoichiometry) という．

反応で実際に生成する生成物の量をその反応の**収量** (yield) といい，これは理論上可能な生成量より少ないことが多い．実際の生成量を理論上の生成量で割って 100% を掛けたものをその反応の**収率** (percent yield) という．一つの反応物を釣り合いのとれた反応式が求める量よりも過剰に用いて反応を行うことがよくある．その

ような場合，反応が起こる程度は，限定された量だけ存在する反応物，すなわち**制限反応物** (limiting reactant) に依存する．

溶液中に存在する物質の濃度は普通，1 L の溶液に溶けている物質 (**溶質** (solute)) の mol 単位で表した物質量，すなわち**モル濃度** (molarity, **M**) で表される．溶液のモル濃度は溶液の体積と溶質の物質量の間の換算係数として働き，溶液の化学量論計算を可能にしている．化学物質を濃い水溶液として保存し，使用直前に希釈することが多い．希釈する際には，溶媒を加えることによってその体積だけが変化し，溶質の量は変化しない．溶液の正確な濃度は**滴定** (titration) によって決めることが多い．

物質の化学的な構成は，物質を構成する各元素がそれぞれ全質量の何 % を占めるかを示す**パーセント組成** (percent composition) で記述される．元素分析によって物質の**実験式** (empirical formula) つまりその物質中の各元素の原子数の最小整数比を計算することができる．**分子式** (molecular formula) は実験式の小さな整数倍になっており，それを決めるにはその物質の分子量を知る必要がある．分子量は一般に質量分析法によって決めることができる．

Interlude

Franklin はアボガドロ定数を知っていたか

"とうとうクラッパムに着いた．そこの入会地には大きな池があり…私は油の入った小瓶をもって行って，水の上にそれを少し垂らした．私はそれが驚くべき速さで水面を広がるのを見た．油はせいぜいスプーン1杯であったが，瞬時に数ヤード四方の空間に静寂をもたらし，それはゆっくりと広がっていき......その池の四分の一，おそらく半エーカーは鏡のように平らになった．"
（Benjamin Franklin から William Brownrigg に宛てた手紙，1773，から抜粋）

この2人に共通しているのは何だろう．

Benjamin Franklin（フランクリン）は作家であり著名な政治家であったが，また発明家であり科学者でもあった．学童ならだれでも，稲妻が電気であることを証明する凧と鍵を使ったフランクリンの実験のことを知っている．油が水面をどのくらい広がるかという彼の実験から，分子の大きさやアボガドロ定数を簡単に推測できるということはあまり知られていない．

その計算はつぎのようにする．アボガドロ定数の数値は 1 mol 当たりの分子の数である．Franklin のスプーン1杯の油の分子数と物質量がわかれば，アボガドロ定数を計算できる．まず，その油にある分子数を計算してみよう．

1. Franklin が使った油の体積 (V) をスプーン1杯 = 4.9 cm^3 とし，油が広がった面積 (A) を 1/2 エーカー（acre）= $2.0 \times 10^7 \text{ cm}^2$ とする．油の分子は小さな立方体で，それが密に詰まって厚さ1分子の層をなしたと仮定しよう．右上の図からわかるように，1個の分子に相当する立方体の1辺の長さを l とすると，油の体積は層の面積に l を掛けたものであり $V = A \times l$ となる．この式から，l がわかり，分子の大きさを推定できる．

$$l = \frac{V}{A} = \frac{4.9 \text{ cm}^3}{2.0 \times 10^7 \text{ cm}^2} = 2.4 \times 10^{-7} \text{ cm}$$

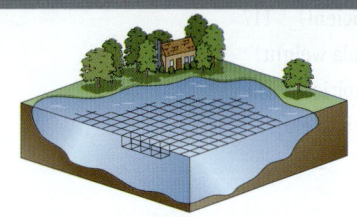

2. 油層の面積は，立方体の一つの面の面積 (l^2) に油分子の数 (N) を掛けたものであり，$A = l^2 \times N$ となる．この式を変形すれば，分子の数がわかる．

$$N = \frac{A}{l^2} = \frac{2.0 \times 10^7 \text{ cm}^2}{(2.4 \times 10^{-7} \text{ cm})^2} = 3.5 \times 10^{20} \text{ 分子}$$

3. 油の物質量を計算するには，油の質量 (m) を知る必要がある．油の重さを量ればよいのだが，Franklin はそれをやっていない．そこで，体積 (V) に一般的な油の密度 (D) 0.95 g/cm^3 を掛けて，質量を推測しよう．〔油は水に浮くから，油の密度は水の密度（1.00 g/cm^3）より小さいはずである．〕

$$m = V \times D = 4.9 \text{ cm}^3 \times 0.95 \frac{\text{g}}{\text{cm}^3} = 4.7 \text{ g}$$

4. 計算を終えるには，油の分子量について最後の仮定をしなければならない．油の分子量が 900 であると仮定すると，1 mol の油の質量は 900 g となる．油の質量を 1 mol の質量で割れば物質量がでる．

$$\text{油の物質量} = \frac{4.7 \text{ g}}{900 \text{ g/mol}} = 0.0052 \text{ mol}$$

5. 最後に，1 mol 当たりの分子数 ── アボガドロ定数の数値 ── がつぎのように得られる．

$$\text{アボガドロ定数} = \frac{3.5 \times 10^{20} \text{ 分子}}{0.0052 \text{ mol}} = 6.7 \times 10^{22} \text{ /mol}$$

この計算は非常に正確とはいえないが，Franklin が油がどのくらい広がるかをざっと見積もったときに，われわれにアボガドロ定数を計算させようと意図していたわけではない．にもかかわらず，このような単純な実験にしては結果はまんざら悪くはない．

問題 6・28 池に広がる油からアボガドロ定数を計算する際の誤差のおもな起源は何だと思うか．

問題 6・29 油の分子が立方体ではなく，2辺の長さは同じで，残りの1辺の長さが他の2辺の4倍の直方体であると仮定してアボガドロ定数を計算し直せ．油分子は正方形部分を水面につけて立つと仮定せよ．

キーワード

化学式単位（formula unit）　117
化学量論（stoichiometry）　121
係数（coefficient）　117
式量（formula weight）　120
実験式（empirical formula）　131
収率（percent yield）　123
収量（yield）　123
制限反応物（limiting reactant）　125
滴定（titration）　130
パーセント組成（percent composition）　131
分子式（molecular formula）　132
分子量（molecular weight）　120
モル濃度（molarity, M）　127
溶質（solute）　127

7 水溶液内の反応

7・1 化学反応の様式
7・2 水溶液中の電解質
7・3 水溶液内反応および正味のイオン反応式
7・4 沈殿反応と溶解度の判断基準
7・5 酸,塩基および中和反応
7・6 酸化還元反応
7・7 酸化還元反応の特定
7・8 単体の活性系列
7・9 酸化還元反応式の収支を合わせる: 半反応の方法
7・10 酸化還元反応の化学量論
7・11 酸化還元反応の応用
Interlude グリーンケミストリー

われわれの住む地球にはたくさんの水がある.地球の表面の約71%は水で覆われ,3%は氷で覆われている.成人の体の66%(質量パーセント)は水であり,水はすべての生命体を維持するのに必要である.したがって,重要な化学の大きな部分が水中すなわち水溶液中で起こっていることは驚くべきことではない.

われわれは前章で化学反応がどのように記述されるか,また化学反応が起こるときに特定の質量関係がいかに成立するかを見てきた.本章ではいろいろな反応がいかに分類されるかを理解し,反応が起こる一般的な様式を学ぶことによって化学反応の学習を続けよう.

7・1 化学反応の様式

水溶液中の化学反応を学習するにあたって,一般的な三つの区分を導入する.すなわち,沈殿反応,酸塩基中和反応および酸化還元反応である.これらの反応については,次節以降で詳しく学ぶが,その前に,それぞれの例を一つずつあげておこう.

- 沈殿反応(precipitation reaction)は可溶性でイオン性の反応物が不溶性の固体生成物を生じて溶液から分かれる過程のことで,それによって溶解しているイオンのいくつかが除去される.多くの沈殿は二つのイオン性の反応物のカチオンとアニオンが相手を変えるときに起こる.たとえば,硝酸鉛(II)水溶液はヨウ化カリウム水溶液と反応して硝酸カリウムの水溶液とヨウ化鉛の不溶性の黄色沈殿を生じる.

$$Pb(NO_3)_2(aq) + 2\,KI(aq) \longrightarrow 2\,KNO_3(aq) + PbI_2(s)$$

- 酸塩基中和反応(acid-base neutralization reaction)は酸が塩基と反応して水と塩とよばれるイオン性化合物を生じる過程のことである.後にでてくるように,酸は水に溶かしたときにH^+イオンを生じる化合物で,塩基は水に溶かしたときにOH^-イオンを生じる化合物である.したがって,中和反応は沈殿反応が金属イオンと非金属イオンを溶液から除去するように,溶液からH^+とOH^-イオンを除去する.塩酸と水酸化ナトリウム水溶液間の反応が水と塩化ナトリウム水溶液を生じるのは典型的な例である.

$$HCl(aq) + NaOH(aq) \longrightarrow H_2O(l) + NaCl(aq)$$

- 酸化還元反応(oxidation-reduction reaction)は1個以上の電子が反応物同士(原子,分子あるいはイオン)の間で移動する過程のことである.電子移動の結果,種々の反応物中の原子の電荷が変化する.たとえば,金属のマグネシウムが塩酸と反応すると,マグネシウム原子は電子を二つのH^+イオンのそれぞれに与えて,Mg^{2+}イオンとH_2分子をつくる.マグネシウムの電荷は0から+2に変化し,各水素の電荷が+1から0に変化する.

$$Mg(s) + 2\,HCl(aq) \longrightarrow MgCl_2(aq) + H_2(g)$$

Pb(NO₃)₂水溶液とKI水溶液の反応はPbI₂の黄色い沈殿を生じる.

問題7・1 つぎの過程は沈殿反応,酸塩基中和反応あるいは酸化還元反応のいずれか.

(a) $AgNO_3(aq) + KCl(aq) \rightarrow$
$AgCl(s) + KNO_3(aq)$
(b) $Cl_2(g) + 2\,NaBr(aq) \rightarrow Br_2(aq) + 2\,NaCl(aq)$
(c) $Ca(OH)_2(aq) + 2\,HNO_3(aq) \rightarrow$
$2\,H_2O(l) + Ca(NO_3)_2(aq)$

7・2 水溶液中の電解質

砂糖（スクロース）も食卓塩（NaCl）も水に溶ける．しかし，生じた溶液はまったく異なる．分子性物質であるスクロースが水に溶けるとき，生じた溶液は水に取囲まれた中性のスクロース分子を含んでいる．イオン性物質である NaCl が水に溶けるとき，溶液は水に取囲まれた Na^+ と Cl^- のばらばらに分かれたイオンを含んでいる．電荷をもつイオンの存在のために，NaCl 溶液は電気を通すが，スクロースの溶液は通さない．

$$C_{12}H_{22}O_{11}(s) \xrightarrow{H_2O} C_{12}H_{22}O_{11}(aq)$$
スクロース

$$NaCl(s) \xrightarrow{H_2O} Na^+(aq) + Cl^-(aq)$$

NaCl 水溶液の電気伝導性は図 7・1 に示したように，電池，電球および電極を導線でつないで容易に示すことができる．電極を NaCl 水溶液に浸すと，正電荷をもつ Na^+ イオンは電池の負電荷をもつ端子につながれた電極に向かって溶液内を動き，負電荷をもつ Cl^- イオンは電池の正電荷をもつ端子につながれた電極に向かって動く．生じた電荷の動きは電気を流れさせ，その結果電球が点灯する．しかし，電極をスクロース水溶液に浸しても，電流を運ぶイオンが存在せず，電球は暗いままである．

水に溶けて電気伝導性のイオンの溶液を生じる NaCl や KBr のような物質は**電解質**（electrolyte）とよばれる．水溶液内にイオンをつくり出さないスクロースやエタノールのような物質は**非電解質**（nonelectrolyte）とよばれる．ほとんどの電解質はイオン化合物であるが，分

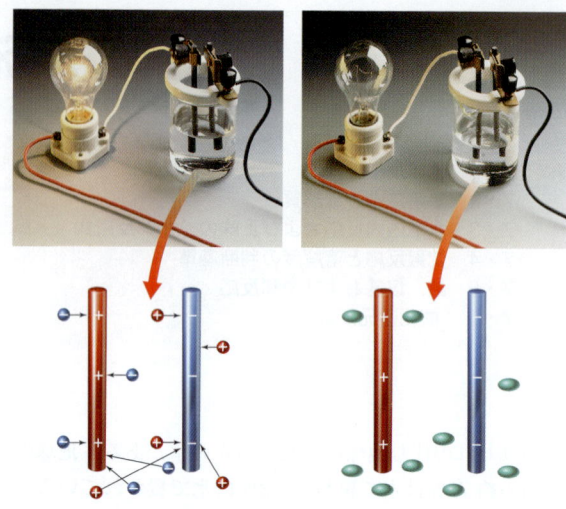

NaCl 溶液は電荷をもつ粒子（イオン）の移動により電気を通す．このため回路ができ上がり，電球が点灯する．

スクロースの溶液は電気を通さない．つまり，回路が閉じていない．溶液が電荷をもつ粒子を含んでいないからである．したがって，電球は暗いままである．

図 7・1 水溶液の電気伝導性を調べる．

子性化合物もある．たとえば，塩化水素は純粋ならば気体の分子性化合物であるが，それを水に溶かすと，**解離**（dissociation）すなわち分裂して H^+ と Cl^- イオンを生じる．

$$HCl(g) \xrightarrow{H_2O} H^+(aq) + Cl^-(aq)$$

水に溶かしたときに大きな割合で（70〜100％）イオンに解離する化合物は**強電解質**（strong electrolyte）といい，小さな割合でしか解離しない化合物は**弱電解質**（weak electrolyte）という．たとえば，塩化カリウムおよび多くのほかのイオン化合物は希薄溶液中で大部分解離するので強電解質である．対照的に酢酸（CH_3CO_2H）は 0.10 M 溶液中で約 1.3％程度しか解離しないので，弱電解質である．結果として，酢酸の 0.10 M 溶液はごくわずかしか電気を通さない．

表 7・1 よく知られている物質の電解質としての分類

強電解質	弱電解質	非電解質
HCl, HBr, HI	CH_3CO_2H	H_2O
$HClO_4$	HF	CH_3OH（メタノール）
HNO_3		C_2H_5OH（エタノール）
H_2SO_4		$C_{12}H_{22}O_{11}$（スクロース）
KBr		炭素を含む多くの化合物（有機化合物）
NaCl		
NaOH, KOH		
その他可溶性のイオン化合物		

$$0.10\,\text{M 溶液で}\begin{cases}\text{強電解質}\\ \underset{(2\%)}{\text{KCl(aq)}} \rightleftharpoons \underset{(98\%)}{\text{K}^+(\text{aq}) + \text{Cl}^-(\text{aq})}\\ \\ \text{弱電解質}\\ \underset{(99\%)}{\text{CH}_3\text{CO}_2\text{H(aq)}} \rightleftharpoons \underset{(1\%)}{\text{H}^+(\text{aq}) + \text{CH}_3\text{CO}_2^-(\text{aq})}\end{cases}$$

解離反応式を書くとき，反応が両方向に起こることを示すためにしばしば右向きと左向きの矢印を上下に並べた記号（$\rightleftharpoons$）を使うことに留意してほしい．すなわち，解離反応は**平衡**が正反応と逆反応の間で確立される動力学的な過程である．二つの互いに逆行する反応間の釣り合いは溶液中の種々の化学種の正確な濃度を規定する．13 章および 14 章で化学平衡に関してさらに学ぶ．

物質を電解質の強さに従って分類した簡単なリストを表 7・1 に示す．純粋な水はほとんど H^+ と OH^- に解離しないので，非電解質に分類されていることに留意してほしい．水の解離については §14・4 でさらに詳しく調べる．

例題 7・1 溶液中のイオンの濃度の計算

強電解質である Na_2SO_4 の 0.350 M 溶液中のイオンの全モル濃度はいくらか？ 電解質に対して完全解離を仮定せよ．

方　針　まず，Na_2SO_4 の解離によってどれだけのイオンが生じるかを知る必要がある．水中において 1 mol の Na_2SO_4 が溶解する反応式を書くと，3 mol のイオンを生成することがわかる．すなわち，2 mol の Na^+ と 1 mol の SO_4^{2-} である．

$$\text{Na}_2\text{SO}_4(\text{s}) \xrightarrow{\text{H}_2\text{O}} 2\,\text{Na}^+(\text{aq}) + \text{SO}_4^{2-}(\text{aq})$$

解　イオンの全モル濃度は Na_2SO_4 のモル濃度の 3 倍，すなわち 1.05 M である．

$$\frac{0.350\,\text{mol Na}_2\text{SO}_4}{1\,\text{L}} \times \frac{3\,\text{mol のイオン}}{1\,\text{mol Na}_2\text{SO}_4} = 1.05\,\text{M}$$

問題 7・2　FeBr_3 の 0.225 M 水溶液中の Br^- イオンのモル濃度はいくらか？ FeBr_3 は水中で完全に解離するものと仮定せよ．

問題 7・3　三つの異なる物質 A_2X, A_2Y および A_2Z を水に溶かしたら，つぎの結果になった（水分子はわかりやすくするため省略されている）．どの物質が最も強い電解質か，またどの物質が最も弱い電解質か？ 説明せよ．

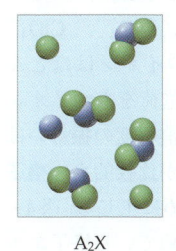

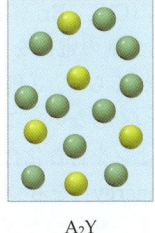

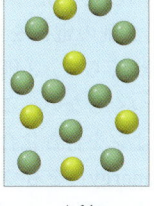

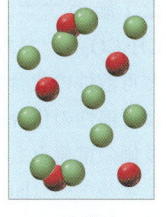

7・3 水溶液内反応および正味のイオン反応式

ここまで書いてきた化学反応式はすべて**分子反応式**（molecular equation）であった．すなわち，反応に含まれているすべての物質はあたかもそれらが**分子**であるかのように完全な化学式を使って書き表してきた．たとえば，§7・1 で硝酸鉛(II)のヨウ化カリウムとの沈殿反応が固体の PbI_2 を生じることを書き表したが，物質が水溶液に溶けていることを示すため，かっこの付いた (aq) だけを使って表現した．反応式中にイオンが含まれていることは何も示されていない．

分子反応式

$$\text{Pb(NO}_3)_2(\text{aq}) + 2\,\text{KI(aq)} \longrightarrow 2\,\text{KNO}_3(\text{aq}) + \text{PbI}_2(\text{s})$$

実際は硝酸鉛，ヨウ化カリウムおよび硝酸カリウムは強電解質であり，水に溶けてイオンを含む溶液を生じる．したがって，すべてのイオンがはっきりと示された**イオン反応式**（ionic equation）として沈殿反応を書き表す方がより正確である．

イオン反応式

$$\text{Pb}^{2+}(\text{aq}) + 2\,\text{NO}_3^-(\text{aq}) + 2\,\text{K}^+(\text{aq}) + 2\,\text{I}^-(\text{aq}) \longrightarrow 2\,\text{K}^+(\text{aq}) + 2\,\text{NO}_3^-(\text{aq}) + \text{PbI}_2(\text{s})$$

イオン反応式を見ると NO_3^- と K^+ イオンが反応の間変化を受けていないことを示している．つまり，これらは反応の矢印の両辺に現れており，その役割が電荷を釣り合わせるためだけの単なる反応しないイオンとして働いているにすぎない．余分なものを取り去った実際の反応は**正味のイオン反応式**（net ionic equation）を書くことによってもっと簡単に表現できる．すなわち，変化を受けているイオンだけ ── ここでは Pb^{2+} と I^- イオン ── を示すのである．反応しないイオンは正味のイオン反応式には示さない．

イオン反応式

$$\text{Pb}^{2+}(\text{aq}) + 2\,\cancel{\text{NO}_3^-}(\text{aq}) + 2\,\cancel{\text{K}^+}(\text{aq}) + 2\,\text{I}^-(\text{aq}) \longrightarrow 2\,\cancel{\text{K}^+}(\text{aq}) + 2\,\cancel{\text{NO}_3^-}(\text{aq}) + \text{PbI}_2(\text{s})$$

正味のイオン反応式

$$\text{Pb}^{2+}(\text{aq}) + 2\,\text{I}^-(\text{aq}) \longrightarrow \text{PbI}_2(\text{s})$$

反応しないイオンを正味のイオン反応式から除外することは，これらのイオンの存在が不適切であることを意味しているわけではない．もし反応が Pb^{2+} イオンの溶

液とI⁻イオンの溶液とを混合することによって起こるならば，これらの溶液もそれぞれの溶液内で電荷を釣り合わせるために加えられているイオンも含まなければならない．Pb²⁺溶液はアニオンを含まなければならないし，I⁻溶液はカチオンを含まなければならない．正味のイオン反応式からこれらのイオンをはずすのは反応しないイオンが何であるかは重要ではないことを意味しているにすぎない．どのような反応しないイオンも同じ役割を果たしている．

例題 7・2 正味のイオン反応式を書く

塩酸は金属亜鉛と反応して水素ガスと塩化亜鉛の水溶液を生じる．つぎの過程の正味のイオン反応式を書け．

$$2\,\text{HCl(aq)} + \text{Zn(s)} \longrightarrow \text{H}_2\text{(g)} + \text{ZnCl}_2\text{(aq)}$$

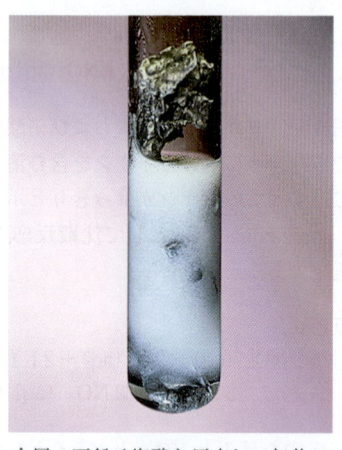

金属の亜鉛は塩酸と反応して気体の水素と Zn²⁺ イオン水溶液を生じる．

方 針 まず，溶液中に存在するすべての化学種を列挙してイオン反応式を書く．HCl（分子性化合物，表 7・1）と ZnCl₂（イオン化合物）のどちらも溶液中でイオンとして存在する強電解質である．つぎに反応の矢印の両辺に存在する反応しないイオンを見つけ，それらを相殺して正味のイオン反応式を残す．

解

イオン反応式

$$2\,\text{H}^+\text{(aq)} + 2\,\cancel{\text{Cl}^-}\text{(aq)} + \text{Zn(s)} \longrightarrow \text{H}_2\text{(g)} + \text{Zn}^{2+}\text{(aq)} + 2\,\cancel{\text{Cl}^-}\text{(aq)}$$

正味のイオン反応式

$$2\,\text{H}^+\text{(aq)} + \text{Zn(s)} \longrightarrow \text{H}_2\text{(g)} + \text{Zn}^{2+}\text{(aq)}$$

問題 7・4 つぎの反応の正味のイオン反応式を書け．

(a) $2\,\text{AgNO}_3\text{(aq)} + \text{Na}_2\text{CrO}_4\text{(aq)} \longrightarrow \text{Ag}_2\text{CrO}_4\text{(s)} + 2\,\text{NaNO}_3\text{(aq)}$

(b) $\text{H}_2\text{SO}_4\text{(aq)} + \text{MgCO}_3\text{(s)} \longrightarrow \text{H}_2\text{O(l)} + \text{CO}_2\text{(g)} + \text{MgSO}_4\text{(aq)}$

(c) $\text{Hg(NO}_3)_2\text{(aq)} + 2\,\text{NH}_4\text{I(aq)} \longrightarrow \text{HgI}_2\text{(s)} + 2\,\text{NH}_4\text{NO}_3\text{(aq)}$

7・4 沈殿反応と溶解度の判断基準

二つの物質の水溶液を混合した際に沈殿反応が起こるかどうかを予測するために，生じる可能性のある各生成物の**溶解度**（solubility），すなわち各化合物のどれだけが与えられた温度で与えられた量の溶媒に溶けるかを知らねばならない．もし水への溶解度が低い物質ならば，それは水溶液から沈殿するであろう．もし水への溶解度が高い物質ならば，沈殿は生じないであろう．

溶解度は複雑な問題で，正しい予測をすることは難しい．そのうえ，溶解度は反応するイオンの濃度に依存し，溶けるおよび溶けないという言葉そのものがあいまいである．しかし，大ざっぱにはつぎの判断基準の一つ（もしくは両方）に合致すれば，化合物は可溶性であろう．

1. もし化合物がつぎのカチオンの一つを含んでいるならば，たぶん可溶性である．
   - 1族カチオン：Li⁺，Na⁺，K⁺，Rb⁺，Cs⁺
   - アンモニウムイオン：NH₄⁺

2. もし化合物がつぎのアニオンの一つを含んでいるならば，たぶん可溶性である．
   - ハロゲン化物イオン：Cl⁻，Br⁻，I⁻（ただし，Ag⁺，Hg₂²⁺ および Pb²⁺ 化合物は除く．）
   - 硝酸イオン（NO₃⁻），過塩素酸イオン（ClO₄⁻），酢酸イオン（CH₃CO₂⁻），硫酸イオン（SO₄²⁻）（ただし，Ba²⁺，Hg₂²⁺ および Pb²⁺ の硫酸塩は除く．）

もちろん，これらの溶解度の判断基準は逆のやり方で表現することもできる．すなわち，上に列記したカチオンあるいはアニオンのどれも含まない化合物はたぶん可溶性ではない．したがって，1族のカチオンを含む NaOH やハロゲン化物アニオンを含む BaCl₂ はどちらも可溶性である．しかし，CaCO₃ は1族のカチオンを含んでおらず，また上のリストのアニオンも含まないので可溶性ではない．

容易に気づくことだが，化合物に溶解性を与えているのはほとんど1価のイオンである．すなわち，1価のカチオン（Li⁺，Na⁺，K⁺，Rb⁺，Cs⁺，NH₄⁺）あるいは1価のアニオン（Cl⁻，Br⁻，I⁻，NO₃⁻，ClO₄⁻，CH₃CO₂⁻）である．2価の電荷をもつイオンはほとんど可溶性の化合物をつくらず，3価の電荷をもつイオンは可溶性の化合物をつくらない．この溶解度の振舞いは多価の電荷をもつイオンを含む化合物が比較的高い**格子エネルギー**（lattice energy）をもつために生じる（§4・9）．結晶中でイオンを一緒につなぎとめている格子エネ

ルギーが大きいほど，溶解過程でこれらのイオンをばらばらに引き離すことはより困難になる．

> **思い出そう…**
> イオン化合物の**格子エネルギー**はイオン結晶をそれを構成している気体のイオンにばらばらにするのに要するエネルギー量である（§4・9）．

溶解度の判断基準を使うと二つのイオン化合物の溶液が混合されたときに沈殿が生じるかどうかを予測できるだけでなく，意図的に沈殿させることによって特定の化合物を合成することもできる．たとえば，もし固体の炭酸銀（Ag_2CO_3）の試料をつくりたいならば，$AgNO_3$の溶液をNa_2CO_3の溶液と混合すればよい．どちらの出発物質も$NaNO_3$も水に可溶である．炭酸銀だけが唯一不溶性の組合わせであり，したがって，溶液からこれが沈殿する．

$$2\,AgNO_3(aq) + Na_2CO_3(aq) \longrightarrow Ag_2CO_3(s) + 2\,NaNO_3(aq)$$

$AgNO_3$水溶液とNa_2CO_3水溶液の反応はAg_2CO_3の白い沈殿を生じる．

例題7・3 沈殿反応の生成物を予測する

$CdCl_2$と$(NH_4)_2S$の溶液を混合すると，沈殿反応が起こるだろうか？もしそうであるならば，正味のイオン反応式を書け．

方針 可能な反応を書き，二つの生じる可能性のある生成物を同定し，それぞれの溶解度を予測せよ．現在の例では$CdCl_2$と$(NH_4)_2S$はCdSとNH_4Clを与えると考えられる．

$$?? \; CdCl_2(aq) + (NH_4)_2S(aq) \longrightarrow CdS + 2\,NH_4Cl \;??$$

解 二つの可能な生成物のうち溶解度の判断基準は硫化物であるCdSは不溶性で，アンモニウム化合物であるNH_4Clは可溶性であると予測する．したがって，つぎの沈殿反応が起こると思われる．

$$Cd^{2+}(aq) + S^{2-}(aq) \longrightarrow CdS(s)$$

例題7・4 物質を合成するために沈殿反応を使う

$CuCO_3$を合成するために，沈殿反応をどのように使ったらよいであろうか．正味のイオン反応式を書け．

方針 $CuCO_3$の沈殿を合成するために，可溶性のCu^{2+}化合物を可溶性のCO_3^{2-}化合物と反応させなければならない．

解 溶解度の判断基準を見ると，$Cu(NO_3)_2$のような可溶性の銅化合物とNa_2CO_3のような可溶性の炭酸塩がうまく行きそうだということを示唆している（他にも多くの可能性がある）．

$$Cu(NO_3)_2(aq) + Na_2CO_3(aq) \longrightarrow 2\,NaNO_3(aq) + CuCO_3(s)$$

$$Cu^{2+}(aq) + CO_3^{2-}(aq) \longrightarrow CuCO_3(s)$$

例題7・5 沈殿反応を特定する

二つのイオン化合物の水溶液を混合するとき，つぎの結果が得られる（青色の球で表した最初の化合物のアニオンおよび赤色の球で表した第二の化合物のカチオンだけが示されている）．どのカチオンとアニオンが観察結果と一致する結果を与えるか？

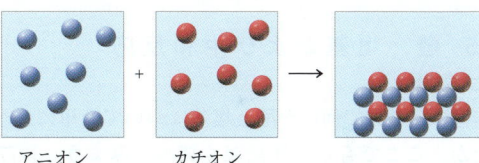

アニオン: $[NO_3^-,\; Cl^-,\; CO_3^{2-},\; PO_4^{3-}]$
カチオン: $[Ca^{2+},\; Ag^+,\; K^+,\; Cd^{2+}]$

方針 図に示されている過程は沈殿反応である．なぜなら溶液中のイオンはきちんとした配列をして容器の底に沈んでいるからである．球を数えると，カチオンとアニオンが等しい数で反応していることを示している（それぞれ8個）．したがって，これらは同じ価数の電荷をもっていなければならない（リストには3価の電荷をもつカチオンはない）．すべての可能な組合わせを見て，どれが沈殿するか決定する．

解 1価の電荷をもつイオンの可能な組合わせ:
$AgNO_3,\; KNO_3,\; AgCl,\; KCl$
2価の電荷をもつイオンの可能な組合わせ:
$CaCO_3,\; CdCO_3$

可能な組合わせのうち，$AgCl$, $CaCO_3$および$CdCO_3$が不溶性であり，したがって，アニオンはCl^-かあるいはCO_3^{2-}であろう．また，カチオンはAg^+, Ca^{2+}あるいはCd^{2+}であろう．

問題 7・5 つぎの化合物が水に可溶かどうか予測せよ.
(a) $CdCO_3$　(b) MgO　(c) Na_2S
(d) $PbSO_4$　(e) $(NH_4)_3PO_4$　(f) $HgCl_2$

問題 7・6 つぎの状況下で沈殿反応が起こるかどうかを予測せよ. 沈殿反応が起こる場合について正味のイオン反応式を書け.
(a) $NiCl_2(aq) + (NH_4)_2S(aq) \longrightarrow$?
(b) $Na_2CrO_4(aq) + Pb(NO_3)_2(aq) \longrightarrow$?
(c) $AgClO_4(aq) + CaBr_2(aq) \longrightarrow$?
(d) $ZnCl_2(aq) + K_2CO_3(aq) \longrightarrow$?

問題 7・7 $Ca_3(PO_4)_2$ を合成するのにどのような沈殿反応を使ったらよいか？正味のイオン反応式を書け.

問題 7・8 青色の球で表したアニオンを含む水溶液を赤い球で表したカチオンを含む別の溶液に加えたところ, つぎに示す結果が得られた. 図の下にあるリストのどのカチオンとアニオンが観察結果と合うか.

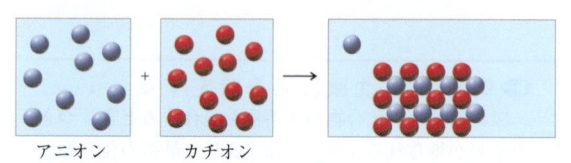

アニオン: $S^{2-}, PO_4^{3-}, SO_4^{2-}, ClO_4^{-}$
カチオン: $Mg^{2+}, Fe^{3+}, NH_4^+, Zn^{2+}$

7・5 酸, 塩基および中和反応
酸 と 塩 基

本書の前の方で何回か酸と塩基について簡単に述べてきたが, ここでもっと注意深く調べてみよう. 1777年にフランスの化学者 Antoine Lavoisier はすべての酸は酸素という共通の元素を含んでいることを提案した. 事実, 酸素という言葉は"酸を生じるもの"を意味するギリシャ語の表現に由来する. しかし, この Lavoisier の考えは修正しなければならなくなった. 1810年に英国の化学者 Humphrey Davy 卿（1778〜1829）が海酸（今は塩酸とよんでいる）は水素と塩素しか含んでおらず, 酸素を含んでいないことを示したからである. したがって, Davy の研究は酸の中の共通の元素は酸素ではなく水素であることを示唆した.

酸としての振舞いと化合物中の水素の存在の関係はスウェーデンの化学者 Svante Arrhenius（1859〜1927）によって 1887 年に明らかにされた. Arrhenius は 酸（acid）は水中で解離して水素イオン（H^+）を生じる物質であり, 塩基（base）は水中で解離して水酸化物イオン（OH^-）を生じる物質であることを提案した.

酸　　$HA(aq) \longrightarrow H^+(aq) + A^-(aq)$
塩基　$MOH(aq) \longrightarrow M^+(aq) + OH^-(aq)$

これらの式で HA はたとえば HCl あるいは HNO_3 のような酸の一般的な化学式であり, MOH はたとえば NaOH あるいは KOH のような金属の水酸化物の一般的な化学式である.

$H^+(aq)$ という記号を式の中で使うのは便利であるが, 水溶液中に存在するイオンの構造を本当に表すものではない. 近くに電子をもたない裸の水素原子核（プロトン）, H^+ はそれ自体で存在するには反応性が高すぎる. むしろ H^+ は水分子の酸素原子からの電子対を受入れ, 配位結合（coordinate bond）を形成して（§5・6）より安定な オキソニウムイオン（oxonium ion）, H_3O^+ を生じる. 特に化学反応式の収支を合わせるときの簡便さのために本書ではときどき $H^+(aq)$ と書くが酸の水溶液を表すのにもっと頻繁に $H_3O^+(aq)$ を使うであろう. たとえば塩化水素は水に溶かすと $Cl^-(aq)$ と $H_3O^+(aq)$ を生じる.

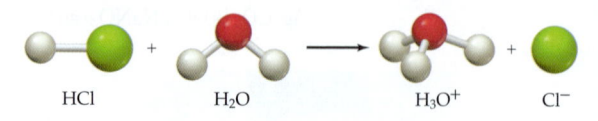

HCl　　　H_2O　　　　H_3O^+　　　Cl^-

> **思い出そう…**
> 配位結合はある反応体が二つの電子（孤立電子対）を空の原子価軌道をもつ別の原子に供与するときに形成される共有結合である（§5・6）.

酸が異なると水溶液内での解離の程度は異なる. 解離の程度が大きな酸は強電解質であり, 強酸（strong acid）である. 解離の程度がごくわずかな酸は弱電解質であり, 弱酸（weak acid）である. われわれはすでに表 7・1 でつぎのことを知った. たとえば, HCl, $HClO_4$, HNO_3 および H_2SO_4 は強電解質であり, したがって強酸であるが, CH_3CO_2H および HF は弱電解質であり, したがって弱酸である. 酢酸は四つの水素をもっているが, 三つは炭素と非極性の結合をつくり電気的に陰性な酸素原子と極性結合をもつ一つの水素だけが解離する.

酸が違うと酸性を示す水素の数は同じとは限らず, 溶液中で異なる数の H_3O^+ を生じることがある. 塩酸

(HCl) は H$^+$ を 1 個だけもっているので**一塩基酸**（monoprotic acid）であるというが，硫酸（H$_2$SO$_4$）は 2 個の H$^+$ をもっているので**二塩基酸**（diprotic acid）である．リン酸（H$_3$PO$_4$）は**三塩基酸**（triprotic acid）で三つの H$^+$ イオンをもっている．硫酸では H$^+$ イオンの最初の解離は完全で，すべての H$_2$SO$_4$ 分子が 1 個の H$^+$ を失うが，第二の解離は，次式において二重矢印で示されているように，不完全である．

$$H_2SO_4(aq) + H_2O(l) \longrightarrow HSO_4^-(aq) + H_3O^+(aq)$$
$$HSO_4^-(aq) + H_2O(l) \rightleftharpoons SO_4^{2-}(aq) + H_3O^+(aq)$$

リン酸では 3 段の解離のどれも完全ではない．

$$H_3PO_4(aq) + H_2O(l) \rightleftharpoons H_2PO_4^-(aq) + H_3O^+(aq)$$
$$H_2PO_4^-(aq) + H_2O(l) \rightleftharpoons HPO_4^{2-}(aq) + H_3O^+(aq)$$
$$HPO_4^{2-}(aq) + H_2O(l) \rightleftharpoons PO_4^{3-}(aq) + H_3O^+(aq)$$

酸と同様に塩基も水溶液中で解離し，OH$^-$ イオンを生じる程度に応じて強いのもあれば弱いのもある．NaOH や Ba(OH)$_2$ のようなほとんどの金属の水酸化物は強電解質であり，**強塩基**（strong base）であるが，アンモニア（NH$_3$）は弱電解質で**弱塩基**（weak base）である．アンモニアは弱塩基であるが，それは化学式中に OH$^-$ イオンを含んでいない．アンモニアが水とわずかに反応して NH$_4^+$ と OH$^-$ イオンを生じるからである．事実，アンモニアの水溶液はしばしば水酸化アンモニウムとよばれるが，NH$_4^+$ と OH$^-$ イオンの濃度は低いので，これは正しくない名称である．

$$NH_3(g) + H_2O(l) \rightleftharpoons NH_4^+(aq) + OH^-(aq)$$

このびんは"水酸化アンモニウム（ammonium hydroxide）"というより，むしろ"アンモニア水（aqueous ammonia）"というラベルを付けるべきである．

表 7・2 おもな酸と塩基

強酸	HClO$_4$	過塩素酸	NaOH	水酸化ナトリウム	強塩基
↑	H$_2$SO$_4$	硫酸	KOH	水酸化カリウム	↑
	HBr	臭化水素酸	Ba(OH)$_2$	水酸化バリウム	
	HCl	塩酸（塩化水素酸）	Ca(OH)$_2$	水酸化カルシウム	
	HNO$_3$	硝酸			
	H$_3$PO$_4$	リン酸	NH$_3$	アンモニア	
弱酸	HF	フッ化水素酸			弱塩基
	CH$_3$CO$_2$H	酢酸			

表 7・3 おもなオキソ酸とそれらのアニオン

オキソ酸			オキソ酸イオン		
HNO$_2$	亜硝酸	(nitrous acid)	NO$_2^-$	亜硝酸イオン	(nitrite ion)
HNO$_3$	硝酸	(nitric acid)	NO$_3^-$	硝酸イオン	(nitrate ion)
H$_3$PO$_4$	リン酸	(phosphoric acid)	PO$_4^{3-}$	リン酸イオン	(phosphate ion)
H$_2$SO$_3$	亜硫酸	(sulfurous acid)	SO$_3^{2-}$	亜硫酸イオン	(sulfite ion)
H$_2$SO$_4$	硫酸	(sulfuric acid)	SO$_4^{2-}$	硫酸イオン	(sulfate ion)
HClO	次亜塩素酸	(hypochlorous acid)	ClO$^-$	次亜塩素酸イオン	(hypochlorite ion)
HClO$_2$	亜塩素酸	(chlorous acid)	ClO$_2^-$	亜塩素酸イオン	(chlorite ion)
HClO$_3$	塩素酸	(chloric acid)	ClO$_3^-$	塩素酸イオン	(chlorate ion)
HClO$_4$	過塩素酸	(perchloric acid)	ClO$_4^-$	過塩素酸イオン	(perchlorate ion)

§7・2で論じた酢酸の解離の場合のように，アンモニアと水の反応はごくわずかな程度（約1％）でしか起こらない．ほとんどのアンモニアは反応しておらず，したがって動的な平衡が正反応と逆反応の間に存在することを示すために，二重矢印で反応を書き表している．

表7・2に一般的な酸および塩基の名称，化学式および分類をまとめて示す．

酸の命名

ほとんどの酸は**オキソ酸**（oxoacid）である．すなわち，水素およびその他の元素に加えて酸素を含んでいる．オキソ酸を水に溶かすと，1個またはそれ以上のH$^+$および表7・3に示したようなオキソ酸イオンを生じる．（オキソ酸イオンについては§4・10ですでに論じた．）

オキソ酸の名称は亜～酸（-ous acid）あるいは～酸（-ic acid）であるが，これらは対応するオキソ酸イオンの名称に関係づけることができる．すなわち，オキソ酸イオンは亜～酸イオン（-ite）あるいは～酸イオン（-ate）という（対応する英語名はかっこ内に示されている）．言い換えると，酸素がより少ない酸は亜～酸（-ous acid）といい，酸素の数が多い酸は～酸（-ic acid）となる．たとえば，HNO$_2$という化合物はより少ない酸素をもち，水中で解離すると亜硝酸イオン（nitrite ion, NO$_2^-$）を生じ，亜硝酸（nitrous acid）とよばれる．一方，HNO$_3$はより多くの酸素をもち，硝酸とよばれる．水に溶かすと硝酸イオン（nitrate ion, NO$_3^-$）を生じる．

亜硝酸は亜硝酸イオンを生じる．

$$HNO_2(aq) + H_2O(l) \rightleftharpoons H_3O^+(aq) + NO_2^-(aq)$$

硝酸は硝酸イオンを生じる．

$$HNO_3(aq) + H_2O(l) \longrightarrow H_3O^+(aq) + NO_3^-(aq)$$

同様に次亜塩素酸（hypochlorous acid）は次亜塩素酸イオン（hypochlorite ion）を生じ，亜塩素酸（chlorous acid）は亜塩素酸イオン（chlorite ion）を生じ，塩素酸（chloric acid）は塩素酸イオン（chlorate ion）を生じ，過塩素酸（perchloric acid）は過塩素酸イオン（perchlorate ion）を生じる（表7・3）．

オキソ酸に加えて，HClのような少数のほかのよく知られた酸は酸素を含んでいない．そのような化合物の水溶液に対して"～化水素酸"（英語ではhydro～ic acid という，hydro- という接頭語と -ic acid という接尾語をつける）という名称が使われる．

塩化水素（hydrogen chloride）**は水溶液にすると，塩化水素酸**（hydrochloric acid）**になる**[*1]．

$$HCl(g) + H_2O(l) \xrightarrow{水に溶かす} H_3O^+(aq) + Cl^-(aq)$$

シアン化水素（hydrogen cyanide）**は水溶液にすると，シアン化水素酸**（hydrocyanic acid）**になる．**

$$HCN(g) + H_2O(l) \xrightleftharpoons{水に溶かす} H_3O^+(aq) + CN^-(aq)$$

例題7・6 酸を命名する

つぎの酸を命名せよ．
(a) HBrO(aq)　(b) H$_2$S(aq)

方針 酸を命名するために，化学式を見てその化合物がオキソ酸かどうかを決定せよ．もしオキソ酸ならば，その名称は表7・3に従った酸素の数を反映したものでなければならない．もし化合物がオキソ酸でないならば，～化水素酸という名称をつける．

解 (a) この化合物は水に溶かしたとき，次亜臭素酸イオン（BrO$^-$）を生じるオキソ酸である．その名称は次亜臭素酸である．

(b) この化合物はオキソ酸ではない．水に溶かしたとき硫化物イオンを生じる．純粋な気体としてのH$_2$Sは硫化水素と名付けられている．水溶液中では硫化水素酸（hydrosulfuric acid）とよばれる．

問題7・9 つぎの酸を命名せよ．
(a) HIO$_4$　(b) HBrO$_2$　(c) H$_2$CrO$_4$

問題7・10 つぎの名称に対応する適切な化学式を書け．
(a) 亜リン酸[*2]　(b) セレン化水素酸

中和反応

酸と塩基を正しい化学量論的な比率で混合すると，水とイオン性の**塩**（salt）を生じる中和反応が起こり，酸および塩基としての性質のどちらも失われる．塩のアニオン（A$^-$）は酸に由来し，カチオン（M$^+$）は塩基に由来する．

中和反応

$$HA(aq) + MOH(aq) \longrightarrow H_2O(l) + MA(aq)$$
　酸　　　塩基　　　　　水　　　塩

[*1]（訳注）通常，塩化水素酸に対してはこの名称よりも塩酸という名称の方がよく使われる．
[*2]（訳注）IUPAC命名法ではホスホン酸という．

一般に塩は水溶液中で強電解質なので，強酸の強塩基による中和反応はイオン反応式として書くことができる．

$$H^+(aq) + A^-(aq) + M^+(aq) + OH^-(aq) \longrightarrow H_2O(l) + M^+(aq) + A^-(aq)$$

イオン反応式の両辺に現れるイオンを相殺すると，水中における強酸の強塩基との反応を表す正味のイオン反応式を与える．

$$H^+(aq) + \cancel{A^-(aq)} + \cancel{M^+(aq)} + OH^-(aq) \longrightarrow H_2O(l) + \cancel{M^+(aq)} + \cancel{A^-(aq)}$$

$$H^+(aq) + OH^-(aq) \longrightarrow H_2O(l)$$

あるいは $H_3O^+(aq) + OH^-(aq) \longrightarrow 2\,H_2O(l)$

弱酸の強塩基による反応に対しては，類似の中和反応が起こるが，水中の酸の解離は不完全なので，単純に $H^+(aq)$ と書くよりもむしろ酸の分子式を書かなければならない．すなわち，酸は主として中性の分子として存在する．たとえば，弱酸である HF の強塩基 KOH との反応は，つぎのような正味のイオン反応式で書き表す．

$$HF(aq) + OH^-(aq) \longrightarrow H_2O(l) + F^-(aq)$$

例題 7・7　酸塩基反応に対するイオン反応式および正味のイオン反応式を書く

HBr 水溶液と $Ba(OH)_2$ 水溶液の中和反応のイオン反応式および正味のイオン反応式の両方を書け．

方針　臭化水素はその水溶液が H^+ イオンと Br^- イオンを含む強酸である．水酸化バリウムはその水溶液が Ba^{2+} と OH^- を含む強塩基である．したがって，反応物側には四つの異なるイオンからなる混合物がある．イオン反応式として中和反応を書き，つぎに反応しないイオンを相殺して正味のイオン反応式を書く．

解

イオン反応式

$$2\,H^+(aq) + 2\,Br^-(aq) + Ba^{2+}(aq) + 2\,OH^-(aq) \longrightarrow 2\,H_2O(l) + 2\,Br^-(aq) + Ba^{2+}(aq)$$

正味のイオン反応式

$$2\,H^+(aq) + 2\,OH^-(aq) \longrightarrow 2\,H_2O(l)$$

あるいは $H^+(aq) + OH^-(aq) \longrightarrow H_2O(l)$

HBr の $Ba(OH)_2$ との反応は酸からのプロトン(H^+)と塩基からの OH^- の結合を含み，水と塩($BaBr_2$)の水溶液を生じる．

問題 7・11　つぎのそれぞれの酸塩基反応のイオン反応式および正味のイオン反応式を書け．

(a) $2\,CsOH(aq) + H_2SO_4(aq) \longrightarrow$

(b) $Ca(OH)_2(aq) + 2\,CH_3CO_2H(aq) \longrightarrow$

問題 7・12　つぎの図は三つの酸 HA (A = X，Y または Z) の水溶液を表している．水分子はわかりやすくするために省略されている．三つのうちのどれが最も強い酸か？どれが最も弱い酸か？

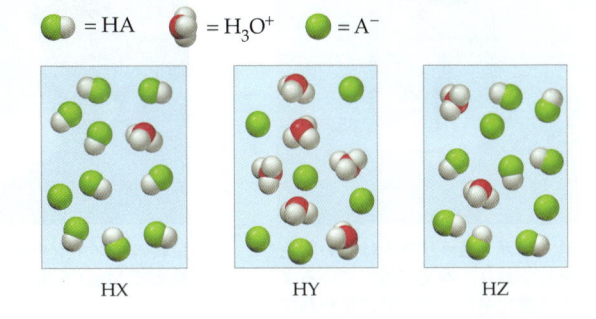

● = HA　　● = H_3O^+　　● = A^-

HX　　　　HY　　　　HZ

7・6　酸化還元反応

紫色の過マンガン酸イオン (MnO_4^-) 水溶液は Fe^{2+} 水溶液と反応して Fe^{3+} と淡いピンク色の Mn^{2+} を生じる．金属マグネシウムは空気中で強い光を発して燃え，固体の酸化マグネシウムを生じる．赤リンは液体の臭素と反応して，液体の三臭化リンを生成する．これらの反応および他の何千という反応が無関係に見え，多くの反応が水溶液中で起こるとは限らないけれども，これらはすべて酸化還元反応である．

$$MnO_4^-(aq) + 5\,Fe^{2+}(aq) + 8\,H^+(aq) \longrightarrow Mn^{2+}(aq) + 5\,Fe^{3+}(aq) + 4\,H_2O(l)$$

$$2\,Mg(s) + O_2(g) \longrightarrow 2\,MgO(s)$$

$$2\,P(s) + 3\,Br_2(l) \longrightarrow 2\,PBr_3(l)$$

歴史的には，<u>酸化</u>という言葉は単体の元素と酸素が結合して酸化物を生じることに由来し，<u>還元</u>という言葉は酸化物から酸素を除いて単体を生じることに由来している．そのような酸化還元過程は人間の文明の発展にとって不可欠であり，依然として莫大な商業的価値をもっている．湿った空気との反応による金属鉄の酸化（さびの生成）は数千年にわたって知られており，依然としてビル，ボートあるいは橋に大きな構造上の損傷をひき起こす深刻な問題である．鉄鉱石 (Fe_2O_3) を炭 (C) で還元して金属鉄をつくることは有史以前から行われてきたし，それは今日でも依然として鋼鉄生産の最初の段階に使われている．

鉄がさびること: Fe の酸化

$$4\,Fe(s) + 3\,O_2(g) \longrightarrow 2\,Fe_2O_3(s)$$

鉄の製造: Fe の還元

$$2\,Fe_2O_3(s) + 3\,C(s) \longrightarrow 4\,Fe(s) + 3\,CO_2(g)$$

7. 水溶液内の反応

過マンガン酸カリウムは濃い紫色をしており，本文で述べているように酸化剤として頻繁に使われている．

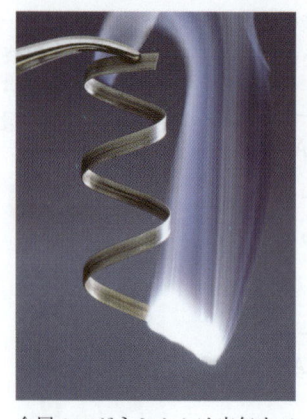

金属のマグネシウムは空気中で燃えて MgO を生じる．

単体のリンは臭素と激しい反応を起こして PBr$_3$ を生じる．

現在，酸化と還元という言葉はずっと広い意味をもっている．**酸化**（oxidation）とはある物質が，単体，化合物あるいはイオンのどれであってもよいが，1個以上の電子を失うこと，**還元**（reduction）とはある物質が1個以上の電子を得ることと定義されている．したがって，酸化還元反応は電子がある物質から他の物質へ移動する過程である．

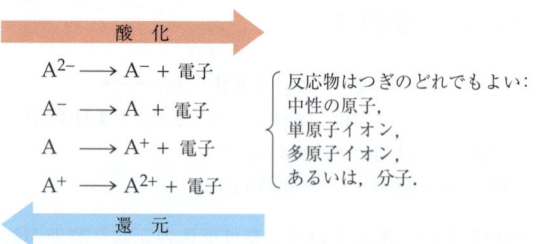

酸化 →

$A^{2-} \longrightarrow A^- + $ 電子
$A^- \longrightarrow A + $ 電子
$A \longrightarrow A^+ + $ 電子
$A^+ \longrightarrow A^{2+} + $ 電子

反応物はつぎのどれでもよい：中性の原子，単原子イオン，多原子イオン，あるいは，分子．

← 還元

酸化還元反応が起こったことをどのようにして知ることができるのだろうか？そのためにまず**酸化数**（oxidation number）あるいは**酸化状態**（oxidation state）とよばれる値を化合物中の各原子に割り振る．酸化数は原子が中性か，電子豊富かあるいは電子不足かを示すものである．反応の前後で原子の酸化数を比較することによって，その原子が電子を得たのかあるいは失ったのかを知ることができる．酸化数は必ずしも電荷を意味しないことに留意してほしい．酸化数は酸化還元反応における電子の移動を知る便利な工夫である．

酸化数を割り振るための規則はつぎの通りである．

1. 単体中の原子は酸化数ゼロである．たとえば，

   Na   H$_2$ Br$_2$ S   Ne

   酸化数 0

2. 単原子イオン中の原子は電荷と同一の酸化数をもつ．おもなイオンの電荷については§4・10を調べよ．たとえば，

   Na$^+$ Ca^{2+} Al^{3+} Cl$^-$ O^{2-}
   +1   +2   +3   −1   −2

3. 多原子イオンあるいは分子性化合物中の原子は通常それがもし単原子イオンならばもっているはずの酸化数と同じ酸化数をもっている．たとえば，水酸化物イオン（OH$^-$）では水素原子はまるでそれが H$^+$ であるかのように +1 の酸化数をもち，酸素原子はそれがまるで単原子イオン O^{2-} であるかのように −2 の酸化数をもっている．

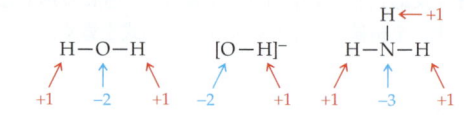

   H−O−H   [O−H]$^-$ H−N−H (H ← +1)
   +1 −2 +1   −2 +1   +1 −3 +1

一般にある元素が周期表中でずっと左寄りにあるならば，それは**電気陰性度**（electronegativity）が小さく，カチオン性が強い．したがって，金属は通常正の酸化数をもつ．ある元素が周期表中でずっと右寄りにある

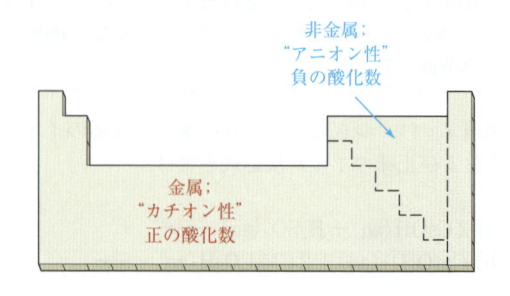

非金属：
"アニオン性"
負の酸化数

金属：
"カチオン性"
正の酸化数

ならば，それは電気陰性度が大きく，アニオン性が強い．O, N およびハロゲンのような非金属は通常負の酸化数をもつ．

> **思い出そう…**
> 電気陰性度は分子中の原子が共有結合中の共有電子を引き付けようとする能力の尺度である．周期表の左にある金属元素は電子を弱く引き付けるが，周期表の右上にあるハロゲンや他の反応性の高い非金属は電子を強く引き付ける（§5・4）．

(a) <u>水素は +1 あるいは −1 のいずれにもなりうる</u>．Na あるいは Ca のような金属に結合したときは，水素は −1 の酸化数をもつ．なぜなら水素はこれらの金属よりも電気的に陰性な元素だからである．水素が C, N, O あるいは Cl のような非金属に結合したときは，+1 の酸化数をとる．なぜなら水素はこれらの非金属よりも電気陰性度が小さいからである．

Na–H　H–Ca–H　H–Cl　H–S–H
+1 −1　−1 +2 −1　+1 −1　+1 −2 +1

(b) <u>酸素は通常 −2 の酸化数をもつ</u>．おもな例外は過酸化物とよばれる化合物の場合で，O_2^{2-} イオンあるいは分子内に O–O 共有結合を含んでいる．過酸化物中の各酸素原子は −1 の酸化数をもつ．

H–O–H　H–O–O–H　$[O–O]^{2-}$
+1 −2 +1　+1 −1 −1 +1　−1 −1

(c) <u>ハロゲンは通常 −1 の酸化数をもつ</u>．おもな例外はハロゲン原子が酸素に結合している塩素，臭素あるいはヨウ素の化合物の場合である．なぜなら酸素は Cl, Br あるいは I よりも電気的に陰性で，酸素は −2 の酸化数をもち，ハロゲンは正の酸化数をもつからである．たとえば，Cl_2O 中で O 原子は −2 の酸化数をもち，各 Cl 原子は +1 の酸化数をもつ．

Cl–O–Cl　H–O–Br
+1 −2 +1　+1 −2 +1

4. <u>酸化数の和は中性の化合物についてはゼロで，多原子イオンについては全電荷に等しい</u>．この規則は扱いにくい状況にある原子の酸化数を知るのに特に役に立つ．一般的な考え方は酸化数がわかりやすい原子にまず酸化数を割り当て，つぎに酸化数がわかりにくい原子の酸化数を引き算で見つけるというものである．たとえば，硫酸（H_2SO_4）中の硫黄原子の酸化数を知る必要があるとしよう．各 H 原子は +1 で各 O 原子は −2 なので，化合物が全体として電荷をもたないためには，S 原子は +6 の酸化数をもたなければならない．

H_2SO_4　　$2(+1) + (?) + 4(-2) = 0$ 全電荷
+1 ? −2　　$? = 0 − 2(+1) − 4(-2) = +6$

過塩素酸イオン（ClO_4^-）中の塩素原子の酸化数を知るにはどうすればよいであろうか．各酸素原子は −2 であることがわかっており，全体の電荷は −1 なので，Cl 原子は +7 の酸化数をもたなければならない．

ClO_4^-　　$? + 4(-2) = -1$ 全電荷
? −2　　$? = -1 − 4(-2) = +7$

アンモニウムイオン（NH_4^+）中の窒素原子の酸化数を知るにはどうすればよいであろうか．各 H 原子は +1 であることがわかっており，全電荷は +1 なので，N 原子は −3 の酸化数をもたなければならない．

NH_4^+　　$? + 4(+1) = +1$ 全電荷
? +1　　$? = +1 − 4(+1) = -3$

例題 7・8　酸化数の割り付け
つぎの物質中の各原子に酸化数を割り付けよ．
(a) CdS　(b) AlH_3　(c) $S_2O_3^{2-}$　(d) $Na_2Cr_2O_7$

方針　(a) S^{2-} の硫黄原子は −2 の酸化数をもっているので，Cd は +2 でなければならない．
(b) 金属に結合している H は −1 の酸化数をもっている．したがって，Al は +3 でなければならない．
(c) O は通常 −2 の酸化数をもっている．アニオンが −2 の全電荷をもつためには S は +2 でなければならない．$(2 S^{2+})(3 O^{2-})$ に対して，$2(+2) + 3(-2) = -2$．これが全電荷に相当する．
(d) Na は常に +1 である．酸素は −2 である．化合物が中性であるためには，Cr は +6 でなければならない：$(2 Na^+)(2 Cr^{6+})(7 O^{2-})$ に対して，$2(+1) + 2(+6) + 7(-2) = 0$．これが全電荷である．

解
(a) CdS　(b) AlH_3　(c) $S_2O_3^{2-}$　(d) $Na_2Cr_2O_7$
　+2 −2　　+3 −1　　+2 −2　　+1 +6 −2

問題 7・13　つぎの化合物中の各原子に酸化数を割り付けよ．
(a) $SnCl_4$　(b) CrO_3　(c) $VOCl_3$
(d) V_2O_3　(e) HNO_3　(f) $FeSO_4$

7・7 酸化還元反応の特定

いったん酸化数が割り振られると,なぜ前節で述べたすべての反応が酸化還元過程であるかがはっきりする.鉄の腐食の例を考えてみよう.二つの反応物,Fe と O_2 は単体である.したがって,どちらも酸化数はゼロである.しかし生成物では,酸素原子は −2 の酸化数をもっており,鉄原子は +3 の酸化数をもっている.したがって,Fe は 0 から +3 への変化を受け(電子を失うこと,言い換えると酸化),O は 0 から −2 への変化(電子の獲得,言い換えると還元)を受けている.酸化される原子から失われる電子の総数(4 Fe × 3 電子/Fe = 12 電子)は還元される原子が得る電子の数(6 O × 2 電子/O = 12 電子)と等しい.

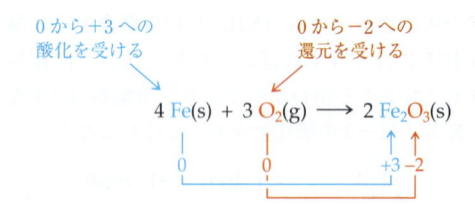

$$4\,Fe(s) + 3\,O_2(g) \longrightarrow 2\,Fe_2O_3(s)$$

同様の解析を鉄鉱石から金属の鉄を製造することに対しても行うことができる.鉄原子は反応物(Fe_2O_3)中の酸化数 +3 から生成物(Fe)中の 0 になるので,鉄原子は還元されている.同時に,炭素原子は反応物(C)中の酸化数 0 から生成物(CO_2)中の +4 になるので,炭素は酸化されている.酸素原子は反応物中でも生成物中でも −2 の酸化数をもっているので,変化を受けていない.酸化される原子によって失われる電子の総数(3 C × 4 電子/C = 12 電子)は還元される原子によって獲得される電子の数(4 Fe × 3 電子/Fe = 12 電子)と等しい.

$$2\,Fe_2O_3(s) + 3\,C(s) \longrightarrow 4\,Fe(s) + 3\,CO_2(g)$$

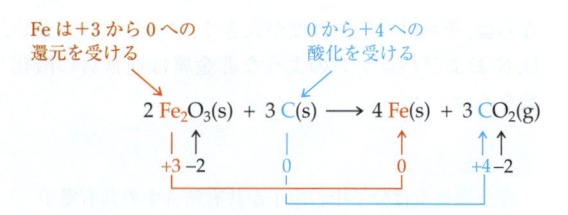

上の例が示しているように,酸化と還元は常に一緒に起こる.ある原子が1個以上の電子を失う(酸化される)ときは常に,別の原子がこれらの電子を獲得しなければならない(還元される).電子を失うことによって還元をひき起こす物質——Fe と O_2 の反応における鉄原子および C と Fe_2O_3 の反応における炭素原子——は**還元剤**(reducing agent)とよばれる.電子を受入れることによって酸化をひき起こす物質——Fe と O_2 の反応における酸素原子および C と Fe_2O_3 の反応における鉄原子——は**酸化剤**(oxidizing agent)とよばれる.還元剤は電子を失うときに自分自身は酸化され,酸化剤は電子を受入れるときに自分自身は還元される.

還元剤
 ・還元をひき起こす.
 ・1個以上の電子を失う.
 ・酸化を受ける.
 ・原子の酸化数が増加する.

酸化剤
 ・酸化をひき起こす.
 ・1個以上の電子を獲得する.
 ・還元を受ける.
 ・原子の酸化数は減少する.

後の章で酸化還元反応は18族の貴ガス元素を除く周期表のほとんどすべての元素でよく起こることを知ることになる.一般に,金属は電子を失い,還元剤として働き,O_2 およびハロゲンのような反応性の高い非金属は電子を受入れ,酸化剤として働く.

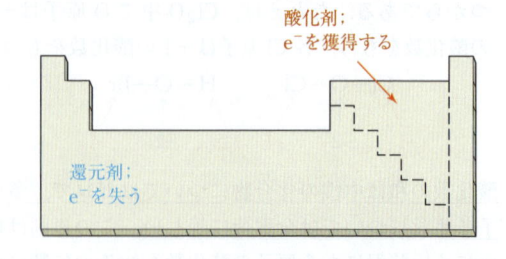

金属が異なると,§4・7で論じた**オクテット則**(octet rule)と一致して,酸化還元反応において異なる数の電子を失う.リチウム,ナトリウムおよびそのほかの1族元素は1電子のみを失い,+1の酸化数をもつ1価のカチオンになる.しかし,ベリリウム,マグネシウムおよびその他の2族元素は一般に2電子を失い,2価のカチ

先史時代の斧の頭に使われている鉄は鉄鉱石を炭で還元してつくられた.

オンになる．周期表の中間にある遷移金属はいろいろな数の電子を失って，その反応に依存した 1 種以上のイオンを生じる．たとえば，チタンは塩素と反応して $TiCl_3$ および $TiCl_4$ を生じる．塩化物イオンは -1 の酸化数をもっているので，$TiCl_3$ 中のチタン原子は $+3$ の酸化数をもたなければならないし，$TiCl_4$ 中のチタン原子は $+4$ の酸化数をもたなければならない．

> **思い出そう…**
> **オクテット則**に従って，主要族元素は 8 個の外殻電子を残す反応，すなわち原子価電子殻中に電子が満たされた s と p の副殻をもつ貴ガスの電子配置になる反応を行う傾向がある（§4・7）．

例題 7・9 酸化剤と還元剤を特定する

すべての原子に酸化数を割り振り，それぞれの場合にどの物質が酸化を受け，どの物質が還元を受けているかを述べ，酸化剤と還元剤を特定せよ．
(a) $Ca(s) + 2H^+(aq) \rightarrow Ca^{2+}(aq) + H_2(g)$
(b) $2Fe^{2+}(aq) + Cl_2(aq) \rightarrow 2Fe^{3+}(aq) + 2Cl^-(aq)$

方針と解 (a) 単体の Ca と H_2 は酸化数 0 である．Ca^{2+} は $+2$，H^+ は $+1$ である．

$$Ca(s) + 2H^+(aq) \longrightarrow Ca^{2+}(aq) + H_2(g)$$
$$\quad 0 \qquad\quad +1 \qquad\qquad +2 \qquad\quad 0$$

Ca は酸化されている．なぜなら，Ca の酸化数が 0 から $+2$ に増加しているからである．H^+ は還元されている．なぜなら H の酸化数は $+1$ から 0 に減少しているからである．還元剤は電子を与える物質で，これによって酸化数は大きくなる．酸化剤は電子を受取る物質で，これによって酸化数が小さくなる．この場合，カルシウムは還元剤であり，H^+ は酸化剤である．

(b) 中性の単体 Cl_2 の原子は酸化数 0 である．単原子イオンはそのイオンの電荷に等しい酸化数をもっている．

$$2Fe^{2+}(aq) + Cl_2(aq) \longrightarrow 2Fe^{3+}(aq) + 2Cl^-(aq)$$
$$\quad +2 \qquad\qquad 0 \qquad\qquad +3 \qquad\qquad -1$$

Fe^{2+} は酸化され（酸化数は $+2$ から $+3$ に増加している），Cl_2 は還元されている（塩素の酸化数は 0 から -1 に減少している）．Fe^{2+} は還元剤であり，Cl_2 は酸化剤である．

問題 7・14 銅(II)イオンの水溶液はヨウ化物イオンの水溶液と反応して固体のヨウ化銅(I)とヨウ素の水溶液を生じる．正味のイオン反応式を書き，存在するすべての化学種に酸化数を割り振り，酸化剤と還元剤を特定せよ．

問題 7・15 つぎの反応において，どの物質が酸化され，どの物質が還元されているかを述べ，酸化剤と還元剤を特定せよ．
(a) $SnO_2(s) + 2C(s) \rightarrow Sn(s) + 2CO(g)$
(b) $Sn^{2+}(aq) + 2Fe^{3+}(aq) \rightarrow Sn^{4+}(aq) + 2Fe^{2+}(aq)$
(c) $4NH_3(g) + 5O_2(g) \rightarrow 4NO(g) + 6H_2O(l)$

7・8 単体の活性系列*

カチオン，通常金属イオンの水溶液と遊離の単体との反応が別の単体とカチオンとを生じる反応はすべての酸化還元過程の中で最も単純なものである．たとえば，銅(II)イオンの水溶液は金属の鉄と反応して鉄(II)イオンと金属の銅を生じる（図 7・2）．

$$Fe(s) + Cu^{2+}(aq) \longrightarrow Fe^{2+}(aq) + Cu(s)$$

同様に酸の水溶液は金属のマグネシウムと反応してマグネシウムイオンと水素ガスを生じる．

$$Mg(s) + 2H^+(aq) \longrightarrow Mg^{2+}(aq) + H_2(g)$$

特定のイオンと単体の間で反応が起こるかどうかは種々の物質が電子を獲得するかあるいは失うかの相対的な容易さ，すなわちそれぞれの物質がいかに容易に還元

鉄くぎは Cu^{2+} イオンを還元し，金属の銅でメッキされる．

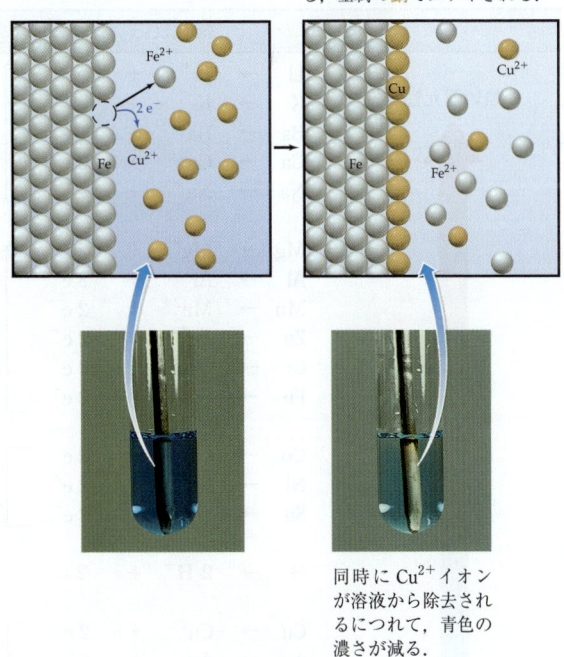

同時に Cu^{2+} イオンが溶液から除去されるにつれて，青色の濃さが減る．

図 7・2 鉄と銅(II)イオン水溶液の酸化還元反応．

---

*（訳注）活性系列（activity series）のことをイオン化傾向（ionization tendency）あるいはイオン化列（ionization series）ということもある．

されるかあるいは酸化されるかに依存する．いろいろな反応の結果に注目すると，単体を水溶液中の還元能力の順に並べた**活性系列**（activity series）を組上げることができる（表7・4）．

表7・4の上位の単体は容易に電子を失い，強い還元剤であるが，下位の単体は簡単には電子を失わず，弱い還元剤である．結果として，活性系列中で上位の単体は活性系列の下位の元素のイオンを還元する．たとえば，銅は銀よりも上位にあり，金属の銅は Ag^+ イオンに電子を与える（図7・3）．

$$Cu(s) + 2\,Ag^+(aq) \longrightarrow Cu^{2+}(aq) + 2\,Ag(s)$$

逆に，金は活性系列中で銀より下位にあるので，金属の金は Ag^+ イオンに電子を与えない．

$$Au(s) + 3\,Ag^+(aq) \not\longrightarrow Au^{3+}(aq) + 3\,Ag(s) \quad \text{反応しない}$$

活性系列中の水素の位置は特に重要である．なぜならどの金属が酸（H^+）の水溶液と反応して H_2 ガスを放出するかがわかるからである．この系列の先頭にある金

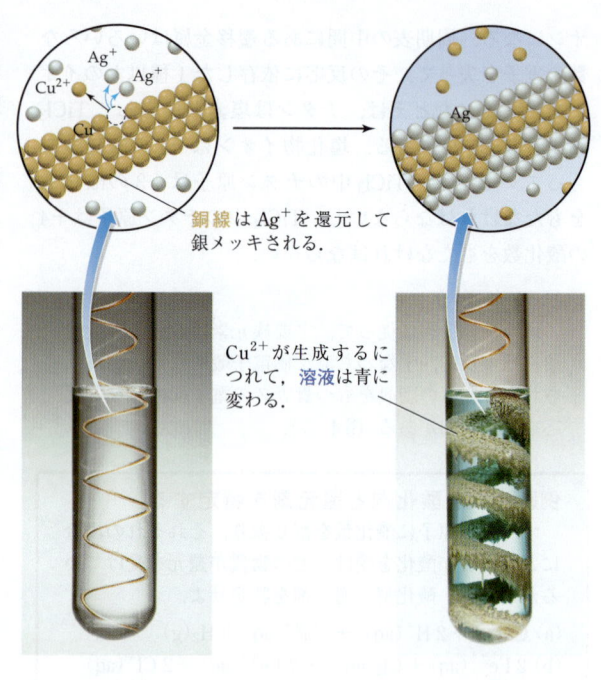

銅線は Ag^+ を還元して銀メッキされる．

Cu^{2+} が生成するにつれて，溶液は青に変わる．

図 7・3　銅と Ag^+ 水溶液との酸化還元反応．

表7・4　単体の活性系列

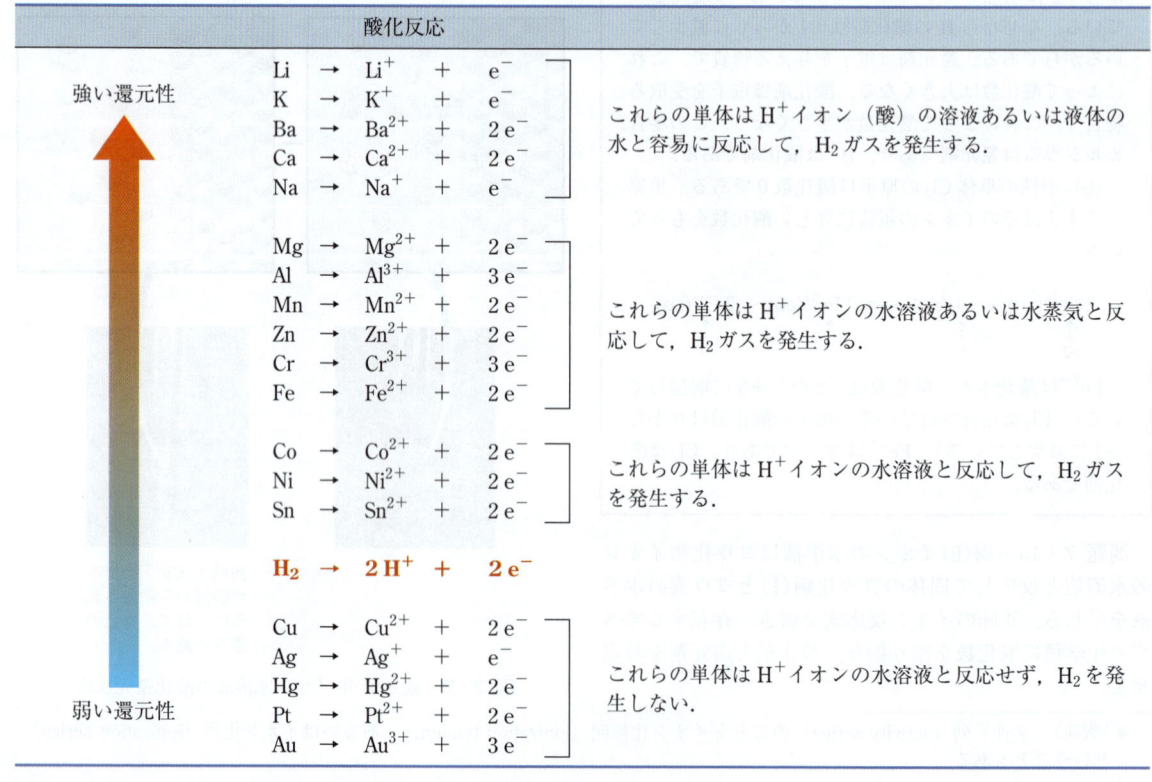

	酸化反応	
強い還元性	$Li \rightarrow Li^+ + e^-$ $K \rightarrow K^+ + e^-$ $Ba \rightarrow Ba^{2+} + 2e^-$ $Ca \rightarrow Ca^{2+} + 2e^-$ $Na \rightarrow Na^+ + e^-$	これらの単体は H^+ イオン（酸）の溶液あるいは液体の水と容易に反応して，H_2 ガスを発生する．
	$Mg \rightarrow Mg^{2+} + 2e^-$ $Al \rightarrow Al^{3+} + 3e^-$ $Mn \rightarrow Mn^{2+} + 2e^-$ $Zn \rightarrow Zn^{2+} + 2e^-$ $Cr \rightarrow Cr^{3+} + 3e^-$ $Fe \rightarrow Fe^{2+} + 2e^-$	これらの単体は H^+ イオンの水溶液あるいは水蒸気と反応して，H_2 ガスを発生する．
	$Co \rightarrow Co^{2+} + 2e^-$ $Ni \rightarrow Ni^{2+} + 2e^-$ $Sn \rightarrow Sn^{2+} + 2e^-$	これらの単体は H^+ イオンの水溶液と反応して，H_2 ガスを発生する．
	$H_2 \rightarrow 2H^+ + 2e^-$	
弱い還元性	$Cu \rightarrow Cu^{2+} + 2e^-$ $Ag \rightarrow Ag^+ + e^-$ $Hg \rightarrow Hg^{2+} + 2e^-$ $Pt \rightarrow Pt^{2+} + 2e^-$ $Au \rightarrow Au^{3+} + 3e^-$	これらの単体は H^+ イオンの水溶液と反応せず，H_2 を発生しない．

属──1族のアルカリ金属と2族のアルカリ土類金属──はH⁺の濃度が非常に低い純水とさえ反応するほど強力な還元剤である．

酸化される　還元される　反応しない

$$2\,Na(s) + 2\,H_2O(l) \longrightarrow 2\,Na^+(aq) + 2\,OH^-(aq) + H_2(g)$$
　　0　　　+1 −2　　　+1　　　−2 +1　　　0

対照的にこの系列の中間にある金属は酸の水溶液とは反応するが，水とは反応せず，この系列の下位にある金属は酸の水溶液とも水とも反応しない．

$$Fe(s) + 2\,H^+(aq) \longrightarrow Fe^{2+}(aq) + H_2(g)$$
$$Ag(s) + H^+(aq) \longrightarrow 反応しない$$

最も容易に酸化される金属──活性系列の上位にある金属──は周期表の左側にあり，したがって比較的低い**イオン化エネルギー**（ionization energy）をもっていることに注意してほしい．逆に，最も酸化されにくい金属──活性系列の下位にある金属──は周期表の右側に近い遷移金属群にあり，したがって比較的高いイオン化エネルギーをもっている（§4・4）．

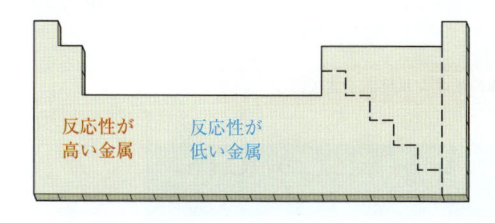

> 思い出そう…
> 元素の**イオン化エネルギー**は気体状態にある孤立した中性の原子から1個の電子を取り除くのに必要なエネルギーである（§4・4）．

例題 7・10　酸化還元反応の生成物を予測する
つぎの酸化還元反応が起こるかどうかを予測せよ．
(a) $Hg^{2+}(aq) + Zn(s) \rightarrow Hg(l) + Zn^{2+}(aq)$
(b) $2\,H^+(aq) + 2\,Ag(s) \rightarrow H_2(g) + 2\,Ag^+(aq)$
方　針　単体の相対的な反応性を知るために表7・4を調べる．
解　(a) 亜鉛は活性系列中水銀より上位であり，したがって，この反応は起こる．
(b) 銀は活性系列中水素より下位であり，したがって，この反応は起こらない．

問題 7・16　つぎの反応が起こるかどうかを予測せよ．
(a) $2\,H^+(aq) + Pt(s) \rightarrow H_2(g) + Pt^{2+}(aq)$
(b) $Ca^{2+}(aq) + Mg(s) \rightarrow Ca(s) + Mg^{2+}(aq)$

問題 7・17　単体Bは元素Aのカチオン（A⁺）を還元するが，元素Cのカチオン（C⁺）を還元しない．単体Cは元素Aのカチオンを還元するか？説明せよ．

問題 7・18　つぎの反応を使って，単体A，B，CおよびDを最も反応性が高いものから最も反応性が低いものまで酸化還元の反応性の順に並べよ．

$A + D^+ \longrightarrow A^+ + D$　　$C^+ + D \longrightarrow C + D^+$
$B^+ + D \longrightarrow B + D^+$　　$B + C^+ \longrightarrow B^+ + C$

7・9　酸化還元反応式の収支を合わせる：半反応の方法

単純な酸化還元反応はしばしば§6・1に記載した試行錯誤の方法によって式の収支を合わせることができるが，多くの反応はより系統的な取組みが必要なほど複雑である．利用できるいろいろな方法の中から**半反応の方法**（half-reaction method）を調べてみることにしよう．〔これは電池や他の電気化学的な観点を議論するときに（17章），特に興味のある問題，すなわち電子の移動に焦点を当てたものである．〕

半反応の方法への手がかりは，酸化還元反応が二つの部分，すなわち二つの**半反応**（half-reaction）に分けられることを理解することである．一方の半反応はこの過程の酸化部分を示し，もう一方は還元部分を示している．それぞれの半反応について別々に式の収支を合わせ，つぎにこの二つの半反応を足し合わせて，最終的な反応式を得る．例として二クロム酸カリウム（$K_2Cr_2O_7$）の水溶液とNaClの水溶液の反応を調べてみよう．この反応は酸性溶液中で起こり，式の収支を合わせていない正味のイオン反応式はつぎのようになる．

$$Cr_2O_7^{2-}(aq) + Cl^-(aq) \longrightarrow Cr^{3+}(aq) + Cl_2(aq)$$　式の収支は合っていない

第一段階はどの原子が酸化され，どの原子が還元され

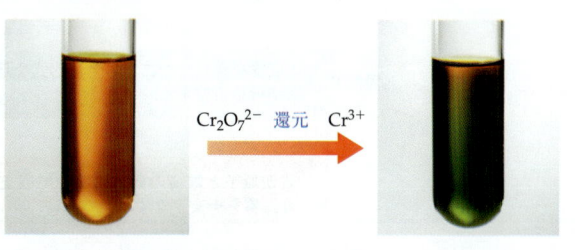

橙色の二クロム酸イオンはCl⁻の添加によって還元され，緑色のCr^{3+}を生じる．

ているかを決めることである．この場合，塩化物イオンが酸化され（−1から0へ），クロム原子が還元されている（＋6から＋3へ）．したがって，これらを分けて収支を合わせていない二つの半反応式を書くとつぎのようになる．

酸化の半反応　$Cl^-(aq) \longrightarrow Cl_2(aq)$
還元の半反応　$Cr_2O_7^{2-}(aq) \longrightarrow Cr^{3+}(aq)$

これらの二つの半反応式について，それぞれの式の収支を別々に合わせる．まずHとO以外のすべての原子について収支を合わせることから始めよう．酸化の半反応はCl^-の前に係数2を必要とし，還元の半反応はCr^{3+}の前に係数2を必要とする．

Clの収支を合わせるために，この係数をつける．

酸　化　$2\,Cl^-(aq) \longrightarrow Cl_2(aq)$

Crの収支を合わせるために，この係数をつける．

還　元　$Cr_2O_7^{2-}(aq) \longrightarrow 2\,Cr^{3+}(aq)$

つぎにどちらの半反応とも式の両辺のうちOが少ない側にH_2Oを加えることによって酸素の収支を合わせ，Hが少ない側にH^+を加えることによって水素の収支を合わせる．酸化の半反応はHもOももっていないが，還元の半反応式をOに対して収支を合わせるには生成物側に$7\,H_2O$を必要とし，Hに対して収支を合わせるには反応物側に$14\,H^+$を必要とする．

酸　化　$2\,Cl^-(aq) \longrightarrow Cl_2(aq)$

つぎに，Hの収支を合わせるために，$14\,H^+$を加える．

還　元　$Cr_2O_7^{2-}(aq) + 14\,H^+(aq) \longrightarrow$

Oの収支を合わせるために，$7\,H_2O$を加える．

$2\,Cr^{3+}(aq) + 7\,H_2O(l)$

つぎにどちらの半反応式ともに正電荷が大きい側に電子（e^-）を加えることによって電荷の収支を合わせる．酸化の半反応式は反応物側に-2の電荷をもっており

電荷の収支を合わせるために電子を加える．

酸　化　$2\,Cl^-(aq) \longrightarrow Cl_2(aq) + 2\,e^-$

電荷の収支を合わせるために電子を加える．

還　元　$Cr_2O_7^{2-}(aq) + 14\,H^+(aq) + 6\,e^- \longrightarrow$
$2\,Cr^{3+}(aq) + 7\,H_2O(l)$

段階 1.　両辺の収支を合わせていない正味のイオン反応式を書く．

段階 2.　どの原子が酸化され，どの原子が還元されているのかを決定し，二つの収支を合わせていない半反応式を書く．

段階 3.　OとHを除くすべての原子に関して二つの半反応の式の収支を合わせる．

段階 4.　Oが少ない側にH_2Oを加え，Hが少ない側にH^+をつけ加えることによってOとHについて各半反応式の収支を合わせる．

段階 5.　より大きな正電荷をもつ側に電子を加えることによって電荷に関して各半反応式の収支を合わせ，つぎに二つの半反応式で電子数を等しくするために適切な係数を掛ける．

段階 6.　収支を合わせた二つの半反応式を足し合わせ，式の両辺に表れる電子とその他の化学種を相殺する．

式が原子と電荷の両方に関して収支が合っていることを確かめることにより，答をチェックする．

図 7・4　酸性溶液中の酸化還元反応式の収支を合わせるために半反応の方法を使う手順を示すフローチャート．

(2 Cl⁻), したがって生成物側に 2e⁻ を加えなければならない．還元の半反応式は反応物側に全体で 12 個の正電荷をもち，生成物側に 6 個の正電荷をもっている．したがって，反応物側に 6e⁻ を加えなければならない．

ここで，式の収支を合わせた二つの半反応式について，電子の数が両方の反応式で同じになるように適当な係数を反応式に掛ける必要がある．すなわち，酸化の半反応式で放出された電子の数は還元の半反応式で消費された電子の数と同じでなければならない．還元の半反応式は 6e⁻ をもっているが，酸化の半反応式はたった 2e⁻ しかもっていないので，酸化の半反応式に 3 を掛けなければならない．

二つの半反応中の電子の数を等しくするために，この係数を掛ける．

酸 化　　$3 \times [2\,Cl^-(aq) \longrightarrow Cl_2(aq) + 2\,e^-]$
すなわち　　$6\,Cl^-(aq) \longrightarrow 3\,Cl_2(aq) + 6\,e^-$
還 元　　$Cr_2O_7^{2-}(aq) + 14\,H^+(aq) + 6\,e^- \longrightarrow$
　　　　　　　　　　　　　　$2\,Cr^{3+}(aq) + 7\,H_2O(l)$

二つの半反応式を足し合わせ，式の両側に存在する化学種（この例では電子だけ）を相殺すると，最終的な収支を合わせた反応式になる．原子と電荷の両方の収支が合っていることを確かめるために，答を調べてみよう．

$6\,Cl^-(aq) \longrightarrow 3\,Cl_2(aq) + \cancel{6\,e^-}$
$Cr_2O_7^{2-}(aq) + 14\,H^+(aq) + \cancel{6\,e^-} \longrightarrow$
　　　　　　　　　　　　$2\,Cr^{3+}(aq) + 7\,H_2O(l)$
────────────────────────
$Cr_2O_7^{2-}(aq) + 14\,H^+(aq) + 6\,Cl^-(aq) \longrightarrow$
電荷: $(-2)+(+14)+(6 \times -1) = +6$
　　　　　$3\,Cl_2(aq) + 2\,Cr^{3+}(aq) + 7\,H_2O(l)$
　　　　　　　　電荷: $(2 \times +3) = +6$

要約すると，半反応の方法によって酸性溶液中の酸化還元反応の収支を合わせることは 6 段階のプロセスであり，これに答のチェックが付け加わる（図 7·4）．

例題 7·12 は塩基性溶液中で起こる反応の化学式の収支を合わせるためにこの方法をどのように使うかを示している．その手続きは酸性溶液中で反応の収支を合わせるのに用いたのと同じであるが，式の中に現れる H⁺ イオンを中和するために最終段階として OH⁻ イオンを加える．これは塩基性の溶液が無視しうるほど少量の H⁺ しか含んでおらず，単に大量の OH⁻ が含まれているという事実を反映しているにすぎない．

例題 7·11　半反応式を書く

つぎの正味のイオン反応式に対して，式の収支を合わせていない半反応式を書け．

(a) $Mn^{2+}(aq) + ClO_3^-(aq) \longrightarrow$
　　　　　　　　　　　$MnO_2(s) + ClO_2(aq)$
(b) $Cr_2O_7^{2-}(aq) + Fe^{2+}(aq) \longrightarrow$
　　　　　　　　　　　$Cr^{3+}(aq) + Fe^{3+}(aq)$

方 針　どの原子が酸化され（酸化数が増加），どの原子が還元されているか（酸化数が減少）を知るためにそれぞれの式を調べる．

解
(a) 酸化　$Mn^{2+}(aq) \rightarrow MnO_2(s)$
　　　　　Mn は +2 から +4 になる．
　　還元　$ClO_3^-(aq) \rightarrow ClO_2(aq)$
　　　　　Cl は +5 から +4 になる．
(b) 酸化　$Fe^{2+}(aq) \rightarrow Fe^{3+}(aq)$
　　　　　Fe は +2 から +3 になる．
　　還元　$Cr_2O_7^{2-}(aq) \rightarrow Cr^{3+}(aq)$
　　　　　Cr は +6 から +3 になる．

例題 7·12　半反応の方法を使って塩基性溶液中の反応式の収支を合わせる

次亜塩素酸ナトリウム（NaClO，家庭用漂白剤）水溶液は強力な酸化剤で，塩基性溶液中で亜クロム酸イオン [Cr(OH)₄⁻] と反応してクロム酸イオン（CrO₄²⁻）と塩化物イオンを生じる．正味のイオン反応式は

$ClO^-(aq) + Cr(OH)_4^-(aq) \longrightarrow$
　　　　　　　　$CrO_4^{2-}(aq) + Cl^-(aq)$
式の収支は合っていない

半反応式の方法を使って反応式の収支を合わせよ．
方 針　図 7·4 に概説した段階に従う．
解　段階 1 および 2　収支を合わせていない正味のイオン反応式はクロムが酸化され（+3 から +6），塩素が還元されている（+1 から −1）ことを示している．したがって，つぎの二つの半反応を書くことができる．

酸化の半反応　$Cr(OH)_4^-(aq) \longrightarrow CrO_4^{2-}(aq)$
還元の半反応　$ClO^-(aq) \longrightarrow Cl^-(aq)$

段階 3　二つの半反応式はすでに O と H 以外の原子に対しては収支が合っている．
段階 4　O が少ない側に H₂O を加えることにより O について二つの半反応式の収支を合わせ，H が少ない側に H⁺ を加えることにより H に関して二つの式の収支を合わせる．

酸化　$Cr(OH)_4^-(aq) \longrightarrow$
　　　　　　　　$CrO_4^{2-}(aq) + 4\,H^+(aq)$
還元　$ClO^-(aq) + 2\,H^+(aq) \longrightarrow$
　　　　　　　　$Cl^-(aq) + H_2O(l)$

段階 5 正電荷が多い側に電子を加えることにより，電荷について二つの半反応式の収支を合わせる．

酸化　$Cr(OH)_4^-(aq) \longrightarrow CrO_4^{2-}(aq) + 4H^+(aq) + 3e^-$

還元　$ClO^-(aq) + 2H^+(aq) + 2e^- \longrightarrow Cl^-(aq) + H_2O(l)$

つぎにそれぞれの式中の電子数を等しくする係数を半反応式に掛ける．酸化の半反応式には2を，還元の半反応式には3を掛けなければならない．

酸化　$2 \times [Cr(OH)_4^-(aq) \longrightarrow CrO_4^{2-}(aq) + 4H^+(aq) + 3e^-]$

すなわち　$2Cr(OH)_4^-(aq) \longrightarrow 2CrO_4^{2-}(aq) + 8H^+(aq) + 6e^-$

還元　$3 \times [ClO^-(aq) + 2H^+(aq) + 2e^- \longrightarrow Cl^-(aq) + H_2O(l)]$

すなわち　$3ClO^-(aq) + 6H^+(aq) + 6e^- \longrightarrow 3Cl^-(aq) + 3H_2O(l)$

段階 6 収支を合わせた半反応式を足し合わせる．

$2Cr(OH)_4^-(aq) \longrightarrow 2CrO_4^{2-}(aq) + 8H^+(aq) + 6e^-$
$3ClO^-(aq) + 6H^+(aq) + 6e^- \longrightarrow 3Cl^-(aq) + 3H_2O(l)$

───────────

$2Cr(OH)_4^-(aq) + 3ClO^-(aq) + 6H^+(aq) + 6e^- \longrightarrow 2CrO_4^{2-}(aq) + 3Cl^-(aq) + 3H_2O(l) + 8H^+(aq) + 6e^-$

式の両辺にある同じ化学種を相殺する．

$2Cr(OH)_4^-(aq) + 3ClO^-(aq) \longrightarrow 2CrO_4^{2-}(aq) + 3Cl^-(aq) + 3H_2O(l) + 2H^+(aq)$

反応は塩基性溶液中で起こっていることがわかっているので，最後に式の両辺に2OH⁻を加えて式の右側の2H⁺を中和すると，右辺に2H₂Oが付け加わる．式の両辺を原子数および電荷のどちらについても収支を合わせた最終的な正味のイオン反応式はつぎのようになる．

$2Cr(OH)_4^-(aq) + 3ClO^-(aq) + 2OH^-(aq) \longrightarrow$
電荷：$(2 \times -1) + (3 \times -1) + (2 \times -1) = -7$
$2CrO_4^{2-}(aq) + 3Cl^-(aq) + 5H_2O(l)$
電荷：$(2 \times -2) + (3 \times -1) = -7$

問題 7・19 つぎの正味のイオン反応式について，式の収支を合わせていない半反応式を書け．

(a) $MnO_4^-(aq) + IO_3^-(aq) \longrightarrow MnO_2(s) + IO_4^-(aq)$

(b) $NO_3^-(aq) + SO_2(aq) \longrightarrow SO_4^{2-}(aq) + NO_2(g)$

問題 7・20 半反応の方法によってつぎの正味のイオン反応式の収支を合わせよ．

$NO_3^-(aq) + Cu(s) \longrightarrow NO(g) + Cu^{2+}(aq)$
式の収支は合っていない

問題 7・21 半反応の方法によってつぎの正味のイオン反応式の収支を合わせよ．反応は塩基性溶液中で起こる．

$Fe(OH)_2(s) + O_2(g) \longrightarrow Fe(OH)_3(s)$
式の収支は合っていない

7・10　酸化還元反応の化学量論

酸あるいは塩基の溶液の濃度は滴定（titration）によって決定できることを§6・9で学んだ．正確に測りとった体積をもつ濃度未知の酸（または塩基）溶液をフラスコに入れ，濃度既知の塩基（または酸）溶液をビュレットからゆっくりと加える．指示薬の色変から反応の完結がわかるので，反応の完結までに要した滴下溶液の体積を測って，未知濃度が計算できる．

> 思い出そう…
> 滴定に使う反応は完全に進行するものでなければならず，収率100%でなければならない（§6・9）．

同様の操作で，多くの酸化剤あるいは還元剤の濃度を酸化還元滴定を使って決定することができる．必要なのは濃度を決定したい物質が100％の収率で酸化または還元を受けることおよび反応が完結したことを知る色変などの何らかの手段があることである．反応する物質の色変を反応の完結を知る手段に使ってよいし，酸化還元指示薬を加えて，その色変を使うこともできる．

濃度を知りたい過マンガン酸カリウム溶液をもっているとしよう．KMnO₄水溶液は酸性溶液中でつぎの正味のイオン反応式にしたがってシュウ酸（H₂C₂O₄）と反応する．

$5H_2C_2O_4(aq) + 2MnO_4^-(aq) + 6H^+(aq) \longrightarrow 10CO_2(g) + 2Mn^{2+}(aq) + 8H_2O(l)$

反応は100％の収率で起こり，MnO₄⁻イオンの濃い紫色が消えるときに鮮明な色変を伴う．

ここで使う方策は図7・5に概略が示されている．酸塩基滴定のように，ある物質——ここではH₂C₂O₄——の既知量を測り，収支を合わせた反応式の物質量の比を使って反応の完結に必要な第二の物質——ここではKMnO₄——の物質量を決める．このようにして決めたKMnO₄の物質量を含む溶液の体積は滴定から求まる．物質量をこの体積で割ると，濃度が得られる．

この操作の例として，H₂C₂O₄の量を——たとえば，

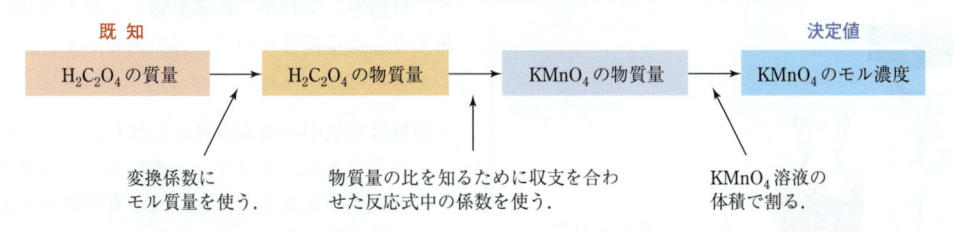

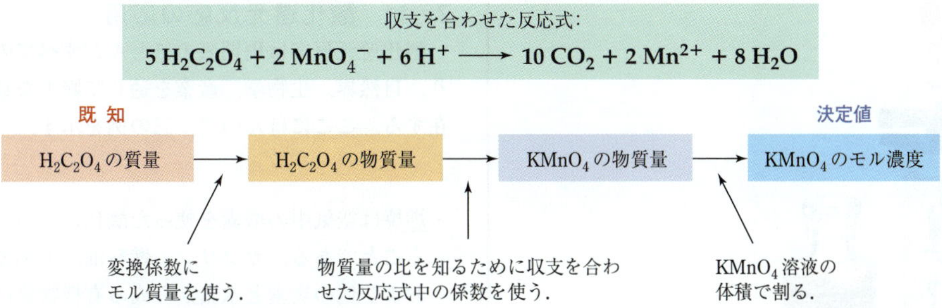

7・10 酸化還元反応の化学量論

収支を合わせた反応式:
$$5\ H_2C_2O_4 + 2\ MnO_4^- + 6\ H^+ \longrightarrow 10\ CO_2 + 2\ Mn^{2+} + 8\ H_2O$$

既知 → H$_2$C$_2$O$_4$の質量 → H$_2$C$_2$O$_4$の物質量 → KMnO$_4$の物質量 → KMnO$_4$のモル濃度 ← 決定値

- 変換係数にモル質量を使う．
- 物質量の比を知るために収支を合わせた反応式中の係数を使う．
- KMnO$_4$溶液の体積で割る．

図 7・5 質量既知の H$_2$C$_2$O$_4$ の酸化還元滴定によって KMnO$_4$ 溶液の濃度を決定するために必要な計算をまとめた流れ図．

0.2585 g のように——注意深く計量し，それを 0.5 M H$_2$SO$_4$ の約 100 mL 溶液に溶かしたとしよう．正確な体積は重要ではない．なぜなら重要なのは溶けている H$_2$C$_2$O$_4$ の質量であって，その濃度ではないからである．つぎに濃度未知の KMnO$_4$ 水溶液をビュレットに入れ，この溶液を H$_2$C$_2$O$_4$ 溶液にゆっくりと加える．反応が起こると MnO$_4^-$ の紫色は初めは消えるが，淡い紫色が消えずに残るようになるまで添加を続ける．これは H$_2$C$_2$O$_4$ がすべて反応し MnO$_4^-$ イオンがもはや還元されないことを示している．この点で KMnO$_4$ 溶液の 22.35 mL が加えられたことがわかったとしよう（図 7・6）．

KMnO$_4$ 溶液のモル濃度を計算するために，滴定に使った溶液の 22.35 mL 中に存在する KMnO$_4$ の物質量を決める必要がある．そのためにはまず過マンガン酸イオンと反応するシュウ酸の物質量を計算する．これには変換係数として H$_2$C$_2$O$_4$ のモル質量を使って質量を物質量に変換する．

H$_2$C$_2$O$_4$ の物質量
$$= 0.2585\ \text{g H}_2\text{C}_2\text{O}_4 \times \frac{1\ \text{mol H}_2\text{C}_2\text{O}_4}{90.04\ \text{g H}_2\text{C}_2\text{O}_4}$$
$$= 2.871 \times 10^{-3}\ \text{mol H}_2\text{C}_2\text{O}_4$$

収支を合わせた反応式によれば，シュウ酸の 5 mol が過マンガン酸イオンの 2 mol と反応する．したがって，2.871×10^{-3} mol の H$_2$C$_2$O$_4$ と反応する KMnO$_4$ の物質量をつぎのように計算することができる．

KMnO$_4$ の物質量
$$= 2.871 \times 10^{-3}\ \text{mol H}_2\text{C}_2\text{O}_4 \times \frac{2\ \text{mol KMnO}_4}{5\ \text{mol H}_2\text{C}_2\text{O}_4}$$
$$= 1.148 \times 10^{-3}\ \text{mol KMnO}_4$$

反応する KMnO$_4$ の物質量（1.148×10^{-3} mol）と KMnO$_4$ 溶液の体積（22.35 mL）の両方がわかっているので，モル濃度を計算することができる．

モル濃度
$$= \frac{1.148 \times 10^{-3}\ \text{mol KMnO}_4}{22.35\ \text{mL}} \times \frac{1000\ \text{mL}}{1\ \text{L}}$$
$$= 0.051\ 36\ \text{M}$$

KMnO$_4$ 溶液のモル濃度は 0.051 36 M である．

- シュウ酸の正確な量を秤量し，H$_2$SO$_4$ 水溶液に溶かす．
- 濃度未知の KMnO$_4$ 水溶液を，右図のようになるまで，ビュレットから加える．
- 紫色が消えなくなり，すべてのシュウ酸が反応したことを示す．

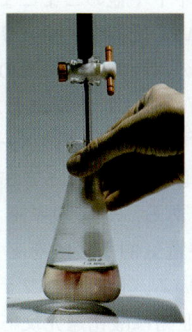

図 7・6 KMnO$_4$ によるシュウ酸（H$_2$C$_2$O$_4$）の酸化還元滴定．

例題 7・13 溶液の濃度を決定するために酸化還元反応を使う

もし 0.102 M Na$_2$S$_2$O$_3$ 溶液の 24.55 mL が 10.00 mL の I$_3^-$ 溶液と完全に反応するのに必要だとすれば，水溶液中の I$_3^-$ のモル濃度はいくらか？ 正味のイオン反応式はつぎの通りである．

$$2\ S_2O_3^{2-}(aq) + I_3^-(aq) \longrightarrow S_4O_6^{2-}(aq) + 3\ I^-(aq)$$

I₃⁻溶液を少量のデンプンを含む溶液に加えると,赤いI₃⁻溶液は深青色に変わる.

方針と解 手続きは図7・5に概説したものに似ている.まず滴定に用いたチオ硫酸イオン($S_2O_3^{2-}$)の物質量を求める.

$$24.55 \text{ mL} \times \frac{1 \text{ L}}{1000 \text{ mL}} \times \frac{0.102 \text{ mol } S_2O_3^{2-}}{1 \text{ L}}$$
$$= 2.50 \times 10^{-3} \text{ mol } S_2O_3^{2-}$$

収支を合わせた反応式によれば,$S_2O_3^{2-}$の2 molがI_3^-イオンの1 molと反応する.したがって,I_3^-イオンの物質量はつぎのように求まる.

$$2.50 \times 10^{-3} \text{ mol } S_2O_3^{2-} \times \frac{1 \text{ mol } I_3^-}{2 \text{ mol } S_2O_3^{2-}}$$
$$= 1.25 \times 10^{-3} \text{ mol } I_3^-$$

I_3^-の物質量(1.25×10^{-3} mol)とI_3^-溶液の体積(10.00 mL)の両方がわかったので,モル濃度を計算できる.

$$\frac{1.25 \times 10^{-3} \text{ mol } I_3^-}{10.00 \text{ mL}} \times \frac{10^3 \text{ mL}}{1 \text{ L}} = 0.125 \text{ M}$$

I_3^-溶液のモル濃度は0.125 Mである.

概算によるチェック 収支を合わせた反応式によれば,反応に要する$S_2O_3^{2-}$の量(2 mol)はI_3^-の量(1 mol)の2倍である.滴定結果は$S_2O_3^{2-}$溶液の体積(24.55 mL)はI_3^-溶液の体積(10.00 mL)の2倍より少し多い.したがって,二つの溶液の濃度はほぼ等しく,約0.1 Mでなければならない.

問題 7・22 もし31.50 mLの0.105 M KBrO₃溶液が10.00 mLのFe²⁺水溶液と完全に反応するのに必要だとすると,水溶液中のFe²⁺イオンのモル濃度はいくらか? 正味のイオン反応式はつぎの通りである.

$$6 \text{ Fe}^{2+}(aq) + \text{BrO}_3^-(aq) + 6 \text{ H}^+(aq) \longrightarrow$$
$$6 \text{ Fe}^{3+}(aq) + \text{Br}^-(aq) + 3 \text{ H}_2\text{O}(l)$$

7・11 酸化還元反応の応用

酸化還元反応は周期表のほとんどすべての元素で起こり,自然界,生物学,産業を通じて膨大な数の過程に存在する.ここにほんの二,三の例を示す.

・**燃焼**は空気中の酸素を使った酸化によって燃料が燃えることである.ガソリン,燃料油,天然ガス,木,紙および他の炭素と水素から成る有機物質は最もありふれた燃料である.マグネシウムおよびカルシウムのようないくつかの金属さえも空気中で燃える.

$$\text{CH}_4(g) + 2 \text{ O}_2(g) \longrightarrow \text{CO}_2(g) + 2 \text{ H}_2\text{O}(l)$$
メタン
(天然ガス)

・**漂白**は有色物質を脱色したり色を薄くしたりするのに酸化還元反応を使っている.黒っぽい髪を漂白してブロンドに変えたり,汚れを除くために布地を漂白したり,白い紙をつくるために木材パルプを漂白したりといった具合である.使うのに適した酸化剤はその状況に依存しており,過酸化水素(H_2O_2)は髪に使われ,次亜塩素酸ナトリウム(NaClO)は布地に使われ,単体の塩素は木材パルプに使われるが,その原理はすべて同じである.すべての場合に,色の付いた不純物が強力な酸化剤との反応によって分解されている.

・**電池**には,いろいろな種類や大きさがあるが,すべて酸化還元反応に基づいている.実験室で行われる典型的な酸化還元反応——たとえば金属の亜鉛がAg^+と反応してZn^{2+}と金属の銀を生じる反応——では,反応物は単純にフラスコの中で混合され,電子は反応物の間の直接の接触によって移動する.しかし電池では,二つの反応物は別々の区画に入れて電子は二つの区画の間をつなぐ導線を通って移動する.

フラッシュライトや他のこまごまとした家庭用の品に広く使われている安価なアルカリ乾電池は亜鉛末と水酸化カリウムのペーストを一方の反応物とし,もう一方の反応物は粉末にした炭素と二酸化マンガンのペーストを含んでいる.後者のペーストを前者のペーストと紙で分離して薄いスチール缶に入れたものがアルカリ乾電池である.金属のキャップをつけたグラファイトの棒が電気的な接触をとるためにMnO_2の中に立てられている.缶とグラファイトの棒が導線でつながれると,亜鉛は酸化還元反応においてMnO_2の方へ導線を通して電子を送り込む.生じた電流は電球をつけたり,小さな電子デバイスの電源として使ったりすることができる.この反応はつぎのようなものである.

$$Zn(s) + 2\,MnO_2(s) \longrightarrow ZnO(s) + Mn_2O_3(s)$$

§17・9でさらに詳細に電池の化学を調べる.

・冶金は鉱石から金属を抽出したり精製したりする科学である. ここでは, 数多くの酸化還元過程を使っている. たとえば, §21・2で金属の亜鉛がZnOを炭素の一形態であるコークスで還元することによってつくられることを学ぶ.

$$ZnO(s) + C(s) \longrightarrow Zn(s) + CO(g)$$

・腐食は湿った空気中での鉄のさびつきのように, 金属の酸化による劣化である. さびの経済的な影響はきわめて大きい. 米国でつくられる鉄の4分の1までが腐食によって破壊された橋, ビルおよびその他の構造物を再建するのに使われていると推定されている. (さびに対する化学式 $Fe_2O_3 \cdot H_2O$ 中の中黒点は1個の水分子が各 Fe_2O_3 とはっきり定義されていない形で結合していることを示している.)

$$4\,Fe(s) + 3\,O_2(g) \xrightarrow{H_2O} \underset{さび}{2\,Fe_2O_3 \cdot H_2O(s)}$$

・呼吸作用は生体に必要なエネルギーを供給するいろいろの生物学的酸化還元反応のために酸素を使う過程である. エネルギーは食物の分子からゆっくりとそして複雑で多段階の反応経路で放出されるが, 呼吸作用の全体的な結果は燃焼反応の結果と似ている. たとえば, 単純な糖であるグルコース ($C_6H_{12}O_6$) は次式に従って O_2 と反応して CO_2 と H_2O を与える.

$$\underset{\substack{グルコース \\ (炭水化物)}}{C_6H_{12}O_6} + 6\,O_2 \longrightarrow 6\,CO_2 + 6\,H_2O + エネルギー$$

問題 7・23 自動車に使われている鉛蓄電池の中では, 酸性溶液中でつぎの二つの半反応が起こっている.

酸化 $\quad Pb(s) + HSO_4^-(aq) \longrightarrow PbSO_4(s)$
還元 $\quad PbO_2(s) + HSO_4^-(aq) \longrightarrow PbSO_4(s)$

蓄電池の正味の反応に対する収支を合わせた反応式を書け.

要約

多くの反応, 特にイオン化合物を含む反応は水溶液中で起こる. イオンを含む水溶液は電気を通し, その物質は**電解質**(electrolyte) とよばれる. NaClのようなイオン化合物や水に溶かしたときに実質上イオンに解離する (dissociate) 分子性化合物は**強電解質**(strong electrolyte) である. わずかしか解離しない物質は**弱電解質**(weak electrolyte) で, 水溶液中でイオンをつくらない物質は**非電解質**(nonelectrolyte) である.

酸(acid) は水溶液中で解離してアニオンと**オキソニウムイオン**(oxonium ion), H_3O^+ を生じる物質である. 解離の程度の大きな酸は**強酸**(strong acid) である. 解離の程度が小さい酸は**弱酸**(weak acid) である. 同様に**塩基**(base) は水溶液中で解離してカチオンと水酸化物イオン OH^- を生じる化合物である.

水溶液反応には三つの重要な種類がある. 二つのイオン物質の溶液を混合するとき**沈殿反応**(precipitation reaction) が起こり, 沈殿が溶液中で落ちてくる. 沈殿が生成するかどうかを予測するためには, それぞれの可能な生成物の**溶解度**(solubility) を知らなければならない. **酸塩基中和反応**(acid-base neutralization reaction) は酸を塩基と混合するときに起き, 水とイオン性の**塩**(salt) を生じる. 強酸の強塩基による中和は**正味のイオン反応式**(net ionization equation) としてつぎのように書くことができ, この中に反応に関与しないイオンは書かない.

$$H^+(aq) + OH^-(aq) \longrightarrow H_2O(l)$$

酸化還元反応(oxidation-reduction reaction) は反応体の間で1個以上の電子が移動するプロセスである. **酸化**(oxidation) は1個以上の電子を失うことで, **還元**(reduction) は1個以上の電子を獲得することである. 酸化還元反応は物質中の各原子にその原子が中性か, 電子豊富か, あるいは電子不足かの尺度を与えている**酸化数**(oxidation number) を割り振ることによって特定できる. 反応の前後の原子の酸化数を比較すると, その原子が電子を得たのか失ったのかがわかる.

酸化と還元は一緒に起こらなければならない. ある物質が1個以上の電子を失う (酸化されている) ときはいつでも, 別の物質が電子を得ている (還元されている). 電子を失うことによって還元をひき起こしている物質は**還元剤**(reducing agent) とよばれる. 電子を受入れることによって酸化をひき起こしている物質は**酸化剤**(oxidizing agent) とよばれる. 還元剤は電子を失ったときにそれ自身は酸化され, 酸化剤は電子を受入れたときにそれ自身は還元されている.

最も単純な酸化還元反応にはカチオン, 通常金属イオンの水溶液と遊離の単体との反応があり, 別のイオンと別の単体を与える. 一連の反応の結果から, 単体を水溶液中の還元能力の順に並べた**活性系列**(activity series) というものを体系化できる.

酸化還元反応は**半反応の方法**（half-reaction method）を使って式の収支を合わせることができる．半反応の方法は反応を酸化と還元の部分に分け，両方の部分間で電子の移動を等しくする方法である．水溶液中の酸化剤あるいは還元剤の濃度は酸化還元滴定によって決定できる．

Interlude

グリーンケミストリー

化学はわれわれの生命をより長くより安全に，そしてそうでなかったよりもずっと心地よいものにしてきた．われわれが当然のことと思っている医薬品，肥料，殺虫剤，接着剤，織物，染料，建築材料およびポリマーはすべて化学産業の製品である．しかし，これらの恩恵は代償なしには得られなかった．多くの化学プロセスは処理しなければならない危険な廃棄物——もし適切に処理しなければ空気中に気化するか地下に浸み出す反応溶媒や副生成物——を生み出す．

すべての化学プロセスがいつも完全に環境に優しいということはありそうもないが，化学によってひき起こされる環境問題の意識は近年劇的に拡大して，グリーンケミストリーとよばれる運動を起こしている．グリーンケミストリーは廃棄物を減らし危険な物質の発生を最小にするか除くかする化学プロセスのデザインと実行を意味する．12の原則がグリーンケミストリーの基礎を形成している．

1. **廃棄物を防ぐ**．廃棄物はそれをつくり出した後できれいにするよりも，むしろ発生を防止すべきである．
2. **原子エコノミーを最大にする**．化学プロセスは残される廃棄物を最小にするために，反応物に含まれる原子を最大限に最終生成物に取込むようにすべきである．
3. **より危険性の少ないプロセスを使う**．化学合成の方法は無毒の反応物を使うべきであり，無毒の廃棄物を生じるようにすべきである．
4. **より安全な化学製品をデザインする**．化学的な生成物は初めから最小の毒性をもつようにデザインするべきである．
5. **より安全な溶媒を使え**．反応に使われる溶媒やそのほかの補助的な物質は安全であるべきで，控えめに使うべきである．
6. **エネルギー効率に対するデザイン**．化学プロセスにおけるエネルギーの使用は最小にすべきで，可能ならば室温で行える反応を使う．
7. **再生可能な供給原料を使え**．加工していない材料は可能なら再生可能な原料からもってくるべきである．
8. **誘導体を最小限にする**．余分な合成段階を避け，廃棄物を減らすために，合成は保護基の使用が最少になるようにデザインすべきである．
9. **触媒反応を使え**．反応は化学量論的であるよりもむしろ触媒的であるべきである．
10. **分解に対するデザイン**．生成物は使用期間が終わったら，生分解性であるようにデザインすべきである．
11. **リアルタイムで公害を監視せよ**．プロセスは危険な物質の生成をリアルタイムで監視すべきである．
12. **事故を防げ**．化学的な物質と化学プロセスは火災，爆発あるいはその他の事故に対する可能性を最少にするべきである．

グリーンケミストリーの12の原則はほとんどの応用ですべて満たされているわけではないが，それらはこれから目指すべき目標を与えており，これらの原則は化学者が彼らの仕事について環境上の意味をより注意深く考えさせるよう仕向けている．すでに成果が上がっている例にグリセリンをプロピレングリコールに変換する新しいプロセスがある．植物油からバイオディーゼル燃料をつくるときに副生成物としてグリセリンが得られる．これを自動車の不凍液に使われているプロピレングリコールに変換するプロセスである．このプロセスは1段階で進行し，副生成物として水しか生じない．

問題7・24 何十種類もの異なる溶媒がいろいろな化学プロセスで使われている．もし溶媒を必要とするグリーンプロセスをデザインするとしたら，あなたはどんな性質の溶媒を探すか？また，あなたはどんな溶媒を選ぶか？

キーワード

イオン反応式（ionic equation） 141
一塩基酸（monoprotic acid） 145
塩（salt） 146
塩基（base） 144
オキソ酸（oxoacid） 146
オキソニウムイオン（oxonium ion, H_3O^+） 144
解離（dissociation） 140
活性系列（activity series） 152
還元（reduction） 148
還元剤（reducing agent） 150
強塩基（strong base） 145
強酸（strong acid） 144
強電解質（strong electrolyte） 140
酸（acid） 144
三塩基酸（triprotic acid） 145
酸塩基中和反応（acid-base neutralization reaction） 139
酸化（oxidation） 148
酸化還元反応（oxidation-reduction reaction） 139
酸化剤（oxidizing agent） 150
酸化数（oxidation number） 148
弱塩基（weak base） 145
弱酸（weak acid） 144
弱電解質（weak electrolyte） 140
正味のイオン反応式（net ionic equation） 141
沈殿反応（precipitation reaction） 139
電解質（electrolyte） 140
二塩基酸（diprotic acid） 145
半反応（half-reaction） 153
半反応の方法（half-reaction method） 153
非電解質（nonelectrolyte） 140
分子反応式（molecular equation） 141
溶解度（solubility） 142

8 熱化学　化学エネルギー

8・1　エネルギーとその変化
8・2　熱エネルギーと状態関数
8・3　膨張による仕事
8・4　エネルギーとエンタルピー
8・5　熱力学的標準状態
8・6　物理変化・化学変化に伴うエンタルピー
8・7　熱量計と熱容量
8・8　ヘスの法則
8・9　標準生成熱
8・10　結合解離エネルギー
8・11　化石燃料，燃料効率，および燃焼熱
8・12　エントロピーへの序論
8・13　自由エネルギーへの序論
Interlude　バイオ燃料

　化学反応はなぜ起こるか．その答の鍵を握るのは安定性である．自発的に反応が起こるためには，反応の最終生成物は出発点となる反応物より安定でなければならない．
　ここで，安定性とは何であり，ある物質が他の物質より安定とはどういうことなのだろうか．物質の安定性を決める主要因子はエネルギーである．一般に，高いエネルギーをもつ物質は安定性が低く，低いエネルギーをもつ物質へと変化して安定化する．それでは，物質が高いエネルギーや低いエネルギーをもつとは，いったいどういうことなのか．本章では，エネルギーのさまざまな形態を探り，化学反応に伴って吸収・放出される熱エネルギーを扱う**熱化学**（thermochemistry）の問題に触れる．

8・1　エネルギーとその変化

　§1・11で学んだように，**エネルギー**（energy）とは，熱を与えたり仕事をしたりする能力のことである．たとえば，自動車の燃料は，燃焼することでエネルギーを放出し，車を駆動する．エネルギーは運動エネルギーまたは位置エネルギーの形をとることも学んだ．**運動エネルギー**（kinetic energy, E_K）は，運動に伴うエネルギーであり，次式で与えられる．

$$E_K = \frac{1}{2}mv^2 \quad ここで \quad m = 質量, \ v = 速度$$

　これに対して，**位置エネルギー**（potential energy, E_P）は，貯蔵されているエネルギーであり，分子に貯蔵されていて反応する可能性をもつ．

> 思い出そう…
> **エネルギー**は，熱を与えたり，仕事をしたりする能力であり，動くことに伴う**運動エネルギー**と，まだ放出されずに蓄えられているエネルギーである**位置エネルギー**に分類される（§1・11）．

　位置エネルギーと運動エネルギーの関係についてもう少し触れておこう．**エネルギー保存則**（conservation of energy law）によると，エネルギーは生まれたり消えたりせず，ただその形態を変えることができるだけである．

> **エネルギー保存則**　エネルギーは生まれたり消えたりせず，ただその形態を変えることができるだけである．

　一例として，水力発電のダムについて考えてみよう．ダムの背後で動かずに貯まっている水は，ダムから放流される水より高いところにあるので位置エネルギーをもつが，動いていない（$v=0$）ので運動エネルギーをもっていない．ダムの水が取水路を通って落下すると，水の高さと位置エネルギーは減少し，速度と運動エネルギーは増加する．このとき，落下する水は，発電機のタービンを回し，運動エネルギーを電気エネルギーに変換する（図8・1）．
　水が落下する際に運動エネルギーが電気エネルギーに変換することは，エネルギーがもつ重要な特徴をよく表している．第一に，エネルギーには種々の形態がある．たとえば，熱エネルギーは，水が落下するときの運動エネルギーとは違うように見えるが，実はよく似た面をもっている．**熱エネルギー**は，分子運動の運動エネルギーそのものであり，物体の**温度**（temperature）がわかれば調べられる．もしもある物体中の原子や分子がゆっくり運動するときは，その物体の温度は低く，われわれは冷たいと感じる．逆に物体中の原子や分子が激しく運動し，温度計または他の測定機器に力強く衝突するときは，その物体の温度は高く，われわれは熱いと感じる．
　これに対し，**熱**（heat）は，二つの物体の温度差の結果として，一方から他方へ移動する熱エネルギーの量を表すものである．熱い物体の激しく運動している分子が，

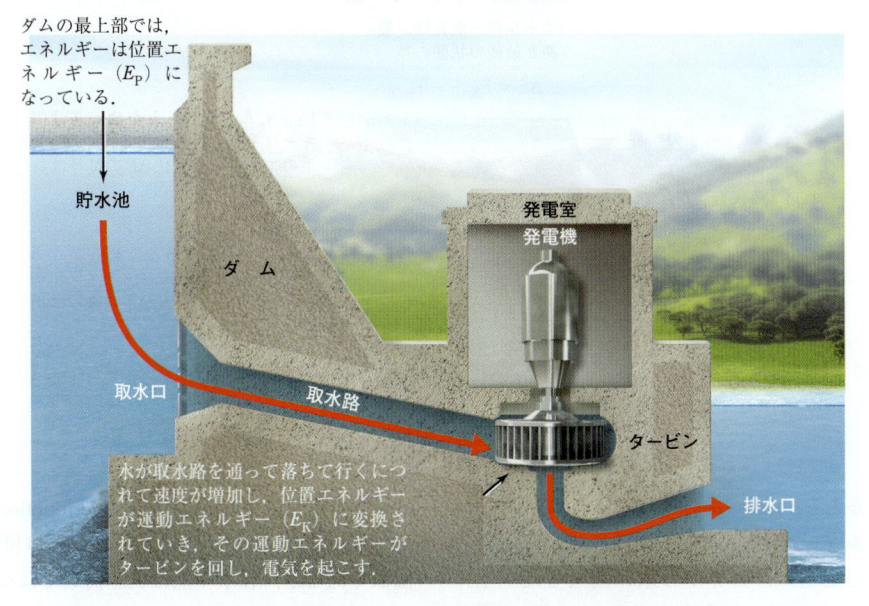

図8・1 エネルギーの保存．貯水槽の水が保有する全エネルギーは一定である．

冷たい物体のゆっくり運動している分子と衝突すると，運動エネルギーを渡して低速の分子を加速する．

化学エネルギーは，別の形態のエネルギーであり，貯水池の水がもつエネルギーとは違うように見えるが，実はよく似た面をもっている．化学エネルギーは一種の位置エネルギーであり，化学結合が貯蔵媒体として働く．水がより安定な位置に落ちるときその位置エネルギーを放出するように，化学物質は，反応を起こしてより安定な生成物に変わるとき，その位置エネルギーを放出する．この問題について，もう少し探究してみよう．

水の落下で説明されることの二番目はエネルギー保存則である．関連するエネルギーを全部見逃さないために，水の落下に付随して起こること，すなわち，激しい水の流れによる音の発生，ダムの下の岩石の加熱，タービンや発電機の駆動，電力の移送，電力で動かす装置群など，すべてを考慮する必要がある．実際に一連の過程を論理的極限まで追求すると，失われたエネルギーは必ず他の場所で別な形態のエネルギーに転化されるので，水のエネルギーがどうなったかをすべて究めるためには，宇宙全体のことまで考慮する必要がある．このため，重要なのはエネルギー保存則であり，それは熱力学第一法則 (first law of thermodynamics) として知られている．

▶ 熱力学第一法則　エネルギーは生まれたり消えたりせず，ただその形態を変えることができるだけである．

8・2 熱エネルギーと状態関数

化学反応のエネルギー変化を追跡するには，反応を周囲の世界から切り離して考えると便利なことが多い．実験するときに注目する物質（最初の反応物や最後に生じる生成物など）を，ひとまとめにして系という．これに対し，それ以外のもの（反応フラスコ，実験室，建物，その他）すべてを外界という．系が外界から孤立していてそれらの間でエネルギーのやり取りがまったくできないならば，系の全内部エネルギー (internal energy, E) は，その系に含まれるすべての分子やイオンの運動エネルギーと位置エネルギーの総和で定義され，その大きさは反応の全体にわたって保存され一定である．これは熱力学第一法則を言い直したものにほかならない．

▶ 熱力学第一法則（再録）　孤立系の全内部エネルギーは一定である．

実際には，化学反応をその周囲から完全に孤立させることはできない．実際のどんな場合でも，化学物質はフラスコや容器の壁に物理的に接触し，容器はさらに周囲の空気や実験台に接触している．大事なことは，系が孤立しているかどうかではなく，外界から系に入ってきたエネルギーや，逆に系から外界に出て行ったエネルギーを，正確に見積もることができることである（図8・2）．すなわち，系の内部エネルギー変化 (change) ΔE を測定できなければならない．エネルギー変化 ΔE は，系の反応後の終状態 (final state) と反応前の始状態 (initial state) の間の内部エネルギーの差を表している．

$$\Delta E = E_{\text{final}} - E_{\text{initial}}$$

通常，エネルギー変化は，系に入ってきた正味のエネ

8. 熱化学　化学エネルギー

エネルギー変化は，最初と最後の状態の差

$$\Delta E = E_{\text{final}} - E_{\text{initial}}$$

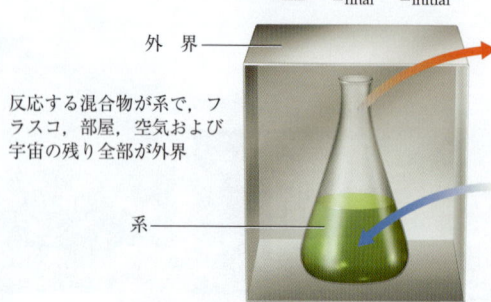

$E_{\text{final}} < E_{\text{initial}}$ であるため，**エネルギーは系から外界へ出て行く**．系のエネルギー変化 ΔE の符号は負

$E_{\text{final}} > E_{\text{initial}}$ であるため，**エネルギーは外界から系に入ってくる**．系のエネルギー変化 ΔE の符号は正

外界 — 反応する混合物が系で，フラスコ，部屋，空気および宇宙の残り全部が外界
系

図 8・2　化学反応におけるエネルギー変化．

ルギーとして考える．系から外界に流出したエネルギーは，系がエネルギーを失う（E_{final} が E_{initial} より小さい）ため，負の符号をもつ．外界から系に流入したエネルギーは，系がエネルギーを受取る（E_{final} が E_{initial} より大きい）ため，符号が正になる．たとえば，2.00 mol の酸素の存在下で 1.00 mol のメタンが燃焼すると，802 kJ が熱として放出され系から外界に移動する．系のエネルギーは 802 kJ 少なくなるから，$\Delta E = -802$ kJ である．このエネルギーの流れは，水浴中に反応容器を置いて，反応前後での水浴の温度上昇を知ることで，検出し，測定することができる．

$$CH_4(g) + 2\,O_2(g) \longrightarrow$$
$$CO_2(g) + 2\,H_2O(g) + 802\ \text{kJ のエネルギー}$$
$$\Delta E = -802\ \text{kJ}$$

メタンの燃焼実験から，反応生成物である $CO_2(g)$ と $2\,H_2O(g)$ が，反応物である $CH_4(g)$ と $2\,O_2(g)$ より内部エネルギーが 802 kJ 低いことがわかる．このとき，反応前のエネルギー（E_{initial}）や反応後のエネルギー（E_{final}）を正確に知る必要はない．注意すべきことは，反応式の係数で表された物質量だけ反応物が生成物に変化するときに $\Delta E = -802$ kJ に相当するエネルギーが放出されることである．1 mol の気体状メタンが 2 mol の気体状酸素と反応して 1 mol の気体状二酸化炭素と 2 mol の気体状の水が生じるときに 802 kJ が放出される．

系の内部エネルギーは，関係する化学物質とその量，温度や圧力，気体，液体，固体などの物理的状態など，多くのことに依存している．内部エネルギーと関係ないこととしては，系の履歴がある．1 時間前に系がどのような温度や物理的状態にあったかは問題でないし，どのようにして反応物を得たかも問題にならない．問題になるのは，系の現時点での状況である．このため，内部エネルギーは，その値が系の現状にだけ関係する量であり，

このような量を，**状態関数**（state function，または状態量 quantity of state）という．圧力や体積や温度も状態関数であるが，仕事や熱は状態関数ではない．

● **状態関数**　系の現在の状態や条件のみに依存する値をもち，そこに到達した経路には依存しない関数または性質

状態関数の考えは，図 8・3 のような旅行地図を考えてみると理解しやすい．カリフォルニア州のカストロヴィルからマサチューセッツ州のボストンまで旅をするとしよう．旅人が系であり，旅人の位置は，そこがどこでも，どうやってその位置に着いたかには関係しないので，状態関数である．旅人の位置が状態関数であるから，旅行完了後の旅人の位置の変化（カストロヴィルからボストンまで直線距離で約 4350 km）は，旅人の経路（ノースダコタ州やルイジアナ州を経由したかどうか）とは無関係である．

図 8・3 の旅行地図には状態関数の重要な特徴である

位置は状態関数であるが，なされた仕事や使ったお金は状態関数ではない．

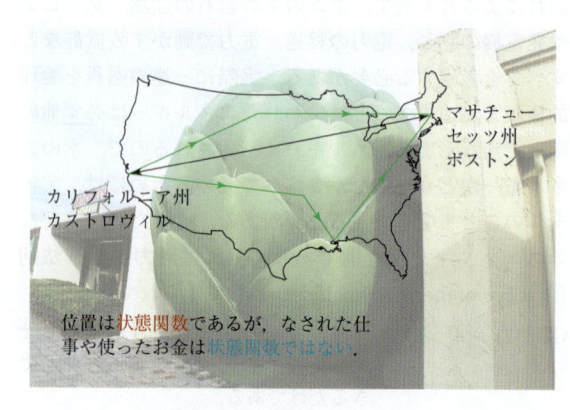

図 8・3　旅人の位置は状態関数であるから，カリフォルニア州のカストロヴィルからマサチューセッツ州のボストンまでの旅行による位置の変化は，旅人が通った道筋とは関係しない．

可逆性（reversibility）が示されている．カストロヴィルからボストンまで旅行した後，向きを変え出発点まで戻ったとすると，旅行者の最終位置は最初と同じなので位置の変化はゼロである．系が最初の状態に戻るとき，状態関数が全体を通じて行った変化は常にゼロになる．一方，状態関数ではない場合は，最初の状態に戻っても全体を通じて行われた変化はゼロにはならない．たとえば，旅行のために行った仕事は最初の位置に戻っても回復しないし，お金や時間も取り戻すことはできない．

問題 8・1 つぎのうち，どれが状態関数で，どれが状態関数でないか．
(a) 氷のかたまりの温度
(b) 缶に入った液体の体積
(c) Paula Radcliffe がマラソンの世界記録にかけた 2 時間 15 分 25 秒という時間

8・3 膨張による仕事

エネルギーと同じように，仕事にもいろいろな形がある．物理学では，**仕事**（work, w）は，物体を動かすのに作用する力 F と移動した距離 d との積で与えられる．

$$\text{仕事} = \text{力} \times \text{距離}$$
$$w = F \times d$$

たとえば，階段を駆け上がるとき，足の筋肉は重力に打ち勝つために力を出して身体を上方へ引っ張り上げる．泳ぐときには，水を押しのけるために力を出すことで推進力を得る．

化学の問題で最もよく出てくる仕事は，**膨張による仕事**（圧力と体積の仕事，または，*PV* **仕事ともいう**）であり，系の体積変化の際に現れる．たとえば，プロパン（C_3H_8）と酸素の燃焼反応では，反応式をみればわかるように，6 mol の反応物から 7 mol の生成物が生じる．

$$C_3H_8(g) + 5\,O_2(g) \longrightarrow 3\,CO_2(g) + 4\,H_2O(g)$$

<u>6 mol の気体</u>　　　　　　<u>7 mol の気体</u>

可動なピストン付き容器の中で反応が起こると，生成する気体の方が，体積が大きいので，ピストンは外向きの力を受けて容器の外の気体分子を押しのけ，大気圧 P に対し，外に向かって仕事をする（図 8・4）．

膨張に伴ってなされる仕事の正確な量は簡単に計算できる．物理学によると，力 F は，面積 A と圧力 P の積に等しい．すなわち，図 8・4 では，膨張する気体が及ぼす力は，ピストンの面積と気体がピストンに与える圧力との積に等しい．この圧力は，外側の大気がピストンの動きと反対向きにピストンに作用している圧力 P と大きさが等しく，符号が反対であり，$-P$ に等しい．

$$F = -P \times A \quad \text{ここで，P は外側の大気の圧力}$$

ピストンが距離 d だけ外側に移動すれば，そのときなされる仕事は，力と距離の積，すなわち，圧力と面積と距離の積に等しいから，

$$w = F \times d = -P \times A \times d$$

この式は，ピストンの面積とピストンの移動距離の積が，ちょうど系の体積変化 $\Delta V = A \times d$ になることを用いると簡単になる．その結果，なされる仕事の量は，ピストンに気体が及ぼす圧力と体積変化の積に等しくなり，*PV* 仕事という名称にふさわしい．

負の値　　　　正の値

$$w = -P\Delta V \quad \text{膨張でなされる仕事}$$

膨張でなされる仕事の符号はどうであろうか．系によって仕事がなされ，ピストンの上昇につれて気体分子

反応による体積の**膨張**によって，大気圧 P に逆らってピストンを押し上げる力が働く．

$P = \dfrac{F}{A}$

なされた仕事の量は，ピストンを動かすのに働いた圧力（大気圧のマイナス 1 倍，$-P$）と体積変化（ΔV）の積に等しい．

$P = \dfrac{F}{A}$

$$\begin{aligned}w &= F \times d \\ &= -P \times A \times d \\ &= -P\Delta V\end{aligned}$$

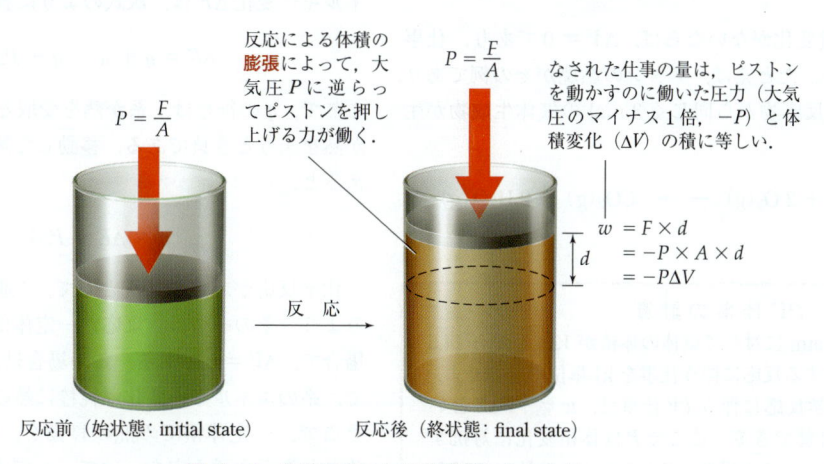

反応前（始状態: initial state）　　　反応後（終状態: final state）

図 8・4 化学反応における膨張による仕事．

が上に押し上げられるから，仕事のエネルギーは系から外に出て行く．したがって，上の式の符号が負になるのは，ΔE に関する約束（§8・2）とも一致する．ここで，常に系の変化に注目する立場をとることに注意しよう．系からエネルギーが出て行くときは，$E_{\text{final}} < E_{\text{initial}}$ であり，最初と比べて最後のエネルギーは小さくなるから，エネルギーの変化の符号は必ず負になる．

圧力が気圧（atm）の単位で与えられ，体積変化がリットル（L）単位で与えられたとすると，なされる仕事の単位は（L・atm）となる．ここで，1 atm = 101 × 10^3 kg/(m・s^2) であり，1 L・atm = 101 J である．

$$1 \text{ L·atm} = (1 \text{ L})\left(\frac{10^{-3} \text{ m}^3}{1 \text{ L}}\right)\left(101 \times 10^3 \frac{\text{kg}}{\text{m·s}^2}\right)$$

$$= 101 \frac{\text{kg·m}^2}{\text{s}^2} = 101 \text{ J}$$

反応に伴って，膨張ではなく体積の<u>収縮</u>が起こるときは，ΔV の符号は負になり，仕事の符号は正になる．ここでも系の変化に注目しており，系のエネルギーは，$E_{\text{final}} > E_{\text{initial}}$ となって増加するから，仕事の符号は正である．水素が窒素と反応してアンモニアが工業的に合成される反応を例にとると，気体反応物 4 mol から気体生成物 2 mol が生じるため，系の体積は収縮し，系は仕事のエネルギーを受取る．

$$\underbrace{3\text{H}_2(\text{g}) + \text{N}_2(\text{g})}_{4 \text{ mol の気体}} \longrightarrow \underbrace{2\text{NH}_3(\text{g})}_{2 \text{ mol の気体}}$$

$w = -P\Delta V$ 　収縮で受取った仕事
（正の値）　（負の値）

もしも体積変化がないならば，$\Delta V = 0$ であり，仕事はなされない．たとえば，メタンの燃焼がその例であり，3 mol の気体反応物から同じく 3 mol の気体生成物が生じる．

$$\text{CH}_4(\text{g}) + 2\text{O}_2(\text{g}) \longrightarrow \text{CO}_2(\text{g}) + 2\text{H}_2\text{O}(\text{g})$$

例題 8・1　*PV* 仕事の計算
外圧 5.0 atm に対して気体の体積が 12.0 L から 14.5 L まで膨張する反応に伴う仕事を kJ 単位で計算せよ．
方針　化学反応に伴う *PV* 仕事は，$w = -P\Delta V$ という公式で計算できる．ここで P は体積変化に対抗する外圧である．この場合，$P = 5.0$ atm, $\Delta V = (14.5 \text{ L} - 12.0 \text{ L}) = 2.5$ L であり，系が膨張するとき，仕事のエネルギーは系から失われるから，仕事の符号は負になることに注意する．
解

$$w = -(5.0 \text{ atm})(2.5 \text{ L}) = -12.5 \text{ L·atm}$$

$$(-12.5 \text{ L·atm})\left(101 \frac{\text{J}}{\text{L·atm}}\right) = -1.3 \times 10^3 \text{ J}$$
$$= -1.3 \text{ kJ}$$

問題 8・2　一定の外圧 44 atm のもとで，体積が 8.6 L から 4.3 L に収縮してアンモニアを合成するときの仕事を kJ 単位で計算せよ．このとき，仕事のエネルギーはどの方向に移動するか．また，エネルギー変化の符号はどうなるか．

問題 8・3　つぎの反応の仕事は kJ 単位でいくらか．またその向きはどの方向か．

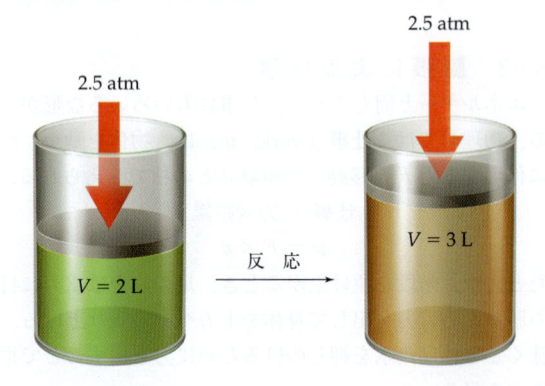

8・4　エネルギーとエンタルピー

ここまでに，系は外界と熱や仕事をやりとりし，エネルギーを授受することを見てきた．移動した熱を q で表し，仕事を $w = -P\Delta V$ という公式で表すと，系の全エネルギー変化 ΔE は，次式のように表される．

$$\Delta E = q + w = q - P\Delta V$$

ここで，q の符号は，系が熱を受取るとき正であり，系が熱を失うとき負である．移動した熱に注意して書き換えると，

$$q = \Delta E + P\Delta V$$

化学反応が起こる状況として，2 通りの場合を考えてみよう．その一つは，反応が一定体積の容器内で起こる場合で，$\Delta V = 0$ である．この場合は，*PV* 仕事はないので，系のエネルギー変化は純粋に熱の移動だけで決まる．そこで，一定体積での熱の移動を，体積 V が一定であることを示す添え字をつけて，q_v で表す．

$$q_V = \Delta E \quad \text{一定体積}, \ \Delta V = 0$$

このとき，右辺の ΔE は，体積一定での反応に伴う内部エネルギー変化であり，**定積反応熱**とよばれる．

もう一つは，ふたのないフラスコなどの容器中で，圧力を一定にして反応が起こる場合で，体積は自由に変化できる．この場合，$\Delta V \neq 0$ であるから，系のエネルギー変化は熱と仕事の両方に関係する．一定圧力での熱の移動を，q_P で表す．

$$q_P = \Delta E + P\Delta V \quad \text{一定圧力}$$

通常反応は，開いた容器中一定圧力で行われるので，このような過程の熱の変化は，特別な記号 ΔH を用いて表され，**エンタルピー変化**（enthalpy change）もしくは**定圧反応熱**とよばれる．系の**エンタルピー**（enthalpy）は，$H = E + PV$ で定義される量に与えられた名称である．

$$q_P = \Delta E + P\Delta V = \Delta H \quad \text{エンタルピー変化}$$

重要なのは，反応に伴うエンタルピーの<u>変化</u>だけであることに注意する必要がある．内部エネルギーと同様に，エンタルピーも状態関数であり，その値は系の現在の状態にのみ依存し，その状態に到達した経路には依存しない．そのため，反応の前後のエンタルピーの値を正確に知る必要はなく，最後と最初の状態の差だけを知ればよい．

$$\Delta H = H_\text{final} - H_\text{initial} = H_\text{生成物} - H_\text{反応物}$$

一定体積での熱の移動 $\Delta E = q_V$ と，一定圧力での熱の移動 $\Delta H = q_P$ には，どれだけの違いがあるだろうか．再びプロパン（C_3H_8）と酸素の燃焼反応を例として取り上げる．体積一定の閉じた容器の中で反応する場合は，PV 仕事は起こり得ないので，エネルギーはすべて熱として放出され，$\Delta E = -2046\, \text{kJ}$ である．同じ反応が一定圧力の開いた容器中で起こるときは，2044 kJ の熱しか放出されず，$\Delta H = -2044\, \text{kJ}$ となる．2 kJ だけ違う理由は，定圧条件では，気体反応物 6 mol が気体生成物 7 mol へと変換されるときに，大気に対して少しだけ膨張に伴う仕事をするからである．

$$\text{C}_3\text{H}_8(\text{g}) + 5\,\text{O}_2(\text{g}) \longrightarrow 3\,\text{CO}_2(\text{g}) + 4\,\text{H}_2\text{O}(\text{g})$$
プロパン
$$\Delta E = -2046\, \text{kJ}$$
$$\Delta H = -2044\, \text{kJ}$$
$$P\Delta V = +2\, \text{kJ}$$

プロパンと酸素の反応と同様のことは，他の多くの反応についてもいえる．ΔH と ΔE の違いは通常小さく，両者の値はほぼ等しい．もちろん，メタンの燃焼のように，3 mol の気体反応物から 3 mol の気体生成物が生じる場合は，ΔH と ΔE は正確に等しくなる．

$$\text{CH}_4(\text{g}) + 2\,\text{O}_2(\text{g}) \longrightarrow \text{CO}_2(\text{g}) + 2\,\text{H}_2\text{O}(\text{g})$$
$$\Delta E = \Delta H = -802\, \text{kJ}$$

▶ **問題 8・4** $\Delta E = -186\, \text{kJ/mol}$ であるつぎの反応について答えよ．

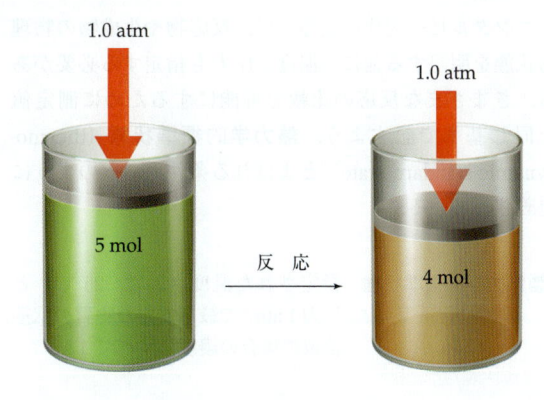

(a) $P\Delta V$ の符号は，正負のどちらか．
(b) ΔH の符号と大きさはどうか．

8・5 熱力学的標準状態

それぞれの反応のエンタルピー変化 ΔH として報告される値は，温度や圧力を変えずに，反応式の係数に等しい物質量だけ，反応物が生成物に変化するときに放出または吸収される熱の量に相当する．たとえば，前節で議論したプロパンの燃焼反応では，1 mol のプロパンガスが 5 mol の酸素ガスと反応し，3 mol の二酸化炭素ガスと 4 mol の水蒸気を与え，2044 kJ のエネルギーを放出する．しかし，個々の反応で実際に放出される熱量は，反応する物質の量によって変わる．このため，0.5000 mol のプロパンが 2.500 mol の O_2 と反応すると，0.5000 × 2044 kJ = 1022 kJ が放出される．

エンタルピー変化を問題にするときには，反応物や生成物の物理的状態を，固体(s)，液体(l)，気体(g)，あるいは，水溶液(aq) のように，明記する必要がある．プロパンと酸素の反応のエンタルピー変化は，水が気体として生成する場合は $\Delta H = -2044\, \text{kJ}$ であるが，水が液体として生成する場合には $\Delta H = -2220\, \text{kJ}$ となる．

$$\text{C}_3\text{H}_8(\text{g}) + 5\,\text{O}_2(\text{g}) \longrightarrow 3\,\text{CO}_2(\text{g}) + 4\,\text{H}_2\text{O}(\text{g})$$
$$\Delta H = -2044\, \text{kJ}$$
$$\text{C}_3\text{H}_8(\text{g}) + 5\,\text{O}_2(\text{g}) \longrightarrow 3\,\text{CO}_2(\text{g}) + 4\,\text{H}_2\text{O}(\text{l})$$
$$\Delta H = -2220\, \text{kJ}$$

二つの反応の ΔH の値の差 176 kJ は，液体の水を気体の水に変えるのにエネルギーが必要だからである．液

体の水ができるときは，ΔH は負の程度がより大きくなるが，気体の水ができるときには，ΔH は負の程度が小さくなる．その理由は，蒸発に 44.0 kJ/mol 必要とするからである．

$$H_2O(l) \longrightarrow H_2O(g) \qquad \Delta H = 44.0 \text{ kJ}$$
$$\text{よって} \quad 4\,H_2O(l) \longrightarrow 4\,H_2O(g) \qquad \Delta H = 176 \text{ kJ}$$

エンタルピー変化の記述には，反応物や生成物の物理的状態を明記する他に，温度と圧力も指定する必要がある．さまざまな反応の比較を可能にするために測定値を同じ基準で記すよう，**熱力学的標準状態**（thermodynamic standard state）とよばれる条件がつぎのように定義されている．

▶**熱力学的標準状態** 指定された温度（通常，25 ℃）と圧力 1 atm* で最も安定な物質の状態，溶液の場合の濃度はすべて 1 M．

この基準による標準状態で測定された量には，慣例として，温度を表すのと同じ記号（°）をその量の右肩に付す．標準状態の条件で測定されたエンタルピー変化は，**標準反応エンタルピー**（standard enthalpy of reaction）とよばれ，$\Delta H°$ で表される．たとえば，プロパンと酸素の反応は，つぎのように表される．

$$C_3H_8(g) + 5\,O_2(g) \longrightarrow 3\,CO_2(g) + 4\,H_2O(g)$$
$$\Delta H° = -2044 \text{ kJ}$$

例題 8・2 反応の ΔE の計算

窒素が水素と反応してアンモニアを与える反応では，$\Delta H° = -92.2$ kJ である．

$$N_2(g) + 3\,H_2(g) \longrightarrow 2\,NH_3(g) \qquad \Delta H° = -92.2 \text{ kJ}$$

この反応が 40.0 atm の定圧条件で行われ，体積変化が -1.12 L であるとき，ΔE の値は何 kJ か．

方 針 エンタルピー変化 ΔH，体積変化 ΔV，一定圧力 P が与えられており，エネルギー変化 ΔE を計算する．$\Delta H = \Delta E + P\Delta V$ を書き換えると，$\Delta E = \Delta H - P\Delta V$ となるので，ΔH，ΔV，P の値を，それぞれ代入する．

解
$$\Delta E = \Delta H - P\Delta V$$
ここで $\Delta H = -92.2$ kJ
$$\begin{aligned}P\Delta V &= (40.0 \text{ atm})(-1.12 \text{ L}) = -44.8 \text{ L·atm} \\ &= (-44.8 \text{ L·atm})\left(101\,\frac{\text{J}}{\text{L·atm}}\right) \\ &= -4520 \text{ J} = -4.52 \text{ kJ}\end{aligned}$$
$$\Delta E = (-92.2 \text{ kJ}) - (-4.52 \text{ kJ}) = -87.7 \text{ kJ}$$

ΔE の大きさは ΔH より負の程度が小さい．これは，この反応の体積変化が負になるからである．生成物の方が反応物より体積が小さいため，系は収縮し，PV 仕事を少しだけ受取る．

問題 8・5 水素と酸素から水蒸気ができる反応では，$\Delta H° = -484$ kJ である．

$$2\,H_2(g) + O_2(g) \longrightarrow 2\,H_2O(g) \qquad \Delta H° = -484 \text{ kJ}$$

0.50 mol の水素が 0.25 mol の酸素と大気圧で反応し，体積変化が -5.6 L であったとすると，この反応に伴う PV 仕事はどれだけか，また，ΔE の値は kJ 単位でいくらか．

問題 8・6 およそ 274 mL の体積をもつ 2.00 mol の固体トリニトロトルエン（TNT, $C_7H_5N_3O_6$）が爆発すると，室温，1.0 atm の条件で 448 L の気体が発生する．このとき，爆発によって生じる PV 仕事は kJ 単位でいくらか．

$$2\,C_7H_5N_3O_6(s) \longrightarrow$$
$$12\,CO(g) + 5\,H_2(g) + 3\,N_2(g) + 2\,C(s)$$

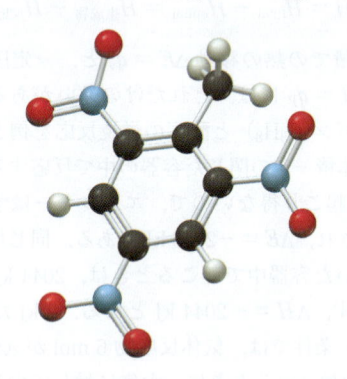

トリニトロトルエン

8・6 物理変化・化学変化に伴うエンタルピー

系のほとんどすべての変化にエンタルピーの増減が関係している．変化といえば，固体が融解して液体になる

---

* 標準圧力は，ここでは他の多くの教科書と同様に，1 atm としたが，現在では 1 bar と定義されており，その大きさは，0.986 923 atm に等しく，1 bar と 1 atm の差はわずかである．

ような物理変化やプロパンの燃焼のような化学変化がある．両方の例を見てみよう．

物理変化のエンタルピー

低温の，たとえば，−10 ℃の氷から出発し，熱を加えてエンタルピーを増加させていくとどうなるだろうか．最初のうち，氷に加えた熱は，0 ℃になるまで氷の温度を上昇させる．さらに熱を加えると，氷の結晶中で H_2O 分子を互いに結び付けている力に打ち勝つためにエネルギーが消費されるため，温度は上がらずに氷が融解して行く．温度が変わらずに物質が融解するのに必要な熱量を，融解エンタルピーまたは融解熱（ΔH_{fusion}）という．水の場合，0 ℃において，$\Delta H_{fusion} = 6.01$ kJ/mol である．

氷がすべて融解してしまうと，加えた熱は，100 ℃に達するまで液体の水の温度を上昇させる．さらに熱を加えると，沸騰が始まる．再び，液体中で分子同士を結びつけている力に打ち勝つためにエネルギーが必要であり，液体が全部気体に変わるまで一定の温度にとどまる．温度が変わらずに物質が蒸発するのに必要な熱量を，蒸発エンタルピーまたは蒸発熱（ΔH_{vap}）という．水の場合，100 ℃において，$\Delta H_{vap} = 40.7$ kJ/mol である．

固体が液体を経由せずに直接気体になる変化は，**昇華**（sublimation）とよばれる．昇華も，融解や沸騰と同様，物理変化である．たとえば，ドライアイスともよばれる二酸化炭素の固体は，大気圧のもとで，固体から液体へと融解せずに，固体から直接気体に変化する．エンタルピーは状態関数であるから，固体から気体に変わるときのエンタルピー変化は，経路によらず一定になるはずである．このため，一定温度において，一つの物質の昇華エンタルピーまたは昇華熱（ΔH_{subl}）は，融解熱と蒸発熱の和に等しい（図 8・5）．

化学変化のエンタルピー

§8・4で，エンタルピー変化は，一定圧力のもとで系に出入りする熱量の尺度となるので，定圧反応熱とよばれることを学んだ．反応物が生成物よりも大きなエンタルピーをもつならば，系は外界から熱を受取り，ΔH の符号は正になる．このような反応を，**吸熱反応**（endothermic reaction）という．たとえば，1 mol の水酸化バリウム八水和物＊が塩化アンモニウムと反応すると，外界から 80.3 kJ を吸収する（$\Delta H° = +80.3$ kJ）．その際，熱を失った外界は冷却し，その結果，図 8・6 のように，温度は氷点以下にまで下がる．

$$Ba(OH)_2 \cdot 8H_2O(s) + 2NH_4Cl(s) \longrightarrow$$
$$BaCl_2(aq) + 2NH_3(aq) + 10H_2O(l)$$
$$\Delta H° = +80.3 \text{ kJ}$$

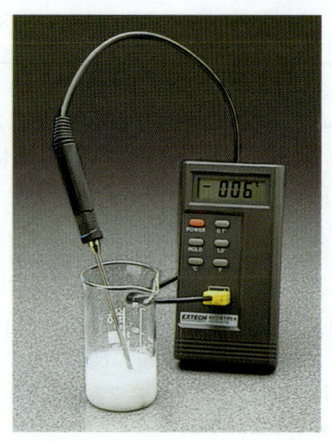

図 8・6 水酸化バリウム八水和物と塩化アンモニウムの反応は，非常に大きな吸熱反応であるので，周囲から大量の熱を奪い，温度は 0 ℃ 以下に下がる．

生成物が反応物よりも小さなエンタルピーをもつときは，系から外界に熱が出て行き，ΔH の符号は負になる．このような反応を，**発熱反応**（exothermic reaction）という．たとえば，アルミニウムと酸化鉄(Ⅲ)とが反応する，いわゆるテルミット反応では，非常に大きな熱が放出されて外界が強力に加熱される（$\Delta H° = -852$ kJ）ので，建設業で鉄の溶接に利用されている．

$$2Al(s) + Fe_2O_3(s) \longrightarrow 2Fe(s) + Al_2O_3(s)$$
$$\Delta H° = -852 \text{ kJ}$$

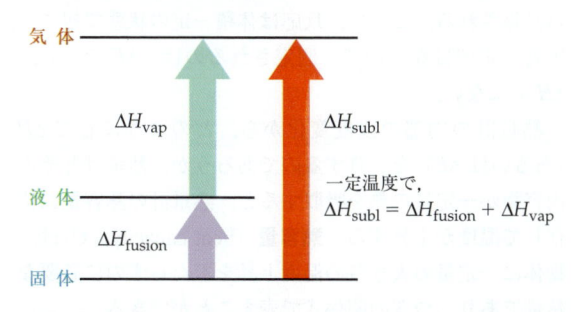

図 8・5 エンタルピーは状態関数であるから，固体から気体へのエンタルピー変化は，二つの状態間でとられる経路には依存しない．

一定温度で，
$\Delta H_{subl} = \Delta H_{fusion} + \Delta H_{vap}$

＊ 水酸化バリウム八水和物 $Ba(OH)_2 \cdot 8H_2O$ はバリウムイオンを 8 個の水分子が取囲んだ構造の結晶性化合物である．水和については，§18・15 でさらに詳しく学ぶ．

前にも述べたように，$\Delta H°$ の値は，反応式の係数に等しい物質量の反応物と生成物が関係し，すべての物質が標準状態をとり，各物質はそれぞれ指定された物理的状態にあるとしたときのものである．個々の反応で実際に放出される熱量は，例題 8・3 で示すように，反応物の量に依存する．

$\Delta H°$ の値は，反応が矢印の向きに進むときのものであることにも注意する必要がある．逆向きの反応では，$\Delta H°$ の符号は逆転する．状態関数の可逆性（§8・2）から，逆向きの反応のエンタルピー変化は，対応する正反応の場合と大きさが同じで符号が逆になる．たとえば，鉄が酸化アルミニウムと反応してアルミニウムと酸化鉄ができる反応（テルミット反応の逆反応）は，吸熱反応であり，$\Delta H° = +852$ kJ である．

$$2\,Fe(s) + Al_2O_3(s) \longrightarrow 2\,Al(s) + Fe_2O_3(s)$$
$$\Delta H° = +852 \text{ kJ}$$

$$2\,Al(s) + Fe_2O_3(s) \longrightarrow 2\,Fe(s) + Al_2O_3(s)$$
$$\Delta H° = -852 \text{ kJ}$$

例題 8・3 反応で放出される熱量の計算

5.00 g のアルミニウムが，化学量論を満足する量の Fe_2O_3 と反応したときに出てくる熱は何キロジュールか．

$$2\,Al(s) + Fe_2O_3(s) \longrightarrow 2\,Fe(s) + Al_2O_3(s)$$
$$\Delta H° = -852 \text{ kJ}$$

方針 上の式から，2 mol の Al の反応で出てくる熱は 852 kJ である．5.00 g の Al の反応で出てくる熱量を知るには，5.00 g のアルミニウムが何モルに相当するかを求める必要がある．

解 Al のモル質量は，26.98 g/mol であるから，Al 5.00 g は，0.185 mol に等しい．

$$5.00 \text{ g Al} \times \frac{1 \text{ mol Al}}{26.98 \text{ g Al}} = 0.185 \text{ mol Al}$$

2 mol の Al は 852 kJ の熱を出すから，0.185 mol の Al は 78.8 kJ の熱を出す．

$$0.185 \text{ mol Al} \times \frac{852 \text{ kJ}}{2 \text{ mol Al}} = 78.8 \text{ kJ}$$

概算によるチェック Al のモル質量は約 27 g/mol だから，5 g の Al はおよそ 0.2 mol であり，発熱量は，852/2 kJ/mol × 0.2 mol，すなわち，約 85 kJ となる．

問題 8・7 つぎの各反応で，吸収または放出される熱は，kJ 単位でそれぞれいくらか．

(a) 15.5 g のプロパンの燃焼

$$C_3H_8(g) + 5\,O_2(g) \longrightarrow 3\,CO_2(g) + 4\,H_2O(l)$$
$$\Delta H° = -2220 \text{ kJ}$$

(b) 4.88 g の水酸化バリウム八水和物と塩化アンモニウムの反応

$$Ba(OH)_2 \cdot 8\,H_2O(s) + 2\,NH_4Cl(s) \longrightarrow$$
$$BaCl_2(aq) + 2\,NH_3(aq) + 10\,H_2O(l)$$
$$\Delta H° = +80.3 \text{ kJ}$$

問題 8・8 ドラッグレーサーの燃料としてしばしば使われるニトロメタン（CH_3NO_2）は，次式に従って燃焼する．

$$4\,CH_3NO_2(l) + 7\,O_2(g) \longrightarrow$$
$$4\,CO_2(g) + 6\,H_2O(g) + 4\,NO_2(g)$$
$$\Delta H° = -2441.6 \text{ kJ}$$

100.0 g のニトロメタンが燃えると，どれだけの熱が出るか．

8・7 熱量計と熱容量

反応に伴って移動する熱量を測るための，図 8・7 に示したような装置を，**熱量計**という．最も単純な熱量計としては，断熱された容器に，撹拌器，温度計，および，容器内を大気圧に保つようゆるいふたがついていればよい．容器内で反応させ，温度変化から吸収・放出された熱を計算する．熱量計の内側は大気圧で一定であるから，温度の測定で反応に伴うエンタルピー変化 ΔH を計算することができる．

ボンベ熱量計とよばれるもう少し複雑な装置は，燃焼反応，特に燃えやすい物質の燃焼で放出される熱の測定に用いられている．（より一般的には，燃焼反応というのは，炎を出す反応である．）試料は小さな容器に酸素とともに封入され，断熱された鋼鉄製ボンベ内に水に浸された状態で置かれる（図 8・8）．反応物は電気的に点火され，発生した熱は，取り囲んでいる水の温度変化から計算される．ここで，反応は体積一定の状態で起こり，圧力一定ではないので，測定されるのは，ΔE であり，ΔH ではない．

熱量計の内部の温度変化から，どのようにして ΔH（あるいは ΔE）を計算するのであろうか．熱量計とその内容物が一定量の熱を吸収すると，熱量計の熱容量に依存して温度が上昇する．**熱容量**（heat capacity, C）は，物体に一定量の大きさの温度上昇をもたらすのに必要な熱量であり，つぎの関係式で表すことができる．

$$C = \frac{q}{\Delta T}$$

ここで，q は移動した熱量であり，ΔT は温度変化である（$\Delta T = T_{final} - T_{initial}$）．熱容量が大きいほど，一定の

8・7 熱量計と熱容量

温度変化を生じるために必要な熱量は大きくなる．たとえば，浴槽をいっぱいにする水は，コーヒーカップ1杯分の水より大きな熱容量をもち，したがって，浴槽の水を温める方が，コーヒーカップの場合よりも多量の熱が必要である．吸収される熱量の正確な大きさは，熱容量と温度上昇の積に等しい．

$$q = C \times \Delta T$$

熱容量は**示量性**（extensive property，§1・4）の量であり，その値は物体の大きさと組成に依存する．異なる物質を比較するには，**比熱容量**（specific heat capacity）あるいは単に**比熱**（specific heat）とよばれる量を用いると便利であり，それは1gの物質の温度を1℃上げるのに必要な熱量として定義される．物体の温度を上げるのに必要な熱量は，その物体の比熱と質量と温度上昇の積に等しい．

$$q = 比熱 \times 質量 \times \Delta T$$

> **思い出そう …**
> **示量性**の量は，長さや体積のように，その値が対象物のサイズに依存する．示強性の量は，温度や融点のように，その値が対象物の量には依存しない．

例題8・5は比熱が熱量計の計算にどのように用いられるかを示している．

比熱容量と密接に関連するものに，**モル熱容量**（molar heat capacity，C_m）とよばれる量がある．これは1 molの物質の温度を1℃上げるのに必要な熱量として定義される．一定の物質量の物質の温度を上げるために必要な熱

図8・7 定圧条件の反応で流れる熱（ΔH）を測る熱量計．

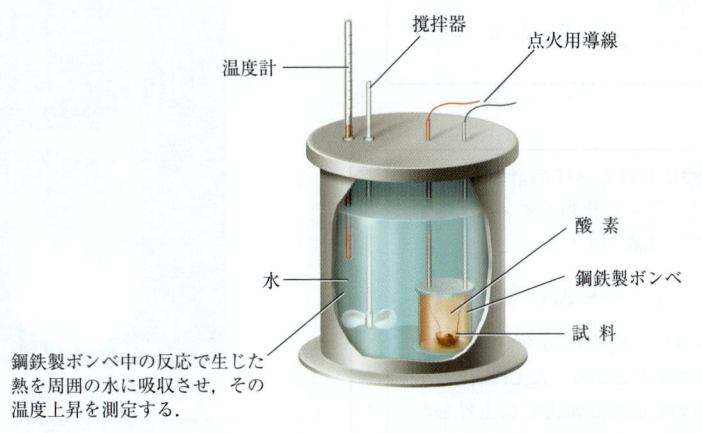

図8・8 定積条件の燃焼反応で生じる熱（ΔE）を測るボンベ熱量計．

量は次式で与えられる．

$$q = C_\mathrm{m} \times 物質量 \times \Delta T$$

代表的な物質の比熱とモル熱容量の値を表 8・1 に示す．

表 8・1　比熱とモル熱容量 (25 ℃)

物　質	比熱 [J/(g·℃)]	モル熱容量 [J/(mol·℃)]
空気 (乾燥)	1.01	29.1
アルミニウム	0.897	24.2
銅	0.385	24.4
金	0.129	25.4
鉄	0.449	25.1
水　銀	0.140	28.0
NaCl	0.859	50.2
水(s)*	2.03	36.6
水(l)	4.179	75.3

* −11 ℃

表 8・1 に示したように，液体の水の比熱は，他の物質の比熱よりはるかに大きい．このため，水を冷やしたり温めたりするためには，大量の熱を移動させなければならない．その結果，大きな湖などの大量の水は，その周囲の空気の温度を穏やかにするはたらきをもつ．また，人間の身体の 60 % は水であるため，外部の条件が変化しても体の温度を安定に保つことができる．

例題 8・4　比熱の計算

45.0 g の Si の温度を 6.0 ℃ だけ上げるのに 192 J 必要だとすると，Si の比熱はいくらか．

方 針　ある物質の比熱を求めるには，1 g の物質の温度を 1 ℃ 上げるのに必要なエネルギーの量を計算すればよい．

解

$$Si の比熱 = \frac{192\,\mathrm{J}}{(45.0\,\mathrm{g})(6.0\,°\mathrm{C})} = 0.71\,\mathrm{J/(g·°C)}$$

例題 8・5　熱量計実験における ΔH の計算

水和した銀イオンが水和した塩化物イオンと反応すると，塩化銀の固体の白色沈殿が生じる．

$$\mathrm{Ag^+(aq) + Cl^-(aq) \longrightarrow AgCl(s)}$$

熱量計中 25 ℃ で，1.00 M の AgNO₃ 溶液 10.0 mL を 1.00 M NaCl 10.0 mL に加えたところ，AgCl の白色沈殿が生じ，水を含む混合物の温度は 32.6 ℃ に上昇した．水を含む混合物の比熱を 4.18 J/(g·℃) とし，混合物の密度を 1.00 g/mL とし，熱量計自身の熱の吸収は無視して，反応の ΔH を kJ 単位で求めよ．

方 針　反応で温度が上昇するので，熱が放出され，ΔH は負になるはずである．反応で出てきた熱量は，混合物が吸収した熱量に等しい．

出てきた熱 = 比熱 × 混合物の質量 × 温度変化

1 mol について出てくる熱を計算すれば，エンタルピー変化 ΔH が求められる．

解

$$比熱 = 4.18\,\mathrm{J/(g·°C)}$$

$$質量 = (20.0\,\mathrm{mL})\left(1.00\,\frac{\mathrm{g}}{\mathrm{mL}}\right) = 20.0\,\mathrm{g}$$

$$温度変化 = 32.6\,°\mathrm{C} - 25.0\,°\mathrm{C} = 7.6\,°\mathrm{C}$$

$$出てきた熱 = \left(4.18\,\frac{\mathrm{J}}{\mathrm{g·°C}}\right)(20.0\,\mathrm{g})(7.6\,°\mathrm{C})$$

$$= 6.4 \times 10^2\,\mathrm{J}$$

反応式から，生成した AgCl の物質量は，反応した Ag⁺ (または Cl⁻) の物質量に等しい．

AgNO₃ 水溶液と NaCl 水溶液との反応による AgCl の白色沈殿の生成は発熱過程．

$$Ag^+ \text{の物質量} = (10.0 \text{ mL})\left(\frac{1.00 \text{ mol Ag}^+}{1000 \text{ mL}}\right)$$
$$= 1.00 \times 10^{-2} \text{ mol Ag}^+$$

AgCl の物質量 $= 1.00 \times 10^{-2}$ mol AgCl

$$\text{AgCl 1 mol 当たりの発熱量} = \frac{6.4 \times 10^2 \text{ J}}{1.00 \times 10^{-2} \text{ mol AgCl}}$$
$$= 64 \text{ kJ/mol AgCl}$$

したがって，$\Delta H = -64$ kJ（発熱なので負）

問題 8・9 清涼飲料のコカコーラが水と同じ比熱 4.18 J/(g・℃) をもつと仮定し，1 本分約 350 g の温度を 25 ℃から 3 ℃まで冷やすのに必要な熱量を kJ 単位で計算せよ．

問題 8・10 75.0 g の鉛のかたまりの温度を 10.0 ℃上げるのに 97.2 J 必要だとすると，鉛の比熱はいくらか．

問題 8・11 熱量計中 25 ℃で，1.0 M の H_2SO_4 25.0 mL を 1.0 M NaOH 50.0 mL に加えたところ，水溶液の温度は 33.9 ℃に上昇した．溶液の比熱を 4.18 J/(g・℃)，密度を 1.00 g/mL とし，熱量計自身の熱の吸収は無視して，反応の ΔH を kJ 単位で求めよ．

$$H_2SO_4(aq) + 2 NaOH(aq) \longrightarrow$$
$$2 H_2O(l) + Na_2SO_4(aq)$$

8・8 ヘスの法則

化学反応に伴うエネルギー変化の一般的な議論は済んだので，これから個々の問題について詳しく見て行こう．ここでは，アンモニアの工業的合成法であるハーバー法をとりあげる．（この方法によって，米国では，毎年 1100 万トンものアンモニアが合成され，おもに肥料の原料に用いられている．）水素が窒素と反応してアンモニアを生じる反応は $\Delta H = -92.2$ kJ の発熱反応である．

$$3 H_2(g) + N_2(g) \longrightarrow 2 NH_3(g) \quad \Delta H° = -92.2 \text{ kJ}$$

この反応を詳しく調べてみると，見かけとは違って単純ではないことがわかる．実際のこの反応の全体は，ヒドラジン（N_2H_4）を中間体とする一連のステップを経て進行している．

$$2 H_2(g) + N_2(g) \longrightarrow \underset{\text{ヒドラジン}}{N_2H_4(g)} \xrightarrow{H_2} \underset{\text{アンモニア}}{2 NH_3(g)}$$

ヒドラジンがアンモニアに変換されるためのエンタルピー変化は，$\Delta H° = -187.6$ kJ であることがわかっているが，ヒドラジンが水素と窒素からできるときの $\Delta H°$ は，反応がきれいには進まないので測定が困難である．ヒドラジンの一部はアンモニアに変換されるが，出発物質の窒素もいくらか残ってしまう．

幸いなことに，上の困難を回避する方法として，直接測定できないときに間接的にエネルギー変化を測定する方法がある．その秘訣は，"エンタルピーが状態関数なので ΔH は二つの状態間の経路がどうであっても同じになること"を理解することである．これは，"一連の反応の個々のステップのエンタルピー変化の和は，反応全体のエンタルピー変化に等しい"，ということであり，**ヘスの法則**（Hess's law）とよばれている．

> **ヘスの法則** 一つの反応全体のエンタルピー変化は，個々の反応ステップのエンタルピー変化の総和に等しい．

各ステップの反応物と生成物は，全体の方程式が成り立つよう，代数的に加えたり差引いたりすることができる．たとえば，アンモニアの合成では，ステップ 1 とステップ 2 の和が，全反応に等しい．したがって，ステップ 1 とステップ 2 のエンタルピー変化の和が，全反応のエンタルピー変化に等しい．このことがわかっていれば，ステップ 1 のエンタルピー変化を計算で求めることがで

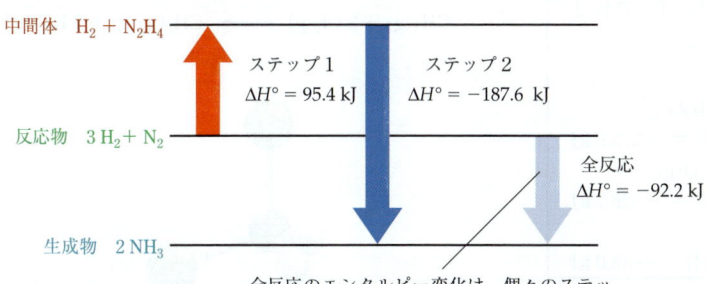

中間体 $H_2 + N_2H_4$
反応物 $3H_2 + N_2$
生成物 $2 NH_3$

ステップ 1 $\Delta H° = 95.4$ kJ
ステップ 2 $\Delta H° = -187.6$ kJ
全反応 $\Delta H° = -92.2$ kJ

全反応のエンタルピー変化は，個々のステップ 1 と 2 のエンタルピー変化の総和に等しい．これはヘスの法則を表している．

図 8・9 窒素と水素からのアンモニアの合成過程のエンタルピー変化の図．$\Delta H°$ の値が，ステップ 2 と全反応についてわかっていれば，ステップ 1 の $\Delta H°$ は計算で求められる．

きる．図8・9にその状況を図示し，例題8・6と8・7にヘスの法則の計算例を追加する．

ステップ1 $2H_2(g) + N_2(g) \longrightarrow N_2H_4(g)$
$\Delta H°_1 = ?$

ステップ2 $N_2H_4(g) + H_2(g) \longrightarrow 2NH_3(g)$
$\Delta H°_2 = -187.6 \text{ kJ}$

全反応 $3H_2(g) + N_2(g) \longrightarrow 2NH_3(g)$
$\Delta H°_{反応} = -92.2 \text{ kJ}$

ここで $\Delta H°_1 + \Delta H°_2 = \Delta H°_{反応}$ であることを使うと

$\Delta H°_1 = \Delta H°_{反応} - \Delta H°_2$
$= (-92.2 \text{ kJ}) - (-187.6 \text{ kJ}) = +95.4 \text{ kJ}$

例題 8・6 ヘスの法則による $\Delta H°$ の計算

天然ガスの主成分であるメタンが酸素中で燃えると，二酸化炭素と水が生じる．

$$CH_4(g) + 2O_2(g) \longrightarrow CO_2(g) + 2H_2O(l)$$

以下の情報を使い，メタンの燃焼について，$\Delta H°$ を kJ 単位で求めよ．

$CH_4(g) + O_2(g) \longrightarrow CH_2O(g) + H_2O(g)$
$\Delta H° = -275.6 \text{ kJ}$

$CH_2O(g) + O_2(g) \longrightarrow CO_2(g) + H_2O(g)$
$\Delta H° = -526.7 \text{ kJ}$

$H_2O(l) \longrightarrow H_2O(g)$ $\Delta H° = 44.0 \text{ kJ}$

方 針 いくらか試行錯誤を必要とするが，個々の反応を組合わせて全体として目的の反応が出てくるようにする．要点をあげると，

- 反応物全体［$CH_4(g)$ と $O_2(g)$］が左辺にくる．
- 生成物全体［$CO_2(g)$ と $H_2O(l)$］が右辺にくる．
- 中間体全体［$CH_2O(g)$ と $H_2O(g)$］は，互いに打ち消しあうよう，左辺と右辺の両方に含まれる．
- ［$H_2O(g) \to H_2O(l)$］のように，向きが逆になる反応は，$\Delta H°$ の符号を逆にする（§8・6）．
- 係数がかかった反応［$H_2O(g) \to H_2O(l)$ では2倍］では，その係数を $\Delta H°$ に掛け算する．

解
$CH_4(g) + O_2(g) \longrightarrow CH_2O(g) + H_2O(g)$
$\Delta H° = -275.6 \text{ kJ}$

$CH_2O(g) + O_2(g) \longrightarrow CO_2(g) + H_2O(g)$
$\Delta H° = -526.7 \text{ kJ}$

$2[H_2O(g) \longrightarrow H_2O(l)]$
$2[\Delta H° = -44.0 \text{ kJ}] = -88.0 \text{ kJ}$

$CH_4(g) + 2O_2(g) \longrightarrow CO_2(g) + 2H_2O(l)$
$\Delta H° = -890.3 \text{ kJ}$

例題 8・7 ヘスの法則による $\Delta H°$ の計算

水蒸気が炭素と 1000°C で反応して生じる CO と H_2 の混合物は，水性ガスとよばれている．

$$C(s) + H_2O(g) \longrightarrow CO(g) + H_2(g)$$
"水性ガス"

生じた水素は精製されて，アンモニア合成の原料に用いられる．以下の情報を使い，水性ガス反応について，$\Delta H°$ を kJ 単位で求めよ．

$C(s) + O_2(g) \longrightarrow CO_2(g)$ $\Delta H° = -393.5 \text{ kJ}$
$2CO(g) + O_2(g) \longrightarrow 2CO_2(g)$ $\Delta H° = -566.0 \text{ kJ}$
$2H_2(g) + O_2(g) \longrightarrow 2H_2O(g)$ $\Delta H° = -483.6 \text{ kJ}$

方 針 例題8・6と同様に，個々の反応を組合わせて全体として目的の反応が出てくるようにする．この場合，2番目と3番目のステップを逆向きにし，それぞれに 1/2 を掛けて，全体の反応に合わせる．このとき，二つの反応のエンタルピー変化 $\Delta H°$ は，符号を逆にし，1/2 を掛ける．（その代わりに，ステップ1を2倍して，まとめた結果を1/2倍してもよい．）ここで，$CO_2(g)$ と $O_2(g)$ は，方程式の左辺と右辺の両方に現れるので，消えてしまうことに注意する．

解
$C(s) + O_2(g) \longrightarrow CO_2(g)$ $\Delta H° = -393.5 \text{ kJ}$

$1/2 [2CO_2(g) \longrightarrow 2CO(g) + O_2(g)]$
$1/2 [\Delta H° = 566.0 \text{ kJ}] = 283.0 \text{ kJ}$

$1/2 [2H_2O(g) \longrightarrow 2H_2(g) + O_2(g)]$
$1/2 [\Delta H° = 483.6 \text{ kJ}] = 241.8 \text{ kJ}$

$C(s) + H_2O(g) \longrightarrow CO(g) + H_2(g)$
$\Delta H° = 131.3 \text{ kJ}$

水性ガス反応は，131.3 kJ の吸熱反応である．

問題 8・12 工業的脱脂溶剤である塩化メチレン（CH_2Cl_2）は，メタンから塩素との反応で合成する．

$$CH_4(g) + 2Cl_2(g) \longrightarrow CH_2Cl_2(g) + 2HCl(g)$$

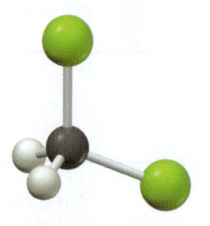

塩化メチレン
（ジクロロメタン）

以下のデータを使い，この反応の $\Delta H°$ を kJ 単位で求めよ．

$$CH_4(g) + Cl_2(g) \longrightarrow CH_3Cl(g) + HCl(g)$$
$$\Delta H° = -98.3 \text{ kJ}$$
$$CH_3Cl(g) + Cl_2(g) \longrightarrow CH_2Cl_2(g) + HCl(g)$$
$$\Delta H° = -104 \text{ kJ}$$

▶ **問題 8·13** AとBが二つの反応ステップ1)と2)を経てDを与えるとき，つぎに示すようにヘスの法則のダイヤグラムを使うことができる．

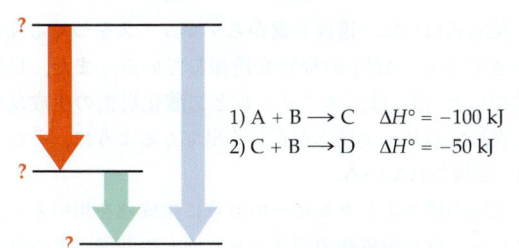

1) $A + B \longrightarrow C$　$\Delta H° = -100$ kJ
2) $C + B \longrightarrow D$　$\Delta H° = -50$ kJ

(a) 正味の反応の方程式と $\Delta H°$ を求めよ．
(b) それぞれの矢印は1)と2)のどちらの反応ステップに対応するか．また，どの矢印が正味の反応か．
(c) 図のダイヤグラムは，三つのエネルギーレベルを示している．それぞれ，どの化合物のエネルギーを表しているか．

▶ **問題 8·14** 問題8·13のヘスの法則のダイヤグラムと同様のものを，問題8·12の反応のエネルギー変化について描け．

8·9　標準生成熱

前節で用いた $\Delta H°$ の値は，どのようにして求められるのだろうか．数億もの化学反応が知られているが，そのすべてについて $\Delta H°$ を測定することは不可能である．何か良い方法が必要である．

少ない実験データで済ます最も効率の良い方法は，**標準生成熱**（standard heat of formation, $\Delta H°_f$）とよばれるものを用いることである．

▶ **標準生成熱** $\Delta H°_f$　標準状態の構成元素から標準状態の物質1 mol をつくるときのエンタルピー変化．

この定義には，いくつか注意すべきことがある．まず，構成元素から物質をつくる"反応"は，仮想的なもので（たいがいそうであるが）かまわない．たとえば，実験室で炭素と水素を組合わせてメタンをつくることはできないが，メタンの標準生成熱は $\Delta H°_f = -74.8$ kJ/mol であり，それはつぎの反応の標準エンタルピー変化に対応する．

$$C(s) + 2H_2(g) \longrightarrow CH_4(g) \quad \Delta H° = -74.8 \text{ kJ}$$

つぎに，反応の各物質は，圧力1 atm，温度は指定された温度（通常，25℃）の条件で，最も安定な状態でなけらばならない．たとえば炭素の場合，この条件ではダイヤモンドよりグラファイトの方が安定である．水素では，水素原子より水素分子の方が安定である．表8·2に代表的な物質の標準生成熱を示す．また，付録Bにさらに詳しいデータを示す．

表8·2には元素は含まれていないが，それは定義により，どの元素でも標準状態で最も安定な状態について $\Delta H°_f = 0$ kJ となるからである．すなわち，元素をそれ自身からつくるためのエンタルピー変化はゼロである．すべての元素の $\Delta H°_f$ をゼロと定義して熱化学的な"水平面"，すなわち基準点とし，そこから他のエンタルピー変化を測る．

標準生成熱を用いた熱化学的計算は，どのように行われるのであろうか．どんな反応でも，その標準エンタルピー変化は，すべての生成物の生成熱の総和からすべての反応物の生成熱の総和を差引くことで求められる．このとき，各物質の生成熱に化学反応式の係数を掛けて総和を計算する．

$$\Delta H°_{反応} = \Delta H°_{f(生成物)} - \Delta H°_{f(反応物)}$$

表8·2　**標 準 生 成 熱** (25℃)

物　質	化学式	$\Delta H°_f$ [kJ/mol]	物　質	化学式	$\Delta H°_f$ [kJ/mol]
アセチレン	$C_2H_2(g)$	227.4	塩化水素	$HCl(g)$	-92.3
アンモニア	$NH_3(g)$	-46.1	酸化鉄(III)	$Fe_2O_3(s)$	-824.2
二酸化炭素	$CO_2(g)$	-393.5	炭酸マグネシウム	$MgCO_3(s)$	-1095.8
一酸化炭素	$CO(g)$	-110.5	メタン	$CH_4(g)$	-74.8
エタノール	$C_2H_5OH(l)$	-277.7	一酸化窒素	$NO(g)$	91.3
エチレン	$C_2H_4(g)$	52.3	水(g)	$H_2O(g)$	-241.8
グルコース	$C_6H_{12}O_6(s)$	-1273.3	水(l)	$H_2O(l)$	-285.8

$\Delta H°$ を求めるには，

$$aA + bB + \cdots \longrightarrow cC + dD + \cdots$$

これらの反応物の生成熱の総和を，… …これらの生成物の生成熱の総和から差引く．

$$\Delta H°_{反応} = [c\,\Delta H°_f(C) + d\,\Delta H°_f(D) + \cdots] \\ - [a\,\Delta H°_f(A) + b\,\Delta H°_f(B) + \cdots]$$

たとえば，グルコースが発酵してエタノール（エチルアルコール）が生じる反応の $\Delta H°$ を計算してみよう．この反応は，アルコール飲料の製造過程で起こる．

$$C_6H_{12}O_6(s) \longrightarrow 2\,C_2H_5OH(l) + 2\,CO_2(g) \quad \Delta H° = ?$$

表 8·2 のデータを使うと，つぎの解が得られる．

$$\Delta H° = [2\,\Delta H°_f(エタノール) + 2\,\Delta H°_f(CO_2)] \\ - [\Delta H°_f(グルコース)]$$
$$= (2\,\text{mol})(-277.7\,\text{kJ/mol}) + (2\,\text{mol})(-393.5\,\text{kJ/mol}) \\ - (1\,\text{mol})(-1273.3\,\text{kJ/mol})$$
$$= -69.1\,\text{kJ}$$

この発酵反応は，69.1 kJ の発熱反応である．

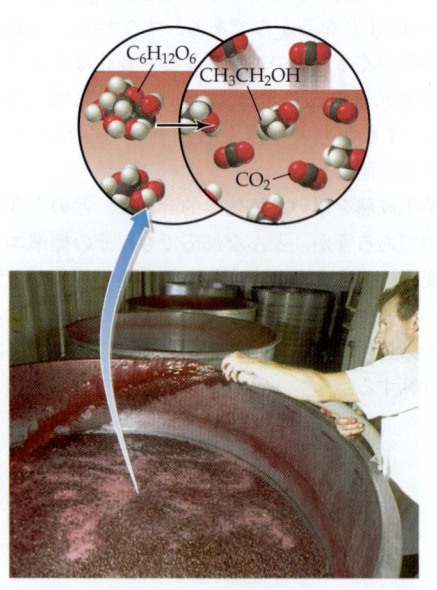

ブドウに含まれる糖分の発酵で，ワイン中にエタノールができる．

どうしてこのように計算できるかというと，それは，エンタルピーが状態関数であり，この計算はヘスの法則を応用したものだからである．すなわち，反応式に含まれる各物質の生成熱を表す反応式の総和は，全反応のエンタルピー変化の反応式に等しい．

(1) $C_6H_{12}O_6(s) \longrightarrow 6\,C(s) + 6\,H_2(g) + 3\,O_2(g)$
$$-\Delta H°_f = +1273.3\,\text{kJ}$$
(2) $2\,[2\,C(s) + 3\,H_2(g) + 1/2\,O_2(g) \longrightarrow C_2H_5OH(l)]$
$$2\,[\Delta H°_f = -277.7\,\text{kJ}] = -555.4\,\text{kJ}$$
(3) $2\,[C(s) + O_2(g) \longrightarrow CO_2(g)]$
$$2\,[\Delta H°_f = -393.5\,\text{kJ}] = -787.0\,\text{kJ}$$

合計 $C_6H_{12}O_6(s) \longrightarrow 2\,C_2H_5OH(l) + 2\,CO_2(g)$
$$\Delta H° = -69.1\,\text{kJ}$$

反応式(1)は，構成元素からグルコースをつくる反応の逆であり，$\Delta H°_f$ の符号も逆転している．また，反応式(2)と(3)は，エタノールと二酸化炭素の生成反応を表しており，全反応が正しく出てくるように，それぞれ，2倍されている．

反応の標準エンタルピーの計算に生成熱を用いるときは，反応物と生成物の両者とも，同一の基準点から測ったエンタルピーを適用する．このように，反応物と生成物ともに同一基準のエンタルピーを適用することで，相互関係が正しく扱われ，図 8·10 に示すように，それらの差から反応のエンタルピーが求められる．例題 8·8 と 8·9 で，標準生成熱の使い方を学ぶ．

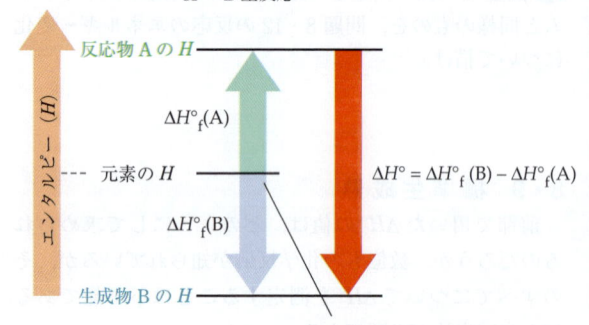

A → B 型反応

$\Delta H° = \Delta H°_f(B) - \Delta H°_f(A)$

異なる生成熱は，構成元素を同じ高さに統一し，そこを基準にして比較される．

図 8·10 A → B 型反応の標準反応エンタルピー $\Delta H°$ は，生成物 B と反応物 A の標準生成熱の差に等しい．

例題 8·8 標準生成熱を用いた $\Delta H°$ の計算

セメント工業で重要な一つの過程である，石灰岩（$CaCO_3$）から生石灰（CaO）を合成する反応の $\Delta H°$ を kJ 単位で計算せよ．

$$CaCO_3(s) \longrightarrow CaO(s) + CO_2(g)$$
$\Delta H°_f[CaCO_3(s)] = -1207.6\,\text{kJ/mol}$
$\Delta H°_f[CaO(s)] = -634.9\,\text{kJ/mol}$
$\Delta H°_f[CO_2(g)] = -393.5\,\text{kJ/mol}$

方針 生成物の生成熱の総和から反応物の生成熱の総和を引く．

解

$$\Delta H° = [\Delta H°_f(\text{CaO}) + \Delta H°_f(\text{CO}_2)] - [\Delta H°_f(\text{CaCO}_3)]$$
$$= (1\,\text{mol})(-634.9\,\text{kJ/mol}) + (1\,\text{mol})(-393.5\,\text{kJ/mol})$$
$$\quad - (1\,\text{mol})(-1207.6\,\text{kJ/mol})$$
$$= 179.2\,\text{kJ}$$

この反応は，179.2 kJ の吸熱反応である．

例題 8・9 標準生成熱を用いた $\Delta H°$ の計算

酸素–アセチレン炎溶接ではアセチレンガス $\text{C}_2\text{H}_2(g)$ を燃焼させる．表 8・2 を用い，アセチレンが燃焼して $\text{CO}_2(g)$ と $\text{H}_2\text{O}(g)$ が生じる反応の $\Delta H°$ を kJ 単位で計算せよ．

方針 まず，化学反応式を書き，各反応物および生成物の生成熱を表 8・2 で調べる．つぎに，各物質の $\Delta H°_f$ に反応式の係数を掛けることに注意して計算する．また，$\Delta H°_f(\text{O}_2) = 0$ kJ/mol であることを忘れずに用いる．

解 化学反応式は

$$2\,\text{C}_2\text{H}_2(g) + 5\,\text{O}_2(g) \longrightarrow 4\,\text{CO}_2(g) + 2\,\text{H}_2\text{O}(g)$$

必要な生成熱は

$$\Delta H°_f[\text{C}_2\text{H}_2(g)] = 227.4\,\text{kJ/mol}$$
$$\Delta H°_f[\text{H}_2\text{O}(g)] = -241.8\,\text{kJ/mol}$$
$$\Delta H°_f[\text{CO}_2(g)] = -393.5\,\text{kJ/mol}$$

反応の標準エンタルピー変化は，

$$\Delta H° = [4\,\Delta H°_f(\text{CO}_2) + 2\,\Delta H°_f(\text{H}_2\text{O})] - [2\,\Delta H°_f(\text{C}_2\text{H}_2)]$$
$$= (4\,\text{mol})(-393.5\,\text{kJ/mol}) + (2\,\text{mol})(-241.8\,\text{kJ/mol})$$
$$\quad - (2\,\text{mol})(227.4\,\text{kJ/mol})$$
$$= -2512.4\,\text{kJ}$$

問題 8・15 市販用の硝酸を製造するオストワルト法の一つの過程であるアンモニアが O_2 と反応して一酸化窒素(NO)と $\text{H}_2\text{O}(g)$ を生じる反応の $\Delta H°$ を，表 8・2 を用い，kJ 単位で計算せよ．

問題 8・16 すべての緑色植物で行われている CO_2 と液体の H_2O からグルコース($\text{C}_6\text{H}_{12}\text{O}_6$)と O_2 を生じる光合成反応の $\Delta H°$ を，表 8・2 を用い，kJ 単位で計算せよ．

8・10 結合解離エネルギー

前節で述べた生成熱から反応熱を求める方法は，非常に有用であるが問題もある．その方法では，反応に関係するすべての物質の $\Delta H°_f$ を知る必要があるからである．このことは，既知化合物は 4000 万種類にも達しているので，膨大な量の測定が必要であることを意味している．現実には，$\Delta H°_f$ の値は数千の物質についてしか知られていない．

$\Delta H°$ の正確な計算を行うのに必要な $\Delta H°_f$ のデータが不足している場合には，§5・2 ですでに議論した**結合解離エネルギー**(bond dissociation energy, *D*)の平均値から $\Delta H°$ を求めることが多い．§5・2 では述べなかったが，結合解離エネルギーは，対応する結合切断反応の標準エンタルピー変化と実際に一致する．

$$\text{反応}\quad \text{X}-\text{Y} \longrightarrow \text{X} + \text{Y}\ \text{について}$$
$$\Delta H° = D = \text{結合解離エネルギー}$$

> **思い出そう…**
> **結合解離エネルギー**は，気体状態で孤立している分子の化学結合を切断するのに必要なエネルギーであり，その大きさは，結合ができるときに放出されるエネルギーに等しい．

たとえば，Cl_2 の結合解離エネルギーが 243 kJ/mol であるということは，反応 $\text{Cl}_2(g) \rightarrow 2\,\text{Cl}(g)$ の標準エンタルピー変化が $\Delta H° = 243$ kJ であることを意味している．結合解離エネルギーは常に正である．なぜなら，結合を切るには必ずエネルギーを結合に加える必要があるからである．

ヘスの法則を適用すると，どんな反応でも，反応物の結合解離エネルギーの総和から生成物の結合解離エネルギーの総和を差引くことで，近似的なエンタルピー変化を計算することができる．

$$\Delta H° = D(\text{反応物の結合}) - D(\text{生成物の結合})$$

H_2 が Cl_2 と反応して HCl が生じる反応を例にとると，反応物には Cl–Cl 結合と H–H 結合が 1 組ずつあり，生成物には H–Cl 結合が 2 組ある．

$$\text{H}_2(g) + \text{Cl}_2(g) \longrightarrow 2\,\text{HCl}(g)$$

表 5・1 (p.87) のデータによると，結合解離エネルギーは，Cl_2 では 243 kJ/mol，H_2 では 436 kJ/mol，HCl では 432 kJ/mol である．よって，近似的な標準エンタルピー変化はつぎのように計算される．

$$\Delta H° = D(\text{反応物の結合}) - D(\text{生成物の結合})$$
$$= (D_{\text{Cl--Cl}} + D_{\text{H--H}}) - (2\,D_{\text{H--Cl}})$$
$$= [(1\,\text{mol})(243\,\text{kJ/mol}) + (1\,\text{mol})(436\,\text{kJ/mol})]$$
$$\quad - (2\,\text{mol})(432\,\text{kJ/mol})$$
$$= -185\,\text{kJ}$$

この反応は近似的に 185 kJ の発熱反応である．

例題 8・10 結合解離エネルギーを用いた $\Delta H°$ の計算

表 5・1 (p.87) のデータを用い，メタンが Cl_2 と反応してクロロホルムを生じる工業的合成反応について，近似的な $\Delta H°$ を kJ 単位で求めよ．

$$CH_4(g) + 3\,Cl_2(g) \longrightarrow CHCl_3(g) + 3\,HCl(g)$$

方針 反応物と生成物のすべての結合について，表 5・1 の結合解離エネルギーを用いる．反応物の結合解離エネルギーの総和から生成物の結合解離エネルギーの総和を差引き，反応のエンタルピー変化を求める．

解 反応物は，4組の C–H 結合と3組の Cl–Cl 結合をもち，生成物は1組の C–H 結合と3組の C–Cl 結合，および，3組の H–Cl 結合をもつ．表 5・1 の結合解離エネルギーは，

$$\begin{aligned}
\text{C–H} \quad & D = 410 \text{ kJ/mol} \\
\text{Cl–Cl} \quad & D = 243 \text{ kJ/mol} \\
\text{C–Cl} \quad & D = 330 \text{ kJ/mol} \\
\text{H–Cl} \quad & D = 432 \text{ kJ/mol}
\end{aligned}$$

反応物の結合解離エネルギーの総和から生成物の結合解離エネルギーの総和を差引くと

$$\begin{aligned}
\Delta H° &= [\,3\,D_{\text{Cl–Cl}} + 4\,D_{\text{C–H}}\,] \\
&\quad - [\,D_{\text{C–H}} + 3\,D_{\text{H–Cl}} + 3\,D_{\text{C–Cl}}\,] \\
&= [(3 \text{ mol})(243 \text{ kJ/mol}) + (4 \text{ mol})(410 \text{ kJ/mol})] \\
&\quad - [(1 \text{ mol})(410 \text{ kJ/mol}) + (3 \text{ mol})(432 \text{ kJ/mol}) \\
&\quad + (3 \text{ mol})(330 \text{ kJ/mol})] \\
&= -327 \text{ kJ}
\end{aligned}$$

この反応は，近似的に 330 kJ の発熱反応である．

問題 8・17 表 5・1 (p.87) のデータを用い，エチレンからエタノールの工業的合成反応 $C_2H_4(g) + H_2O \rightarrow C_2H_5OH(g)$ の近似的な $\Delta H°$ を kJ 単位で求めよ．

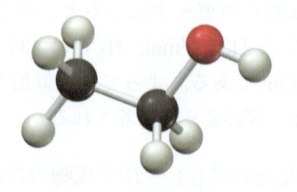

エタノール

問題 8・18 表 5・1 のデータを用い，アンモニアからヒドラジンを合成する反応 $2\,NH_3(g) + Cl_2(g) \rightarrow N_2H_4(g) + 2\,HCl(g)$ の近似的な $\Delta H°$ を kJ 単位で求めよ．

8・11 化石燃料，燃料効率，および燃焼熱

ガスストーブや石油ストーブをつけたり，自動車を運転したり，マッチをつけたりするときに，いつも起こる反応は最もなじみの深い発熱反応であり，炭素と水素を含む燃料が酸素と反応して CO_2, H_2O および熱が生じる．物質が燃えるときに放出されるエネルギーを，**燃焼熱** (heat of combustion)，または，**燃焼エンタルピー** (combustion enthalpy) といい，$\Delta H°_c$ で表す．これは，1 mol の物質が酸素と反応するときの標準エンタルピー変化である．たとえば，水素の場合は，$\Delta H°_c = -285.8$ kJ/mol であり，メタンでは $\Delta H°_c = -890.3$ kJ/mol である．ここで，燃焼熱を与える生成物の水は $H_2O(l)$ であって $H_2O(g)$ ではないことに注意せよ．

$$\begin{aligned}
H_2(g) + 1/2\,O_2(g) &\longrightarrow H_2O(l) \\
&\Delta H°_c = -285.8 \text{ kJ/mol} \\
CH_4(g) + 2\,O_2(g) &\longrightarrow CO_2(g) + 2\,H_2O(l) \\
&\Delta H°_c = -890.3 \text{ kJ/mol}
\end{aligned}$$

異なる燃料の効率を比べるためには，表 8・3 に示すように，1 mol 当たりよりも，1 g または 1 mL 当たりの燃焼エンタルピーを計算すると便利なことが多い．ロケットエンジンのように，重量が重要な場合には，1 g 当たりの燃焼エンタルピーが，知られている燃料中で最高である水素が理想的である．一方，自動車のように体積が重要な場合は，ガソリンなど，炭素と水素の化合物である炭化水素の混合物が，1 mL 当たりの燃焼エンタルピーがかなり大きいので効率的である．オクタンやトルエンがその代表例である．

表 8・3 燃料物質の熱化学的性質

燃 料	燃焼エンタルピー		
	kJ/mol	kJ/g	kJ/mL
水素, $H_2(g)$	−285.8	−141.8	−9.9*
エタノール, $C_2H_5OH(l)$	−1366.8	−29.7	−23.4
グラファイト, $C(s)$	−393.5	−32.8	−73.8
メタン, $CH_4(g)$	−890.3	−55.5	−30.8*
メタノール, $CH_3OH(l)$	−725.9	−22.7	−17.9
オクタン, $C_8H_{18}(l)$	−5470	−47.9	−33.6
トルエン, $C_7H_8(l)$	−3910	−42.3	−36.7

* 0 ℃の圧縮液体で計算．

水素は別にして，通常の燃料はみな有機化合物であり，そのエネルギーは，もとをたどれば，植物中での炭水化物の光合成を通じて太陽からきたものである．詳細は複雑であるが，光合成反応の結果として，二酸化炭素と水がグルコース ($C_6H_{12}O_6$) と酸素に変換される．グル

コースがいったんできるとセルロースとデンプンに変換され，さらに，植物の構成要素となり，動物の食糧となる．光合成における変換は，高度に吸熱的であり，このため，非常に大きな太陽エネルギーを必要とする．地球上の植物による太陽エネルギーの吸収は毎年およそ 10^{19} kJ にも達すると見積もられている．これは，毎年 5×10^{14} kg ものグルコースを合成するのに十分な量である．

$$6\,CO_2(g) + 6\,H_2O(l) \longrightarrow C_6H_{12}O_6(s) + 6\,O_2(g)$$
$$\Delta H° = 2803\ kJ$$

石炭，石油，天然ガスなどの，よく利用されているいわゆる化石燃料は，過去の地質時代から有機物が年代を経て残ったものと考えられている．石炭も石油も非常に多数の化合物がまじりあったものである．石炭は，主として植物起源であり，含まれる化合物の多くは，純粋な炭素であるグラファイトに類似した構造をもつ．石油は主として海洋起源の炭化水素がまじってできた粘性の高い液体である．天然ガスは，主としてメタン CH_4 である．

石炭は鉱山から産出したままの状態で燃やされるが，石油は利用される前に精製（refining）される．まず蒸留（distillation）が行われ，粗製の液体成分が沸点（bp）に基づいて分別される．ナフサとよばれる bp 30〜200 ℃の成分は，1分子に 5〜11 個の炭素原子をもつ化合物からなる．灯油とよばれる bp 175〜300 ℃の成分は，C_{11}〜C_{14} の範囲の化合物を含む．軽油とよばれる bp 275〜400 ℃の成分は，C_{14}〜C_{25} の物質を含む．残りの化合物の蒸留から潤滑油が得られる，その残りはタール状のアスファルトである（図 8・11）．

地球に残された石油の量が少なくなるにつれて，代わりに他のエネルギー源を見つける必要性が増している．水素は，きれいに燃焼し比較的環境汚染が少ないが，入手しにくく，輸送や貯蔵が難しく，1 mL 当たりの燃焼エンタルピーが小さいなど，いろいろな欠点があるため，呼び声は低い．エタノールやメタノールは，比較的安価に製造でき燃焼エンタルピーも手ごろなので，代替燃料として有望である．エタノールは，現状ではコーン（トウモロコシ）から得られる糖類の発酵によって主としてつくられているが，廃棄食糧中のセルロースをグルコースへと分解したのち発酵させる方法の開発が進められている．メタノールは，天然ガスからつぎのように2段階の過程で製造されている．

$$CH_4(g) + H_2O(g) \longrightarrow CO(g) + 3\,H_2(g)$$
$$CO(g) + 2\,H_2(g) \longrightarrow CH_3OH(l)$$

問題 8・19 携帯ライターの燃料としてよく使われている液体ブタン（C_4H_{10}）は，$\Delta H°_f = -147.5\ kJ/mol$ であり，密度は，0.579 g/mL である．ブタンの燃焼の化学反応式を書き，ヘスの法則を用いて，燃焼のエンタルピーを，kJ/mol と kJ/g と kJ/mL の単位で，それぞれ計算せよ．

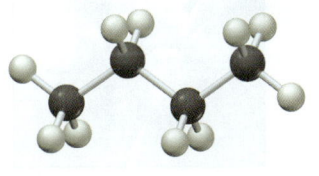

ブタン

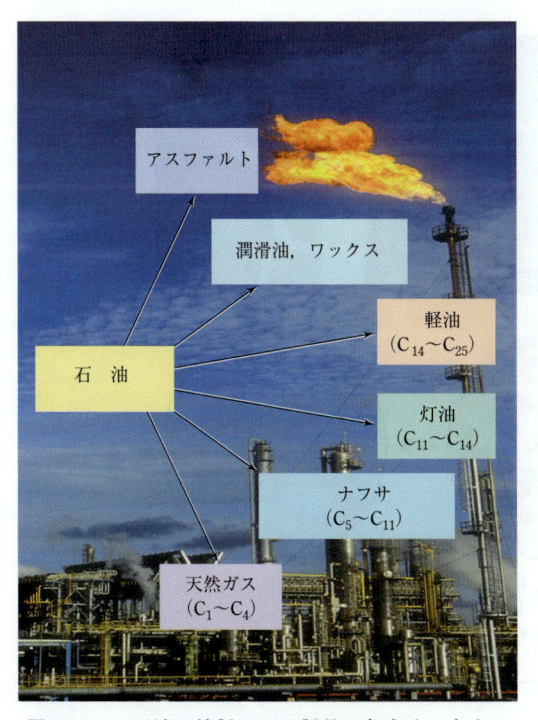

図 8・11 石油の精製による製品．各成分に含まれる分子の炭素原子数に従って分類される．

8・12 エントロピーへの序論

この章の最初で，化学反応（と物理的過程）は終状態が始状態より安定な場合にだけ，自発的に起こることを述べた．安定でない物質は一般に高いエネルギーをもち，より低エネルギーの安定な物質に変換される．同時に，いくつかの反応や過程では，エネルギーの放出ではなく，むしろ吸収が起こる．たとえば，図 8・6 に示したように，水酸化バリウム八水和物と塩化アンモニウムとの吸熱的反応では，80.3 kJ の熱を吸収し（$\Delta H° = +80.3\ kJ$），周囲を 0 ℃以下にまで冷却する．

$$\text{Ba(OH)}_2 \cdot 8\,\text{H}_2\text{O(s)} + 2\,\text{NH}_4\text{Cl(s)} \longrightarrow$$
$$\text{BaCl}_2(\text{aq}) + 2\,\text{NH}_3(\text{aq}) + 10\,\text{H}_2\text{O(l)}$$
$$\Delta H° = +80.3\,\text{kJ}$$

氷片が融解するときには，エネルギーを吸収する物理的過程が自発的に起きる．0℃において，氷は周囲から自発的にエネルギーを吸収し，固体から液体の水に変化する．

何が起こっているのか．水酸化バリウム八水和物と塩化アンモニウムとの反応や氷片の融解が自発的に起こるからには，反応や過程が起きるかどうかを決定するエネルギー以外の要因があるにちがいない．他の要因について，ここでは簡略にふれるにとどめ，より詳しくは第16章で扱う．

問題点を掘り下げる前に，<u>自発的</u>にという表現の化学的意味をよく理解することが大切である．というのは，普通の言葉と化学的表現とでは，使われ方が異なるからである．化学では，**自発過程**（spontaneous process）というのは，いったん始まると，外部からの影響が続かなくても，ひとりでに進行する過程のことである．その変化は，バネのねじれが戻ったりソリが滑り降りたりする運動のような，素早いものでなくてかまわない．鉄橋や使われなくなった自動車がさびていくように，ゆっくり起こることもある．一方，<u>自発的でない</u>過程（非自発過程）というのは，外部からの影響が続いてはじめて進行する．バネを巻き戻したり，ソリを坂に押し上げたりするときには，エネルギーが連続的に消費される．外部からの影響が停止すると，その過程も停止する．

水酸化バリウム八水和物の反応や氷片の融解が，熱を吸収するにもかかわらず，どちらも自発的に起こることを許しているものは，いったい何であろうか．<u>熱を吸収しつつ自発的に起きるこれらの過程やその他の過程に共通する特徴は，系の分子論的乱雑さの程度が増加することである</u>．$\text{Ba(OH)}_2 \cdot 8\,\text{H}_2\text{O}$ の結晶中に強固に縛り付けられている 8 個の水分子は，開放されて自由になり，生じた水溶液中で乱雑に運動する．同様に，氷の中で強固に保持されていた水分子は，結晶中での秩序を失って液体の中では自由に運動する．

系の分子論的乱雑さの程度をその系の**エントロピー**（entropy）といい，S で表す．エントロピーは，J/K（kJ/K ではない）単位で表し，§16・5 でみるように，純物質について決められる量である．S の値が大きくなるほど，系に含まれる粒子の乱雑さが増加する．たとえば，気体は，液体よりも乱雑であり，より高いエントロピーをもつ．また，液体は，固体よりも乱雑であり，より高いエントロピーをもつ（図 8・12）．

エントロピーの変化は，$\Delta S = S_{\text{final}} - S_{\text{initial}}$ で表される．水酸化バリウム八水和物の反応や氷の融解のように，乱

乱雑さが小さい，より低いエントロピー ——→ 乱雑さが大きい，より高いエントロピー

液体は，固体よりも，乱雑さが大きく，より高いエントロピーをもつ．

気体は，液体よりも，乱雑さが大きく，より高いエントロピーをもつ．

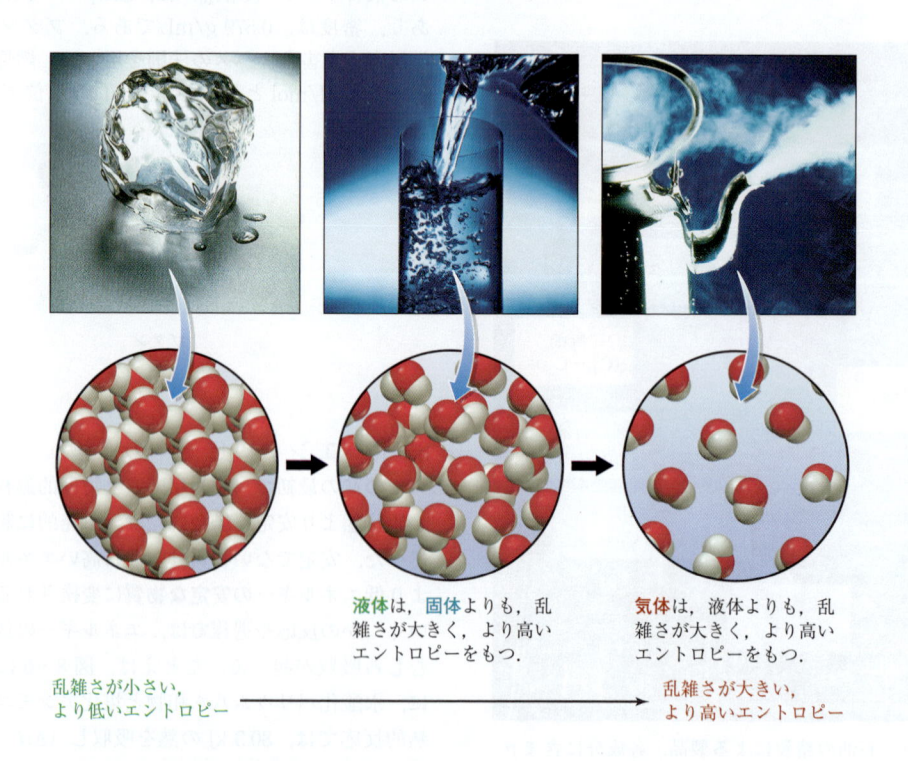

図 8・12 エントロピーは分子論的乱雑さの尺度．

雑さが増加するときには，$S_{final} > S_{initial}$ であるから，ΔS の符号は正である．Ba(OH)$_2$·8H$_2$O(s) と NH$_4$Cl(s) の反応では，$\Delta S° = +428$ J/K であり，氷の融解では，$\Delta S° = +22.0$ J/(K·mol) である．乱雑さが減少するときには，$S_{final} < S_{initial}$ であるから，ΔS の符号は負になる．たとえば，水が凍るときは，$\Delta S° = -22.0$ J/(K·mol) である．（ここで，$\Delta H°$ の場合と同様に，すべての反応物および生成物が標準状態にあるときの変化について°をつけるので，$\Delta S°$ は，反応の標準エントロピー変化を表す．）

このように，化学変化や物理変化の自発性を決める要因は二つあり，熱の吸収・放出（$\Delta H°$）と乱雑さの増減（$\Delta S°$）である．自発的に起きるかどうか決めるには，エンタルピーとエントロピーの両方を考慮しなければならない．

では有利（$\Delta H° = -6.01$ kJ/mol）でも，エントロピーでは不利 [$\Delta S° = -22.0$ J/(K·mol)] なためである．

> **例題 8・11　反応の ΔS の符号の予測**
>
> 以下の各反応の $\Delta S°$ の符号を予測せよ．
> (a) H$_2$C=CH$_2$(g) + Br$_2$(g) → BrCH$_2$CH$_2$Br(l)
> (b) 2 C$_2$H$_6$(g) + 7 O$_2$(g) → 4 CO$_2$(g) + 6 H$_2$O(g)
>
> **方針**　反応をよく見て分子論的乱雑さの増減を予想せよ．気体分子が増える反応は一般に ΔS が正になるが，気体分子の数が減る反応では ΔS が負になる．
>
> **解**　(a) 気体反応物 2 mol が組合わされて液体生成物 1 mol が生じるので，系の分子論的乱雑さは減少するため，反応の $\Delta S°$ は負になる．
> (b) 気体反応物 9 mol が反応して気体生成物 10 mol が生じるので，系の分子論的乱雑さは増加するため，反応の $\Delta S°$ は正になる．

⊙ **自発過程**　　H の減少（ΔH が負）が有利
　　　　　　　　　S の増加（ΔS が正）が有利
⊙ **非自発過程**　H の増加（ΔH が正）が有利
　　　　　　　　　S の減少（ΔS が負）が有利

問題 8・20　エタン C$_2$H$_6$ はアセチレン（C$_2$H$_2$）と水素の反応でつくられる．

$$C_2H_2(g) + 2 H_2(g) \longrightarrow C_2H_6(g)$$

この反応の $\Delta S°$ の符号は，正と負のどちらになりやすいか，説明せよ．

⊙ **問題 8・21**　つぎの図の反応の $\Delta S°$ の符号は，正と負のどちらになりやすいか，説明せよ．

ここで，二つの要因が同じ方向に同時に働く必要はないことに注意せよ．このため，エンタルピーでは不利（吸熱的で ΔH が正）でも，エントロピーでは非常に有利（ΔS が正）であるために，自発的になることが可能である．氷の融解 [$\Delta H° = +6.01$ kJ/mol, $\Delta S° = +22.0$ J/(K·mol)] は，まさにそのような過程であり，水酸化バリウム八水和物と塩化アンモニウムとの反応（$\Delta H° = +80.3$ kJ, $\Delta S° = +428$ J/K）も同様である．後者の場合は，固体反応物 3 mol から，液体の水 10 mol と溶解したアンモニア 2 mol と溶解したイオン 3 mol（Ba^{2+} 1 mol と Cl$^-$ 2 mol）が生じ，その結果，分子論的乱雑さが大幅に増加する．

$$\underbrace{Ba(OH)_2 \cdot 8 H_2O(s) + 2 NH_4Cl(s)}_{3\,mol\,の固体反応物} \longrightarrow$$

$$BaCl_2(aq) + 2 NH_3(aq) + 10 H_2O(l)$$
　　↑　　　　　　↑　　　　　　↑
3 mol の溶解　　2 mol の溶解　　10 mol の
したイオン　　　した分子　　　　液体の水分子

$\Delta H° = +80.3$ kJ　←── 不利
$\Delta S° = +428$ J/K　←── 有利

逆に，エンタルピーでは有利でも（発熱的で ΔH が負でも），エントロピーでは非常に不利（ΔS が負）であるために，自発的にならないことがある．たとえば，0 ℃以上で液体の水が自発的に凍らないのは，エンタルピー

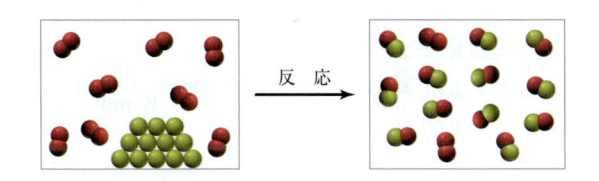

8・13　自由エネルギーへの序論

一つの過程の全体的な自発性に対する，エンタルピー変化（ΔH）とエントロピー変化（ΔS）の相対的寄与を見積もるにはどうすればよいであろうか．化学反応や他の過程の自発性を決める際に二つの要因を考慮するため，**ギブズ自由エネルギー変化**（Gibbs free-energy change, ΔG）を，ΔH と ΔS を用い，$\Delta G = \Delta H - T\Delta S$ という式で定義する．

自由エネルギー変化　　反応熱　　K単位の温度　　エントロピー変化
$$\Delta G = \Delta H - T\Delta S$$

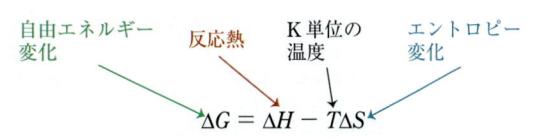

自由エネルギー変化 ΔG は，化学変化あるいは物理変化が自発的に起こるかどうかを決める．ΔG が負ならば，

自由エネルギーが放出され，その過程は自発的になる．ΔG が 0 ならば，自発的であるかないかとは関係なく，平衡状態にある．ΔG が正ならば，自由エネルギーが吸収され，その過程は自発的には起きない．

- $\Delta G < 0$　自発過程
- $\Delta G = 0$　自発過程でも非自発過程でもなく，平衡状態の過程
- $\Delta G > 0$　非自発過程

自由エネルギーの式に含まれる $T\Delta S$ は温度に依存するため，温度によって自発的になったり非自発的になったりすることがある．たとえば，ΔH が正で不利であり，$T\Delta S$ が正で有利なとき，低温では ΔH の方が $T\Delta S$ より大きくても，高温では $T\Delta S$ の方が大きくなりうる．このため，低温では非自発的な吸熱過程でも，高温では自発的になりうる．これは，まさに氷から水への転移で起きていることである．0 ℃以下では，氷の融解は，ΔH が $T\Delta S$ を上回るので，自発的には起きない．しかし，0 ℃以上では，有利な $T\Delta S$ が不利な ΔH よりも大きくなるため，自発的に氷が融解する（図 8・13）．0 ℃では，二つの項がちょうど釣り合う．

$$\Delta G° = \Delta H° - T\Delta S°$$

$-10\ °C\,(263\ K)$ では：
$$\Delta G° = 6.01\ \frac{kJ}{mol} - (263\ K)\left(0.0220\ \frac{kJ}{K\cdot mol}\right)$$
$$= +0.22\ kJ/mol$$

$0\ °C\,(273\ K)$ では：
$$\Delta G° = 6.01\ \frac{kJ}{mol} - (273\ K)\left(0.0220\ \frac{kJ}{K\cdot mol}\right)$$
$$= 0.00\ kJ/mol$$

$+10\ °C\,(283\ K)$ では：
$$\Delta G° = 6.01\ \frac{kJ}{mol} - (283\ K)\left(0.0220\ \frac{kJ}{K\cdot mol}\right)$$
$$= -0.22\ kJ/mol$$

温度で自発性が制御される化学反応の例としては，炭素と水が反応して一酸化炭素と水素が生じる反応がある．この反応は，ΔH の項（正）は不利であるが，固体と 1 mol の気体が 2 mol の気体に変わるので乱雑さが増加するため，$T\Delta S$ の項（正）は有利になる．

$$C(s) + H_2O(g) \longrightarrow CO(g) + H_2(g)$$
$$\Delta H° = +131\ kJ \quad \text{不 利}$$
$$\Delta S° = +134\ J/K \quad \text{有 利}$$

室温で炭素と水を混合すると，不利な ΔH が有利な $T\Delta S$ を上回るので，反応は起こらない．およそ 978 K（705 ℃）では，有利な $T\Delta S$ が不利な ΔH よりも大きくなるため，この反応は自発的になる．978 K 以下では ΔG は正，978 K では $\Delta G = 0$，978 K 以上では ΔG は負になる．（この計算は，ΔH や ΔS は，それ自身，温度とともに少しだけ変化するため，厳密なものではない．）

$$\Delta G° = \Delta H° - T\Delta S°$$

$695\ °C\,(968\ K)$ では：
$$\Delta G° = 131\ kJ - (968\ K)\left(0.134\ \frac{kJ}{K}\right)$$
$$= +1\ kJ$$

$705\ °C\,(978\ K)$ では：
$$\Delta G° = 131\ kJ - (978\ K)\left(0.134\ \frac{kJ}{K}\right)$$
$$= 0\ kJ$$

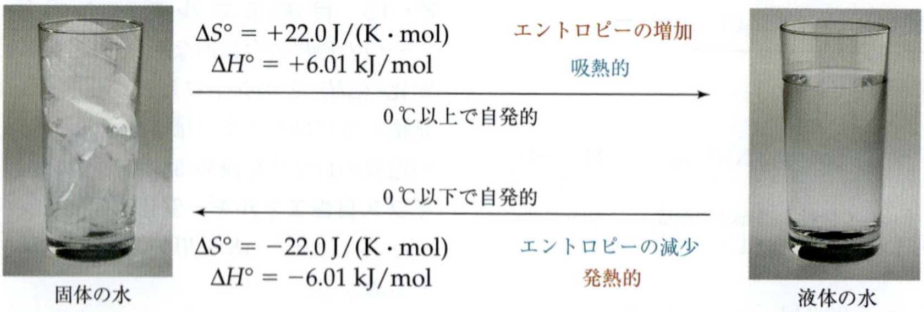

$\Delta S° = +22.0\ J/(K\cdot mol)$
$\Delta H° = +6.01\ kJ/mol$
エントロピーの増加
吸熱的
0 ℃以上で自発的

0 ℃以下で自発的

$\Delta S° = -22.0\ J/(K\cdot mol)$
$\Delta H° = -6.01\ kJ/mol$
エントロピーの減少
発熱的

固体の水　　　　　　　　　　　　　　　　　　　　　　　　　　　液体の水

0 ℃以下では，ギブズ自由エネルギーの式において，エンタルピー項 ΔH が，エントロピー項 $T\Delta S$ よりも優勢なので，自発的に凍る．

0 ℃では，エントロピー項とエンタルピー項はちょうど釣り合う．

0 ℃以上では，エントロピー項 $T\Delta S$ が，エンタルピー項 ΔH よりも優勢なので，自発的に融解する．

図 8・13　氷の融解は，エンタルピーでは不利（$\Delta H > 0$）だが，エントロピーでは有利（$\Delta S > 0$）．水の凝固は，エンタルピーでは有利（$\Delta H < 0$）だが，エントロピーでは不利（$\Delta S < 0$）．

715 °C (988 K) では:

$$\Delta G° = 131 \text{ kJ} - (988 \text{ K})\left(0.134 \frac{\text{kJ}}{\text{K}}\right)$$
$$= -1 \text{ kJ}$$

炭素と水の反応は，合成メタノール（CH_3OH）を工業的に製造する過程の第一段階である．この反応は，天然ガスと石油の供給が少なくなるにつれ，合成燃料の製造のために重要なものとなるであろう．

自発性と非自発性が釣り合っているとき，すなわち，$\Delta G = 0$ で，反応物から生成物へも，生成物から反応物へも，どちらもエネルギー的に不利であるとき，その過程は平衡状態にある．平衡点では，つぎの式が成り立つ．

$$\Delta G = \Delta H - T\Delta S = 0 \quad \text{平衡状態}$$

T について解くと，

$$T = \frac{\Delta H}{\Delta S}$$

この式から，自発的か非自発的かが入れ替わる温度を計算することができる．たとえば，氷の融解について，知られている $\Delta H°$ と $\Delta S°$ の値を使って，液体の水と固体の氷とが平衡になる温度を求めると

$$T = \frac{\Delta H°}{\Delta S°} = \frac{6.01 \text{ kJ}}{0.0220 \frac{\text{kJ}}{\text{K}}} = 273 \text{ K} = 0 \text{ °C}$$

驚くことではないが，氷と水の平衡点は，273 K（0 ℃）であり，氷の融点に等しい．

同様に，炭素と水の反応が自発的かそうでないかの境目の温度は，978 K（705 ℃）である．

$$T = \frac{\Delta H°}{\Delta S°} = \frac{131 \text{ kJ}}{0.134 \frac{\text{kJ}}{\text{K}}} = 978 \text{ K}$$

この節と前の節は，エントロピーと自由エネルギーの序論である．この二つの重要事項については，第 16 章でもっと掘り下げて学ぶ．

例題 8・12　自由エネルギーの公式を用いた平衡温度の計算

生石灰（CaO）は，石灰岩（$CaCO_3$）を加熱して CO_2 ガスを追い出すことで得られる．この反応はポルトランドセメントをつくるのに用いられる．25 ℃の標準条件のもとで，この反応は自発的に起こるか．この反応が自発的になる温度を計算せよ．

$$CaCO_3(s) \longrightarrow CaO(s) + CO_2(g)$$
$$\Delta H° = 179.2 \text{ kJ}; \Delta S° = 160.0 \text{ J/K}$$

方針　反応が与えられた温度で自発的かどうかは，ΔG がその温度で正か負かを調べればわかる．自発的か非自発的かの境目の温度は，$\Delta G = 0$ とおいて，T について解けば求められる．

解　25 ℃（298 K）では，つぎのようになる．

$$\Delta G = \Delta H - T\Delta S$$
$$= 179.2 \text{ kJ} - (298 \text{ K})(0.1600 \text{ kJ/K})$$
$$= +131.5 \text{ kJ}$$

ΔG が正であるから，この温度では，反応は非自発的である．

自発的か非自発的かの境目の温度は，近似的に，

$$T = \frac{\Delta H}{\Delta S} = \frac{179.2 \text{ kJ}}{0.1600 \text{ kJ/K}} = 1120 \text{ K}$$

この反応は，およそ 1120 K（847 ℃）以上で自発的になる．

例題 8・13　ΔH, ΔS, および ΔG の符号の予測

つぎの図のような非自発的変化に伴う ΔH, ΔS, および ΔG の符号を予測せよ．

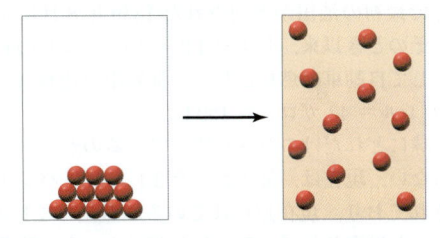

方針　まず，図がどのような変化の過程であるかを決める．つぎに，その過程で系のエントロピーが増えるか減るか，また，発熱的か吸熱的か，それぞれ決める．

解　図は固体中で整列した粒子が昇華して気体になることを示している．固体から気体ができるときは，分子論的乱雑さは増加し，ΔS は正になる．また，この問題では非自発変化であるから ΔG も正である．ΔS が正で自発的になるのに有利であるにもかかわらず，非自発変化であるから，ΔH は自発変化に不利（符号は正）でなければならない．これは当然のことで，固体から液体または気体への変化は，エネルギーを必要とし，常に吸熱的になる．

問題 8・22　25 ℃の標準条件のもとで，以下の反応は，自発的か，それとも，非自発的か．

(a) AgNO₃(aq) + NaCl(aq) →
　　AgCl(s) + NaNO₃(aq)　　$\Delta G° = -55.7$ kJ
(b) 2 C(s) + 2 H₂(g) → C₂H₄(g)　　$\Delta G° = 68.1$ kJ

問題 8・23　アンモニアの工業的合成法であるハーバー法は，25 ℃の標準条件のもとで，自発的か，それとも，非自発的か．何度（℃）が境目になるか．

$$N_2(g) + 3 H_2(g) \longrightarrow 2 NH_3(g)$$
$$\Delta H° = -92.2 \text{ kJ}; \Delta S° = -199 \text{ J/K}$$

問題 8・24　つぎの図の反応は発熱的である．

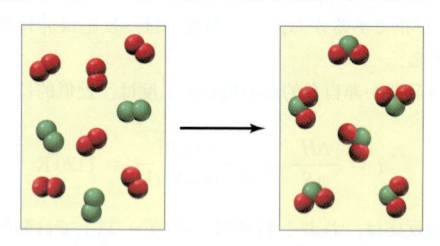

(a) 化学反応式を書け．
(b) この反応の ΔH および ΔS の符号を述べよ．
(c) この反応が自発的になるのは，低温のみか，高温のみか，それとも，どんな温度でもか答え，理由を説明せよ．

要　約

エネルギーには，<u>運動エネルギー</u>と<u>位置エネルギー</u>がある．**運動エネルギー** (E_K) は，運動に関するエネルギーであり，その値は，物体の質量 m と速度 v の両方に依存し，$E_K = (1/2)mv^2$ で与えられる．**位置エネルギー** (E_P) は，物体がその位置に依存して，あるいは，化学的物質がその組成に依存して，蓄えているエネルギーである．**熱** (heat) は，二つの物体間で温度差によって移動する熱エネルギーである．一方，**温度** (temperature) は，分子の運動エネルギーの尺度である．

エネルギー保存則 (conservation of energy law) は，**熱力学第一法則** (first law of thermodynamics) として

Interlude

バイオ燃料

石油時代は，ペンシルバニア州のティテュスヴィル近くで最初の油田が掘削された 1859 年 8 月に始まった．そのとき以来，およそ 1.2×10^{12} バレルの石油が，主として自動車の燃料として，世界中で使われてきた（1 バレル＝ 42 ガロン＝ 159 L）．

地球にどれだけの石油が残っているのか，誰にもわからない．現在は，毎年およそ 3.1×10^{10} バレルが消費されており，現在知られている埋蔵量は 1.1×10^{12} バレルと推定されている．したがって，今の消費速度が今後も続いていくと，世界中で知られている石油資源は，およそ 35 年後には枯渇してしまうことになる．新たな石油資源がさらにみつけられることは確かであろうが，消費速度も増加するはずだから，残存期間の予測はあまり正確なものではない．はっきりしているのは，つぎの二つのことである．残っている石油の量は有限であることと，いつであるにしろ，必ずいつかは使い尽くしてしまうということである．このため，別な燃料が必要である．

現在捜し求められているさまざまな代替燃料のうちで，木材，トウモロコシ，サトウキビ，なたねなど，つい最近まで生きていたものから取出した燃料である<u>バイオ燃料</u>は，再生可能で，化石燃料よりもっと中立的な炭素源として有望である．すなわち，バイオ燃料の製造と燃焼によって環境に放出される CO_2 の量は，植物の成長過程による光合成で環境から除かれる CO_2 の量と同程度である．ここで，<u>中立的な炭素源</u>という言葉は，バイオ燃料が燃えたときに CO_2 を放出しないことを意味するものではないことに注意せよ．

グルコース
($C_6H_{12}O_6$)

↓ 酵母触媒

2 エタノール (C_2H_5OH) + 2 CO_2

も知られているが，それによると，エネルギーは生まれたり消えたりしない．このため，孤立した系の全エネルギーは一定である．系の**内部エネルギー**（internal energy, E）の全体は，その系に含まれるすべての粒子の運動エネルギーと位置エネルギーの総和であり，これは，系の現在の状態だけに依存し，その状態に到達した経緯には依存しないので，**状態関数**（state function）である．

仕事（work, w）は，加えた力とそれによって移動した距離とを掛け合わせた量として定義される．化学では，仕事の大部分は，膨張による仕事（PV 仕事）であり，反応で生じた体積変化で空気中の分子が押しのけられたことによる．気体の膨張でなされる仕事は，$w = -P\Delta V$ で与えられる．ここで，P は系が外部に対抗して押す圧力であり，ΔV は系の体積変化である．

反応で生じる内部エネルギー変化の全体（ΔE）は，系が受取った熱（q）と系になされた仕事（$-P\Delta V$）の和である．

$$\Delta E = q + (-P\Delta V) \quad \text{あるいは} \quad q = \Delta E + P\Delta V = \Delta H$$

ここで ΔH は系の**エンタルピー変化**（enthalpy change）であり，この式は，熱化学の基本公式である．一般に $P\Delta V$ は ΔE よりもかなり小さい．このため，反応系の全内部エネルギーの変化は，近似的に ΔH に等しく，ΔH は，**反応熱**（heat of reaction）とよばれる．負の ΔH をもつ反応は系から熱が失われるので**発熱**（exothermic）反応であり，正の ΔH をもつ反応は系が熱を受取るので**吸熱**（endothermic）反応である．

エンタルピーは状態関数であるから，ΔH は反応物と生成物の間の経路とは無関係に同じ値をもつ．このため，個々の反応ステップのエンタルピー変化の総和は，全体をまとめた反応のエンタルピー変化に等しい．この関係は，**ヘスの法則**（Hess's law）として知られている．この法則を用いると，直接測定できない反応ステップのエンタルピー変化を，計算によって求めることが可能である．ヘスの法則を用いると，反応物と生成物の標準生成

バイオ燃料も他の燃料と同程度に CO_2 を放出する．

現在最も注目を集めている2種類のバイオ燃料は，エタノールとバイオディーゼルである．エタノールは，しばしばバイオエタノールとよばれて魅力的な響きがあるが，アルコール飲料中に含まれたり，酵母の触媒作用によるグルコースの発酵で製造されたりするエタノールとまったく同じ物質である．

飲料用エタノールと燃料用エタノールの唯一の違いは，糖の起源が異なることである．飲料用エタノールは，おもにワイン用のブドウ糖か蒸留酒用の穀類の発酵から得られている．これに対して，燃料用エタノールは，おもにサトウキビやトウモロコシの発酵から得られている．しかし，現在もっと活発に行われつつあるのは，安価なセルロースを含む農業や材木業の廃棄物を発酵可能な糖へと変換する経済的な方法の開発である．

バイオディーゼルは，主成分が長鎖メチルエステルとよばれる有機化合物であり，普通の植物油とメタノールとを酸触媒の存在下で反応させてつくられている．どんな植物油でも利用できるが，とりわけ，なたね油や大豆油がよく用いられている．バイオディーゼルは，製造後，石油からとった重油中に30%までの濃度で混ぜて乗用車やトラックの燃料にされている．

問題 8・25 エタノール（C_2H_6O）とバイオディーゼル（$C_{19}H_{38}O_2$）が酸素と反応して CO_2 と H_2O を与える反応の化学反応式を書け．

問題 8・26 バイオディーゼルはエタノールと比べて，1 g 当たりの燃焼エンタルピーがより好ましい（より負である）ことを，問題 8・25 の解に基づいて説明せよ．

典型的なバイオディーゼル中の長鎖メチルエステル

熱がわかっていれば，どんな反応でもそのエンタルピー変化を計算することができる．**標準生成熱**（standard heat of formation, $\Delta H°_f$）は，**熱力学的標準状態**（thermodynamic standard state）にある 1 mol の物質を，それぞれが**標準状態**〔圧力 1 atm，および，指定された温度（通常，25 ℃）〕にある構成元素の最も安定なものから，仮想的につくるときのエンタルピー変化である．

エンタルピーに加えて，系の分子論的乱雑さの尺度となる**エントロピー**（entropy, S）も，自発的に変化が起こるかどうかを決めるときに重要である．エンタルピー変化とエントロピーの変化を組合わせて，$\Delta G = \Delta H - T\Delta S$ という式で，**ギブズ自由エネルギー変化**（Gibbs free-energy change, ΔG）を定義する．ΔG が負ならば反応は**自発的**（spontaneous）であり，ΔG が正ならば反応は自発的でない．

キーワード

エネルギー保存則（conservation of energy law） 162
エンタルピー（enthalpy, H） 167
エンタルピー変化（enthalpy change, ΔH） 167
エントロピー（entropy, S） 180
温度（temperature） 162
ギブズ自由エネルギー変化（Gibbs free-energy change, ΔG） 181
吸熱反応（endothermic reaction） 169
仕事（work, w） 165
自発過程（spontaneous process） 180
昇華（sublimation） 169
状態関数（state function） 164
内部エネルギー（internal energy, E） 163
熱（heat） 162
熱化学（thermochemistry） 162
熱容量（heat capacity, C） 170
熱力学第一法則（first law of thermodynamics） 163
熱力学的標準状態（thermodynamic standard state） 168
燃焼熱（heat of combustion, $\Delta H°_c$） 178
発熱反応（exothermic reaction） 169
反応熱（heat of reaction） 167
比熱容量（specific heat capacity） 171
標準生成熱（standard heat of formation, $\Delta H°_f$） 175
標準反応エンタルピー（standard enthalpy of reaction, $\Delta H°$） 168
ヘスの法則（Hess's law） 173
モル熱容量（molar heat capacity, C_m） 171

9 気体 その性質と振舞い

9・1 気体と気体の圧力
9・2 気体の法則
9・3 理想気体の法則
9・4 気体の化学量論関係
9・5 分圧とドルトンの法則
9・6 気体分子運動論
9・7 グラハムの法則：気体の拡散と噴散
9・8 実在気体の振舞い
9・9 地球の大気
Interlude 吸入麻酔剤

ちょっと周囲を見回してみると，物質はいろいろな形をとっていることがわかる．われわれの身の回りにあるものの大部分は固体であり，構成する原子，分子，あるいは，イオンが，規則正しく互いにしっかりと結ばれて一定の体積と形をもつ固体を与える．他の物質は液体であり，構成する原子や分子が互いに固体よりゆるく結ばれて，体積は決まっているが形は不定で変化する液体を与える．その他の物質は気体であり，構成する原子や分子は，互いに弱い引力を及ぼしあうが，利用できる体積中を自由に動き回る．

気体の種類は，室温で100種類程度しかないが，気体の研究は，化学の理論的発展の歴史において非常に重要である．本章では，気体の研究の歴史を簡単に振り返り，気体の振舞いがどのように記述されるかを学ぶ．

9・1 気体と気体の圧力

われわれは空気に包まれて生きている．空気は，気体の混合物であり，地球の大気となっている．表9・1に示すように，窒素と酸素で乾燥空気の体積の99％以上を占めている．残り1％の大部分はアルゴンであり，そのほかいくつかの物質も含まれている．地球温暖化との関係で取りざたされる二酸化炭素は，空気中に0.0385％（百万分の385，すなわち，385 ppm）しか含まれていない．その割合は少ないが，1850年の290 ppmと比べると，この160年間に化石燃料の燃焼や熱帯雨林の消失などによって増加している．

空気は，多くの点で代表的な気体であり，その性質は気体のいくつかの重要な特徴を表している．たとえば，気体の混合物は，常に均一になっている．液体では，水と油のように，しばしば互いに混じり合わず，異なる層に分かれてしまうが，気体は常に完全に混じり合う．さらに，気体は圧縮できる．圧力を加えると，その大きさに反比例して気体の体積は収縮する．これに対して，固体や液体では，ほとんど圧縮されず，非常に大きな圧力を加えたとしても，体積の変化は，ごくわずかである．

表9・1 海面の高さの乾燥空気の組成

成分	体積%	質量%
N_2	78.08	75.52
O_2	20.95	23.14
Ar	0.93	1.29
CO_2	0.0385	0.059
Ne	1.82×10^{-3}	1.27×10^{-3}
He	5.24×10^{-4}	7.24×10^{-5}
CH_4	1.7×10^{-4}	9.4×10^{-5}
Kr	1.14×10^{-4}	3.3×10^{-4}

均一な混合や圧縮は，どちらも，気体中の分子同士が離ればなれになっていること（図9・1）に由来する．混合が起こるのは，個々の気体分子がその周囲の分子とほとんど相互作用せず，周囲の分子が何であってもあまり関係がないからである．一方，固体や液体では，分子はかなり密に詰まっていて，さまざまな引力や斥力の影響が混合を妨げる原因になる．気体が圧縮可能である理由は，通常の状況で分子自身が占める体積が気体の体積の0.1％にも満たず，残りの99.9％以上が空っぽの空間

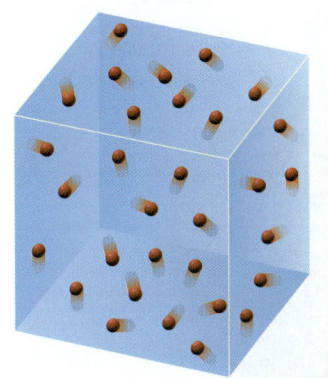

気体は，ほとんど空っぽの空間である体積の中を乱雑に動き回っている粒子の大規模な集団である．

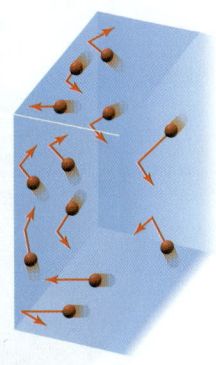

乱雑に動き回る粒子が，容器の内壁に衝突して，その単位面積に加える力が，気体の圧力として認識される．

図9・1 気体中の分子

9. 気体 その性質と振舞い

だからである．これに対して，固体や液体では，およそ70%の体積が分子自身で占められている．

気体が示す最も顕著な性質は，容器の内壁に測定可能な大きさの圧力を与えることである（図9・1）．風船をふくらませたり，バイクのタイヤに空気を入れたりすると，内部の圧力が上がるにつれてしだいに硬くなる．科学的用語として，**圧力**（pressure，記号はP）は，単位面積（A）に働く力（F）として定義される．そして，力は質量（m）と加速度（a）の積で定義され，地球上での重力加速度は$a = 9.8\,\mathrm{m/s^2}$である．

$$圧力(P) = \frac{F}{A} = \frac{m \times a}{A}$$

力のSI単位は**ニュートン**（newton，記号は**N**）で，$1\,\mathrm{N} = 1\,\mathrm{(kg \cdot m)/s^2}$であり，圧力のSI単位は**パスカル**（pascal，記号は**Pa**）で，$1\,\mathrm{Pa} = 1\,\mathrm{N/m^2} = 1\,\mathrm{kg/(m \cdot s^2)}$である．もう少しわかりやすい単位で表すと，1 Paというのは，非常に小さい量であり，$1.00\,\mathrm{cm^2}$の面積に10.2 mgの質量を置いたときに働く圧力である．荒っぽくいうと，指先に置いた1円硬貨が及ぼす圧力はおよそ100 Paになる．

$$P = \frac{m \times a}{A} = \frac{(10.2\,\mathrm{mg})\left(\frac{1\,\mathrm{kg}}{10^6\,\mathrm{mg}}\right)\left(9.81\,\frac{\mathrm{m}}{\mathrm{s^2}}\right)}{(1.00\,\mathrm{cm^2})\left(\frac{1\,\mathrm{m^2}}{10^4\,\mathrm{cm^2}}\right)}$$

$$= \frac{1.00 \times 10^{-4}\,\frac{\mathrm{kg \cdot m}}{\mathrm{s^2}}}{1.00 \times 10^{-4}\,\mathrm{m^2}} = 1.00\,\mathrm{Pa}$$

タイヤの空気や指先の硬貨が圧力を及ぼすのと同じように，大気中の空気は，地球の表面に対し，大気圧とよばれる圧力を及ぼしている．実際，$1\,\mathrm{m^2}$の地表の真上に大気の上層部まで広がる空気柱の質量は約10,300 kgであり，それは約101,000 Pa（101 kPa）の大気圧を生み出している（図9・2）．

$$P = \frac{m \times a}{A} = \frac{10{,}300\,\mathrm{kg} \times 9.81\,\frac{\mathrm{m}}{\mathrm{s^2}}}{1.00\,\mathrm{m^2}}$$

$$= 101{,}000\,\mathrm{Pa} = 101\,\mathrm{kPa}$$

SI単位は練習をかなり積む必要が多く，パスカルは通常の化学的測定には不便な大きさである．このため，圧力の別な単位として，**ミリメートル水銀柱**（millimeter of mercury，記号は**mmHg**）や**気圧**（atmosphere，記号は**atm**）がよく用いられている．

mmHgは，17世紀のイタリアの科学者Evangelista Torricelli（1608〜1647）の名にちなんで**トル**（torr，記号はTorr）ともよばれ，水銀気圧計による大気圧の測定に基づいている．図9・3に示すように，水銀気圧計では，一端を封じた細いガラス管に水銀を満たし，さかさまにして水銀の入った皿の中に入れる．ガラス管の中の水銀は少し下がって皿の中に入り，水銀柱が下向きに押す圧力と，外側の大気圧が皿の中の水銀に加わって水銀柱が上に押し上げられる圧力とが，ちょうど釣り合うようになる．水銀柱の高さは，高度や日々の天候に応じ多少変化するが，海面の高さの標準大気圧は，正確に760 mmHgと定義されている．

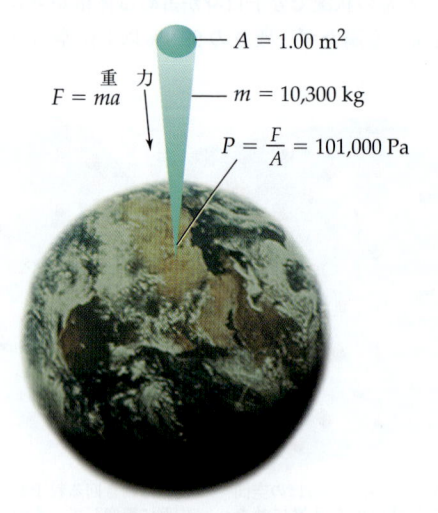

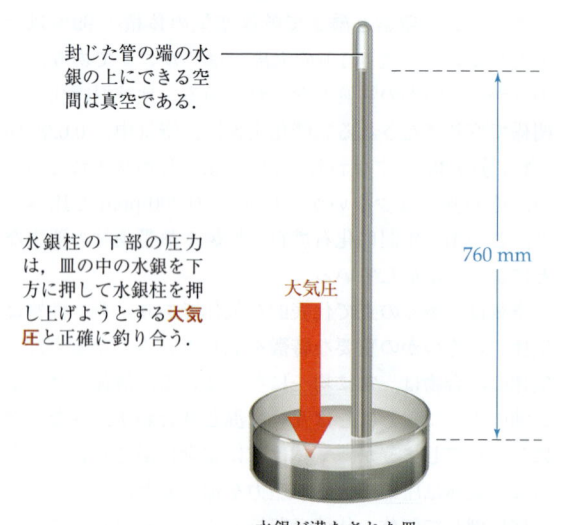

図9・2 地表の断面積$1\,\mathrm{m^2}$の真上の大気の上層部まで広がる空気柱は，10,300 kgの質量をもち，約101,000 Paの大気圧を生み出す．

図9・3 水銀気圧計では，封じたガラス管中の水銀柱の高さを決めて大気圧を測定する．

9・1 気体と気体の圧力

(a) $P = 1\,\text{atm}$　気体　$P < 1\,\text{atm}$

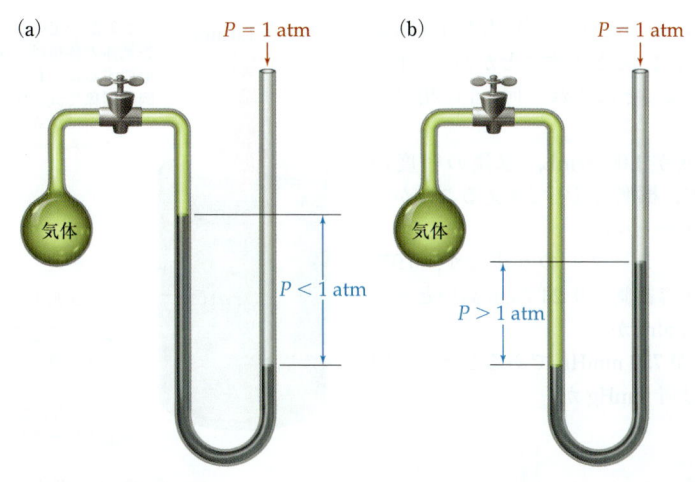

気体容器の圧力は大気圧より低いので，水銀面は容器側が高くなる．

(b) $P = 1\,\text{atm}$　気体　$P > 1\,\text{atm}$

気体容器の圧力は大気圧より高いので，水銀面は大気側が高くなる．

図 9・4　気体容器の圧力を測定する開放型マノメーター．

水銀の密度（0 ℃で $1.359\,51 \times 10^4\,\text{kg/m}^3$）と重力加速度（$9.806\,65\,\text{m/s}^2$）がわかれば，760 mm（0.760 m）の高さの水銀柱が及ぼす圧力は，つぎのように計算でき，標準大気圧 1 atm は 101,325 Pa に等しい．

$$P = (0.760\,\text{m})\left(1.359\,51 \times 10^4\,\frac{\text{kg}}{\text{m}^3}\right)\left(9.806\,65\,\frac{\text{m}}{\text{s}^2}\right)$$

$$= 101{,}325\,\text{Pa}$$

$$1\,\text{atm} = 760\,\text{mmHg} = 101{,}325\,\text{Pa}$$

容器中の気体の圧力は，水銀気圧計と原理的によく似た簡単な装置である開放型**マノメーター**（manometer）を用いて測定される．図 9・4 に示したように，開放型マノメーターは，水銀の入ったU字管でできており，一端を気体容器に接続し，他端は大気にさらす．容器中の気体の圧力と大気圧との差は，U字管の二つの腕の中の水銀面の高さの差に等しい．容器中の気体の圧力が大気圧より低ければ，水銀面は気体容器に結ばれた腕の方が高くなる（図 9・4 a）．容器中の気体の圧力が大気圧より高ければ，水銀面は大気にさらした腕の方が高くなる（図 9・4 b）．

例題 9・1　異なる圧力単位間の換算

エベレスト山（標高 8850 m）の頂上の典型的な気圧は 265 mmHg である．この圧力を，Pa と atm に換算せよ．

方　針　換算係数 1 atm/760 mmHg と 101,325 Pa/760 mmHg を使って必要な計算を行う．

解

$$265\,\text{mmHg} \times \frac{101{,}325\,\text{Pa}}{760\,\text{mmHg}} = 3.53 \times 10^4\,\text{Pa}$$

$$265\,\text{mmHg} \times \frac{1\,\text{atm}}{760\,\text{mmHg}} = 0.349\,\text{atm}$$

概算によるチェック　1 atm は 760 mmHg に等しい．265 mmHg は 760 mmHg の約 3 分の 1 なので，エベレスト山の気圧は，標準大気圧の約 1/3，30,000 Pa または 0.3 atm となる．

例題 9・2　開放型マノメーターの利用

水銀の代わりに鉱物油で満たした開放型マノメーター（図 9・4）を用いて，気体容器の圧力を測定した．このときの大気圧は 746 mmHg であり，気体容器側の油面が大気側の油面より 237 mm 高くなった．容器内の気体の圧力は，何ミリメートル水銀柱（mmHg）か．ただし，水銀の密度は 13.6 g/mL，鉱物油の密度は 0.822 g/mL とする．

方　針　容器内の気体の圧力は，外部の圧力とマノメーターの読みの差に等しい．マノメーターの読みは，試料側の液面の方が高いので，容器内の気体の圧力は大気圧より低いことを示している．水銀は鉱物油より，13.6/0.822 = 16.5 倍だけ密度が大きいので，この気体の圧力に対する水銀柱の高さは鉱物油の場合の高さの 1/16.5 倍にしかならない．

解

$$P_{\text{マノメーター}} = 237\,\text{mm 鉱物油} \times \frac{0.822\,\text{mmHg}}{13.6\,\text{mm 鉱物油}}$$

$$= 14.3\,\text{mmHg}$$

$$P_{\text{容器内}} = P_{\text{外部}} - P_{\text{マノメーター}}$$

$$= 746\,\text{mmHg} - 14.3\,\text{mmHg} = 732\,\text{mmHg}$$

問題 9・1 1 平方インチ（6.4513 cm²）当たり 1 ポンド（0.454 kg）の圧力を，1 psi と表すことがある．1.00 atm および 1.00 mmHg は，それぞれ，何 psi に相当するか．

問題 9・2 水の密度が 1.00 g/mL，水銀の密度が 13.6 g/mL であるとして，標準大気圧で支えることができる水柱の高さは，何メートルか．

問題 9・3 開放型マノメーターの水銀面が，0.975 atm の大気側の方が気体容器側より 24.7 cm 高いとき，容器内の気体の圧力は何 atm か．

◐ **問題 9・4** 外気圧が 750 mmHg であるとき，下図の装置中の気体の圧力は何 mmHg か．

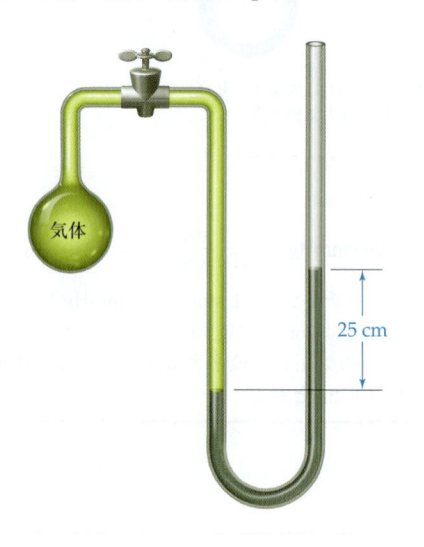

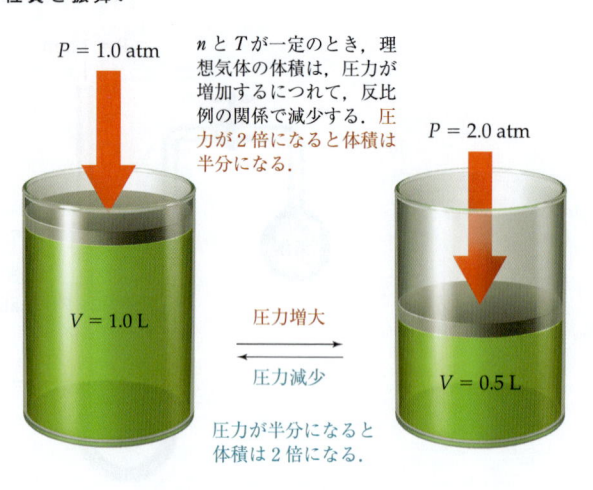

図 9・5 ボイルの法則

気体の体積は，一定温度において，圧力に反比例する．気体の圧力を半分にすると体積は 2 倍になり，逆に気体の圧力を 2 倍にすると体積は半分になる．

◐ **ボイルの法則**
　理想気体の体積は圧力に反比例して変化する．すなわち n と T が一定ならば P と V の積は一定である．

$$V \propto 1/P \text{ あるいは } PV = k \quad (n \text{ と } T \text{ 一定})$$

ここで，$\propto$ という記号は，比例することを意味し，k は定数である．

　ボイルの法則が成り立つことは，気体試料について圧力と体積の関係を系統的に測定し，図 9・6 のようなグラフにすることによって，示すことができる（表 9・2）．V を P に対してプロットすると，その結果は双曲線の形になる．一方，V を $1/P$ に対してプロットすると，その結果は直線になる．このグラフの特徴は，$y = mx + b$ の形の数式の特性である．ここで，$y = V$, $x = 1/P$ とし，直線の傾きは $m = k$, y 切片は $b = 0$ とおくと，図 9・6 の直線関係が得られる．（直線の方程式については，付録 A・3 を見よ）

$$V = k\left(\frac{1}{P}\right) + 0 \quad (\text{あるいは } PV = k)$$

$$\begin{array}{cccc} \uparrow & \uparrow & \uparrow & \uparrow \\ y = & m & x & + b \end{array}$$

9・2 気体の法則

　固体や液体とは違い，異なる気体が，その化学的組成と関係なく，非常に類似した物理的性質を示す．たとえば，ヘリウムとフッ素は，化学的には性質が非常に異なるが，気体としての物理的性質はほとんど同一である．1600 年代の後半に多くの実験結果に基づいて，どんな気体でもその物理的性質は，四つの変数，圧力（P），温度（T），体積（V）および物質量（n）で決まることが示された．これらの四つの変数の間の関係は，**気体の法則**（gas laws）とよばれており，その法則に厳密に従う気体は**理想気体**（ideal gas）とよばれている．

ボイルの法則：気体の体積と圧力の間の関係
　容器の一端に移動可能なピストンが付いたシリンダーに気体試料が入っているとしよう（図 9・5）．ここで，ピストンを押し込んで気体の体積を減少させるとどうなるであろうか．シリンダーの中の気体の圧力が増加するので，ピストンを押し込んでいくと抵抗を感じるようになる．**ボイルの法則**（Boyle's law）によると，一定量の

表 9・2　一定の n と T のもとでの気体の圧力と体積の測定値

圧力〔mmHg〕	体積〔L〕	圧力〔mmHg〕	体積〔L〕
760	1	127	6
380	2	109	7
253	3	95	8
190	4	84	9
152	5	76	10

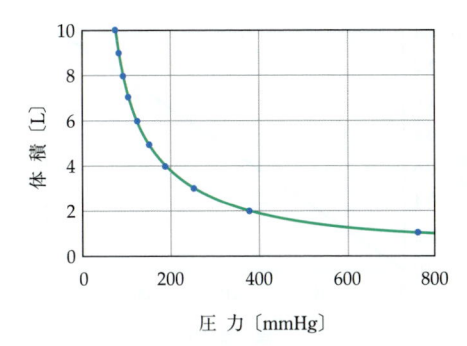

9・2 気体の法則

気体試料の V を P に対してプロットすると双曲線になる．

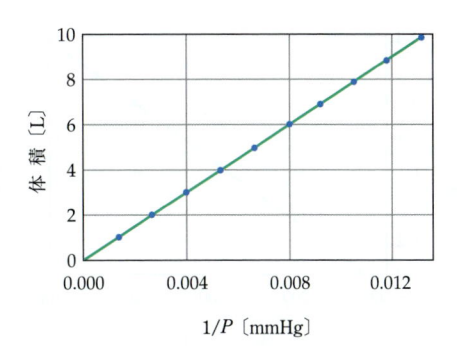

V を $1/P$ に対してプロットすると直線になる．このグラフの特徴は $y = mx + b$ の形の式の特性である．

図 9・6　ボイルの法則のグラフ

シャルルの法則: 気体の体積と温度の間の関係

再び容器の一端に移動可能なピストンが付いたシリンダーに気体試料が入っているとしよう（図9・7）．ピストンが自由に動くようにして，圧力を一定に保ちながら気体の温度を上げていくと，どうなるであろうか．シリンダーの中の気体の体積が膨張するため，ピストンはしだいに押し上げられていく．**シャルルの法則**（Charles's law）によると，一定量の理想気体の体積は，一定圧力において，絶対温度に比例する．ケルビン単位で，温度が2倍になると体積は2倍になり，温度が半分になると体積も半分になる．

> **シャルルの法則**
> 理想気体の体積は絶対温度に比例して変化する．すなわち，n と P が一定ならば，V を T で割った値は一定である．
> $$V \propto T \text{ あるいは } V/T = k \quad (n \text{ と } P \text{ 一定})$$

シャルルの法則が成り立つことは，気体試料の温度と体積の関係を系統的に測定し，表9・3のデータを得ることによって，示すことができる．ボイルの法則と同様に，シャルルの法則は，$y = mx + b$ の形の数式に従う．ここで，$y = V$, $x = T$ とし，直線の傾きを $m = k$, y 切片を $b = 0$ とおいて，V を T に対しプロットすると，傾きが k の直線が得られる（図9・8）．

$$V = kT + 0 \quad \left(\text{あるいは } \frac{V}{T} = k\right)$$
$$\uparrow \quad \uparrow\uparrow \quad \uparrow$$
$$y \;=\; mx + b$$

n と P が一定のとき，理想気体の体積は，絶対温度に比例して変化する．絶対温度が2倍になると体積も2倍になる．

$V = 0.5$ L，$T = 200$ K　加熱／冷却　$V = 1.0$ L，$T = 400$ K

絶対温度が半分になると体積も半分になる．

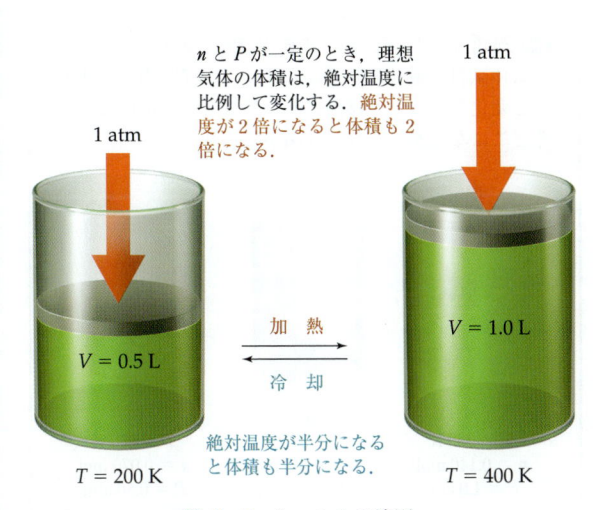

図 9・7　シャルルの法則

表9・3　一定の n と P のもとでの気体の温度と体積の測定値

温度〔K〕	体積〔L〕	温度〔K〕	体積〔L〕
123	0.45	273	1.00
173	0.63	323	1.18
223	0.82	373	1.37

体積を温度に対してプロットすると，面白いことが明らかになる．セルシウス温度を用いてプロットすると，直線は $T = -273$ ℃ で $V = 0$ に到達する（図9・8a）．物質の体積が負になることはあり得ないから，-273 ℃ が可能な温度の最小値，すなわちケルビン温度の**絶対零度**（図9・8b），であることがわかる．実際，絶対零度の近似的な値は，このような単純な方法で初めて決定された．

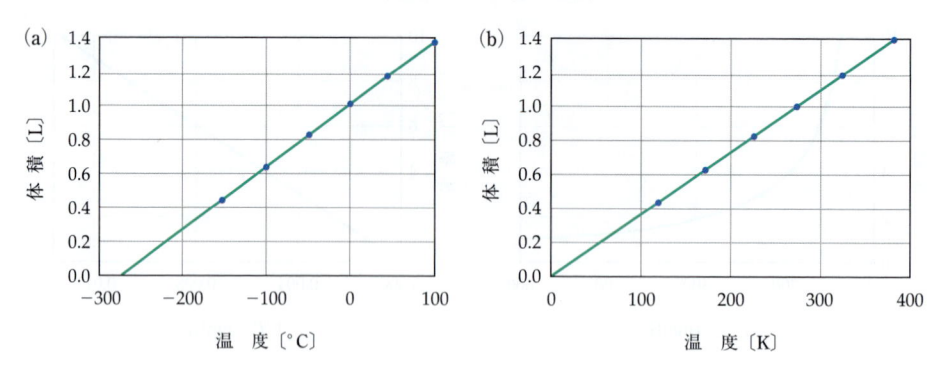

気体試料の V を T に対してプロットすると直線になり，外挿すると絶対零度，0 K = −273 ℃ を指す．

図 9・8 シャルルの法則のグラフ

アボガドロの法則: 体積と物質量の間の関係

移動可能なピストン付きシリンダーに入れた気体が二つあるとしよう（図 9・9）．まず，同温同圧で，一方のシリンダーに気体が 1 mol，他方のシリンダーには気体が 2 mol 入っているとする．常識で判断すると，2 番目のシリンダーには最初のシリンダーの 2 倍だけ気体が入っているといえよう．**アボガドロの法則**（Avogadro's law）によると，一定の圧力と温度のもとでは，理想気体の体積は，その物質量に依存する．気体の物質量が半分になると体積も半分になり，物質量が 2 倍になると体積も 2 倍になる．

▶ アボガドロの法則
理想気体の体積は，その物質量に比例する．すなわち，T と P が一定ならば，V を n で割った値は一定である．
$$V \propto n \text{ あるいは } V/n = k \,(T \text{ と } P \text{ 一定})$$

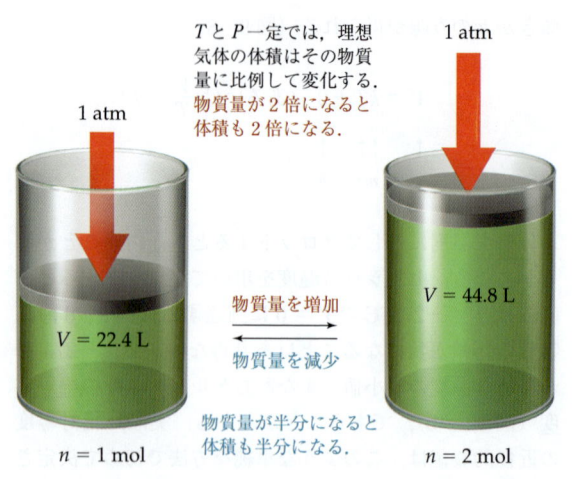

別な見方をすると，アボガドロの法則は，"同温同圧のもとで同体積の 2 種類の気体に含まれる物質量は互いに等しい"ことを示している．同温同圧において，1 L 容器の酸素は，1 L 容器のヘリウム，フッ素，アルゴン，あるいは他のどんな気体とも，物質量が等しい．さらに，1 mol の理想気体は，0 ℃，1.000 atm の状態において，22.414 L の体積を占める．この体積を，**標準モル体積**（standard molar volume）という．標準モル体積は，およそバスケットボール 3 個分に相当する．

▶ 例題 9・3 気体の法則の視覚表示
気体試料を最初の状態から (a) および (b) の状態へと変化させると，移動可能なピストンの位置はおよそどこになるか，それぞれ図中に示せ．

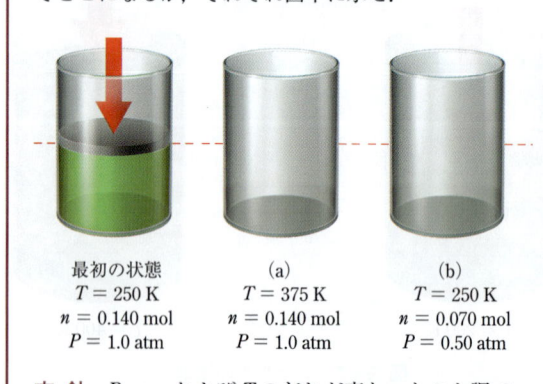

最初の状態
$T = 250$ K
$n = 0.140$ mol
$P = 1.0$ atm

(a)
$T = 375$ K
$n = 0.140$ mol
$P = 1.0$ atm

(b)
$T = 250$ K
$n = 0.070$ mol
$P = 0.50$ atm

方針 P，n，および T のどれが変わったのか調べ，当てはまる法則を用いて，変化の効果を計算する．

解 (a) 温度 T が 375/250 = 1.5 倍の割合で増加したのに対し，物質量 n と圧力 P は変化していない．シャルルの法則によると，体積は 1.5 倍に増加する．

(b) 温度 T は変化しないが，物質量 n と圧力 P はともに変化している．アボガドロの法則によると，物質量が半分になれば体積も半分になり，ボイルの法則

T と P 一定では，理想気体の体積はその物質量に比例して変化する．物質量が 2 倍になると体積も 2 倍になる．

1 atm
$V = 22.4$ L
$n = 1$ mol

物質量を増加 ⇌ 物質量を減少

1 atm
$V = 44.8$ L
$n = 2$ mol

物質量が半分になると体積も半分になる．

図 9・9 アボガドロの法則

9・3 理想気体の法則

によると，圧力が半分になると体積は2倍になる．この両者の効果は互いに打ち消し合う．その結果，体積は変化しない．

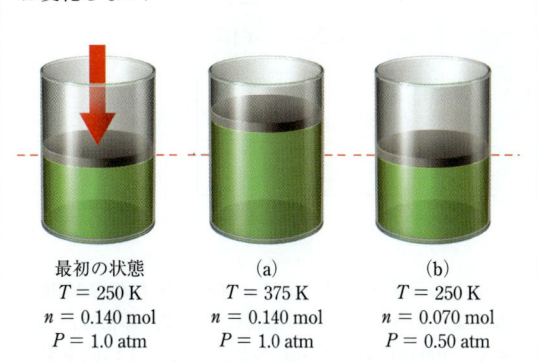

最初の状態
$T = 250$ K
$n = 0.140$ mol
$P = 1.0$ atm

(a)
$T = 375$ K
$n = 0.140$ mol
$P = 1.0$ atm

(b)
$T = 250$ K
$n = 0.070$ mol
$P = 0.50$ atm

▶ 問題 9・5 圧力を1 atm に保ち，気体試料を最初の状態から (a) および (b) の状態へと変化させると，移動可能なピストンの位置はおよそどこになるか，それぞれ図中に示せ．

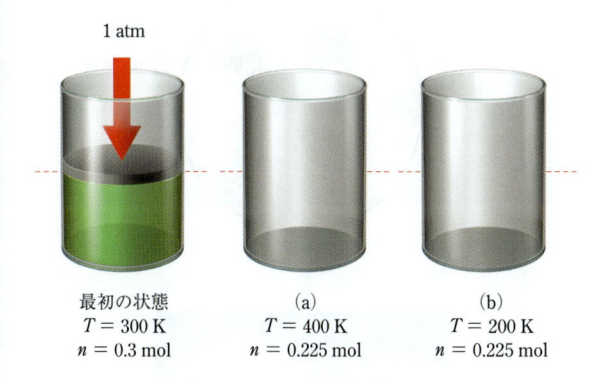

1 atm

最初の状態
$T = 300$ K
$n = 0.3$ mol

(a)
$T = 400$ K
$n = 0.225$ mol

(b)
$T = 200$ K
$n = 0.225$ mol

9・3 理想気体の法則

前節で学んだ三つの気体の法則は，**理想気体の法則** (ideal gas law) とよばれる一つの法則にまとめることができ，その法則によって，気体の体積が，圧力や温度や物質量に対し，どのように変化するかが記述される．P, V, T, n のうちの任意の三つの変数の値がわかっていれば，四番目の変数の値は理想気体の法則を用いて計算することができる．比例定数 R は，**気体定数** (gas constant) とよばれ，すべての気体について同じ値をとる．

▶ 理想気体の法則　　$V = \dfrac{nRT}{P}$ あるいは $PV = nRT$

理想気体の法則は，式の形を変えることによって，ボイルの法則，シャルルの法則，および，アボガドロの法則の形になる．

ボイルの法則　　　$PV = nRT = k$
　　　　　　　　　(n と T が一定のとき)

シャルルの法則　　$\dfrac{V}{T} = \dfrac{nR}{P} = k$
　　　　　　　　　(n と P が一定のとき)

アボガドロの法則　$\dfrac{V}{n} = \dfrac{RT}{P} = k$
　　　　　　　　　(T と P が一定のとき)

気体定数 R の値は，気体の標準モル体積がわかれば計算できる．0 ℃ (273.15 K)，1 atm では，気体 1 mol は 22.414 L の体積を占めるので，気体定数 R の値は，0.082 058 (L·atm)/(K·mol)，または，P の単位がパスカルで V の単位が立方メートルの場合 8.3145 J/(K·mol) になる．

$$R = \dfrac{P \cdot V}{n \cdot T} = \dfrac{(1 \text{ atm})(22.414 \text{ L})}{(1 \text{ mol})(273.15 \text{ K})}$$
$$= 0.082\,058 \dfrac{\text{L} \cdot \text{atm}}{\text{K} \cdot \text{mol}}$$
$$= 8.3145 \text{ J}/(\text{K} \cdot \text{mol})$$

この計算に使われた特別な条件，1 atm，0 ℃ (273.15 K) は，**標準状態の温度と圧力** (standard temperature and pressure: **STP**) とよばれる．気体の標準状態は，気体の体積の測定結果を報告するときに，一般に使用される．気体の測定の標準温度は 0 ℃ (273.15 K) であり，熱力学の測定で通常仮定される 25 ℃ (298.15 K) (§ 8・5) とは違うことに注意する必要がある．

▶ 気体の標準状態の温度と圧力* (**STP**)
$$T = 0 \text{ ℃} \quad P = 1 \text{ atm}$$

理想気体という名称は，理想的でない気体の存在を暗示する．どのような条件でも完璧に理想気体の方程式に従う気体は実在しない．実在するすべての気体 (実在気体) は，大なり小なり非理想的であり，方程式による予想から少しずれた振舞いをする．たとえば，表 9・4 に示すように，実在気体の標準モル体積は，理想的な値の 22.414 L から少しずれている．たいていの条件では，理想的な振舞いからのずれはわずかであり，違いはあまり

---

* 本書や他の大部分の本では，気体の測定の標準圧力として，1 atm (101,325 Pa) を用いているが，実際には，1 bar (100,000 Pa) を標準圧力として定義し直す必要がある．この新しい標準圧力は，0.986 923 atm であり，それを用いると，標準モル体積は，22.414 L ではなく，22.711 L になる．

表 9・4 **STP における実在気体のモル体積**

H₂	He	NH₃	N₂	F₂	Ar	CO₂	Cl₂
22.43	22.41	22.40	22.40	22.38	22.09	22.40	22.06

(縦軸: モル体積 [L])

大きくない．食い違いが大きくなる場合については，§9・8 で議論する．

例題 9・4 気体の法則の計算

平均的な成人の肺活量が 3.8 L であるとすると，肺の中の気体の物質量は何モルになるか，推定せよ．ただし，圧力は 1.00 atm とし，体温は 37 ℃ であるものとする．

方 針 これは，V, P, T が与えられているとき n の値を求める問題である．理想気体の方程式を，$n = PV/RT$ の形に書き換え，温度をセルシウス温度からケルビン温度に変換し，与えられた P, V, T の値を式の右辺に代入する．

解

$$n = \frac{PV}{RT} = \frac{(1.00 \text{ atm})(3.8 \text{ L})}{\left(0.082\,06 \dfrac{\text{L} \cdot \text{atm}}{\text{K} \cdot \text{mol}}\right)(310 \text{ K})} = 0.15 \text{ mol}$$

平均的な成人の肺には 0.15 mol の気体が含まれる．

概算によるチェック 4 L の体積の肺は，理想気体の標準モル体積 22.4 L のおよそ 1/6 であるから，肺には，およそ 1/6 mol，すなわち，0.17 mol の気体が含まれる．

例題 9・5 気体の法則の計算

代表的な自動車のエンジンでは，シリンダーの中のガソリンと空気の混合物が，点火される前に 1 atm から 9.5 atm まで圧縮される．圧縮前のシリンダーの体積が 410 mL であるとき，圧縮後の混合物の体積は何ミリリットルか．

方 針 これは，n と T が一定で，P と V だけが変わるから，ボイルの法則の問題である．したがって，つぎの式を立て，V_{final} について解けばよい．

$$(PV)_{\text{initial}} = (PV)_{\text{final}} = nRT$$

解

$$V_{\text{final}} = \frac{(PV)_{\text{initial}}}{P_{\text{final}}} = \frac{(1.0 \text{ atm})(410 \text{ mL})}{9.5 \text{ atm}} = 43 \text{ mL}$$

概算によるチェック シリンダーの圧力が約 10 倍に高くなるから，ボイルの法則によって，体積は，およそ，400 mL から 40 mL へと，10 分の 1 に減少する．

問題 9・6 標準状態で，体積が 1.000×10^5 L の貯蔵タンクに入っているメタンガス CH₄ の物質量は何モルか．また，何グラムか．

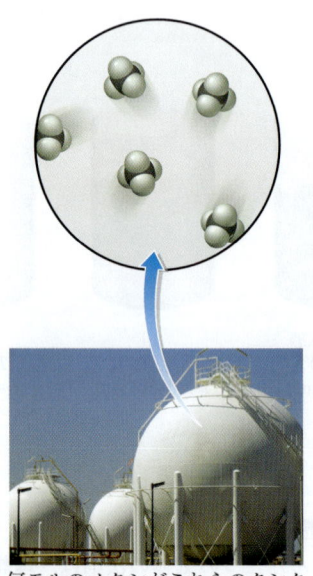

何モルのメタンがこれらのタンクにあるだろうか．

問題 9・7 体積 350 mL のスプレー缶に 3.2 g のプロパンガス (C₃H₈) が噴射媒体として入っている．缶の中の気体の圧力は，20 ℃ では何気圧になるか．

問題 9・8 風船を膨らませるのに用いるヘリウムガスがシリンダーに入っており，25 ℃ において，体積は 43.8 L，圧力は 1.51×10^4 kPa である．このタンク中のヘリウムは何モルか．

問題 9・9 自動車のタイヤに空気を入れて，0 ℃，2.15 atm から 2.37 atm まで圧力を上げるとき，温度は何 ℃ になるか．ただし，タイヤの内部の体積は一定であるとする．

● **問題 9・10** つぎの図の最初の状態から (a), (b), (c) の状態へと気体を変化させると，移動可能なピストンの位置はおよそどの高さになるか，それぞれ図中に示せ．

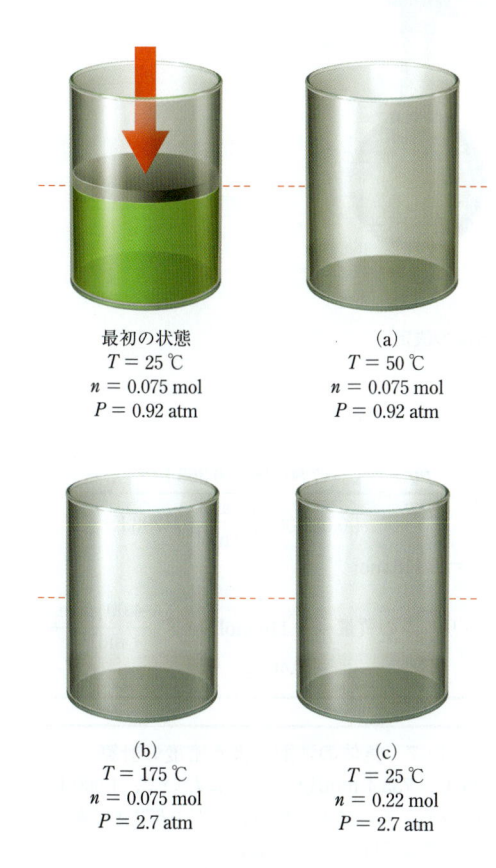

最初の状態
$T = 25\,°C$
$n = 0.075\,mol$
$P = 0.92\,atm$

(a)
$T = 50\,°C$
$n = 0.075\,mol$
$P = 0.92\,atm$

(b)
$T = 175\,°C$
$n = 0.075\,mol$
$P = 2.7\,atm$

(c)
$T = 25\,°C$
$n = 0.22\,mol$
$P = 2.7\,atm$

P と T の値が与えられており，n は計算できるから，理想気体の方程式を用いれば V を求めることができる．生成する N_2 の物質量 n を得るには 45.0 g の NaN_3 が何モルかを知る必要がある．

$$NaN_3 \text{のモル質量} = 65.0\,g/mol$$
$$NaN_3 \text{の物質量} = (45.0\,g\,NaN_3)\left(\frac{1\,mol\,NaN_3}{65.0\,g\,NaN_3}\right)$$
$$= 0.692\,mol\,NaN_3$$

つぎに，分解反応で N_2 が何モルできるかを求める．化学反応式によると，2 mol の NaN_3 から 3 mol の N_2 が生じるから，0.692 mol の NaN_3 は 1.04 mol の N_2 を生じる．

$$N_2 \text{の物質量} = (0.692\,mol\,NaN_3)\left(\frac{3\,mol\,N_2}{2\,mol\,NaN_3}\right)$$
$$= 1.04\,mol\,N_2$$

最後に，理想気体の方程式を使って N_2 の体積を計算する．セルシウス温度 (30 °C) ではなくケルビン温度 (303 K) を用いることに注意して計算する．

$$V = \frac{nRT}{P}$$
$$= \frac{(1.04\,mol\,N_2)\left(0.082\,06\,\frac{L\cdot atm}{K\cdot mol}\right)(303\,K)}{1.15\,atm}$$
$$= 22.5\,L$$

9・4 気体の化学量論関係

化学工業で最も重要な化学反応過程の多くは気体を含んでいる．たとえば，米国では毎年 1100 万トンものアンモニアが，$3\,H_2 + N_2 \rightarrow 2\,NH_3$ という反応式に従い，水素と窒素との反応によって工業的に生産されている．このため，固体や液体や溶液の量の計算が必要になる (§6・3〜6・8) のと同様に，気体反応物の量の計算が必要になる．

気体の計算の大半は，理想気体の方程式を適用して，P, V, T, n のうちの三つから，残り一つの変数の値を計算する．たとえば，自動車のエアバッグを急激に膨らませるのに用いられる反応は，窒素ガス N_2 を放出するアジ化ナトリウム NaN_3 の高温熱分解である（ナトリウムは，その後の反応で除去される）．45.0 g の NaN_3 が分解すると，1.15 atm で 30 °C の N_2 が何リットル生じるであろうか．

$$2\,NaN_3(s) \longrightarrow 2\,Na(s) + 3\,N_2(g)$$

例題 9・6 に気体の化学量論の計算のもう一つの例を示す．

このほか，理想気体の法則を応用する例としては，密度やモル質量などの計算がある．図 9・10 に示すように，温度と圧力がわかっているときに，体積の決まった気体の質量を測ると，密度が計算できる．理想気体の方程式から STP での気体の体積を求め，測定した質量をその体積で割ると，STP での気体の密度が求められる．例題 9・7 にその計算例を示す．

モル質量は，理想気体の方程式を用いて計算できるので，それから分子量も求められる．たとえば，未知の気体を水上置換でガラスの球に捕集し，STP における密度が 0.714 g/L と求められたとしよう．この気体の分子量はいくらだろうか．

いま 1.00 L の試料があり，その質量が 0.714 g だったとしよう．密度は STP で測定したものなので，T, P, V はすべて既知であるから，0.714 g に対応する物質量 n を計算できる．

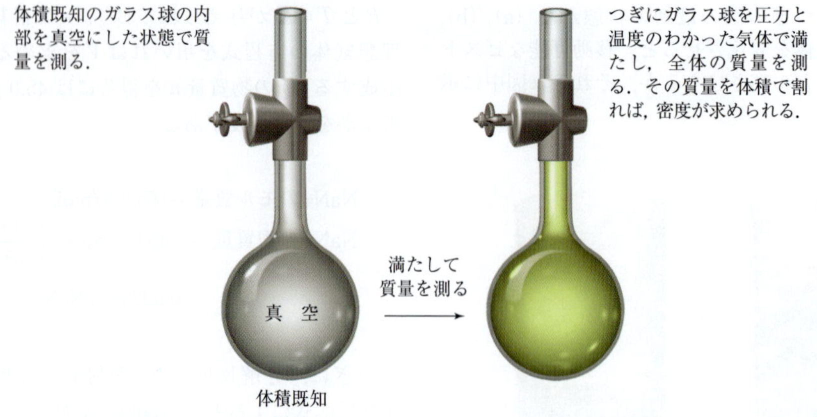

体積既知のガラス球の内部を真空にした状態で質量を測る．

つぎにガラス球を圧力と温度のわかった気体で満たし，全体の質量を測る．その質量を体積で割れば，密度が求められる．

真空

体積既知

満たして質量を測る

図 9・10 未知の気体の密度の決定．

$$n = \frac{PV}{RT} = \frac{(1.00 \text{ atm})(1.00 \text{ L})}{\left(0.082\,06 \; \dfrac{\text{L}\cdot\text{atm}}{\text{K}\cdot\text{mol}}\right)(273 \text{ K})}$$

$$= 0.0446 \text{ mol}$$

試料の質量を物質量で割ると，モル質量が得られる．

$$\text{モル質量} = \frac{0.714 \text{ g}}{0.0446 \text{ mol}} = 16.0 \text{ g/mol}$$

よって，未知の気体試料のモル質量は，16.0 g/molであり，その分子量は，16.0 である（これはメタン CH_4 である）．

化学では，特に気体の法則の計算では，問題の解き方は一つとは限らない．水上捕集した未知の気体のモル質量の計算には，STPで1 mol の理想気体の体積が 22.4 L であることを使ってもよい．1.00 L の未知気体試料の質量が 0.714 g であるから，気体 1 mol に相当する 22.4 L の質量は，16.0 g になる．

$$\text{モル質量} = \left(0.714 \; \frac{\text{g}}{\text{L}}\right)\left(22.4 \; \frac{\text{L}}{\text{mol}}\right) = 16.0 \text{ g/mol}$$

例題 9・8 に未知気体試料のモル質量の計算のもう一つの例を示す．

例題 9・6　気体の法則による質量の計算

代表的な競輪用自転車の高圧タイヤの体積は 365 mL あり，25 ℃での圧力は 7.80 atm である．できるだけ重量を減らすためタイヤにヘリウムを詰めたとすると，タイヤ中のヘリウムの質量はいくらになるか．

方　針　V, P, T がわかっているので，理想気体の方程式を使って，タイヤ中のヘリウムの物質量 n を求める．n がわかれば，あとは物質量を質量に変換すればよい．

解

$$n = \frac{PV}{RT} = \frac{(7.80 \text{ atm})(0.365 \text{ L})}{\left(0.082\,06 \; \dfrac{\text{L}\cdot\text{atm}}{\text{K}\cdot\text{mol}}\right)(298 \text{ K})}$$

$$= 0.116 \text{ mol}$$

$$\text{ヘリウムの質量} = 0.116 \text{ mol He} \times \frac{4.00 \text{ g He}}{1 \text{ mol He}}$$

$$= 0.464 \text{ g}$$

例題 9・7　気体の法則による密度の計算

25 ℃，733.4 mmHg の圧力において，1.000 L の球の中のアンモニアの気体の質量が 0.672 g であるとき，その密度は STP で何 g/L か．

方　針　どの物質でも，密度は質量を体積で割った量である．アンモニア試料の質量は 0.672 g と与えられているが，体積は標準状態ではない条件で与えられているので，まずは STP での体積に換算する必要がある．アンモニアの物質量 n は一定であるから，標準状態ではないときの PV/RT は，STP での PV/RT と等しい．そこで，STP での V について解けばよい．

解

$$n = \left(\frac{PV}{RT}\right)_{\text{measured}} = \left(\frac{PV}{RT}\right)_{\text{STP}} \quad \text{あるいは}$$

$$V_{\text{STP}} = \left(\frac{PV}{RT}\right)_{\text{measured}}\left(\frac{RT}{P}\right)_{\text{STP}}$$

$$V_{\text{STP}} = \left(\frac{733.4 \text{ mmHg} \times 1.000 \text{ L}}{298 \text{ K}}\right)\left(\frac{273 \text{ K}}{760 \text{ mmHg}}\right)$$

$$= 0.884 \text{ L}$$

1.000 L の球の中の標準状態ではない気体アンモニアの体積は，STP では 0.884 L になる．この体積で与えられた質量を割ると，STP でのアンモニアの密度が得られる．

$$\text{密度} = \frac{\text{質量}}{\text{体積}} = \frac{0.672 \text{ g}}{0.884 \text{ L}} = 0.760 \text{ g/L}$$

例題 9・8 気体の法則による未知の気体の同定

ラベルのないシリンダー内の気体が何であるかを決めるために，試料を採取して調べたところ，15 ℃，736 mmHg において，密度が 5.380 g/L であった．この気体のモル質量を求めよ．

方針 1.000 L の気体試料があり，その質量が 5.380 g であったとする．気体の温度，体積，圧力がわかっているので，理想気体の法則を使うと試料の物質量 n が得られる．質量を n で割れば，モル質量が求められる．

解
$$PV = nRT \text{ あるいは } n = \frac{PV}{RT}$$

$$n = \frac{\left(736 \text{ mmHg} \times \dfrac{1 \text{ atm}}{760 \text{ mmHg}}\right)(1.000 \text{ L})}{\left(0.082\,06 \dfrac{\text{L} \cdot \text{atm}}{\text{K} \cdot \text{mol}}\right)(288 \text{ K})}$$

$$= 0.0410 \text{ mol}$$

$$\frac{5.380 \text{ g}}{0.0410 \text{ mol}} = 131 \text{ g/mol}$$

この気体はおそらくキセノン（原子量 = 131.3）である．

問題 9・11 石灰岩（$CaCO_3$）のように炭酸塩を含む岩石は，HCl のような酸の希薄溶液と次式のように反応して，二酸化炭素を生じる．

$$CaCO_3(s) + 2\,HCl(aq) \longrightarrow CaCl_2(aq) + CO_2(g) + H_2O(l)$$

33.7 g の石灰岩が完全に反応すると何グラムの二酸化炭素が生じるか．その体積は STP で何リットルか．

石灰岩（$CaCO_3$）のように炭酸塩を含む岩石は，HCl のような酸の希薄溶液と反応すると，二酸化炭素の泡を生じる．

問題 9・12 プロパンガス（C_3H_8）は，燃料として使われている．25 ℃，4.5 atm で 15.0 L の容器に入ったプロパンガスが全部燃焼すると，CO_2 は STP で何リットル生じるか．係数を略した反応式は，つぎの通りである．

$$C_3H_8(g) + O_2(g) \longrightarrow CO_2(g) + H_2O(l)$$

問題 9・13 HCl と Na_2S の反応で生じる悪臭性気体を採取して測定したところ，STP で 1.00 L の試料の質量が 1.52 g であった．この気体の分子量はいくらか．化学式と名称を推定せよ．

9・5 分圧とドルトンの法則

気体の法則は，化学的組成とは無関係に純粋なすべての気体によく当てはまるだけでなく，空気のような気体混合物にもあてはまる．圧力，体積，温度，および，混合気体の物質量は，すべて理想気体の法則と関係している．

気体混合物の圧力はどのように決まるのであろうか．一定の温度と体積のもとで，純粋な気体の圧力は物質量に比例する（$P = nRT/V$）から，混合気体の各成分による圧力への寄与は，混合物中の各成分の物質量に比例する．いいかえると，一定の体積と温度の容器に入った気体混合物による全圧は，容器中の各成分気体の圧力（分圧）の和に等しい．これは，**ドルトンの分圧の法則**（Dalton's law of partial pressures）とよばれている．

> **ドルトンの分圧の法則** 一定の V と T のもとで，$P_{\text{total}} = P_1 + P_2 + P_3 + \cdots$ ここで，P_1，P_2 は，各成分気体が単独で示す圧力（分圧）

いろいろな気体それぞれからの圧力の寄与，P_1，P_2，などは，分圧とよばれ，各成分気体が容器中に単独で存在するときに示す圧力のことである．

$$P_1 = n_1\left(\frac{RT}{V}\right) \qquad P_2 = n_2\left(\frac{RT}{V}\right)$$

$$P_3 = n_3\left(\frac{RT}{V}\right) \qquad \cdots$$

すべての混合気体成分が同じ温度と体積をもつので，全圧は存在する気体の全物質量だけに依存し，個々の気体の化学的組成には依存しないことを示すように，ドルトンの法則を書き換えることができる．

$$P_{\text{total}} = (n_1 + n_2 + n_3 + \cdots)\left(\frac{RT}{V}\right)$$

気体混合物の各成分濃度は，通常，各成分の物質量を混合物中の全物質量で割ったものとして定義される**モル分率**（mole fraction）X で表される．

モル分率 (X) $= \dfrac{\text{成分の物質量}}{\text{混合物の全物質量}}$

たとえば，成分1のモル分率は，

$$X_1 = \dfrac{n_1}{n_1 + n_2 + n_3 + \cdots} = \dfrac{n_1}{n_\text{total}}$$

ところで，$n = PV/RT$ であるから，つぎのように書き換えることができる．

$$X_1 = \dfrac{P_1\left(\dfrac{V}{RT}\right)}{P_\text{total}\left(\dfrac{V}{RT}\right)} = \dfrac{P_1}{P_\text{total}}$$

この式を，成分1の分圧 P_1 について解くと，次式が得られる．

$$P_1 = X_1 \cdot P_\text{total}$$

この式は，各成分気体が及ぼす分圧は，全圧にその成分のモル分率を掛けたものに等しいことを示している．たとえば空気では，N_2, O_2, Ar, CO_2 のモル分率は，それぞれ，0.7808, 0.2095, 0.0093, 0.000 38 であり（表9・1），全圧は，分圧の総和に等しい．

$$P_\text{空気} = P_{N_2} + P_{O_2} + P_{Ar} + P_{CO_2} + \cdots$$

空気の全圧が 1 atm（760 mmHg）のとき，各成分の分圧はつぎのようになる．

$$
\begin{aligned}
P_{N_2} &= 0.780\,8 \text{ atm } N_2 &&= 593.4 \text{ mmHg}\\
P_{O_2} &= 0.209\,5 \text{ atm } O_2 &&= 159.2 \text{ mmHg}\\
P_{Ar} &= 0.009\,3 \text{ atm Ar} &&= 7.1 \text{ mmHg}\\
P_{CO_2} &= 0.000\,38 \text{ atm } CO_2 &&= 0.3 \text{ mmHg}\\
\hline
P_\text{空気} &= 1.000\,0 \text{ atm 空気} &&= 760.0 \text{ mmHg}
\end{aligned}
$$

ドルトンの法則は，病院の手術室で患者の肺の中の酸素と麻酔剤の分圧が常に監視されつつ使用されている麻酔剤や，水中探検の潜水用気体成分など，実際の適用範囲は非常に広い．例題9・9に応用例を示す．

例題 9・9 分圧とモル分率の応用

水深 76.2 m の圧力は，8.38 atm である．1.0 atm のときと同じ酸素の分圧 0.21 atm にするには，潜水用気体中の酸素のモル分率をいくらにするとよいか．

方針 混合物中の気体の分圧は，全圧に気体成分のモル分率を掛けたものに等しい．この関係式を変形し，O_2 のモル分率について解けばよい．

解

$P_{O_2} = X_{O_2} \cdot P_\text{total}$ なので $X_{O_2} = \dfrac{P_{O_2}}{P_\text{total}}$

$X_{O_2} = \dfrac{0.21 \text{ atm}}{8.38 \text{ atm}} = 0.025$

O_2 の割合 $= 0.025 \times 100\% = 2.5\%\ O_2$

8.38 atm のときの酸素の分圧が，1.0 atm の空気中の酸素の分圧と等しくなるためには，潜水用気体中の O_2 の割合は 2.5% でなければならない．

概算によるチェック 水中での圧力は，大気圧のおよそ8倍であるから，潜水用気体中の O_2 の割合は，空気中 O_2 の割合（20%）のおよそ 1/8，すなわち，2.5% になる．

問題 9・14 12.45 g の H_2，60.67 g の N_2，2.38 g の NH_3 からなる混合気体の各成分のモル分率を求めよ．

問題 9・15 前の問題9・14の混合気体を 90 ℃ で 10.00 L の容器に入れたとすると，全圧は何気圧になるか．また，各成分の分圧はいくらか．

問題 9・16 夏の湿気の高い日には，25 ℃ の空気中の水蒸気（水の気体）のモル分率は 0.0287 にも達する．このとき，全圧が 0.977 atm であるとして，空気中の H_2O の分圧は何気圧か．

問題 9・17 つぎの図の容器に含まれる気体の全圧が 600 mmHg であるとして，赤，黄，緑の各気体成分の分圧は，それぞれいくらか．

9・6 気体分子運動論

これまでは，なぜそうなるかの理解は後回しにして，気体の振舞いの記述に集中してきた．理屈は簡単で，1世紀以上も前に**気体分子運動論**（kinetic-molecular theory of gases）とよばれるモデルによって説明がなされた．気体分子運動論は，以下の仮定に基づいている．

1. 気体は無秩序に動き回る微小な粒子，原子や分子，からなる．
2. 気体の全体積と比べて，個々の粒子の体積は無視できる．気体の体積の大部分は，何も存在しない空間である．

3. 粒子同士は互いに無関係に運動している．粒子間には引力も斥力も働かない．
4. 気体粒子が起こす衝突は，粒子同士も粒子と容器の壁の間でも，完全に弾性的である．すなわち，一定温度 T での気体粒子の全運動エネルギーは一定である．
5. 気体粒子の平均運動エネルギーは，試料のケルビン温度に比例する．

これらの仮定から出発して，気体の振舞いを説明できるだけでなく，理想気体の法則を（ここでは行わないが）定量的に導出することもできる．気体の法則のそれぞれが，気体分子運動論の五つの仮定からがどのように出てくるのか調べてみよう．

- **ボイルの法則**（$P \propto 1/V$）　気体の圧力は，気体粒子と気体を入れた容器の壁との衝突がどのくらい頻繁に力強く起こっているかを示す量である．一定の n と T のもとで，体積を小さくするほど粒子同士が込み合ってくるので，衝突頻度は大きくなる．その結果，体積が減少すると圧力は増加する（図 9・11 a）．
- **シャルルの法則**（$V \propto T$）　温度は気体粒子の平均的な運動エネルギーを示す量である．一定の n と P のもとで，温度が高くなるほど気体粒子は速く運動するようになり，容器の壁との衝突を増やさないためには，より広い空間を必要とするようになる．このため，温度が増すと体積も増加する（図 9・11 b）．
- **アボガドロの法則**（$V \propto n$）　一定の P と T のもとで，気体試料の粒子数が増加すると，容器の壁との衝突を増やさないためには，気体の体積はより大きくならなければならない．その結果，粒子数が増加するにつれて体積が増加する（図 9・11 c）．
- **ドルトンの法則**（$P_{\text{total}} = P_1 + P_2 + \cdots$）　気体粒子の化学組成は関係しない．一定体積の気体の全圧は，温度 T と気体に含まれる粒子の全物質量にだけ依存する．このため，特定の成分粒子による圧力は混合物中のその成分のモル分率に依存する（図 9・11 d）．

気体分子運動論のさらに重要な結論の一つは，5 番目の仮定から出てくる温度と気体分子の運動エネルギー E_{K} との関係である．1 mol の気体粒子全体の運動エネルギーが $3RT/2$ になることを示すことができる．このため，1 粒子当たりの平均運動エネルギーは，$3RT/2N_{\text{A}}$ になる．ここで N_{A} はアボガドロ定数であ

(a) V の減少（ボイルの法則）　(b) T の増加（シャルルの法則）　(c) n の増加（アボガドロの法則）　(d) 気体分子の種類の変更（ドルトンの法則）

n と T 一定で気体の体積を減少させると容器の壁との衝突頻度が増加するため，圧力が増加する（**ボイルの法則**）．

n と P 一定で温度（運動エネルギー）を増加させると気体の体積が増加する（**シャルルの法則**）．

T と P 一定で気体の量を増やすと気体の体積は増加する（**アボガドロの法則**）．

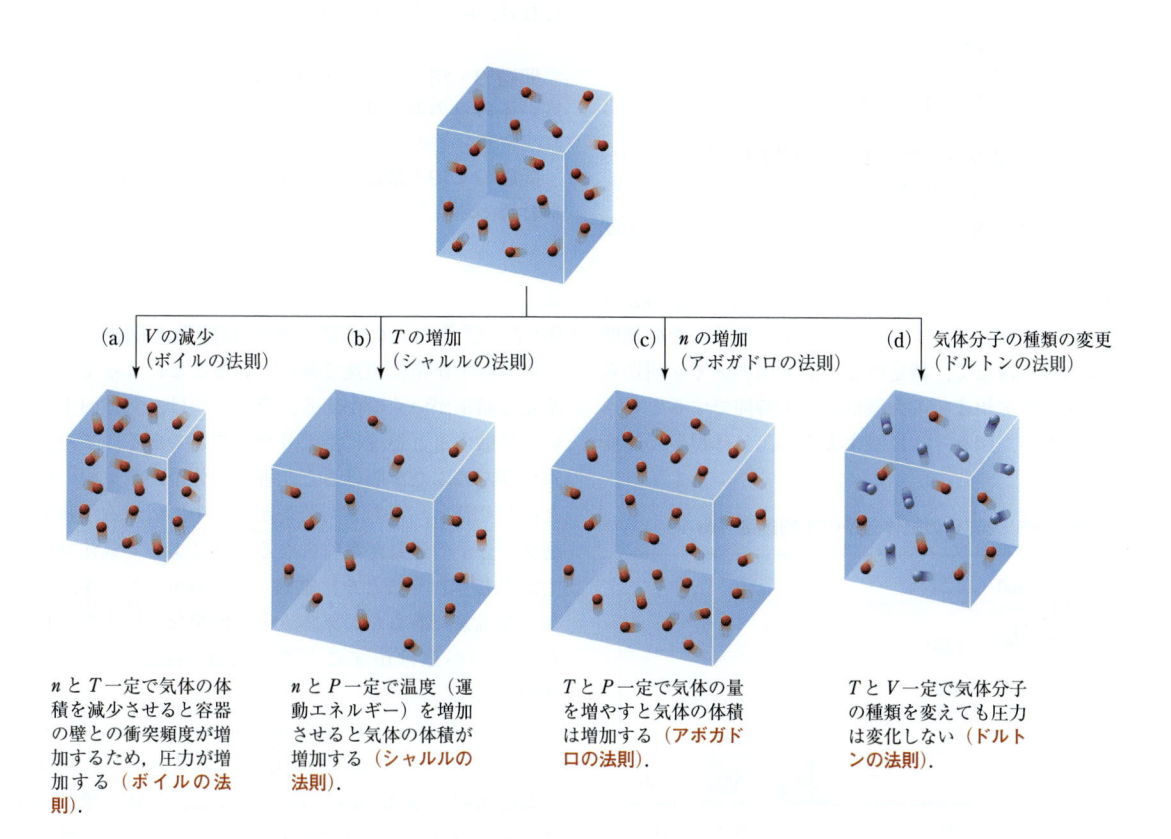

T と V 一定で気体分子の種類を変えても圧力は変化しない（**ドルトンの法則**）．

図 9・11　気体分子運動論から見た気体の法則．

る．この関係を知っていれば，質量 m の気体粒子の平均速度 u が計算できる．

$$E_K = \frac{3}{2}\frac{RT}{N_A} = \frac{1}{2}mu^2$$

これは，つぎのように書き換えることができる．

$$u^2 = \frac{3RT}{mN_A} \quad \text{すなわち} \quad u = \sqrt{\frac{3RT}{mN_A}} = \sqrt{\frac{3RT}{M}}$$

ここで M はモル質量

たとえば，室温（298 K）のヘリウム原子の場合は，気体定数 R の値〔8.314 J/(K·mol)〕とヘリウムのモル質量 M の値（4.00×10^{-3} kg/mol）を代入すると，つぎのようになる．

$$u = \sqrt{\frac{(3)\left(8.314 \dfrac{\text{J}}{\text{K·mol}}\right)(298\,\text{K})}{4.00 \times 10^{-3}\,\dfrac{\text{kg}}{\text{mol}}}}$$

$$= \sqrt{1.86 \times 10^6\,\frac{\text{J}}{\text{kg}}}$$

$$= \sqrt{1.86 \times 10^6\,\frac{\dfrac{\text{kg·m}^2}{\text{s}^2}}{\text{kg}}}$$

$$= 1.36 \times 10^3\,\text{m/s}$$

よって，室温のヘリウム原子の平均速度は 1.3 km/s 以上で，およそ時速 4900 km である．25 ℃での他の分子の平均速度を表 9·5 に示す．重い分子ほど平均速度は遅い．

298 K においてヘリウム原子の平均速度が 1.36 km/s ということであって，すべてのヘリウム原子がその速度をもつわけではなく，特定の原子が米国のメイン州からカリフォルニア州までの大陸横断を 1 時間でするということではない．図 9·12 に示すように，気体粒子の速度

表 9·5 25 ℃の気体分子の平均速度〔m/s〕

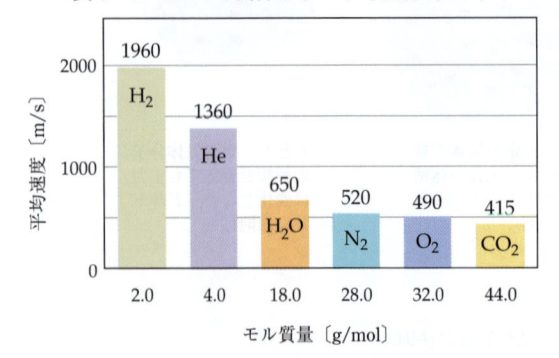

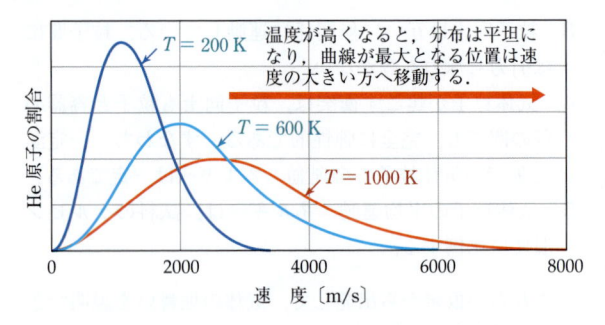

図 9·12 ヘリウム原子の速度分布の温度変化．

は，広い範囲に分布しており，温度が高くなるにつれて速度の大きな方向へ分布は広がって平坦になっていく．また，個々の粒子が他の粒子と衝突して進む方向が変化するまでに直線的に飛行する距離は非常に短くなる．このため，気体粒子の実際の飛行経路は乱雑なジグザグになる．

室温の 1 atm のヘリウムでは，平均自由行程（mean free path）とよばれる衝突までの平均距離は，2×10^{-7} m であり，原子の直径 1000 個分であり，1 秒間におよそ 10^{10} 回衝突する．より大きな O_2 分子では，平均自由行程は，6×10^{-8} m である．

問題 9·18 暑い夏の日の温度 $T = 37$ ℃の場合と，寒い冬の日の温度 $T = -25$ ℃の場合について，それぞれ，窒素分子の平均速度を m/s 単位で計算せよ．

問題 9·19 酸素分子の平均速度が 928 km/h で飛ぶ飛行機の速度と等しくなる温度はいくらか．

9·7　グラハムの法則：気体の拡散と噴散

気体粒子が常に高速で動いていることによって生じる重要な結果がいくつかある．その一つは，気体同士が互いに接触すると迅速に混じり合うことである．また，香水のびんのふたを開けると，香水の分子が空気中の分子と混じり合い，たちまち芳香が部屋中に広がる．頻繁な衝突で分子の運動が乱雑になることによって気体分子同士が混じり合うことを，**拡散**（diffusion）という．似たような現象であるが，気体分子が衝突なしに小さな孔から真空中へ逃げ出すことを，**噴散**（effusion）という（図 9·13）．

スコットランドの化学者 Thomas Graham（グラハム）（1805～1869）によって 1800 年代の中ごろに見出された**グラハムの法則**（Graham's law）によると，気体の噴散速度は，質量の平方根に反比例する．言い換えると，軽い分子ほど，より速く噴散する．

9・7 グラハムの法則: 気体の拡散と噴散

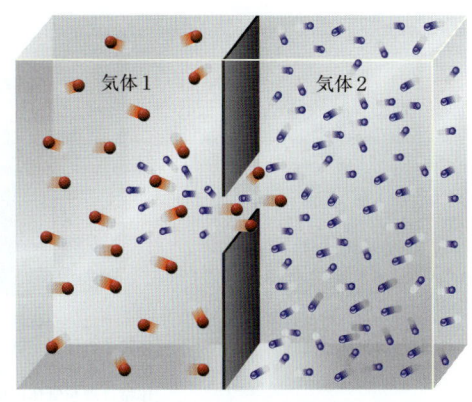

分子同士の衝突で運動が乱雑になることによって気体分子が混じり合うことを**拡散**という．

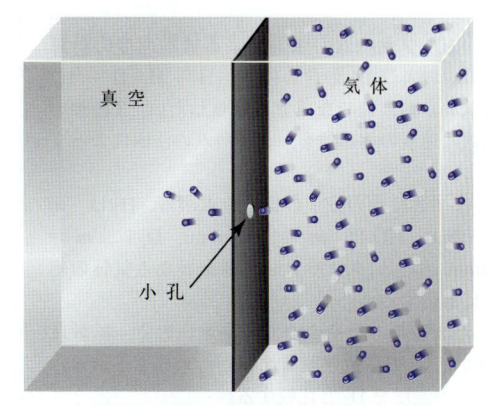

気体分子が衝突せずに小孔から真空中に逃げだすことを**噴散**という．

図 9・13 気体の拡散と噴散

グラハムの法則 気体の噴散速度は，気体の質量 m の平方根に反比例する．

$$速度 \propto \frac{1}{\sqrt{m}}$$

同温同圧の2種類の気体を比べると，二つの気体の噴散速度の比は，その質量の比の平方根に反比例する．

$$\frac{速度_1}{速度_2} = \frac{\sqrt{m_2}}{\sqrt{m_1}} = \sqrt{\frac{m_2}{m_1}}$$

噴散速度と質量の平方根の間の反比例の関係は，前節で学んだ温度と運動エネルギーの関係から直接導かれる．温度は平均運動エネルギーを示すもので，気体の化学的種類には関係しないから，同じ温度ならば，異なる気体でも，平均運動エネルギーは同じになる．

どんな気体でも $\frac{1}{2}mu^2 = \frac{3}{2}\frac{RT}{N_A}$ であるから

同じ温度では $\left(\frac{1}{2}mu^2\right)_{気体1} = \left(\frac{1}{2}mu^2\right)_{気体2}$

両辺の 1/2 は互いに消えるので，少し書き換えると，2種類の気体分子の平均速度はそれぞれの質量の平方根に反比例して変化することがわかる．

$\left(\frac{1}{2}mu^2\right)_{気体1} = \left(\frac{1}{2}mu^2\right)_{気体2}$ であるから

$(mu^2)_{気体1} = (mu^2)_{気体2}$ $\frac{(u_{気体1})^2}{(u_{気体2})^2} = \frac{m_2}{m_1}$ となり，

よって $\frac{u_{気体1}}{u_{気体2}} = \frac{\sqrt{m_2}}{\sqrt{m_1}} = \sqrt{\frac{m_2}{m_1}}$

気体の噴散速度は，気体分子の平均速度に比例するとみなしてよいので，グラハムの法則が得られる．

拡散は気体分子同士が衝突するので噴散よりも複雑であるが，グラハムの法則は通常よい近似で成立する．実際的応用で最も重要なことは，各成分の拡散速度の違いを利用して混合気体から純粋な成分を分離できることである．たとえば，主要な成分として ^{235}U (0.72%) と ^{238}U (99.28%) からなる天然のウランの同位体混合物がその例である．ウランの濃縮プラントでは，核分裂を起こして原子炉の燃料となるウラン 235 を濃縮する．すなわち単体のウランを揮発性の六フッ化ウラン (bp 56℃) に変換し，気体の UF_6 を透過性の膜を通して別室へと拡散させる． $^{235}UF_6$ と $^{238}UF_6$ の気体分子は，その質量の比の平方根に従って，少しだけ異なる速度で膜を通して拡散する．

$^{235}UF_6$ では，$m = 349.03$ amu

$^{238}UF_6$ では，$m = 352.04$ amu

よって $\dfrac{^{235}UF_6 の拡散速度}{^{238}UF_6 の拡散速度} = \sqrt{\dfrac{352.04 \text{ amu}}{349.03 \text{ amu}}}$

$= 1.0043$

膜を通過する UF_6 の気体は，軽い同位体の方が動きが速いため少しだけ濃縮される．この過程を何千回も繰返すと，同位体成分を分離することができる．西欧の核燃料供給のおよそ 35% は，この気体拡散法で，毎年 5000 トンつくられているが，その割合は，改良された方法の出現によって急激に下がりつつある．

例題 9・10 グラハムの法則による拡散速度の計算

H_2, HD, および D_2 を含む水素 ($H = {}^1H$, $D = {}^2H$) の気体試料から, 純粋な成分を分離したい. 3種類の分子の拡散速度の相対値を, グラハムの法則によって計算せよ.

方針 まず3種類の分子の質量を求める. H_2 は, $m = 2.016$ amu, HD は, $m = 3.022$ amu, D_2 は, $m = 4.028$ amu. つぎにグラハムの法則を異なる気体の組合わせに適用する.

解 D_2 が3種類の分子の中で一番重いので, 拡散は一番遅い. D_2 の拡散速度を比較するために1とおき, HD と H_2 の速度を D_2 と比較する.

HD と D_2 を比べると,

$$\frac{\text{HD の拡散速度}}{D_2 \text{ の拡散速度}} = \sqrt{\frac{D_2 \text{ の質量}}{\text{HD の質量}}} = \sqrt{\frac{4.028 \text{ amu}}{3.022 \text{ amu}}}$$
$$= 1.155$$

H_2 と D_2 を比べると,

$$\frac{H_2 \text{ の拡散速度}}{D_2 \text{ の拡散速度}} = \sqrt{\frac{D_2 \text{ の質量}}{H_2 \text{ の質量}}} = \sqrt{\frac{4.028 \text{ amu}}{2.016 \text{ amu}}}$$
$$= 1.414$$

よって, 拡散速度の相対値は, $H_2(1.414) >$ HD $(1.155) > D_2(1.000)$.

問題 9・20 つぎの各組合わせの気体のうち, どちらがより速く拡散するか. また, 拡散速度を比較せよ.
(a) Kr と O_2　(b) N_2 とアセチレン C_2H_2

問題 9・21 Ne の3種類の天然同位体 ^{20}Ne, ^{21}Ne, ^{22}Ne の拡散速度の相対値を求めよ.

9・8 実在気体の振舞い

気体についての議論をしめくくる前に, すでに指摘したことをより詳しく述べておこう. 実在気体の振舞いは, しばしば理想気体と少しだけ異なる. たとえば, 気体分子運動論では, 気体全体の体積と比べて気体粒子自身の体積は無視できると仮定する. この仮定は, STP では, 分子自身の体積が気体全体の 0.05% 程度しかないので, 成り立つとしてよいが, 500 atm で 0 ℃ の場合は, 分子自身の体積が気体の全体積の 20% にもなるので, 成り立たなくなる (図 9・14). その結果, 実在気体の高圧での体積は, 理想気体の場合より大きくなる.

実在気体の2番目の問題点は, 粒子間に引力がないとする仮定である. 低圧では, 粒子同士が十分に離れているので, この仮定はよく成り立つ. しかし, 高圧では, 粒子同士は互いにもっと近づくので, 粒子間の引力が重

低圧では, 気体粒子の体積は全体積と比べて無視できる.

高圧では, 全体積と比べて気体粒子の体積が無視できなくなる. その結果, 実在気体の体積は理想気体の場合よりいくぶん大きくなる.

図 9・14 実在気体の体積

要になってくる. 一般に, 分子間引力は, 分子の直径の 10 倍程度の距離に近づくと無視できなくなり, 距離が近づくにつれて急激に大きくなる (図 9・15). その結果, 分子同士はある程度引き合って, 一定圧力では, 体積が小さくなる (一定体積では, 圧力が減少する).

図 9・15 分子は直径の10倍程度の距離まで引力を及ぼし合う. その結果, 圧力が 300 atm までは, 理想気体と比べて, ほとんどの実在気体の体積は小さくなる.

分子の体積が大きくなると気体の体積 V が増加することと, 分子間引力が気体の体積 V を減少させることは, 互いに逆向きの効果であることに注意する必要がある. この二つの効果は, 圧力があまり高くない領域では互いに打ち消し合うが, 350 atm 以上の高圧では, 分子の体積の効果が支配的になる.

二つの問題は, **ファンデルワールスの方程式** (van der Waals equation) とよばれる数式で扱うことができ, 理想気体の法則からのずれが a と b の二つの補正因子で考慮される. 分子の体積の効果による V の増加は, 観

ファンデルワールスの方程式

分子間引力の補正　　分子体積の補正

$$\left(P + \frac{an^2}{V^2}\right)(V - bn) = nRT$$

すなわち $P = \dfrac{nRT}{V - bn} - \dfrac{an^2}{V^2}$

測される体積から bn という量を差引くことで補正される．分子間の引力による V の減少（あるいは，それと同等な P の減少）は，圧力に an^2/V^2 という量を追加することでうまく補正される．

問題 9・22 0.500 mol の N_2 の体積が 300 K で 0.600 L であるとして，理想気体の方程式およびファンデルワールスの方程式のそれぞれを用いて，気体の圧力を atm 単位で計算せよ．ただし，N_2 の補正因子は，$a = 1.35$ $(L^2 \cdot atm)/mol^2$, $b = 0.0387$ L/mol であるものとせよ．

9・9 地球の大気

地球を取り巻く大気圏は，均一な混合物とは想像以上に程遠い．大気の圧力は高度の上昇につれて減少するが，高度と温度の関係はもっと複雑である（図 9・16）．この温度曲線に基づいて，大気は四つの領域に分類されている．地表に一番近い領域である<u>対流圏</u>（troposphere）の温度は，高度の上昇につれてしだいに低下し 12 km 程度で極小に達する．つぎの成層圏では，50 km 付近まで温度が上昇する．成層圏の上の中間圏（50〜85 km）では再び温度が低下するが，熱圏ではさらに再び温度が上昇する．高度がどの程度のものかというと，乗客を乗せるジェット機の通常運航高度は対流圏の最上部の 10〜12 km 付近であり，ジェット機の高度の世界記録は 37.65 km で成層圏の中央付近である．

対流圏の化学

驚くことではないが，人間の活動によって最も乱されやすく，地球表面の状況に最も影響されやすいのは，地表に一番近い対流圏である．そのような影響のうち，大気汚染，酸性雨，地球温暖化などは，とりわけ重要である．

大気汚染 大気汚染は，工業化した社会の望まぬ副産物として最近の 2 世紀に出現した．その原因は比較的単純であるが，制御は困難である．大気汚染のおもな原因は，未燃焼の炭化水素分子や一酸化窒素 NO であり，これらは，古い工業プラントや世界中で現在使われているおよそ 7 億 5 千万台もの自動車のエンジンにより，石油製品の燃焼に伴って放出されている．NO は，空気で酸化されて NO_2 になり，太陽光（しばしば $h\nu$ で表される）を受けると，NO と単独の酸素原子に分かれる．酸素原子と O_2 分子が反応するとオゾン O_3 が生じる．このオゾンは，非常に反応性の高い物質であり，大気中の未反応炭化水素と結びつく．その結果生じるのは，いわゆる光化学スモッグで，多くの都市を覆っているもやもやした褐色の層である．

$$NO_2(g) + h\nu \longrightarrow NO(g) + O(g)$$
$$O(g) + O_2(g) \longrightarrow O_3(g)$$

酸性雨 酸性雨は，2 番目に大きな環境問題であり，発電所で石炭に含まれる硫黄が燃焼するときに生じる二酸化硫黄 SO_2 がおもな原因となっている．二酸化硫黄は大気中の酸素と徐々に反応して SO_3 に変わり，SO_3 が雨滴に溶け込むと希硫酸 H_2SO_4 が生じる．

$$S(石炭中) + O_2(g) \longrightarrow SO_2(g)$$
$$2 SO_2(g) + O_2(g) \longrightarrow 2 SO_3(g)$$
$$SO_3(g) + H_2O(l) \longrightarrow H_2SO_4(aq)$$

酸性雨の影響は重大であり，米国北部やカナダや北欧で広範に酸性湖から魚がいなくなったり，ヨーロッパ中東部の森林が被害を受けたり，大理石の建造物や彫像が随所で損傷したりしている．大理石は，炭酸カルシウム $CaCO_3$ の一形態であり，金属の炭酸塩の多くと同様に，酸と反応して CO_2 を生じる．その結果，大理石は徐々に虫食い状態になっていく．

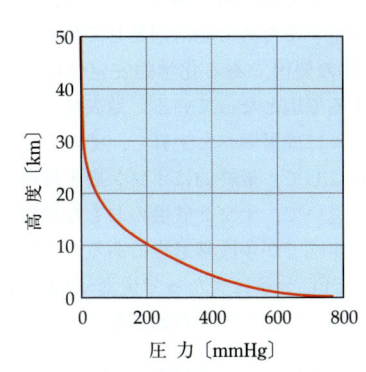

大気圧は高度とともに減少する．

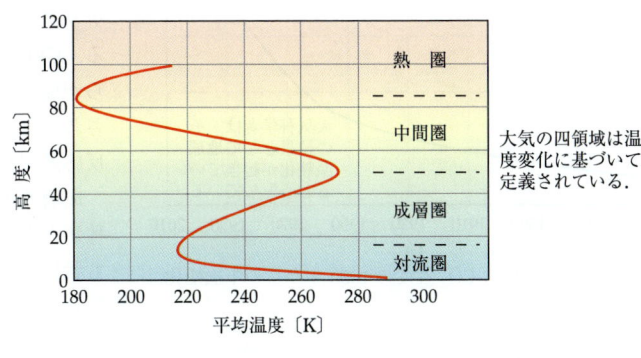

平均温度は高度に対し不規則に変化する．

図 9・16 大気圧と平均温度の高度に対する変化．

$$\text{CaCO}_3(s) + \text{H}_2\text{SO}_4(aq) \longrightarrow \text{CaSO}_4(aq) + \text{H}_2\text{O}(l) + \text{CO}_2(g)$$

地球温暖化　3番目に大きな大気の問題は，温室効果で地球が温暖化することであり，大気汚染や酸性雨と比べて，より複雑でまだ十分に理解されていない．この問題の基本的な原因は，この1世紀にわたる人間の活動によって，地球の微妙な熱収支が崩れてしまったことにある．この熱収支の問題の一つは，地球の表面が太陽から受取る熱の一部が，赤外線のエネルギーとして放出されて宇宙空間に戻っていくことと関係している．放出される赤外線の大半は大気を通過するが，その一部は，大気に含まれる気体，特に水蒸気，二酸化炭素，およびメタンによって，吸収されてしまう．ここで吸収された赤外線が，大気を暖め，地球表面の温度を安定に保つ働きをしている．この赤外線吸収量が増加してしまうと，大気の加熱を強めて地球の温度を上げてしまう．

注意深い観測によると，過去160年間，大気中の二酸化炭素濃度は上昇し続けてきた．その原因は，化石燃料の使用量の増加であり，二酸化炭素濃度は，1850年の290 ppmから，2008年には385 ppmに増加している（図9・17）．このため，赤外線吸収量の増加と地球温暖化の進行について大気科学者の関心が集まっている．多くの大気科学者は，対流圏の中央で最近の25年間に約0.4℃温暖化したことを示す最近の測定結果に基づいて，地球温暖化が始まったと信じている．さらに，2050年までに温度が3℃上昇するという予測が計算で示されている．そうなると，氷河の氷が大量に解け，その結果，海水面がかなり上昇すると予想されている．

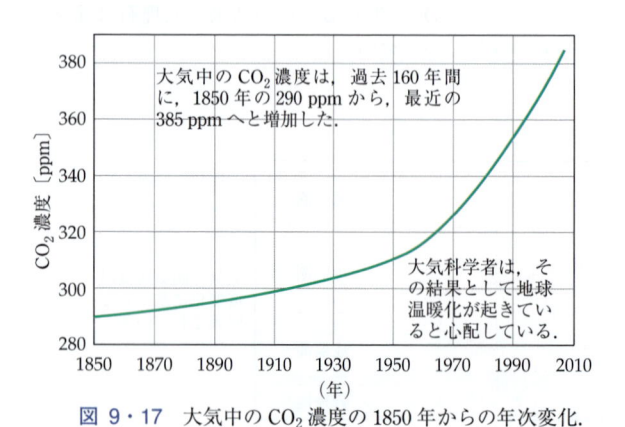

図9・17　大気中のCO₂濃度の1850年からの年次変化．

上層大気の化学

対流圏より上層の大気の質量は比較的少ないが，そこで繰り広げられている化学変化は，地上の生命の維持に危機的な状況にある．最も重要なことは，地表から20〜40 kmの範囲の大気に広がっているオゾン層（ozone layer）で起こっていることである．オゾン（O₃）は，低高度では重大な汚染物質であるが，上層大気中では，太陽からの強力な紫外線を吸収するため，決定的に重要である．その存在は極少量でも，成層圏のオゾンは，目の白内障や皮膚がんの原因となる太陽からの高エネルギー放射線が地表に届くのを遮断する働きをしている．

1976年頃に，南極上空のオゾン量の減少が発覚し（図9・18），さらに最近，北極上空でも類似の現象が発見された．極地上空では，春には正常値の50%にまでオゾン量が減少するが，秋には通常の状態に復帰する．

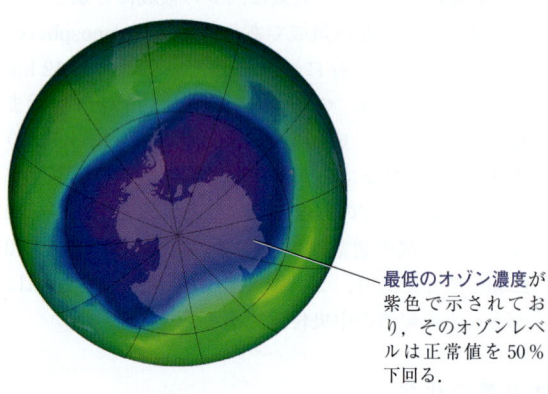

図9・18　2006年9月24日の南極上空のオゾンホールの人工着色された衛星写真．

オゾンの減少のおもな原因は，CF₂Cl₂，CFCl₃などのクロロフルオロカーボン（CFC）が成層圏に存在することである．これらの物質は，安価で安定で毒性がなく，不燃性で腐食しないので，スプレー缶の噴霧剤，冷却剤，溶媒，消火剤などとして理想的である．さらに，プラスチック断熱材を製造するための発泡剤として使われている．CFCの利便性の要因である化学的安定性は，それらが環境に残存する原因となっている．地表付近で放出された分子は，徐々に成層圏へと上昇し，そこで複雑な反応過程をひき起こして，最終的にオゾン層を破壊する．

成層圏の状況の違いで，オゾン破壊のおもな機構は何種類かある．そのすべてが多段階過程であるが，いずれも紫外線（$h\nu$）がCFC分子に当たって炭素-塩素結合が切れ，塩素原子が生じるところから始まる．

$$\text{CFCl}_3 + h\nu \longrightarrow \text{CFCl}_2 + \text{Cl}$$

生成した塩素原子は，オゾンと反応してO₂とClOを

生じ，続いて 2 個の ClO 分子が Cl_2O_2 を与える．その後さらに紫外線を受けると Cl_2O_2 は分解し，O_2 とさらに 2 個の塩素原子を生じる．

$$(1) \quad 2[Cl + O_3 \longrightarrow O_2 + ClO]$$
$$(2) \quad 2\,ClO \longrightarrow Cl_2O_2$$
$$(3) \quad Cl_2O_2 + h\nu \longrightarrow 2\,Cl + O_2$$

合計：$2\,O_3 + h\nu \longrightarrow 3\,O_2$

上の一連の反応をまとめると，塩素原子は，最初のステップで消費されるが 3 番目のステップで再生されるため，反応全体をまとめた正味の反応には含まれていない．このため，この一連の反応は実質的に終わりのない連鎖反応（chain reaction）になっていて，少量の CFC 分子から，ごくわずかの塩素原子が生じると，膨大なオゾン分子の破壊をひき起こす．

この問題の認識によって，米国政府は，1980 年にスプレー缶の噴霧剤への CFC の使用を禁止し，さらに最近，冷却剤への使用を禁止した．CFC の使用削減の国際的活動は，1987 年 9 月に開始され，CFC の工業生産と販売が 1996 年に国際的に禁止された．それでも，この禁止は十分な効力を示してはおらず，ロシアや中国などで，闇市場がかなり広がり，毎年 3 億ドルもの不法な CFC が生産されている．このような厳しい努力にもかかわらず，成層圏の CFC の量は 2010 年頃まで増えつづけ，今世紀の半ばまでは，1980 年以前の状態には戻らないと予測されている．

問題 9・23 オゾン層は，厚さが約 20 km，平均全圧が 10 mmHg（1.3×10^{-2} atm），平均温度が 230 K であり，オゾンの分圧は，1.2×10^{-6} mmHg（1.6×10^{-9} atm）しかない．オゾン層に含まれるオゾンをすべて STP での純粋な O_3 の層に圧縮すると，その厚さは何メートルになるか．

要　約

気体は，ほとんど何もない空間の体積中で，独立に運動している原子または分子の集団である．無秩序に動き回る粒子が容器の壁に衝突するときに単位面積当たりに及ぼす力が，われわれが感じる**圧力**（pressure）である．圧力の SI 単位は，**パスカル**（pascal, 記号は **Pa**）であるが，**気圧**（atmosphere, 記号は **atm**）や**ミリメートル水銀柱**（millimeter of mercury, **mmHg**）が通常よく用いられる．気体の物理的性質は，圧力（P），温度（T），体積（V），および，物質量（n）の四つの変数で決まる．これらの変数の間の関係は，気体の法則とよばれる．

ボイルの法則（Boyle's law）：気体の体積は圧力に反比例する．すなわち，n と T 一定で，$V \propto 1/P$ または $PV = k$

シャルルの法則（Charles's law）：気体の体積はケルビン温度に比例する．すなわち，n と P 一定で，$V \propto T$ または $V/T = k$

アボガドロの法則（Avogadro's law）：気体の体積は物質量に比例する．すなわち，T と P 一定で，$V \propto n$ または $V/n = k$

以上の三つの法則を一つの法則にまとめたものが，**理想気体の法則**（ideal gas law）$PV = nRT$ である．四つの変数 P, V, T, n のうちの三つがわかれば，他の一つは計算で求められる．方程式に含まれる定数 R は**気体定数**（gas constant）とよばれ，すべての気体に対し同じ値をもつ．**標準状態の温度と圧力**（standard temperature and pressure, **STP**, 0 ℃, 1 atm）では，理想気体の**標準モル体積**（standard molar volume）は，22.414 L である．

気体の法則は，純粋な気体だけでなく，混合気体にも適用できる．**ドルトンの分圧の法則**（Dalton's law of partial pressure）によると，容器に入れた混合気体の全圧は，個々の気体が単独で示す圧力（分圧）の和に等しい．

以下に示す五つの仮説に基づく**気体分子運動論**（kinetic-molecular theory of gases）というモデルを用いることによって，気体の振舞いを説明することができる．

1. 気体は無秩序に運動する微小な粒子からなる．
2. 気体粒子の体積は，全体積と比べて無視できる．
3. 粒子間には引力も斥力も働かない．
4. 気体粒子の衝突は弾性的である．
5. 気体粒子の平均運動エネルギーは，試料の絶対温度に比例する．

気体分子運動論から得られる温度と運動エネルギーの関係を用いると，任意の温度の気体粒子の平均速度を計算することができる．この関係の実用上重要な帰結が，**グラハムの法則**（Graham's law）である．この法則によると，気体の噴散速度，あるいは，膜の小孔を自発的に通過するときの速度は，気体の質量の平方根に反比例する．

実在気体の振舞いは，理想気体の法則による予測とは異なる．特に高圧では，気体粒子相互の接近が強制されるため，分子間の引力が無視できなくなる．

Interlude

吸入麻酔剤

1846年にエーテル麻酔剤を用いて行ったWilliam Mortonの公開歯科手術は，医術における最も重要なブレークスルーとして位置づけられる．それ以前は，すべての手術が患者の意識がある状態で行われていた．Mortonの仕事に続き，英国のVictoria女王が1853年にクロロホルムで麻酔して子供を産んだことから，麻酔剤としてのクロロホルムの使用が急速に普及した．

ジエチルエーテルやクロロホルムに加え，実に何百種類もの物質が吸入麻酔剤として作用することがつぎつぎと示された．ハロタン，イソフルラン，セボフルラン，およびデスフルランは，現在，最もよく使用されており，四つとも毒性がなく不燃性で，少量で効き目がある．

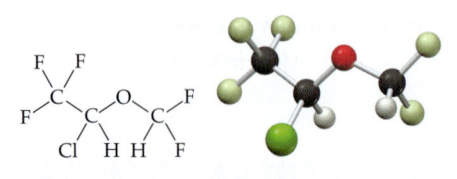

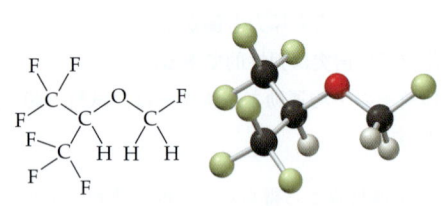

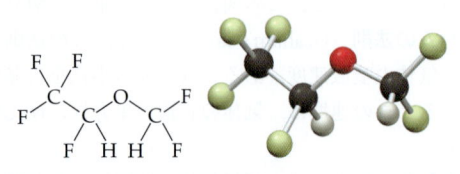

その重要性にもかかわらず，吸入麻酔剤がどのように人体に作用するかは，驚くほどわかっていない．麻酔の現象論的な定義すら不明確であり，麻酔に至る脳の機能の変化の本質はわかっていない．いろいろな麻酔剤の効き目と関連する顕著な特徴は，オリーブオイルによく溶解することである．オリーブオイルによく溶けるほど，麻酔剤としてよく効く．通常あまり見受けられないこのような特徴に基づき，多くの科学者は，神経細胞を取り巻く脂質膜に溶解することで麻酔剤が機能すると信ずるようになった．麻酔剤の溶解に起因する膜の流動性と形状の変化が，ナトリウムイオンの神経細胞への伝達能力を低下させ，神経パルスの発生を阻害するのである．

麻酔の深さは，脳に到達する麻酔剤濃度で決まる．脳での濃度は，麻酔剤の血液での溶解性と輸送性に依存し，吸入された空気中の分圧にも依存する．麻酔剤の効力は，通常，<u>最小肺胞濃度</u>（minimum alveolar concentration）MACで表される．これは，実際に患者の50％に麻酔がかかる吸入空気中の麻酔剤のパーセント濃度である．表9・6に示すように，一酸化二窒素（亜酸化窒素）N_2Oは，よく使用される麻酔剤の中で一番弱い．一酸化二窒素と酸素の80：20の混合物を吸い込んだ患者のうち，動けなくなるのは，50％未満である．ハロタンは最も強力な麻酔剤である．わずか5.7 mmHgの分圧で，患者の50％に麻酔がかかる．

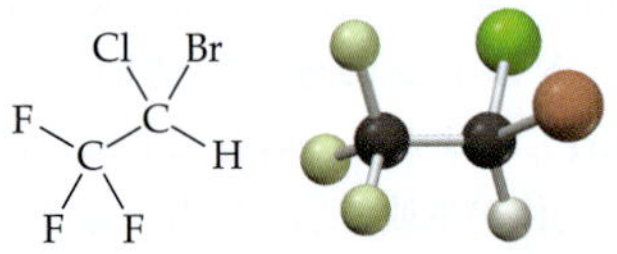

表9・6 吸入麻酔剤の効力の比較

麻酔剤	MAC（％）	MAC（分圧）〔mmHg〕
一酸化二窒素	—	>760
デスフルラン	6.2	47
セボフルラン	2.5	19
イソフルラン	1.4	11
ハロタン	0.75	5.7

問題 9・24 ジエチルエーテルは，分圧15 mmHgで患者の50％に麻酔がかかる．ジエチルエーテルのMACを求めよ．

問題 9・25 クロロホルムのMACは0.77％である．
(a) 患者の50％に麻酔をかけるには，クロロホルムの分圧をいくらにする必要があるか．
(b) STPで10.0 Lの空気中にどれだけの質量のクロロホルムが含まれれば，上のMACの値に相当するか．

キーワード

圧力（pressure, P） 188
アボガドロの法則（Avogadro's law） 192
拡散（diffusion） 200
気圧（atmosphere, atm） 188
気体定数（gas constant, R） 193
気体の法則（gas laws） 190
気体分子運動論（kinetic-molecular theory of gases） 198
グラハムの法則（Graham's law） 200
シャルルの法則（Charles's law） 191
ドルトンの分圧の法則（Dalton's law of partial pressures） 197
ニュートン（newton, N） 188
パスカル（pascal, Pa） 188
標準状態の温度と圧力（standard temperature and pressure, STP） 193
標準モル体積（standard molar volume） 192
ファンデルワールスの方程式（van der Waals equation） 202
噴散（effusion） 200
ボイルの法則（Boyle's law） 190
マノメーター（manometer） 189
ミリメートル水銀柱（millimeter of mercury, mmHg） 188
モル分率（mole fraction, X） 198
理想気体（ideal gas） 190
理想気体の法則（ideal gas law） 193

10 液体，固体と相変化

10・1	極性共有結合と双極子モーメント	10・7	結晶構造の研究：X線結晶学
10・2	分子間力	10・8	結晶の単位格子と空間充填モデル
10・3	液体の性質	10・9	イオン結晶の構造
10・4	相変化	10・10	共有結合結晶の構造
10・5	蒸発，蒸気圧と沸点	10・11	相図
10・6	固体の種類	Interlude	イオン性液体

　前章で展開した気体分子運動論は，気体粒子がそれぞれ独立に運動すると仮定して，気体のさまざまな性質を説明する．粒子間の引力は非常に弱いので，気体の粒子は，自由に乱雑な運動を行い，空間が空いている限りどこにでも行く．これと同じことは液体や固体では成り立たない．液体や固体は，粒子間に引力があることで，気体とは明確に区別される．液体では，十分な強さの引力で，粒子同士が互いに接触しているが，粒子同士は相互にその位置をずらすことができる．固体では，引力が強いため，粒子は位置を固定され，移動することができない（図10・1）．

　本章では，液体や固体の性質を支配する力の本性を調べるが，特に固体中での粒子の整列とその結果生じるさまざまな固体に注目する．さらに，固体，液体，気体の間の転移がどのように起こるか，また，転移を起こす圧力や温度の効果について調べる．

10・1 極性共有結合と双極子モーメント

　分子間力を扱う前に，結合双極子と双極子モーメントの概念についてふれておく必要がある．§5・4で極性共有結合（polar covalent bond）が異なる電気陰性度をもつ原子間に生じることを学んだ．たとえば，塩素は炭素より電気的な陰性が強いため，クロロメタン（CH$_3$Cl）のC−Cl結合の電子は塩素原子の方に引きつけられる．このため，C−Cl結合は分極し，塩素原子は少しだけ電子に富む（δ−）ようになり，炭素原子は少しだけ電子が不足する（δ+）ようになる．

> **思い出そう…**
> 極性共有結合では，結合電子対が二つの原子間で平等には共有されないが，完全に一方に移動するわけではない．このため，極性共有結合は，無極性の共有結合とイオン結合の中間的なものである（§5・4）．

　クロロメタンのC−Cl結合は，正の端と負の端の二つの極性端をもつ．これを結合**双極子**（dipole）といい，電子の移動方向を示すために，端に"+印"をもつ矢印記号（+—→）で表す．矢印の先端は双極子の負の端（δ−）を示し，+印の端はプラス記号を意味し，正の端（δ+）を表す．この極性は，**静電ポテンシャル図**（electrostatic potential map，§5・4）で明確に読み取れ

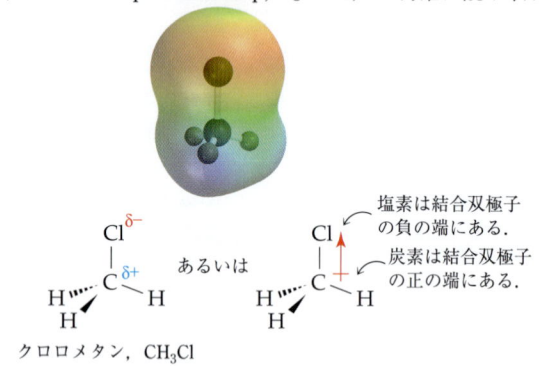

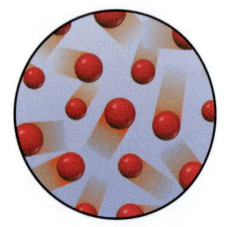

クロロメタン，CH$_3$Cl

塩素は結合双極子の負の端にある．
炭素は結合双極子の正の端にある．

気体では，粒子は弱い引力を感じ，自由に無秩序な運動を行う．

液体では，引力によって互いにつなぎとめられてはいるが，相互に位置を変えることができる．

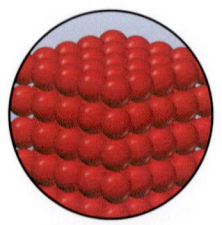

固体では，粒子は規則正しい位置にしっかりと固定されている．

図10・1　気体，液体，固体の分子の比較．

る．電子に富む塩素原子は赤く，分子中のそれ以外の部分は，電子不足であり，青緑になっている．

> **思い出そう…**
> 静電ポテンシャル図は，計算で得られた分子中の電子分布を色で示す．電子に富む領域は赤く，電子が不足する領域は青い（§5・4）．

分子中の個々の結合がしばしば極性をもつのと同様に，個々の結合および孤立電子対の極性の正味の総和の結果として，分子全体もしばしば極性をもつ．分子が双極子モーメントをもつかどうかは，つぎのように考えるとわかる．分子中に，すべての正電荷（原子核）の重心とすべての負電荷（電子）の重心があると仮定する．この二つの重心の位置が一致しないならば，分子は正味の極性をもつ．

分子がもつ正味の極性は，**双極子モーメント**（dipole moment, μ）とよばれる量で表され，分子の双極子の両端の電荷 Q と電荷間距離 r の積，$\mu = Q \times r$，でその大きさが定義される．双極子モーメントの大きさは，デバイ（D）単位で表され，SI単位を用いると，1 D = 3.336 × 10^{-30} C·m である．この大きさを理解するために，電子の電荷 1.60 × 10^{-19} C を用いて考えてみよう．1個の陽子と1個の電子が 100 pm（通常の共有結合の長さよりやや短い）だけ離れているとすると，その双極子モーメントは，1.60 × 10^{-29} C·m (4.80 D) になる．

$$\mu = Q \times r$$
$$\mu = (1.60 \times 10^{-19} \text{ C})(100 \times 10^{-12} \text{ m})\left(\frac{1 \text{ D}}{3.336 \times 10^{-30} \text{ C·m}}\right)$$
$$= 4.80 \text{ D}$$

双極子モーメントを実験で求めることは比較的容易である．代表的な物質の双極子モーメントの値を，表 10・1 に示す．双極子モーメントがわかれば，分子中での電荷分離の大きさを考えることができる．たとえば，クロロメタンでは，双極子モーメントの測定値は μ = 1.90 D である．C–H 結合の極性は小さいので，クロロメタンの双極子モーメントの大半は C–Cl 結合に起因する．C–Cl 結合の長さは 179 pm であるから，C–Cl 結合がイオン的であるなら，双極子モーメントの大きさは，1.79 × 4.80 D = 8.59 D になるはずである．この場合，塩素原子上に負の電荷があり，炭素原子上に正の電荷があって，それらが 179 pm だけ離れていることになる．しかし，クロロメタンについて実際に測定された双極子モーメントの大きさは 1.90 D でしかないので，C–Cl 結合のイオン性は (1.90/8.59)×(100 %) = 22 % であると結論することができる．したがって，クロロメタンの塩素原子は約 0.2 個分の電子を過剰に保有し，逆に炭

表 10・1 代表的化合物の双極子モーメント

化合物	双極子モーメント〔D〕
NaCl*	9.0
CH$_3$Cl	1.90
H$_2$O	1.85
NH$_3$	1.47
HCl	1.11
CO$_2$	0
CCl$_4$	0

* 気相の測定値．

素原子では約 0.2 個分の電子が不足している．

イオン化合物 NaCl が表 10・1 で最大の双極子モーメントを示していることは驚くにあたらない．水やアンモニアもかなり双極子モーメントが大きいが，それは，O と N は水素より電気的な陰性が大きく，O，N ともに孤立電子対をもっていて，分子の正味の極性に大きな寄与を与えるからである．

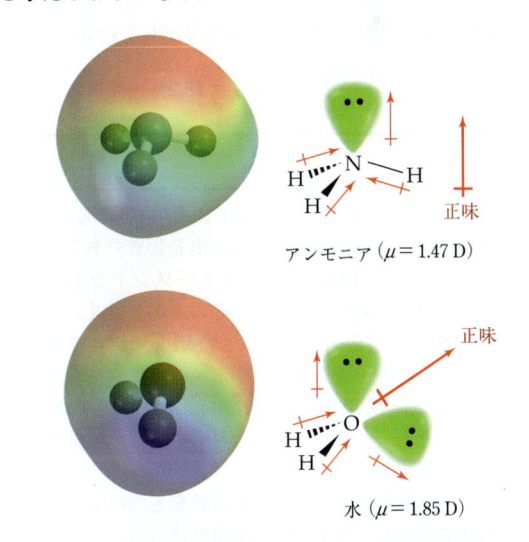

アンモニア (μ = 1.47 D)

水 (μ = 1.85 D)

水やアンモニアと異なり，二酸化炭素やテトラクロロメタン（CCl$_4$）の双極子モーメントは 0 である．これ

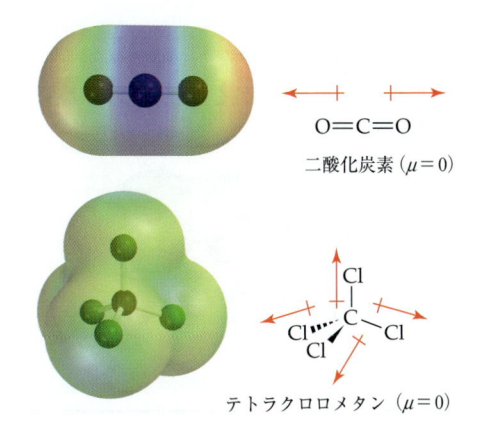

二酸化炭素 (μ = 0)

テトラクロロメタン (μ = 0)

らの分子は，ともに極性共有結合をもつが，その構造の対称性によって，個々の結合の極性は，全体として完全に打ち消し合う．

例題 10・1　双極子モーメントに基づく結合のイオン性の決定

HCl の双極子モーメントは 1.11 D であり，原子間距離は 127 pm である．HCl 結合のイオン性（パーセント）を求めよ．

方針　もし HCl が 100% イオン性であるなら，負の電荷(Cl^-) は正の電荷(H^+) と 127 pm 離れている．その双極子モーメントを計算し，実測値と比較する．

解　双極子モーメントの計算値は

$\mu = Q \times r$

$\mu = (1.60 \times 10^{-19}\,C)(127 \times 10^{-12}\,m)\left(\dfrac{1\,D}{3.336 \times 10^{-30}\,C\cdot m}\right)$

$= 6.09\,D$

HCl の実測双極子モーメント (1.11 D) は，H–Cl 結合のイオン性が約 18% であることを示している．

$$\dfrac{1.11\,D}{6.09\,D} \times 100\% = 18.2\%$$

例題 10・2　双極子モーメントの存在の予測

ポリ塩化ビニル高分子の合成の出発物質である塩化ビニル ($H_2C=CHCl$) が双極子モーメントをもつかどうか予測し，もしもつなら，その方向を示せ．

方針　まず，§5・10 で示した VSEPR モデルを用い，塩化ビニルの分子構造を予測する．つぎに，結合した原子の電気陰性度 (p.89，図 5・4) から個々の結合の極性を考え，それらを加え合わせて全体の極性を合理的に推定する．

解　どの炭素原子も，三つの電荷雲をもつので平面三角形構造をもち，分子全体は平面形になる．

塩化ビニル

上から見た図　　横から見た図

C–Cl 結合だけが大きな極性をもち，それによって分子が正味の極性を示す．

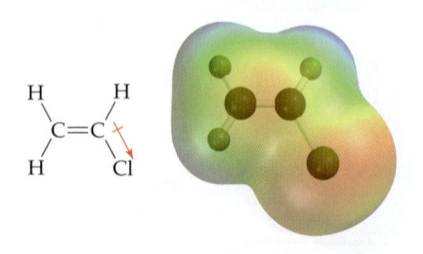

問題 10・1　HF の双極子モーメントは $\mu = 1.83\,D$，結合距離は 92 pm である．H–F 結合のイオン性（パーセント）を計算せよ．HF 結合のイオン性を HCl（例題 10・1）と比較し，大小を述べよ．

問題 10・2　以下のどの分子が双極子モーメントもつか推定し，双極子モーメントの方向を述べよ．
(a) SF_6　(b) $H_2C=CH_2$　(c) $CHCl_3$　(d) CH_2Cl_2

問題 10・3　メタノールの双極子モーメントは $\mu = 1.70\,D$ である．電子の移動方向を矢印で示せ．

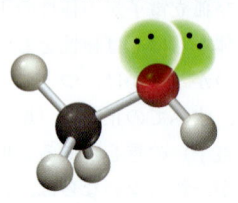

問題 10・4　メチルアミン CH_3NH_2 は魚の腐敗臭の原因である．つぎの静電ポテンシャル図を見てメチルアミンの極性を説明せよ．

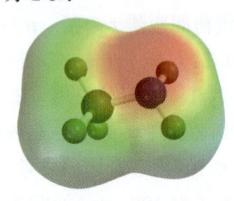

10・2　分子間力

分子の極性についてある程度学んだので，極性によって分子間に生じる力を調べてみよう．このような力が存在することは，容易に示すことができる．例として H_2O をとりあげる．個々の H_2O 分子は 2 個の水素原子と 1 個の酸素原子からなり，共有結合とよばれる分子内の力によってつながっている．一方，目にする H_2O の試料は，温度によって，固体の氷，液体の水，気体の水蒸気のいずれかである．したがって，しかるべき温度で，分子同士を互いに結び付けるなんらかの**分子間力** (intermolecular force) が存在するはずである (図 10・2)．（厳密なことをいうと，分子間という言葉は，分子からなる物質についてだけいえるものであるが，この言葉は，分子やイオンや原子を含むすべての粒子間の相互作用に用いることにする．）

分子間力は全体として，オランダの科学者 Johannes van der Waals (1837～1923) の名にちなんで**ファンデルワールス力** (van der Waals force) とよばれている．この力には，**双極子-双極子力**，**ロンドンの分散力**，**水素結合**など，いくつかの異なる種類がある．さらに，イオン-双極子力はイオンと分子の間に作用する．これらのすべての分子間力は，静電気力が原因となっており，

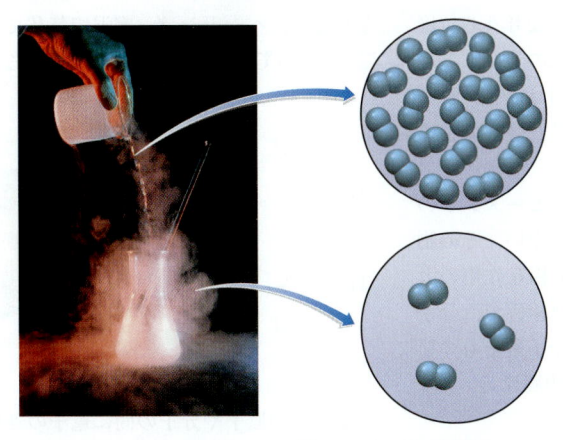

10・2 分子間力

低温では，分子間力によって，窒素分子同士は，互いにゆるく引き合っている．

高温では，分子間力は分子同士を近づけておくことができなくなり，その結果，窒素は気体になる．

図 10・2 分子間力

異種の電荷間の引力と同種の電荷間の斥力によって生じている．もしも粒子がイオンならば，電荷はそっくりそのまま存在し，イオン-イオン引力は非常に強く，エネルギー的には 500〜1000 kJ/mol であり，**イオン結合**（ionic bond）とよばれるものができる（§4・8）．中性の粒子の場合は，せいぜい部分的な電荷しか存在しないが，それでも引力は十分な大きさを示す．

> **思い出そう…**
> イオン結合は，通常，金属カチオンと，非金属アニオンの間に形成される（§4・8）．

イオン-双極子力

前節で学んだように，個々の結合双極子の和が 0 でないならば，分子は正味の極性と双極子モーメントをもつ．分子の一方の端は電子が過剰で負の部分電荷（δ−）をもち，他方の端は電子不足で正の部分電荷（δ+）をもつ．**イオン-双極子力**（ion–dipole force）は，イオンと極性分子の部分電荷との間に働く静電気的相互作用の結果である（図 10・3）．

イオンが存在するときの極性分子の好ましい配向は，予想通り，双極子の正の部分がアニオンに近づき，双極子の負の部分がカチオンに近づく．相互作用エネルギー E の大きさは，イオンの電荷 z，双極子モーメントの大きさ μ，および，イオンと双極子の距離 r の二乗の逆数に依存するので，$E \propto z\mu/r^2$ となる．イオン-双極子力は，NaCl のようなイオン物質の水溶液において，特に重要であり，極性をもつ水分子は，イオンを取り囲む．この点については，次章でもっと詳しく探究する．

双極子-双極子力

中性ではあっても極性をもつ分子には，隣接する分子の双極子間の電気的相互作用の結果として**双極子-双極子力**（dipole–dipole force）が働く．この力は，分子の

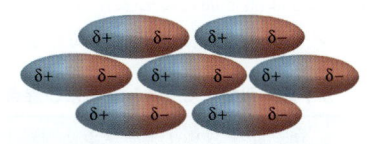

異なる電荷が互いに近づくように極性分子同士が配向すると分子間に引力が働くが…

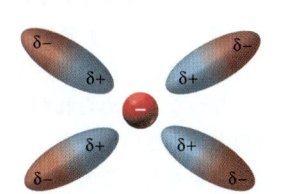

極性分子は，正の端がアニオンに近づくように配向し…

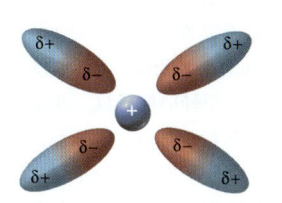

…負の端がカチオンに近づくように配向する．

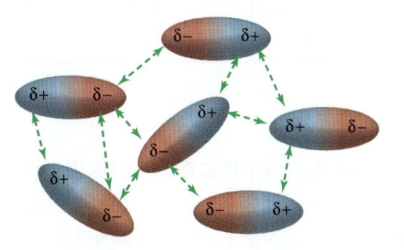

…同種の電荷が互いに近づくように極性分子同士が配向すると分子間に斥力が働く．

図 10・3 イオン-双極子力

図 10・4 双極子-双極子力

配向に依存して，引力と斥力のどちらにもなりうる（図10・4）．分子の大規模な集団における正味の力は，多数の引力と斥力の総和である．一般にこの力は弱く，3〜4 kJ/mol 程度のエネルギーをもち，分子同士が密着している場合にのみ意味をもつ．

双極子–双極子相互作用の強さが双極子モーメントの大きさに依存するのは，驚くべきことではない．その物質の極性が強くなるほど，双極子–双極子相互作用の大きさが大きくなる．たとえばブタンは，無極性で，分子量が 58，沸点が -0.5 ℃であるが，同じ分子量をもつアセトンは，極性分子であるため，56 ℃で沸騰する．

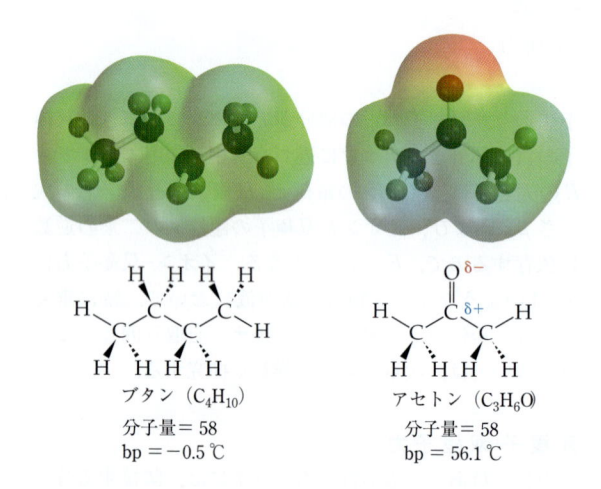

ブタン（C_4H_{10}）
分子量 = 58
bp = -0.5 ℃

アセトン（C_3H_6O）
分子量 = 58
bp = 56.1 ℃

表 10・2 に示した，同程度の分子量をもつが双極子モーメントの異なる物質から，双極子モーメントと沸点の関係の概略を知ることができる．双極子モーメントが大きくなるほど，分子間力が強くなり，その力に打ち勝つためにより大きな熱を加える必要が生じる．このため，双極子モーメントが大きいほど沸点は高くなる．

表 10・2 分子量，双極子モーメントおよび沸点の比較

物　質	分子量	双極子モーメント〔D〕	bp〔K〕
$CH_3CH_2CH_3$	44.10	0.08	231
CH_3OCH_3	46.07	1.30	248
CH_3Cl	50.49	1.90	249
CH_3CN	41.05	3.93	355

ロンドンの分散力

電荷や極性をもつ粒子間に働く力の原因を理解するのはやさしいが，無極性分子間や個々の貴ガス原子間に，どのようにして引力が働くのかは単純でない．たとえば，ベンゼン（C_6H_6）は，双極子モーメントが 0 であり，双極子–双極子力は働かないが，それにもかかわらず，ベンゼン分子間には，なんらかの分子間力が働いている．

なぜなら，ベンゼンは，室温で気体ではなく液体であり，融点は 5.5 ℃で，沸点は 80.1 ℃である．

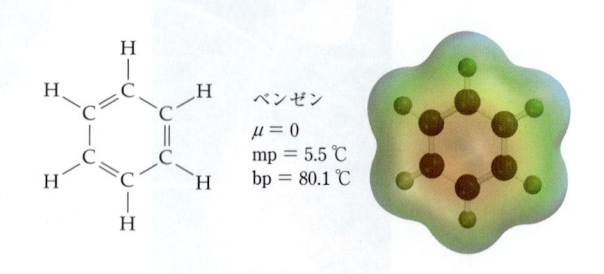

ベンゼン
$\mu = 0$
mp = 5.5 ℃
bp = 80.1 ℃

すべての原子や分子の間に電子の運動に起因する**ロンドンの分散力**（London dispersion force）が働く．たとえば，Br_2 のような単純な無極性分子でもそうなる．時間的に平均すると，分子中の電子分布は対称的になるが，瞬間的には分子の一端に電子が偏り，その結果分子は短時間だけ双極子モーメントをもつ．一つの分子のこのような瞬間的な双極子は，隣り合う分子の電子分布に影響を与え，隣接分子に一時的な双極子を誘起する（図10・5）．その結果，弱い引力が働いて Br_2 は室温で気体ではなく液体になる．

時間平均すると Br_2 の電子分布は対称的になる．

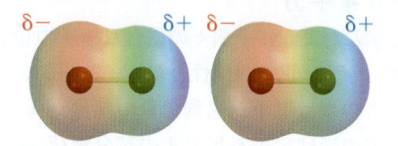

瞬間的には，分子中の電子分布は非対称で，一時的な双極子を生じ，それを償うように隣接分子に引力的双極子を誘起する．

図 10・5 ロンドンの分散力

分散力は一般に弱く，1〜10 kJ/mol の範囲のエネルギーをもち，その正確な大きさは，近くの電場で分子の電子雲がどれだけゆがめられやすいかを表す**分極率**（polarizability）とよばれる量に依存している．小さな分子や軽い原子は，少数のしっかりつなぎとめられた電子をもつため，分極しにくく分散力は小さい．一方，大きな分子や重い分子は，多くの電子をもち，そのいくつかはそれほどしっかりとはつなぎとめられず，原子核から遠いところにあるため，分極しやすく分散力は大きくなる．たとえば，ハロゲンの中で，F_2 分子は小さいのでほとんど分極しないが，I_2 は大きいので分極しやすい．

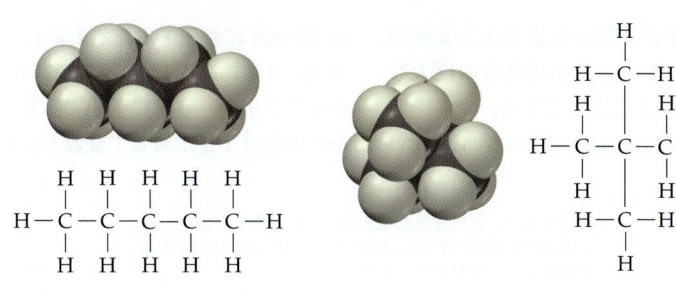

ペンタン (bp = 309.2 K)

ペンタンのように，長くて**コンパクトでない分子**は，分子間力が大きいため，沸点が高い．

2,2-ジメチルプロパン (bp = 282.6 K)

2,2-ジメチルプロパンのように，**コンパクトな分子**は，分子間力が弱く，沸点が低い．

図 10・6　ロンドンの分散力への分子の形の効果．

その結果，室温では，F_2 は分散力が小さいので気体であるが，I_2 は分散力が大きいので固体である（表 10・3）．

表 10・3　ハロゲンの融点と沸点

ハロゲン	mp〔K〕	bp〔K〕
F_2	53.5	85.0
Cl_2	171.6	239.1
Br_2	265.9	331.9
I_2	386.8	457.5

　形もまた重要で，分子に作用する分散力の大きさを決める．広がった形は，分子の表面積を大きくして分子間の接触を増加させ，まとまった形で接触が小さくなる場合と比べて，より大きな分散力を示す．たとえばペンタンは 309.2 K で沸騰するが，2,2-ジメチルプロパンは，282.6 K で沸騰する．どちらも分子式は C_5H_{12} であるが，ペンタンは長く広がった形をしているのに対し，2,2-ジメチルプロパンは丸くまとまった形をしている（図 10・6）．

水素結合

　地上の生命には**水素結合**（hydrogen bond）がいろいろな面で関係している．それは，常温で水が気体ではなく液体であることの原因となっており，巨大な生体分子が生化学で本質的な役割を果たす構造をとる要因である分子間力をもたらしている．たとえば，デオキシリボ核酸（DNA）では，2本の長い鎖がからみあってらせん状になり，互いに水素結合で結ばれている．
　水素結合は，電気的陰性の強い O，N，または F 原子に結合した水素原子と，もう一つの電気的に陰性の強い原子上の孤立電子対との間に生じる引力的な相互作用で

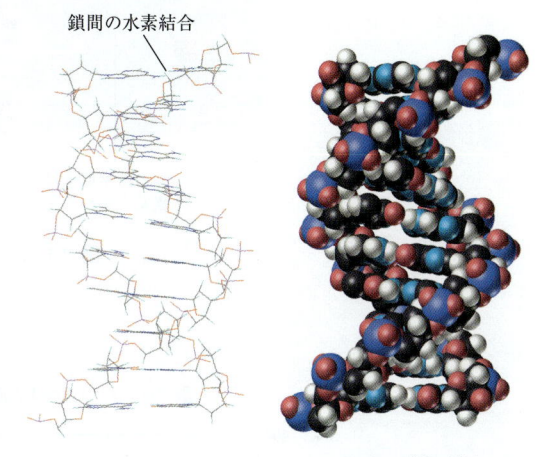

DNA の短い断片

ある．たとえば，水素結合は，水やアンモニアの分子間にできる．

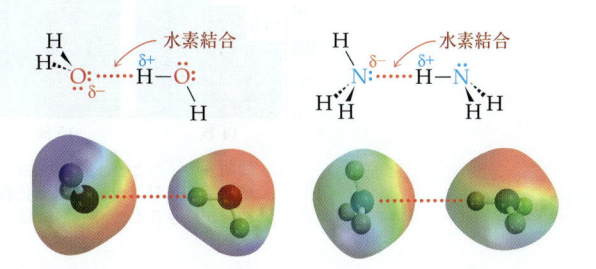

　水素結合は，O−H，N−H，および F−H 結合のように，水素原子が正の部分電荷をもち，電気陰性度の大きな原子が負の部分電荷をもつことによって生成する．また，水素原子は，原子核を遮蔽する内殻電子をもたず，その大きさが小さいため，他の分子が近づいて密着できる．その結果，水素原子とその近くの原子の孤立電子対の間の双極子−双極子引力が異常に強くなり，水素結合が生

じる．特に水は，H₂O 分子が 2 個の水素原子と 2 個の孤立電子対をもつので（図 10・7），水素結合の巨大な三次元ネットワークを形成することができる．

水素結合は，かなり強い場合には，結合エネルギーが 40 kJ/mol にも達する．水素結合の影響を見るために，表 10・4 に，14〜17 族元素の共有結合性二元水素化物の沸点を示す．容易に予想できるように，周期表の下に行くほど分子量が増して分散力が大きくなり，それにつ

液体の水は，正に分極した**水素**と負に分極した**酸素**の孤立電子対との間の引力によって形成される巨大な三次元水素結合ネットワークをもつ．

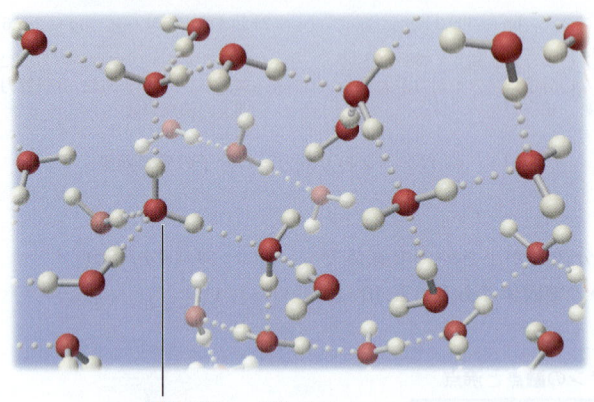

一つの**酸素**原子は，点線で示した二つの水素結合をつくることができる．

図 10・7　水の水素結合

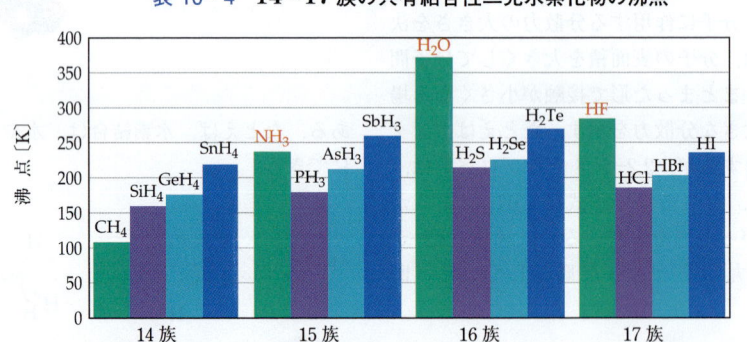

表 10・4　14〜17 族の共有結合性二元水素化物の沸点

周期表の下へと分子量が増加するほど沸点は一般に高くなるが，窒素，酸素，およびフッ素の水素化物（**NH₃**，**H₂O**，**HF**）は，分子間に水素結合ができるため，異常に高い沸点を示す．

表 10・5　分子間力の比較

力	強さ	特徴
イオン-双極子	中（10〜50 kJ/mol）	イオンと極性溶媒の間に生じる．
双極子-双極子	弱（3〜4 kJ/mol）	極性分子間に生じる．
ロンドンの分散力	弱（1〜10 kJ/mol）	すべての分子間に生じ，強さは分子の大きさや分極率に依存する．
水素結合	中（10〜40 kJ/mol）	O−H，N−H，または F−H 結合をもつ分子間に生じる．

れて沸点は高くなる．たとえば，CH₄＜SiH₄＜GeH₄＜SnH₄ の順になる．これに対し，NH₃，H₂O，および HF の三つの物質は，明らかに異常である．これらは三つとも，水素結合をつくるため，予想よりはるかに高い沸点をもつ．

本節で議論した分子間力を比較する一覧表を表 10・5 に示す．

例題 10・3 分子間力の識別

つぎの物質に働く分子間力の種類を述べよ．
(a) HCl　　(b) CH₃CH₃　　(c) CH₃NH₂　　(d) Kr

方針 各物質の構造を見て，どのような分子間力があるか判定する．すべての分子は分子間力をもつ．極性分子は，双極子−双極子力をもつ．O−H，N−H，または F−H 結合をもつ分子間には水素結合ができる．

解 (a) HCl は，極性分子であるが水素結合はつくらず，双極子−双極子力と分散力が働く．
(b) CH₃CH₃ は，無極性分子であり，分散力だけが働く．
(c) CH₃NH₂ は，極性分子であり，水素結合をつくる．さらに，双極子−双極子力と分散力が働く．
(d) Kr は，無極性で，分散力だけが働く．

問題 10・5 Ar，Cl₂，CCl₄，および HNO₃ のうち，以下の力が働くのはどれか．
(a) 最も大きな双極子−双極子力
(b) 最も大きな水素結合力
(c) 最も小さな分散力

問題 10・6 以下の物質の分子間力の種類を考慮して，沸点が増加する順に並べよ（かっこ内は分子量）．
　　H₂S(34)，CH₃OH(32)，C₂H₆(30)，Ar(40)

10・3　液体の性質

液体にみられる多くのなじみ深い性質は，いままで議論してきた分子間力によって説明することができる．よく目にするように，水やガソリンなどの液体をこぼすと容易に流れ出すのに対し，自動車の潤滑油やハチミツは粘り気があって流れにくい．

液体が流れるときの抵抗を**粘性**（viscosity）という．粘性は，液体中での個々の分子の動き回りやすさや分子間力に関係していることは驚くに当たらない．ベンゼンやペンタンのように小さくて無極性の分子からなる物質は，分子間力が弱く粘性は低い．一方，グリセリン C₃H₅(OH)₃ のような極性物質は，分子間力が強く，粘性が高い．

液体に共通するもう一つの性質は**表面張力**（surface tension）であり，それは液体が広がって面積を増大させることへの抵抗である．表面張力は，表面の分子が感じる分子間力と内部の分子が感じる分子間力との差によって生じる．表面の分子は，片側からしか分子間引力を感じないので液体の内側に引き込まれるのに対し，内部の分子は周囲のすべての方向から等しい引力を受ける（図 10・8）．アメンボが水面を歩くことができ，ワックスを塗ったばかりの車体が水をよくはじくのは，どちらも表面張力のおかげである．

粘性と同様，表面張力も分子間力が強い液体ほど大きくなる．どちらの性質も，温度が高いほど分子同士をつなぎとめる引力に打ち勝とうとする運動エネルギーが大きくなるので，温度に依存する．表 10・6 に，代表的な物質の粘性と表面張力のデータを示す．特に，水銀は表面張力が大きく液滴が球状になろうとする（図 10・8）ため，気圧計の水銀柱の上の面は丸い形をしていて**メニスカス**（meniscus）とよばれる．

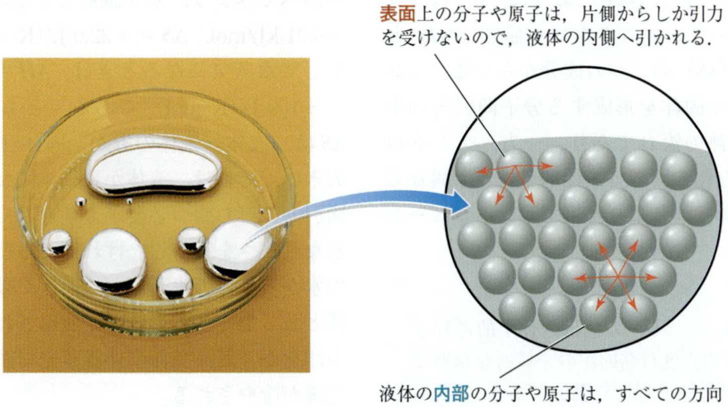

表面上の分子や原子は，片側からしか引力を受けないので，液体の内側へ引かれる．

液体の内部の分子や原子は，すべての方向に等しく引かれる．

図 10・8　表面張力は液体が広がって面積を増やすことを妨げる．

表 10・6　代表的な物質の粘性と表面張力（20℃）

物質名	化学式	粘性〔N・s/m²〕	表面張力〔J/m²〕
ペンタン	C_5H_{12}	2.4×10^{-4}	1.61×10^{-2}
ベンゼン	C_6H_6	6.5×10^{-4}	2.89×10^{-2}
水	H_2O	1.00×10^{-3}	7.29×10^{-2}
エタノール	C_2H_5OH	1.20×10^{-3}	2.23×10^{-2}
水銀	Hg	1.55×10^{-3}	4.6×10^{-1}
グリセリン	$C_3H_5(OH)_3$	1.49	6.34×10^{-2}

10・4　相変化

固体の氷は融解して水になり，液体の水は，凍ると固体の氷になり，蒸発すると気体の水蒸気になる，水蒸気が凝縮すると液体の水になる．このような過程は，物質の物理的な状態が変わるだけであって，化学的な物質としての種類は変わらず，**相変化**（phase change），もしくは，<u>状態変化</u>（changes of state）とよばれる．物質がどの状態または相（phase）にあっても，他の2種類の状態または相に変わることができる．固体は，ドライアイス（固体のCO_2）が昇華するのと同じように，直接気体に変わることすらできる．さまざまな相変化の名称は，

融解（fusion, melting）	固体→液体
凝固（freezing）	液体→固体
蒸発（vaporization）	液体→気体
凝縮（condensation）	気体→液体
昇華（sublimation）	固体→気体
凝華（deposition）	気体→固体

（注：固体→気体→固体の一連の変化を昇華とよぶこともある）

自発的に起こるすべての過程と同様に，それぞれの相変化には，<u>自由エネルギー変化</u>（free-energy change，ΔG）が関係する．§8・13で学んだように，ΔGは，式 $\Delta G = \Delta H - T\Delta S$ に従って，エンタルピー部分（ΔH）とエントロピー部分（$T\Delta S$）の二つの成分からなる．エンタルピー部分は液体や固体を形成する分子間引力の生成・消滅に付随する熱の流れであり，一方，エントロピー部分はいろいろな相の間で分子論的乱雑さが異なることに付随する．気体は液体より乱雑でエントロピーが

> **思い出そう…**
> **自由エネルギー変化**（ΔG）の値は，化学的過程または物理的過程がどの程度自発的かの一般的な指標である．$\Delta G < 0$ならばその過程は自発的であり，$\Delta G = 0$ならばその過程は平衡状態にあり，$\Delta G > 0$ならばその過程は自発的には起こらない（§8・13）．

大きく，液体は固体より乱雑でエントロピーが大きい．

固体から液体への融解，固体から気体への昇華，そして，液体から気体への蒸発，これらはすべて，乱雑さの小さい相から大きい相への変化を含み，粒子をつなぎとめている分子間力に打ち勝つために熱エネルギーを吸収する．このため，これらの相変化において，ΔSとΔHはどちらも正になる．これに対して，液体から固体への凝固，気体から固体への凝華，気体から液体への凝縮，これらはすべて，乱雑さの大きい相から小さい相への変化を含み，粒子をよりしっかりとつなぎとめる分子間引力が増すにつれてエネルギーが放出される．このため，これらの相変化において，ΔSとΔHはどちらも負になる．このような状況を図10・9にまとめて示す．

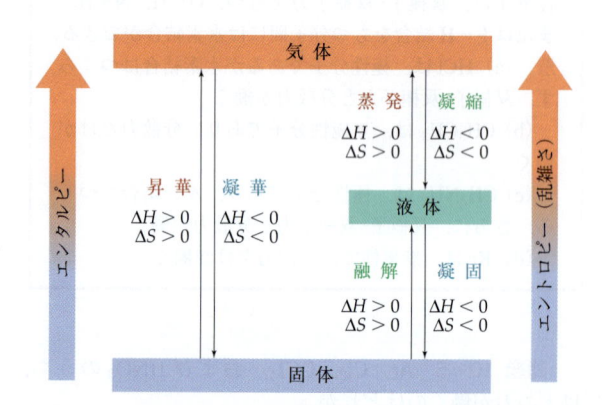

図 10・9　乱雑さの小さい相から大きい相への変化（上向き矢印）では，ΔHとΔSが正になる．乱雑さの大きい相から小さい相への変化（下向き矢印）では，ΔHとΔSが負になる．

相変化に伴うエネルギーの出入りの例として，固体の氷から液体の水への転移や液体の水から水蒸気への転移を調べてみよう．氷が融解して水になるときは，$\Delta H = +6.01$ kJ/mol, $\Delta S = +22.0$ J/(K·mol)であり，水が蒸発して水蒸気になるときは，$\Delta H = +40.67$ kJ/mol, $\Delta S = +109$ J/(K·mol)である．どちらの場合も，ΔHとΔSは，液体→気体の方が，固体→液体よりも，変化が大きい．それは，液体から気体になるときの方が，分子間引力に打ち勝つ必要がより大きくなり，また，より大きな乱雑さを獲得しなければならないからである．液体の水から気体の水蒸気への大きく吸熱的な変換は，冷却機として働く多くの装置で使用されている．暑い日に体が汗をかくと，発汗に伴う蒸発で熱が吸収されるため，皮膚が冷やされる．

逆向きの相変化では，大きさは同じだが，符号は反対になる．すなわち，液体の水が凍って氷になるときには，

10・4 相変化

$\Delta H = -6.01$ kJ/mol, $\Delta S = -22.0$ J/(K·mol) であり, 水蒸気が凝縮して液体の水になるときは, $\Delta H = -40.67$ kJ/mol, $\Delta S = -109$ J/(K·mol) である. かんきつ類の栽培者は, 寒い夜に霜害を防ぐため, 水を木に散布して水の凝固に伴う発熱を利用している. 水が葉の上で凍ると, 十分な熱を出して木を保護する.

相変化について ΔH と ΔS の値がわかれば, その変化が起きる温度を計算できる. §8・13で学んだように, ΔG は, 自発変化では負であり, 自発的には起きない変化では正であり, 平衡では0である. よって, $\Delta G = 0$ とおいて, 自由エネルギーの式を T について解けば, 二つの相が平衡にあるときの温度を計算することができる. たとえば, 水の固体→液体の相変化について, 次式が得られる.

$$\Delta G = \Delta H - T\Delta S = 0 \quad \text{平衡において}$$
$$\text{または} \quad T = \Delta H / \Delta S$$

ここで, $\Delta H = +6.01$ kJ/mol, $\Delta S = +22.0$ J/(K·mol) であるから,

$$T = \frac{6.01 \dfrac{\text{kJ}}{\text{mol}}}{0.0220 \dfrac{\text{kJ}}{\text{K·mol}}} = 273 \text{ K}$$

すなわち, 1 atm の圧力のもとでは, 273 K あるいは 0 ℃で, 氷から液体の水へ変わったり, 液体の水から氷へと変わったりするが, これは驚くべきことではない. 実際には, 逆向きの計算がさらに役立つ. 相変化が起きる温度を測定すると, $\Delta S = \Delta H / T$ を計算することができる.

物質に連続的に熱を加えた結果を表す図を**加熱曲線**(heating curve) という. その例を, H_2O について, 図 10・10 に示す. 任意の温度, たとえば, -25.0 ℃の固体の H_2O から始めると, 加熱によって氷の温度は 0 ℃になるまで上昇を続ける. 氷の**モル熱容量** (molar heat capacity) は (§8・7), 36.57 J/(mol·℃) であり, 温度を 25 ℃ 上昇させるには, 914 J/mol が必要である.

(-25 °C から 0 °C まで氷を加熱するためのエネルギー)
$$= \left(36.57 \frac{\text{J}}{\text{mol·°C}} \right)(25.0 \text{ °C}) = 914 \text{ J/mol}$$

氷の温度が 0 ℃ に到達すると, 図 10・10 の加熱曲線

> **思い出そう…**
> 物質の**モル熱容量**(C_m)は, 1 mol の物質を 1 ℃だけ温度を上げるのに必要な熱量である (§8・7).

が 0 ℃のところで平坦になっていることに示されているように, 加えられた熱は温度を上昇させる代わりに水素結合や分子間力を引き裂くことに使われる. この温度, すなわち融点では, 固体と液体が共存する平衡状態にあり, 分子は氷の結晶中の決まった位置を離れてバラバラになり液相へと移動する. 分子間力に打ち勝って固体から液体へと転移するのに必要なエネルギーは, **融解エンタルピー** (enthalpy of fusion) または**融解熱** (heat of fusion) といい, ΔH_{fusion} で表される. 氷の場合, $\Delta H_{\text{fusion}} = +6.01$ kJ/mol である.

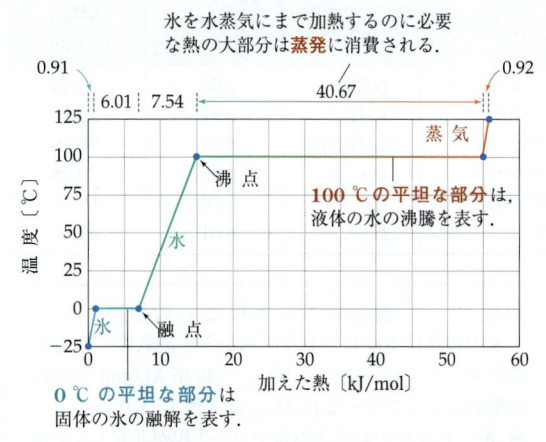

図 10・10 熱を加えたときに生じる温度変化と相転移を示す H_2O の加熱曲線.

ひき続き液体の水に熱を加えて行くと, 温度は 100 ℃に達するまで上昇する. 液体の水のモル熱容量は 75.4 J/(mol·℃) であるから, 7.54 kJ/mol 必要である.

(0 °C から 100 °C まで水を加熱するためのエネルギー)
$$= \left(75.4 \frac{\text{J}}{\text{mol·°C}} \right)(100 \text{ °C}) = 7.54 \times 10^3 \text{ J/mol}$$

水の温度が 100 ℃に到達すると, 100 ℃のところで再び加熱曲線が平坦になっていることに示されているように, 加えられた熱は, ここでも温度を上昇させる代わりに分子間力に打ち勝つことに使われる. この温度, すなわち沸点では, 液体と蒸気が共存する平衡状態にあり, 分子は液体の表面から離れてバラバラになり気相へと移動する. 液体から気体へ転移するのに必要なエネルギーは, **蒸発エンタルピー** (enthalpy of vaporization) または**蒸発熱** (heat of vaporization) といい, ΔH_{vap}で表される. 水の場合, $\Delta H_{\text{vap}} = +40.67$ kJ/mol である. 液体が全部蒸発すると, 再び温度は上昇する.

-25 ℃の固体の氷を 125 ℃の気体の水蒸気に変えるのに必要な 56.05 kJ/mol の大部分 (40.67 kJ/mol) は,

蒸発に消費されることに注意せよ．水の蒸発熱が大きいのは，分子が液体から逃げ出すためには，水素結合を全部壊さなければならないからである．

表10・7に代表的な化合物の融解熱と蒸発熱のデータを示す．水について成り立つことは，他の化合物にも成り立つ．各化合物の蒸発熱は常に融解熱より大きい．これは，蒸発の際にはすべての分子間力に打ち勝たなければならないのに対し，固体から液体に変わる際には比較的少数の分子間力に打ち勝つだけでよいからである．

表10・7 代表的な化合物の融解熱と蒸発熱

化合物名	化学式	ΔH_{fusion} [kJ/mol]	ΔH_{vap} [kJ/mol]
アンモニア	NH_3	5.66	23.33
ベンゼン	C_6H_6	9.87	30.72
エタノール	C_2H_5OH	4.93	38.56
ヘリウム	He	0.02	0.08
水　銀	Hg	2.30	59.11
水	H_2O	6.01	40.67

例題 10・4 蒸発のエントロピーの計算

水の沸点は100℃であり，水から水蒸気に変わるときのエンタルピー変化は $\Delta H_{vap} = 40.67$ kJ/mol である．蒸発のエントロピー変化 ΔS_{vap} は，何 J/(K·mol) か．

方　針　相変化が起きる温度では，2相が共存し，2相の間の自由エネルギー変化 ΔG が 0 である（$\Delta G = \Delta H - T\Delta S = 0$）．この式を書き換えると，$\Delta S = \Delta H/T$ となるが，ΔH と T は既知である．ここで T はケルビン単位であることに注意する必要がある．

解　$\Delta S_{vap} = \dfrac{\Delta H_{vap}}{T} = \dfrac{40.67 \,\dfrac{\text{kJ}}{\text{mol}}}{373.15 \text{ K}}$

$= 0.1090$ kJ/(K·mol) $= 109.0$ J/(K·mol)

容易に想像できるように，水が液体から気体に変わる際のエントロピー変化は正で大きく，乱雑さが非常に大きくなることに相当する．

問題 10・7　以下の過程のうち，ΔS は，どれが正でどれが負になると考えられるか．
(a) ドライアイスの昇華
(b) 寒い朝の結露
(c) 閉め切った部屋の中でのタバコの煙と空気の混合

問題 10・8　クロロホルム（$CHCl_3$）では，$\Delta H_{vap} = 29.2$ kJ/mol, $\Delta S_{vap} = 87.5$ J/(K·mol) である．クロロホルムの沸点は何 K か．

10・5　蒸発，蒸気圧と沸点

液体が沸騰するとき，液体から蒸気への変化が目に見えて起きるが，これは他の条件でも起きる．図10・11に示す2種類の実験について考えてみよう．一方の実験では，ふたのない容器に液体を入れる．他方の実験では，**水銀圧力計**（mercury manometer，§9・1）につながった，ふたのついた容器に液体を入れる．ある程度時間が経つと，ふたのない容器の液体は蒸発してしまうが，ふたのついた容器では液体が残り圧力が上がる．温度一定で平衡になれば，圧力の増加分は一定値をとり，それは液体の**蒸気圧**（vapor pressure）とよばれる．

ふたのない容器に入れた液体は，ある程度時間が経つと蒸発していくが…

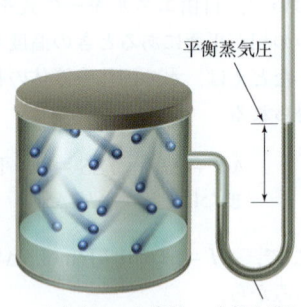

…ふたがついた容器に入れた液体は，圧力の増加をもたらす．

水銀を満たした圧力計

図 10・11 蒸気圧の起源

思い出そう…
容器内の気体の圧力は，水銀で満たしたU字管の端が開いている圧力計で測定する．気体の圧力と大気の圧力の差が，U字管の水銀面の高さの差に等しい（§9・1）．

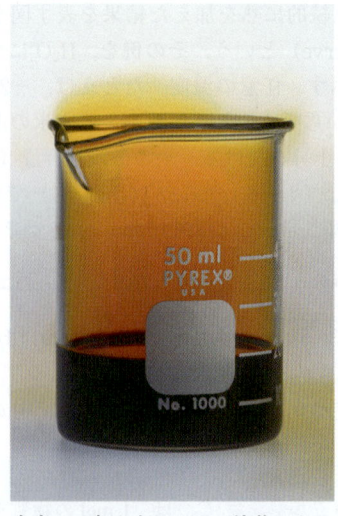

臭素には色があるので，液体の上に赤褐色の蒸気を見ることができる．

10・5 蒸発，蒸気圧と沸点

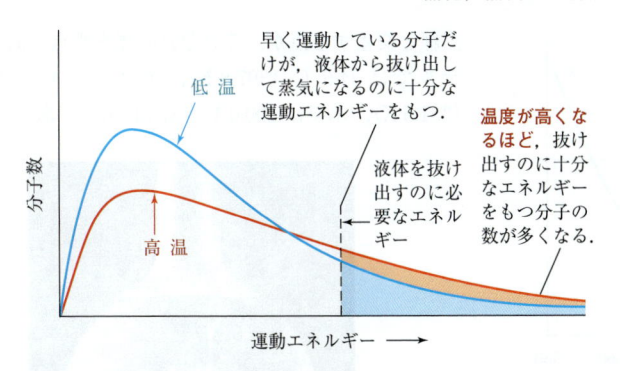

図 10・12 液体における分子の運動エネルギーの分布．

蒸発と蒸気圧は，どちらも，気体の性質の説明で §9・6 に出てきた**気体分子運動論**（kinetic-molecular theory of gases）に基づいて分子論的に説明することができる．液体では分子は常に動いているが，その速度はまちまちで分子がもつ運動エネルギーに依存する．大きな試料について考えてみると，分子の運動エネルギーは，図 10・12 のような分布曲線に従う．その曲線の正確な形は温度に依存する．温度がより高く，物質の沸点がより低いほど，液体の表面から抜け出して気体へと逃げ出すのに十分な運動エネルギーもつ分子の割合が大きくなる．

> **思い出そう…**
> 気体分子運動論は，気体の性質を説明するための五つの仮定に基づいており，理想気体の方程式を導く．温度と運動エネルギーは，$E_K = (3/2)RT$ という式で結ばれている（§9・6）．

ふたのない容器中では，分子は液体から抜け出して，液体が全部蒸発しきることができるが，閉じた容器中では，液体の中に分子は捕らわれたまま残る．液体から蒸気へと抜けていく分子数が多くなればなるほど，乱雑な運動が原因となって分子のいくつかがときどき液体に戻ることが多くなる．やがて液体に戻る分子の数と抜けだす分子の数が等しくなると，動的な平衡が成立する．個々の分子は絶えず一方の相から他方の相へと行き来するが，液相と蒸気相のそれぞれの分子数は一定のままになる．

液体の蒸気圧の大きさは，分子間力の強さと温度に依存する．分子間力が弱くなるほど，分子は液体から抜け出しやすくなるので，蒸気圧は高くなる．また，温度が高くなるほど，抜け出すのに十分な運動エネルギーをもつ分子の割合が大きくなるため，蒸気圧は高くなる．

クラウジウス・クラペイロンの式

図 10・13 に示すように，液体の蒸気圧は温度に対し非直線的に増加する．ところが，蒸気圧の自然対数 $\ln P_{vap}$ をとり，ケルビン温度の逆数 $1/T$ に対してプロットしてみると，直線的になることがわかる．水のデータを表 10・8 に，そのグラフを図 10・13 に，それぞれ示す．§9・2 で学んだように，直線のグラフは，$y = mx + b$ の形の数式に従う．ここでは，$y = \ln P_{vap}$, $x = 1/T$ であり，m は直線の傾き（$-\Delta H_{vap}/R$）であり，b は y 切片（定数 C）である．このように，データは，**クラウジウス・クラペイロンの式**（Clausius–Clapeyron equation）として知られる公式に当てはめることができる．

▶ クラウジウス・クラペイロンの式

$$\ln P_{vap} = \left(-\frac{\Delta H_{vap}}{R}\right)\frac{1}{T} + C$$

$$y \quad = \quad m \quad x \quad + \quad b$$

ここで，ΔH_{vap} は液体の蒸発熱，R は気体定数（§9・3 参照），C は各物質に固有な定数である．

クラウジウス・クラペイロンの式を用いると，いくつかの温度で蒸気圧を測定し，結果をプロットして直線の傾きを求めることによって，液体の蒸発熱を計算するこ

表 10・8　水の蒸気圧の温度変化

温度 [K]	P_{vap} [mmHg]	$\ln P_{vap}$	$1/T$ [K^{-1}]	温度 [K]	P_{vap} [mmHg]	$\ln P_{vap}$	$1/T$ [K^{-1}]
273	4.58	1.522	0.003 66	333	149.4	5.007	0.003 00
283	9.21	2.220	0.003 53	343	233.7	5.454	0.002 92
293	17.5	2.862	0.003 41	353	355.1	5.872	0.002 83
303	31.8	3.459	0.003 30	363	525.9	6.265	0.002 75
313	55.3	4.013	0.003 19	373	760.0	6.633	0.002 68
323	92.5	4.527	0.003 10	378	906.0	6.809	0.002 65

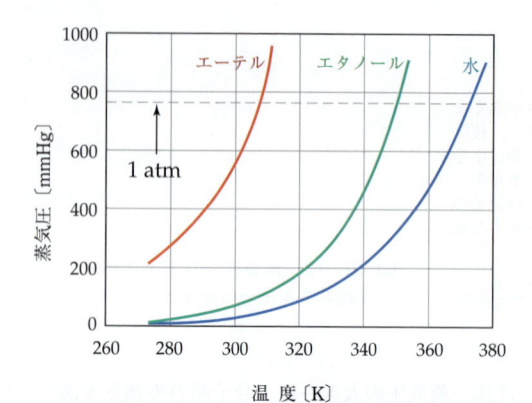

10. 液体，固体と相変化

エーテル，エタノール，および水の蒸気圧の温度変化のグラフは非直線的になる.

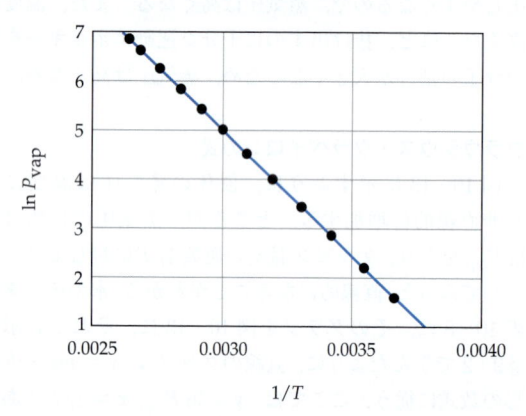

表 10・8 のデータを用い，水の $\ln P_{vap}$ を $1/T$（K^{-1}）に対しプロットすると直線になる.

図 10・13 液体の蒸気圧の温度変化.

点線と交差する点が，それぞれの標準沸点であり，エーテルでは 34.6 ℃（307.8 K），エタノールでは 78.3 ℃（351.5 K），水では 100.0 ℃（373.15 K）である.

沸点における液体の蒸気圧は何を意味するのか.

外圧が 1 atm より低いときは，沸騰に必要な蒸気圧に 1 atm のときより早く到達し，液体は通常の温度より低い温度で沸騰する．たとえば，エベレスト山の山頂では，大気圧はおよそ 260 mmHg にしかならないので，水は約 71 ℃ で沸騰する．逆に，液体への外圧が 1 atm より高いと，沸騰するのに必要な蒸気圧に達するのが遅くなり，液体は通常の温度より高い温度で沸騰する．圧力鍋は，水がより高温で沸騰するこの効果を活かして，食品の調理時間を短縮する.

とができる．蒸発熱とある温度での蒸気圧がわかっていれば，例題 10・5 に示すように，任意の温度の液体の蒸気圧を計算することができる.

液体の蒸気圧が外圧と等しくなる点に達すると，液体は沸騰し蒸気に変わる．分子レベルでは，沸騰はつぎのようになると考えることができる．液体の内部でいくつかの分子が周囲の分子から瞬間的に離れてミクロな泡ができたとしよう．もしも大気圧からくる外圧が泡の中の蒸気圧よりも大きいならば，泡はただちにつぶれてしまう．けれども，外圧と泡の蒸気圧が同じになる温度では，泡はつぶれない．その代わり，泡は液体を通って上昇し，さらに多くの分子が加わって成長して，われわれが沸騰とよぶ激しい動きをするようになる.

外圧が正確に 1 atm であるときに液体が沸騰する温度を，**標準沸点**（normal boiling point）という．図 10・13 のグラフで，3 種類の液体の各曲線が 760 mmHg を表す

例題 10・5　クラウジウス・クラペイロンの式による蒸気圧の計算

エタノールの蒸気圧は 34.7 ℃ で 100.0 mmHg であり，エタノールの蒸発熱は 38.6 kJ/mol である．65.0 ℃ におけるエタノール蒸気圧は何 mmHg か．

方針　この問題の解法にはいくつかのやり方がある．一つのやり方としては，$T = 307.9 \text{ K}$（34.7 ℃）での蒸気圧を使いクラウジウス・クラペイロンの式の定数 C を求め，つぎにその値を用いて，$T = 338.2 \text{ K}$（65.0 ℃）での $\ln P_{vap}$ を求める．

別なやり方としては，2 種類の圧力，温度について，C は一定であるから，

$$C = \ln P_1 + \frac{\Delta H_{vap}}{RT_1} = \ln P_2 + \frac{\Delta H_{vap}}{RT_2}$$

この式を書き換えて，$\ln P_2$ について解くと，

$$\ln P_2 = \ln P_1 + \left(\frac{\Delta H_{vap}}{R}\right)\left(\frac{1}{T_1} - \frac{1}{T_2}\right)$$

ここで，$P_1 = 100.0$ mmHg，$\ln P_1 = 4.6052$，$\Delta H_{vap} = 38.6$ kJ/mol，$R = 8.3145$ J/(K·mol)，$T_2 = 338.2$ K ($65.0\,^\circ$C)，$T_1 = 307.9$ K ($34.7\,^\circ$C) である．

解
$$\ln P_2 = 4.6052 + \left(\frac{38{,}600\,\dfrac{\text{J}}{\text{mol}}}{8.3145\,\dfrac{\text{J}}{\text{K·mol}}}\right)\left(\frac{1}{307.9\,\text{K}} - \frac{1}{338.2\,\text{K}}\right)$$
$$= 4.6052 + 1.3509 = 5.9561$$
$$P_2 = \text{antiln}(5.9561) = 386.1\,\text{mmHg}$$

対数を逆に解く方法については付録 A・2 にまとめておく．

ここで，$P_1 = 400.0$ mmHg，$\ln P_1 = 5.991$，標準沸点では，$P_2 = 760.0$ mmHg，$\ln P_2 = 6.633$ であり，$R = 8.3145$ J/(K·mol)，$T_1 = 291.1$ K ($17.9\,^\circ$C)，$T_2 = 307.8$ K ($34.6\,^\circ$C) である．

解
$$\Delta H_{vap} = \frac{(6.633 - 5.991)\left(8.3145\,\dfrac{\text{J}}{\text{K·mol}}\right)}{\dfrac{1}{291.1\,\text{K}} - \dfrac{1}{307.8\,\text{K}}}$$
$$= 28{,}600\,\text{J/mol} = 28.6\,\text{kJ/mol}$$

問題 10・9 ベンゼンの標準沸点は 80.1 ℃，蒸発熱は $\Delta H_{vap} = 30.7$ kJ/mol である．$P = 260$ mmHg のエベレスト山の山頂でのベンゼンの沸点は何 ℃ か．

問題 10・10 臭素は 41.0 ℃で $P_{vap} = 400$ mmHg，標準沸点は 331.9 K である．臭素の蒸発熱 ΔH_{vap} は，何 kJ/mol か．

例題 10・6 クラウジウス・クラペイロンの式による蒸発熱の計算

エーテルは 17.9 ℃で $P_{vap} = 400$ mmHg であり，標準沸点は 34.6 ℃である．エーテルの蒸発熱 ΔH_{vap} は何 kJ/mol か．

方 針 液体の ΔH_{vap} は，$\ln P_{vap}$ を $1/T$ に対してプロットしたグラフの傾きから求めることができる．あるいは，クラウジウス・クラペイロンの式から代数的に求めることもできる．例題 10・5 で導いたように，
$$\ln P_2 = \ln P_1 + \left(\frac{\Delta H_{vap}}{R}\right)\left(\frac{1}{T_1} - \frac{1}{T_2}\right)$$

この式を ΔH_{vap} について解くと，
$$\Delta H_{vap} = \frac{(\ln P_2 - \ln P_1)(R)}{\left(\dfrac{1}{T_1} - \dfrac{1}{T_2}\right)}$$

10・6 固体の種類

まわりを見渡せばわかるように大半の物質は，室温では液体や気体ではなく固体である．また，固体の種類は非常に多いことも明らかである．固体には，鉄やアルミニウムのような硬い金属もあるが，砂糖や食塩などのような結晶で壊れやすいものもある．そのほか，ゴムやプラスチックのように軟らかく非晶質のものもある．

固体の種類の明確な区分は，結晶と非晶質である．**結晶**（crystal）とは，その構成要素である原子，イオン，あるいは，分子などの粒子が，長い距離にわたって秩序よく並んでいる．原子レベルでのこのような秩序は，結

(a) 写真の紫水晶のように，結晶性の固体は，平らな面と特有の角度をもつ．このようなマクロな規則性は，原子レベルでも同様の秩序で粒子が並んでいることを反映している．

(b) ゴムのような非晶質の固体では，構成粒子の並び方が乱れている．

図 10・14 固体の種類

晶には通常平らな面と特有の角度があるため，実際に目にすることができる（図10・14a）．これに対し**非晶質**（amorphous solid）では，構成粒子が無秩序に並んでいて長距離の秩序をもたない（図10・14b）．ゴムはその例である．

結晶は，さらに，イオン結晶，分子結晶，共有結合結晶，金属結晶などに分類される．

イオン結晶（ionic crystal）は，塩化ナトリウムがその例で，その構成粒子がイオンである．塩化ナトリウムの結晶では，Na^+とCl^-が，三次元的に交互に規則正しく並んでおり，§4・1と§4・8で学んだイオン結合で結ばれている．

分子結晶（molecular crystal）は，スクロースや氷がその例で，その構成粒子は分子であって，§10・2で学んだ分子間力によって互いに結ばれている．たとえば，氷の結晶は，H_2O分子が水素結合で規則的につながってできている（図10・15a）．

共有結合結晶（covalent crystal）は，水晶（図10・15b）やダイヤモンドがその例であり，原子が共有結合で結ばれた三次元の巨大な配列をつくっている．共有結合結晶は，事実上，一つの非常に大きな分子である．

金属結晶（metallic crystal）は，銀や鉄がその例で，原子が多数並んでできているが，その結晶は電気伝導性など，金属的な性質を示す．金属については第21章で学ぶ．

いろいろな結晶とそれらの特徴を，表10・9にまとめて示す．

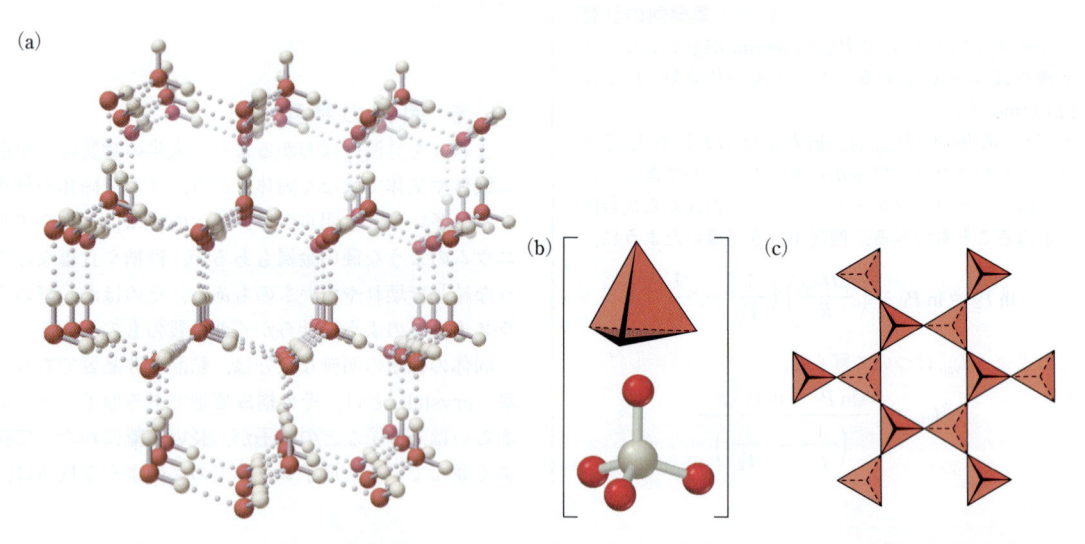

(a) 氷は，それぞれの水分子が水素結合で規則的に結ばれてできている．

(b) 水晶（SiO_2）は，本質的に Si–O 共有結合でできた一つの巨大な分子である．各ケイ素原子は正四面体構造をもち，四つの酸素原子と結ばれている．各酸素原子は，ほぼ直線的に2個のケイ素原子と結ばれている．

(c) この簡略な図は，SiO_4がつくる正四面体同士が，その頂点で酸素原子を互いに共有してつながっている様子を示している．

図10・15 分子結晶である氷と共有結合結晶である水晶の結晶構造．

表10・9 **結晶の種類と特徴**

結晶の種類	分子間力	特徴	例
イオン結晶	イオン–イオン力	もろい，硬い，融点が高い．	NaCl, KBr, $MgCl_2$
分子結晶	分散力，双極子–双極子力，水素結合	軟らかい，融点が低い，電気を通さない．	H_2O, Br_2, CO_2, CH_4
共有結合結晶	共有結合	硬い，融点が高い．	C（ダイヤモンド），SiO_2
金属結晶	金属結合	硬さや融点はいろいろ，電気を通す．	Na, Zn, Cu, Fe

図 10・16　X線回折の実験

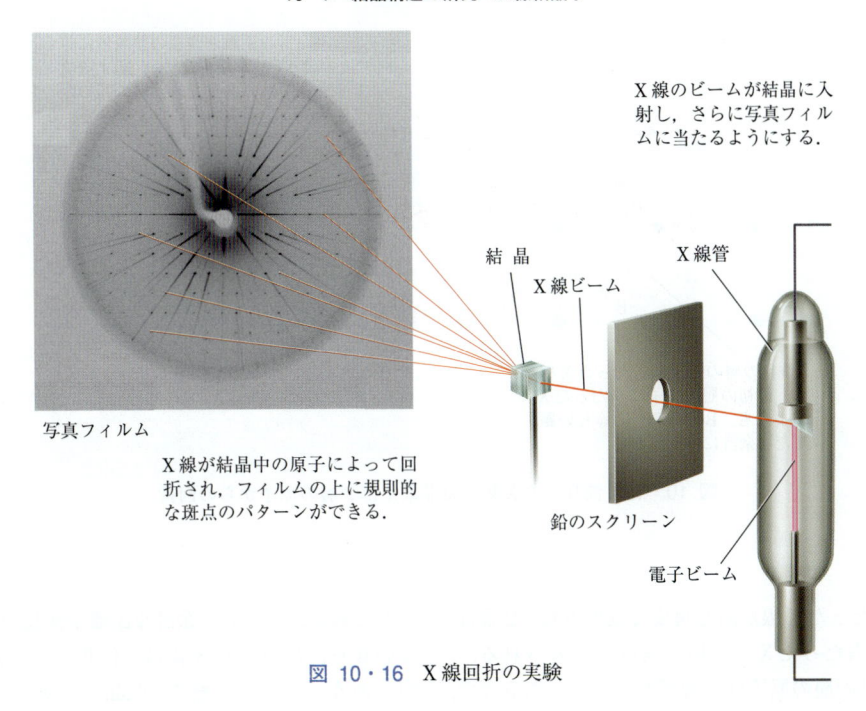

10・7　結晶構造の研究：X線結晶学

結晶の構造はどのようにして調べることができるのだろうか．光学の原理によると，物体の観測に用いる光の波長は，物体自身の長さの2倍より小さくなければならない．原子の直径はおよそ 2×10^{-10} m であり，われわれの目に見える光の波長は $4 \sim 7 \times 10^{-7}$ m であるから，どんなに高性能の光学顕微鏡を用いたとしても，原子を見ることは不可能である．原子を"見る"ためには，およそ 10^{-10} m の波長をもつ"光"を用いる必要がある．この波長は，電磁波のスペクトル（§3・1）ではX線領域になる．

X線結晶学の起源は，1912年に Max von Laue（ラウエ）が行った仕事に始まる．Laue は，X線を塩化ナトリウムの結晶に通して写真乾板に当てると，X線が結晶中の原子で回折されて乾板上に斑点状のパターンが生じることに気づいた．代表的な回折パターンを図 10・16 に示す．

電磁波の**回折**（diffraction）は，規則的な線（回折格子など）や点（結晶中の原子など）を含む物体によってビームが散乱されることによって生じる．この散乱が起きるのは，線や点の間隔が電磁波の波長と同程度の場合に限られる．

図 10・17 に模式的に示したように，回折は，二つの波が空間の同じ領域を同時に通過するときの干渉による．もしも波が同位相で頂点と頂点，底と底がそろっているなら，干渉は強めあうように起こり，合成された波の強度は増加する．しかし，もしも波が逆位相なら，干渉は弱めあうように起こり，波は打ち消される．強めあう干渉は Laue の写真乾板に見られる強い斑点を与えるが，弱めあう干渉はぼんやりした光の広がりを与える．

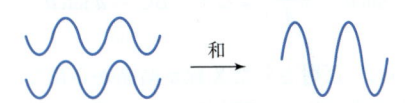

強め合う干渉は，波同士が同位相のときに起こり，波の強度を増加させる．

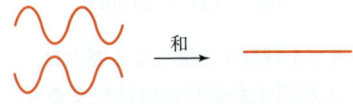

弱め合う干渉は，波同士が逆位相のときに起こり，波は打ち消される．

図 10・17　電磁波の干渉

結晶中の原子によってX線はどのようにして回折され，写真乾板に斑点のパターンを生じるのだろうか．1913年に英国の物理学者 William H. Bragg（ウィリアム ヘンリー ブラッグ）とその22歳の息子の William L. Bragg（ウィリアム ローレンス ブラッグ）によって与えられた説明によると，X線は結晶中の異なる層で回折されて干渉し，強めあったり弱めあったりする．

Bragg の考察を理解するために，波長 λ のX線が結晶面に角度 θ で入射し，光が鏡で反射されるように，同じ角度ではね返されたとしよう（図 10・18）．最前列の

10. 液体，固体と相変化

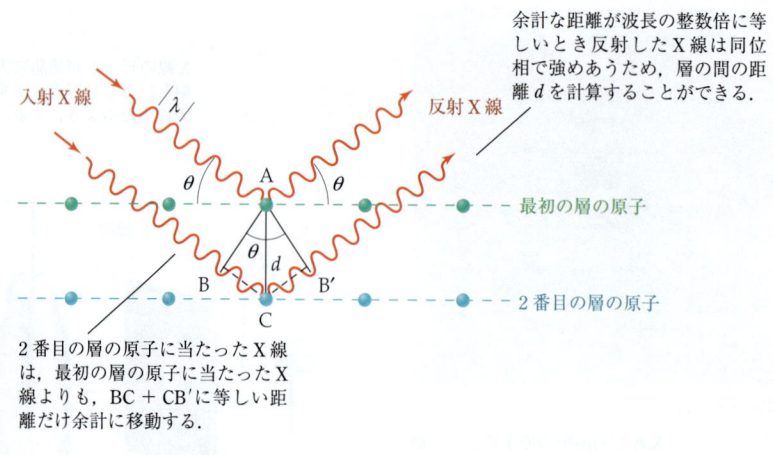

図 10・18 波長 λ の X 線の結晶最上部 2 層の原子からの回折.

余計な距離が波長の整数倍に等しいとき反射した X 線は同位相で強めあうため，層の間の距離 d を計算することができる．

2 番目の層の原子に当たった X 線は，最初の層の原子に当たった X 線よりも，BC + CB′ に等しい距離だけ余計に移動する．

層の原子に当たった X 線が同じ角度で反射され，2 番目の層の原子に当たった X 線も同じ角度で反射される．ここで，2 番目の層の原子は X 線源から遠くにあるので，X 線が 2 番目の層の原子に到達する距離は，最初の層に達するまでの距離より，図 10・18 の BC の距離だけ長くなる．三角関数を使って計算すると，余計な距離 BC は，原子が並んでいる格子面の間隔 d（= AC）に角度 θ の正弦（$\sin\theta$）をかけたものに等しい．

$$\sin\theta = \frac{BC}{d} \quad \text{よって} \quad BC = d\sin\theta$$

もちろん，反射された X 線が結晶から出て行くときも余計な距離が BC = CB′ だけかかるため，余計な距離の合計は $2d\sin\theta$ になる．

$$BC + CB' = 2d\sin\theta$$

Bragg の考察を理解する鍵となる要点は，二つの原子層に当たる X 線同士が最初に同位相であり，余計な距離 BC + CB′ が波長の整数倍 $n\lambda$（n は整数 1, 2, 3, …）になる場合に限り，反射した後の X 線も同位相になることである．もしも，余計な距離が波長の整数倍にならないなら，反射した X 線は，位相が食い違うため打ち消しあう．余計な距離を $2d\sin\theta = n\lambda$ と置き，d について解くと，**ブラッグの公式**（Bragg equation）が得られる．

$$BC + CB' = 2d\sin\theta = n\lambda$$

⬇ **ブラッグの公式** $\quad d = \dfrac{n\lambda}{2\sin\theta}$

ブラッグの公式の変数のうち，波長 λ はわかっており，$\sin\theta$ の値は測定することができ，n は小さな整数で通常 1 である．このようにして，結晶中の原子の層の間の距離 d を計算することができる．この業績により，Bragg 父子は 1915 年ノーベル物理学賞を受賞したが，そのとき息子の Bragg は 25 歳であった．

現在では，自動的に結晶を回転させて，すべての角度から回折を測定するコンピュータ制御の X 線回折計を利用することができる．X 線の回折パターンを解析すると，結晶中の任意の 2 原子間の距離を測定することがで

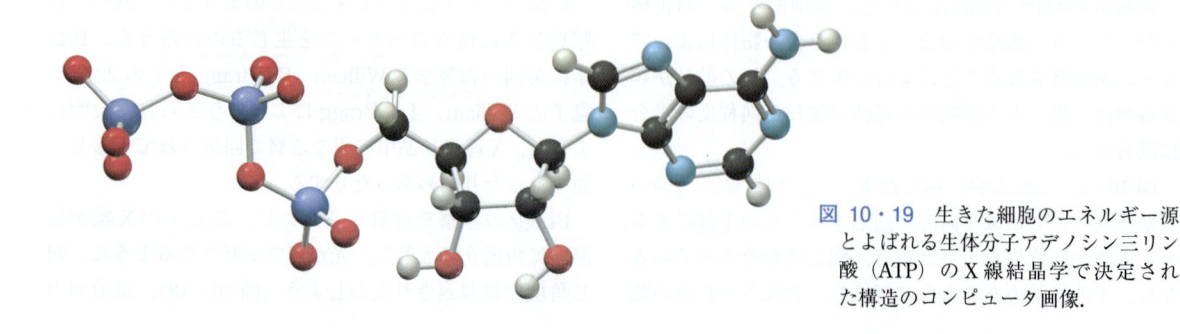

図 10・19 生きた細胞のエネルギー源とよばれる生体分子アデノシン三リン酸（ATP）の X 線結晶学で決定された構造のコンピュータ画像．

10・8 結晶の単位格子と空間充填モデル

原子やイオンや分子などの粒子はどのように結晶中に詰め込まれるのだろうか．まず，金属を見てみよう．金属は，個々の原子を球として取扱うことができ，結晶のパッキングの最も単純な例である．金属原子は（他の粒子も同様だが），粒子同士をできるだけ近づけて分子間の引力を最大にするように結晶に詰め込まれる．

多数の同じ形の球を一定の方式で一つの箱の中に並べるやり方には，四つの可能性がある．その一つは，1層下の球の真上につぎの層の球を並べて行く方式で，結果として，すべての層が同一になる（図 10・20 a）．これは，**単純立方充填**（simple cubic packing）とよばれ，各球の隣には 6 個の球があり，そのうち 4 個は同じ層に，残りの一つは上の層に，他の一つは下の層にある．このため，**配位数**（coordination number）は 6 である．単純立方充填では，利用可能な空間の 52% を球が占め，空間の利用効率が悪く，粒子間引力も最小である．周期表のすべての金属の中で，ポロニウムだけが，このように結晶化する．

別なやり方として，同じ層では球同士を少し離して並べるが，直接真上に球を詰め込む代わりに，隣接する層では，球を互いに a-b-a-b のようにずらして並べ，b 層の球をその下の a 層の球の間のへこんだ部分にはめこむようにし，つぎの a 層もその下の b 層に対して同じようにすると，空間をもっと効率よく使用することができる（図 10・20 b）．これは，**体心立方充填**（body-centered cubic packing）とよばれ，各球の配位数は 8 であり，4 個ずつ上下の層に隣接した球があり，空間は効率よく使われ，利用可能な空間の 68% が占有されている．鉄，ナトリウムなど，16 種類の金属がこのように結晶化する．

球を並べる残り二つのやり方は，どちらも<u>最密充填</u>（closest packing）とよばれるものである．**六方最密充填**（hexagonal closest packing）の配列（図 10・21 a）は，a-b-a-b の交互にならんだ層をもつ．各層は球同士が接した六角形の配列になっており，b 層の球は，a 層の球の間の小さな三角形のくぼみにちょうどはめ込まれるように上下の a 層とずれた配列をとる．亜鉛，マグネシウムなど 21 種類の金属は，このように結晶化する．

立方最密充填（cubic closest packing）の配列（図 10・21 b）は，a-b-c-a-b-c のように<u>三つ</u>の層が繰返される．a-b の 2 層は，六方最密充填の配列と同一であるが，3 番目の層は，a 層と b 層のどちらともずれている．銀，銅など 18 種類の金属がこの配列で結晶化する．

どちらの最密充填の配列でも，各球の配位数は 12 であり，同じ層に 6 個，上の層に 3 個，下の層に 3 個が隣接していて，利用できる空間の 74% を満たしている．食料品店に今度行くときに，オレンジのような球形の果物がどのように積み重ねられているか，よく見てみるとよい．ほとんどの場合，最密充填になっているであろう．

単位格子

結晶中で球がどのように詰め込まれるかを概観したが，さらに細かく見てみよう．レンガの塀は同じ形のレンガが規則的に多数積み重なってできているのと同様に，結

(a) 単純立方充填では，すべての層は同一で，すべての原子が直線的に上下や水平方向で並んでいる．

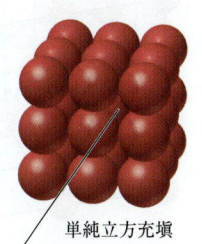

単純立方充填
各球は隣り合う 6 個の球と接しており，そのうち 4 個は同じ層に，残りの一つは真上の層に，他の一つは真下の層にある．

(b) 体心立方充填では，層 a の球は少し離れて並び，層 b の球は層 a の原子の間のくぼみにはめこまれる．3 番目の層は，最初の層と同様に繰返される．

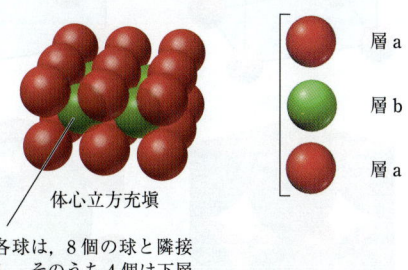

体心立方充填
各球は，8 個の球と隣接し，そのうち 4 個は下層に，4 個は上層にある．

● 層 a
● 層 b
● 層 a

図 10・20 単純立方充填と体心立方充填

(a) 六方最密充填では，2種類の六角形の層 **a** と **b** が交互に並んでおり，それらは互いにずれていて，各層の球が隣接する層の小さな三角形のくぼみにはまっている．

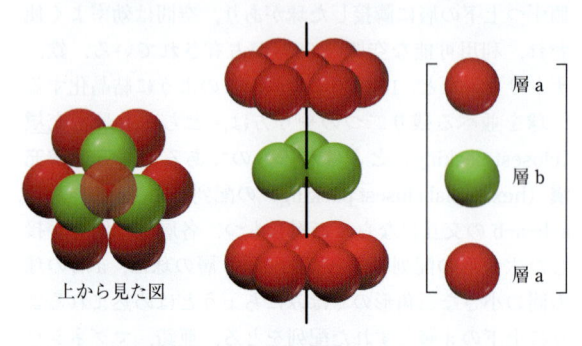

上から見た図

層a
層b
層a

(b) 立方最密充填では，三つの六角形の層 **a**, **b**, **c** が順繰りに反復されており，それらは互いにずれていて，各層の球が隣接する層の小さな三角形のくぼみにはまっている．

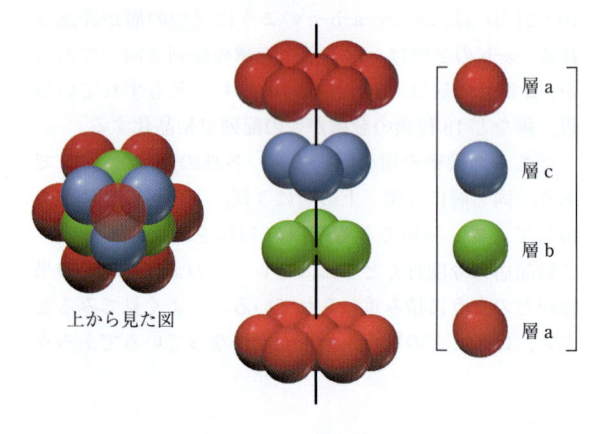

上から見た図

層a
層c
層b
層a

図 10・21　六方最密充填と立方最密充填．どちらも各球は12個の球と隣接し，そのうち6個は同じ層に，3個は上層に，3個は下層にある．

晶は**単位格子**（unit cell）とよばれる小さな単位が多数三次元的に繰返されてできている．

結晶にみられる単位格子の形は14種類ある．それらはみな6個の平行四辺形で囲まれた四角い立体の形をしている．ここでは，立方体の対称性をもつ単位格子（立方格子といい，各辺がすべて同じ長さで，角度はすべて90°）だけをとりあげる．

立方格子には，単純立方格子，体心立方格子，および面心立方格子の3種類がある．図10・22aに示すように，金属の**単純立方格子**（primitive-cubic unit cell）は，八つの各頂点に原子があり，同一の点で隣接する7個の立方体と頂点の原子を共有する．その結果，頂点の原子1個の1/8が一つの立方体単位に"属する"．単純立方の単位格子は，すべての原子が秩序だって並んでおり，単純立方充填にみられる繰返し単位になっている．

体心立方格子（body-centered cubic unit cell）は，8個の各頂点にある原子に加えて，立方体の中心にも，もう一つ原子をもつ（図10・22b）．この体心立方の単位格子は，二つの互いにずれた層の反復が，体心立方の繰返し単位になっている．

面心立方格子（face-centered cubic unit cell）では，8個の各頂点と6個の面のそれぞれの中心に原子がある．各面は隣接する一つの立方体と面心の原子1個を共有している（図10・23a）．このため，各面の原子の1/2が与えられた単位格子に属する．この面心立方の単位格子は，単位格子の立体対角線の方向から見下ろすとわかるように，立方最密格子の繰返し単位である（図10・23b）．単位格子の立方体の面は原子の層に対し54.7°ずれている．

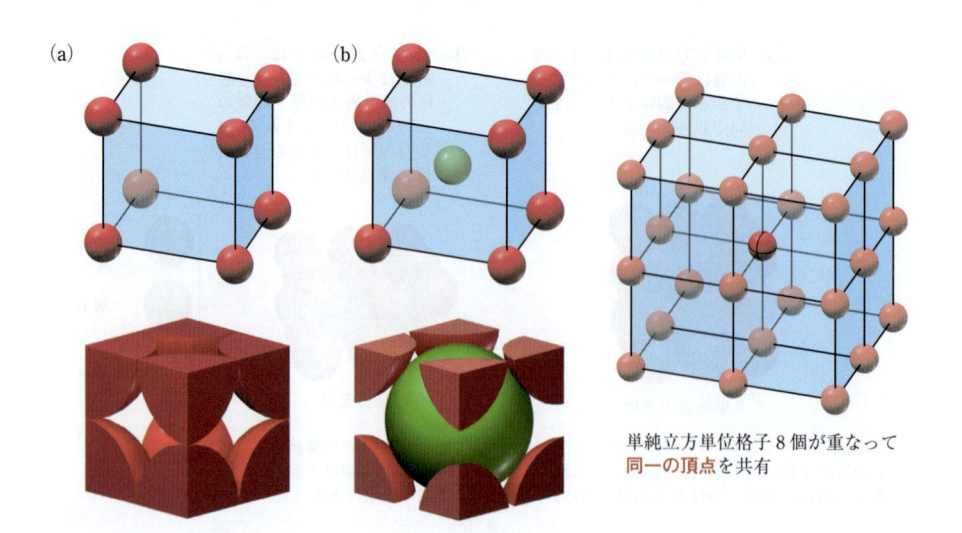

(a)　(b)

単純立方単位格子8個が重なって
同一の頂点を共有

図 10・22　(a) 単純立方と (b) 体心立方の単位格子の形．(上) 骨組みの図．(下) 空間充填図．

10・8 結晶の単位格子と空間充填モデル

表 10・10 球を充填する四つの方式

構　造	充填パターン	配位数	空間充填率 (%)	単位格子
単純立方充填	a–a–a–a	6	52	単純立方格子
体心立方充填	a–b–a–b	8	68	体心立方格子
六方最密充填	a–b–a–b	12	74	(立方ではない)
立方最密充填	a–b–c–a–b–c	12	74	面心立方格子

4 種類の詰め込み方式について，詰め込みパターン，配位数，空間充填率，および，単位格子の一覧を，表 10・10 に示す．六方最密充填は，他の場合とは違って唯一，立方体でない単位格子をもつ．

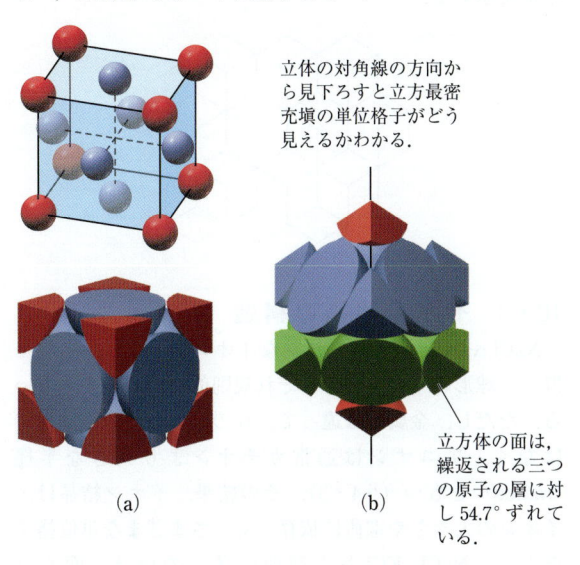

図 10・23　面心立方の単位格子の形

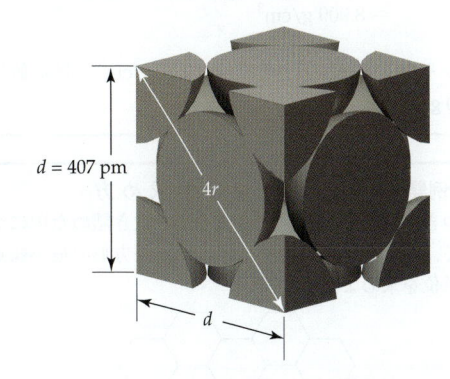

対角線と立方体の 2 辺は直角三角形をなすからピタゴラスの定理を適用でき，2 辺の平方の和は対角線の平方の和に等しいので $d^2 + d^2 = (4r)^2$ となり，この式を r について解くと，原子の半径が求められる．

$$d^2 + d^2 = (4r)^2$$

だから，$2d^2 = 16r^2$，$r^2 = \dfrac{d^2}{8}$

よって，$r = \sqrt{\dfrac{d^2}{8}} = \sqrt{\dfrac{(407\ \text{pm})^2}{8}} = 144\ \text{pm}$

銀原子の半径は 144 pm である．

例題 10・7　単位格子中の原子数の計算

金属の単純立方格子中には何個の原子があるか．
方針と解　図 10・22 a に示したように，単純立方格子の 8 個の各頂点に原子がある．単位格子同士が密着すると，各頂点の原子は 8 個の立方体で共有されるので，各原子の 1/8 が一つの単位格子に"属する"．よって，1/8 × 8 ＝ 1 個の原子が単位格子に含まれる．

例題 10・8　単位格子の大きさに基づく原子半径の計算

銀は一辺の長さが d = 407 pm の単位格子をもつ立方最密充填の結晶構造をとる．銀原子の半径は何 pm か．
方針と解　立方最密充填は面心立方の単位格子をとる．立方体の面をよく見ると面の原子は頂点の原子と対角線上で接しているが，頂点の原子同士は辺上では離れている．したがって，各対角線の長さは原子半径 r の 4 倍の $4r$ に等しい．

例題 10・9　単位格子の大きさに基づく金属の密度の計算

ニッケルは一辺の長さが 352.4 pm の面心立方の単位格子をもつ．ニッケルの密度を g/cm³ 単位で求めよ．
方針　密度は質量を体積で割った量である．一つの単位格子の質量は，単位格子に含まれる粒子数に粒子 1 個当たりの質量を掛けることで計算できる．一辺が d の立方体の単位格子の体積は $d^3 = (3.524 \times 10^{-8}\ \text{cm})^3 = 4.376 \times 10^{-23}\ \text{cm}^3$ である．
解　面心立方格子中の頂点にある 8 個の原子のそれぞれは，8 個の単位格子に共有されているから，1/8 × 8 ＝ 1 個の原子だけが一つの単位格子に属している．また，六つの面の原子はそれぞれ二つの単位格子に共有されているので，1/2 × 6 ＝ 3 個の原子が一つの単位格子に属している．よって，一つの単位格子は，頂点の原子 1 個と面の原子 3 個，合計 4 個の原子をもち，各原子は，ニッケルのモル質量 (58.69 g/mol) をアボガドロ定数 (6.022 × 10²³ 原子/mol) で割った質量をもつ．これで密度を計算することができる．

$$\text{密度} = \frac{\text{質量}}{\text{体積}}$$

$$= \frac{(4\,\text{原子})\left(\dfrac{58.69\,\dfrac{\text{g}}{\text{mol}}}{6.022\times 10^{23}\,\dfrac{\text{原子}}{\text{mol}}}\right)}{4.376\times 10^{-23}\,\text{cm}^3}$$

$$= 8.909\,\text{g/cm}^3$$

ニッケルの密度の計算値は 8.909 g/cm³（測定値は，8.90 g/cm³）．

▶ 例題 10・10　単位格子の求め方

つぎのようなパターンのタイルを敷き詰めた床について，二次元の単位格子に相当する長方形の最小繰返し単位を求めよ．

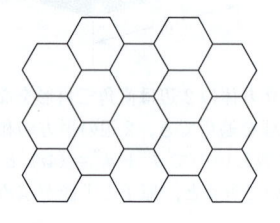

方 針　長方形の繰返し単位を定めるために二つの垂直な平行線を試行錯誤して引いてみよ．可能性は一つだけではないであろう．

解

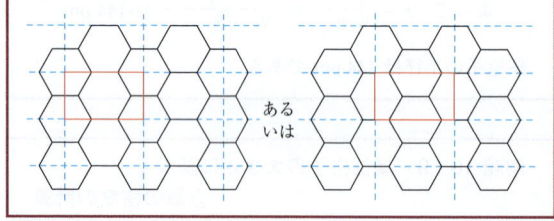

あるいは

問題 10・11　以下のそれぞれに含まれる原子数を求めよ．
(a) 金属の体心立方格子
(b) 金属の面心立方格子

問題 10・12　金属ポロニウムは，単位格子の一辺の長さが $d = 334$ pm の単純立方の結晶構造をとる．ポロニウム原子の半径は何ピコメートルか．

問題 10・13　問題 10・12 のポロニウムの密度を g/cm³ 単位で求めよ．

▶ **問題 10・14**　つぎのパターンでタイルを敷き詰めた床について，二次元の単位格子に相当する最小繰返し単位を求めよ．

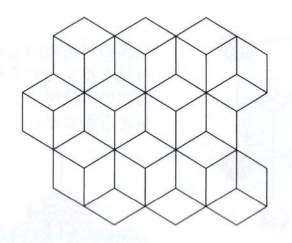

10・9　イオン結晶の構造

NaCl や KBr のような単純なイオン結晶では，金属と似て，球形のイオンがそれぞれ規則的に詰め込まれている．ただし，金属とは違って，球の大きさは全部同じではなく，アニオンは通常カチオンより大きな**半径** (radius) をもつ（§4・3）．その結果，イオン結晶は，イオンの大きさや電荷に依存して，さまざまな単位格子をとる．NaCl, KCl および他の多くの塩は，面心立方の単位格子をもち，その中では，大きい方のアニオン（Cl⁻）が頂点と面の中心を占め，小さい方のカチオンは隣接するアニオンの隙間にはまり込んでいる（図 10・24）．

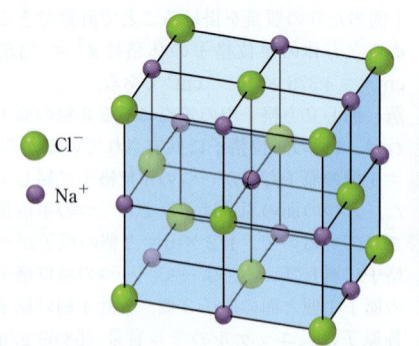

大きい方の**塩化物アニオン**は面心立方格子をとる．

小さい方の**ナトリウムカチオン**が隣り合う**アニオン**の間の隙間にはまり込む．

○ Cl⁻
● Na⁺

(a) 　　　(b)

図 10・24　NaCl の単位格子．(a) 骨組みモデルと (b) 空間充塡モデル（外縁が単位格子を示す）

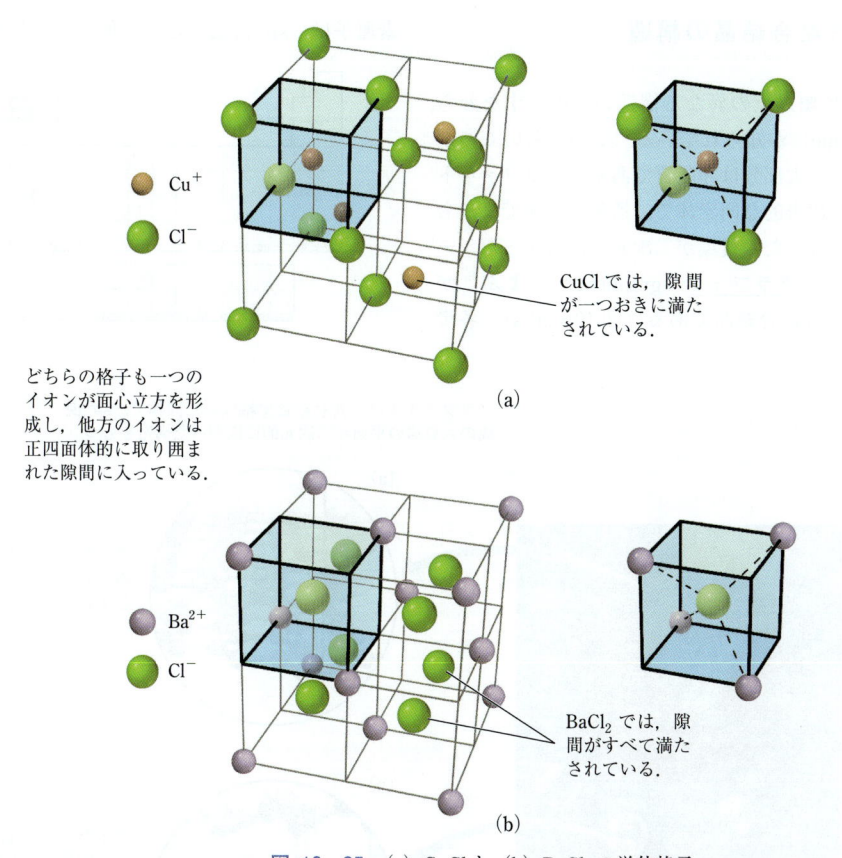

図 10・25 (a) CuCl と (b) BaCl₂ の単位格子

思い出そう…
原子半径は，原子が電子を失ってカチオンになると減少し，電子を取り入れてアニオンになると増加する（§4・3）．

イオン結晶の単位格子は，正電荷と負電荷がちょうど等しくなって電気的に中性でなければならない．たとえば，NaCl の単位格子では，Cl⁻ イオン 4 個（頂点の原子が 1/8 × 8 = 1 個と面の原子が 1/2 × 6 = 3 個）と Na⁺ イオン 4 個（辺の原子が 1/4 × 12 = 3 個と中心原子 1 個）で，電気的に中性になっている．ここで，立方体の単位格子では，各頂点の原子は 8 個の単位格子に共有され，各面の原子は 2 個の単位格子に共有され，各辺の原子は 4 個の単位格子に共有されていることを用いた．

他の二つの典型的なイオン化合物の単位格子を図 10・25 に示した．塩化銅(I) では，大きい方の Cl⁻ アニオンが面心立方格子をつくり，小さい方の Cu⁺ カチオンが 4 個のアニオンがつくる正四面体に囲まれた空間にはまり込んでいる．これに対し，塩化バリウムでは，小さい方の Ba²⁺ カチオンが面心立方格子をつくり，大きい方の Cl⁻ アニオンを正四面体的に取り囲んでいる．電荷が中性となる条件から，Cl⁻ アニオンの数は Ba²⁺ カチオンの数の 2 倍になっている．

問題 10・15 CuCl および BaCl₂ の単位格子に含まれる，＋と－の電荷の数を数え（図 10・25），どちらの単位格子も電気的に中性になっていることを示せ．

問題 10・16 酸化レニウムはつぎのような立方格子の形に結晶化する．

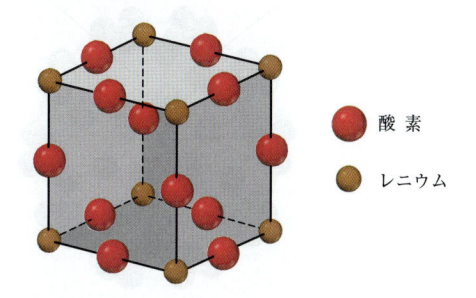

(a) 各単位格子に含まれるレニウム原子と酸素原子はそれぞれ何個か．
(b) 酸化レニウムの化学式を書け．
(c) レニウムはどのような酸化状態か．
(d) 各酸素原子の周囲はどのような構造か．
(e) 各レニウム原子の周囲はどのような構造か．

10・10 共有結合結晶の構造
炭　素

炭素は，40種類以上の異なる構造のもの，すなわち，**同素体**（allotrope）が知られている．そのうちいくつかは結晶であるが，大部分は非晶質である．グラファイトは，炭素の最も代表的な同素体で，通常の状態では最も安定であり，縮合した六員環が二次元的に広がったシート状構造〔これは<u>グラフェン</u>（graphene）とよぶ〕が積み重なった共有結合結晶である（図10・26 a）．各炭素原子は，sp^2 混成をとって他の炭素3個と平面三角形

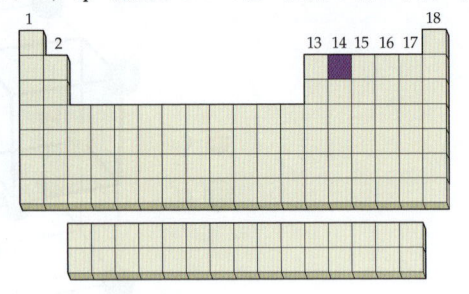

グラファイトは，共有結合で結ばれた固体で，sp^2 混成の六員環の平面が二次元的に広がった構造をもつ．

(a) 各平面の原子は隣の平面の原子と少しずれている．

(b) ダイヤモンドは，sp^3 混成の炭素原子が三次元的に巨大に並んだもので，各炭素原子は他の炭素原子4個と正四面体構造で結合している．

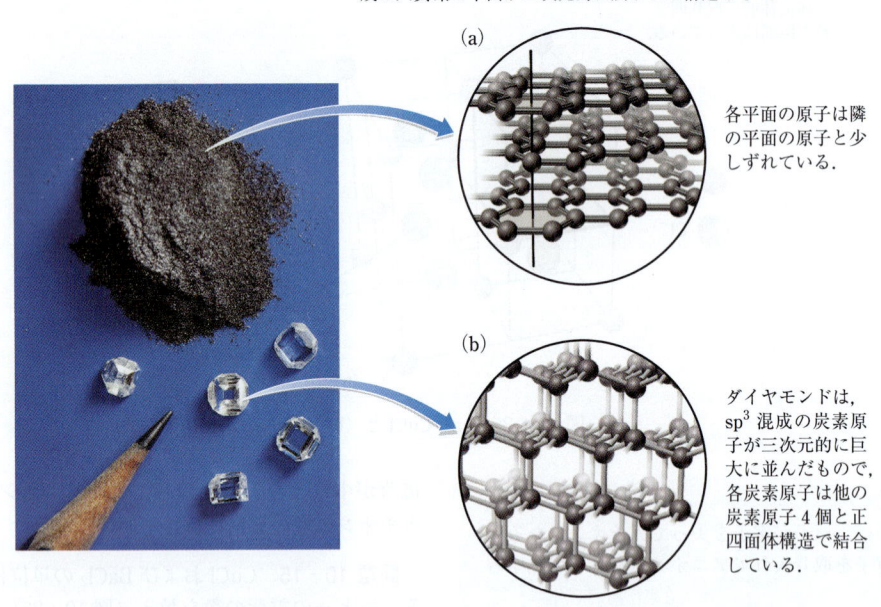

図 10・26　炭素の2種類の結晶性同素体．(a) グラファイト．(b) ダイヤモンド．

12個の五角形の面　　20個の六角形の面

(a) フラーレンは，サッカーボールの形をした分子からなる分子性固体である．このボールには，五角形の面12個，六角形の面20個があり，各炭素原子は sp^2 混成をとっている．

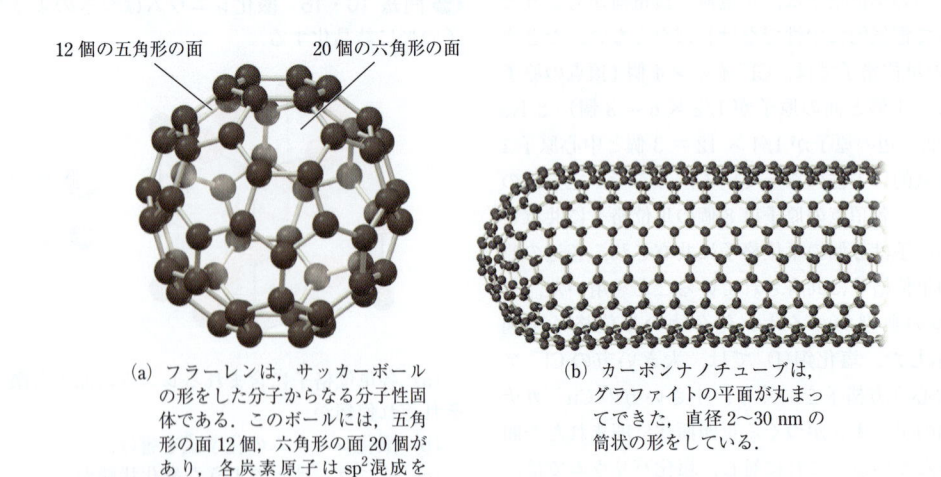

(b) カーボンナノチューブは，グラファイトの平面が丸まってできた，直径2～30 nmの筒状の形をしている．

図 10・27　フラーレン C_{60} とカーボンナノチューブ．

構造の結合をつくっている。ダイヤモンド形の炭素は，共有結合結晶であり，各炭素原子は sp³ 混成をとって他の炭素原子4個と正四面体構造の結合をつくっている（図 10・26 b）.

グラファイトとダイヤモンドのほかに，フラーレン (fullerene) とよばれる炭素の3番目の結晶性同素体（共有結合結晶ではなく分子結晶であるが）が 1985 年にすすの成分として発見された．フラーレンは，サッカーボールの形をした球状の C₆₀ 分子からなる．球状の C₆₀ は五角形 12 個と六角形 20 個の面をもち，各炭素原子は sp² 混成で他の原子3個と結合している（図 10・27 a）．グラファイトとフラーレンに密接に関係する一群の炭素同素体としてカーボンナノチューブ (carbon nanotube) とよばれるものがある．ナノチューブは，あたかもグラファイトの面（グラフェン）が丸まって，六員環が筒状に繰返された構造をもつ（図 10・27 b）．典型的な筒の直径はおよそ 2～30 nm で長さは 1 mm のものもある．

さまざまな形の炭素の同素体の性質は，多様で広範囲にわたる．ダイヤモンドは，強固な単結合の三次元的な広がりが，結晶全体をしっかり結びつけているため，もっとも硬い物質として知られている．宝石としての利用に加え，工業用のこぎりやドリルの刃の先端部分に広く用いられている．電気的には絶縁体で，融点は，3550 ℃以上である．無色透明で結晶性が高く，非常に希少で，アフリカ中南部など，世界のごく一部でしか産出しない．

グラファイトは，真っ黒で滑らかな物質であり，鉛筆の芯，電池の電極，鍵の潤滑剤などに用いられる．これらの性質はすべて平面状の構造に由来する．平らな面の上に空気や水の分子が吸着することによって，平面同士が互いに滑りやすく，すべすべして潤滑性を示す．グラファイトは，常圧ではダイヤモンドより安定であるが，非常に高い圧力や温度では，ダイヤモンドに変わりうる．実際，150,000 atm の圧力を高温でグラファイトにかけることによって，毎年およそ 120,000 kg の工業用ダイヤモンドが合成されている．

フラーレンは，グラファイト同様黒く光沢のある物質で，その興味深い電気的性質のため，現在活発に研究されている．フラーレンを金属ルビジウムと反応させると，フラーレン化ルビジウムとよばれる超伝導性物質 Rb₃C₆₀ が生じる．（超伝導性物質については §21・7 で詳しく学ぶ．）カーボンナノチューブは，ゴルフクラブ，自転車，ボート，航空機などの骨格構造への繊維素材として利用する研究が行われている．その引っ張り強度は鋼鉄のおよそ 50～60 倍である．

二酸化ケイ素

生体が炭素化合物に基づいているのと同様に，岩石や鉱物の大半はケイ素化合物に基づいている．たとえば石英と多くの砂は，純粋な二酸化ケイ素 SiO_2 である．ケイ素と酸素が一緒になって地殻の 75% を構成している．ケイ素と炭素はいずれも周期表の 14 族であることを考えると，SiO_2 は CO_2 と性質が似ているのではないかと予想される．しかし実際には，CO_2 は分子性物質であり，室温で気体であるが，SiO_2 (p.222, 図 10・15 b) は共有結合結晶で融点は 1600 ℃である．

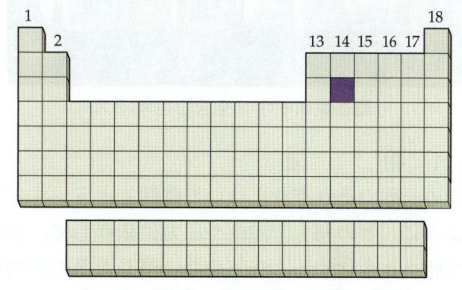

CO_2 と SiO_2 の性質の決定的な違いは，主として炭素とケイ素の電子構造の違いによる．炭素-酸素二重結合 (double bond) の π 結合部分は，炭素の 2p 軌道と酸素の 2p 軌道が横方向で重なってできる（§5・13）．もしもケイ素-酸素二重結合ができたとすると，ケイ素の 3p 軌道と酸素の 2p 軌道の重なりが要求されるであろう．しかし，Si-O 結合は C-O 結合より長く 3p 軌道は 2p 軌道より大きいため，両者の重なり具合はよくない．その結果，ケイ素は，酸素との二重結合で分子にはならずに，4個の酸素原子と4個の単結合をつくり，つぎつぎと共有結合で結ばれる．

> **思い出そう…**
> 2個の原子が二重結合を形成するには，混成軌道同士が角を突き合わせるように向き合って σ 結合をつくり，混成していない p 軌道同士が平行に並んで横方向で π 結合をつくるように，互いに接近する必要がある（§5・13）．

二酸化ケイ素を 1600 ℃以上に熱すると Si-O 結合が多数切れて，結晶から粘性のある液体へと変わる．この液体を冷却すると Si-O 結合が乱雑な配列である程度再生し，石英ガラスとよばれる非晶質の固体が生じる．冷却する前に添加物を混合すると，いろいろな種類のガラスをつくることができる．たとえば，ふつうの窓ガラスは，$CaCO_3$ および Na_2CO_3 を加えてつくられる．遷移金属イオンを加えるとさまざまな色ガラスができ，B_2O_3 を加えると，高融点のホウケイ酸ガラス (borosilicate glass) が生じ，Pyrex という名称で販売されて

いる．ホウケイ酸ガラスは，加熱してもほとんど膨張しないため破損しにくく，特に調理器具や実験機材に利用されている．

遷移金属イオンを含む色ガラス

10・11 相 図

物質の三態のそれぞれについて概観しよう．すでに述べたように，どの相も，温度や圧力に依存して，自発的に別な相へと変化する．空気のない閉じた系の純物質について，圧力–温度依存性を示す便利な方法は，**相図**（phase diagram）とよばれるものを用いることである．図 10・28 に水について示したように，相図は，圧力と温度の組合わせが変わるとどの相が安定になるかを教えてくれる．温度や圧力を変えて相の間の境界線を横切ると，相変化が起こる．

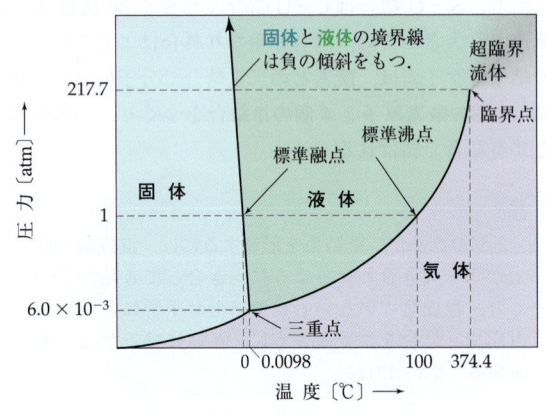

図 10・28 H₂O の相図．図のさまざまな特徴は本文に示した．圧力や温度の軸は一定の比率になっていない．

相図を理解する最も簡単な方法は，図 10・28 の左下の原点から出発して，左側の固体と右側の気体の間の境界線に沿って登って行くことである．この線上の点は，二つの相が閉じた系の平衡状態にあり，固体の氷から気体の水蒸気に直接相転移するときの圧力と温度の組合わせを表している．固気境界線がある点に達すると，そこから二つに枝分かれして液体領域の境界を形成する．H₂O の固液境界線は，左側に少し傾斜して上昇するが，液気境界線は曲がりながら右上へ上昇する．**三重点**（triple point）とよばれる 3 重の交差点は，三つの相がすべて平衡状態で共存する特別な温度と圧力の組合わせを表している．水の場合，三重点の温度は $T_t = 0.0098$ ℃であり，三重点の圧力は $P_t = 6.0 \times 10^{-3}$ atm である．

三重点から少し左側に連続して登っていく固液境界線は，さまざまな圧力における固体の氷の融点（あるいは，液体の凝固点）を表している．圧力が 1 atm のときの融点は，**標準融点**（normal melting point）とよばれ，正確に 0 ℃である．この境界線が少しだけ負の傾斜をもつことは，氷の融点が圧力の増加につれて減少することを意味している．この点で水は異常であり，ほとんどの物質では固液境界線は正の傾斜をもち融点は圧力とともに増加する．この挙動については，あとでまたふれる．

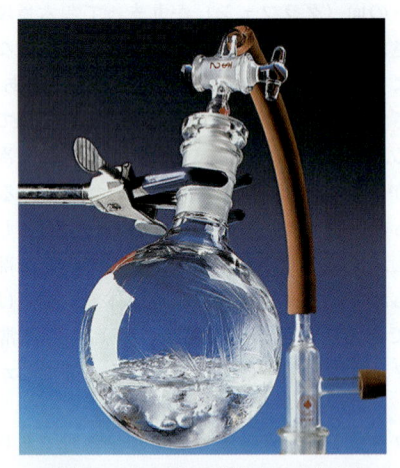

三重点では，固体は沸騰する液体と共存する．すなわち，固体，液体，および気体が平衡状態で共存する．

三重点の右側を登っていく液気境界線は，液体と気体が共存した状態で水が蒸発する（あるいは，水蒸気が凝縮する）圧力と温度の組合わせを表している．実際，この曲線が 1 atm に上昇するまでの部分は，図 10・13 ですでに学んだ蒸気圧曲線にほかならない．圧力が 1 atm ならば，水の沸点は標準沸点の 100 ℃になる．さらに液気境界線に沿って登っていくと**臨界点**（critical point）に到達し，そこでこの曲線は終わりになる．臨界温度 T_c 以上の温度では，どんなに圧力を高くしても，気体は液化しない．臨界圧力 P_c 以上の圧力では，どんなに温度を高くしても，液体は蒸発しない．水の場合，$T_c = 374.4$ ℃，$P_c = 217.7$ atm である．

固液相転移や液気相転移はよく見かけることであるが，臨界点での振舞いは，日常の体験からあまりにもかけ離れているため，想像することがむずかしい．つぎのように考えてみよう．臨界点の気体は，非常に高い圧力のも

とにあるので，分子同士はかなり接近している．そのため，液体状態と区別がつかなくなる．臨界点での液体は，温度が非常に高いので，分子は比較的離れて存在するようになる．そのため，気体と区別がつかなくなる．このような理由で，二つの相が一つになり，真の液体でも真の気体でもない，**超臨界流体**（supercritical fluid）が形成される．臨界点を超えてしまうと明確な物理的相変化は起こらなくなる．その代わり，白っぽい真珠のような輝きが一瞬現れて，液体と気体の境界が急に見えなくなる．信じられないなら実際に見てみるとよい．

図 10・29 に示した CO_2 の相図は，多くの点で水の場合とよく似てはいるが，いくつか面白い違いがある．第一に，三重点では $P_t = 5.11$ atm であり，この圧力以下では，どんな温度でも CO_2 は液体になることができない．1 atm では，CO_2 は，-78.5 ℃以下で固体になり，この温度以上で気体になる．第二に，固液境界線の傾斜が正なので，圧力を高くすると固相の方が有利となり，固体 CO_2 の融点は圧力とともに高くなる．

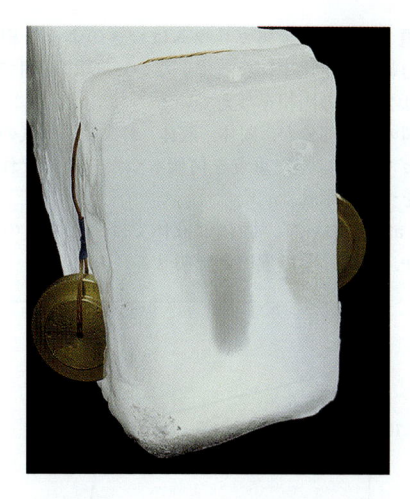

図 10・30 なぜ氷のかたまりが，おもりをつけたワイヤで切れるのだろうか．

斜は負になる．

図 10・30 は融点への圧力効果をはっきりと示している．おもりを両端につけた細いワイヤを 0 ℃近くの氷のかたまりにひっかけると，ワイヤの下の圧力が増加して氷の融点が低下し，氷が液化するため，氷のかたまりはワイヤで素早く切れてしまう．もしも同じ実験をドライアイス（固体の CO_2）で試みても何も起こらない．圧力が増しても，融解は容易になるどころか，より困難になるため，ドライアイスには効き目がない．

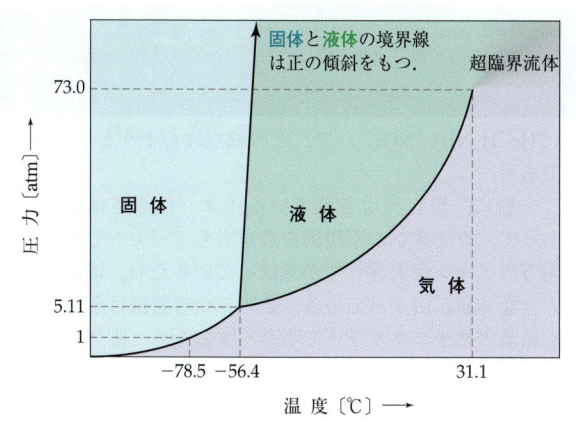

図 10・29 CO_2 の相図．圧力や温度の軸は一定の比率になっていない．

例題 10・11 相図の解釈

凍結乾燥した食品は，食品を凍らせ，低圧で氷から水分を昇華させてつくっている．図 10・28 の水の相図を参照し，氷と水蒸気が平衡になる圧力の最大値が何 mmHg であるか求めよ．

方針 氷と水蒸気は三重点の圧力 $P_t = 6.0 \times 10^{-3}$ atm 以下でしか平衡にならない．この圧力を mmHg に換算する必要がある．

解

$$6.0 \times 10^{-3} \text{ atm} \times \frac{760 \text{ mmHg}}{1 \text{ atm}} = 4.6 \text{ mmHg}$$

固液境界線の傾斜が，H_2O では負であり，CO_2 や他の大部分の物質では正であることに対する圧力の影響は，固相と液相の密度の相対的変化に依存している．CO_2 や他の大部分の物質では，固相の方が液相よりも密度が大きい．これは，固体では粒子がより緊密に詰め込まれるからである．圧力を加えると，分子同士はさらに接近するため，固相になる方が好ましく，固液境界線は正の傾斜を示す．これに対して水の場合は，凍って固体になると，氷中では水素結合が三次元的に規則正しくつながった構造になるため，分子間に大きな隙間が残されてしまい，密度が減少する（図 10・15 a）．その結果，圧力を高くすると，液相の方が好ましくなり，固液境界線の傾

問題 10・17 図 10・29 の CO_2 の相図を参照し，液体の CO_2 が存在できる最低の圧力を atm 単位で求めよ．

問題 10・18 図 10・29 の CO_2 の相図を参照し，CO_2 に以下の変化を加えると何が起きるか述べよ．

(a) 一定圧力 2 atm で，温度を -100 ℃から 0 ℃まで上げる．

(b) 一定温度 30 ℃で，圧力を 72 atm から 5.0 atm まで下げる．

(c) 最初，-10 ℃で圧力を 3.5 atm から 76 atm まで上げ，つぎに，温度を -10 ℃から 45 ℃まで上げる．

問題 10・19
金属ガリウムはつぎのような相図をもつ（圧力軸は一定比率になっていない）．図の範囲では，ガリウムは2種類の固相を与えている．

(a) 図のどの部分が，固体，液体，および，蒸気の領域か．

(b) ガリウムは，三重点を何個もつか．それぞれ，図中に丸印をつけて示せ．

(c) 1 atmにおいて，固体と液体では，どちらの密度が大きいか．また，その理由を説明せよ．

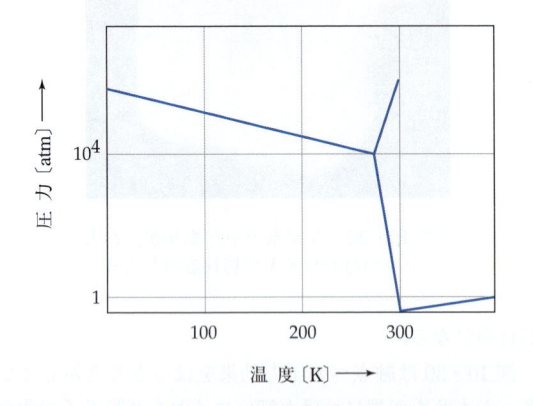

要 約

分子中に極性をもつ共有結合があると，分子が正味の極性（正確には**双極子モーメント**（dipole moment）として測定される）をもつ原因となりうる．

ファンデルワールス力（van der Waals force）と広い意味での**分子間力**（intermolecular force）は，液体や固体において粒子同士を互いにつなぎとめる引力をもたらす．分子間力にはいくつかの種類があるが，それらはすべて電気的な引力によって生じる．**双極子-双極子力**（dipole–dipole force）は，二つの極性分子間に生じる．**ロンドンの分散力**（London dispersion force）は，すべての分子に関係し，瞬間的に発生する非対称な電子分布でひき起こされる一時的な双極子モーメントが原因となって生じる．**水素結合**（hydrogen bond）は，O, N, またはFに結合して正の極性をもつ水素原子と他の分子のO, N, またはF原子の孤立電子対の間に引力をもたらす．さらに，**イオン-双極子力**（ion–dipole force）は，イオンと極性分子の間に生じる．

Interlude

イオン性液体

イオン性の化合物としては融点の高い結晶性の固体を想像しがちである．たとえば，塩化ナトリウム（mp = 801 ℃），酸化マグネシウム（mp = 2825 ℃），炭酸リチウム（mp = 732 ℃）など．イオン性化合物の多くは確かにそうであるが，すべてがそうとは限らない．イオン性化合物のいくつかは，室温で液体である．イオン性液体は，およそ100年前から知られており，最初に見つかったのは硝酸エチルアンモニウム（$CH_3CH_2NH_3^+NO_3^-$）で，その融点はちょうど12 ℃である．

一般に，現在利用されているイオン性液体は塩であって，カチオンが不規則な形をもち，一方もしくは両方のイオンが大きくてかさばっているため，電荷が大きな体積に広がっている．この二つの特徴はどちらも結晶の格子エネルギーを小さくするため，固体より

驚くべきことに，油の中に落とされた青い液体は，分子性の物質ではなく，イオン性の物質である．

1,3-ジアルキルイミダゾリウムイオン

N-アルキルピリジニウムイオン

固体，液体，または，気体のどの**相**（phase）においても，物質は他の二つの相のどちらにも**相変化**（phase change）を起こすことができる．自然界で起こるすべての過程と同じように，相変化はそれに伴って自由エネルギー変化 $\Delta G = \Delta H - T\Delta S$ を示す．エンタルピー成分 ΔH は分子間力の変化の尺度である．エントロピー成分 ΔS は相転移に付随して起きる分子論的乱雑さの変化の尺度である．固液転移のエンタルピー変化は，**融解熱**（heat of fusion）とよばれ，液気転移のエンタルピー変化は，**蒸発熱**（heat of vaporization）とよばれる．

相変化に対する温度と圧力の影響は，**相図**（phase diagram）として図示することができる．通常，相図は三つの領域，すなわち，固体，液体，および，気体をもち，それらは三つの境界線で区分けされている．各境界線上では，二つの相が平衡状態にあり，そこで相変化が起きる．正確に 1 atm の圧力における固液境界線上の温度は，その物質の**標準融点**（normal melting point）に相当し，液気境界線上の温度は**標準沸点**（normal boiling point）に相当する．三つの境界線は互いに**三重点**（triple point）で出会い，その点での温度と圧力は，3 相が平衡状態で共存する唯一の組合わせである．液気境界線は，三重点から**臨界点**（critical point）まで延びているが，臨界点を超える圧力や温度の組合わせでは，液体や気体は**超臨界流体**（supercritical fluid）となり，それは真の液体と真の気体のどちらともいえない．

固体は，その構成粒子が，乱雑に配列しているならば**非晶質**（amorphous）とよばれ，規則的に配列しているならば**結晶**（crystal）とよばれる．さらに，結晶は，イオンでできていれば**イオン結晶**（ionic crystal），分子でできていれば**分子結晶**（molecular crystal），個々の分子が存在せず共有結合でつながった原子が並んでいれば**共有結合結晶**（covalent crystal），金属原子で構成されていれば**金属結晶**（metallic crystal），とそれぞれよばれる．

結晶中の粒子の規則的な三次元の配列は，**単位格子**（unit cell）とよばれる小さな繰返し単位で組み立てられている．単位格子には 14 種類があり，そのうちの三つ

液体になりやすい．代表的なカチオンは，アミンとよばれる窒素を含む有機化合物から誘導されるもので，1,3-ジアルキルイミダゾリウムイオンか，あるいは，N-アルキルピリジニウムイオンである．

アニオンは，カチオン同様さまざまであり，アニオンとカチオンの種々の組合わせからなる 250 種類以上のイオン性液体が市販されている．ヘキサフルオロリン酸イオン，テトラフルオロホウ酸イオン，アルキル硫酸イオン，トリフルオロメタンスルホン酸イオンおよびハロゲン化物イオンは，代表的なアニオンとなる．

ヘキサフルオロリン酸イオン　テトラフルオロホウ酸イオン

アルキル硫酸イオン　トリフルオロメタンスルホン酸イオン　ハロゲン化物イオン

長い年月，イオン性液体は研究室で興味をもたれるだけであったが，最近になって，優れた溶媒として注目されるようになり，特に，第 7 章の Interlude で出てきた環境化学プロセスで利用されている．イオン性液体の特徴としては，

- 極性の有無によらず溶解性が高く，高濃度の溶液をつくるので，液体の消費量が少なくて済む．
- カチオンとアニオンの構造を選別することによって特定の反応に最適化することができる．
- 不燃性である．
- 高温で安定である．
- 蒸気圧がほとんどなく蒸発しない．
- 通常回収可能で何度でも使える．

いろいろな応用の可能性がありうるが，最近は，高温の電池の電解質，オイルシェールから重い有機物を抽出する溶媒，多くの工業過程で有毒あるいは可燃性の有機溶媒を代替するものなどとして，イオン性液体の利用が探究されている．遠からずイオン性液体のさらなる発展を耳にするであろう．

問題 10・20 イオン性液体は，水のような代表的分子性液体とどのように異なるか．

問題 10・21 イオン性液体が固体になりにくいのは，どのような構造上の特徴によるか．

は立方体の対称性をもつ．**単純立方充填**（simple cubic packing）は**単純立方**（primitive-cubic）単位格子をもち，立方体の各頂点に原子がある．**体心立方充填**（body-centered cubic packing）は**体心立方**（body-centered cubic）単位格子をもち，中心と各頂点に原子がある．**立方最密充填**（cubic closest-packing）は**面心立方**（face-centered cubic）単位格子をもち，各面の中心と各頂点に原子がある．**六方最密充填**（hexagonal closest-packing）とよばれる4番目の充填方式の単位格子は，立方体ではない．

キーワード

イオン結晶（ionic crystal） 222
イオン-双極子力（ion–dipole force） 211
回折（diffraction） 223
共有結合結晶（covalent crystal） 222
金属結晶（metallic crystal） 222
クラウジウス・クラペイロンの式（Clausius–Clapeyron equation） 219
結晶（crystal） 221
三重点（triple point） 232
蒸気圧（vapor pressure） 218
蒸発熱（heat of vaporization, ΔH_{vap}） 217
水素結合（hydrogen bond） 213
相（phase） 216
双極子（dipole） 208
双極子-双極子力（dipole–dipole force） 211
双極子モーメント（dipole moment, μ） 209
相図（phase diagram） 232
相変化（phase change） 216
体心立方充填（body-centered cubic packing） 225
体心立方格子（body-centered cubic unit cell） 226
単位格子（unit cell） 226
単純立方充填（simple cubic packing） 225
単純立方格子（primitive-cubic unit cell） 226
超臨界流体（supercritical fluid） 233
同素体（allotrope） 230
粘性（viscosity） 215
配位数（coordination number） 225
非晶質（amorphous solid） 221
標準沸点（normal boiling point） 220
標準融点（normal melting point） 232
表面張力（surface tension） 215
ファンデルワールス力（van der Waals force） 210
ブラッグの公式（Bragg equation） 224
分子間力（intermolecular force） 210
分子結晶（molecular crystal） 222
面心立方格子（face-centered cubic unit cell） 226
融解熱（heat of fusion, ΔH_{fusion}） 217
立方最密充填（cubic closest packing） 225
臨界点（critical point） 232
六方最密充填（hexagonal closest packing） 225
ロンドンの分散力（London dispersion force） 212

11 溶液とその性質

11・1 溶液
11・2 エネルギー変化と溶解過程
11・3 濃度の単位
11・4 溶解度に関係する因子
11・5 溶液の物理的挙動——束一的性質
11・6 溶液の蒸気圧降下——ラウールの法則
11・7 溶液の沸点上昇と凝固点降下
11・8 浸透と浸透圧
11・9 束一的性質の利用
11・10 液体混合物の分別蒸留
Interlude 血液透析

　これまでは，元素や化合物の純物質だけを問題にしてきた．けれども，周囲を見渡すと，日常生活で目にする物質のほとんどは混合物である．空気は（主として）酸素と窒素からなる気体混合物であり，ガソリンは多数の成分を含む液体混合物であり，岩石は異なる鉱物の固体混合物である．
　混合物（mixture）は，2種類もしくはそれ以上の物質を，それぞれ化学的に変化させずに，任意の割合で混ぜ合わせたものである．混合物は，その外見にしたがって，不均一な（heterogeneous）場合と均一な（homogeneous）場合に分類される．不均一混合物は，成分の混じり方が見た目で一様ではなく，場所によって組成が異なる．砂糖と塩の混合物や油と水の混合物はその例である．均一混合物は，少なくとも肉眼で見る限り，混じり方が一様で，場所によらず組成は一定している．海水（塩化ナトリウムと水）や真ちゅう（銅と亜鉛）はその例である．本章では，溶液とよばれる混合物に焦点を当てて，均一混合物の性質について探究する．

11・1 溶液

　均一混合物は，構成粒子の大きさの違いにしたがって，溶液とコロイドのいずれかに分類される．最も重要な均一混合物である溶液（solution）は，代表的なイオンや小さな分子の大きさである 0.1〜2 nm の範囲の直径をもつ粒子を含む．溶液は，色が付いていることもあるが透明であり，自然に分離しない．牛乳や霧のようなコロイド（colloid）は，2〜500 nm の直径をもつ粒子を含む．光を当てると，たいてい薄暗いか不透明であり，自然に分離しない．コロイドよりも大きな粒子を含む懸濁液（サスペンション，suspension）とよばれる混合物も存在する．しかし，これは本当の均一溶液ではなく，ひとりでに分離するし，倍率の低い顕微鏡で成分粒子を観察することができる．血液，塗料，エーロゾルスプレーなどは，その例である．

　溶液といえば，通常，固体が液体に溶けたものや，液体同士の混合物を考えがちであるが，他にもいろいろな種類の溶液がある．実際，物質のどの状態も他の状態と溶液をつくることができ，7種類の溶液（表11・1）が可能である．その中には，固体中に別の固体が溶けた溶液や，固体中に気体が溶けた溶液もある．ステンレススチール（鉄の中に 4〜30% のクロム）や真ちゅう（銅の中に 10〜40% の亜鉛）などの合金は，固体-固体溶液である．金属パラジウムは，それ自身の体積の 935 倍もの H_2 ガスを吸蔵することができる．

表 11・1　いろいろな種類の溶液

溶液の種類	例
気体中に気体	空気（O_2, N_2, Arおよび他の気体）
液体中に気体	炭酸水（水の中に CO_2）
固体中に気体	パラジウム金属中に H_2
液体中に液体	ガソリン（炭化水素の混合物）
固体中に液体	歯科用アマルガム（銀の中に水銀）
液体中に固体	海水（水の中に NaCl や他の塩）
固体中に固体	合金（たとえばスターリング銀（製品）では，Ag 92.5% と Cu 7.5%）

　気体や固体が液体に溶けた溶液では，溶け込んだ物質を溶質（solute）といい，液体を溶媒（solvent）という．液体が他の液体に溶けた場合は，通常，主要成分を溶媒，少ない方の成分を溶質という．たとえば，10%のエタノールと90%水の混合物では，エタノールが溶質で水が溶媒であり，その逆に，90%のエタノールと10%水の混合物では，エタノールが溶媒で水が溶質ということになる．

11・2 エネルギー変化と溶解過程

　空気のような気体-気体混合物を除き，表11・1に示した溶液は，凝縮相である液体か固体を含む．第10章で純粋な液体や固体の性質の説明のために学んだ分子間力はいずれも，溶液の性質の説明にも重要である．ただ

し，溶液の場合は，純粋な物質よりも，状況が複雑になる．なぜなら，溶媒-溶媒相互作用，溶媒-溶質相互作用，溶質-溶質相互作用の3種類の粒子間相互作用を考慮しなければならないからである．

"似たもの同士は溶けあいやすい" ということがよくいわれるが，これは3種類の相互作用が種類や強さの面で相互に類似していると溶液ができやすいということである．たとえば，NaClのようなイオン性固体は，水のような極性溶媒に溶解する．これは，Na^+ や Cl^- と極性をもつ水分子との間の強いイオン-双極子引力は，水分子間の強い水素結合の引力や Na^+ イオンや Cl^- イオンの間の強いイオン-イオン間引力と，大きさが類似しているためである．同様に，コレステロール $C_{27}H_{46}O$ のような無極性有機物質は，ベンゼン C_6H_6 のような無極性有機溶媒に溶解する．これは，両者の分子間に類似したロンドンの分散力が存在するためである．これに対し，油が水にほとんど溶解しないのは，この2種類の液体の分子間相互作用の種類が異なるためである．

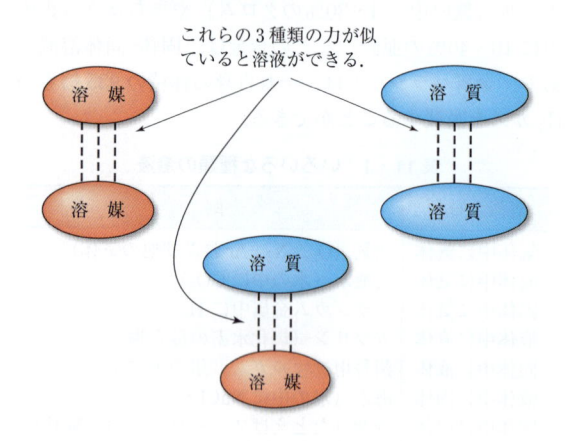

液体への固体の溶解の様子を，NaClの場合について図11・1に示す．固体のNaClを水の中に入れると，結晶の角や辺に位置して水分子にさらされているイオンは，ゆるく束縛されているため，水分子の衝突を受けて，やがて切り離される．すると，多数の水分子がイオンを取り囲むように群がり，イオン-双極子引力によって安定化する．結晶には新たな角や辺が生じ，結晶全部が溶けきるまで溶解過程が継続する．溶液中のイオンは，<u>溶媒和されている</u>（solvated），またはより適切に，<u>水和されている</u>（hydrated）といわれ，これは整列した溶媒分子の殻でイオンが取り囲まれて安定化していることを意味する．

溶媒への溶質の溶解には，すべての化学的過程や物理的過程と同様に，自発性の目安となる自由エネルギー変化 $\Delta G = \Delta H - T\Delta S$（§8・13）が伴う．$\Delta G$ が負なら自発的になるので，その物質は溶解する．ΔG が正なら非自発的になるので，その物質は溶解しない．エンタルピー項 ΔH は，溶解の際に系に出入りする熱を表す．温度に依存するエントロピー項 $T\Delta S$ は，系の分子論的乱雑さの変化を表す．このエンタルピー変化は，溶解熱または**溶解エンタルピー**（enthalpy of solution, ΔH_{soln}）とよばれ，エントロピー変化は，**溶解エントロピー**（entropy of solution, ΔS_{soln}）とよばれる．

ΔH_{soln} や ΔS_{soln} は，どのような値になるのだろうか．まずエントロピー変化について考えよう．溶解エントロピーは通常正である．なぜなら，溶解に伴って通常分子論的乱雑さは増加するからであり，たとえばNaClが水に溶けるときは，+43.4 J/(K·mol) になる．固体が液体に溶けるときは，よく整列した結晶の状態から，ほとんど整列していない溶液の状態へと変化して，溶媒和し

図 11・1　NaCl結晶の水への溶解

11・2 エネルギー変化と溶解過程

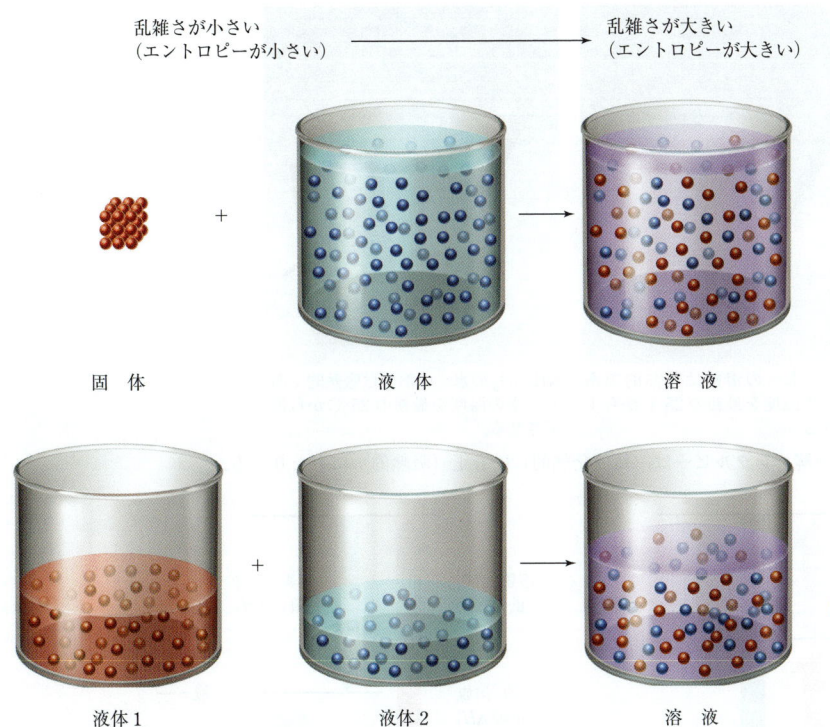

乱雑さが小さい（エントロピーが小さい）→ 乱雑さが大きい（エントロピーが大きい）

固体　　液体　　溶液

液体1　　液体2　　溶液

図 11・2　溶解のエントロピーは通常正である．これは，固体が液体に，もしくは，液体が別の液体に溶解するとき，通常乱雑さが増加するためである．

たイオンあるいは分子が溶液中を自由に動き回るようになるため，乱雑さは増加する．液体が他の液体に溶けるときは，異なる分子が混じり合うので乱雑さは増加する（図 11・2）．表 11・2 にイオン性物質の ΔS_{soln} の値を示す．

表 11・2　25 ℃ の水への溶解エンタルピーと溶解エントロピー

物　質	ΔH_{soln} [kJ/mol]	ΔS_{soln} [J/(K・mol)]
LiCl	−37.0	10.5
NaCl	3.9	43.4
KCl	17.2	75.0
LiBr	−48.8	21.5
NaBr	−0.6	54.6
KBr	19.9	89.0
KOH	−57.6	12.9

溶解エンタルピー ΔH_{soln} の値は，予測が難しい（表 11・2）．固体には，発熱的に溶解して負の ΔH_{soln}（LiCl の水への溶解では −37.0 kJ/mol）をもつものもあれば，吸熱的に溶解して正の ΔH_{soln}（KCl の水への溶解では +17.2 kJ/mol）をもつものもある．スポーツ選手は，けがの手当てに，インスタントの温熱パックや冷却パックを利用している．このようなインスタントパックには，水を封入した小袋と一緒に，乾燥した粉末試薬として，$CaCl_2$ または $MgSO_4$ が温熱用に，NH_4NO_3 が冷却用に入っている．パックをねじると，小袋が破れて固体が水に溶解し，温度が変化する（図 11・3）．

温熱パック：　$CaCl_2(s)$　　$\Delta H_{soln} = −81.3$ kJ/mol
　　　　　　　$MgSO_4(s)$　$\Delta H_{soln} = −91.2$ kJ/mol
冷却パック：　$NH_4NO_3(s)$　$\Delta H_{soln} = +25.7$ kJ/mol

各物質の ΔH_{soln} の正確な値は，すでに述べた 3 種類の相互作用が組合わされた結果である．

- **溶媒-溶媒相互作用**　溶質分子の空間をつくるため溶媒分子同士が切り離されて押しのけられるので，分子間力に打ち勝つためのエネルギーを吸収する（正の ΔH）．
- **溶質-溶質相互作用**　結晶中で溶質粒子同士をつなぎとめていた分子間力に打ち勝つためのエネルギーを吸収する（正の ΔH）．イオン性固体の場合には，これは**格子エネルギー**（lattice energy，§4・9）に相当する．このため，格子エネルギーの大きい物質は，小さい物質より，溶解性が低い．

> **思い出そう…**
> 格子エネルギー U は，結晶中のイオン間の静電相互作用エネルギーの総和である．それは，イオン性の固体を気体状のイオンにバラバラにするのに必要なエネルギーである（§4・9）．

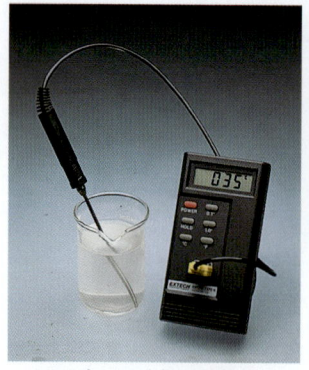

CaCl₂の水への溶解は**発熱的**であり，水の温度を最初の 25 ℃ から上昇させる．

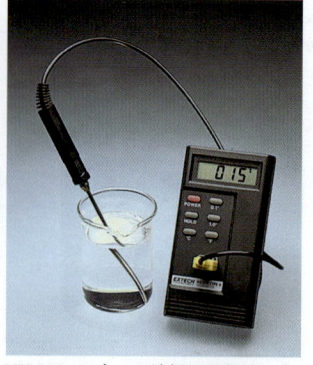

NH₄NO₃ の水への溶解は**吸熱的**であり，水の温度を最初の 25 ℃ から低下させる．

図 11・3 溶解エンタルピーは，負（発熱的）にも正（吸熱的）にもなりうる．

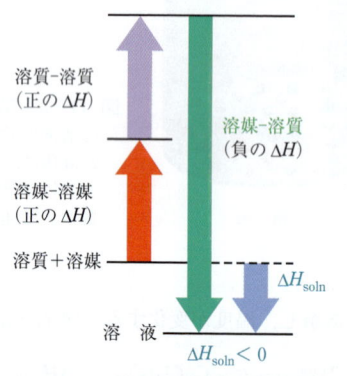

ΔH_{soln} は，溶媒-溶質相互作用が支配的な場合は，**負**になる．

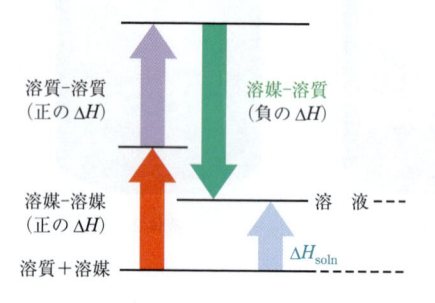

ΔH_{soln} は，溶媒-溶質相互作用が支配的でない場合は，**正**になる．

図 11・4 ΔH_{soln} の値は，溶媒-溶媒，溶質-溶質，溶媒-溶質の 3 項の和になる．

■ **溶媒-溶質相互作用** 溶媒分子が溶質分子を取り囲んで溶媒和するときは，エネルギーを放出する（負の ΔH）．イオン性物質が水に溶ける場合，一般に，小さいカチオンの方が大きいカチオンよりも，水和エネルギーが大きくなる．これは，カチオンが小さいほど，水和する水分子が正電荷をもつ原子核に近づきやすくなり，よりしっかりと水和するからである．また，一般に，水和エネルギーはイオンの価数が大きいほどより大きくなる．

最初の二つの相互作用が吸熱的であるのは，溶媒分子同士を切り離し，あるいは結晶を壊すのに，エネルギーが必要なためである．3 番目の相互作用だけが，溶媒と溶質の分子間に引力的分子間力が働くため，発熱的である．3 種類の相互作用の和が，ΔH_{soln} が吸熱的になるか発熱的になるかを決める．発熱的相互作用が他の二つの吸熱的相互作用を上回るような物質もあれば，その逆になる物質もある（図 11・4）．

例題 11・1 溶解性と化学構造との関係

ペンタン（C_5H_{12}）と 1-ブタノール（C_4H_9OH）は，ほぼ同じ分子量をもつ有機物の液体であるが，それらの溶解性はかなり異なる．この両者のうち，水により溶けやすいのはどちらか．その理由を説明せよ．

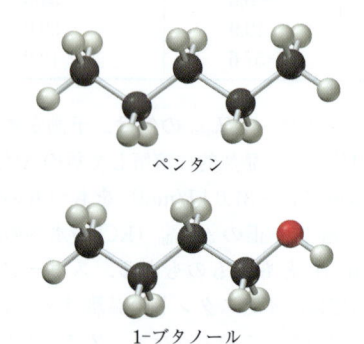

ペンタン

1-ブタノール

方 針 構造を見て分子間に働く相互作用の種類を判断する．分子間相互作用が水の場合により似ている方が，水に溶けやすい．

> **解** ペンタンは無極性の分子であるから，極性をもつ水分子と強い分子間力はもちそうにない．これに対して，1-ブタノールは，水と同様 –OH をもつので極性分子であり，水と水素結合をつくることができる．その結果，1-ブタノールの方が水によく溶ける．

問題 11・1 つぎの化合物を，水によく溶ける順に並べよ．
　　Br_2, KBr, トルエン（C_7H_8, ガソリンの成分）

問題 11・2 つぎのカチオンの組合わせのうち，どちらがより水和エネルギーが大きい（より負である）か．
　(a) Na^+, Cs^+　　(b) K^+, Ba^{2+}

11・3 濃度の単位

日常生活では，溶液について，濃いとか薄いとかいうだけで十分なことが多い．一方，科学的な作業では，通常，溶液の正確な濃度，すなわち，溶媒の一定量に溶けている溶質の正確な量，を知る必要がある．濃度を表すやり方はいろいろあるが，そのそれぞれが，長所と短所をもつ．ここでは，よく用いられている4種類の濃度，モル濃度，モル分率，質量パーセント濃度，質量モル濃度について学ぶ．

モル濃度

化学の研究室で濃度を表す最も一般的なやり方は，モル濃度（molarity, c）を用いることである．§6・6で議論したように，溶液のモル濃度は，溶液1L当たりの溶質の物質量で与えられ，その単位は mol/L（Mと表す）である．たとえば，0.500 mol（20.0 g）の NaOH を十分な量の水に溶かして 1.000 L の溶液をつくったとすると，その溶液の濃度は，0.500 M になる．

$$モル濃度(c) = \frac{溶質の物質量}{L単位の溶液の量}$$

> **思い出そう…**
> 一定のモル濃度の溶液は，まず，溶質を少量の溶媒に溶かし，つぎに溶媒を加えて一定の体積にしてつくる．一定体積の溶媒に溶質を加えてつくるのではない（§6・6）．

モル濃度を使う利点は二つある．(1) 化学量論の計算が質量を使わずモル単位で単純化される．(2) 溶液の量

> **思い出そう…**
> 滴定は，他の物質の濃度既知の標準溶液と反応する量を注意深く測定することによって，溶液の濃度を決める操作である（§6・9）．

（したがって，溶質の量）が，質量ではなく体積で簡単に決められる．このため，とりわけ滴定（titration, §6・9）が容易になる．

モル濃度の利用には欠点も二つある．(1) 溶液の体積が，温度によって増減するため，溶液の正確な濃度が温度に依存する．(2) 与えられた体積中の溶媒の正確な量は，溶液の密度がわかっていないと決められない．

モル分率

§9・5で議論したように，溶液の各成分のモル分率（mole fraction, X）は，成分の物質量を溶液の全成分（溶媒を含む）の物質量の総和で割ったもので与えられる．

$$モル分率(X) = \frac{成分の物質量}{溶液の全成分の物質量の総和}$$

たとえば，1.00 mol（32.0 g）のメタノール（CH_3OH）を 5.00 mol（90.0 g）の水に溶かしてつくった溶液中のメタノールのモル分率は，$X = 1.00\ \text{mol}/(1.00\ \text{mol} + 5.00\ \text{mol}) = 0.167$ である．ここで，モル分率は，単位が打ち消し合うので，無次元の量であることに注意しよう．

モル分率は温度とは無関係であり，特に気体混合物の計算に役立つ．特別な場合を除き，液体では，通常モル分率より他の量で濃度を表した方が便利であることが多い．

質量パーセント濃度

名称からわかるように，溶液の各成分の質量パーセント濃度（mass percent, 質量%）は，その成分の質量を溶液の全質量で割って100%を掛けた量である．

$$質量\% = \frac{成分の質量}{溶液の全質量} \times 100\%$$

たとえば，100 g の水に 10.0 g のグルコースを溶かしてつくった溶液のグルコース濃度は，9.09% である．

$$グルコースの質量\% = \frac{10.0\ \text{g}}{10.0\ \text{g} + 100.0\ \text{g}} \times 100\%$$
$$= 9.09\%$$

非常に濃度の薄い溶液には，質量%と密接に関連する単位として **ppm**（parts per million）や **ppb**（parts per billion）がよく用いられる．

$$\text{ppm} = \frac{成分の質量}{溶液の全質量} \times 10^6$$

$$\text{ppb} = \frac{成分の質量}{溶液の全質量} \times 10^9$$

1 ppm という濃度は，溶液 1 kg 当たり溶質 1 mg が含まれることを意味する．室温の希薄水溶液 1 kg の体積は 1 L であり，1 ppm は，溶液 1 L 当たり溶質 1 mg が含まれることを意味する．同様に 1 ppb は，溶液 1 L 当たり溶質 0.001 mg が含まれることを意味する．

ppm や ppb は，空気や水にごくわずかに含まれる不純物の濃度を表すのによく用いられる．たとえば，飲料水の鉛濃度の許容限界は，15 ppb のように表示され，これは 67,000 L 当たり約 1 g に相当する．

質量％（あるいは ppm）を用いる利点は，その値が温度に依存しないことである．その理由は，質量が加熱や冷却によって変化しないからである．質量％の弱点としては，液体を扱うとき，体積ではなく質量を使うのは一般に不便である．また，質量パーセント濃度をモル濃度に変換するには，前もって溶液の密度を知る必要がある．この変換をどのように行うかは例題 11・3 でとり上げる．

例題 11・2　質量パーセント濃度の利用

質量パーセント濃度 5.75％の LiCl 水溶液では，水溶液何グラムに 1.60 g の LiCl が含まれるか．

方針　質量パーセント濃度が 5.75％であるということは，溶液 100.0 g に，LiCl 5.75 g (H$_2$O 94.25 g) が含まれることを意味することを用いる．

解

$$\text{溶液の質量} = \text{LiCl } 1.60 \text{ g} \times \frac{\text{溶液 } 100 \text{ g}}{\text{LiCl } 5.75 \text{ g}} = 27.8 \text{ g}$$

例題 11・3　密度を用いて質量パーセント濃度をモル濃度に変換

質量パーセント濃度 25.0％の硫酸 (H$_2$SO$_4$) 水溶液の 25 ℃における密度は 1.1783 g/mL である．この溶液のモル濃度を求めよ．

方針　質量パーセント濃度 25.0％の硫酸水溶液 100 g は，75 g の水中に 25.0 g の H$_2$SO$_4$ を含む．モル濃度を求めるためには，まず，一定質量の水に硫酸が何モル含まれているかを知る必要がある．つぎに密度を用いて溶液の体積を求め，硫酸の物質量を溶液の体積で割ってこの溶液のモル濃度を計算する．

解　まず，25.0 g の H$_2$SO$_4$ の物質量を求める．

$$\frac{\text{H}_2\text{SO}_4 \text{ の物質量}}{\text{溶液 } 100.0 \text{ g}} = \frac{25.0 \text{ g H}_2\text{SO}_4}{\text{溶液 } 100.0 \text{ g}} \times \frac{1 \text{ mol H}_2\text{SO}_4}{98.1 \text{ g H}_2\text{SO}_4}$$

$$= \frac{0.255 \text{ mol H}_2\text{SO}_4}{\text{溶液 } 100.0 \text{ g}}$$

つぎに，密度を用いて，溶液 100.0 g の体積を求める．

$$\text{体積} = \text{溶液 } 100.0 \text{ g} \times \frac{1 \text{ mL}}{\text{溶液 } 1.1783 \text{ g}} = 84.87 \text{ mL}$$
$$= 0.084\,87 \text{ L}$$

その結果を用いて，溶液のモル濃度を計算する．

$$\text{モル濃度} = \frac{\text{H}_2\text{SO}_4 \text{ の物質量}}{\text{L 単位の溶液の量}} = \frac{0.255 \text{ mol H}_2\text{SO}_4}{0.084\,87 \text{ L}}$$
$$= 3.00 \text{ M}$$

よって，質量パーセント濃度 25.0％の硫酸水溶液のモル濃度は，3.00 M である．

問題 11・3　1.00 L の水に 1.00 mol の NaCl を溶かしてつくった食塩水の質量パーセント濃度を求めよ．

問題 11・4　労働環境において法的に許容される一酸化炭素濃度の上限値は 35 ppm である．空気の密度が 1.3 g/L であるとして，許容限界値に達した空気 1.0 L 中に含まれる一酸化炭素の質量をグラム単位で求めよ．

問題 11・5　海水は NaCl 水溶液であると仮定して，そのモル濃度を求めよ．ただし，海水の密度は，20 ℃において 1.025 g/mL であり，NaCl の質量パーセント濃度は 3.50％であるとする．

表 11・3　いろいろな濃度単位の比較

名　称	単　位	長　所	短　所
モル濃度 (c) （molarity）	mol(溶質)/L(溶液), M	化学量論に便利． 体積を測定．	温度に依存． 溶媒の質量を知るには密度が必要．
モル分率 (X) （mole fraction）	無次元	温度に依存しない． 特別な応用で便利．	質量を測定． モル濃度に変換するには密度が必要．
質量％ （mass %）	％	温度に依存しない． 少量では便利．	質量を測定． モル濃度に変換するには密度が必要．
質量モル濃度 (m) （molality）	mol(溶質)/kg(溶媒)	温度に依存しない． 特別な応用で便利．	質量を測定． モル濃度に変換するには密度が必要．

質量モル濃度

質量モル濃度（molality, m）は，溶媒 1 kg 当たりの溶質の物質量で定義される（mol/kg）．

$$質量モル濃度(m) = \frac{溶質の物質量(mol)}{溶媒の質量(kg)}$$

たとえば，1.000 mol/kg の KBr 水溶液をつくるには，水 1.000 kg（1000 mL）に 1.000 mol の KBr（119.0 g）を溶解すればよい．おそらく 1000 mL より少し大きくなるであろうが，最終的な体積がいくらになるかは予想しがたい．よく似た名称であるが，質量モル濃度とモル濃度との違いに注意する必要がある．モル濃度は<u>溶液 1 L 当たり何モルの溶質を含むか</u>を表すのに対し，質量モル濃度は<u>溶媒 1 kg 当たり溶質何モルを含むか</u>を表す．

質量モル濃度を用いる利点は，質量は加熱や冷却で変化しないので，温度に関係しないことである．質量モル濃度を用いることの欠点は，体積ではなく質量を測定しなくてはならないことで，そのため，質量モル濃度をモル濃度に変換するには，密度の値を知る必要がある（例題 11・5 参照）．

濃度の 4 通りの表し方と長所短所の比較を表 11・3 にまとめて示す．

例題 11・4　溶液の質量モル濃度の計算

1.45 g のスクロース（ショ糖，$C_{12}H_{22}O_{11}$）を 30.0 mL の水に溶かして得られる水溶液の質量モル濃度を求めよ．ただし，スクロースのモル質量は，342.3 g/mol である．

方針　質量モル濃度は，溶媒 1 kg 当たり溶質が何モル溶けているかを表す．1.45 g のスクロースの物質量と 30.0 mL の水の質量が必要である．

解　スクロースの物質量は，

$$1.45 \text{ g スクロース} \times \frac{1 \text{ mol スクロース}}{342.3 \text{ g スクロース}}$$
$$= 4.24 \times 10^{-3} \text{ mol スクロース}$$

水の密度は 1.00 g/mL であるから，30.0 mL の水の質量は 30.0 g（0.0300 kg）であり，溶液の質量モル濃度は，

$$質量モル濃度 = \frac{4.24 \times 10^{-3} \text{ mol}}{0.0300 \text{ kg}} = 0.141 \text{ mol/kg}$$

例題 11・5　密度を使って質量モル濃度をモル濃度に変換

エチレングリコール $C_2H_4(OH)_2$ は，無色の液体であり，自動車の不凍液に用いられる．質量モル濃度 4.028 mol/kg のエチレングリコール水溶液の密度が 20 ℃で 1.0241 g/mL であるとして，この溶液のモル濃度を求めよ．ただし，エチレングリコールのモル質量は，62.07 g/mol である．

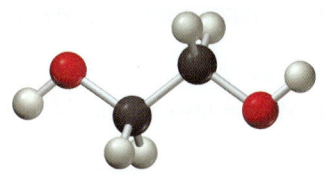

エチレングリコール

方針　質量モル濃度 4.028 mol/kg のエチレングリコール水溶液は，水 1 kg 当たり，エチレングリコール 4.028 mol を含む．溶液のモル濃度を知るためには，溶液 1 L 当たりの溶質の物質量を知る必要がある．ここで，溶液の体積は，密度を用いることで溶液の質量から求められる．

解　溶液の質量は，溶質と溶媒の質量の和である．1.000 kg の溶媒に 4.028 mol のエチレングリコールが溶けているとすると，エチレングリコールの質量は，

$$エチレングリコールの質量 = 4.028 \text{ mol} \times 62.07 \frac{\text{g}}{\text{mol}}$$
$$= 250.0 \text{ g}$$

250.0 g のエチレングリコールを 1.000 kg（1000 g）の水に加えると，溶液の全質量は，

$$溶液の質量 = 250.0 \text{ g} + 1000 \text{ g} = 1250 \text{ g}$$

溶液の体積は，換算係数として密度を使って質量から求められる．

$$溶液の体積 = 1250 \text{ g} \times \frac{1 \text{ mL}}{1.0241 \text{ g}} = 1221 \text{ mL}$$
$$= 1.221 \text{ L}$$

溶液のモル濃度は，溶質の物質量を溶液の体積で割って求められる．

$$溶液のモル濃度 = \frac{4.028 \text{ mol}}{1.221 \text{ L}} = 3.299 \text{ M}$$

例題 11・6　密度を使ってモル濃度を他の濃度に変換

0.750 M の硫酸水溶液の密度は 20 ℃で 1.046 g/mL である．この溶液の (a) モル分率，(b) 質量パーセント濃度，(c) 質量モル濃度を，それぞれ求めよ．ただし，H_2SO_4 のモル質量は 98.1 g/mol である．

方針と解　(a) 溶液の量は任意でよいが，計算を簡単にするため，ここでは 1.00 L とする．この溶液の濃度は 0.750 mol/L，密度は 1.046 g/mL（1.046 kg/L）であり，1.00 L の溶液は，質量が 1.046 kg で，0.750 mol（73.6 g）の H_2SO_4 を含む．

溶液 1.00 L 中の H$_2$SO$_4$ の物質量 = 0.750 $\dfrac{\text{mol}}{\text{L}}$×1.00 L
                                = 0.750 mol

溶液 1.00 L 中の H$_2$SO$_4$ の質量 = 0.750 mol×98.1 $\dfrac{\text{g}}{\text{mol}}$
                                = 73.6 g

溶液 1.00 L の質量 = 1.00 L×1.046 $\dfrac{\text{kg}}{\text{L}}$ = 1.046 kg

溶液の全質量から H$_2$SO$_4$ の質量を引くと，溶液 1.00 L 中の水の量として 0.972 kg（54.0 mol）が得られる．

溶液 1.00 L 中の水の質量 = (1.046 kg) − (0.0736 kg)
                     = 0.972 kg H$_2$O

溶液 1.00 L 中の水の物質量 = 972 g × $\dfrac{1\ \text{mol}}{18.0\ \text{g}}$
                       = 54.0 mol H$_2$O

よって，H$_2$SO$_4$ のモル分率は，

$$X_{\text{H}_2\text{SO}_4} = \dfrac{0.750\ \text{mol H}_2\text{SO}_4}{0.750\ \text{mol H}_2\text{SO}_4 + 54.0\ \text{mol H}_2\text{O}}$$
         = 0.0137

(b) 質量パーセント濃度は，(a) の計算から決めることができる．

H$_2$SO$_4$ の質量% = $\dfrac{0.0736\ \text{kg H}_2\text{SO}_4}{1.046\ \text{kg}}$ × 100%
              = 7.04%

(c) 溶液の質量モル濃度も，(a) の計算から決めることができる．0.972 kg の水は，その中に 0.750 mol の H$_2$SO$_4$ を含むから，1.00 kg の水の場合は，その中に 0.772 mol の H$_2$SO$_4$ を溶かしこむ．

1.00 kg H$_2$O × $\dfrac{0.750\ \text{mol H}_2\text{SO}_4}{0.972\ \text{kg H}_2\text{O}}$ = 0.772 mol H$_2$SO$_4$

よって，この硫酸溶液の質量モル濃度は，0.772 mol/kg である．

問題 11・6 0.385 g のコレステロール C$_{27}$H$_{46}$O を 40.0 g のクロロホルム CHCl$_3$ に溶かした溶液の質量モル濃度はいくらか．また，この溶液中のコレステロールのモル分率はいくらか．

問題 11・7 酢酸ナトリウム CH$_3$CO$_2$Na を 0.150 mol 得るためには，0.500 mol/kg の酢酸ナトリウム水溶液何グラムが必要か．

問題 11・8 0.258 mol/kg のグルコース水溶液の 20 ℃における密度は 1.0173 g/mL であり，グルコースのモル質量は 180.2 g/mol である．この溶液のモル濃度はいくらか．

問題 11・9 0.500 M の酢酸水溶液の 20 ℃における密度は 1.0042 g/mL である．この溶液の質量モル濃度はいくらか．酢酸 CH$_3$CO$_2$H のモル質量は，60.05 g/mol である．

酢酸ナトリウム水溶液の過飽和状態

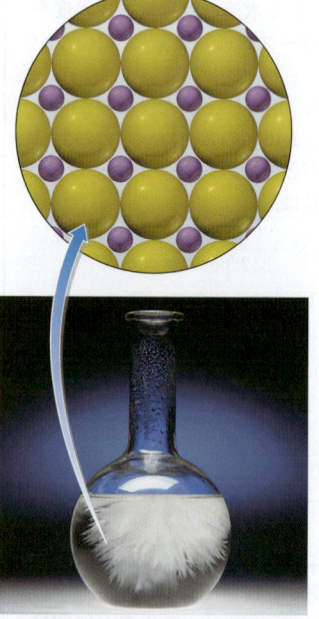

種結晶の小片を加えると，平衡状態になるまで大きな結晶が溶液から析出し成長し続ける．

図 11・5 過飽和溶液からの結晶の析出

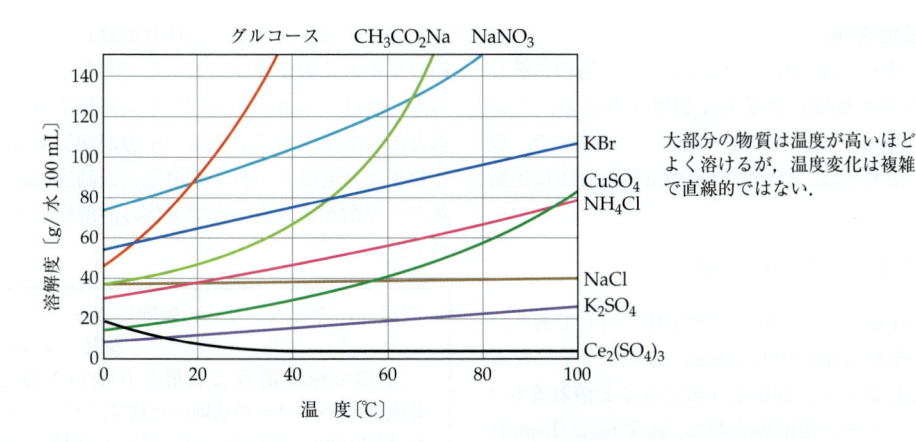

図 11・6 　固体の水への溶解度の温度変化

問題 11・10　海水が，質量パーセント濃度 3.50 % の NaCl 水溶液であると仮定すると，海水の質量モル濃度はいくらか．

11・4　溶解度に関係する因子

　水に固体の NaCl を加えると，最初は直ちに溶解するが，NaCl を加え続けると溶解に時間がかかるようになり，やがて溶解しなくなる．その理由は，結晶から離れる Na^+ イオンや Cl^- イオンの数が，溶液から結晶に戻るイオンの数と等しくなって，動的な平衡に達するからである．このとき，NaCl の最大量が溶け，溶液は**飽和した**（saturated）といわれる．

$$溶質 + 溶媒 \underset{結晶化}{\overset{溶解}{\rightleftharpoons}} 溶液$$

　ここで，飽和溶液とは，与えられた温度において，溶解していない固体と下線平衡（equilibrium）になっている溶液であることに注意する必要がある．低温より高温の方が溶けやすい物質は，過飽和溶液を形成することがある．**過飽和溶液**（supersaturated solution）には，平衡状態の場合より多量の溶質が含まれる．たとえば，高温で酢酸ナトリウムの飽和溶液をつくり，ゆっくり冷やすと，図 11・5 に示したように過飽和溶液が得られる．しかし，このような溶液は不安定であり，酢酸ナトリウムの微小な結晶の種を入れると結晶が析出し成長する．

溶解度の温度変化

　一定の温度の飽和溶液をつくるとき，溶媒の単位体積当たり必要な溶質の量を，その溶質の**溶解度**（solubility）という．融点や沸点と同じように，与えられた溶媒に対する各物質の溶解度は，その物質に固有な物理的性質である．図 11・6 に示すように，物質によって溶解度は大幅に異なる．たとえば，塩化ナトリウムは 20 ℃ で水 100 mL 当たり 35.9 g 溶けるが，硝酸ナトリウムは 20 ℃ で水 100 mL 当たり 87.3 g 溶ける．特に 2 種類の液体の場合にそうであることが多いが，溶媒と溶質とが互いによく混じり合い任意の割合で相互に溶解する**混和性**（miscibility）をもつことがある．

　溶解度は，温度に依存するので，測定した温度を明記する必要がある．図 11・6 に示したように，溶解度は，構造や温度と，明瞭な相関関係をもたない．たいていの分子性固体やイオン性固体の溶解度は温度の上昇とともに増加するが，NaCl の溶解度はほとんど温度によらず，$Ce_2(SO_4)_3$ の溶解度は温度とともに減少する．

　気体の溶解度の温度変化は，固体の溶解度と違って，その傾向がはっきりしている．気体の水への溶解度は，温度が上昇すると減少する（図 11・7）．このため，冷やしておいた炭酸水を室温に温めるとき泡が出続けるが，やがて大量の CO_2 を出しきって水面は穏やかになる．また，より重要な帰結は，工場から高温の水が湖沼や川に放出されると，溶けている酸素の濃度が減少してしまい，水中生物に打撃を与えることであり，この効果は熱的汚染として知られている．

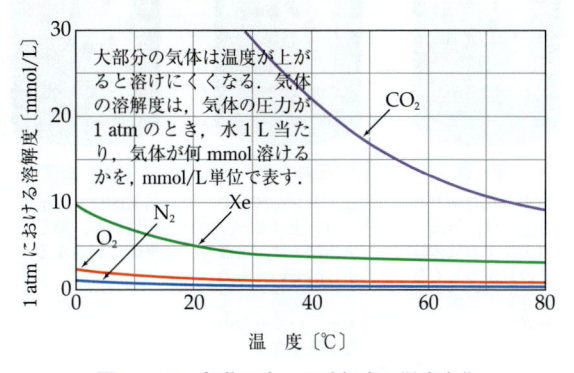

図 11・7 　気体の水への溶解度の温度変化

溶解度の圧力変化

圧力は，液体や固体の溶解度には実質的に何の影響もないが，気体の溶解度には重大な影響を与える．**ヘンリーの法則**（Henry's law）によると，一定温度で，液体への気体の溶解度は，液面上のその気体の分圧に比例する．

▶ ヘンリーの法則　溶解度 $= k \times P$

この公式の定数 k は，それぞれの気体に固有であり，P は液面上のその気体の分圧である．分圧が2倍になると溶解度も2倍になり，分圧が3倍になると溶解度も3倍になる．ヘンリーの法則の定数は，通常 mol/(L·atm) 単位で与えられ，25℃の値が用いられる．気体の分圧が1 atm ならば，ヘンリーの法則の定数 k は，1 L 当たり何モル溶けるかを表す．

ヘンリーの法則を示すよい例は，炭酸飲料のふたを開けたときにみられる．容器内の CO_2 の圧力が下がるため CO_2 の溶解度が急に低下し，溶液から急激に泡が吹き出る．ヘンリーの法則のもっと深刻な例としては，ダイバーが深海から急に海面に浮上すると起きる潜水病（ケーソン病）がある．痛みや生命の危険を伴う潜水病は，水中の高圧下で窒素が大量に血液に溶け込むことが原因である．ダイバーが上昇して圧力が急に低下すると，血液中に窒素の泡が発生して血流を妨げる．これを回避するには，空気（酸素・窒素）の代わりに，酸素とヘリウムの混合気体を使うとよい．ヘリウムは，窒素より血液に溶けにくいからである．潜水病にかかったダイバーは，高圧チェンバーとよばれる高圧タンクに収容され，ゆっくりと大気圧まで圧力を下げていく処置を受ける．

分子のレベルでみると，圧力が上がると気体の溶解度が上がるのは，溶解した気体と溶解していない気体との間の平衡の位置が変化するからである．与えられた圧力のもとでは，溶液に出入りする気体粒子の数が等しくなるところで平衡が成立する．圧力が増加すると，出ていく粒子よりも多くの粒子が溶液に強制的に流入するので，新たな平衡が成り立つまで気体の溶解度は増加する（図 11·8）．

例題 11·7　ヘンリーの法則による気体の溶解度の計算

土壌の燻蒸消毒に利用されている臭化メチル CH_3Br のヘンリーの法則の定数は，25℃で $k = 0.159$ mol/(L·atm) である．25℃で分圧が 125 mmHg のときの臭化メチルの水への溶解度を，mol/L（M）単位で求めよ．

方針　ヘンリーの法則によると，溶解度 $= k \times P$．

解

$k = 0.159$ mol/(L·atm)

$P = 125 \text{ mmHg} \times \dfrac{1 \text{ atm}}{760 \text{ mm Hg}} = 0.164 \text{ atm}$

溶解度 $= k \times P$

$= 0.159 \dfrac{\text{mol}}{\text{L·atm}} \times 0.164 \text{ atm} = 0.0261 \text{ M}$

25℃で分圧が 125 mmHg のときの臭化メチルの水への溶解度は，0.0261 M．

問題 11·11　CO_2 の水への溶解度は，25℃，1 atm で，3.2×10^{-2} M である．CO_2 のヘンリーの法則の定数を，mol/(L·atm) で求めよ．

問題 11·12　空気中の CO_2 の分圧はおよそ 4.0×10^{-4} atm である．問題 11·11 で求めたヘンリーの法則の定数の値を用いて，つぎの (a)，(b) の CO_2 の濃度を求めよ．

(a) 炭酸水の容器中の CO_2 の圧力が 25℃で 2.5 atm のとき．

(b) 25℃で炭酸水の容器のふたが開いているとき．

11·5　溶液の物理的挙動―束一的性質

溶液の挙動は定性的には溶媒と似ているが，定量的には異なる．たとえば，純粋な水は，100.0℃で沸騰し，0.0℃で凝固するが，NaCl の 1.00 mol/kg 水溶液は，101.0℃で沸騰し，−3.7℃で凝固する．

純粋な溶媒と比べて，溶液では沸点が高くなり凝固点が低くなるのは，溶液の**束一的性質**（colligative property）である．この性質は，溶液に溶けている溶質の量に依存するが，溶質の化学的種類には依存しない．"束一的" という言葉は，"全体を一つに束ねる" ことを意味しており，溶質粒子が全体的に観測された現象の原

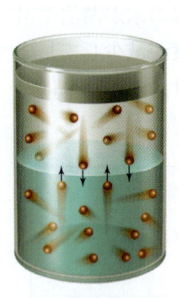

平衡
与えられた圧力のもとでは，溶液に出入りする気体粒子の数が等しくなることで平衡が成り立つ．

圧力の上昇
ピストンを押して圧力を上げると，気体粒子は，溶液から出ていくものより，強制されて入っていくものの方が多くなる．

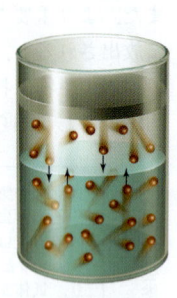

平衡の回復
結果的に，溶解度が増加し，新しい平衡に到達する．

図 11·8　ヘンリーの法則の分子論的理解

因となっていることから用いられている．このほか，束一的性質には，純粋な溶媒と比べて蒸気圧が下がることや，半透膜を通して溶媒や小さな粒子が移動する<u>浸透現象</u>（osmosis）などがある．

純粋な溶媒と比べて溶液では，

束一的性質 {
・溶液の蒸気圧は低下する
・溶液の沸点は上昇する
・凝固点（融点）は降下する
・溶媒と溶液が半透膜で隔てられていると，溶媒分子が半透膜を通って溶液側に浸透する．
}

以上の4種類の束一的性質については，§11・6〜11・8でより詳しく学ぶ．

11・6 溶液の蒸気圧降下——ラウールの法則

§10・5で学んだように，密閉した容器に入れた液体はその蒸気と平衡になり，このときの蒸気の圧力は<u>蒸気圧</u>（vapor pressure）とよばれる．純粋な溶媒の蒸気圧と溶液の蒸気圧を比べると，同じ温度でも両者の値は異なることがわかる．溶質が不揮発性でほとんど蒸気圧を示さないときには，これは，溶質が固体の場合に常に起きることだが，溶液の蒸気圧は純粋な溶媒の場合よりも常に低くなる．ある程度蒸気圧をもつ揮発性の溶質の場合は，これは2種類の液体を混ぜたときによく起きることであるが，混合物の蒸気圧は2種類の純粋な液体の蒸気圧の中間の大きさになる．

> **思い出そう…**
> 平衡状態では，液体から蒸気への蒸発の速度は，逆に蒸気から液体へと凝縮する速度と等しい．このときの<u>蒸気圧</u>は平衡状態におけるその気体の分圧である（§10・5）．

不揮発性の溶質を含む溶液

不揮発性の溶質を含む溶液の蒸気圧が，純粋な溶媒より低くなることは，マノメーターを用いて簡単に示すことができる（図11・9）．これと同じ効果は，純粋な溶媒と溶液とで蒸発速度を比べることによっても示すことができる．溶液は蒸気圧が低いので逃げ出しにくく，常に溶液は純粋な溶媒よりゆっくりと蒸発する．

ラウールの法則（Raoult's law）によると，不揮発性溶質を含む溶液の蒸気圧は，純溶媒の蒸気圧と溶媒のモル分率の積に等しい．

▶ ラウールの法則　　$P_{soln} = P_{solv} \times X_{solv}$

ここで，P_{soln} は溶液の蒸気圧，P_{solv} は同じ温度での純溶媒の蒸気圧，X_{solv} は溶液中の溶媒のモル分率を表す．

一例として25℃で15.0 mol の水に1.00 mol のグルコースを溶かした水溶液をとりあげる．25℃での純水の蒸気圧は 23.76 mmHg であり，溶液中の水のモル分率は，15.0 mol/(1.0 mol + 15.0 mol) = 0.938 である．したがって，ラウールの法則を用いると，溶液の蒸気圧は，23.76 mmHg × 0.938 = 22.3 mmHg となるので，蒸気圧降下は，$\Delta P_{soln} = 1.5$ mmHg となる．

$$\begin{aligned} P_{soln} &= P_{solv} \times X_{solv} \\ &= 23.76 \text{ mmHg} \times \frac{15.0 \text{ mol}}{1.00 \text{ mol} + 15.0 \text{ mol}} \\ &= 22.3 \text{ mmHg} \\ \Delta P_{soln} &= P_{solv} - P_{soln} \\ &= 23.76 \text{ mmHg} - 22.3 \text{ mmHg} \\ &= 1.5 \text{ mmHg} \end{aligned}$$

別のやり方としては，蒸気圧降下の大きさは，純溶媒の蒸気圧と溶質のモル分率の積として計算できる．すなわち，

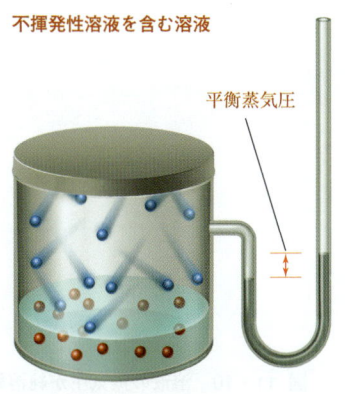

不揮発性溶液を含む溶液　　　純溶媒

平衡蒸気圧　　　　　　　　　平衡蒸気圧

不揮発性溶質の溶液では，常に純溶媒より蒸気圧が降下する．

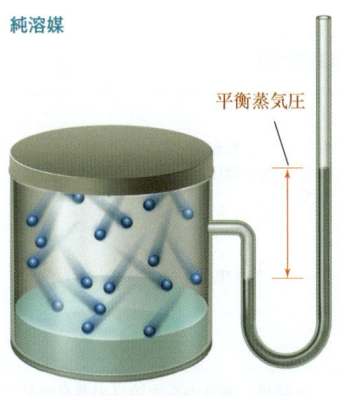

蒸気圧降下の大きさは，<u>溶媒</u>のモル分率に依存する．

図 11・9　溶液の平衡蒸気圧

$$\Delta P_{\text{soln}} = P_{\text{solv}} \times X_{\text{solute}}$$
$$= 23.76 \text{ mmHg} \times \frac{1.00 \text{ mol}}{1.00 \text{ mol} + 15.0 \text{ mol}}$$
$$= 1.5 \text{ mmHg}$$

溶質が，分子性の物質ではなく，NaCl のようなイオン性の物質である場合は，溶質となるイオンの全濃度を用いてモル分率を計算しなければならない．25 ℃ で 15.0 mol の水に 1.00 mol の NaCl が溶けた溶液を例にとると，完全に解離しているならば，溶解した粒子は 2.00 mol となるため，水のモル分率は 0.882 となり，溶液の蒸気圧は 21.0 mmHg となる．

$$X_{\text{water}} = \frac{15.0 \text{ mol H}_2\text{O}}{1.00 \text{ mol Na}^+ + 1.00 \text{ mol Cl}^- + 15.0 \text{ mol H}_2\text{O}}$$
$$= 0.882$$
$$P_{\text{soln}} = P_{\text{solv}} \times X_{\text{solv}} = 23.76 \text{ mmHg} \times 0.882$$
$$= 21.0 \text{ mmHg}$$

グルコース溶液より NaCl 溶液の方が水のモル分率が小さくなるので，NaCl 溶液の蒸気圧の方が低くなる．25 ℃ において，NaCl 溶液では 21.0 mmHg であるのに対し，グルコース溶液では 22.3 mmHg である．

§9・3 で学んだ理想気体の法則が，"理想的な"気体についてだけ成り立つのと同様に，ラウールの法則は，理想溶液についてだけ成立する．ラウールの法則は，現実の大部分の溶液に近似的にあてはまるが，溶液の濃度が高くなると，理想的な場合からのずれが大きくなる．この法則は，溶質の濃度が低く，溶媒と溶質の粒子間に働く分子間力が類似しているとき，特によく成立する．

もしも溶質粒子と溶媒分子の間に働く分子間力が，溶媒分子だけのときの分子間力より弱いならば，溶液中では溶媒分子がより弱く束縛されるため，蒸気圧はラウールの法則の予想よりも高くなる．逆に，溶質粒子と溶媒分子の間に働く分子間力が，溶媒分子だけのときの分子間力より強いならば，溶液中では溶媒分子がより強く束縛されるため，蒸気圧はラウールの法則の予想よりも低くなる．とりわけ，イオン性物質の水溶液は，予想よりもしばしば蒸気圧が低くなる．これは，溶解したイオンと極性をもつ水分子との間のイオン-双極子力がかなり大きいからである．

イオン性物質では，解離が完全でないことが多いので，状況は複雑になる．イオン性化合物の溶液に実際に含まれる粒子数は，その化合物の化学式による予想より通常少ない．実際に解離したイオンの量は，ファントホッフ係数 i で表すことができる．

● ファントホッフ係数　$i = \dfrac{\text{溶液中の粒子の物質量}}{\text{溶かした溶質の物質量}}$

一例として NaCl 溶液をとりあげる．実験で求められた 0.05 mol/kg の NaCl 溶液のファントホッフ係数は 1.9 であり，これは 1 mol の NaCl からは 1.9 mol しか粒子が生じないことを意味しており，完全な解離で予想される 2.0 mol より少ない．0.1 mol 分は解離しない NaCl であり，Cl^- と Na^+ はともに 0.9 mol ずつということになる．したがって，0.05 mol/kg の溶液では，NaCl は，(0.9/1.0) × 100 ％ ＝ 90 ％ だけ解離し，蒸気圧降下の大きさは，予想より小さくなる．

溶媒に不揮発性溶質が溶けたときに蒸気圧が降下することは，どのように説明されるであろうか．すでに何度も述べてきたように，液体から気体への蒸発のような物理的過程には，自由エネルギー変化，$\Delta G_{\text{vap}} = \Delta H_{\text{vap}} - T\Delta S_{\text{vap}}$，が伴う．$\Delta G_{\text{vap}}$ の値が負になればなるほど，蒸発が起こりやすくなる．このため，純溶媒の蒸発のしやすさを溶液の場合と比較するには，両者の ΔH_{vap} と

出発点において，溶液中の溶媒のエントロピーが純溶媒の場合より大きいので，**ΔS_{vap} は純溶媒より溶液の方が小さくなる**．

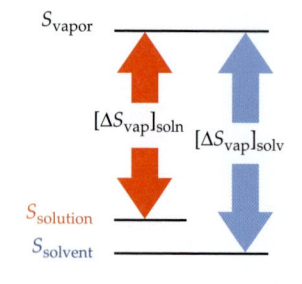

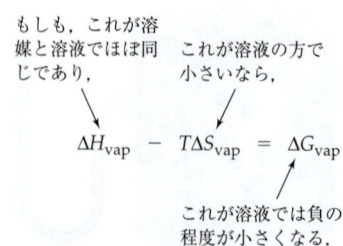

図 11・10　溶液の蒸気圧が純溶媒の場合より低くなるのは，蒸発エントロピー ΔS_{vap} の違いによる．

ΔS_{vap} の符号と大きさを比べる必要がある.

　液体から気体への蒸発は，エンタルピーの面からは好ましくない（正の ΔH_{vap}）．これは，液体中での分子間力に打ち勝つためにエネルギーが必要だからである．また，同時に，蒸発はエントロピーの面からは好ましい（正の ΔS_{vap}）．これは，分子が液体状態から気体状態へ移行するにつれて分子の乱雑さが増加するからである．

　蒸発エンタルピーは，純溶媒でも溶液でもほぼ同様である．これは，溶媒分子が液体から抜け出すのに打ち勝たなければならない分子間力が類似しているからである．これに対して，蒸発エントロピーは，純溶媒と溶液とでは，同じではない．溶液中の溶媒は，純溶媒の場合よりも分子論的乱雑さが大きく，エントロピーも大きいため，液体から蒸気への移行に伴うエントロピー変化は，純溶媒より溶液中の溶媒の方が小さくなる．ΔH_{vap} から $T\Delta S_{vap}$ を差引くと，溶液の方が ΔG_{vap} の値が大きく（負の程度が小さく）なる．その結果，溶液の方が蒸発しにくくなり，平衡状態での溶液の蒸気圧は低くなる（図 11・10）．

例題 11・8　溶液の蒸気圧の計算

　70℃で水 500.0 g に NaCl 18.3 g を溶かした溶液の蒸気圧は mmHg 単位でいくらか．ただし，ファントホッフ係数は 1.9 であり，70℃での純粋な水の蒸気圧は 233.7 mmHg であるとする．

方針　ラウールの法則によると，溶液の蒸気圧は，純溶媒の蒸気圧と溶媒のモル分率の積に等しい．したがって，溶媒と溶質の物質量を求め，溶媒のモル分率を計算する必要がある．

解　まず，モル質量を用いて，NaCl と H₂O の物質量を計算する．

$$NaCl \text{ の物質量} = 18.3 \text{ g NaCl} \times \frac{1 \text{ mol NaCl}}{58.44 \text{ g NaCl}}$$
$$= 0.313 \text{ mol NaCl}$$

$$H_2O \text{ の物質量} = 500.0 \text{ g } H_2O \times \frac{1 \text{ mol } H_2O}{18.02 \text{ g } H_2O}$$
$$= 27.75 \text{ mol } H_2O$$

つぎに，溶液中の水のモル分率を計算する．ファントホッフ係数が 1.9 であるということは，NaCl の電離が不完全で，化学式当たり 1.9 個の粒子しか生じない．したがって，溶液には，1.9 × 0.313 mol = 0.59 mol の粒子が溶解しており，水のモル分率は，

$$H_2O \text{ のモル分率} = \frac{27.75 \text{ mol}}{0.59 \text{ mol} + 27.75 \text{ mol}} = 0.9792$$

ラウールの法則から，溶液の蒸気圧は，

$$P_{soln} = P_{solv} \times X_{solv} = 233.7 \text{ mmHg} \times 0.9792$$
$$= 228.8 \text{ mmHg}$$

例題 11・9　蒸気圧降下の計算

　25℃での蒸気圧降下が 1.5 mmHg になるためには，320 g の水に何グラムのスクロースを加えればよいか．ただし，25℃での水の蒸気圧は 23.8 mmHg であり，スクロースのモル質量は 342.3 g/mol であるとする．

方針　ラウールの法則によると，$P_{soln} = P_{solv} \times X_{solv}$ であり，これを書きかえると，$X_{solv} = P_{soln}/P_{solv}$ となる．この式から，スクロースの物質量がわかり，何グラムかが求められる．

解　まず，純溶媒の蒸気圧 P_{solv} から蒸気圧降下分を差引いて，溶液の蒸気圧 P_{soln} を計算する．

$$P_{soln} = 23.8 \text{ mmHg} - 1.5 \text{ mmHg} = 22.3 \text{ mmHg}$$

つぎに水のモル分率 X_{solv} を計算する．

$P_{soln} = P_{solv} \times X_{solv}$ だから

$$X_{solv} = \frac{P_{soln}}{P_{solv}} = \frac{22.3 \text{ mmHg}}{23.8 \text{ mmHg}} = 0.937 \text{ となる}.$$

この水のモル分率は，水の物質量をスクロースと水の物質量の和で割ったものに等しい．

$$X_{solv} = \frac{\text{水の物質量}}{\text{全物質量}}$$

水の物質量は

$$\text{水の物質量} = 320 \text{ g} \times \frac{1 \text{ mol}}{18.0 \text{ g}} = 17.8 \text{ mol}$$

であるから，スクロースと水の物質量の和，すなわち，全物質量は，

$$\text{全物質量} = \frac{\text{水の物質量}}{X_{solv}} = \frac{17.8 \text{ mol}}{0.937} = 19.0 \text{ mol}$$

全物質量から水の物質量を差引くと，求めるべきスクロースの物質量が得られる．

$$\text{スクロースの物質量} = 19.0 \text{ mol} - 17.8 \text{ mol}$$
$$= 1.2 \text{ mol}$$

物質量をグラム単位に変換すると，求めるべきスクロースの質量が得られる．

$$\text{スクロースの質量} = 1.2 \text{ mol} \times 342.3 \frac{\text{g}}{\text{mol}}$$
$$= 4.1 \times 10^2 \text{ g}$$

問題 11・13　35℃で 100.00 g のエタノール（C_2H_6O）に 5.00 g の安息香酸（$C_7H_6O_2$）を溶かしてつくった溶液の蒸気圧降下は何 mmHg か．ただし，純粋なエタノールの蒸気圧は 35℃で 100.5 mmHg である．

問題 11・14　40℃で 250 g の水に何グラムの NaBr を加えると蒸気圧降下が 1.30 mmHg になるか．ただし，完全に解離すると仮定し，40℃における水の蒸気圧は 55.3 mmHg であるとする．

問題 11・15　つぎの図は，純溶媒と不揮発性溶質

の溶液の蒸気圧曲線を部分的に拡大した図である．どちらの曲線が純溶媒で，どちらが溶液か．

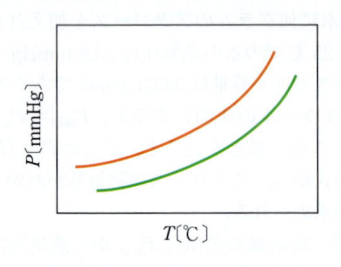

揮発性溶質の溶液

ドルトンの分圧の法則（Dalton's law of partial pressures, §9・5）から予想されるように，2種類の揮発性液体AとBの混合物の全蒸気圧 P_{total} は，各成分の蒸気圧，P_A と P_B の和に等しい．

$$P_{total} = P_A + P_B$$

P_A と P_B の各蒸気圧はラウールの法則で計算できる．すなわち，Aの蒸気圧は，Aのモル分率（X_A）と純粋なAの蒸気圧（$P°_A$）の積に等しく，Bの蒸気圧は，Bのモル分率（X_B）と純粋なBの蒸気圧（$P°_B$）の積に等しい．したがって，溶液の全蒸気圧は次式で与えられる．

$$P_{total} = P_A + P_B = P°_A \times X_A + P°_B \times X_B$$

一例として，よく似た2種類の有機液体，ベンゼン（C_6H_6, bp = 80.1 ℃）とトルエン（C_7H_8, bp = 110.6 ℃）の混合物をとりあげる．25 ℃での蒸気圧は，純ベンゼンは $P° = 96.0$ mmHg，純トルエンは $P° = 30.3$ mmHg である．これらの1：1混合物，すなわち両者のモル分率がどちらも $X = 0.500$ であるとき，溶液の蒸気圧は63.2 mmHg である．

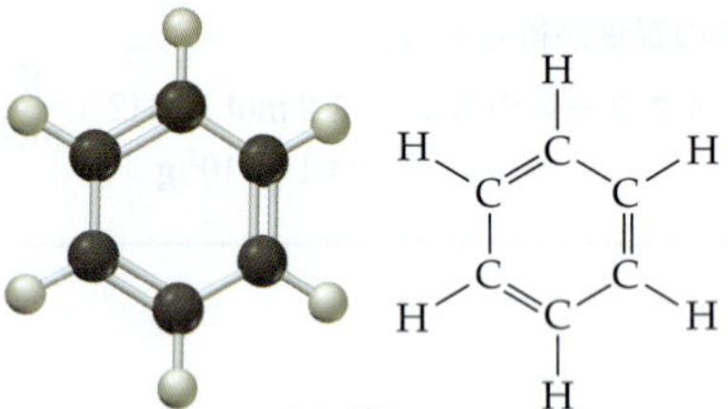

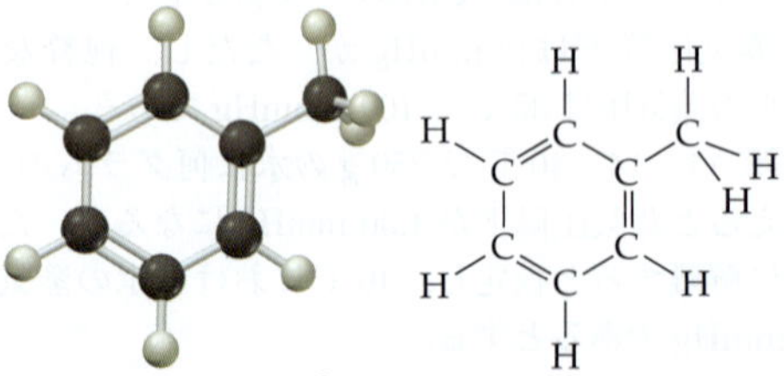

$$P_{total} = (P°_{benzene})(X_{benzene}) + (P°_{toluene})(X_{toluene})$$
$$= 96.0 \text{ mmHg} \times 0.500 + 30.3 \text{ mmHg} \times 0.500$$
$$= 48.0 \text{ mmHg} + 15.2 \text{ mmHg}$$
$$= 63.2 \text{ mmHg}$$

混合物の蒸気圧は，各純液体の蒸気圧の中間になる（図11・11）．

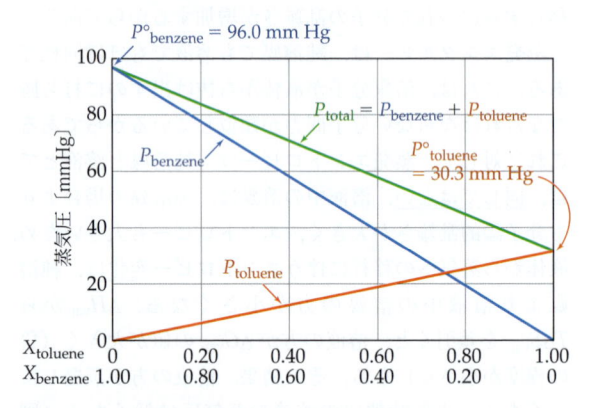

図 11・11 2種類の揮発性液体ベンゼンとトルエンの溶液の25 ℃における蒸気圧は，ラウールの法則でそれぞれ計算した値の和になる．

不揮発性物質の溶液と同様，揮発性液体混合物でも，ラウールの法則は理想溶液の場合についてだけ成り立つ．実際の溶液は，溶液中の分子間相互作用の種類と強さによって，理想的な場合から，正または負の方向に，少しずれた振舞いをする．

> **思い出そう…**
> **ドルトンの分圧の法則**によると，定温定体積の混合気体の全圧は，同体積の容器中の各成分気体の分圧の和に等しい（§9・5）．

> **例題 11・10　蒸気圧曲線の解釈**
> つぎの図は，2種類の純液体とそれらの混合溶液の蒸気圧曲線の一部を拡大したものである．どの曲線が純液体のもので，どれが混合溶液のものか． 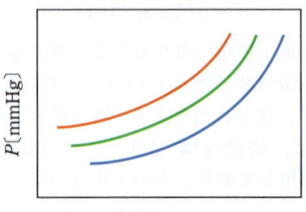
>
> **方針と解**　2種類の揮発性液体の混合物の蒸気圧は，常に二つの純液体の蒸気圧の中間になる．したがって，上（赤）と下（青）の曲線は純液体，中間（緑）の曲線は混合物を表す．

問題 11・16 (a) 25 ℃ で 100.0 g の水に，25.0 g のエタノール（C_2H_5OH）を溶かしてつくった溶液の蒸気圧は何 mmHg か．ただし，25 ℃ において，純水の蒸気圧は 23.8 mmHg，エタノールの蒸気圧は 61.2 mmHg であるとする．

(b) 25 ℃ で 100.0 g のエタノールに，25.0 g の水を溶かしてつくった溶液の蒸気圧はいくらか．

🌐 **問題 11・17** つぎの相図は，純液体の蒸気圧曲線（緑の曲線）と，この純液体に別の揮発性液体を加えた溶液の蒸気圧曲線（赤い曲線）を示している．

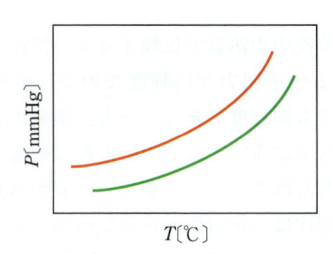

(a) 加えた液体の沸点は，最初の液体の沸点より，高いか，それとも，低いか．
(b) 図の中に，加えた液体の蒸気圧曲線のおよその位置を書き加えよ．

11・7 溶液の沸点上昇と凝固点降下

§10・5 で，液体の蒸気圧は温度が上がると増加し，蒸気圧が大気圧と等しくなるところで液体が沸騰することを学んだ．溶質が不揮発性である溶液の蒸気圧は，同じ温度では純溶媒の蒸気圧より低いので，溶液を沸騰させるには，より高い温度まで加熱する必要がある．また，溶液の蒸気圧が低いことは，液体と蒸気の相転移を表す線が，純溶媒と比べて溶液の方が常に下になることを意味している．その結果，三重点温度 T_t は溶液の方が低く，固体と液体の相転移曲線は溶液の方が低温側にずれ，溶液を凝固させるには，より低い温度まで冷却しなければ

ならない．この状況を図 11・12 に示す．

純溶媒に対する溶液の沸点上昇は，蒸気圧降下同様，溶けている粒子の濃度に依存する．よって，1.00 mol/kg のグルコース水溶液が 1 atm では 100.51 ℃ で沸騰するのに対し，1.00 mol/kg の NaCl 水溶液は，およそ 101.02 ℃ で沸騰する（通常より 1.02 ℃ 高い）．これは，NaCl 溶液ではグルコース溶液より 2 倍多い粒子（イオン）が溶けているからである．溶液の沸点の変化 ΔT_b は，次式で与えられる．

$$\Delta T_b = K_b \times m$$

ここで，m は溶質粒子の質量モル濃度であり，K_b は**モル沸点上昇定数**（molal boiling-point-elevation constant）であり，溶媒に固有の定数である．この場合の濃度は，質量モル濃度（溶媒 1 kg 当たりの溶質の物質量）であって，モル濃度ではない．したがって，溶質の濃度は温度に依存しない．表 11・4 に，代表的な物質のモル沸点上昇定数を示す．

純溶媒に対する溶液の凝固点降下は，沸点上昇と同様，溶けている粒子の濃度に依存する．たとえば，1.00 mol/kg のグルコース水溶液は −1.86 ℃ で凝固するが，1.00 mol/kg の NaCl 水溶液はおよそ −3.72 ℃ で凝固する．

表 11・4 モル沸点上昇定数（K_b）とモル凝固点降下定数（K_f）

物 質	K_b 〔(℃·kg)/mol〕	K_f 〔(℃·kg)/mol〕
ベンゼン（C_6H_6）	2.64	5.07
ショウノウ（$C_{10}H_{16}O$）	5.95	37.8
クロロホルム（$CHCl_3$）	3.63	4.70
ジエチルエーテル（$C_4H_{10}O$）	2.02	1.79
エタノール（C_2H_6O）	1.22	1.99
水（H_2O）	0.51	1.86

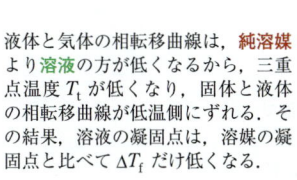

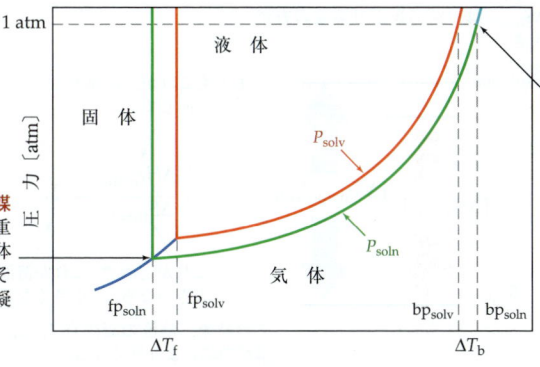

図 11・12 純溶媒（赤）と不揮発性溶質の溶液（緑）の相図

252   11. 溶液とその性質

溶液の凝固点の変化 ΔT_f は，次式で与えられる．

$$\Delta T_f = -K_f \times m$$

ここで，m は溶質粒子の質量モル濃度であり，K_f は**モル凝固点降下定数**（molal freezing-point-depression constant）であり，溶媒に固有の定数である．表 11・4 に，代表的な物質のモル凝固点降下定数を示す．

蒸気圧降下（§11・6）の場合と同様に，イオン性物質の溶液の沸点上昇や凝固点降下の実際に観測される大きさは，ファントホッフ係数として与えられる解離の程度に依存している．沸点上昇と凝固点降下の公式は，解離を考慮すると，つぎのように書き換えられる．

$$\Delta T_b = K_b \times m \times i$$
$$\Delta T_f = K_f \times m \times i$$

ここで m は，溶かした物質の化学式についての質量モル濃度であり，i はファントホッフ係数である．

沸点上昇と凝固点降下の基本的な原因は，蒸気圧降下の原因（§11・6）と同じで，純溶媒と溶液中の溶媒のエントロピーの差である．まず，沸点上昇について考えよう．沸点（T_b）において液相と蒸気相は互いに平衡状態にあり，両者の自由エネルギーの差 ΔG_{vap} はゼロである（§8・13）．

$\Delta G_{vap} = \Delta H_{vap} - T_b \Delta S_{vap} = 0$ であるから，

$$\Delta H_{vap} = T_b \Delta S_{vap} \qquad T_b = \frac{\Delta H_{vap}}{\Delta S_{vap}} \text{ となる．}$$

純溶媒と溶液中の溶媒で比較すると，溶媒分子をつなぎとめている分子間力が同程度なので，蒸発エンタルピーの大きさも同程度である．一方，蒸発エントロピーの値は，同じではない．溶液中の溶媒は純溶媒の場合よりも分子論的乱雑さが大きいから，溶液から蒸気へのエントロピー変化は，純溶媒から蒸気へのエントロピー変化より小さい．ΔS_{vap} が溶液では小さくなるので，T_b は

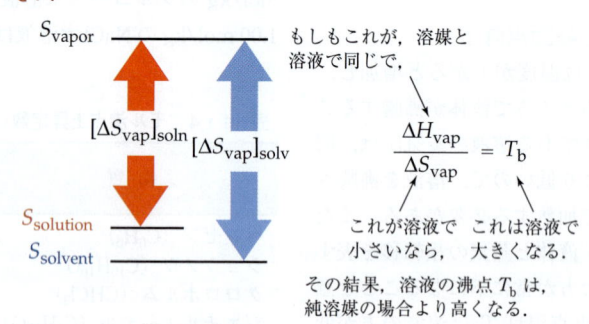

図 11・13　純溶媒と比べて溶液の沸点が高くなるのは，蒸発エントロピー ΔS_{vap} の違いによる．

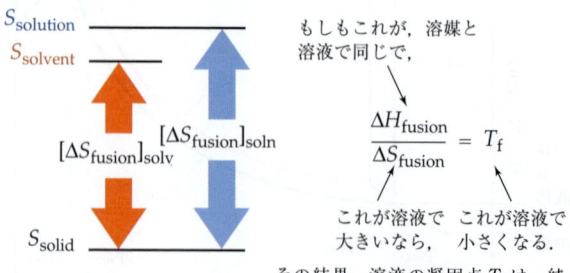

図 11・14　純溶媒と比べて溶液の凝固点が低くなるのは，融解エントロピー ΔS_{fusion} の違いによる．

それにつれて上昇するはずである．別な言い方をすると，溶液の沸点（T_b）は，純溶媒の場合より高くなる（図 11・13）．

凝固点降下についても，同様に説明することができる．凝固点では液相と固相が平衡状態になっているので，両者の自由エネルギーの差 ΔG_{vap} はゼロである．

$$\Delta G_{fusion} = \Delta H_{fusion} - T_f \Delta S_{fusion} = 0 \text{ であるから，}$$

$$\Delta H_{fusion} = T_f \Delta S_{fusion} \qquad T_f = \frac{\Delta H_{fusion}}{\Delta S_{fusion}} \text{ となる．}$$

溶液中の溶媒と純溶媒を比べると，溶媒分子同士の分子間力は同様なので，融解エンタルピー（ΔH_{fusion}）はほとんど同じである．一方，融解エントロピー（ΔS_{fusion}）は，同じではない．溶液中の溶媒は純溶媒より分子論的乱雑さが大きいから，固体から溶液へのエントロピー変化は，固体から純溶媒へのエントロピー変化より大きい．溶液では，ΔS_{fusion} が大きくなるため，凝固点（T_f）が純溶媒の場合より低くなる（図 11・14）．

例題 11・11 沸点上昇を用いて溶液の質量モル濃度を計算する

沸点が 1 atm で 101.27 ℃ であるグルコース水溶液の質量モル濃度を求めよ．ただし，水のモル沸点上昇定数には表 11・4 の値を用いよ．

方 針 沸点上昇の公式を書き換えて，m について解く．

$$\Delta T_b = K_b \times m \qquad m = \frac{\Delta T_b}{K_b}$$

ここで，$K_b = 0.51$ (℃·kg)/mol，$\Delta T_b = 101.27$ ℃ − 100.00 ℃ = 1.27 ℃

解

$$m = \frac{1.27 \text{ ℃}}{0.51 \dfrac{\text{℃·kg}}{\text{mol}}} = 2.5 \frac{\text{mol}}{\text{kg}} = 2.5 \text{ mol/kg}$$

よって，この溶液の質量モル濃度は 2.5 mol/kg である．

問題 11・18 75.00 g のクロロホルム（$CHCl_3$）に 1.5 g のアスピリン（アセチルサリチル酸，$C_9H_8O_4$）を溶かしてつくった溶液の標準沸点は何 ℃ か．ただし，クロロホルムの標準沸点は 61.7 ℃ であり，クロロホルムの K_b には表 11・4 の値を用いよ．

問題 11・19 110 g の水に 7.40 g の $MgCl_2$ を溶かしてつくった溶液の凝固点は何 ℃ か．ただし，水の K_f には表 11・4 の値を用い，$MgCl_2$ のファントホッフ係数は $i = 2.7$ とせよ．

問題 11・20 凝固点が −2.95 ℃ の KBr 水溶液の質量モル濃度を求めよ．ただし，解離は完全であると仮定し，水のモル凝固点降下定数には表 11・4 の値を用いよ．

問題 11・21 190 g の水に 9.12 g の HCl を溶かしたところ，その溶液の凝固点は −4.65 ℃ であった．HCl のファントホッフ係数の値はいくらか．

問題 11・22 つぎの相図は，純粋なクロロホルムと不揮発性溶質のクロロホルム溶液について，液気相転移境界付近を拡大して示したものである．

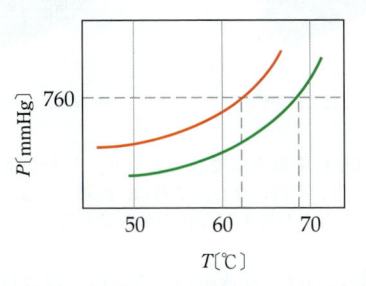

(a) 純粋なクロロホルムの沸点はおよそ何 ℃ か．
(b) 不揮発性溶質の質量モル濃度はおよそいくらか．
ただし，クロロホルムの K_b は表 11・4 を見よ．

11・8 浸透と浸透圧

細胞膜など，ある種の物質には<u>半透性</u>（semipermeable）がある．半透性の膜（半透膜）は，水などの小さな粒子は通すが，より大きな溶質や溶媒和したイオンなどは通さない．溶媒と溶液，または，濃度の異なる 2 種類の溶液が，半透膜で仕切られているとき，溶媒分子が半透膜を通過する現象を**浸透**（osmosis）という．溶媒はどちらの方向にも膜を通過するが，純溶媒側から溶液側への透過が起こりやすく速度が速い．その結果，純溶媒側の液体の量が減少し，溶液側の液体の量が増加して溶液の濃度が低下する．

浸透は，図 11・15 のような実験装置を用い，広がった部分の端に半透膜をつけたガラス管に溶液を入れて，それを純溶媒が入ったビーカー中に浸すと，観察することができる．溶媒は半透膜を通ってビーカーからガラス管の中に移動し，細い管の中の液面を押し上げる．しだいに管の中の液体の重さが増加し，膜にかかる圧力が増加して溶媒を押し戻すようになるため，やがて溶媒が膜を出入りする速度が釣り合い，管の中の液面の上昇が停止する．この平衡が成り立つように，管の中の液面の上昇によって膜に加えられた圧力を，溶液の**浸透圧**（osmotic pressure）といい，Π（ギリシャ文字のパイの大文字）で表す*．かなり希薄な溶液でも，浸透圧はかなり大きい．たとえば，0.15 M NaCl 溶液の 25 ℃ での浸

---

* (訳注) 浸透圧の厳密な定義は，上昇しようとする液面に圧力を加え，浸透を阻止して液面を上昇させないようにするために必要な圧力の大きさである．本書の定義と大きさが等しいので，実用上は本書のように考えてもよい．

透圧は，7.3 atm であり，その圧力で支えられる水の液面差に換算すると，およそ 76.2 m にもなる．

キュウリ（左）を塩水に浸しておくと，しわがよった状態（右）に変化し，漬物になる．これは，浸透圧によって，キュウリの細胞から水が抜き取られるからである．

平衡状態における浸透圧の大きさは，溶質粒子の濃度に依存し，次式に従う．

$$\Pi = cRT$$

ここで，c は溶質粒子のモル濃度であり，R は気体定数

〔0.082 06 (L·atm)/(K·mol)〕であり，T は K 単位の絶対温度である．たとえば，グルコースの 1.00 M 水溶液の 300 K での浸透圧は 24.6 atm である．

$$\begin{aligned}\Pi &= cRT \\ &= \left(1.00\,\frac{\text{mol}}{\text{L}}\right)\left(0.082\,06\,\frac{\text{L·atm}}{\text{K·mol}}\right)(300\,\text{K}) \\ &= 24.6\,\text{atm}\end{aligned}$$

浸透圧の計算にはモル濃度を使う．他の束一的性質の計算に使う質量モル濃度ではないことに，注意する必要がある．浸透圧の測定は，公式 $\Pi = cRT$ に含まれる温度を指定して行うので，質量モル濃度のような温度に依存しない濃度を用いる必要がない．

すべての束一的性質同様，浸透は，純溶媒が膜を通過して溶液と混じると，好ましい方向にエントロピーが増加するからである．溶媒側の溶媒分子に着目して，分子論的に浸透現象を説明することができる．溶媒分子は，溶媒側の方が溶液側より濃度が少し高いので，溶媒側からより頻繁に膜を通過するのである（図 11·15）．

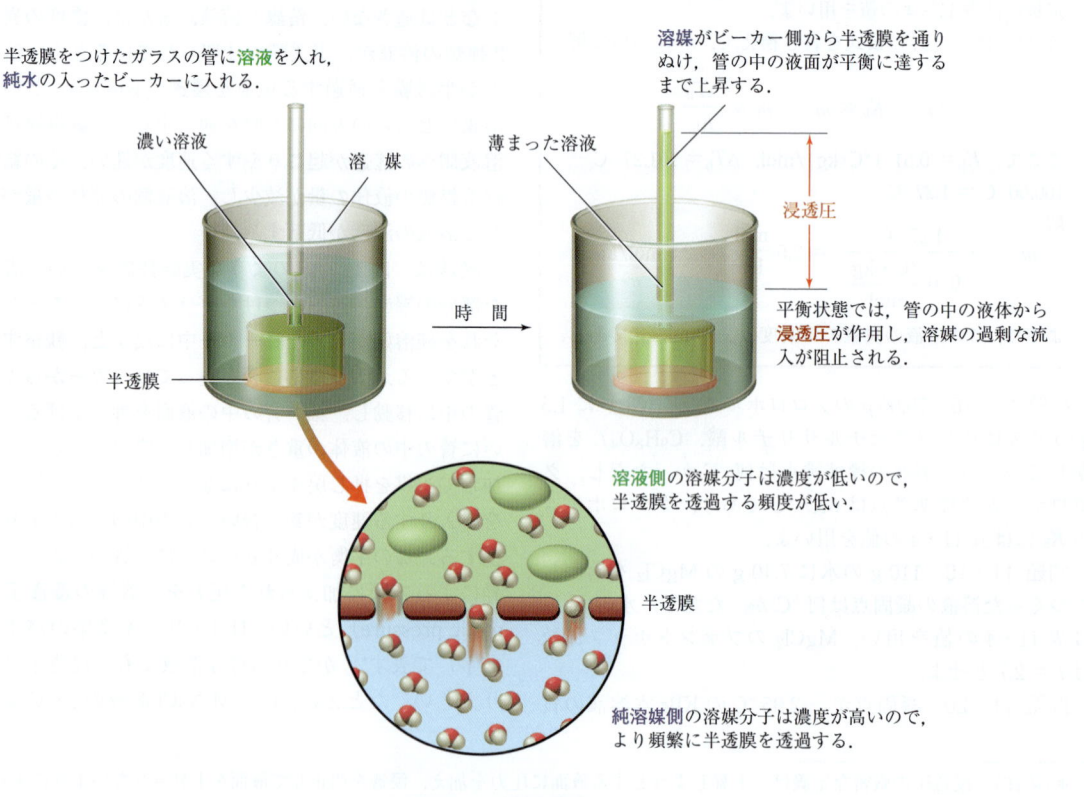

図 11·15　浸透現象

11·9 束一的性質の利用

例題 11·12 溶液の浸透圧の計算

赤血球細胞内に溶けている粒子の全濃度はおよそ 0.30 M であり，細胞は半透膜で覆われている．298 K で血漿から細胞を純水の中に移すと，細胞内の浸透圧は何気圧になるか．

方針 身体から赤血球細胞を取り出して純水の中に入れると，水が細胞膜を通過して細胞膜内の圧力を増加させる．この圧力は

$$\Pi = cRT$$

ここで，$c = 0.30$ mol/L，$R = 0.082\,06$ (L·atm)/(K·mol)，$T = 298$ K である．

解

$$\Pi = \left(0.30\,\frac{\text{mol}}{\text{L}}\right)\left(0.082\,06\,\frac{\text{L·atm}}{\text{K·mol}}\right)(298\,\text{K})$$
$$= 7.3\,\text{atm}$$

内圧の増加によって，血液細胞は破裂することになる．

例題 11·13 浸透圧を用いた溶液のモル濃度の計算

293 K において，ある未知物質水溶液の浸透圧が，5.66 atm であった．この溶液のモル濃度を求めよ．

方針 公式 $\Pi = cRT$ を c について解き，与えられた公式 Π と T の値を代入する．

$$c = \frac{\Pi}{RT}$$

ここで，$\Pi = 5.66$ atm であり，$R = 0.082\,06$ (L·atm)/(K·mol)，$T = 293$ K である．

解

$$c = \frac{5.66\,\text{atm}}{\left(0.082\,06\,\dfrac{\text{L·atm}}{\text{K·mol}}\right)(293\,\text{K})} = 0.235\,\text{M}$$

問題 11·23 半透膜を隔てて純水と接している 0.125 M の $CaCl_2$ 水溶液の浸透圧は，310 K で何気圧か．ただし，$CaCl_2$ の解離度は 100 % と仮定せよ．

問題 11·24 ある未知物質の水溶液の浸透圧は，300 K で 3.85 atm であった．この溶液のモル濃度を求めよ．

11·9 束一的性質の利用

束一的性質はやや目立ちにくいが，化学実験や日常生活で，いろいろ利用されている．たとえば，自動車に乗る人は，冬季の道路に散布した塩による融雪で，凝固点降下の恩恵を受けている．自動車のラジエータに加える不凍液や飛行機の翼に散布する解氷剤にも，水の凝固点降下が利用されている．その上，自動車の不凍液は，夏にラジエータの水が沸騰するのを沸点上昇の作用で防いでいる．

もっと興味深い束一的性質の応用として，逆浸透 (reverse osmosis) を利用した海水の純水化がある．純水と海水が適切な膜で仕切られているとき，水分子の移動速度は，溶液から純水へ移動する場合より，純水から溶液へ移動する方が大きい．25 ℃ では，浸透圧がおよそ 30 atm になると，両方向の移動速度が等しくなって平衡に達する．ここでもしも，溶液側に 30 atm を超え

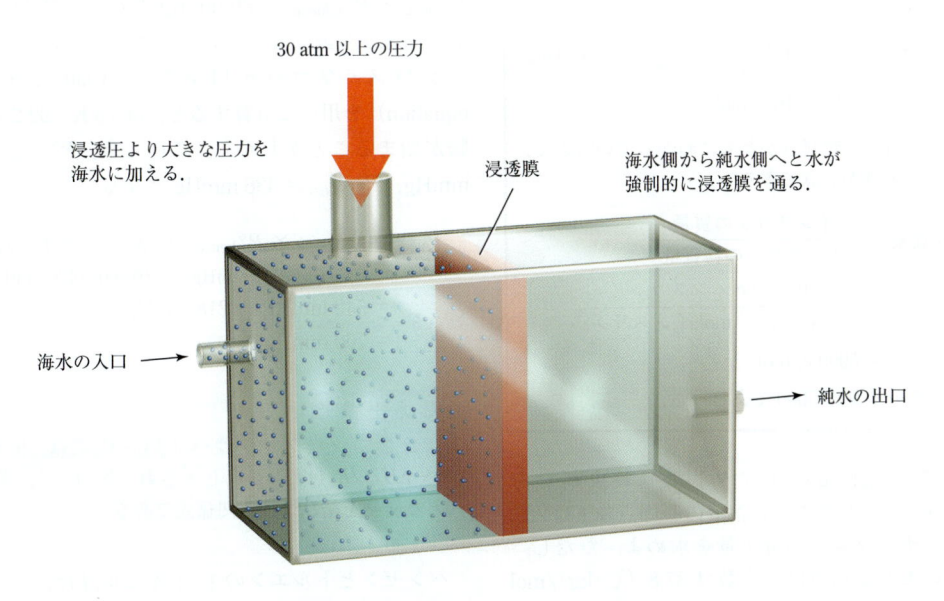

図 11·16 逆浸透による海水の純水化

る圧力を加えると，逆方向の水の移動が有利になる．このことを利用すると，海水から純水を得ることができる（図 11・16）．

束一的性質は，実験室で未知試料の分子量を決めるのに利用されている．4 種類の束一的性質のどれを用いてもよいが，浸透作用は変化が顕著なので，浸透圧を用いるやり方が最も精度が良い．たとえば，0.0200 M のグルコース水溶液が 300 K で示す浸透圧は，374.2 mmHg であり，容易に有効数字 4 桁の測定ができる．同じ溶液の凝固点降下は，0.04 ℃ にしかならないので，有効数字は 1 桁しかない．浸透圧を用いてどのように分子量を決めるかを例題 11・14 でとり上げる．

例題 11・14　浸透圧を用いた溶質の分子量の計算
20.0 mg のインスリンを水に溶かし，体積 5.00 mL まで薄めた水溶液の浸透圧は，300 K で 12.5 mmHg であった．インスリンの分子量を求めよ．

方針　分子量を決めるには，インスリン試料 20.0 mg の物質量を知る必要がある．まず，浸透圧の公式を書き換えてインスリン溶液のモル濃度を求め，つぎに溶液の体積をかけてインスリンの物質量を求める．

解
$\Pi = cRT$ だから $c = \dfrac{\Pi}{RT}$ となり，

$$c = \dfrac{12.5 \text{ mmHg} \times \dfrac{1 \text{ atm}}{760 \text{ mmHg}}}{0.082\,06 \dfrac{\text{L} \cdot \text{atm}}{\text{K} \cdot \text{mol}} \times 300 \text{ K}}$$

$$= 6.68 \times 10^{-4} \text{ M}$$

溶液の体積は 5.00 mL であるから，インスリンの物質量は，

$$\text{インスリンの物質量} = 6.68 \times 10^{-4} \dfrac{\text{mol}}{\text{L}} \times \dfrac{1 \text{ L}}{1000 \text{ mL}} \times 5.00 \text{ mL}$$

$$= 3.34 \times 10^{-6} \text{ mol}$$

インスリンの質量と物質量がともにわかっているので，モル質量と分子量が計算できる．

$$\text{モル質量} = \dfrac{\text{インスリンの質量}}{\text{インスリンの物質量}}$$

$$= \dfrac{0.0200 \text{ g インスリン}}{3.34 \times 10^{-6} \text{ mol インスリン}}$$

$$= 5990 \text{ g/mol}$$

インスリンの分子量は 5990 である．

問題 11・25　0.250 g のナフタレン（殺虫剤）を 35.00 g のショウノウに溶かした溶液の凝固点降下は 2.10 ℃ であった．ナフタレンの分子量を求めよ．ただし，ショウノウのモル凝固点降下定数は 37.8（℃・kg）/mol である．

問題 11・26　300.0 mL の水に 0.822 g のスクロース（ショ糖）を溶かしてつくった溶液の浸透圧が 298 K で 149 mmHg であったとして，スクロースのモル質量を求めよ．

11・10　液体混合物の分別蒸留

束一的性質の利用の中で商業的に最も重要なのは，石油を精製してガソリンを取り出すことであろう．石油の精製は，迷路のように錯綜したパイプやタンクや塔を使って行われているが，パイプは石油や製品を輸送するだけであり，タンクは貯蔵するだけである．粗製の石油から利用できる成分を分離しているのは塔の部分である．§8・11 で学んだように，石油は，炭化水素分子の複雑な混合物であり，蒸留によって別々の成分に精製され，ナフサ（bp 30～200 ℃），灯油（bp 175～300 ℃），軽油（bp 275～400 ℃）などに分けられる．

混合物を沸騰させ蒸気を凝縮させるやり方で，沸点の違いを利用して複数の液体の混合物から成分を分けて取出す操作を，**分別蒸留**（fractional distillation）という．ラウールの法則（§11・6）によると，蒸気には蒸気圧の高い成分が濃縮されるから，その蒸気から凝縮した液体にも，その成分が濃縮され，部分的に精製される．このような沸騰と凝縮のサイクルを多数回繰返すと，より揮発性の高い液体成分を完全に精製することができる．

たとえば，ベンゼンとトルエンの 1：1 等モル混合物（$X_{\text{benzene}} = X_{\text{toluene}} = 0.500$）の分離を考えてみよう．この混合物を加熱すると，2 成分の蒸気圧の和が大気圧に等しくなると沸騰する．このとき $X_{\text{benzene}} \times P°_{\text{benzene}} + X_{\text{toluene}} \times P°_{\text{toluene}} = 760$ mmHg となる．図 11・17 の蒸気圧曲線から読取るか，あるいは §10・5 で学んだ**クラウジウス・クラペイロンの式**（Clausius–Clapeyron equation）を用いて計算すると，365.3 K（92.2 ℃）で沸騰が始まることがわかり，このとき，$P°_{\text{benzene}} = 1084$ mmHg，$P°_{\text{toluene}} = 436$ mmHg となる．

$$\begin{aligned} P_{\text{mixt}} &= X_{\text{benzene}} \times P°_{\text{benzene}} + X_{\text{toluene}} \times P°_{\text{toluene}} \\ &= (0.500)(1084 \text{ mmHg}) + (0.500)(436 \text{ mmHg}) \\ &= 542 \text{ mmHg} + 218 \text{ mmHg} \\ &= 760 \text{ mmHg} \end{aligned}$$

> **思い出そう…**
> **クラウジウス・クラペイロンの式**は，$\ln P_{\text{vap}} = (-\Delta H_{\text{vap}}/R)(1/T) + C$ と表され（§10・5），蒸気圧と蒸発熱を結びつける関係式である．

ベンゼンとトルエンの 1：1 等モル混合物からスタートしたにもかかわらず，蒸気の組成は 1：1 ではない．

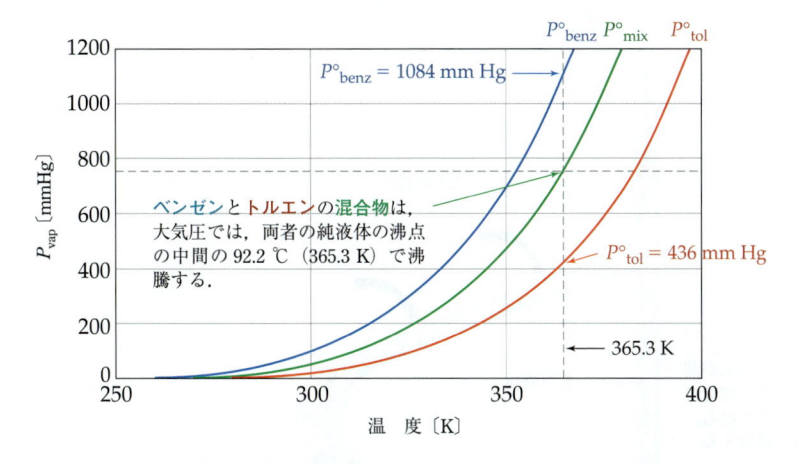

図 11・17 純粋なベンゼン（青）と純粋なトルエン（赤）および両者の
1：1 混合物（緑）の蒸気圧曲線．

沸騰中の混合物の全蒸気圧 760 mmHg のうち，542/760 = 71.3％がベンゼンで，残りの 218/760 = 28.7％がトルエンである．この蒸気を凝縮させると，蒸気と同じ 71.3：28.7 の割合で，液体中に各成分が含まれることになる．この新しい液体を沸騰させると，今度は，ベンゼン 86.4％とトルエン 13.6％の蒸気が生じる．凝縮と沸騰のサイクルの 3 回目には，ベンゼン 94.4％とトルエン 5.6％の蒸気が得られ，この操作を繰返すと，目標とする水準の純度のものを得ることができる．

分別蒸留は，図 11・18 のように，液相と気相における温度と組成の関係を示すことによって，表現することができる．図の下側は液相を表し，上側は気相を表す．両者の間のせまい部分が，液相と気相が共存する平衡領域である．

この相図を理解するために，ベンゼンとトルエンの 50：50 混合物からスタートし，その沸点（92.2 ℃）まで加熱する．下の曲線は液体成分（50：50）を表し，上の曲線は蒸気の組成（92.2 ℃でおよそ 71：29）を表す．この 2 点を結ぶ短い水平線は連結線（tie line）とよばれ，両者の温度が同じであることを示している．温度を下げて 71：29 の蒸気を凝縮させると，71：29 の液体混合物を与えるが，その沸点である 86.6 ℃の連結線に沿って熱を加えていくと，86：14 の蒸気組成が得られる．つまり，分別蒸留は，つぎつぎと連結線に沿って進むことであり，必要な純度が得られるまで繰返していけばよい．

実際には，蒸留塔の中で自然に沸騰と凝縮のサイクルが連続的に繰返される．精製の途中で液体混合物を取り出す必要はない．したがって，分別蒸留は簡単に行うことができ，世界中の精製業，化学工業，実験室などで，日常的に利用されている（図 11・19）．

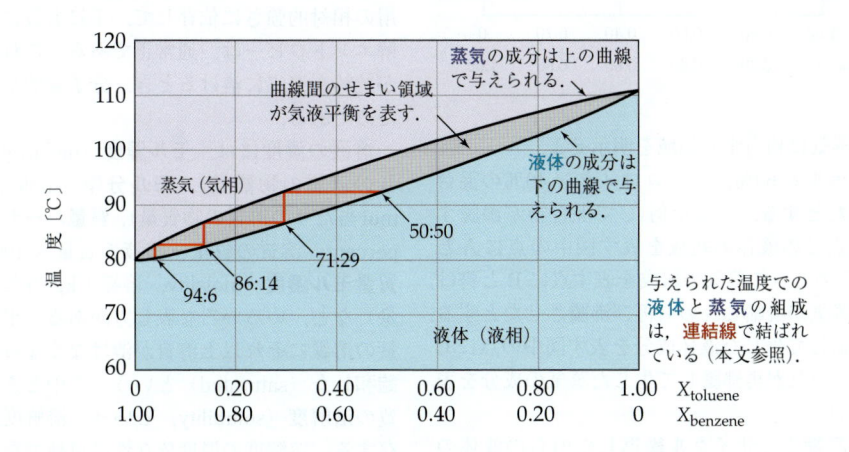

図 11・18 ベンゼンとトルエンの混合物の温度と組成（モル分率）の関係を表す相図．

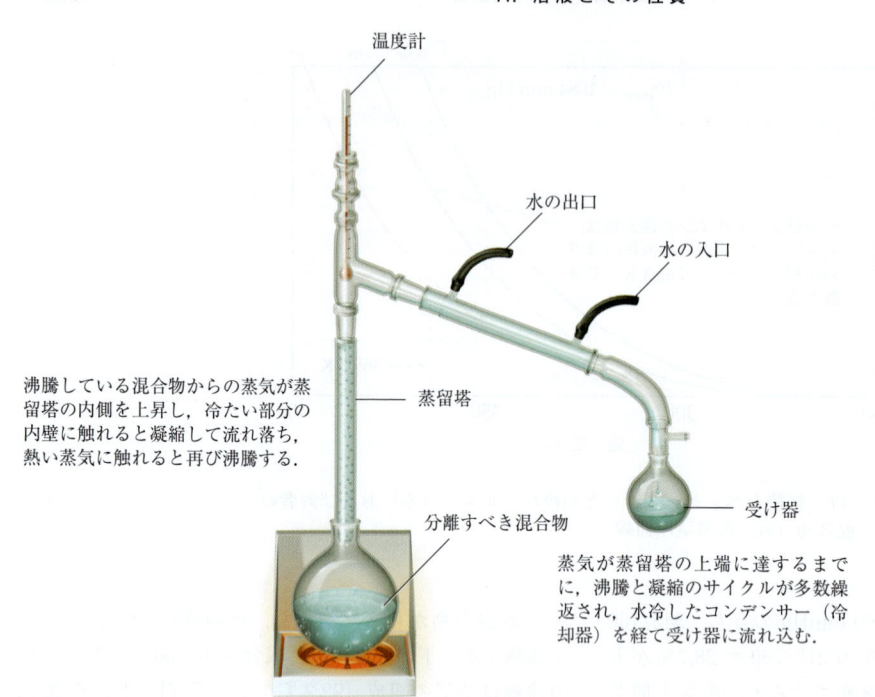

図 11・19 化学実験室で用いられる単純な分留装置.

○● 問題 11・27 つぎの図は, 2 種類の液体, クロロホルムとジクロロメタンの混合物の温度と組成についての相図である.

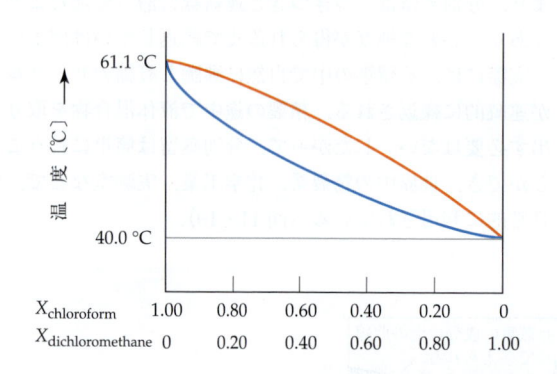

(a) 液体と蒸気に相当する領域を明示せよ.
(b) クロロホルム 60%, ジクロロメタン 40% の混合物から出発したとする. およそ何 ℃ で混合物が沸騰するか. その沸点での液体の組成を表す図中の点に A と書け. また, そのときの蒸気の組成を表す点に B と書け.
(c) 点 B で蒸気が凝縮したのち再び沸騰させたとする. その蒸気が凝縮して生じた液体成分を表す図中の点に C と書け. また, それが再沸騰して生じた蒸気の成分を表す点に D と書け.
(d) 沸騰と凝縮を 2 サイクル繰返したのちの液体の組成はおよそいくらか.

要 約

溶液(solution)は, 典型的なイオンや小さな分子の大きさの粒子を含む均一な混合物である. 物質がとりうるどの状態も他の任意の状態と混じることが可能であり, 7 種類の溶液が可能である. 気体または固体が液体に溶けた溶液では, 溶け込んだ物質は**溶質**(solute)とよばれ, 液体は**溶媒**(solvent)とよばれる.

溶媒への溶質の溶解には, 自由エネルギー変化 $\Delta G = \Delta H - T\Delta S$ が伴う. エンタルピー変化は**溶解エンタルピー**(ΔH_{soln})であり, エントロピー変化は**溶解エントロピー**(ΔS_{soln})である. 溶解エンタルピーは, 溶媒-溶媒, 溶質-溶質, および, 溶媒-溶質の 3 種類の相互作用の相対的強さに依存して, 正にも負にもなりうる. 溶解エントロピーは, 通常正である. これは, 純粋な溶質が純粋な溶媒に溶けるとき, 分子論的乱雑さが増加するためである.

溶液の濃度には, **モル濃度**(molarity, 溶液 1 L 当たりの溶質の物質量), **モル分率**(mole fraction, 溶液 1 mol 当たりの溶質の物質量), **質量パーセント濃度**(mass percent, 溶質の質量÷溶液の質量×100%), および, **質量モル濃度**(molality, 溶媒 1 kg 当たりの溶質の物質量) など, いろいろな表し方がある. 平衡に達し, 一定量の溶媒にそれ以上溶質が溶けなくなったとき, 溶液は**飽和した**(saturated)という. このときの濃度をその溶質の**溶解度**(solubility)という. 溶解度は通常温度に依存する. 溶解度の温度依存性は単純でないことが多いが, 気体の場合は, 温度が高くなると通常減少する. 固体の

溶解度は，温度に対し上がる場合も下がる場合もある．気体の溶解度は圧力にも依存する．**ヘンリーの法則**（Henry's law）によると，液体への気体の溶解度は，一定温度において，溶液上のその気体の分圧に比例する．

純粋な溶媒と比べて溶液では，同じ温度での蒸気圧が降下し，凝固点が降下し，沸点が上昇する．さらに，溶媒と半透膜で仕切られた溶液は，**浸透**（osmosis）現象を示す．溶液についてのこれら四つの性質は，すべて溶け込んでいる溶質粒子の濃度にのみ依存し，それらの粒子の化学的種類には関係しないため，**束一的性質**（colligative properties）とよばれる．すべての束一的性質の原因は同じであり，純粋な溶媒と比べて，溶液中の溶媒のエントロピーの方が大きいことが原因となっている．

束一的性質は，塩による融雪，逆浸透による海水の純水化，分別蒸留による揮発性液体の分離や精製，浸透圧測定による分子量の決定など，いろいろな用途に利用されている．

キーワード
過飽和溶液（supersaturated solution） 245
コロイド（colloid） 237
混合物（mixture） 237
混和性（miscibility） 245

質量％〔mass percent（mass %）〕 241
質量モル濃度〔molality（m）〕 243
浸透（osmosis） 253
浸透圧〔osmotic pressure（Π）〕 253
束一的性質（colligative property） 246
ppm（parts per million） 241
ppb（parts per billion） 241
ファントホッフ係数〔van't Hoff factor（i）〕 248
分別蒸留（fractional distillation） 256
ヘンリーの法則（Henry's law） 246
飽和（した）（saturated） 245
モル凝固点降下定数〔molal freezing-point-depression constant（K_f）〕 252
モル沸点上昇定数〔molal boiling-point-elevation constant（K_b）〕 251
モル分率〔mole fraction（X）〕 241
溶液（solution） 237
溶解エンタルピー〔enthalpy of solution（ΔH_{soln}）〕 238
溶解エントロピー〔entropy of solution（ΔS_{soln}）〕 238
溶解度（solubility） 245
溶質（solute） 237
溶媒（solvent） 237
ラウールの法則（Raoult's law） 247

Interlude

血液透析

米国では，現在 33 万人以上の人が末期の腎臓病かもしくは腎機能を失っている．この病気は進行性で治療法は存在しない．苦痛を味わっている人たちに残された選択の余地は，腎機能を部分的に代替する透析治療を定期的に行うか臓器移植である．残念ながら，現在 71,000 人以上の患者が，臓器提供連合組織（UNOS）を通じて臓器移植の機会を待ち望んでいるが，利用できる臓器数が充足されるにはほど遠い．

透析（dialysis）の過程は浸透作用と類似しているが，透析用の半透膜では，溶媒と小さな溶質粒子の両方が透過できる．細胞のようなコロイド粒子やタンパク質のような巨大分子だけが，半透膜を通過しない．ここで，小さい分子と大きい分子の境界は厳密に明確なものではなく，いろいろな大きさの穴をもつ透析膜をつくることができる．タンパク質は，小さなイオンや分子とは分離することができ，また，研究室で必要になるタンパク質の精製に役立つ．

透析の最も重要な医学的利用は人工腎臓装置であり，血液透析（hemodialysis）は患者の血液を浄化し，尿素のような老廃物を除去し，カリウムとナトリウムのバランスを制御する．身体から血液を取り出し，血漿と同じ成分を多数含むように調製された溶液中につるした透析管を通して，循環させる．NaCl，NaHCO$_3$，KCl およびグルコースが，血液の場合と同じ濃度で透析用溶液として用いられ，これらの物質は膜を通じて正味の移動がないようになっている．

小さな老廃物は透析膜を通じて血液から溶液側に移動して除去されるが，細胞やタンパク質などの重要な血液成分は，その大きさのため膜の通過が防止される．血液透析治療は，通常，約 3～4 時間かかり，週に 3～4 回程度繰返される．

ついでになるが，臓器提供者カードへの登録に協力することを考えてみてほしい．米国の大半の州では，運転免許証の裏面にサインするだけでよいようになっている．

問題 11・28 透析膜と浸透圧の測定に使う通常の半透膜との違いは何か．

12 化学反応速度論

12・1　反応速度	12・9　反応機構
12・2　反応速度式と反応次数	12・10　素反応の反応速度式
12・3　反応速度式の実験による決定	12・11　全反応の反応速度式
12・4　一次反応の反応速度式の積分形	12・12　反応速度と温度：アレニウスの式
12・5　一次反応の半減期	12・13　アレニウスの式の応用
12・6　放射壊変速度	12・14　触媒作用
12・7　二次反応	12・15　均一触媒と不均一触媒
12・8　ゼロ次反応	Interlude　酵素の触媒作用

　化学者は，研究対象の化学反応について，つぎのような基本的な問に答えようとする．何が起こるか．どれだけ起こるか．どのような速さで起こるか．最初の問の答は，反応物と生成物の間の化学量論を示す化学反応式からわかる．2番目の問の答は，化学平衡を扱う13章で学ぶ．本章では，3番目の問の答となる化学反応が進む速さ（速度）について学習する．反応速度や反応が起こるときの一連のステップにかかわる化学の分野を，**化学反応速度論**（chemical kinetics）という．

　化学反応速度論は，環境，生命，経済などの観点から非常に重要な課題である．たとえば，上層大気で，太陽の有害な紫外線からわれわれを守る働きをしているオゾン層が，維持されるか，それとも，衰退してしまうかは，O_3 分子の生成や消滅の相対的な反応速度に依存している．われわれの身体では，**酵素**（enzyme）とよばれる大きなタンパク質分子が，生命に必須な多数の反応の速度を高めている．化学工業では，利益に結びつく多くの工程が反応の速さを前提としている．たとえば，肥料の合成に利用されるアンモニア合成の経済性は，気体の N_2 と H_2 を NH_3 に変換する速度にかかっている．

　本章では，反応速度をとりあげ，それが濃度や温度などの変化で，どのように変わるかを明らかにする．また，反応速度のデータを使って反応の**機構**（mechanism）や経路を明らかにする方法について述べる．反応機構がわかれば既知の反応の制御や未知の反応の予測が可能になる．

12・1　反応速度

　化学反応の速度は，反応によって大幅に異なる．ナトリウムと臭素との反応のように瞬時に進む反応もあれば，鉄がさびる反応のように気づきにくいほど遅いものもある．

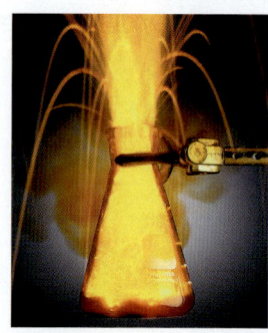

ナトリウムと臭素の反応　　　鉄がさびる反応

どちらの反応が速いか

　定量的に反応速度を扱うために，反応物や生成物の濃度が単位時間にどれだけ変化するかを明確にする必要がある．

$$反応速度 = \frac{濃度変化}{時間変化}$$

　たとえば，気体状五酸化二窒素 N_2O_5 の熱分解反応によって，空気汚染物質である二酸化窒素の褐色気体と分子状の酸素が生じる．

$$2\,N_2O_5(g) \longrightarrow 4\,NO_2(g) + O_2(g)$$
無色　　　　　　褐色　　　無色

時間の関数としての濃度変化は，気体分子2個が気体分子5個に転換する際の圧力増加を測ることで決定できる．あるいは，NO_2 による褐色の強さを調べることで濃度変化を知ることもできる．反応物と生成物の55℃における濃度の時間変化を表12・1に示す．

　反応速度（reaction rate）は，生成物（product）の濃度の単位時間当たりの増加として，あるいは，反応物（reactant）の濃度の単位時間当たりの減少として，定義

12・1 反応速度

表 12・1 55 ℃における反応 2N$_2$O$_5$(g) → 4NO$_2$(g) + O$_2$(g) に関する濃度の時間変化

時 間 〔s〕	濃 度 〔M〕		
	N$_2$O$_5$	NO$_2$	O$_2$
0	0.0200	0	0
100	0.0169	0.0063	0.0016
200	0.0142	0.0115	0.0029
300	0.0120	0.0160	0.0040
400	0.0101	0.0197	0.0049
500	0.0086	0.0229	0.0057
600	0.0072	0.0256	0.0064
700	0.0061	0.0278	0.0070

N$_2$O$_5$ の濃度の減少につれて，NO$_2$ と O$_2$ の濃度が増加することに注目せよ．

することができる．まず，生成物の生成に注目しよう．N$_2$O$_5$ の分解では，O$_2$ の生成速度は次式で与えられる．

$$\text{O}_2 \text{の生成速度} = \frac{\Delta [\text{O}_2]}{\Delta t}$$

$$= \frac{\text{時刻 } t_2 \text{ の O}_2 \text{濃度} - \text{時刻 } t_1 \text{ の O}_2 \text{濃度}}{t_2 - t_1}$$

ここで，[O$_2$] は O$_2$ のモル濃度を，Δ[O$_2$] は O$_2$ のモル濃度の変化を，Δt は時間変化を，Δ[O$_2$]/Δt は t_1 から t_2 までの時間間隔における O$_2$ のモル濃度の変化の平均を，それぞれ表す．たとえば，300 s から 400 s までの時間間隔での O$_2$ の平均生成速度は，9×10^{-6} M/s である．

$$\text{O}_2 \text{の生成速度} = \frac{\Delta [\text{O}_2]}{\Delta t} = \frac{0.0049 \text{ M} - 0.0040 \text{ M}}{400 \text{ s} - 300 \text{ s}}$$

$$= 9 \times 10^{-6} \text{ M/s}$$

反応速度の単位は，通常 M/s であり，これは mol/(L・s) と等価である．ここで，物質量の単位である mol を使わず，モル濃度の mol/L を用いたのは，反応速度が反応の規模とは関係しないからである．2 倍の体積の容器を用いれば，0.0200 M N$_2$O$_5$ は 2 倍の量が分解し，単位時間に 2 倍の量の O$_2$ が生成する．しかし，単位時間に生成する 1 L 当たりの O$_2$ の物質量は，変化しない．

表 12・1 のデータをプロットすると，図 12・1 のように三つの曲線が得られ，反応速度の理解に役立つ．O$_2$ の曲線の 300～400 s の間を見ると，Δ[O$_2$] と Δt が，直角三角形の垂直な辺と水平な辺で，それぞれ表されている．この三角形の斜辺の傾きは Δ[O$_2$]/Δt になっており，この時間間隔での O$_2$ の平均生成速度を表す．斜辺の傾きが急なほど反応速度が大きくなる．たとえば，Δ[NO$_2$] と Δt の三角形を見ると，300～400 s の間で，NO$_2$ の生成速度は 3.7×10^{-5} M/s であり，これは O$_2$ の生成速度の 4 倍になっており，N$_2$O$_5$ の分解の化学反応式の係数の比の 4：1 に対応している．

$$\text{NO}_2 \text{の生成速度} = \frac{\Delta [\text{NO}_2]}{\Delta t} = \frac{0.0197 \text{ M} - 0.0160 \text{ M}}{400 \text{ s} - 300 \text{ s}}$$

$$= 3.7 \times 10^{-5} \text{ M/s}$$

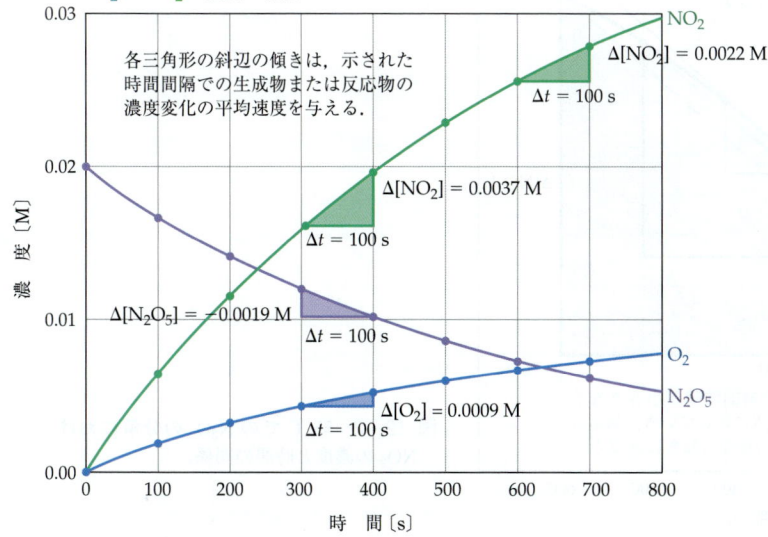

図 12・1 初期濃度 0.0200 M の気体状 N$_2$O$_5$ が気体状 NO$_2$ と O$_2$ に 55 ℃で分解するとき測定された濃度の時間変化．

N$_2$O$_5$ の濃度が減少するにつれて O$_2$ と NO$_2$ の濃度が増加する．

各三角形の斜辺の傾きは，示された時間間隔での生成物または反応物の濃度変化の平均速度を与える．

O$_2$ の生成速度は，NO$_2$ の生成速度の 1/4 であり，N$_2$O$_5$ の分解速度の 1/2 である．

O_2 と NO_2 が生じるにつれ N_2O_5 が消失する．したがって，$\Delta[N_2O_5]/\Delta t$ の符号は負であり，図12・1の $\Delta[N_2O_5]$ と Δt がつくる三角形の斜辺の負の傾きと一致する．反応速度は正の量として定義されるものであるから，反応物の消失速度を計算するときには，常に負号をつけなければならない．たとえば，300～400 s の時間間隔では，N_2O_5 の平均分解速度は 1.9×10^{-5} M/s である．

$$N_2O_5 \text{の分解速度} = \frac{-\Delta[N_2O_5]}{\Delta t}$$

$$= \frac{-(0.0101 \text{ M} - 0.0120 \text{ M})}{400 \text{ s} - 300 \text{ s}}$$

$$= 1.9 \times 10^{-5} \text{ M/s}$$

反応速度を問題にするときは，その速度のもととなった反応物や生成物がどれであるかを明示することが大切である．なぜなら，反応速度の大きさは，化学反応式の係数に依存して変わるからである．N_2O_5 の分解では，O_2 が 1 mol 生じるごとに，4 mol の NO_2 が生成し，2 mol の N_2O_5 が分解する．したがって，O_2 の生成速度は，NO_2 の生成速度の 1/4 であり，N_2O_5 の分解速度の 1/2 である．

$$\begin{pmatrix} O_2 \text{の} \\ \text{生成速度} \end{pmatrix} = \frac{1}{4} \begin{pmatrix} NO_2 \text{の} \\ \text{生成速度} \end{pmatrix} = \frac{1}{2} \begin{pmatrix} N_2O_5 \text{の} \\ \text{分解速度} \end{pmatrix}$$

$$\frac{\Delta[O_2]}{\Delta t} = \frac{1}{4}\left(\frac{\Delta[NO_2]}{\Delta t}\right) = -\frac{1}{2}\left(\frac{\Delta[N_2O_5]}{\Delta t}\right)$$

反応速度に何通りかのあいまいさがあることを避けるため，化学者は，反応物の消費速度または生成物の生成速度を化学反応式の係数で割ったものを一般的な反応速度と定義している．つまり，つぎの反応では，

$$2 N_2O_5(g) \longrightarrow 4 NO_2(g) + O_2(g)$$

一般的な反応速度は次式で与えられる唯一の値をもつ．

$$(\text{一般的な反応速度}) = -\frac{1}{2}\left(\frac{\Delta[N_2O_5]}{\Delta t}\right)$$

$$= \frac{1}{4}\left(\frac{\Delta[NO_2]}{\Delta t}\right) = \frac{\Delta[O_2]}{\Delta t}$$

しかしながら，本書では，特定の物質に着目した反応速度を用いることとし，そのつど，どの物質に着目した速度であるかを注意深く確認することにする．

もう一つ重要なこととしては，速度は反応の進行につれて変わるので，どの時点の反応速度かを明示しなくてはならない．たとえば，NO_2 の平均生成速度は時間間隔 300～400 s では 3.7×10^{-5} M/s であるが，時間間隔 600～700 s では 2.2×10^{-5} M/s しかない（図 12・1）．通常，反応速度は少なくともいくつかの反応物の濃度に依存するため，反応混合物が反応物を失うにつれて反応速度は減少していく．このことは，図 12・1 で時間の経過につれて曲線の傾斜がしだいに減少することに示されている．

化学者は，時間間隔 Δt についての平均反応速度ではなく，しばしば，特定の時刻 t における反応速度を知ろうとする．たとえば，$t = 350$ s における NO_2 の生成速

図 12・2 55 ℃ での N_2O_5 の分解における NO_2 の濃度と時間の関係．

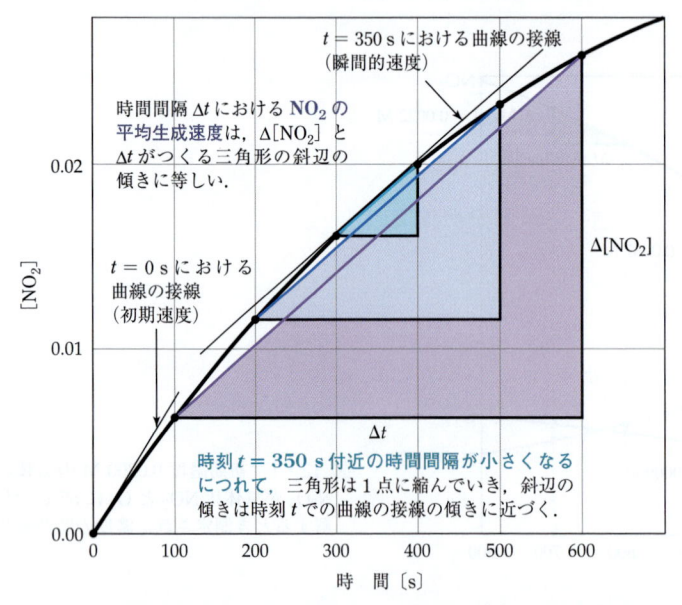

時刻 t での曲線の接線の傾きは，その特定の時刻における瞬間的速度で定義される．初期速度は，$t = 0$ における曲線の接線の傾きである．

度はいくらであろうか．もしも，測定時間の間隔をどんどん短くしていくと，図 12・2 に示すように，$\Delta[NO_2]$ と Δt がつくる三角形は 1 点に収縮し，三角形の斜辺の傾きは曲線の接線に近づくであろう．時刻 t における濃度対時間の曲線の接線の傾きは，特定の時刻における**瞬間的速度**（instantaneous rate）とよばれる．反応の開始点（$t = 0$）での瞬間的速度は**初期速度**（initial rate）という．

例題 12・1　生成物の生成と反応物の消費の相対速度

エタノール（C_2H_5OH）は，アルコール飲料の主成分やガソリンのオクタン価強化剤であり，グルコースの発酵によって製造されている．その化学反応式は，

$$C_6H_{12}O_6(aq) \longrightarrow 2\,C_2H_5OH(aq) + 2\,CO_2(g)$$

(a) エタノールの生成速度とグルコースの消費速度の関係はどうなっているか．

(b) この関係を，$\Delta[C_2H_5OH]/\Delta t$ と $\Delta[C_6H_{12}O_6]/\Delta t$ を用いて書き表せ．

方　針　相対速度を知るには，化学反応式の係数を見ればよい．

解　(a) 化学反応式によると，2 mol のエタノールが，1 mol のグルコースから生成する．したがって，エタノールの生成速度はグルコースの消費速度の 2 倍である．

(b) エタノールの生成速度は $\Delta[C_2H_5OH]/\Delta t$ であり，グルコースの消費速度は $-\Delta[C_6H_{12}O_6]/\Delta t$（符号に注意）であるので，つぎのように書き表すことができる．

$$\frac{\Delta[C_2H_5OH]}{\Delta t} = -2\,\frac{\Delta[C_6H_{12}O_6]}{\Delta t}$$

問題 12・1　ヨウ化物イオンのヒ酸（H_3AsO_4）による酸化はつぎの化学反応式で表される．

$$3\,I^-(aq) + H_3AsO_4(aq) + 2\,H^+(aq) \longrightarrow$$
$$I_3^-(aq) + H_3AsO_3(aq) + H_2O(l)$$

(a) $-\Delta[I^-]/\Delta t = 4.8 \times 10^{-4}$ M/s であるとすると，同じ時間間隔で，$\Delta[I_3^-]/\Delta t$ の値はいくらか．

(b) (a) と同じ時間間隔で H^+ の平均消費速度はいくらか．

問題 12・2　表 12・1 のデータを使い，時間間隔 200〜300 s の間での N_2O_5 の平均分解速度と O_2 の平均生成速度を求めよ．

12・2　反応速度式と反応次数

§ 12・1 において，N_2O_5 の分解速度は，その濃度に依存し，N_2O_5 の濃度が減少するにつれて遅くなることに注目した．反応速度が濃度にどのように依存するかをさらに調べるために，次式で表される反応をとりあげる．

$$a\,A + b\,B \longrightarrow 生成物$$

ここで，A と B は反応物であり，a と b は化学反応式の化学量論係数である．反応速度が各反応物の濃度にどのように依存するかを表した式を**反応速度式**（rate law）という．

反応速度式は通常つぎのような形に表される．

$$(反応速度) = -\frac{\Delta[A]}{\Delta t} = k[A]^m[B]^n$$

ここで，k は**速度定数**（rate constant）とよばれる比例係数である．反応速度は，A の消費速度，$-\Delta[A]/\Delta t$，として表すことができるが，その代わりに，B の消費速度，$-\Delta[B]/\Delta t$ として表してもよいし，あるいは，任意の生成物の生成速度で表すこともできる．反応速度式の指数 m や n は，[A] や [B] の変化にどれだけ敏感であるかを示し，これらは，化学反応式の係数 a や b とは一般に関係がない．本書で扱う単純な反応では，指数は小さな正の整数であることが多い．しかし，もっと複雑な反応では，指数が負やゼロになる場合や，分数になることもある．

図 12・3 は，A の濃度が 2 倍になると，m のいろいろな値によって，反応速度がどのようになるかを示している．指数が 1 であることは，反応速度が対応する物質の濃度に直線的に依存することを意味する．たとえば，$m = 1$ で [A] が 2 倍になると反応速度も 2 倍になる．$m = 2$ で [A] が 2 倍になると，$[A]^2$ は 4 倍になり，反応速度は 4 倍に増加する．m がゼロなら，反応速度は濃度に依存しない．なぜなら，ゼロ次の量はどんな場合も

一般に，反応速度は $[A]^m$ に比例する．

- $m = 2$ で [A] が 2 倍になると，$[A]^2$ は 4 倍になり，反応速度は 4 倍に増加する．
- $m = 1$ で [A] が 2 倍になると，反応速度は 2 倍に増加する．
- m がゼロなら，反応速度は A の濃度に依存しない．

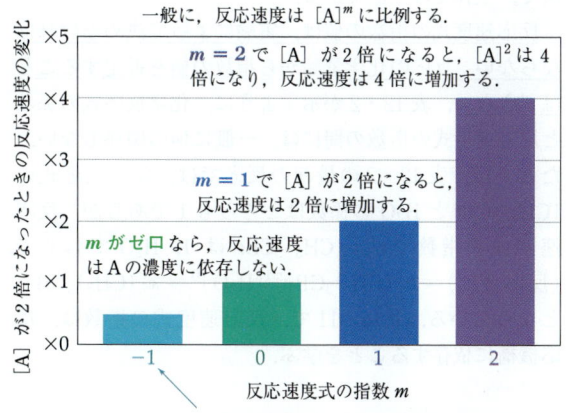

m が負なら，[A] が増加すると反応速度は減少する．たとえば，$m = -1$ で [A] が 2 倍になると，$[A]^{-1}$ は半分になり，反応速度は，2 分の 1 に減少する．

図 12・3　反応速度式（反応速度）$= k[A]^m[B]^n$ の指数 m の異なる値について，A の濃度が 2 倍になったときの反応速度の変化．

表 12・2 化学反応式と実験で決まった反応速度式

反　　応	反応速度式
$(CH_3)_3CBr(soln) + H_2O(soln) \rightarrow (CH_3)_3COH(soln) + H^+(soln) + Br^-(soln)$	（反応速度）$= k[(CH_3)_3CBr]$
$HCO_2H(aq) + Br_2(aq) \rightarrow 2\,H^+(aq) + 2\,Br^-(aq) + CO_2(g)$	（反応速度）$= k[Br_2]$
$BrO_3^-(aq) + 5\,Br^-(aq) + 6\,H^+(aq) \rightarrow 3\,Br_2(aq) + 3\,H_2O(l)$	（反応速度）$= k[BrO_3^-][Br^-][H^+]^2$
$H_2(g) + I_2(g) \rightarrow 2\,HI(g)$	（反応速度）$= k[H_2][I_2]$

一般に，反応速度式の指数は，その反応の化学反応式の係数と同じではない．

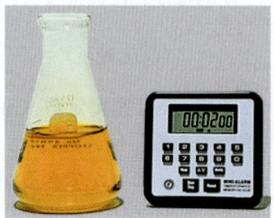

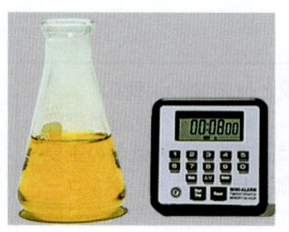

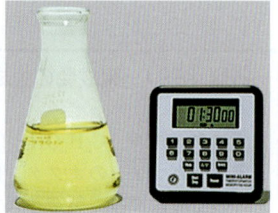

図 12・4　ギ酸（HCO_2H）と臭素（Br_2）の反応．時間が左から右へと経過するにつれて，Br_2 が還元されて無色の Br^- になるので，臭素の赤い色が消えていく．Br_2 の濃度の時間変化，すなわち，反応速度は，色の強さを測定すると決められる．

1（$[A]^0 = 1$）になるからである．m が負になるときは，$[A]$ が増加すると反応速度が減少する．たとえば，$m = -1$ で $[A]$ が 2 倍になると，$[A]^{-1}$ は半分になり，反応速度は，2 分の 1 に減少する．一般に，反応速度は $[A]^m$ に比例する．

指数となる m や n の値は，それぞれ，A や B に関する**反応次数**（reaction order）を決める．指数の和（$m + n$）は，**全反応次数**（overall reaction order）を表す．たとえば，反応速度式が

$$（反応速度）= k[A]^2[B] \qquad m = 2;\ n = 1;\ m + n = 3$$

であれば，この反応は，A について二次，B について一次で，全体では三次である．

反応速度式の指数の値は，実験によって決めなければならない．反応の化学量論から指数の値を推定することはできない．表 12・2 が示すように，化学反応式の係数と反応速度式の指数の間には，一般に何の関係もない．たとえば，表 12・2 の最初の反応では，化学反応式の $(CH_3)_3CBr$ と H_2O の係数はどちらも 1 であるが，反応速度式の指数では，$(CH_3)_3CBr$ は 1，H_2O では 0 で，（反応速度）$= k[(CH_3)_3CBr]^1[H_2O]^0 = k[(CH_3)_3CBr]$ となっている．§12・11 で，反応速度式の指数は，反応機構に依存することを学ぶ．

例題 12・2　反応速度式に基づく反応次数の決定

表 12・2 の 2 番目の反応は，図 12・4 に反応の進行の様子が示してあり，次式で表される．

$$HCO_2H(aq) + Br_2(aq) \longrightarrow$$
$$\text{無色} \qquad \text{赤色}$$
$$2\,H^+(aq) + 2\,Br^-(aq) + CO_2(g)$$
$$\text{無色}$$

各反応物についての反応次数を求めよ．また，全反応次数を求めよ．

方針　各反応物について反応次数を知るためには，化学反応式の係数ではなく，反応速度式の指数を見る．指数の総和から全反応次数がわかる．

解　表 12・2 の 2 番目の反応の反応速度式は，

$$（反応速度）= k[Br_2]$$

HCO_2H（ギ酸）は反応速度式に現れないので，反応速度はギ酸の濃度に無関係であり，この反応は HCO_2H についてゼロ次である．$[Br_2]$ の指数は 1 であるから，この反応は Br_2 について一次である．指数の総和は 1 であるから，この反応の全反応次数は 1 である．

問題 12・3　表 12・2 の最後の二つの反応について，それぞれの反応物についての反応次数を求めよ．また，各反応の全反応次数を求めよ．

12・3　反応速度式の実験による決定

反応速度式の指数の値を決める方法の一つに**初期速度法**（method of initial rate）というのがある．この方法では，いろいろな初期濃度の組合わせに対し，反応の初期速度を一連の実験から求める．たとえば，酸性雨の原因となる反応の一つである一酸化窒素の空気酸化をとりあげる．

$$2\,\mathrm{NO(g)} + \mathrm{O_2(g)} \longrightarrow 2\,\mathrm{NO_2(g)}$$

初期速度の測定結果を表 12・3 に示す.

表 12・3 反応 $2\,\mathrm{NO(g)} + \mathrm{O_2(g)} \to 2\,\mathrm{NO_2(g)}$ に関する初期濃度と初期速度

実験	初期[NO]〔M〕	初期[O₂]〔M〕	NO₂ の初期反応速度〔M/s〕
1	0.015	0.015	0.048
2	0.030	0.015	0.192
3	0.015	0.030	0.096
4	0.030	0.030	0.384

一つの反応物の濃度だけを変えてその効果を調べるために, 一対の実験が仕組まれていることに注意せよ. たとえば, 最初の二つの実験では, $\mathrm{O_2}$ の濃度は同じであるが, NO の濃度が 0.015 M から 0.030 M へと 2 倍になっている. 初期反応速度が 0.048 M/s から 0.192 M/s へと 4 倍になっていることは, 反応速度が NO の濃度の 2 乗, $[\mathrm{NO}]^2$, に依存していることを示している. 実験 1 と 3 を組合わせると, [NO] は同じだが, $[\mathrm{O_2}]$ が 2 倍になっており, 初期反応速度が 0.048 M/s から 0.096 M/s へと 2 倍になっている. これは, 反応速度が, $\mathrm{O_2}$ の濃度に対し一次であり, $[\mathrm{O_2}]^1$ に依存することを示している. よって, $\mathrm{NO_2}$ の生成反応の反応速度式は,

$$(\text{反応速度}) = \frac{\Delta[\mathrm{NO_2}]}{\Delta t} = k[\mathrm{NO}]^2[\mathrm{O_2}]$$

この反応速度式が, NO について二次, $\mathrm{O_2}$ について一次, 全体で三次であることを反映して, NO と $\mathrm{O_2}$ の濃度を両方とも 2 倍にすると (実験 1 と 4), 初期反応速度は 8 倍に増加している.

上記の方法では, 反応が進んでからの反応速度ではなく, 初期の反応速度を用いている. それは, 化学反応が可逆であることから反応物 ← 生成物となる逆反応の影響を受けて複雑になってしまうことを避けるためである. 生成物の濃度が増すと, 逆反応の速度が増加し, 測定される反応速度が, 反応物と生成物の両方の濃度に影響される. これに対し, 反応の初期には, 生成物の濃度はゼロなので, 反応速度の測定結果に生成物は影響しない. 初期反応速度を測定すれば, 前向きの反応 (正反応) の反応速度だけがわかり, 反応速度式には, 反応物 (および触媒, §12・14 参照) だけが現れうる.

ここで学んだ反応速度式の決定法によって, 反応次数を確立することができるとともに, 速度定数 k の値を決めることができる. 各反応は, それぞれに固有な速度定数の値をもち, それは, 温度には依存するが, 濃度には依存しない. たとえば, $\mathrm{NO_2}$ の生成反応に関する k の値を求めるには, 表 12・3 の実験結果のどれを用いてもよい. 反応速度式を k について解き, 最初の実験データの初期速度と初期濃度を代入するとつぎの結果が得られる.

$$k = \frac{(\text{反応速度})}{[\mathrm{NO}]^2[\mathrm{O_2}]} = \frac{0.048\ \mathrm{M/s}}{(0.015\ \mathrm{M})^2(0.015\ \mathrm{M})}$$
$$= 1.4 \times 10^4/(\mathrm{M^2 \cdot s})$$

2~4 番目の実験データを使って同様に計算すると同じ k の値が得られる. この場合の k の単位は $1/(\mathrm{M^2 \cdot s})$ である. 一般に, k の単位は, 反応速度式に含まれる濃度の数と実験で決まる指数とに依存している. よくみられる k の単位の例を以下に示す.

反応速度式	全反応次数	k の単位
(反応速度) $= k$	ゼロ次	M/s または $\mathrm{M\,s^{-1}}$
(反応速度) $= k[A]$	一次	1/s または $\mathrm{s^{-1}}$
(反応速度) $= k[A][B]$	二次	$1/(\mathrm{M \cdot s})$ または $\mathrm{M^{-1}\,s^{-1}}$
(反応速度) $= k[A][B]^2$	三次	$1/(\mathrm{M^2 \cdot s})$ または $\mathrm{M^{-2}\,s^{-1}}$

反応速度と速度定数とを混同しないように注意する必要がある. <u>反応速度は濃度に依存するが, 速度定数は (定数であり) 濃度には依存しない</u>. 反応速度の単位は通常 M/s であるが, 速度定数の単位は全反応次数に依存する.

例題 12・3 に, 初期反応速度から反応速度式を求めるもう一つの例を示す.

例題 12・3 初期反応速度を用いた反応速度式の決定

55 ℃ における気体状の $\mathrm{N_2O_5}$ の分解反応初期速度データをつぎに示す.

実験	$\mathrm{N_2O_5}$ の初期濃度〔M〕	$\mathrm{N_2O_5}$ の初期分解速度〔M/s〕
1	0.020	3.4×10^{-5}
2	0.050	8.5×10^{-5}

(a) 反応速度式を求めよ.
(b) 速度定数の値を求めよ.
(c) 初期濃度が 0.030 M であるときの, 55 ℃ における $\mathrm{N_2O_5}$ の分解反応初期速度を求めよ.

方 針 (a) $\mathrm{N_2O_5}$ の分解反応速度式はつぎのように書ける.

$$(\text{反応速度}) = -\frac{\Delta[\mathrm{N_2O_5}]}{\Delta t} = k[\mathrm{N_2O_5}]^m$$

ここで, m は $\mathrm{N_2O_5}$ の反応次数であると同時に全反応次数である. m の値を求めるために, 実験 1 と 2 で,

N_2O_5 の初期濃度の変化を初期反応速度の変化と比較する．

(b) 速度定数 k の値を求めるために，反応速度式を k について解き，どちらかの実験データを代入する．

(c) 初期反応速度を求めるために，(b) で求めた速度定数と与えられた初期濃度（0.030 M）を反応速度式に代入する．

解 (a) 実験 1 と 2 を比較すると，N_2O_5 の初期濃度の 2.5 倍の増加によって，初期反応速度が 2.5 倍に増加している．

$$\frac{[N_2O_5]_2}{[N_2O_5]_1} = \frac{0.050\ \text{M}}{0.020\ \text{M}} = 2.5$$

$$\frac{(反応速度)_2}{(反応速度)_1} = \frac{8.5 \times 10^{-5}\ \text{M/s}}{3.4 \times 10^{-5}\ \text{M/s}} = 2.5$$

反応速度は N_2O_5 の濃度に比例しているから，反応速度式は N_2O_5 について一次である．

$$(反応速度) = -\frac{\Delta[N_2O_5]}{\Delta t} = k[N_2O_5]$$

もしも反応速度が $(2.5)^2 = 6.25$ 倍増加していたとすると，この反応は N_2O_5 について二次である．もしも反応速度が $(2.5)^3 = 15.6$ 倍増加していたとすると，この反応は N_2O_5 について三次であり，四次以降も同様である．

この問題に，もっと一般的なやり方を適用するには，各実験について，反応速度式を書くとよい．

$$(反応速度)_1 = k[N_2O_5]_1 = k(0.020\ \text{M})^m$$
$$(反応速度)_2 = k[N_2O_5]_2 = k(0.050\ \text{M})^m$$

2 番目の式を最初の式で割ると，

$$\frac{(反応速度)_2}{(反応速度)_1} = \frac{k(0.050\ \text{M})^m}{k(0.020\ \text{M})^m} = (2.5)^m$$

この比を，実験で得た速度の比と比較すると，

$$\frac{(反応速度)_2}{(反応速度)_1} = \frac{8.5 \times 10^{-5}\ \text{M/s}}{3.4 \times 10^{-5}\ \text{M/s}} = 2.5$$

その結果から，指数 m は 1 であることがわかる．よって，反応速度式は，

$$(反応速度) = -\frac{\Delta[N_2O_5]}{\Delta t} = k[N_2O_5]$$

(b) 反応速度式を k について解き，最初の実験のデータを代入すると，

$$k = \frac{(反応速度)}{[N_2O_5]} = \frac{3.4 \times 10^{-5}\ \text{M/s}}{0.020\ \text{M}}$$
$$= 1.7 \times 10^{-3}\ \text{s}^{-1}$$

(c) 初期濃度（0.030 M）と (b) で得た速度定数（$1.7 \times 10^{-3}\ \text{s}^{-1}$）を反応速度式に代入すると，

$$(反応速度) = -\frac{\Delta[N_2O_5]}{\Delta t} = k[N_2O_5]$$
$$= \left(\frac{1.7 \times 10^{-3}}{\text{s}}\right)(0.030\ \text{M})$$
$$= 5.1 \times 10^{-5}\ \text{M/s}$$

概算によるチェック (b) 速度定数の単位をチェックするとよい．k の単位は，1/s または s^{-1} であり，それは一次反応について予想されるものである．

(c) この反応は N_2O_5 の一次反応であり，N_2O_5 の初期濃度が実験 1 では 3/2 倍になっているから，分解速度は 3.4×10^{-5} M/s の 3/2 倍であるおよそ 5×10^{-5} M/s になると予想され，これは正確な解と合っている．

● 例題 12・4 初期速度法の応用

容器 (1)～(4) の反応 A + 2B → （生成物）の相対反応速度は 1:2:2:4 である．赤い球は A を表し，青い球は B を表す．

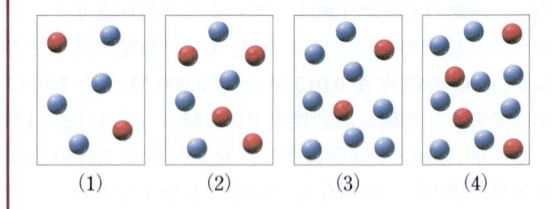

(a) A と B の反応次数を求めよ．また，全反応次数を求めよ．

(b) 反応速度式を書け．

方針 (a) 初期速度法を適用して反応次数を求める．容器 (1)～(4) の中の A と B の分子数を数え，それぞれの分子数と相対反応速度を比較する．四つの容器は同じ体積であると仮定し，濃度は分子数に比例するものとする．

(b) 反応速度式は，(反応速度) $= k[A]^m[B]^n$ と書ける．ここで，m と n は，それぞれ A と B の反応次数を表す．

解 (a) 一方の反応物の濃度が異なり他方の反応物の濃度が変わらない容器の組合わせについて比較する．容器 (2) の A の濃度は容器 (1) 場合の 2 倍であるが，B の濃度は同じである．容器 (2) の反応速度は容器 (1) の 2 倍なので，反応速度は [A] に比例しており，A についての反応次数は一次である．容器 (1) と (3) を比べると，B の濃度は 2 倍になり A の濃度は同じであり，反応速度は 2 倍になっているから，B についての反応次数は一次である．容器 (1) と (4) を比べると，A と B の両者とも濃度が 2 倍になり，反応速度が 4 倍になっており，A と B のそれぞれに一次の反応であることと合っている．全反応次数は，A と B の次数の和に等しく，1 + 1 = 2 である．

(b) この反応は，A について一次，B について一次であるから，反応速度式は，(反応速度) $= k[A][B]$ である．この反応速度式の指数は，化学反応式 A + 2B → （生成物）の係数とは異なっていることに注意する必要がある．

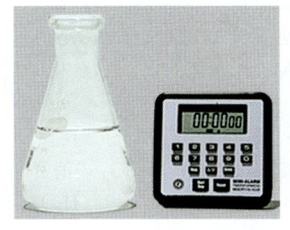

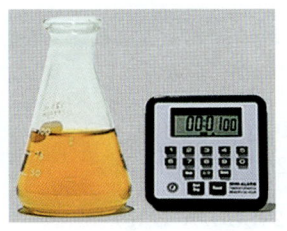

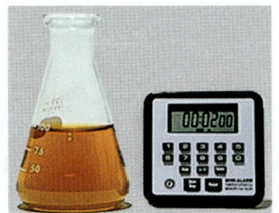

図 12・5 一連の写真は，過酸化水素（H$_2$O$_2$）とヨウ化物イオン（I$^-$）の反応が進む様子を表している．時間が左から右へと進むにつれて，三ヨウ化物イオン（I$_3^-$）の赤色の強さが増加していく．

問題 12・4 酸性溶液中での過酸化水素によるヨウ化物イオンの酸化の化学反応式はつぎのように表される．

$$H_2O_2(aq) + 3\,I^-(aq) + 2\,H^+(aq) \longrightarrow I_3^-(aq) + 2\,H_2O(l)$$

赤色の三ヨウ化物イオンの生成速度，Δ[I$_3^-$]/Δt は色の出現速度の測定（図 12・5）で決めることができる．25℃での初期速度データをつぎに示す．

実験	H$_2$O$_2$の初期濃度〔M〕	I$^-$の初期濃度〔M〕	I$_3^-$の初期生成速度〔M/s〕
1	0.100	0.100	1.15 × 10^{-4}
2	0.100	0.200	2.30 × 10^{-4}
3	0.200	0.100	2.30 × 10^{-4}
4	0.200	0.200	4.60 × 10^{-4}

(a) I$_3^-$ の生成に関する反応速度式を求めよ．
(b) 速度定数の値を求めよ．
(c) 初期濃度が ［H$_2$O$_2$］ = 0.300 M，［I$^-$］ = 0.400 M であるとき，I$_3^-$ の初期生成速度はいくらか．

問題 12・5 表 12・2 の各反応の速度定数の単位を求めよ．

問題 12・6 (1)〜(4)の容器中の反応 A + B →（生成物）の相対反応速度は 1：1：4：4 である．赤い球は A を表し，青い球は B を表す．

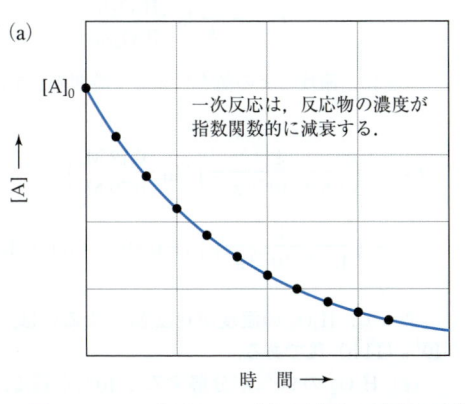

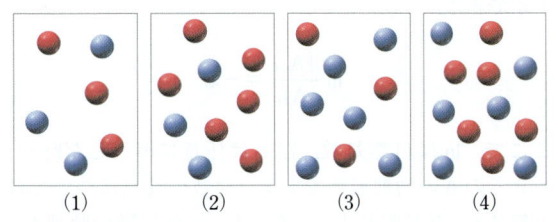

(a) A と B の反応次数を求めよ．また，全反応次数を求めよ．
(b) 反応速度式を書け．

12・4 一次反応の反応速度式の積分形

ここまでは，反応速度が反応物の濃度にどのように依存するかを表す反応速度式に注目してきた．一方，反応物や生成物の濃度が時間とともにどのように変化するかにも興味がもたれる．たとえば，空気汚染によって大気のオゾン層の破壊速度を知ることは重要であるが，20年後にオゾン濃度がいくらになるか，また，ある与えられた濃度，たとえば 10％に減少するまでにあと何年かかるかを知ることも重要である．

汚染によって誘発されたオゾンの分解機構は非常に複雑な過程であるので，一般的な一次反応を考えてみよう．

$$A \longrightarrow （生成物）$$

一次反応（first-order reaction）は，反応速度が一つの反応物の濃度の一次式で表される．

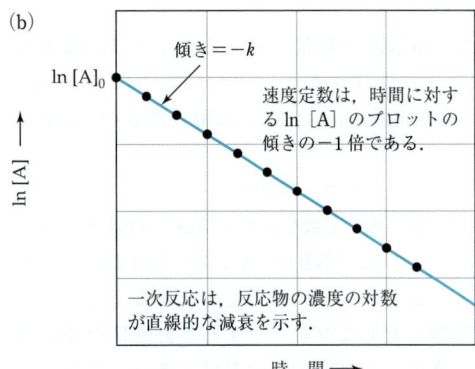

図 12・6 一次反応の，(a) 反応物の濃度と時間の関係と (b) 反応物の濃度の自然対数と時間の関係．

(反応速度) $= -\dfrac{\Delta[A]}{\Delta t} = k[A]$

その一例として，塩基性溶液中での過酸化水素の分解反応を，この節の最後の例題12・5でとり上げる．

$$2\,H_2O_2(aq) \longrightarrow 2\,H_2O(l) + O_2(g)$$

反応速度式は，数学を使うと，**反応速度式の積分形**(integrated rate law) とよばれる別の形式に変換することができる．

$$\ln\dfrac{[A]_t}{[A]_0} = -kt$$

ここで，ln は自然対数，$[A]_0$ は任意に導入した時刻 $t=0$ での A の初期濃度である（対数の要点については付録A・2を参照せよ）．$[A]_t$ は，それ以降の時刻 t における A の濃度を表す．比 $[A]_t/[A]_0$ は，時刻 t で残っている A の割合を表す．反応速度式の積分形は，<u>濃度と時間の関係式</u>で，それを用いて任意の時刻 t での A の濃度や残っている A の割合を計算することができる公式である．この公式は，初期濃度から特定の濃度まで，もしくは，最初と比べてある割合のところまで，A が減少するのに，どれだけ時間がかかるかを計算するのにも利用できる（図12・6a）．例題12・5で反応速度式の積分形の使い方を学ぶ．

$\ln([A]_t/[A]_0) = \ln[A]_t - \ln[A]_0$ であるから，反応速度式の積分形は，つぎのように書くことができる．

$$\ln[A]_t = -kt + \ln[A]_0$$

この式は，直線を表す $y = mx + b$ の形であり，$\ln[A]_t$ が時間 t の一次関数になっている．

$$\underset{\underset{y}{\uparrow}}{\ln[A]_t} = \underset{\underset{m}{\uparrow}}{(-k)}\underset{\underset{x}{\uparrow}}{t} + \underset{\underset{b}{\uparrow}}{\ln[A]_0}$$

したがって，$\ln[A]$ の時間に対するグラフは，傾き m をもつ直線で，切片が $b = \ln[A]_0$ になっている（図12・6b）．速度定数の値は，この直線の傾きの -1 倍に等しい．

$$k = -(傾き)$$

グラフを使って速度定数を決める方法を例題12・6でとりあげる．これは，例題12・3でとりあげた初期反応速度を使う方法の代わりになるものである．しかし，$\ln[A]$ を時間に対してプロットすると直線になるのはその反応が A の一次反応の場合だけである．このようなプロットは，反応が一次かどうかの簡便な検査になる．

例題 12・5 一次反応の反応速度式の積分形の応用

希薄な水酸化ナトリウム溶液中での過酸化水素の分解は次式で表される．

$$2\,H_2O_2(aq) \longrightarrow 2\,H_2O(l) + O_2(g)$$

この反応は H_2O_2 について一次であり，H_2O_2 の消費の速度定数は 20 ℃ で $1.8 \times 10^{-5}\,s^{-1}$ であり，H_2O_2 の初期濃度は 0.30 M である．

(a) 4.00 h 後の H_2O_2 の濃度はいくらか．
(b) H_2O_2 濃度が 0.12 M に低下するまでには，どれだけの時間がかかるか．
(c) H_2O_2 の 90% が分解するまでには，どれだけの時間がかかるか．

方針 これは一次の反応速度式，$-\Delta[H_2O_2]/\Delta t = k[H_2O_2]$ に従う反応なので，一次反応の濃度と時間の関係式は，つぎのように表される．

$$\ln\dfrac{[H_2O_2]_t}{[H_2O_2]_0} = -kt$$

この式に既知の量を代入し，未知の量について解けばよい．

解 (a) k は s^{-1} の単位をもつから，時間の単位を，h から s に変換すると，

$$t = (4.00\,h)\left(\dfrac{60\,min}{h}\right)\left(\dfrac{60\,s}{min}\right) = 1.44 \times 10^4\,s$$

ここで，$[H_2O_2]_0$，k および t の値を濃度と時間の関係式に代入すると，

$$\ln\dfrac{[H_2O_2]_t}{0.30\,M} = -(1.8 \times 10^{-5}\,s^{-1})(1.44 \times 10^4\,s)$$
$$= -0.259$$

対数を指数に直すと，

$$\dfrac{[H_2O_2]_t}{0.30\,M} = e^{-0.259} = 0.772$$

$$[H_2O_2]_t = (0.772)(0.30\,M) = 0.23\,M$$

(b) まず，濃度と時間の関係式を時間について解くと，

$$t = -\dfrac{1}{k}\ln\dfrac{[H_2O_2]_t}{[H_2O_2]_0}$$

つぎに，濃度と k の値を代入して時間の値を求めると，

$$t = -\left(\dfrac{1}{1.8 \times 10^{-5}\,s^{-1}}\right)\left(\ln\dfrac{0.12\,M}{0.30\,M}\right)$$
$$= -\left(\dfrac{1}{1.8 \times 10^{-5}\,s^{-1}}\right)(-0.916) = 5.1 \times 10^4\,s$$

よって，H_2O_2 の濃度が 0.12 M になるのは，$5.1 \times 10^4\,s$ (14 h) 後である．

(c) H_2O_2 の 90% が分解すると 10% が残る．したがって，

$$\frac{[H_2O_2]_t}{[H_2O_2]_0} = \frac{(0.10)(0.30\ M)}{0.30\ M} = 0.10$$

90%分解するのに要する時間は

$$t = -\left(\frac{1}{1.8 \times 10^{-5}\ s^{-1}}\right)(\ln 0.10)$$

$$= -\left(\frac{1}{1.8 \times 10^{-5}\ s^{-1}}\right)(-2.30) = 1.3 \times 10^5\ s\ (36\ h)$$

概算によるチェック 4.00 h 後の H_2O_2 の濃度（0.23 M）は，初期濃度 0.030 M より少ない．0.12 M に濃度が低下するまでには，より長時間（14 h）が必要であり，0.030 M（最初の濃度の10%）に濃度が低下するまでには，もっと長時間（36 h）がかかる．この結果は妥当である．[H_2O_2] を時間に対してプロットすると，一次反応で予想される H_2O_2 の濃度の指数関数的減衰が示される．

例題 12・6 一次反応のデータのプロット

気体状 N_2O_5 の 55 °C での分解反応における濃度と時間の関係の実験データが，表 12・1 に示してあり，図 12・1 にプロットされている．これらのデータを用い，N_2O_5 の分解が一次反応であることを確かめよ．また，N_2O_5 の消費に関する速度定数の値を求めよ．

方 針 一次反応であることを確かめるには ln[N_2O_5] の時間に対するプロットが直線になるかどうかを見ればよい．一次反応の速度定数は，プロットされた直線の傾きの -1 倍である．

解 ln[N_2O_5] の値をつぎの表に示す．また，時間に対するプロットをつぎの図に示す．

時間 [s]	[N_2O_5]	ln[N_2O_5]
0	0.0200	−3.912
100	0.0169	−4.080
200	0.0142	−4.255
300	0.0120	−4.423
400	0.0101	−4.595
500	0.0086	−4.756
600	0.0072	−4.934
700	0.0061	−5.099

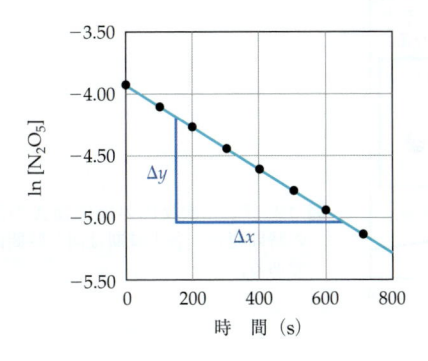

データ点は直線上にあるから，この反応は N_2O_5 に関する一次反応である．直線の傾きは，直線上の十分に離れた任意の2点の座標から決めることができ，速度定数 k は傾きから計算できる．

$$（傾き） = \frac{\Delta y}{\Delta x} = \frac{(-5.02) - (-4.17)}{650\ s - 150\ s}$$

$$= \frac{-0.85}{500\ s} = -1.7 \times 10^{-3}\ s^{-1}$$

$$k = -（傾き） = 1.7 \times 10^{-3}\ s^{-1}$$

傾きは負で，k は正であり，k の値は例題 12・3 で初期速度法から求めた値と一致することに注意せよ．

問題 12・7 紫色の錯体 Co(NH$_3$)$_5$Br^{2+} は，酸性溶液中で，ゆっくりと反応して，臭化物イオンが水分子に置き換えられていき，桃橙色の錯体 Co(NH$_3$)$_5$(H$_2$O)$^{3+}$ に変わる．

Co(NH$_3$)$_5$Br^{2+}(aq) + H$_2$O(l) ⟶
 紫色

Co(NH$_3$)$_5$(H$_2$O)$^{3+}$(aq) + Br$^-$(aq)
 桃橙色

この反応は，Co(NH$_3$)$_5$Br^{2+} の一次反応であり，速度定数は 25 °C で $6.3 \times 10^{-6}\ s^{-1}$，Co(NH$_3$)$_5$Br^{2+} の初期濃度は 0.100 M である．

(a) 反応時間 10.0 h が経過したときの Co(NH$_3$)$_5$Br^{2+} のモル濃度はいくらか．

(b) Co(NH$_3$)$_5$Br^{2+} の75%が反応するまでに何時間かかるか．

Co(NH$_3$)$_5$Br^{2+} の水溶液（左）と
Co(NH$_3$)$_5$(H$_2$O)$^{3+}$ の水溶液（右）

問題 12・8 高温で，シクロプロパンはポリプロピレン高分子の原料であるプロペンに変換する．

$$\underset{\text{シクロプロパン}}{\underset{H_2C-CH_2}{\overset{CH_2}{\diagup\!\!\!\diagdown}}} \longrightarrow \underset{\text{プロペン}}{CH_3-CH=CH_2}$$

つぎの濃度データを用いて，この反応が一次反応かどうか調べ，速度定数の値を求めよ．

時間〔min〕	0	5.0	10.0	15.0	20.0
シクロプロパン〔M〕	0.098	0.080	0.066	0.054	0.044

12・5 一次反応の半減期

反応物の濃度がその初期値の半分になるまでにかかる時間を，その反応の**半減期** (half-life) といい，記号 $t_{1/2}$ で表す．つぎの一次反応を考える．

$$A \longrightarrow (\text{生成物})$$

この反応の半減期と速度定数の関係を調べるために，反応速度式の積分形から始めよう．

$$\ln \frac{[A]_t}{[A]_0} = -kt$$

$t = t_{1/2}$ のとき，残っている A の割合，$[A]_t/[A]_0$ は 1/2 である．したがって，

$$\ln \frac{1}{2} = -kt_{1/2} \text{ よって } t_{1/2} = \frac{-\ln \frac{1}{2}}{k} = \frac{\ln 2}{k}$$

または $t_{1/2} = \dfrac{0.693}{k}$

このように，一次反応の半減期は速度定数から容易に計算でき，逆向きの計算も容易である．

一次反応の半減期は速度定数だけに依存する定数であり，反応物の濃度には関係しない．この点は注目に値し，一次反応でない反応の半減期は濃度に依存する．すなわち，一次反応でない場合は，反応物の濃度が変わると半減期も変化する．

一次反応では，半減期は一定であるから，濃度が半分になるのに要する時間をつぎつぎと調べると，一定間隔になる（図 12・7）．

例題 12・7 一次反応の半減期の決定

(a) 気体状 N_2O_5 の 55 ℃ における分解反応の半減期を，図 12・1 の濃度と時間のプロットから求めよ．

(b) 速度定数 ($1.7 \times 10^{-3} \text{ s}^{-1}$) から，半減期を計算せよ．

(c) N_2O_5 の初期濃度が 0.020 M であるとき，半減期の 5 倍の時間が経過したときの N_2O_5 の濃度はいくらか．

(d) N_2O_5 の濃度がその初期値の 12.5% に低下する

連続する各半減期は同じ時間間隔であり，その間に反応物の濃度がちょうど半分になる．

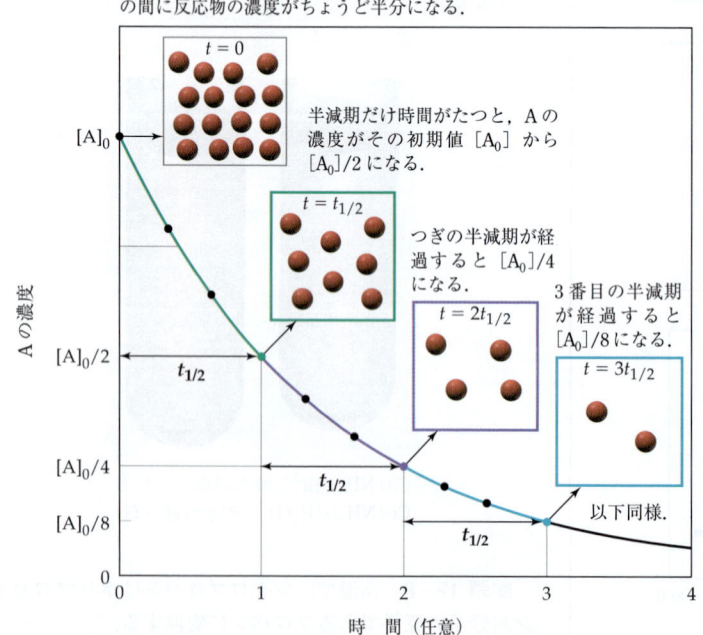

図 12・7 一次反応の反応物 A の濃度の時間変化．各半減期は同じ時間間隔である．

のにどれだけ時間がかかるか.

方針 N_2O_5 の分解は一次反応だから（例題 12・6），半減期は $[N_2O_5]$ がその初期値の 1/2 になるのに要する時間か，関係式 $t_{1/2} = 0.693/k$ から求めればよい．半減期を n 回経過したときの $[N_2O_5]$ を求めるには，半減期ごとに $[N_2O_5]$ が半分になるから，初期濃度に $(1/2)^n$ をかければよい．

解 (a) 図 12・1 から，N_2O_5 の濃度が 0.020 M から 0.010 M に下がるのにおよそ 400 s の時間がかかることがわかる．800 s では，$[N_2O_5]$ がさらに半分の 0.0050 M になる．よって，$t_{1/2} \approx 400$ s．

(b) 速度定数の値に基づけば，

$$t_{1/2} = \frac{\ln 2}{k} = \frac{0.693}{1.7 \times 10^{-3} \text{ s}^{-1}}$$
$$= 4.1 \times 10^2 \text{ s} \text{ (6.8 min)}$$

(c) $5\,t_{1/2}$ では，$[N_2O_5]$ はその初期値の $(1/2)^5 = 1/32$ になるから，

$$[N_2O_5] = \frac{0.020 \text{ M}}{32} = 0.000\,62 \text{ M}$$

(d) 初期濃度の 12.5%，あるいは，初期濃度の 1/8 または $(1/2)^3$ になるには，半減期の 3 倍の時間が必要．

$$t = 3\,t_{1/2} = 3(4.1 \times 10^2 \text{ s}) = 1.2 \times 10^3 \text{ s} \text{ (20 min)}$$

問題 12・9 例題 12・5 の H_2O_2 の一次分解反応を考えよ．

(a) 20 ℃ でのこの反応の半減期を h 単位で求めよ．

(b) H_2O_2 の初期濃度が 0.30 M のとき，半減期の 4 倍の時間が経つと H_2O_2 のモル濃度はいくらになるか．

(c) 初期濃度の 25% まで濃度が低下するのに何時間かかるか．

問題 12・10 一次反応 A → B を考える．この反応では，A の分子（赤い球）が B の分子（青い球）に変化する．

(a) $t = 0$ min と $t = 10$ min の様子を表す下図を参照して，この反応の半減期を求めよ．

(b) $t = 15$ min では，A と B の分子の数がどのようになるかを，下図にならって描け．

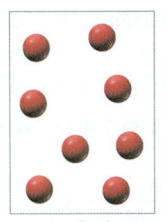

$t = 0$ min　　　$t = 10$ min

12・6 放射壊変速度

§2・8 と §2・9 で，多くの原子核が放射性であることを学んだ．放射性原子核が壊変する速度は，その半減期 $t_{1/2}$ で特徴づけられる．たとえば，炭素 14 が β^- 粒子の放出によって窒素 14 へと壊変する半減期は 5715 年 (5715 y) である．

$$^{14}_{6}\text{C} \longrightarrow \,^{14}_{7}\text{N} + \,^{0}_{-1}\text{e} \qquad t_{1/2} = 5715 \text{ y}$$

放射壊変は一次の過程であり，その速度は，試料中の放射性原子核の数 N と**壊変定数** (decay constant) とよばれる一次の速度定数 k の積に比例する．

$$(\text{壊変速度}) = -\frac{\Delta N}{\Delta t} = kN$$

この速度式は，一次の化学反応の速度式とよく似ている．このことは，§12・4 の反応物の濃度 [A] を放射性原子核の数 N で置き換えるとはっきりする．したがって，放射壊変の速度式の積分形や半減期と壊変定数の関係には，一次反応について §12・4 や §12・5 で出てきた式が，そっくりそのまま適用できる．

放射壊変の速度式の積分形は，

$$\ln\left(\frac{N_t}{N_0}\right) = -kt$$

ここで N_0 は，試料中に最初に含まれていた放射性原子核の数であり，N_t は時刻 t で残っている数である．

半減期と壊変定数との関係は，

$$t_{1/2} = \frac{\ln 2}{k} \quad \text{あるいは} \quad k = \frac{\ln 2}{t_{1/2}}$$

これらの関係式は，壊変定数 k か半減期 $t_{1/2}$ のいずれか一方の値を知っていれば，他方の値が計算で求められることを意味している．また，半減期 $t_{1/2}$ がわかっていれば，任意の時刻 t について，放射性原子核の最初の量に対する残っている量の割合 N_t/N_0 を速度式の積分形に k の表式を代入することによって計算することがきる．

$$\ln\left(\frac{N_t}{N_0}\right) = -kt \text{ および } k = \frac{\ln 2}{t_{1/2}} \text{ であるから}$$

$$\ln\left(\frac{N_t}{N_0}\right) = (-\ln 2)\left(\frac{t}{t_{1/2}}\right) \text{ となる．}$$

例題 12・8 で壊変定数から半減期を計算する方法を示し，例題 12・10 では，時刻 t で残っている放射性試料の割合を求める方法を示す．

例題 12・8 壊変定数から半減期の算出

血液の医学的研究で使用される放射性同位体のナトリウム 24 の壊変定数は，$4.63 \times 10^{-2} \text{ h}^{-1}$ である．^{24}Na の半減期はいくらか．

方針 半減期は，壊変定数から，次式を用いて計算できる．
$$t_{1/2} = \frac{\ln 2}{k}$$
解 $k = 4.63 \times 10^{-2} \text{ h}^{-1}$ と $\ln 2 = 0.693$ を公式に代入すると，
$$t_{1/2} = \frac{0.693}{4.63 \times 10^{-2} \text{ h}^{-1}} = 15.0 \text{ h}$$

例題 12・9　半減期から壊変定数の算出

医療用放射性気体のラドン 222 の半減期は 3.82 日（3.82 d）である．^{222}Rn の壊変定数を求めよ．
方針 壊変定数は半減期から次式を用いて計算できる．
$$k = \frac{\ln 2}{t_{1/2}}$$
解 $t_{1/2} = 3.82$ d と $\ln 2 = 0.693$ を公式に代入すると，
$$k = \frac{0.693}{3.82 \text{ d}} = 0.181 \text{ d}^{-1}$$

例題 12・10　半減期を用いた残存量の計算

白血病の治療に用いられる放射性同位体のリン 32 の半減期は，14.26 d である．35 d 後に残っている試料の割合は何パーセントか．
方針 時刻 t における放射性試料の残存量 N_t と初期値 N_0 の比は，次式で与えられる．
$$\ln\left(\frac{N_t}{N_0}\right) = (-\ln 2)\left(\frac{t}{t_{1/2}}\right)$$
ここで N_0 を 100% とおくと，N_t が % 単位で求められる．
解 t と $t_{1/2}$ の値を公式に代入すると，
$$\ln\left(\frac{N_t}{N_0}\right) = (-0.693)\left(\frac{35.0 \text{ d}}{14.26 \text{ d}}\right) = -1.70$$
自然対数の値 -1.70 を指数に直すと，比 N_t/N_0 の値が求められる．
$$\frac{N_t}{N_0} = \text{antiln}(-1.70) = e^{-1.70} = 0.183$$
最初の ^{32}P の量は 100% であるから，$N_0 = 100\%$ とおき，N_t について解くと，
$\frac{N_t}{100\%} = 0.183$ だから $N_t = (0.183)(100\%) = 18.3\%$
35.0 d 後には，^{32}P は 18.3% 残っており，100% $-$ 18.3% $=$ 81.7% が壊変したことになる．

例題 12・11　壊変速度を用いた半減期の計算

煙突からの排煙の流れの測定に使用される放射性同位体の ^{41}Ar 試料の初期壊変速度は，毎分 34,500 回であり，75.0 min 後には，毎分 21,500 回に低下する．^{41}Ar の半減期を求めよ．

方針 放射壊変の半減期は，次式の $t_{1/2}$ として求められる．
$$\ln\left(\frac{N_t}{N_0}\right) = (-\ln 2)\left(\frac{t}{t_{1/2}}\right)$$
この場合，N_t と N_0 の値の代わりに，二つの時刻における壊変速度が与えられている．しかし，放射壊変のような一次の過程では，（速度）$= kN$ となっており，任意の時刻 t における壊変速度と $t = 0$ における壊変速度の比は，N_t と N_0 の比に等しい．
$$\frac{(\text{時刻 } t \text{ における壊変速度})}{(\text{時刻 } t = 0 \text{ における壊変速度})} = \frac{kN_t}{kN_0} = \frac{N_t}{N_0}$$
解 公式に適切な数値を代入すると，
$$\ln\left(\frac{21{,}500}{34{,}500}\right) = (-0.693)\left(\frac{75.0 \text{ min}}{t_{1/2}}\right) \text{ または}$$
$$-0.473 = \frac{-52.0 \text{ min}}{t_{1/2}}$$
よって $t_{1/2} = \frac{-52.0 \text{ min}}{-0.473} = 110 \text{ min}$

^{41}Ar の半減期は，110 min である．

問題 12・11 腎臓の検査に用いられる水銀 197 の壊変定数は，$1.08 \times 10^{-2} \text{ h}^{-1}$ である．水銀 197 の半減期はいくらか．

問題 12・12 炭素 14 の半減期は 5715 y である．その壊変定数を求めよ．

問題 12・13 16,230 年前のものと推定される試料に残存する $^{14}_{6}\text{C}$（$t_{1/2} = 5715$ y）の百分率を求めよ．

問題 12・14 貧血症の診断に使用される放射性同位体である鉄 59 の半減期を求めよ．ただし，初期壊変度が毎分 16,800 回，28.0 d 後の壊変速度が毎分 10,860 回であるとする．

12・7　二次反応

二次反応（second-order reaction）は，反応速度の濃度依存性が，一つの反応物について二次であるか，二つの反応物のそれぞれについて一次であるかのいずれかである．A → (生成物) となる単純な場合の反応速度式は，

$$(\text{反応速度}) = -\frac{\Delta[\text{A}]}{\Delta t} = k[\text{A}]^2$$

この例としては，二酸化窒素が熱分解して NO と O_2 を生じる反応がある．

$$2\,\text{NO}_2(g) \longrightarrow 2\,\text{NO}(g) + \text{O}_2(g)$$

12・7 二次反応

反応速度式を積分すると，つぎの積分形が得られる．

$$\frac{1}{[A]_t} = kt + \frac{1}{[A]_0}$$

初期濃度 $[A]_0$ がわかっていれば，反応速度式の積分形から，任意の時刻 t における A の濃度を計算することができる．

この二次反応の反応速度式の積分形は $y = mx + b$ の形であり，$1/[A]_t$ の時刻 t に対するグラフは直線になる．

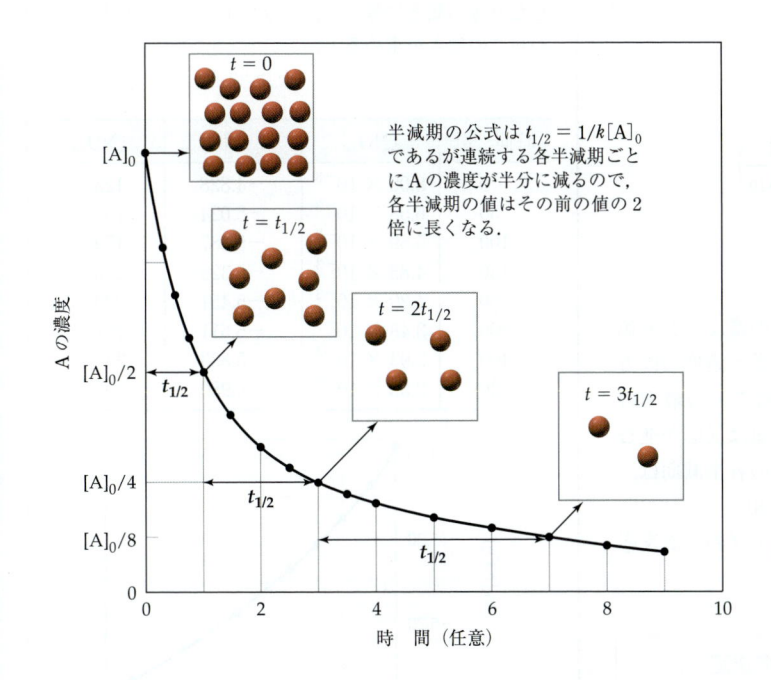

$$\underset{y}{\frac{1}{[A]_t}} = \underset{mx}{kt} + \underset{b}{\frac{1}{[A]_0}}$$

図 12・8 二次反応における反応物 A の濃度の時間変化．

半減期の公式は $t_{1/2} = 1/k[A]_0$ であるが連続する各半減期ごとに A の濃度が半分に減るので，各半減期の値はその前の値の 2 倍に長くなる．

表 12・4 A → (生成物) 型の一次反応と二次反応の特徴

	一 次	二 次
反応速度式	$-\dfrac{\Delta[A]}{\Delta t} = k[A]$	$-\dfrac{\Delta[A]}{\Delta t} = k[A]^2$
濃度と時間の関係式	$\ln[A]_t = -kt + \ln[A]_0$	$\dfrac{1}{[A]_t} = kt + \dfrac{1}{[A]_0}$
直線のグラフ	$\ln[A]_t$ 対 t	$\dfrac{1}{[A]_t}$ 対 t
グラフによる k の決定	$k = -($傾き$)$	$k = ($傾き$)$
半 減 期	$t_{1/2} = \dfrac{0.693}{k}$ (定数)	$t_{1/2} = \dfrac{1}{k[A]_0}$ (定数ではない)

この直線の傾きは速度定数 k を与え，切片は $1/[A]_0$ を与える．よって，$1/[A]_t$ の時刻 t に対するグラフが直線になるかどうかで二次反応であるかどうかを確かめることができ，速度定数の値を決めることができる（例題 12・12 参照）．$[A]_t = [A]_0/2$ と $t = t_{1/2}$ を反応速度式の積分形に代入すると二次反応の半減期を表す次式が得られる．

$$\frac{1}{\left(\dfrac{[A]_0}{2}\right)} = kt_{1/2} + \frac{1}{[A]_0}$$

よって $t_{1/2} = \dfrac{1}{k}\left(\dfrac{2}{[A]_0} - \dfrac{1}{[A]_0}\right)$

すなわち $t_{1/2} = \dfrac{1}{k[A]_0}$

一次反応と違って，二次反応では，A の濃度が初期値の半分になるのに要する時間は，速度定数と濃度の両方に依存する．このため，連続する半減期ごとの最初の $[A]_0$ の値は半分に減少するので，$t_{1/2}$ の値は反応が進むにつれて増加する．その結果，二次反応の各半減期は，その前と比べて 2 倍に長くなる（図 12・8）．

表 12・4 に，A → (生成物) となるタイプの一次反応と二次反応の要点の相違をまとめて示す．

例題 12・12　グラフによる反応次数の決定

高温で，二酸化窒素は，一酸化窒素と酸素分子に分解する．

$$2\,NO_2(g) \longrightarrow 2\,NO(g) + O_2(g)$$

300 ℃における NO_2 の消費に関する濃度と時間の関係はつぎのようである．

時間〔s〕	$[NO_2]$	時間〔s〕	$[NO_2]$
0	8.00×10^{-3}	200	4.29×10^{-3}
50	6.58×10^{-3}	300	3.48×10^{-3}
100	5.59×10^{-3}	400	2.93×10^{-3}
150	4.85×10^{-3}	500	2.53×10^{-3}

(a) この反応は，一次反応か，それとも二次反応か．
(b) 速度定数を求めよ．
(c) $t = 20.0$ min における NO_2 の濃度を求めよ．
(d) NO_2 の初期濃度が 6.00×10^{-3} M であるとき，この反応の半減期はいくらか．
(e) $[NO_2]_0$ が 3.00×10^{-3} M であるとき，$t_{1/2}$ はいくらか．

方針　反応が一次か二次かを決めるには，$\ln [NO_2]$ と $1/[NO_2]$ の値を計算し，それらの値を時間に対してプロットしたグラフを描くとよい．速度定数はグラフの直線の傾きから求められ，半減期は，表 12・4 の該当する公式から計算することができる．

解　(a) $\ln [NO_2]$ を時間に対してプロットすると曲がってしまうが，$1/[NO_2]$ を時間に対してプロットすると直線になる．したがって，この反応は NO_2 の二次反応である．

(b) 速度定数は，$1/[NO_2]$ を時間に対しプロットした直線の傾きに等しく，グラフ上の遠く離れた 2 点からこの傾きを求めると，

時間〔s〕	$[NO_2]$	$\ln [NO_2]$	$1/[NO_2]$
0	8.00×10^{-3}	-4.828	125
50	6.58×10^{-3}	-5.024	152
100	5.59×10^{-3}	-5.187	179
150	4.85×10^{-3}	-5.329	206
200	4.29×10^{-3}	-5.451	233
300	3.48×10^{-3}	-5.611	287
400	2.93×10^{-3}	-5.833	341
500	2.53×10^{-3}	-5.980	395

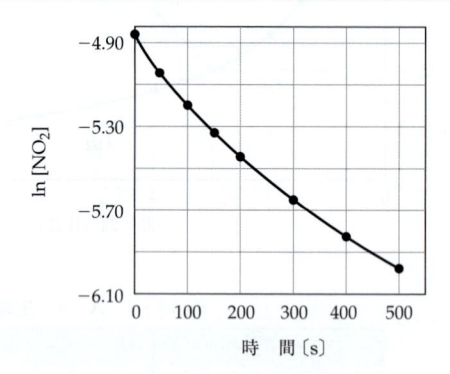

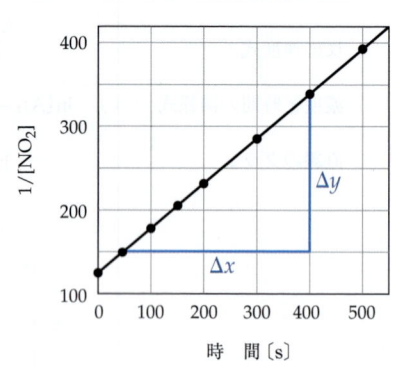

$$k = (傾き) = \frac{\Delta y}{\Delta x} = \frac{340\,\text{M}^{-1} - 150\,\text{M}^{-1}}{400\,\text{s} - 50\,\text{s}}$$

$$= \frac{190\,\text{M}^{-1}}{350\,\text{s}} = 0.54/(\text{M}\cdot\text{s})$$

(c) $t = 20.0$ min $(1.20 \times 10^3\,\text{s})$ での NO_2 の濃度は，反応速度式の積分形を用いて計算することができる．

$$\frac{1}{[\mathrm{NO_2}]_t} = kt + \frac{1}{[\mathrm{NO_2}]_0}$$

k, t および $[\mathrm{NO_2}]_0$ の値を代入すると,

$$\frac{1}{[\mathrm{NO_2}]_t} = \left(\frac{0.54}{\mathrm{M \cdot s}}\right)(1.20 \times 10^3\,\mathrm{s}) + \frac{1}{8.00 \times 10^{-3}\,\mathrm{M}}$$

$$= \frac{648}{\mathrm{M}} + \frac{125}{\mathrm{M}} = \frac{773}{\mathrm{M}}$$

$$[\mathrm{NO_2}]_t = 1.3 \times 10^{-3}\,\mathrm{M}$$

(d) この二次反応の半減期は, 速度定数と $\mathrm{NO_2}$ の初期濃度 $(6.00 \times 10^{-3}\,\mathrm{M})$ から計算することができる.

$$t_{1/2} = \frac{1}{k[\mathrm{NO_2}]_0}$$

$$= \frac{1}{\left(\dfrac{0.54}{\mathrm{M \cdot s}}\right)(6.00 \times 10^{-3}\,\mathrm{M})} = 3.1 \times 10^2\,\mathrm{s}$$

(e) $[\mathrm{NO_2}]_0$ が $3.00 \times 10^{-3}\,\mathrm{M}$ であるとき, $t_{1/2} = 6.2 \times 10^2\,\mathrm{s}$ ($[\mathrm{NO_2}]_0$ が $6.00 \times 10^{-3}\,\mathrm{M}$ のときと比べると, 濃度が半分になっているから, 半減期は2倍長くなる).

12・8 ゼロ次反応

A → (生成物) 型の**ゼロ次反応** (zeroth-order reaction) は, つぎのような反応速度式をもつ.

$$(\text{反応速度}) = -\frac{\Delta[\mathrm{A}]}{\Delta t} = k[\mathrm{A}]^0 = k(1) = k$$

この反応では, 反応物の濃度とは無関係に, 反応速度は定数 (k) になる. 反応速度式の積分形は,

$$[\mathrm{A}] = -kt + [\mathrm{A}]_0$$

この式も $y = mx + b$ の形をしているので, $[\mathrm{A}]$ を時間に対してプロットしたグラフは傾き $-k$ をもつ直線になる (図12・9). この反応において, 速度定数 k とゼロ次の反応速度は, どちらも $[\mathrm{A}]$ を時間に対してプロットしたグラフの傾きの -1 倍に等しいことに注意する必要がある.

ゼロ次反応は, それほどよくあるものではないが, 特別な状況の場合に起こることがある. 一例として, 熱し

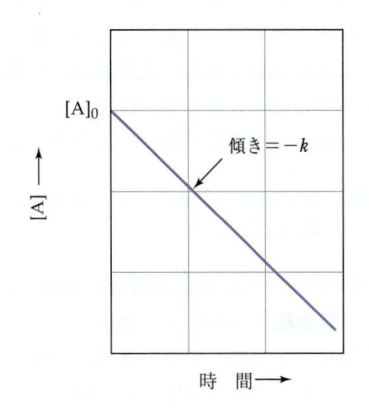

問題 12・15 ヨウ化水素は 410 ℃ で分解する.

$$2\,\mathrm{HI(g)} \longrightarrow \mathrm{H_2(g)} + \mathrm{I_2(g)}$$

この分解反応について, つぎのようなデータがある.

時間 〔min〕	0	20	40	60	80
[HI] 〔M〕	0.500	0.382	0.310	0.260	0.224

(a) この反応は一次反応か, それとも, 二次反応か.
(b) HI の消費に関する速度定数の値を求めよ.
(c) HI の濃度が 0.100 M になる時間 (min) を求めよ.
(d) HI の濃度が 0.400 M から 0.200 M まで下がるのに何分かかるか.

図 12・9 ゼロ次反応における反応物 A の濃度の時間変化.

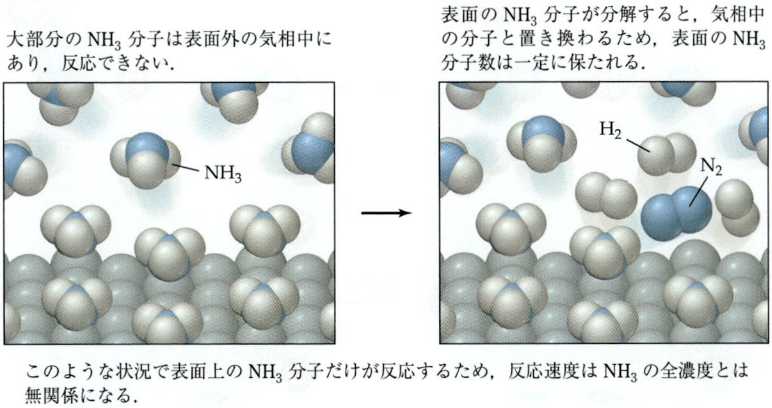

大部分の $\mathrm{NH_3}$ 分子は表面外の気相中にあり, 反応できない.

表面の $\mathrm{NH_3}$ 分子が分解すると, 気相中の分子と置き換わるため, 表面の $\mathrm{NH_3}$ 分子数は一定に保たれる.

このような状況で表面上の $\mathrm{NH_3}$ 分子だけが反応するため, 反応速度は $\mathrm{NH_3}$ の全濃度とは無関係になる.

図 12・10 熱した白金表面上でのアンモニアの分解. 表面にくっついた $\mathrm{NH_3}$ 分子だけが反応できる.

た白金表面での気体状アンモニアの分解をとりあげる.

$$2\,NH_3(g) \xrightarrow[\text{白金触媒}]{1130\,K} N_2(g) + 3\,H_2(g)$$

白金の表面は NH_3 分子の層で完全に覆われている（図 12・10）が，表面にうまくくっつく NH_3 分子の数は大きさの制限によって限定されており，NH_3 分子全体の数と比べてごくわずかである．大部分の NH_3 は表面以外の気相にある．表面上にある NH_3 分子のみが反応できるので，反応速度は NH_3 の全濃度とは無関係になる．

$$(反応速度) = -\frac{\Delta[NH_3]}{\Delta t} = k[NH_3]^0 = k$$

12・9 反応機構

これまで，反応速度を中心に化学反応速度論を学んできた．通常，反応速度は，反応物の濃度と速度定数に依存することを見てきた．化学反応論でもう一つ大事なことは**反応機構**（reaction mechanism）であり，分子がどのように振舞い，あるいは，どのような反応過程を経由して，反応物から生成物へと変わっていくかの道筋を明らかにすることが重要である．化学者は，一連の反応過程を詳しく調べることによって，既知の反応のよりよい制御や未知の反応の予測を可能にしようとする．

▶ **反応機構** 反応物から生成物に至る道筋を記述する一連の反応過程

反応機構の単一の過程を**素反応**（elementary reaction）または**素過程**（elementary step）という．素反応と全体的な反応（全反応）をはっきり区別するために，二酸化窒素と一酸化炭素が反応して一酸化窒素と二酸化炭素が生じる気相反応をとりあげよう．

$$NO_2(g) + CO(g) \longrightarrow NO(g) + CO_2(g) \quad \text{全反応}$$

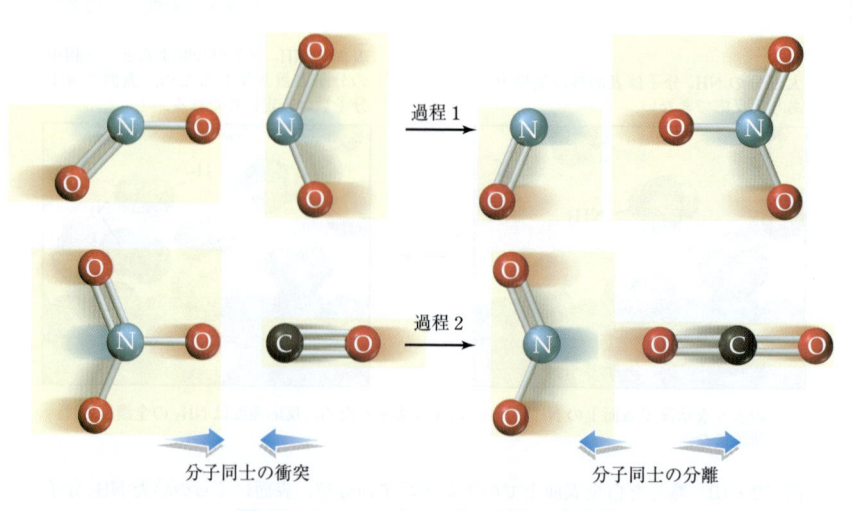

実験によると，この反応の機構は，つぎの二つの過程からなる．

過程1　$NO_2(g) + NO_2(g) \longrightarrow NO(g) + NO_3(g)$
　　　　　　　　　　　　　　　　　　　　　　　　　素反応

過程2　$NO_3(g) + CO(g) \longrightarrow NO_2(g) + CO_2(g)$
　　　　　　　　　　　　　　　　　　　　　　　　　素反応

最初の素過程は，NO_2 の2分子が十分なエネルギーをもって衝突し，N—O 結合を一つ切断して別の N—O 結合一つをつくり，その結果，O 原子が一方の NO_2 分子から他方へと移動する．2番目の素過程では，最初の過程で生じた NO_3 分子が CO 分子と衝突して，NO_3 から CO への酸素原子の移動が起こって，NO_2 分子と CO_2 分子が生成する（図 12・11）．

一つの素過程の化学反応式は，化学結合の生成・解離を含む単独の分子過程を記述するものである．これに対して，全反応の化学反応式は，反応全体の化学量論を満たすものであって，その反応がどのように起きるかの情報を提供するものではない．たとえば，NO_2 と CO との化学反応式は，NO_2 から CO へと直接酸素原子1個の移動が起きることを示すものではない．

素反応は，個々の分子過程を記述する．
全反応は，化学量論を記述する．

提案された反応機構の反応素過程を足し合わせると全反応が得られる．ちなみに，NO_2 と CO との反応の素過程を足し合わせて，その結果の両辺に共通する部分を互いに相殺すると，全反応を表す式が得られる．

図 12・11　NO_2 と CO との反応の素過程

過程1　NO$_2$(g) + NO$_2$(g) ⟶ NO(g) + NO$_3$(g)
　　　　　　　　　　　　　　　　　　　　　　　素反応
過程2　NO$_3$(g) + CO(g) ⟶ NO$_2$(g) + CO$_2$(g)
　　　　　　　　　　　　　　　　　　　　　　　素反応
―――――――――――――――――――――――――――
NO$_2$(g) + ~~NO$_2$(g)~~ + ~~NO$_3$(g)~~ + CO(g) ⟶
　　　　　NO(g) + ~~NO$_3$(g)~~ + ~~NO$_2$(g)~~ + CO$_2$(g)
NO$_2$(g) + CO(g) ⟶ NO(g) + CO$_2$(g)　　全反応

反応機構の一つの過程で生成し，その後の過程で消えてしまう化学種（上の例の NO$_3$ のようなもの）を，**反応中間体**（reaction intermediate）という．反応全体を表す正味の化学反応式には，反応中間体は現れず，その存在は反応素過程を見なければわからない．

素反応は，その化学反応式の反応物側の分子（または原子）の総数で定義される**素反応分子数**（molecularity）に基づいて分類される．**単分子反応**（unimolecular reaction）は，反応物が1分子だけの反応素過程である．その例としては，上層大気中でのオゾンの分解反応がある．

$$O_3^*(g) \longrightarrow O_2(g) + O(g)$$

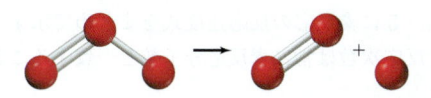

O$_3$ につけられた * 印は，オゾン分子が太陽の紫外線を吸収してエネルギー的に励起された状態（励起状態）にあることを示している．吸収されたエネルギーは，O—O 結合2個のうちの1個を壊す原因となり，その結果，O 原子1個が失われる．

二分子反応（bimolecular reaction）は，反応物である2個の原子や分子が，互いに十分なエネルギーをもって衝突して起きる素反応である．たとえば，上層大気では，オゾン分子が酸素原子と反応して2個の酸素分子を生じる．

$$O_3(g) + O(g) \longrightarrow 2 O_2(g)$$

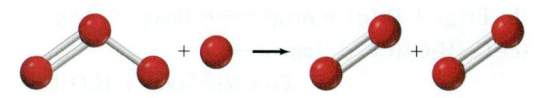

単分子反応や二分子反応はよくみられるが，3個の原子や分子を含む**三分子反応**（termolecular reaction）はめったに起こらない．ビリヤードの競技者なら誰でも知っていることだが，三体衝突は，二体衝突とくらべて，起こる確率がはるかに低い．しかしながら，2個の原子を組合わせて二原子分子ができる反応では，三体衝突が要求される．たとえば，上層大気中の酸素原子は，なにがしかの3番目の分子 M を巻き込んだ衝突の結果として酸素分子を生じる．

$$O(g) + O(g) + M(g) \longrightarrow O_2(g) + M(g)$$

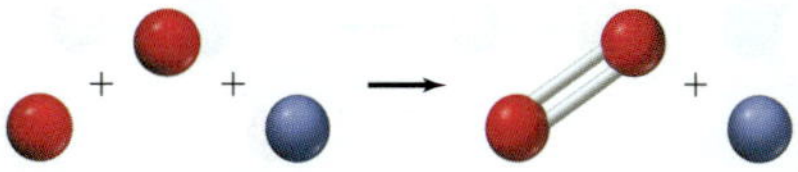

M としては，大気中では N$_2$ であることが多いが，原理的にはどんな原子でも分子でもよい．M の役割は，O—O 結合ができたときに放出されるエネルギーをもち去ることである．もしもこのような第三体の M が衝突過程に存在しなければ，2個の酸素原子は互いに跳ね返ってしまい，反応は起きない．

例題 12·13　中間体と素反応分子数の決定

一酸化二窒素（N$_2$O）の気相分解反応について，つぎのような2段階の機構が提案されている．

過程1　　N$_2$O(g) ⟶ N$_2$(g) + O(g)

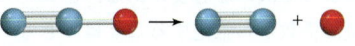

過程2　N$_2$O(g) + O(g) ⟶ N$_2$(g) + O$_2$(g)

(a) 全反応の化学反応式を書け．
(b) 反応中間体をすべて指摘せよ．
(c) 各素反応は何分子反応か．
(d) 全反応は何分子反応か．

方針　全反応を求めるには，素反応過程の和をとればよい．反応中間体と何分子反応か（素反応分子数）は，個々の素過程を見ればわかる．

解　(a) 全反応は二つの素過程を足し合わせたものである．

過程1　　　　N$_2$O(g) ⟶ N$_2$(g) + O(g)　　　　素反応
過程2　N$_2$O(g) + O(g) ⟶ N$_2$(g) + O$_2$(g)　　素反応
――――――――――――――――――――――――――
2 N$_2$O(g) + ~~O(g)~~ ⟶ 2 N$_2$(g) + ~~O(g)~~ + O$_2$(g)
2 N$_2$O(g) ⟶ 2 N$_2$(g) + O$_2$(g)　　全反応

(b) 酸素原子は反応中間体である．なぜなら，酸素原子は，最初の素過程で生じるが，2番目の過程で消費されるからである．

(c) 最初の素反応は，反応分子が一つだけであるから，単分子反応である．2番目の過程は，反応物の原子や分子は二つであるから，二分子反応である．

(d) 全反応は個々の分子の現象を記述したものではないので，全反応について何分子反応か（素反応分子数）を問題にするのは不適当である．素反応分子数が問題になりうるのは，素反応だけである．

問題 12·16　二酸化窒素とフッ素分子の反応について，つぎのような機構が提案されている．

過程1　NO$_2$(g) + F$_2$(g) ⟶ NO$_2$F(g) + F(g)

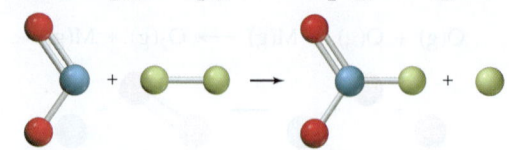

過程2　NO$_2$(g) + F(g) ⟶ NO$_2$F(g)

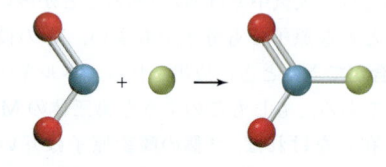

(a) 全反応の化学反応式を書け．また，反応中間体をすべて指摘せよ．
(b) 各素反応はそれぞれ何分子反応か．

12・10　素反応の反応速度式

§12・2で学んだことであるが，全反応の反応速度式は実験によって決める必要がある．全反応の化学反応式の化学量論係数から推定することはできない．これに対して，素反応の反応速度式は，素反応が個々の分子について起こる過程であるので，素反応分子数からただちに導かれる．素反応の各反応物の濃度は，素過程の化学反応式中の対応する係数に等しい指数を伴って反応速度式に現れる．

たとえば，オゾンの単分子分解反応について考えてみよう．

$$O_3(g) \longrightarrow O_2(g) + O(g)$$

O$_3$の1L当たりの単位時間に分解する物質量は，O$_3$のモル濃度に直接比例する．

$$(反応速度) = -\frac{\Delta[O_3]}{\Delta t} = k[O_3]$$

単分子反応の速度は，常に反応物分子の濃度について一次になる．

A + B ⟶（生成物）の形式の二分子素反応では，反応速度はAとBの二分子衝突の頻度に依存する．特定のA分子を含むAB衝突の頻度はB分子のモル濃度に比例し，すべてのA分子を含むAB衝突の全頻度はAのモル濃度とBのモル濃度の積に比例する（図12・12）．したがって，この反応は二次の反応速度式に従う．

$$(反応速度) = -\frac{\Delta[A]}{\Delta t} = -\frac{\Delta[B]}{\Delta t} = k[A][B]$$

その例としては，塩基溶液中でブロモメタンをメタノールに変換する反応がある．

CH$_3$Br(aq) + OH$^-$(aq) ⟶ Br$^-$(aq) + CH$_3$OH(aq)

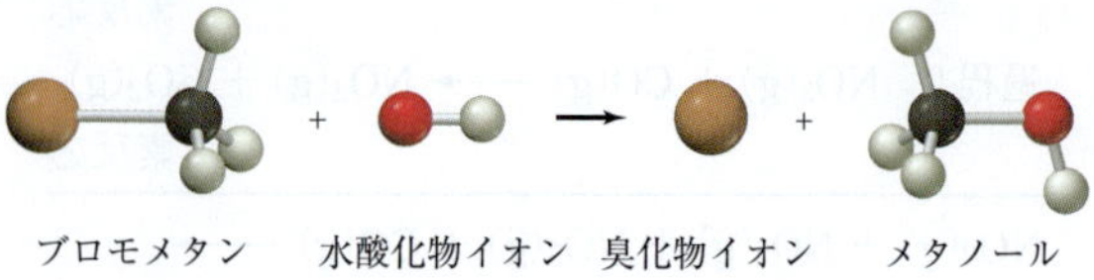

ブロモメタン　水酸化物イオン　臭化物イオン　メタノール

この反応は，一つの二分子過程として進行する．新しいC—O結合がC—Br結合の切断と同時に起きる．実験による反応速度式は

$$(反応速度) = -\frac{\Delta[CH_3Br]}{\Delta t} = k[CH_3Br][OH^-]$$

同様の理由で，

A + A ⟶（生成物）

の形式の二分子反応も二次の反応速度式に従う．

$$(反応速度) = -\frac{\Delta[A]}{\Delta t} = k[A][A] = k[A]^2$$

表12・5に素反応の反応速度式をまとめて示す．素反応の全反応次数は常に素反応分子数と一致することに注意せよ．

表12・5　素反応の反応速度式

素反応	素反応分子数	反応速度式
A ⟶ 生成物	単分子	（反応速度）= $k[A]$
A + A ⟶ 生成物	二分子	（反応速度）= $k[A]^2$
A + B ⟶ 生成物	二分子	（反応速度）= $k[A][B]$
A + A + B ⟶ 生成物	三分子	（反応速度）= $k[A]^2[B]$
A + B + C ⟶ 生成物	三分子	（反応速度）= $k[A][B][C]$

問題 12・17　つぎの各素反応の反応速度式を書け．
(a) O$_3$(g) + O(g) ⟶ 2 O$_2$(g)
(b) Br(g) + Br(g) + Ar(g) ⟶ Br$_2$(g) + Ar(g)
(c) Co(H$_2$O)(CN)$_5$$^{2-}$(aq) ⟶
　　　　　　　　　Co(CN)$_5$$^{2-}$(aq) + H$_2$O(l)

12・11　全反応の反応速度式

前節で，単一過程である素反応の反応速度式は，素反応分子数に直接従うことを学んだ．一方，多段階過程である全反応の反応速度式は，その反応機構，すなわち，一連の素反応過程とそれらの相対的な反応速度に依存する．

全反応が二つまたはそれ以上の素過程で起こるとき，

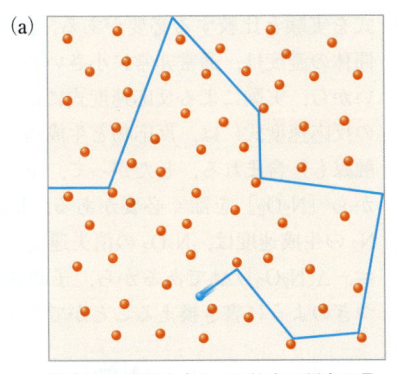

(a) 特定の**A分子**を含む AB 衝突の頻度は **B分子**の濃度に比例する.

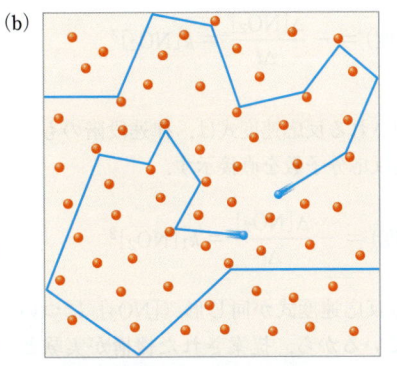

(b) **A分子**の濃度を 2 倍（単位体積当たり 1 個から 2 個へ）にすると，AB 衝突の全頻度は 2 倍になる.

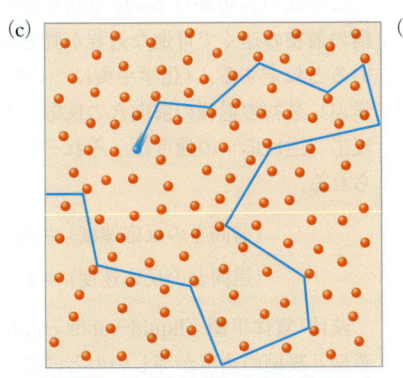

(c) **B分子**の濃度を 2 倍にすると特定の **A分子**を含む AB 衝突の頻度は 2 倍になる.

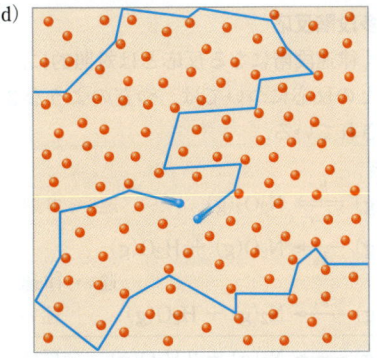

(d) **A分子**の濃度を 2 倍にし，**B分子**の濃度も 2 倍にすると，AB 衝突の全頻度は 4 倍になる.

したがって，AB 衝突の全頻度は，**A分子**の濃度と **B分子**の濃度の積に比例する.

図 12・12　A 分子（青）と B 分子（赤）の間の衝突頻度と濃度の関係.

一つの過程が他の過程よりはるかに遅く進行することが多い. このような, 反応機構において最も遅い過程を, **律速段階**（rate-determining step）という. 律速段階は, ボトルネック（びんの出入り口近くの，"首"のように狭くなった部分）のように働き, 反応物が生成物へと変換する速度を制限する. この点で, 化学反応は, カフェテリアで一列に並んで進む状況と似ている. このような列の移動速度は, サラダや飲み物をとるような, 速く進むところでは決まらず, よく焼けたハンバーガーを待つような, 一番遅いところで決まる. 全反応は, 律速段階の速度より速く進行することはできない.

最初の過程が遅い多段階反応

多段階過程のどの場所でも律速段階になりうる. たとえば, 二酸化窒素と一酸化炭素との反応では, その機構の最初の過程が遅くなっていて律速段階であるが, 2 番目の過程はそれよりはるかに速く進む.

$$NO_2(g) + NO_2(g) \xrightarrow{k_1} NO(g) + NO_3(g) \quad \text{遅い, 律速}$$
$$NO_3(g) + CO(g) \xrightarrow{k_2} NO_2(g) + CO_2(g) \quad \text{速い}$$
$$\overline{NO_2(g) + CO(g) \longrightarrow NO(g) + CO_2(g) \quad \text{全反応}}$$

上の式の矢印の上に記した定数 k_1 と k_2 は, 各素反応の速度定数である. 全反応の反応速度は, 遅い過程である最初の反応速度で決まる. 2 番目の過程では, 不安定中間体（NO_3）ができるとすぐに反応する.

全反応の反応速度式は, その反応機構を反映するので, 機構解明の重要なかぎとなる. 妥当な機構は, つぎの二つの基準を満たさなければならない.

(1) 素反応過程を足し合わせると全反応になる.
(2) その機構が全反応の実験的反応速度式と矛盾しない.

たとえば, NO_2 と CO との反応では, 実験的反応速度式は,

$$\text{(反応速度)} = -\frac{\Delta[\text{NO}_2]}{\Delta t} = k[\text{NO}_2]^2$$

反応機構から予測される反応速度式は，律速段階のもので，その過程の素反応分子数を直接示す．

$$\text{(反応速度)} = -\frac{\Delta[\text{NO}_2]}{\Delta t} = k_1[\text{NO}_2]^2$$

実験と予測による反応速度式が同じ形（[NO$_2$]について二次）になっているから，提案された機構が実験と合っている．また，観測される速度定数 k は最初の素過程の速度定数 k_1 に等しい．

最初の過程が速い多段階反応

最初の過程が遅く律速段階になる反応とは対照的に，一酸化窒素と水素との反応については，つぎのような3段階の機構が提案されている．

$$2\,\text{NO(g)} \underset{k_{-1}}{\overset{k_1}{\rightleftarrows}} \text{N}_2\text{O}_2\text{(g)} \qquad \text{速い，可逆}$$

$$\text{N}_2\text{O}_2\text{(g)} + \text{H}_2\text{(g)} \xrightarrow{k_2} \text{N}_2\text{O(g)} + \text{H}_2\text{O(g)} \qquad \text{遅い，律速}$$

$$\text{N}_2\text{O(g)} + \text{H}_2\text{(g)} \xrightarrow{k_3} \text{N}_2\text{(g)} + \text{H}_2\text{O(g)} \qquad \text{速い}$$

$$\overline{2\,\text{NO(g)} + 2\,\text{H}_2\text{(g)} \longrightarrow \text{N}_2\text{(g)} + 2\,\text{H}_2\text{O(g)}} \qquad \text{全反応}$$

速くて可逆な最初の過程では，不安定中間体 N$_2$O$_2$ が低濃度で生成する．この中間体は，最初の過程の逆方向に素早く分解してしまい，2番目の過程で2番目の中間体である N$_2$O を生じる水素との反応はゆっくりとしか進まない．この2番目の過程が律速段階である．3番目の過程では，N$_2$O が H$_2$ と迅速に反応し，N$_2$ と H$_2$O を与える．三つの素過程を足し合わせると，どの中間体も消えて，全反応の化学反応式が得られる．提案された機構によって予測される反応速度式は，律速段階の反応速度式である．

$$\text{(反応速度)} = -\frac{\Delta[\text{N}_2\text{O}_2]}{\Delta t} = k_2[\text{N}_2\text{O}_2][\text{H}_2]$$

ここで，k_2 は2番目の過程の速度定数である．律速段階に続く速い過程（この場合の3番目の過程）は，全体の反応速度にまったく関係しないことに注意せよ．

実験で求められた N$_2$ の生成に関する反応速度式は，

$$\text{(反応速度)} = \frac{\Delta[\text{N}_2]}{\Delta t} = k[\text{NO}]^2[\text{H}_2]$$

ここで k は全反応について観測された速度定数である．提案された機構が妥当かどうかは，予測された反応速度式を実験と比較する必要がある．N$_2$O$_2$ のような反応中間体の濃度は，通常非常に小さいので実験では決まらないから，実験による反応速度式には含まれない．全反応の反応速度式には，反応物と生成物だけが（存在すれば触媒も）含まれる．したがって，予測された反応速度式から [N$_2$O$_2$] を除く必要がある．反応機構に基づけば，N$_2$ の生成速度は，N$_2$O$_2$ の消失速度に等しく，$\Delta[\text{N}_2]/\Delta t = -\Delta[\text{N}_2\text{O}_2]/\Delta t$ であるから，予測された反応速度式をつぎのように書き換えることができる．

$$\text{(反応速度)} = \frac{\Delta[\text{N}_2]}{\Delta t} = k_2[\text{N}_2\text{O}_2][\text{H}_2]$$

この式の右辺から N$_2$O$_2$ を除くためには，この反応機構の最初の速くて可逆な過程が動的な平衡状態に達していると仮定する．（化学平衡については，13章で詳しく学ぶ）最初の過程の前向きの反応（正反応）と逆向きの反応（逆反応）の速度は，それぞれ，つぎのように与えられる．

$$\text{(前向きの反応速度)} = k_1[\text{NO}]^2$$

$$\text{(逆向きの反応速度)} = k_{-1}[\text{N}_2\text{O}_2]$$

液体-気体平衡（liquid–vapor equilibrium, §10・5）で蒸発と凝縮の速度が等しいのと同じように，前向きと逆向きの反応速度が化学平衡では等しい．このため，

$$k_1[\text{NO}]^2 = k_{-1}[\text{N}_2\text{O}_2] \quad \text{よって} \quad [\text{N}_2\text{O}_2] = \frac{k_1}{k_{-1}}[\text{NO}]^2$$

> **思い出そう…**
> 液体-気体平衡では，単位時間に液体から逃げ出す（蒸発）分子数は，単位時間に液体へ戻ってくる（凝縮）分子数と等しい（§10・5）．

[N$_2$O$_2$] の表式を予測された反応速度式に代入して中間体を消すと，反応物と生成物しか含まない最終的な反応速度式の予測が与えられる．

$$\text{(反応速度)} = \frac{\Delta[\text{N}_2]}{\Delta t} = k_2[\text{N}_2\text{O}_2][\text{H}_2]$$

$$= k_2\frac{k_1}{k_{-1}}[\text{NO}]^2[\text{H}_2]$$

これで，反応速度式が実験と予測で同じ形になった．どちらも，NO について二次で，H$_2$ について一次である．したがって，提案された機構は，実験と矛盾せず，この反応の妥当な機構であることが確認された．二つの反応速度式の比較から，観測された速度定数 k は，$k_2 k_1/k_{-1}$ に等しいことが示された．

12・11 全反応の反応速度式

[図: 反応機構研究の論理を示すフローチャート]
- 実験による反応速度式の決定
- 機構の提案
- 提案された機構による反応速度式の予測
- 反応速度式の予測と実験が食い違うと → 繰返す（機構の提案へ）
- 反応速度式の予測と実験が一致すると → 支持する付加的な証拠を探す

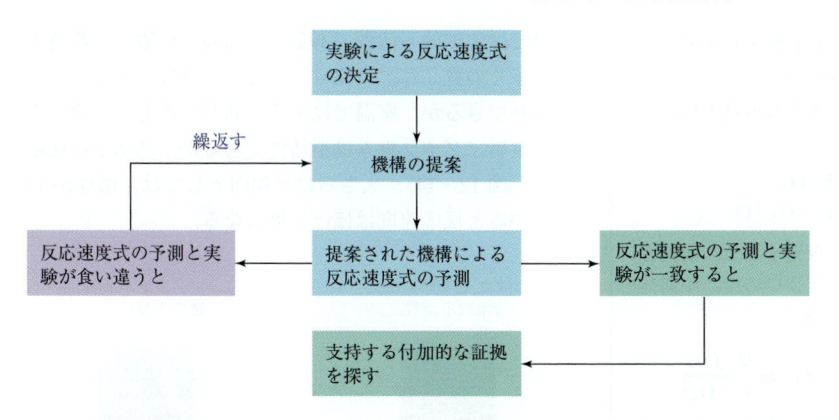

図 12・13 反応機構研究の論理を示すフローチャート.

反応機構の研究法

化学者が反応機構を確立する方法をまとめてみよう．最初に，反応速度式を実験で決定する．つぎに，一連の素過程を提案し，提案された機構から予測される反応速度式を導く．もしも反応速度式が実験と予測で食い違ったならば，その機構を捨て，別な機構を考案する．もしも実験と予測で反応速度式が一致したら，提案された機構はその反応に対し妥当なもの（正しいとは限らない）となる．このような研究の流れを，図12・13にまとめて示す．

反応中間体が単離されるか，不安定中間体が検出されるかすると，特定の機構が強く支持される．一つの機構が無効であることを示すのは容易だが，まだ考慮されていない機構が実験事実とよく合うかもしれないため，最終的に一つの機構に絞り込むことはめったにできない．一つの機構を確立するためになしうる最善のことは，その機構を確実に支持する実験事実を集積することである．反応機構の実証は，数学の定理の証明のようなものではなく，法廷での裁定に似ている．

$$H_2(g) + ICl(g) \xrightarrow{k_1} HI(g) + HCl(g) \quad \text{遅い，律速}$$
$$HI(g) + ICl(g) \xrightarrow{k_2} I_2(g) + HCl(g) \quad \text{速い}$$
$$\overline{H_2(g) + 2\,ICl(g) \longrightarrow I_2(g) + 2\,HCl(g)} \quad \text{全反応}$$

この機構で予測される反応速度式，（反応速度）＝ $k_1[H_2][ICl]$ は観測された反応速度式と一致する．

例題 12・15　反応速度式に合う機構の検討：最初の過程が速い反応

実験で求めたオゾンの分解の反応速度式は，オゾンについて二次であり，酸素分子について逆向きに一次である．

$$2\,O_3(g) \longrightarrow 3\,O_2(g)$$

$$\text{（反応速度）} = -\frac{\Delta[O_3]}{\Delta t} = k\frac{[O_3]^2}{[O_2]}$$

つぎの機構が実験で求めた反応速度式と適合することを示し，実験で決めた速度定数を反応素過程の速度定数と関連づけよ．

$$O_3(g) \xrightleftharpoons[k_{-1}]{k_1} O_2(g) + O(g) \quad \text{速い，可逆}$$
$$O(g) + O_3(g) \xrightarrow{k_2} 2\,O_2(g) \quad \text{遅い，律速}$$
$$\overline{2\,O_3(g) \longrightarrow 3\,O_2(g)} \quad \text{全反応}$$

方針　この機構が実験に適合することを示すためには，この機構から予測される反応速度式を導き，実験から求めた反応速度式と比較しなければならない．速くて可逆な過程が平衡になっていると仮定すると，反応中間体であるO原子の濃度を，予測される反応速度式から消去できる．

解　律速段階の反応速度式は（反応速度）＝$k_2[O][O_3]$ であり，この反応の化学量論からオゾンの消費の全反応速度は，律速段階の反応速度の2倍になる．

$$\text{（反応速度）} = -\frac{\Delta[O_3]}{\Delta t} = 2\,k_2[O][O_3]$$

例題 12・14　反応速度式に合う機構の検討：最初の過程が遅い反応

つぎの反応は二次の反応速度式に従う．

$$H_2(g) + 2\,ICl(g) \longrightarrow I_2(g) + 2\,HCl(g)$$
$$\text{（反応速度）} = k[H_2][ICl]$$

可能な反応機構を考案せよ．
方針　もしもこの反応が単一の過程で進むなら，三次の反応速度式，（反応速度）＝$k[H_2][ICl]^2$，になるであろうが，これはありえない．H_2とICl の二分子反応が律速段階であると仮定すれば観測された反応速度式が得られるであろう．
解　一連の素過程として妥当のものは

（律速段階で O 原子 1 個と O_3 分子 1 個とが反応するとき，O_3 分子 2 個が全反応で消費される）

速い可逆な過程の前向きと逆向きの反応速度は，それぞれつぎの式で表される．

（前向きの反応速度）＝ $k_1[O_3]$
（逆向きの反応速度）＝ $k_{-1}[O_2][O]$

最初の過程が平衡になっていると仮定すると，前向きと逆向きの反応速度が等しいとしてよいので，中間体の O 原子の濃度を求めることができる．

$$k_1[O_3] = k_{-1}[O_2][O] \quad \text{よって} \quad [O] = \frac{k_1[O_3]}{k_{-1}[O_2]}$$

この [O] の表式を，オゾンの全体的消費について予測される反応速度式に代入すると，反応物と生成物だけを含む反応速度式の予測が得られる．

$$\text{（反応速度）} = -\frac{\Delta[O_3]}{\Delta t} = 2\,k_2[O][O_3]$$
$$= 2\,k_2\frac{k_1}{k_{-1}}\frac{[O_3]^2}{[O_2]}$$

O_3 と O_2 の次数が，反応速度式の予測と実験で一致しているので，提案された機構は，実験による反応速度式に適合しており，妥当なものであるといえる．反応速度式の予測と実験との比較から，観測された速度定数 k は，$2k_2k_1/k_{-1}$ であることがわかる．

問題 12・18 つぎの反応は一次の速度式に従う．

$$\text{Co(CN)}_5(\text{H}_2\text{O})^{2-}(\text{aq}) + \text{I}^-(\text{aq}) \longrightarrow$$
$$\text{Co(CN)}_5\text{I}^{3-}(\text{aq}) + \text{H}_2\text{O}(\text{l})$$
$$\text{（反応速度）} = k[\text{Co(CN)}_5(\text{H}_2\text{O})^{2-}]$$

可能な反応機構を考え，それが観測された反応速度式と合うことを示せ．

問題 12・19 一酸化窒素が二酸化窒素に酸化される反応について，つぎの機構が提案された．

$$\text{NO(g)} + \text{O}_2(\text{g}) \underset{k_{-1}}{\overset{k_1}{\rightleftarrows}} \text{NO}_3(\text{g}) \qquad \text{速い，可逆}$$
$$\text{NO}_3(\text{g}) + \text{NO(g)} \xrightarrow{k_2} 2\,\text{NO}_2(\text{g}) \qquad \text{遅い，律速}$$

実験による全反応に対する反応速度式は

$$\text{（反応速度）} = -\frac{\Delta[\text{NO}]}{\Delta t} = k[\text{NO}]^2[\text{O}_2]$$

(a) 全反応の化学反応式を書け．
(b) 提案された機構が，実験による反応速度式と合っていることを示せ．
(c) 速度定数 k を素反応の速度定数と関係づけよ．

12・12 反応速度と温度：アレニウスの式

日常の経験によると，化学反応の速度は，温度が高くなると大きくなる．ガス，油，石炭などの普通の燃料は，室温では比較的不活性であるが，高温では激しく燃焼する．多くの食品は，冷蔵庫に入れておけば，かなりの期間保存できるが，室温ではすぐに品質が落ちる．冷水中では金属マグネシウムは不活性であるが，熱水とは反応する（図 12・14）．大ざっぱな傾向としては，温度が 10 ℃上がると反応速度はほぼ 2 倍になる．

$$\text{Mg(s)} + 2\,\text{H}_2\text{O(l)} \longrightarrow \text{Mg}^{2+}(\text{aq}) + 2\,\text{OH}^-(\text{aq}) + \text{H}_2(\text{g})$$

気体の泡が出ることと，溶液がアルカリ性であることを示すフェノールフタレインの赤色は，反応の証拠を与える．

図 12・14 マグネシウムは，冷水（左）には不活性であるが，熱水（右）とは反応する．

反応速度がなぜ温度に依存するかを理解するには，反応がどのように起こるかを図にするか，モデルを立ててみる必要がある．**衝突理論**（collision theory）によると，二分子反応は，二つの反応物分子が，適切な配向と十分なエネルギーをもって出会うときに起きる．たとえば，単純な反応例として，原子 A が二原子分子 BC と反応し，二原子分子 AB と原子 C が生じる反応を考えてみよう．

$$\text{A} + \text{BC} \longrightarrow \text{AB} + \text{C}$$

大気化学の一つの例では，O 原子と HCl 分子とが反応し，OH 分子と Cl 原子が生じる．

$$\text{O(g)} + \text{HCl(g)} \longrightarrow \text{OH(g)} + \text{Cl(g)}$$

もしも，反応が一段階で進むとすると，三つの原子核の周囲の電子分布が衝突の最中に変化し，最初あった結合 B—C が切れると同時に，新しい結合 A—B が生じる．反応物と生成物の中間段階では，原子核は三原子全体が弱く結ばれた配置を経由することになる．

$$\text{A} + \text{B-C} \longrightarrow \text{A---B---C} \longrightarrow \text{A-B} + \text{C}$$

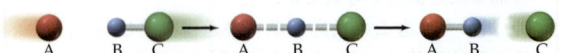

もしも A および BC が，電子で満たされた殻をもつ（不対電子がなく，低エネルギーの空軌道がない）ならば，それらは，互いに退け合う．A---B---C の配置を実現するには，この反発に打ち勝つエネルギーが必要であ

る．このエネルギーは，衝突する粒子の運動エネルギーから与えられ，A--B--C の位置エネルギーに変換される．実際，A--B--C は，反応物や生成物より，大きな位置エネルギーをもつ．したがって，反応物が生成物へと変化するためには，図 12・15 に示すように，位置エネルギーの障壁を越えなけらばならない．

障壁の高さは，**活性化エネルギー**（activation energy, E_a）とよばれる．また，位置エネルギー曲線の頂点における原子同士の配置を，**遷移状態**（transition state）または**活性錯体**（activated complex）という．衝突でエネルギーは保存されるから，位置エネルギーの丘を駆けのぼるのに必要なエネルギーは，衝突する分子の運動エネルギーから生じなければならない．衝突エネルギーが E_a より小さいと，反応物分子は障壁を乗り越えることができず，跳ね返されてしまうだけである．しかし，衝突エネルギーが E_a より大きくなると，反応物は障壁を乗り越えて生成物に転換されるようになる．

活性化エネルギーというものがあることの実験的な証拠は，衝突頻度と反応速度とを比較することで得られる．気体の衝突頻度は，**気体分子運動論**（kinetic-molecular theory, §9・6）から計算することができる．室温（298 K）で圧力 1 atm の気体では，各分子は，1秒間におよそ 10^9 回，すなわち，10^{-9} 秒ごとに1回，衝突している．したがって，もしも衝突するたびに反応するのだとすれば，気相反応はすべて約 10^{-9} 秒で反応が完結するはずである．ところが，実際の反応は，何分あるいは何時間といった半減期をもつことが多い．つまり，衝突のごく一部しか反応にはつながらない．

> 思い出そう…
> **気体分子運動論**によると，平均運動エネルギー，したがって，気体分子の平均速度は，絶対温度に依存する．衝突の頻度は，衝突する分子の濃度，直径および平均速度が大きくなるほど増加する（§9・6）．

非常にわずかな衝突だけが反応に結びつくのは，活性化エネルギーと同じだけ大きなエネルギーをもつ衝突が

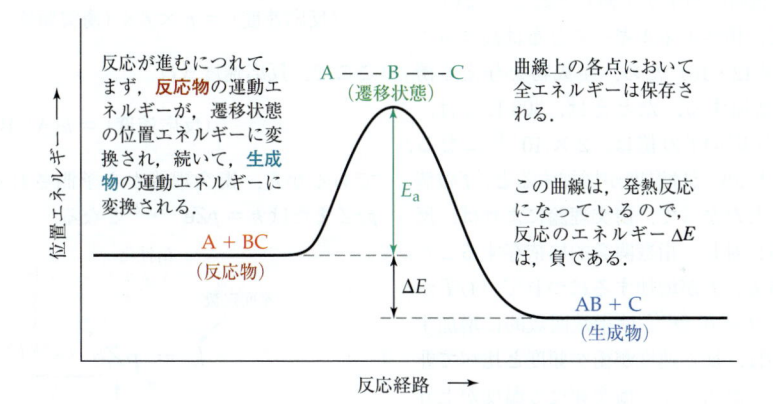

図 12・15　A + BC → AB + C 型反応の位置エネルギー曲線

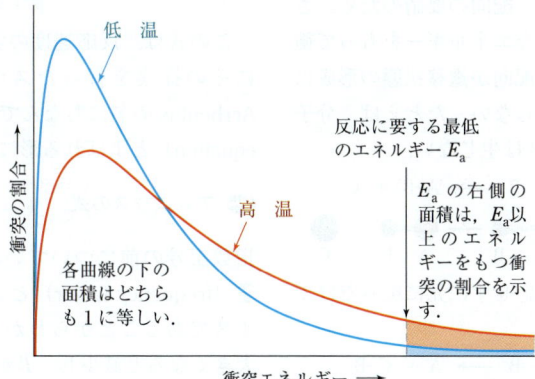

図 12・16　衝突エネルギー分布曲線の温度変化

非常に少ないからである．活性化エネルギー E_a と同じかそれ以上のエネルギーをもつ衝突の割合を，二つの温度について，図 12·16 に，E_a より右側の曲線の下の面積として示した．この割合 f は，E_a が RT と比べて大きいとき，つぎの式で表される．

$$f = e^{-E_a/RT}$$

ここで，R は気体定数 8.314 J/(K·mol)，T は K 単位の温度である．f は非常に小さな数であることに注意せよ．たとえば，75 kJ/mol の活性化エネルギーをもつ反応では，f の値は 298 K で 7×10^{-14} である．

$$f = \exp\left[\frac{-75{,}000 \dfrac{\text{J}}{\text{mol}}}{\left(8.314 \dfrac{\text{J}}{\text{K·mol}}\right)(298\ \text{K})}\right]$$

$$= e^{-30.3} = 7 \times 10^{-14}$$

よって，反応物を生成物に変換するのに十分なエネルギーの衝突は，100 兆回にわずか 7 回しか起こらない．

温度が上昇すると，衝突エネルギーの分布は高エネルギー側に広がる（図 12·16）ため，生成物を与える衝突の割合が急激に増加する．たとえば，308 K では，$E_a = 75$ kJ/mol の反応の f の値は，2×10^{-13} になる．298 K から 308 K へと 3% だけ温度が増加すると，f の値は 3 倍に増加する．したがって，衝突理論によれば，反応速度が温度の逆数に対し，指数関数的に依存することが，うまく説明できる．T が増加するにつれて（$1/T$ が減少するにつれて），$f = e^{-E_a/RT}$ は指数関数的に増加する．また，衝突理論は，反応速度が衝突頻度と比べて非常に小さくなる理由を説明する．衝突頻度も温度が上昇するにつれて増加するが，その割合は小さく，298 K から 308 K になるとき 2% 以下でしかない．

生成物を与える衝突の割合は，配向の要請のため，さらに小さくなる．反応物が十分なエネルギーをもって衝突したとしても，反応物同士の配向が遷移状態の形成に適合していないと，反応は起こらない．たとえば，分子 BC の C に A が衝突しても，AB は生じない．

A + C–B ⟶ A---C---B ↛ A–B + C

反応物分子は，衝突しても反応せずに元に戻るだけである．

A + C–B ⟶ A---C---B ⟶ A + C–B

反応物から生成物を生じる正しく配向した衝突の割合を，**立体因子**（steric factor, p）という．A + BC → AB + C 型の反応の場合，立体因子 p の値は，およそ 0.5 になると予想される．それは，A が BC の端の B と C に対して衝突する確率はほぼ 1:1 になるからである（ただし，ここでは B と C は同様の大きさと電子構造をもつものと仮定する）．より大きくて複雑な分子が反応する場合は，p の値は 0.5 よりもはるかに小さくなる．

反応速度式に p と f がどのように入ってくるのか調べてみよう．2 分子（A と B とする）間の二分子衝突は，各分子の濃度に比例する頻度で起きるから，つぎのように書ける．

$$（衝突頻度）= Z[\text{A}][\text{B}]$$

ここで，Z は，衝突頻度に関係する定数であり，二次の速度定数と同じ単位，$1/(\text{M·s})$ すなわち $\text{M}^{-1}\text{s}^{-1}$ をもつ．反応に必要な最小エネルギーと正しい配向をもって分子同士が衝突する割合はごくわずかであるから，反応速度は，衝突頻度より $p \times f$ という因子だけ低くなる．

$$（反応速度）= p \times f \times （衝突頻度）= pfZ[\text{A}][\text{B}]$$

ここで，反応速度式は

$$（反応速度）= k[\text{A}][\text{B}]$$

であるから，衝突理論から予測される速度定数は $k = pfZ$ または $k = pZe^{-E_a/RT}$ となる．

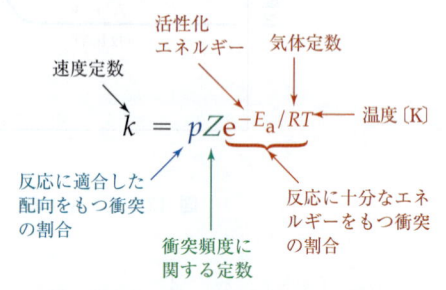

$$k = pZe^{-E_a/RT}$$

（速度定数，活性化エネルギー，気体定数，温度〔K〕，反応に適合した配向をもつ衝突の割合，衝突頻度に関する定数，反応に十分なエネルギーをもつ衝突の割合）

この式は，反応速度の実験的研究に基づいて 1889 年にその提案を行ったスウェーデンの化学者，Svante Arrhenius の名にちなんで，**アレニウスの式**（Arrhenius equation）とよばれる形に表される．

▶ アレニウスの式 $k = Ae^{-E_a/RT}$

指数記号の前についている定数 A（$= pZ$）は，**頻度因子**（frequency factor）とよばれる．指数の符号がマイナスであることからわかるように，速度定数は，E_a が大きくなると減少し，T が大きくなると増加する．

▶ **問題 12·20** 1 段階の反応 AB + CD → AC + BD の位置エネルギー曲線はつぎのようである．エネルギーは，任意にとった 0 に対し，kJ/mol 単位で示してある．

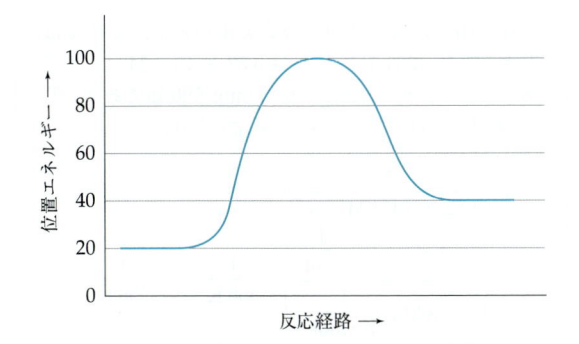

(a) この反応の活性化エネルギーはいくらか．
(b) この反応は，発熱反応か，それとも，吸熱反応か．
(c) 遷移状態の構造を予想せよ．

12・13 アレニウスの式の応用

§12・12 で学んだように，活性化エネルギー E_a は，化学反応の速度に関係する最も重要な因子の一つである．その値は，速度定数の値が，いくつかの温度で与えられていれば，アレニウスの式を用いて決めることができる．アレニウスの式の両辺の自然対数をとると，次式が得られる．

$$\ln k = \ln A - \frac{E_a}{RT}$$

この式は，$y = mx + b$ の形に書き直すことができ，その結果を利用すると，アレニウスプロットとよばれる $\ln k$ を $1/T$ に対して描いたグラフから，直線の傾きとして $m = -E_a/R$ が得られ，切片から $b = \ln A$ が得られる．

$$\underset{y}{\ln k} = \underset{m}{\left(\frac{-E_a}{R}\right)} \underset{x}{\left(\frac{1}{T}\right)} + \underset{b}{\ln A}$$

活性化エネルギーの実験値は，例題 12・16 に示すように，直線の傾きから決めることができる．

$$E_a = -(\text{傾き}) \times R$$

また，二つの温度の速度定数だけを用いて，アレニウスの式から活性化エネルギーを見積もることができる．温度 T_1 で，

$$\ln k_1 = \left(\frac{-E_a}{R}\right)\left(\frac{1}{T_1}\right) + \ln A$$

温度 T_2 で，

$$\ln k_2 = \left(\frac{-E_a}{R}\right)\left(\frac{1}{T_2}\right) + \ln A$$

最初の式を 2 番目の式から差引くと，$\ln k_2 - \ln k_1 = \ln(k_2/k_1)$ であることから，次式が得られる．

$$\ln\left(\frac{k_2}{k_1}\right) = \left(\frac{-E_a}{R}\right)\left(\frac{1}{T_2} - \frac{1}{T_1}\right)$$

この式を用いると，T_1 および T_2 における速度定数 k_1 および k_2 から E_a を計算することができる．この公式を用いると，E_a がわかっているときは，ある温度 T_1 の速度定数 k_1 から別な温度 T_2 の速度定数 k_2 を計算することができる．例題 12・16 にその例を示す．

例題 12・16 アレニウスの式の応用

ヨウ化水素の気相分解，$2\,\text{HI}(g) \rightarrow \text{H}_2(g) + \text{I}_2(g)$，の速度定数を次表に示す．

温度 [℃]	k [M^{-1} s^{-1}]
283	3.52×10^{-7}
356	3.02×10^{-5}
393	2.19×10^{-4}
427	1.16×10^{-3}
508	3.95×10^{-2}

(a) 5 点のデータを全部用いて活性化エネルギーを kJ/mol 単位で求めよ．
(b) 283 ℃ と 508 ℃ の速度定数から E_a を計算せよ．
(c) (b) で求めた E_a の値と 283 ℃ の速度定数から，293 ℃ の速度定数を求めよ．

方針 (a) $\ln k$ を $1/T$ に対してプロットした直線の傾きから活性化エネルギー E_a を決定できる．

(b) E_a を二つの温度の速度定数から計算するには，次式を用いる．

$$\ln\left(\frac{k_2}{k_1}\right) = \left(\frac{-E_a}{R}\right)\left(\frac{1}{T_2} - \frac{1}{T_1}\right)$$

(c) 同じ式を用いて，E_a および T_1 での k_1 の値がわかっていれば，T_2 での k_2 を計算できる．

解 (a) アレニウスの式の温度はケルビン単位で表されているので，まず，セルシウス温度をケルビン温度に換算し，つぎに，$1/T$ と $\ln k$ の値を計算し，$\ln k$ を $1/T$ に対しプロットする．結果をつぎの表および図に示す．

t [℃]	T [K]	k [M^{-1} s^{-1}]	$1/T$ [1/K]	$\ln k$
283	556	3.52×10^{-7}	0.00180	-14.860
356	629	3.02×10^{-5}	0.00159	-10.408
393	666	2.19×10^{-4}	0.00150	-8.426
427	700	1.16×10^{-3}	0.00143	-6.759
508	781	3.95×10^{-2}	0.00128	-3.231

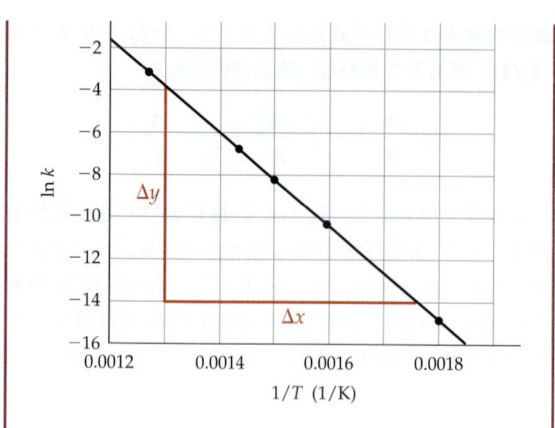

プロットの直線の傾きは，直線上の大きく離れた2点の座標から決定できる．

$$（傾き）= \frac{\Delta y}{\Delta x} = \frac{(-14.0)-(-3.9)}{(0.00175\,\mathrm{K}^{-1})-(0.00130\,\mathrm{K}^{-1})}$$

$$= \frac{-10.1}{0.00045\,\mathrm{K}^{-1}} = -2.24 \times 10^4\,\mathrm{K}$$

最後に，傾きから活性化エネルギーを計算する．

$$E_a = -（傾き）\times R$$
$$= -(-2.24 \times 10^4\,\mathrm{K})\left(8.314\,\frac{\mathrm{J}}{\mathrm{K\cdot mol}}\right)$$
$$= 1.9 \times 10^5\,\mathrm{J/mol} = 190\,\mathrm{kJ/mol}$$

アレニウスプロットの傾きは負で活性化エネルギーは正であることに注意する必要がある．反応の活性化エネルギーが大きくなるほど，$\ln k$ の $1/T$ に対するプロットの傾きは急になり，同じだけ温度が増したときの速度定数の増加量は大きくなる．

(b) $T_1 = 556\,\mathrm{K}$（283 ℃）における $k_1 = 3.52 \times 10^{-7}\,\mathrm{M}^{-1}\,\mathrm{s}^{-1}$ と $T_2 = 781\,\mathrm{K}$（508 ℃）における $k_2 = 3.95 \times 10^{-2}\,\mathrm{M}^{-1}\,\mathrm{s}^{-1}$ を次式に代入すると

$$\ln\left(\frac{k_2}{k_1}\right) = \left(\frac{-E_a}{R}\right)\left(\frac{1}{T_2} - \frac{1}{T_1}\right)$$

つぎのようになる．

$$\ln\left(\frac{3.95\times 10^{-2}\,\mathrm{M}^{-1}\,\mathrm{s}^{-1}}{3.52\times 10^{-7}\,\mathrm{M}^{-1}\,\mathrm{s}^{-1}}\right)$$
$$= \left(\frac{-E_a}{8.314\,\frac{\mathrm{J}}{\mathrm{K\cdot mol}}}\right)\left(\frac{1}{781\,\mathrm{K}} - \frac{1}{556\,\mathrm{K}}\right)$$

計算を進めると，

$$11.628 = \left(\frac{-E_a}{8.314\,\frac{\mathrm{J}}{\mathrm{K\cdot mol}}}\right)\left(\frac{-5.18\times 10^{-4}}{\mathrm{K}}\right)$$

$$E_a = 1.87 \times 10^5\,\mathrm{J/mol} = 187\,\mathrm{kJ/mol}$$

(c) (b)の場合と同じ公式を用いるが，ここでは，$T_1 = 556\,\mathrm{K}$（283 ℃）で $k_1 = 3.52 \times 10^{-7}\,\mathrm{M}^{-1}\,\mathrm{s}^{-1}$ であることと，$E_a = 1.87 \times 10^5\,\mathrm{J/mol}$ が既知であり，$T_2 = 566\,\mathrm{K}$（293 ℃）での k_2 が未知であり，

$$\ln\left(\frac{k_2}{3.52 \times 10^{-7}\,\mathrm{M}^{-1}\,\mathrm{s}^{-1}}\right)$$
$$= \left(\frac{-1.87\times 10^5\,\frac{\mathrm{J}}{\mathrm{mol}}}{8.314\,\frac{\mathrm{J}}{\mathrm{K\cdot mol}}}\right)\left(\frac{1}{566\,\mathrm{K}} - \frac{1}{556\,\mathrm{K}}\right)$$
$$= 0.715$$

両辺を指数に直すと，

$$\frac{k_2}{3.52\times 10^{-7}\,\mathrm{M}^{-1}\,\mathrm{s}^{-1}} = e^{0.715} = 2.04$$
$$k_2 = 7.18 \times 10^{-7}\,\mathrm{M}^{-1}\,\mathrm{s}^{-1}$$

この温度範囲では，10 K 温度が上がると速度定数は倍増する．

問題 12・21 五酸化二窒素の気相分解反応の速度定数は，25 ℃ で $3.7 \times 10^{-5}\,\mathrm{s}^{-1}$，55 ℃ で $1.7 \times 10^{-3}\,\mathrm{s}^{-1}$ である．

$$2\,\mathrm{N_2O_5(g)} \longrightarrow 4\,\mathrm{NO_2(g)} + \mathrm{O_2(g)}$$

(a) この反応の活性化エネルギーを kJ/mol 単位で求めよ．
(b) 35 ℃ における速度定数を求めよ．

12・14 触媒作用

反応速度は反応物の濃度や温度に左右されるだけでなく触媒の有無にも依存する．**触媒**（catalyst）とは，それ自身は反応で消費されずに反応速度を高める働きをもつ物質である．塩素酸カリウムの熱分解速度を速くする二酸化マンガンの黒色粉末はその例である．

$$2\,\mathrm{KClO_3(s)} \xrightarrow[\text{熱}]{\mathrm{MnO_2\,触媒}} 2\,\mathrm{KCl(s)} + 3\,\mathrm{O_2(g)}$$

触媒なしでは $\mathrm{KClO_3}$ の分解速度は加熱しても非常に遅いが，$\mathrm{KClO_3}$ に少量の $\mathrm{MnO_2}$ を混ぜると加熱しなくとも酸素が吹き出てくる．反応完結後，$\mathrm{MnO_2}$ は元のまま回収される．

触媒は，化学工業でも生体でも，とりわけ重要である．重要な化学製品のほとんどすべての工業生産過程において，特定の物質の生成を有利にしたり，反応温度を低下させたりするために，触媒が使用されており，その結果，エネルギーの消費を軽減している．環境問題では，一酸化窒素のような触媒が，空気汚染をひき起こす一因と

12・14 触媒作用

二酸化マンガンは塩素酸カリウムの塩化カリウムと酸素への熱分解を触媒する.

なっているが，一方，自動車の排気変換器に利用される白金などの触媒は，空気汚染を抑制するための有能な武器となっている.

生体では，何十万種類ものすべての化学反応において，酵素 (enzyme, 本章末の Interlude 参照) とよばれる大きな分子が触媒となっている．たとえば，マメ科の植物の根粒菌がもつニトロゲナーゼという酵素は，大気中の窒素をアンモニアに変える反応を触媒する．アンモニアは植物の成長を促進する肥料の原料となる．人体では，炭酸脱水酵素が，二酸化炭素と水の反応を触媒する．

$$CO_2(aq) + H_2O(l) \rightleftharpoons H^+(aq) + HCO_3^-(aq)$$

この正反応は血液が組織から CO_2 を取り除くときに起き，逆反応は血液が肺で二酸化炭素を放出するときに起こる．これらの反応は，驚くべきことに，炭酸脱水酵素の存在でおよそ 10^6 倍も速くなる.

触媒は，どのようにして働くのだろうか．触媒は，反応物を生成物に変換する反応機構を，より低エネルギーの機構に変更することによって，反応速度を増大させる．一例として，水溶液中での過酸化水素の分解反応について考えてみよう．

$$2\,H_2O_2(aq) \longrightarrow 2\,H_2O(l) + O_2(g)$$

過酸化水素は，水と酸素に比べ不安定であるが，室温では非常にゆっくりとしか分解しないのは，反応の活性化エネルギーが 76 kJ/mol もあるからである．しかし，

ヨウ化物イオンが存在すると，この反応は，別の低エネルギー機構で進むため，はるかに速くなる (図 12・17).

過程 1　$H_2O_2(aq) + I^-(aq) \longrightarrow$
　　　　　　　　　$H_2O(l) + IO^-(aq)$　遅い，律速
過程 2　$H_2O_2(aq) + IO^-(aq) \longrightarrow$
　　　　　　　　　$H_2O(l) + O_2(g) + I^-(aq)$　速い
$\overline{\quad 2\,H_2O_2(aq) \longrightarrow 2\,H_2O(l) + O_2(g) \quad}$　全反応

H_2O_2 は触媒 (I^-) をまず酸化して次亜ヨウ素酸イオン (IO^-) にし，つぎに中間体の IO^- を還元して I^- に戻す．この触媒は，過程 1 で消費され過程 2 で再生されるため，全体の反応式には現れない．しかし，この触媒は，この反応と密接に関係しており，観測される反応速度式に含まれる.

$$(反応速度) = -\frac{\Delta[H_2O_2]}{\Delta t} = k[H_2O_2][I^-]$$

この反応速度式は，H_2O_2 と I^- の反応が律速段階であることを反映している．一般に，触媒は，反応の一つのステップで消費され，それ以降のステップで再生されるが，中間体は，一つのステップで生成して，それ以降のステップで消費される.

過酸化水素水の分解速度は，風船に吹き込まれた酸素の量で定性的に調べられる.

触媒がないと，ほとんど O_2 は生成しない.　　ヨウ化ナトリウム水溶液を加えると，風船は O_2 で急に膨れ上がる.

図 12・17　過酸化水素水の分解

触媒された反応経路は，アレニウスの式の頻度因子 (A) が大きくなるか，あるいは，活性化エネルギー (E_a) が小さくなるかして，触媒がない場合より反応速度を大きくする．通常は，より低い活性化エネルギーをもつ反応経路 (図 12・18) を使えるようにすることで，

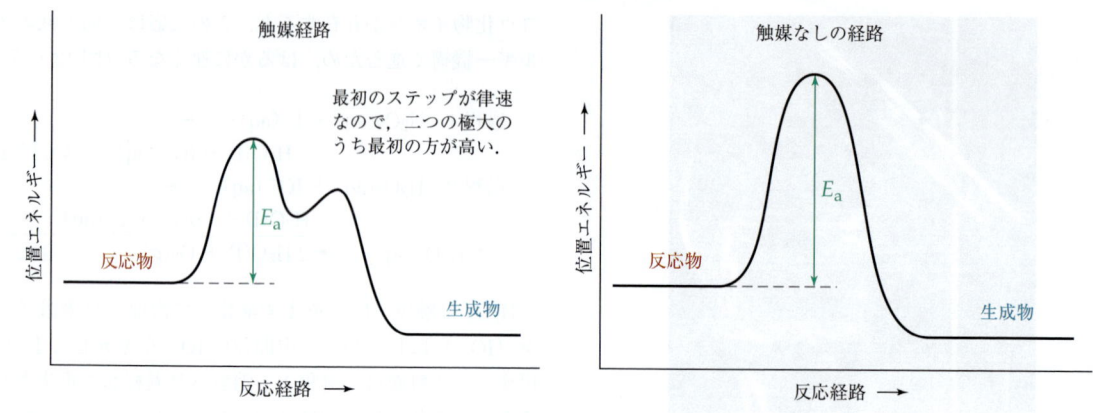

活性化エネルギー E_a は，触媒経路の方が低い．触媒された経路の
エネルギー障壁の形は，H_2O_2 の分解反応にもあてはまる．

図 12・18 触媒の存在で活性化エネルギーが低くなる反応の典型的な位置エネルギー図．

触媒として機能する．たとえば，過酸化水素の分解反応では，I^- による触媒作用で全反応の E_a は 19 kJ/mol だけ低くなる．

反応が二つのステップで起きるため，図 12・18 に示した触媒反応経路のエネルギー図では，二つのピーク（二つの遷移状態）が現れ，それらの間には中間体のエネルギーを表す極小が存在する．最初のステップが律速段階なので，最初のピークの方が 2 番目のピークより高く，全体の反応の活性化エネルギーは最初のステップの E_a になる．二つのステップのピークは，触媒なし経路の E_a より低い．なお，反応物や生成物のエネルギーは，触媒がある場合もない場合も同じであり，触媒の有無に依存しないことに注意しよう．

例題 12・17 触媒反応への初期速度法の適用

容器 (1)〜(4) 内での反応 A + B → AB の相対的な速度は，1:2:1:2 である．赤い球は分子 A を表し，青い球は分子 B を表し，黄色い球は 3 番目の物質 C を表している．

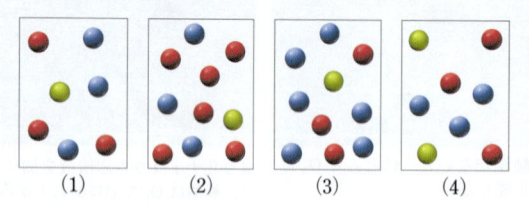

(1)　(2)　(3)　(4)

(a) A, B, C に関する反応次数を，それぞれ求めよ．
(b) 反応速度式を書け．
(c) 反応速度式に合う機構を書け．
(d) C が全体の反応式に現れない理由を述べよ．

方針と解　(a) 容器 (1)〜(4) 内のそれぞれの球の数を数え，相対分子数と相対反応速度を比較する．容器 (2) の A 分子の濃度は，容器 (1) の場合の 2 倍であるが，B や C の濃度は同じである．容器 (2) の反応速度は容器 (1) の 2 倍であるから，反応速度は [A] に比例し，この反応は A について一次である．容器 (1) と (3) を比べると [B] が 2 倍になっているが反応速度は同じであるから，この反応は B についてゼロ次である．容器 (1) と (4) を比べると，[C] が 2 倍で反応速度も 2 倍になっているから，この反応は C について一次である．

(b) 反応速度式は，(反応速度) = $k[A]^m[B]^n[C]^p$ と書ける．ここで，m, n, p はそれぞれ，A, B, C についての反応次数を表す．この反応は，A と C について一次，B についてゼロ次だから，反応速度式は，(反応速度) = $k[A][C]$ である．

(c) 全体の反応速度式は律速段階の反応速度式であるから，この反応の反応速度式は，A と C の衝突が律速段階であることを示している．これに続く反応ステップは，律速段階より速く，各ステップの合計が全反応を与える．したがって，妥当な反応機構はつぎのようになる．

A + C ⟶ AC	遅い，律速
AC + B ⟶ AB + C	速い
A + B ⟶ AB	全反応

(d) C は，最初のステップで消費され，つぎのステップで再生するので，全反応には現れない．したがって，C は触媒である．AC は，最初のステップで生成し，つぎのステップで消費されるので，中間体である．

問題 12・22 容器 (1)〜(4) での反応 2 A + C_2 → 2 AC の相対反応速度は，1:1:2:3 である．赤い球は分子 A，青い球は分子 B，黄色い連結球は分子 C_2 を，それぞれ表す．

(1)　　　　(2)　　　　(3)　　　　(4)

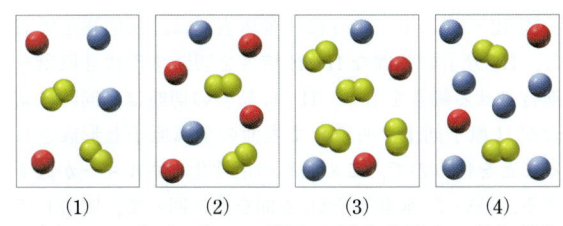

(a) A, B および C_2 に関する反応次数を，それぞれ求めよ．
(b) 反応速度式を書け．
(c) 反応速度式に合う機構を書け．
(d) 反応機構に含まれる触媒と中間体をすべて明示せよ．

12・15 均一触媒と不均一触媒

触媒は，均一触媒と不均一触媒のどちらかに分類される．均一触媒（homogeneous catalyst）は反応物と同じ相に存在する触媒である．たとえば，I^- と H_2O_2 は，どちらも水溶液中に存在するから，ヨウ化物イオンは，過酸化水素水の分解反応の均一触媒である．

大気中で，一酸化窒素は，分子状酸素がオゾンに変わる反応の気相均一触媒であり，その反応は，以下の一連の過程で進行する．

$$1/2\,O_2(g) + NO(g) \longrightarrow NO_2(g)$$
$$NO_2(g) \xrightarrow{日光} NO(g) + O(g)$$
$$O(g) + O_2(g) \longrightarrow O_3(g)$$
$$\overline{\quad 3/2\,O_2(g) \longrightarrow O_3(g) \qquad 全反応\quad}$$

一酸化窒素がまず大気中の O_2 と反応して，褐色の有毒ガスである二酸化窒素を生じる．続いて，NO_2 が日光を吸収して分解して酸素原子を与え，それが O_2 と反応してオゾンが生じる．触媒である NO と中間体の NO_2 と O は，他の場合と同様，全反応の反応式には現れない．

不均一触媒（heterogeneous catalyst）は，反応物とは異なる相に存在する触媒である．通常，不均一触媒は固体であり，反応物は気体か液体である．たとえば，ガソリンの工業生産過程であるフィッシャー・トロプシュ法では，アルミナ（Al_2O_3）の表面を鉄やコバルトで覆った微粒子が，一酸化炭素ガスと水素をオクタン（C_8H_{18}）のような炭化水素に転換する反応の触媒として使われる．

$$8\,CO(g) + 17\,H_2(g) \xrightarrow[触媒]{Co/Al_2O_3} C_8H_{18}(l) + 8\,H_2O(l)$$

不均一触媒反応の機構はしばしば複雑で解明されていない．しかし，重要なステップは，多くの場合，(1) 触媒表面に反応物が付着する**吸着**（adsorption）とよばれる過程，(2) 表面上での反応物から生成物への転換，および，(3) 表面からの生成物の脱離を含んでいる．吸着ステップでは，高い反応性をもつ金属原子に反応物が化学結合し，それに続いて，反応物中の結合が切れるか，少なくとも結合が弱まると考えられている．

一例として，C=C 二重結合をもつ化合物の触媒的水素化反応をとりあげる．この反応は食品工業で不飽和の

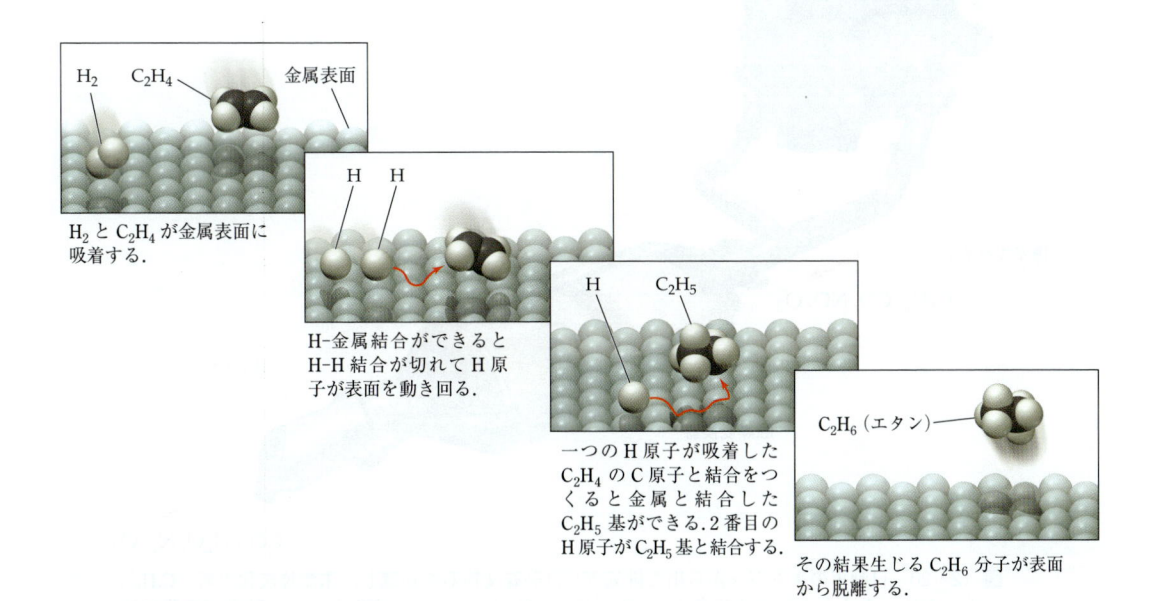

H_2 と C_2H_4 が金属表面に吸着する．

H-金属結合ができると H-H 結合が切れて H 原子が表面を動き回る．

一つの H 原子が吸着した C_2H_4 の C 原子と結合をつくると金属と結合した C_2H_5 基ができる．2番目の H 原子が C_2H_5 基と結合する．

その結果生じる C_2H_6 分子が表面から脱離する．

図 12・19　金属表面におけるエチレン（C_2H_4）の触媒的水素化反応に対して提案されている機構．

植物油を固体の油脂に転換するのに用いられており，Ni, Pd あるいは Pt の微粒子がその触媒として利用されている．

$$H_2C=CH_2(g) + H_2(g) \xrightarrow[\text{触媒}]{\text{金属}} H_3C-CH_3(g)$$
エチレン　　　　　　　　　　　　　エタン

図 12・19 に示すように，金属表面は，反応物を吸着し，H_2 分子の強固な H—H 結合を切断する律速段階を進行させる働きをもつ．H—H 結合の切断は，同時に結合が H 原子同士から離れて表面の金属原子と形成されることを伴うので，この過程の活性化エネルギーが低下する．続いて，水素原子が，表面を動き回って，吸着して

表 12・6　実用上重要な反応で使用される不均一触媒

反　応	触　媒	産業プロセス	製品：用途
$2SO_2 + O_2 \rightarrow 2SO_3$	Pt あるいは V_2O_5	硫酸合成の接触プロセスの中間体	H_2SO_4: 肥料，化学薬品の製造，石油精製
$4NH_3 + 5O_2 \rightarrow 4NO + 6H_2O$	Pt と Rh	硝酸合成のオストワルト法の最初	HNO_3: 爆薬，肥料，プラスチック，染料，着色料の製造
$N_2 + 3H_2 \rightarrow 2NH_3$	Fe, K_2O, Al_2O_3	アンモニア合成のハーバー法	NH_3: 肥料，硝酸の製造
$H_2O + CH_4 \rightarrow CO + 3H_2$	Ni	水蒸気-炭化水素改質プロセスによる水素の合成	H_2: アンモニア，メタノールの製造
$CO + H_2O \rightarrow CO_2 + H_2$	ZnO と CuO	水性ガスシフト反応による H_2 製造収率の改善	H_2: アンモニア，メタノールの製造
$CO + 2H_2 \rightarrow CH_3OH$	ZnO と Cr_2O_3	メタノールの工業的合成	CH_3OH: プラスチック，接着剤，ガソリン添加剤，工業溶媒の製造
$\begin{matrix} \diagdown \\ C=C \\ \diagup \end{matrix} \begin{matrix} \diagup \\ \\ \diagdown \end{matrix} + H_2 \rightarrow \begin{matrix} H \\ \diagdown \\ C-C \\ \diagup \end{matrix} \begin{matrix} H \\ \diagup \\ \\ \diagdown \end{matrix}$	Ni, Pd あるいは Pt	C=C 結合をもつ化合物への触媒的水素化反応（不飽和植物油の固体油脂への転換など）	食品類：マーガリン，ショートニング

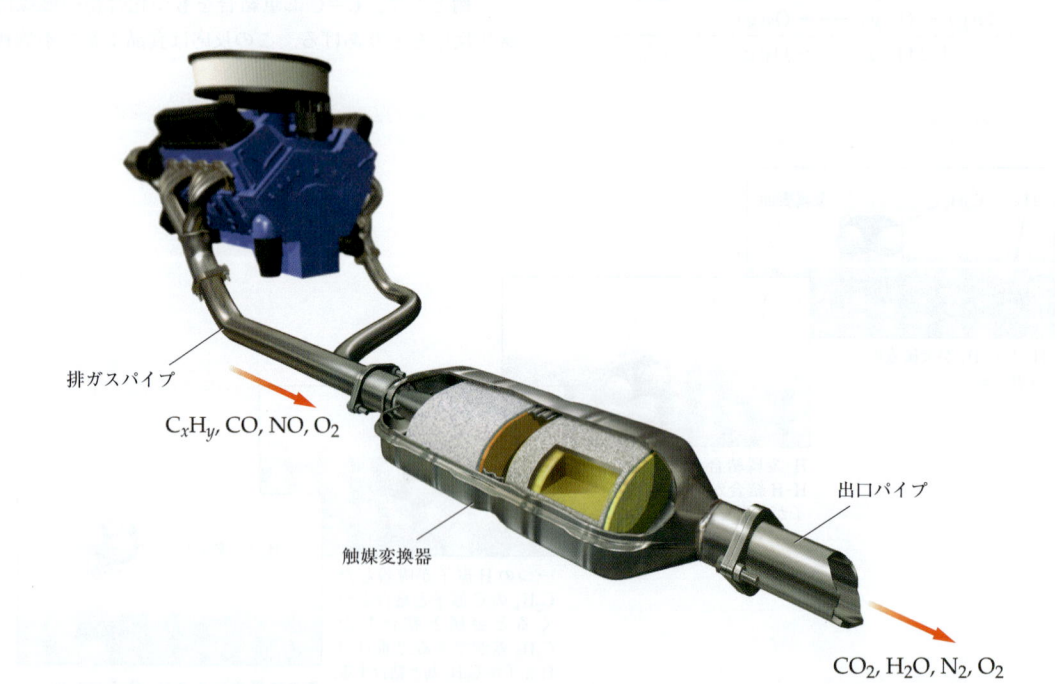

図 12・20　自動車のエンジンから出た排気ガスは触媒変換器を通過し，未燃焼炭化水素（C_xH_y），CO, NO のような大気汚染物質が，CO_2, H_2O, N_2 および O_2 に変換される．触媒変換器には，不均一触媒でできた多数の粒子が詰め込まれている．

いる C_2H_4 分子の C 原子と出会い，二つの新しい C—H 結合が引き続いて形成されて C_2H_6 が生じ，それが最後に表面から脱離する．

工業的化学過程で使用される触媒の大半は不均一触媒である．その理由の一つは，触媒から生成物を分離するのが容易だからである．表 12・6 に不均一触媒の利用例を示す．

不均一触媒のもう一つの重要な応用は，自動車の触媒変換器である．エンジンのデザインや燃料組成についてはよく検討されているが，自動車の排気ガスは，未燃焼炭化水素 (C_xH_y)，一酸化炭素，一酸化窒素などの大気汚染物質を含んでいる．一酸化炭素は，炭化水素燃料の不完全燃焼で発生し，一酸化窒素は，自動車のエンジンの高温部で大気中の窒素と酸素が結びついて生じる．触媒変換器は，有害な汚染物質を，二酸化炭素，水，窒素，および，酸素へと変換する機能を担っている（図 12・20）．

$$C_xH_y(g) + \left(x + \frac{y}{4}\right)O_2(g) \longrightarrow$$
$$x\,CO_2(g) + \left(\frac{y}{2}\right)H_2O(g)$$
$$2\,CO(g) + O_2(g) \longrightarrow 2\,CO_2(g)$$
$$2\,NO(g) \longrightarrow N_2(g) + O_2(g)$$

これらの反応の代表的な触媒には，いわゆる貴金属 Pt，Pd および Rh のほか，遷移金属酸化物 V_2O_5，Cr_2O_3 および CuO がある．触媒の表面は，鉛の吸着によって，機能が失われ，被毒する．このため，1975 年以降に製造された触媒変換器をつけた自動車では，無鉛ガソリンを用いている．

要 約

化学反応速度論 (chemical kinetics) は，反応速度に関する化学の領域である．**反応速度** (reaction rate) は，単位時間当たりの，生成物濃度の増加または反応物の減少として定義される．反応速度は，一定の時間間隔での平均反応速度，特定時刻における**瞬間的な反応速度** (instantaneous rate)，あるいは，反応開始時の**初期速度** (initial rate) などとして，表現される．

反応速度は，反応物の濃度，温度および触媒の有無に依存する．濃度依存性は，**反応速度式** (rate law)，反応速度 = $k[A]^m[B]^n$，で与えられる．ここで，k は**速度定数** (rate constant)，m と n は，それぞれ A と B についての**反応次数** (reaction order) を示し，$m + n$ は全反応次数を表す．m と n の値は，実験で決めなければならず，全反応の化学量論から推定することはできない．

反応速度式の積分形 (integrated rate law) は，濃度と時間の関係を表し，それによって，任意の時刻における濃度や，初期濃度から任意の濃度に変化するまでに要する時間を，計算することができる．**一次反応** (first-order reaction) では，反応速度式の積分形は，$\ln[A]_t = -kt + \ln[A]_0$ である．時間に対する $\ln[A]$ のグラフは，傾きが $-k$ の直線になる．**二次反応** (second-order reaction) では，反応速度式の積分形は，$1/[A]_t = kt + 1/[A]_0$ である．時間に対する $1/[A]$ のグラフは，傾きが k の直線になる．**ゼロ次反応** (zeroth-order reaction) では，反応速度式の積分形は，$[A]_t = -kt + [A]_0$ であり，時間に対する $[A]$ のグラフは傾きが $-k$ の直線になる．反応の**半減期** (half-life, $t_{1/2}$) は反応物の濃度が最初の値の半分に減少するまでに要する時間である．

放射壊変は一次の過程であり，その速度は，放射性の原子核の数 N と**壊変定数** (decay constant, k) との積に比例する．時刻 t において残留する放射性原子核の数 N_t は，速度式の積分形 $\ln(N_t/N_0) = -kt$ から計算することができる．ここで，N_0 は最初に存在した放射性原子核の数である．

反応機構 (reaction mechanism) は，一連の**素反応** (elementary reaction) [もしくは**素過程** (elementary step)] であり，反応物から生成物への道筋を示す．素反応は，関与する分子数（または原子数）に応じて，**単分子反応** (unimolecular reaction)，**二分子反応** (bimolecular reaction)，**三分子反応** (termolecular reaction) に分類される．素反応の反応次数は，**素反応分子数** (molecularity) で決まる．単分子反応では，反応速度 = $k[A]$，二分子反応では，反応速度 = $k[A]^2$ または $k[A][B]$ になる．多段階の全反応について観測される反応速度式は，一連の素反応とそれらの相対的な速さに依存する．一番遅いステップは，**律速段階** (rate-determining step) とよばれる．一つの素反応ステップで生成し，それ以降のステップで消費される化学種は，**反応中間体** (reaction intermediate) とよばれる．妥当な反応機構は，つぎの二つの条件を満たす必要がある．
(1) 素反応過程の総和が全反応を与えること，および，
(2) その機構が観測された反応速度式と矛盾しないこと．

速度定数の温度依存性は，**アレニウスの式** (Arrhenius equation)，$k = Ae^{-E_a/RT}$ で表される．ここで，A は**頻度因子** (frequency factor)，E_a は**活性化エネルギー** (activation energy) である．E_a の値は，$1/T$ に対する $\ln k$ のグラフの直線部分の傾きから求められ，それは反応物と生成物の間の位置エネルギーの障壁の高さを意味する．障壁の頂点における原子同士の配置を**遷移状態** (transition state) という．**衝突理論** (collision theory) によ

ると，速度定数は，$k = pZe^{-E_a/RT}$ で表される．ここで，p は**立体因子**（steric factor）（分子が反応に都合のよい配向をとって衝突する割合）であり，Z は衝突頻度に関係する定数であり，$e^{-E_a/RT}$ は E_a に等しいかより大きなエネルギーをもって衝突する割合である．

触媒（catalyst）は，反応では消費されないが，反応の速度を高める働きをもつ物質である．触媒は，より低い活性化エネルギーをもつ別の反応経路を使えるようにする．**均一触媒**（homogeneous catalyst）は，反応物と同じ相に存在するが，**不均一触媒**（heterogeneous catalyst）は異なる相に存在する．

キーワード

アレニウスの式（Arrhenius equation） 285
一次反応（first-order reaction） 267
壊変定数（decay constant） 271
化学反応速度論（chemical kinetics） 260
活性化エネルギー（activation energy, E_a） 283
均一触媒（homogeneous catalyst） 289
三分子反応（termolecular reaction） 277

Interlude

酵素の触媒作用

酵素は，大きなタンパク質分子であり，生体反応の触媒として働く．酵素には，単純な無機物の触媒と比べてつぎのような重要な違いがある．第一に，酵素は，無機触媒と比べ，はるかに大きく複雑な構造をもち，その分子量はおよそ 10^4 から 10^6 以上にまで達する．第二に，酵素の働きは，無機触媒よりはるかに限定されており，酵素の基質（enzyme's substrate）とよばれる特定の化合物に関する一つの反応だけを触媒することが多い．たとえば，ヒトの消化系にみられるアミラーゼという酵素は，デンプンを分解してグルコースにする触媒作用をもつが，デンプンと非常によく似た構造をもつセルロースにはまったく作用しない．このため，ヒトは芋（デンプン）を消化するが，草（セルロース）は消化しない．

$$\text{デンプン} + H_2O \xrightarrow{\text{アミラーゼ}} \text{多数のグルコース分子}$$

$$\text{セルロース} + H_2O \xrightarrow{\text{アミラーゼ}} \text{反応しない}$$

酵素の触媒活性は，ターンオーバー数（turnover number）で測られる．これは，酵素1分子が1秒当たり何個の基質を触媒するかを表す．たいていの酵素のターンオーバー数は 1〜20,000 であるが，それ以上のものもある．炭酸脱水酵素（炭酸デヒドラターゼ）は，CO_2 と水を反応させて HCO_3^- をつくる触媒であるが，1秒間に60万個の基質分子に作用する．

酵素はどのように働くのであろうか．酵素反応は，鍵と鍵穴のモデルで説明できる．酵素は，大きくて不規則な形をした分子で，内部にへこみや切れ込みをもつ．内側のへこんだところが，活性サイト（active site）であり，そこに基質をはめこんで反応を触媒するのに適した形と化学組成をもつ．いいかえると，酵素が鍵穴で，それとぴったり合う基質が鍵として作用する（図 12・21）．酵素の活性サイトには，酸性，塩

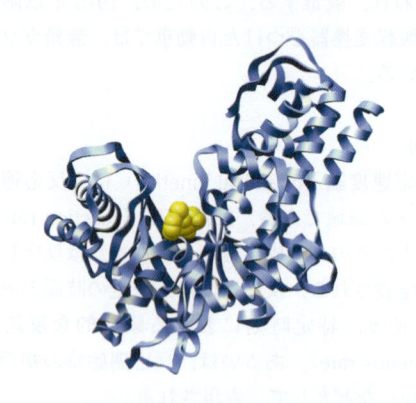

図 12・21 鍵と鍵穴のモデルによると，酵素は大きな立体構造をもつ分子でへこんだ部分に活性サイトがある．この活性サイトと相補的な形をしていて，ぴったりと構造が合致する基質だけが，この酵素に適する．ヘキソースキナーゼという酵素の活性サイトは，コンピュータでつくられた図の左側の窪みにあり，そこに黄色い基質がうまくはまりこんでいる．

キーワード

- 瞬間的速度（instantaneous rate）263
- 衝突理論（collision theory）282
- 初期速度（initial rate）263
- 触媒（catalyst）286
- ゼロ次反応（zeroth-order reaction）275
- 遷移状態（transition state）283
- 素過程（elementary step）276
- 速度定数（rate constant）263
- 素反応（elementary reaction）276
- 素反応分子数（molecularity）277
- 単分子反応（unimolecular reaction）277
- 二次反応（second-order reaction）272
- 二分子反応（bimolecular reaction）277
- 反応機構（reaction mechanism）276
- 反応次数（reaction order）264
- 反応速度（reaction rate）260
- 頻度因子（frequency factor）284
- 不均一触媒（heterogeneous catalyst）289
- 律速段階（rate-determining step）279
- 立体因子（steric factor, p）284

基性，もしくは中性のアミノ酸のいろいろな側鎖が並んでいて，それらのすべてが，基質と最大の相互作用をするように正しい位置を占めている．

酵素反応は，基質が活性サイトに到達して，酵素-基質複合体が形成されると開始される．通常，共有結合はできない．酵素と基質は，水素結合や弱い分子間引力で結ばれる．酵素と基質が精密に正しい位置に収まると，活性サイト中で適切な位置を占める原子が基質分子の化学反応を触発し，そのあと，酵素と生成物とが分離する．

酵素反応は，つぎのような単純な機構で表される．

$$E + S \underset{k_{-1}}{\overset{k_1}{\rightleftharpoons}} ES$$

$$ES \xrightarrow{k_2} E + P$$

ここで，Eは酵素，Sは基質，Pは生成物を，それぞれ表し，ESは酵素基質複合体を表す．生成物の生成速度は，次式で表される．

$$\frac{\Delta[P]}{\Delta t} = k_2[ES]$$

基質濃度が低いと，酵素基質複合体の濃度は基質濃度に比例するため，生成物の生成速度はSについて一次になる．しかし，基質濃度が高くなると，酵素は基質で飽和し，酵素はすべて酵素基質複合体の形で存在する．このとき，酵素に結ばれた基質だけが反応できるので，反応速度は，最高値に到達し基質濃度とは無関係になる（Sについてゼロ次）．反応速度の基質濃度依存性は，図12・22のようになる．

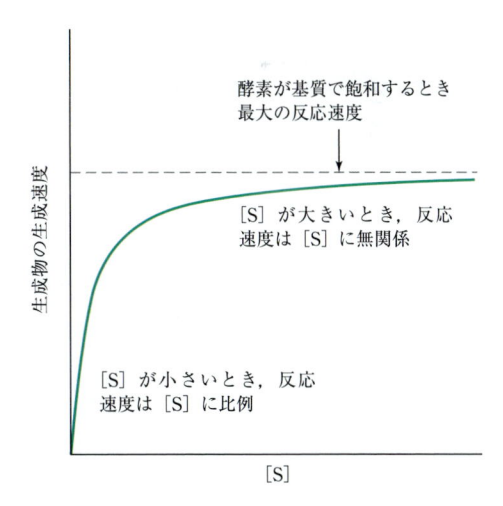

図 12・22 酵素反応における生成物の生成速度の基質濃度依存性.

問題 12・23 酵素反応機構について，反応の位置エネルギーの概要を図示し，E，S，P，ESおよび活性化エネルギーE_aを，図の中の適切な位置に示せ．

付録A 数学的操作

A·1 指数表記

化学で出てくる数は，非常に大きかったり非常に小さかったりすることがある．たとえば 1.0 mL の水には約 33,000,000,000,000,000,000,000 個の H_2O 分子があり，H_2O の H 原子と O 原子の距離は 0.000 000 000 095 7 m である．これらの量を指数表記で表すと，それぞれ 3.3×10^{22} 個および 9.57×10^{-11} m となり便利である．指数表記では数は $A \times 10^n$ という指数の形で表される．ここで A は 1 と 10 の間の数であり，n は正あるいは負の整数である．

通常の表記から指数表記に変換するにはどうすればよいだろうか．その数が 10 以上であれば，小数点を<u>左</u>に n 桁移して，数が 1 と 10 の間になるようにする．ついでこれに 10^n を掛ける．たとえば，8137.6 という数は指数表記では 8.1376×10^3 となる．

$$8137.6 = 8.1376 \times 10^3$$
小数点を左に3桁移して
1と10の間の数になるようにする．

小数点を左に3桁移すということは，その数を $10 \times 10 \times 10 = 1000 = 10^3$ で割るということである．したがって，数の大きさを変えないためには，得られた数値に 10^3 を掛けなければならない．

1 未満の数を指数表記で表すには，小数点を<u>右</u>に n 桁移して，数が 1 と 10 の間になるようにする．ついでこれに 10^{-n} を掛ける．たとえば，0.012 という数は指数表記では 1.2×10^{-2} となる．

$$0.012 = 1.2 \times 10^{-2}$$
小数点を右に2桁移して
1と10の間の数になるようにする．

小数点を右に 2 桁移すということは，その数に $10 \times 10 = 100 = 10^2$ を掛けるということである．したがって，数の大きさを変えないためには，得られた数値を 10^2 で割る，すなわちこの数値に 10^{-2} を掛けなければならない．$(10^2 \times 10^{-2} = 10^0 = 1$ である．)

つぎの表に，さらにいくつかの例を載せてある．指数表記を普通の表記に変換するには，単に上記の操作を逆にすればよい．つまり，5.84×10^4 という数を普通の表記にするには，10^4 を取り除いて，小数点を<u>右</u>に 4 桁移せばよい（すなわち $5.84 \times 10^4 = 58,400$ となる）．3.5×10^{-1} を普通の表記にするには，10^{-1} を取り除いて，小数点を<u>左</u>に 1 桁移せばよい（すなわち $3.5 \times 10^{-1} = 0.35$ となる）．$10^0 = 1$ であるから，1 と 10 の間の数は指数表記を必要としないことに注意しよう．

数	指数表記
58,400	5.84×10^4
0.35	3.5×10^{-1}
7.296	$7.296 \times 10^0 = 7.296$

足し算と引き算

指数表記で書かれた二つの数の足し算や引き算をする場合には，指数部分を同じにしなければならない．したがって 7.16×10^3 と 1.32×10^2 を足すには，まず後者を 0.132×10^3 と書き換えてから足し算する．

$$\begin{array}{r} 7.16 \times 10^3 \\ +\ 0.132 \times 10^3 \\ \hline 7.29 \times 10^3 \end{array}$$

答の有効数字は 3 桁である．（有効数字については §1·12 を参照．）あるいは，前者を 71.6×10^2 と書き換えてから足し算してもよい．

$$\begin{array}{r} 71.6 \times 10^2 \\ +\ 1.32 \times 10^2 \\ \hline 72.9 \times 10^2 = 7.29 \times 10^3 \end{array}$$

掛け算と割り算

指数表記で書かれた二つの数を掛けるには，10 の累乗の前にある数を掛け合わせ，累乗の指数を足し合わせる．

$$(A \times 10^n)(B \times 10^m) = AB \times 10^{n+m}$$

たとえば

$$(2.5 \times 10^4)(4.7 \times 10^7) = (2.5)(4.7) \times 10^{4+7}$$
$$= 12 \times 10^{11} = 1.2 \times 10^{12}$$
$$(3.46 \times 10^5)(2.2 \times 10^{-2}) = (3.46)(2.2) \times 10^{5+(-2)}$$
$$= 7.6 \times 10^3$$

答はいずれも有効数字 2 桁である．

指数表記で書かれた二つの数の割り算をするには，10 の累乗の前にある数を割り算し，分子の累乗の指数から分母のそれを引く．

$$\frac{A \times 10^n}{B \times 10^m} = \frac{A}{B} \times 10^{n-m}$$

たとえば

$$\frac{3 \times 10^6}{7.2 \times 10^2} = \frac{3}{7.2} \times 10^{6-2}$$
$$= 0.4 \times 10^4 = 4 \times 10^3 \text{ （有効数字 1 桁）}$$

$$\frac{7.50 \times 10^{-5}}{2.5 \times 10^{-7}} = \frac{7.50}{2.5} \times 10^{-5-(-7)}$$
$$= 3.0 \times 10^2 \text{ （有効数字 2 桁）}$$

累乗と根

$A \times 10^n$ という数を m 乗するには，A を m 乗して，指数 n に m を掛ける．

$$(A \times 10^n)^m = A^m \times 10^{n \times m}$$

たとえば，3.6×10^2 の 3 乗は 4.7×10^7 となる．

$$(3.6 \times 10^2)^3 = (3.6)^3 \times 10^{2 \times 3}$$
$$= 47 \times 10^6 = 4.7 \times 10^7 \text{ （有効数字 2 桁）}$$

$A \times 10^n$ という数の m 乗根を求めるには，その数を $1/m$ 乗すればよい．すなわち，A を $1/m$ 乗して，指数 n を m で割る．

$$\sqrt[m]{A \times 10^n} = (A \times 10^n)^{1/m} = A^{1/m} \times 10^{n/m}$$

たとえば，9.0×10^8 の平方根は 3.0×10^4 となる．

$$\sqrt[2]{9.0 \times 10^8} = (9.0 \times 10^8)^{1/2}$$
$$= (9.0)^{1/2} \times 10^{8/2} = 3.0 \times 10^4 \text{ （有効数字 2 桁）}$$

答の指数部分（n/m）は整数でなければならないから，n が m の整数倍になるように元の数の小数点を移すことが必要な場合がある．たとえば，6.4×10^{10} の立方根を求めるには，まず，64×10^9 と書き直して指数（9）が立方根を示す $m=3$ の整数倍，すなわち $9/3 = 3$ 倍になるようにする．

$$\sqrt[3]{6.4 \times 10^{10}} = \sqrt[3]{64 \times 10^9} = (64)^{1/3} \times 10^{9/3}$$
$$= 4.0 \times 10^3$$

指数表記と電卓

電卓を使うと計算を指数表記で行うことができる．指数表記された数を入力して計算する方法は，それぞれの電卓の使用説明書を読まなければならない．多くの電卓では $A \times 10^n$ を入力するには，(i) 数字 A を入力する，(ii) "EXP" あるいは "EE" と表示されたキーを押す，(iii) 指数 n を入力する，という手順になる．指数が負であれば n を打つ前に "+/−" キーを押さなければ

ならない（10 という数字を打つ必要はないことに注意しよう）．電卓では $A \times 10^n$ の表示は，数字 A のあとにいくつかのスペースを置いて指数 n が表示される．たとえば，

4.625×10^2 は 4.625　02 と表示される．

指数を含む数の加減乗除におけるキーの打ち方は，普通の数の場合と同じである．電卓上での足し算や引き算では，指数部分は同じである必要はない．電卓が自動的にそろえてくれる．しかし，電卓では多くの場合，必要な有効数字以上の桁数が表示されることを覚えておこう．有効数字の桁数を間違えないためには，以前の例で示したように，計算の大筋を紙にメモしておくとよい．

ほとんどの電卓には，二乗や平方根のための "x^2" キーや "$\sqrt{x}$" キーが付いている．数字を打ってからこれらのキーを押せばよい．累乗を求めるための "y^x" キー（あるいは "a^x" キー）もあるはずだ．たとえば，4.625×10^2 を 3 乗する場合は，つぎのように打てばよい．(i) "4.625×10^2" を入力する，(ii) "y^x" キーを押す，(iii) 乗数 "3" を打つ，(iv) "=" キーを押す．答は "9.8931641 07" のように表示されるだろうが，有効数字 4 桁になるように丸めなければならない．したがって，$(4.625 \times 10^2)^3 = 9.893 \times 10^7$ となる．

ある数の m 乗根を求めるには，その数を $1/m$ 乗すればよい．たとえば，4.52×10^{11} の 5 乗根を求めるにはつぎのようにキーを打つ．(i) "4.52×10^{11}" を入力する，(ii) "y^x" キーを押す，(iii) "5" を打つ，(iv) "$1/x$" キーを押す（5 乗根を $1/5$ 乗に変換するため），(v) "=" キーを押す．その結果はつぎのようになる

$$\sqrt[5]{4.52 \times 10^{11}} = (4.52 \times 10^{11})^{1/5} = 2.14 \times 10^2$$

電卓では，整数ではない指数 $11/5$ を処理することができるので，"45.2×10^{10}" と入力する必要はない．

問題 A・1 つぎの計算を行え．結果は，正しい有効数字の桁数にして指数表記で示せ．（電卓を用いる必要はない．）

(a) $(1.50 \times 10^4) + (5.04 \times 10^3)$
(b) $(2.5 \times 10^{-2}) - (5.0 \times 10^{-3})$
(c) $(4.0 \times 10^4)^2$
(d) $\sqrt[3]{8 \times 10^{12}}$
(e) $\sqrt{2.5 \times 10^5}$

解

(a) 2.00×10^4 (b) 2.0×10^{-2} (c) 1.6×10^9
(d) 2×10^4 (e) 5.0×10^2

問題 A・2 つぎの計算を行え．結果は，正しい有効数字の桁数にして指数表記で示せ．（電卓を用いよ．）

(a) $(9.72 \times 10^{-1}) + (3.4823 \times 10^2)$
(b) $(3.772 \times 10^3) - (2.891 \times 10^4)$
(c) $(7.62 \times 10^{-3})^4$
(d) $\sqrt[3]{8.2 \times 10^7}$
(e) $\sqrt[5]{3.47 \times 10^{-12}}$

解
(a) 3.4920×10^2 (b) -2.514×10^4 (c) 3.37×10^{-9}
(d) 4.3×10^2 (e) 5.11×10^{-3}

A・2 対　数

常用対数

どんな正の数 x も 10 の z 乗という形で書き表すことができる．すなわち $x = 10^z$ である．この指数 z を数 x の<u>常用対数</u>あるいは<u>10 を底とする対数</u>とよび，$\log_{10} x$ あるいは単に $\log x$ と書き表す．

$$x = 10^z \qquad \log x = z$$

たとえば，100 は 10^2 と書くことができ，したがって $\log 100$ は 2 に等しい．

$$100 = 10^2 \qquad \log 100 = 2$$

同様に，

$$10 = 10^1 \qquad \log 10 = 1$$
$$1 = 10^0 \qquad \log 1 = 0$$
$$0.1 = 10^{-1} \qquad \log 0.1 = -1$$

一般に，ある数 x の対数とは，10 を z 乗すると x に等しくなる，その z のことである．

図 A・1 に示すように，1 より大きな数の対数は正であり，1 の対数はゼロであり，1 より小さな数の対数は負である．10 を何乗しても常に正であるから ($x = 10^z > 0$)，負の数の対数を定義することはできない．

電卓を使うと，10 の整数乗ではない数の対数を求めることができる．たとえば，61.2 の対数を求めるには，"61.2" を入力して，"LOG" キーを押せばよい．61.2 は 10^1 と 10^2 の間の数であるから，その対数は 1 と 2 の間にあるはずである．電卓では 1.786751422 という数値になるが，61.2 の有効数字が 3 桁であるから，丸めて 1.787 とする．

有効数字と常用対数

対数での有効数字は，小数点の右側にある桁だけである．小数点の左側の数は，対数を求めようとしている元の数を指数表示したときの累乗を表す数であり，正確な数値である．したがって，有効数字が 3 桁である 61.2 の対数はつぎのように表示される．

$$\log 61.2 = \log(6.12 \times 10^1)$$

有効数字 3 桁　　有効数字 3 桁　　正確な数値

$$= \log 6.12 + \log 10^1$$

$$= 0.787 + 1 = 1.787$$

有効数字 3 桁　　正確な数値　　正確な数値　　有効数字 3 桁

対数 (1.787) の小数点の左側の桁数 (1) は，正確な数値であり，有効数字ではない．単に 61.2 という数字における小数点の位置を示しているにすぎない．61.2 が有

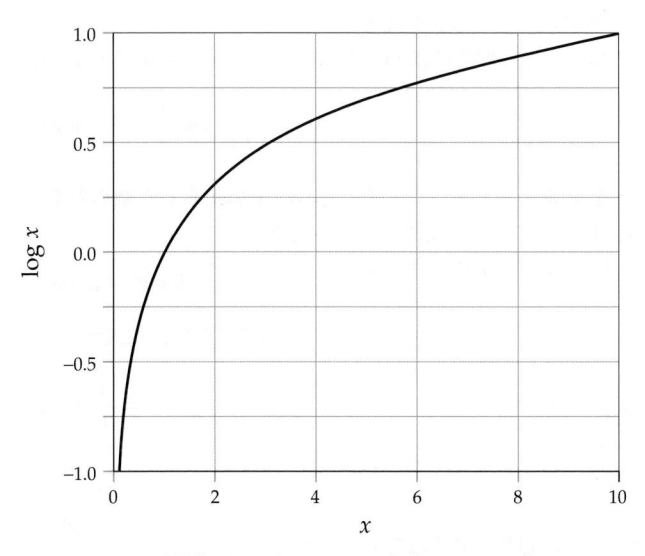

図 A・1　x が 0.1〜10 のときの $\log x$ の値．

効数字3桁なので，対数における有効数字も 7, 8, 7 の 3個だけである．同様にして log 61 = 1.79（有効数字2桁）であり，log (6×10^1) = 1.8（有効数字1桁）である．

逆対数

逆対数は常用対数の逆関数でありantilogと表される．x の対数が z であれば，x は z の逆対数である．x は 10^z と書けるから，z の逆対数は 10^z である．

$$\text{もし } z = \log x \text{ であれば } x = \text{antilog } z = 10^z$$

言い換えれば，ある数の逆対数は，10 をその数だけ累乗した値である．たとえば，2 の逆対数は $10^2 = 100$ であり，3.71 の逆対数は $10^{3.71}$ である．

antilog 3.71 を求めるには，電卓を用いる．"10^x" というキーがあれば，"3.71" と打ってから "10^x" キーを押せばよい．"y^x" キーがある場合は，つぎのようにする．(i) "10" を打つ，(ii) "y^x" キーを押す，(iii) "3.71" を入力する，(iv) "=" キーを押す．もし電卓に "INV" キーがあれば，"3.71" を入力してから "INV" キー，"LOG" キーの順に押す．電卓の表示は 3.71 = 5.12861384 × 10^3 のようになるが，対数 3.71 は小数点の右側が 2桁で有効数字2桁なので，答えも2桁に丸めて 5.1×10^3 としなければならない．

自然対数

$e = 2.71828\cdots$ という数は，$\pi = 3.14159\cdots$ と同様に，さまざまな科学の問題に出てくる．したがって，10を底とする対数を定義したのと同じように，e を底とする対数を定義しておくと都合がよい．ある数 x は，それを 10^z と書き表すことができたように，e^u と書き表すこともできる．指数 u を数 x の<u>自然対数</u>あるいは<u>e を底とする対数</u>とよび，$\log_e x$ あるいはもっと一般的には $\ln x$ と表示する．

$$x = e^u \qquad \ln x = u$$

ある数 x の自然対数とは，e を u 乗すると x になるその u のことである．たとえば，10.0 という数は $e^{2.303}$ と書くことができ，したがって 10.0 の自然対数は 2.303 に等しい．

$$10.0 = e^{2.303} = (2.71828\cdots)^{2.303}$$
$$\ln 10.0 = 2.303 \quad \text{（有効数字3桁）}$$

電卓で自然対数を求めるには，数字を入力して "LN" キーを押すだけでよい．

逆自然対数は antiln と表示され，自然対数の逆である．u が x の自然対数であれば，$x (= e^u)$ は u の逆自然対数である．

$$\text{もし } u = \ln x \text{ ならば } x = \text{antiln } u = e^u$$

言い換えれば，ある数の逆自然対数とは，e をその数だけ累乗した値である．たとえば 3.71 の逆自然対数は $e^{3.71}$ であり，これは 41 に等しい．

$$\text{antiln } 3.71 = e^{3.71} = 41 \quad \text{（有効数字2桁）}$$

電卓には "INV" キーあるいは "e^x" キーがあるはずである．ある数，たとえば 3.71 の逆自然対数を求めるには，"3.71" を入力し，"INV" キーを押し，つぎに "LN" キーを押せばよい．あるいは，"3.71" を入力してから "e^x" キーを押してもよい．

対数の数学的性質

対数は指数であるから，指数のもつ代数的な性質を用いると，つぎに示すような対数を含む便利な関係式を導くことができる．

1. 積 xy の対数（常用対数でも自然対数でも）は，x の対数と y の対数の和に等しい．

$$\log xy = \log x + \log y \qquad \ln xy = \ln x + \ln y$$

2. 商 x/y の対数は，x の対数と y の対数の差に等しい．

$$\log \frac{x}{y} = \log x - \log y \qquad \ln \frac{x}{y} = \ln x - \ln y$$

すなわち，つぎの式が成り立つ．

$$\log \frac{y}{x} = -\log \frac{x}{y} \qquad \ln \frac{y}{x} = -\ln \frac{x}{y}$$

$\log 1 = \ln 1 = 0$ であるから，つぎの式が成り立つ．

$$\log \frac{1}{x} = -\log x \qquad \ln \frac{1}{x} = -\ln x$$

3. x を a 乗した数の対数は，x の対数を a 倍した数に等しい．

$$\log x^a = a \log x \qquad \ln x^a = a \ln x$$

同様にして，次式が成り立つ．

$$\log x^{1/a} = \frac{1}{a} \log x \qquad \ln x^{1/a} = \frac{1}{a} \ln x$$

ここで

$$x^{1/a} = \sqrt[a]{x}$$

である．

常用対数と自然対数の間には数字的にどのような関係があるのだろうか．それを導くために，まず $\log x$ と $\ln x$ の定義を確認しておこう．

$$\log x = z \quad \text{ここで} \quad x = 10^z \quad \text{である}$$
$$\ln x = u \quad \text{ここで} \quad x = e^u \quad \text{である}$$

つぎに $\ln x$ を 10^z を使って書き直し，さらに $\ln x^a = a \ln x$ の関係を用いる．

$$\ln x = \ln 10^z = z \ln 10$$

$z = \log x$ であり，$\ln 10.0 = 2.303$ であるから，自然対数は常用対数の 2.303 倍であることがわかる．

$$\ln x = 2.303 \log x$$

自然対数と常用対数はわずか 2.303 倍しか違わないから，有効数字の桁数を求める場合に同じ規則を当てはめることができる．すなわち，自然対数でも常用対数でも小数点の右側にある桁数が，有効数字の桁数となる．

問題 A・3 電卓を用いて，つぎの表現を普通の表示に直し，正しい有効数字の桁数に丸めよ．
(a) $\log 705$　　(b) $\ln(3.4 \times 10^{-6})$
(c) $\text{antilog}(-2.56)$　　(d) $\text{antiln}\, 8.1$
解　(a) 2.848　　(b) -12.59　　(c) 2.8×10^{-3}
(d) 3×10^3

A・3　直線グラフと一次方程式

科学の実験結果をグラフの形で整理するということをよく行う．ある性質 y を変数 x の関数として測定する実験を考えてみよう．（気体の体積を温度の関数として測定するという実際例が考えられるが，ここでは一般的に y と x を使って説明する．）つぎのような実験データが得られたとしよう．

x	y
-1	-5
1	1
3	7
5	13

図 A・2 のグラフでは，独立変数とよばれる x の数値を横軸に，従属変数である y の数値を縦軸に示してある．実験で得られた x と y の組のそれぞれは，グラフ中の点で示されている．この実験では 4 個のデータ点が直線上に並んでいる．

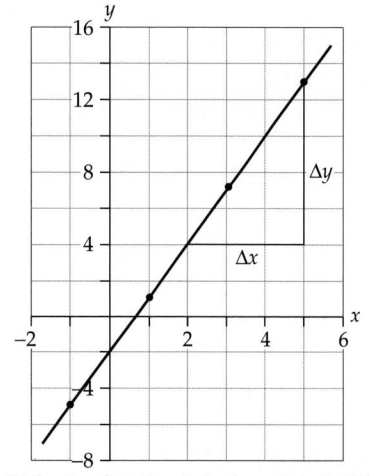

図 A・2　表のデータをプロットした直線．

直線の方程式は

$$y = mx + b$$

で表される．ここで m は直線の勾配であり，b は切片とよばれ，直線が y 軸と交差する点の y の値，すなわち $x = 0$ における y の値である．直線の勾配は x の任意の変化量 (Δx) に対する y の変化量 (Δy) である．

$$m = \text{勾配} = \frac{\Delta y}{\Delta x}$$

図 A・2 中に示した直角三角形は，x が 2 から 5 に変化したときに，y は 4 から 13 に変化することを示している．したがってこの直線の勾配は 3 である．

$$m = \text{勾配} = \frac{\Delta y}{\Delta x} = \frac{13 - 4}{5 - 2} = \frac{9}{3} = 3$$

グラフから y 切片が -2 であるから ($b = -2$)，この直線の方程式は

$$y = 3x - 2$$

となる．

$y = mx + b$ の形をもつ方程式を<u>一次方程式</u>とよぶ．この式を満たす x と y の値はグラフ上で直線になる．また y は x の<u>一次関数</u>であるとか，y は x に<u>直接比例</u>する，といういい方もある．上の例では y は x の 3 倍の速さで変化する．

A・4　二次方程式

二次方程式は

$$ax^2 + bx + c = 0$$

の形で表される方程式であり，ここで a, b, c は定数である．この式は変数が x だけで，最大の乗数が 2 なので，二次方程式とよばれる．二次方程式の解（この式を満たす x の値）は，つぎに示す解の公式で与えられる．

$$x = \frac{-b \pm \sqrt{b^2 - 4ac}}{2a}$$

± は二つの解があることを示しており，一つは＋符号で，もう一方は － 符号で与えられる．

例としてつぎの式を解いてみよう．

$$x^2 = \frac{2 - 6x}{3}$$

まず，この式の両辺を 3 倍し $2 - 6x$ を左辺に移項して $ax^2 + bx + c = 0$ の形に変えると，つぎのようになる．

$$3x^2 + 6x - 2 = 0$$

解の公式に $a = 3, b = 6, c = -2$ を代入すると，

$$x = \frac{-6 \pm \sqrt{(6)^2 - 4(3)(-2)}}{2(3)}$$

$$= \frac{-6 \pm \sqrt{36 + 24}}{6} = \frac{-6 \pm \sqrt{60}}{6}$$

$$= \frac{-6 \pm 7.746}{6}$$

二つの解は

$$x = \frac{-6 + 7.746}{6} = \frac{1.746}{6} = 0.291$$

および

$$x = \frac{-6 - 7.746}{6} = \frac{-13.746}{6} = -2.291$$

となる．

付録 B 熱力学的性質 (25 ℃)

表 B·1 無機物質

物質と状態	$\Delta H°_f$ [kJ/mol]	$\Delta G°_f$ [kJ/mol]	$S°$ [J/(K·mol)]	物質と状態	$\Delta H°_f$ [kJ/mol]	$\Delta G°_f$ [kJ/mol]	$S°$ [J/(K·mol)]
亜鉛				カリウム			
Zn(s)	0	0	41.6	K(s)	0	0	64.7
Zn(g)	130.4	94.8	160.9	K(g)	89.2	60.6	160.2
Zn^{2+}(aq)	−153.9	−147.1	−112.1	K^+(aq)	−252.4	−283.3	102.5
$ZnCl_2$(s)	−415.1	−369.4	111.5	KF(s)	−567.3	−537.8	66.6
ZnO(s)	−350.5	−320.5	43.7	KCl(s)	−436.5	−408.5	82.6
ZnS(s)	−206.0	−201.3	57.7	KBr(s)	−393.8	−380.7	95.9
$ZnSO_4$(s)	−982.8	−871.5	110.5	KI(s)	−327.9	−324.9	106.3
				K_2O(s)	−361.5		
アルミニウム				K_2O_2(s)	−494.1	−425.1	102.1
Al(s)	0	0	28.3	KO_2(s)	−284.9	−239.4	116.7
Al(g)	330.0	289.4	164.5	KOH(s)	−424.6	−379.4	81.2
$AlCl_3$(s)	−704.2	−628.8	109.3	KOH(aq)	−482.4	−440.5	91.6
Al_2O_3(s)	−1676	−1582	50.9	$KClO_3$(s)	−397.7	−296.3	143.1
				$KClO_4$(s)	−432.8	−303.1	151.0
				KNO_3(s)	−494.6	−394.9	133.1
硫黄							
S(s, 斜方晶)	0	0	31.8	カルシウム			
S(s, 単斜晶)	0.3			Ca(s)	0	0	41.4
S(g)	277.2	236.7	167.7	Ca(g)	177.8	144.0	154.8
S_2(g)	128.6	79.7	228.2	Ca^{2+}(aq)	−542.8	−553.6	−53.1
H_2S(g)	−20.6	−33.6	205.7	CaF_2(s)	−1228.0	−1175.6	68.5
H_2S(aq)	−39.7	−27.9	121	$CaCl_2$(s)	−795.4	−748.8	108.4
$HS^−$(aq)	−17.6	12.1	62.8	CaH_2(s)	−181.5	−142.5	41.4
SO_2(g)	−296.8	−300.2	248.1	CaC_2(s)	−59.8	−64.8	70.0
SO_3(g)	−395.7	−371.1	256.6	CaO(s)	−634.9	−603.3	38.1
H_2SO_4(l)	−814.0	−690.1	156.9	$Ca(OH)_2$(s)	−985.2	−897.5	83.4
H_2SO_4(aq)	−909.3	−744.6	20	$CaCO_3$(s)	−1207.6	−1129.1	91.7
$HSO_4^−$(aq)	−887.3	−756.0	132	$CaSO_4$(s)	−1434.1	−1321.9	107
$SO_4^{2−}$(aq)	−909.3	−744.6	20	$Ca_3(PO_4)_2$(s)	−4120.8	−3884.7	236.0
塩素				銀			
Cl(g)	121.3	105.3	165.1	Ag(s)	0	0	42.6
$Cl^−$(aq)	−167.2	−131.3	56.5	Ag(g)	284.9	246.0	173.0
Cl_2(g)	0	0	223.0	Ag^+(aq)	105.6	77.1	72.7
HCl(g)	−92.3	−95.3	186.8	AgF(s)	−204.6		
HCl(aq)	−167.2	−131.2	56.5	AgCl(s)	−127.1	−109.8	96.2
ClO_2(g)	102.5	120.5	256.7	AgBr(s)	−100.4	−96.9	107.1
Cl_2O(g)	80.3	97.9	266.1	AgI(s)	−61.8	−66.2	115.5
				Ag_2O(s)	−31.1	−11.2	121.3
カドミウム				Ag_2S(s)	−32.6	−40.7	144.0
Cd(s)	0	0	51.8	$AgNO_3$(s)	−124.4	−33.4	140.9
Cd(g)	111.8	77.3	167.6				
Cd^{2+}(aq)	−75.9	−77.6	−73.2	クロム			
$CdCl_2$(s)	−391.5	−343.9	115.3	Cr(s)	0	0	23.8
CdO(s)	−258.4	−228.7	54.8	Cr(g)	396.6	351.8	174.4
CdS(s)	−161.9	−156.5	64.9	Cr_2O_3(s)	−1140	−1058	81.2
$CdSO_4$(s)	−933.3	−822.7	123.0				

表B・1（つづき）

物質と状態	$\Delta H°_f$ [kJ/mol]	$\Delta G°_f$ [kJ/mol]	$S°$ [J/(K·mol)]	物質と状態	$\Delta H°_f$ [kJ/mol]	$\Delta G°_f$ [kJ/mol]	$S°$ [J/(K·mol)]
ケイ素				$SnO_2(s)$	−577.6	−515.8	49.0
Si(s)	0	0	18.8	セシウム			
Si(g)	450.0	405.5	167.9	Cs(s)	0	0	85.2
$SiF_4(g)$	−1615.0	−1572.8	282.7	Cs(g)	76.5	49.6	175.6
$SiCl_4(l)$	−687.0	−619.8	239.7	Cs^+(aq)	−258.3	−292.0	133.1
SiO_2(s, 石英)	−910.7	−856.3	41.5	CsF(s)	−553.5	−525.5	92.8
コバルト				CsCl(s)	−443.0	−414.5	101.2
Co(s)	0	0	30.0	CsBr(s)	−405.8	−391.4	113.1
Co(g)	424.7	380.3	179.4	CsI(s)	−346.6	−340.6	123.1
CoO(s)	−237.9	−214.2	53.0	セレン			
酸素				Se(s, 黒)	0	0	42.44
O(g)	249.2	231.7	160.9	$H_2Se(g)$	29.7	15.9	219.0
$O_2(g)$	0	0	205.0	タングステン			
$O_3(g)$	143	163	238.8	W(s)	0	0	32.6
臭素				W(g)	849.4	807.1	174.0
Br(g)	111.9	82.4	174.9	$WO_3(s)$	−842.9	−764.0	75.9
Br^-(aq)	−121.5	−104.0	82.4	炭素			
$Br_2(l)$	0	0	152.2	C(s, グラファイト)	0	0	5.7
$Br_2(g)$	30.9	3.14	245.4	C(s, ダイヤモンド)	1.9	2.9	2.4
HBr(g)	−36.3	−53.4	198.6	C(g)	716.7	671.3	158.0
水銀				CO(g)	−110.5	−137.2	197.6
Hg(l)	0	0	76.0	$CO_2(g)$	−393.5	−394.4	213.6
Hg(g)	61.32	31.85	174.8	CO_2(aq)	−413.8	−386.0	117.6
Hg^{2+}(aq)	171.1	164.4	−32.2	CO_3^{2-}(aq)	−677.1	−527.8	−56.9
Hg_2^{2+}(aq)	172.4	153.5	84.5	HCO_3^-(aq)	−692.0	−586.8	91.2
$HgCl_2(s)$	−224.3	−178.6	146.0	H_2CO_3(aq)	−699.7	−623.2	187.4
$Hg_2Cl_2(s)$	−265.4	−210.7	191.6	HCN(l)	108.9	125.0	112.8
HgO(s)	−90.8	−58.6	70.3	HCN(g)	135.1	124.7	201.7
HgS(s)	−58.2	−50.6	82.4	$CS_2(l)$	89.0	64.6	151.3
水素				$CS_2(g)$	116.7	67.1	237.7
H(g)	218.0	203.3	114.6	$COCl_2(g)$	−219.1	−204.9	283.4
H^+(aq)	0	0	0	チタン			
$H_2(g)$	0	0	130.6	Ti(s)	0	0	30.6
OH^-(aq)	−230.0	−157.3	−10.8	Ti(g)	473.0	428.4	180.2
H_2O(l)	−285.8	−237.2	69.9	$TiCl_4(l)$	−804.2	−737.2	252.3
$H_2O(g)$	−241.8	−228.6	188.7	$TiCl_4(g)$	−763.2	−726.3	353.2
$H_2O_2(l)$	−187.8	−120.4	110	$TiO_2(s)$	−944.0	−888.8	50.6
$H_2O_2(g)$	−136.3	−105.6	232.6	窒素			
H_2O_2(aq)	−191.2	−134.1	144	N(g)	472.7	455.6	153.2
スズ				$N_2(g)$	0	0	191.5
Sn(s, 白色)	0	0	51.2	$NH_3(g)$	−46.1	−16.5	192.3
Sn(s, 灰色)	−2.1	0.1	44.1	NH_3(aq)	−80.3	−26.6	111
Sn(g)	301.2	266.2	168.4	NH_4^+(aq)	−132.5	−79.4	113
$SnCl_4(l)$	−511.3	−440.1	258.6	$N_2H_4(l)$	50.6	149.2	121.2
$SnCl_4(g)$	−471.5	−432.2	365.8	$N_2H_4(g)$	95.4	159.3	238.4
SnO(s)	−280.7	−251.9	57.4	NO(g)	91.3	87.6	210.7
				$NO_2(g)$	33.2	51.3	240.0

表 B・1 (つづき)

物質と状態	$\Delta H°_f$ [kJ/mol]	$\Delta G°_f$ [kJ/mol]	$S°$ [J/(K·mol)]	物質と状態	$\Delta H°_f$ [kJ/mol]	$\Delta G°_f$ [kJ/mol]	$S°$ [J/(K·mol)]
窒素 (つづき)				ナトリウム (つづき)			
$N_2O(g)$	82.0	104.2	219.7	$NaHCO_3(s)$	−950.8	−851.0	102
$N_2O_4(g)$	11.1	99.8	304.3	$NaNO_3(s)$	−467.9	−367.0	116.5
$N_2O_5(g)$	13.3	117.1	355.6	$NaNO_3(aq)$	−447.5	−373.2	205.4
$NOCl(g)$	51.7	66.1	261.6	$Na_2SO_4(s)$	−1387.1	−1270.2	149.6
$NO_2Cl(g)$	12.6	54.4	272.1				
$HNO_3(l)$	−174.1	−80.8	155.6	鉛			
$HNO_3(g)$	−133.9	−73.5	266.8	$Pb(s)$	0	0	64.8
$HNO_2(aq)$	−119	−50.6	136	$Pb(g)$	195.2	162.2	175.3
$HNO_3(aq)$	−207.4	−111.3	146.4	$PbCl_2(s)$	−359.4	−314.1	136.0
$NO_3^-(aq)$	−207.4	−111.3	146.4	$PbBr_2(s)$	−278.7	−261.9	161.5
$NH_4Cl(s)$	−314.4	−202.9	94.6	$PbO(s)$	−217.3	−187.9	68.7
$NH_4NO_3(s)$	−365.6	−184.0	151.1	$PbO_2(s)$	−277	−217.4	68.6
				$PbS(s)$	−100	−98.7	91.2
鉄				$PbCO_3(s)$	−699.1	−625.5	131.0
$Fe(s)$	0	0	27.3	$PbSO_4(s)$	−919.9	−813.2	148.6
$Fe(g)$	416.3	370.3	180.5				
$FeCl_2(s)$	−341.8	−302.3	118.0	ニッケル			
$FeCl_3(s)$	−399.5	−334.0	142.3	$Ni(s)$	0	0	29.9
$FeO(s)$	−272	−255	61	$Ni(g)$	429.7	384.5	182.1
$Fe_2O_3(s)$	−824.2	−742.2	87.4	$NiCl_2(s)$	−305.3	−259.1	97.7
$Fe_3O_4(s)$	−1118	−1015	146	$NiO(s)$	−240	−212	38.0
$FeS_2(s)$	−178.2	−166.9	52.9	$NiS(s)$	−82.0	−79.5	53.0
銅				バリウム			
$Cu(s)$	0	0	33.1	$Ba(s)$	0	0	62.5
$Cu(g)$	337.4	297.7	166.3	$Ba(g)$	180.0	146.0	170.1
$Cu^{2+}(aq)$	64.8	65.5	−99.6	$Ba^{2+}(aq)$	−537.6	−560.8	9.6
$CuCl(s)$	−137.2	−119.9	86.2	$BaCl_2(s)$	−855.0	−806.7	123.7
$CuCl_2(s)$	−220.1	−175.7	108.1	$BaO(s)$	−548.0	−520.3	72.1
$CuO(s)$	−157.3	−129.7	42.6	$BaCO_3(s)$	−1213.0	−1134.4	112.1
$Cu_2O(s)$	−168.6	−146.0	93.1	$BaSO_4(s)$	−1473.2	−1362.2	132.2
$CuS(s)$	−53.1	−53.6	66.5				
$Cu_2S(s)$	−79.5	−86.2	120.9	フッ素			
$CuSO_4(s)$	−771.4	−662.2	109.2	$F(g)$	79.4	62.3	158.7
				$F^-(aq)$	−332.6	−278.8	−13.8
ナトリウム				$F_2(g)$	0	0	202.7
$Na(s)$	0	0	51.2	$HF(g)$	−273.3	−275.4	173.7
$Na(g)$	107.3	76.8	153.6				
$Na^+(aq)$	−240.1	−261.9	59.0	ベリリウム			
$NaF(s)$	−576.6	−546.3	51.1	$Be(s)$	0	0	9.5
$NaCl(s)$	−411.2	−384.2	72.1	$BeO(s)$	−609.4	−580.1	13.8
$NaBr(s)$	−361.1	−349.0	86.8	$Be(OH)_2(s)$	−902.5	−815.0	45.5
$NaI(s)$	−287.8	−286.1	98.5				
$NaH(s)$	−56.3	−33.5	40.0	ホウ素			
$Na_2O(s)$	−414.2	−375.5	75.1	$B(s)$	0	0	5.9
$Na_2O_2(s)$	−510.9	−447.7	95.0	$BF_3(g)$	−1136.0	−1119.4	254.3
$NaO_2(s)$	−260.2	−218.4	115.9	$BCl_3(g)$	−403.8	−388.7	290.0
$NaOH(s)$	−425.6	−379.5	64.5	$B_2H_6(g)$	36.4	87.6	232.0
$NaOH(aq)$	−470.1	−419.2	48.2	$B_2O_3(s)$	−1273.5	−1194.3	54.0
$Na_2CO_3(s)$	−1130.7	−1044.5	135.0	$H_3BO_3(s)$	−1094.3	−968.9	90.0

表 B・1（つづき）

物質と状態	$\Delta H°_f$ [kJ/mol]	$\Delta G°_f$ [kJ/mol]	$S°$ [J/(K·mol)]	物質と状態	$\Delta H°_f$ [kJ/mol]	$\Delta G°_f$ [kJ/mol]	$S°$ [J/(K·mol)]
マグネシウム				リチウム			
Mg(s)	0	0	32.7	（つづき）			
Mg(g)	147.1	112.5	148.6	Li$_2$O(s)	−597.9	−561.2	37.6
MgCl$_2$(s)	−641.6	−591.8	89.6	LiOH(s)	−487.5	−441.5	42.8
MgO(s)	−601.7	−569.4	26.9	リ ン			
MgCO$_3$(s)	−1096	−1012	65.7	P(s, 白)	0	0	41.1
MgSO$_4$(s)	−1284.9	−1170.6	91.6	P(s, 赤)	−18	−12	22.8
マンガン				P$_4$(g)	58.9	24.5	279.9
Mn(s)	0	0	32.0	PH$_3$(g)	5.4	13.5	210.1
Mn(g)	280.7	238.5	173.6	PCl$_3$(l)	−319.7	−272.3	217.1
MnO(s)	−385.2	−362.9	59.7	PCl$_3$(g)	−287.0	−267.8	311.7
MnO$_2$(s)	−520.0	−465.1	53.1	PCl$_5$(s)	−443.5		
ヨウ素				PCl$_5$(g)	−374.9	−305.0	364.5
I(g)	106.8	70.3	180.7	P$_4$O$_{10}$(s)	−2984	−2698	228.9
I$^-$(aq)	−55.2	−51.6	111	PO$_4^{3-}$(aq)	−1277.4	−1018.7	−220.5
I$_2$(s)	0	0	116.1	HPO$_4^{2-}$(aq)	−1292.1	−1089.2	−33.5
I$_2$(g)	62.4	19.4	260.6	H$_2$PO$_4^-$(aq)	−1296.3	−1130.2	90.4
HI(g)	26.5	1.7	206.5	H$_3$PO$_4$(s)	−1284.4	−1124.3	110.5
リチウム				ルビジウム			
Li(s)	0	0	29.1	Rb(s)	0	0	76.8
Li(g)	159.3	126.6	138.7	Rb(g)	80.9	53.1	170.0
Li$^+$(aq)	−278.5	−293.3	13	Rb$^+$(aq)	−251.2	−284.0	121.5
LiF(s)	−616.0	−587.7	35.7	RbF(s)	−557.7		
LiCl(s)	−408.6	−384.4	59.3	RbCl(s)	−435.4	−407.8	95.9
LiBr(s)	−351.2	−342.0	74.3	RbBr(s)	−394.6	−381.8	110.0
LiI(s)	−270.4	−270.3	86.8	RbI(s)	−333.8	−328.9	118.4

表 B・2　有機物質

物質と状態	構 造 式	$\Delta H°_f$ [kJ/mol]	$\Delta G°_f$ [kJ/mol]	$S°$ [J/(K·mol)]
アセチレン（g）	C$_2$H$_2$	227.4	209.9	200.8
アセトアルデヒド（g）	CH$_3$CHO	−166.2	−133.0	263.8
エタノール（l）	C$_2$H$_5$OH	−277.7	−174.9	161
エタノール（g）	C$_2$H$_5$OH	−234.8	−167.9	281.5
エタン（g）	C$_2$H$_6$	−84.0	−32.0	229.1
エチレン（g）	C$_2$H$_4$	52.3	68.1	219.5
エチレンオキシド（g）	C$_2$H$_4$O	−52.6	−13.1	242.4
塩化ビニル（g）	CH$_2$=CHCl	35	51.9	263.9
ギ酸（l）	HCO$_2$H	−424.7	−361.4	129.0
グルコース（s）	C$_6$H$_{12}$O$_6$	−1273.3	−910	209.2
酢酸（l）	CH$_3$CO$_2$H	−484.5	−390	160
四塩化炭素（l）	CCl$_4$	−135.4	−65.3	216.4
ジクロロエタン（l）	CH$_2$ClCH$_2$Cl	−165.2	−79.6	208.5
ブタン（g）	C$_4$H$_{10}$	−126	−17	310
プロパン（g）	C$_3$H$_8$	−103.8	−23.4	270.2
ベンゼン（l）	C$_6$H$_6$	49.1	124.5	173.4
ホルムアルデヒド（g）	HCHO	−108.6	−102.5	218.8
メタノール（l）	CH$_3$OH	−239.2	−166.6	127
メタノール（g）	CH$_3$OH	−201.0	−162.3	239.8
メタン（g）	CH$_4$	−74.8	−50.8	186.2

付録 C 平衡定数 (25 ℃)

表 C・1 酸解離定数 (25 ℃)

酸	構造式	K_{a1}	K_{a2}	K_{a3}
アジ化水素酸	HN_3	1.9×10^{-5}		
亜硝酸	HNO_2	4.5×10^{-4}		
アスコルビン酸	$C_6H_8O_6$	8.0×10^{-5}		
アセチルサリチル酸	$C_9H_8O_4$	3.0×10^{-4}		
亜セレン酸	H_2SeO_3	3.5×10^{-2}	5×10^{-8}	
亜ヒ酸	H_3AsO_3	6×10^{-10}		
亜硫酸	H_2SO_3	1.5×10^{-2}	6.3×10^{-8}	
安息香酸	$C_6H_5CO_2H$	6.5×10^{-5}		
過酸化水素	H_2O_2	2.4×10^{-12}		
ギ酸	HCO_2H	1.8×10^{-4}		
クエン酸	$C_6H_8O_7$	7.1×10^{-4}	1.7×10^{-5}	4.1×10^{-7}
クロロ酢酸	CH_2ClCO_2H	1.4×10^{-3}		
酢酸	CH_3CO_2H	1.8×10^{-5}		
サッカリン	$C_7H_5NO_3S$	2.1×10^{-12}		
次亜塩素酸	$HOCl$	3.5×10^{-8}		
次亜シュウ素酸	$HOBr$	2.0×10^{-9}		
次亜ヨウ素酸	HOI	2.3×10^{-11}		
シアン化水素	HCN	4.9×10^{-10}		
シュウ酸	$H_2C_2O_4$	5.9×10^{-2}	6.4×10^{-5}	
酒石酸	$C_4H_6O_6$	1.0×10^{-3}	4.6×10^{-5}	
セレン酸	H_2SeO_4	非常に大きい	1.2×10^{-2}	
炭酸	H_2CO_3	4.3×10^{-7}	5.6×10^{-11}	
乳酸	$C_3H_6O_3$	1.4×10^{-4}		
ヒ酸	H_3AsO_4	5.6×10^{-3}	1.7×10^{-7}	4.0×10^{-12}
フェノール	C_6H_5OH	1.3×10^{-10}		
フッ化水素	HF	3.5×10^{-4}		
ホウ酸	H_3BO_3	5.8×10^{-10}		
ホスホン酸	H_3PO_3	1.0×10^{-2}	2.6×10^{-7}	
水	H_2O	1.8×10^{-16}		
ヨウ素酸	HIO_3	1.7×10^{-1}		
硫化水素	H_2S	1.0×10^{-7}	$\sim 10^{-19}$	
硫酸	H_2SO_4	非常に大きい	1.2×10^{-2}	
リン酸	H_3PO_4	7.5×10^{-3}	6.2×10^{-8}	4.8×10^{-13}

表 C・2 水和金属イオンの酸解離定数 (25 ℃)

カチオン	K_a	カチオン	K_a
Fe^{2+} (aq)	3.2×10^{-10}	Be^{2+} (aq)	3×10^{-7}
Co^{2+} (aq)	1.3×10^{-9}	Al^{3+} (aq)	1.4×10^{-5}
Ni^{2+} (aq)	2.5×10^{-11}	Cr^{3+} (aq)	1.6×10^{-4}
Zn^{2+} (aq)	2.5×10^{-10}	Fe^{3+} (aq)	6.3×10^{-3}

注: たとえば Fe^{2+} (aq) の K_a は次式の平衡定数である.

$$Fe(H_2O)_6^{2+}(aq) + H_2O(l) \rightleftharpoons H_3O^+(aq) + Fe(H_2O)_5(OH)^+(aq)$$

表 C・3　塩基解離定数 (25 ℃)

塩　基	構造式	K_b
アニリン	$C_6H_5NH_2$	4.3×10^{-10}
アンモニア	NH_3	1.8×10^{-5}
エチルアミン	$C_2H_5NH_2$	6.4×10^{-4}
コデイン	$C_{18}H_{21}NO_3$	1.6×10^{-6}
ジメチルアミン	$(CH_3)_2NH$	5.4×10^{-4}
ストリキニーネ	$C_{21}H_{22}N_2O_2$	1.8×10^{-6}
トリメチルアニン	$(CH_3)_3N$	6.5×10^{-5}
ヒドラジン	N_2H_4	8.9×10^{-7}
ヒドロキシルアミン	NH_2OH	9.1×10^{-9}
ピペリジン	$C_5H_{11}N$	1.3×10^{-3}
ピリジン	C_5H_5N	1.8×10^{-9}
プロピルアミン	$C_3H_7NH_2$	5.1×10^{-4}
メチルアミン	CH_3NH_2	3.7×10^{-4}
モルヒネ	$C_{17}H_{19}NO_3$	1.6×10^{-6}

表 C・4　溶解度積定数 (25 ℃)

化合物	化学式	K_{sp}	化合物	化学式	K_{sp}
亜硫酸銀	Ag_2SO_3	1.5×10^{-14}	水酸化バリウム	$Ba(OH)_2$	5.0×10^{-3}
塩化銀	$AgCl$	1.8×10^{-10}	水酸化マグネシウム	$Mg(OH)_2$	5.6×10^{-12}
塩化水銀(I)	Hg_2Cl_2	1.4×10^{-18}	水酸化マンガン(II)	$Mn(OH)_2$	2.1×10^{-13}
塩化銅(I)	$CuCl$	1.7×10^{-7}	炭酸亜鉛	$ZnCO_3$	1.2×10^{-10}
塩化鉛(II)	$PbCl_2$	1.2×10^{-5}	炭酸カドミウム	$CdCO_3$	1.0×10^{-12}
クロム酸銀	Ag_2CrO_4	1.1×10^{-12}	炭酸カルシウム	$CaCO_3$	5.0×10^{-9}
クロム酸鉛(II)	$PbCrO_4$	2.8×10^{-13}	炭酸銀	Ag_2CO_3	8.4×10^{-12}
クロム酸バリウム	$BaCrO_4$	1.2×10^{-10}	炭酸ストロンチウム	$SrCO_3$	5.6×10^{-10}
シアン化銀	$AgCN$	6.0×10^{-17}	炭酸銅(II)	$CuCO_3$	2.5×10^{-10}
臭化銀	$AgBr$	5.4×10^{-13}	炭酸バリウム	$BaCO_3$	2.6×10^{-9}
臭化水銀(I)	Hg_2Br_2	6.4×10^{-23}	炭酸マグネシウム	$MgCO_3$	6.8×10^{-6}
臭化銅(I)	$CuBr$	6.3×10^{-9}	炭酸マンガン(II)	$MnCO_3$	2.2×10^{-11}
臭化鉛(II)	$PbBr_2$	6.6×10^{-6}	フッ化カルシウム	CaF_2	3.5×10^{-11}
水酸化亜鉛	$Zn(OH)_2$	4.1×10^{-17}	フッ化バリウム	BaF_2	1.8×10^{-7}
水酸化アルミニウム	$Al(OH)_3$	1.9×10^{-33}	フッ化マグネシウム	MgF_2	7.4×10^{-11}
水酸化カドミウム	$Cd(OH)_2$	5.3×10^{-15}	硫酸カルシウム	$CaSO_4$	7.1×10^{-5}
水酸化カルシウム	$Ca(OH)_2$	4.7×10^{-6}	硫酸銀	Ag_2SO_4	1.2×10^{-5}
水酸化クロム(III)	$Cr(OH)_3$	6.7×10^{-31}	硫酸鉛(II)	$PbSO_4$	1.8×10^{-8}
水酸化コバルト(II)	$Co(OH)_2$	5.9×10^{-15}	硫酸バリウム	$BaSO_4$	1.1×10^{-10}
水酸化水銀(II)	$Hg(OH)_2$	3.1×10^{-26}	ヨウ化銀	AgI	8.5×10^{-17}
水酸化スズ(II)	$Sn(OH)_2$	5.4×10^{-27}	ヨウ化水銀(I)	Hg_2I_2	5.3×10^{-29}
水酸化鉄(II)	$Fe(OH)_2$	4.9×10^{-17}	ヨウ化鉛(II)	PbI_2	8.5×10^{-9}
水酸化鉄(III)	$Fe(OH)_3$	2.6×10^{-39}	リン酸カルシウム	$Ca_3(PO_4)_2$	2.1×10^{-33}
水酸化銅(II)	$Cu(OH)_2$	1.6×10^{-19}	リン酸銅(II)	$Cu_3(PO_4)_2$	1.4×10^{-37}
水酸化ニッケル(II)	$Ni(OH)_2$	5.5×10^{-16}			

表 C・5　酸中の溶解度積定数（K_{spa}, 25℃）

化 合 物	化 学 式	K_{spa}
硫化亜鉛	ZnS	3×10^{-2}
硫化カドミウム	CdS	8×10^{-7}
硫化銀	Ag_2S	6×10^{-30}
硫化コバルト(II)	CoS	3
硫化水銀(II)	HgS	2×10^{-32}
硫化スズ(II)	SnS	1×10^{-5}
硫化鉄(II)	FeS	6×10^{2}
硫化銅(II)	CuS	6×10^{-16}
硫化鉛(II)	PbS	3×10^{-7}
硫化ニッケル(II)	NiS	8×10^{-1}
硫化マンガン(II)	MnS	3×10^{7}

注：金属硫化物 MS の K_{spa} は次の平衡定数である．

$$MS(s) + 2\,H_3O^+(aq) \rightleftharpoons M^{2+}(aq) + H_2S(aq) + 2\,H_2O(l)$$

金属硫化物については K_{sp} ではなく K_{spa} を用いる．それは従来の K_{sp} が H_2S の誤った K_{a2} の値に基づいていて正しくないことがわかったからである（R. J. Myers, *J. Chem. Educ.* **1986**, 63, 687-690 を参照）．

表 C・6　錯イオンの生成定数（25℃）

錯イオン	K_f	錯イオン	K_f
$Ag(CN)_2^-$	3.0×10^{20}	$Ga(OH)_4^-$	3×10^{39}
$Ag(NH_3)_2^+$	1.7×10^{7}	$Ni(CN)_4^{2-}$	1.7×10^{30}
$Ag(S_2O_3)_2^{3-}$	4.7×10^{13}	$Ni(NH_3)_6^{2+}$	2.0×10^{8}
$Al(OH)_4^-$	3×10^{33}	$Ni(en)_3^{2+}$	4×10^{17}
$Be(OH)_4^{2-}$	4×10^{18}	$Pb(OH)_3^-$	8×10^{13}
$Cr(OH)_4^-$	8×10^{29}	$Sn(OH)_3^-$	3×10^{25}
$Cu(NH_3)_4^{2+}$	5.6×10^{11}	$Zn(CN)_4^{2-}$	4.7×10^{19}
$Fe(CN)_6^{4-}$	3×10^{35}	$Zn(NH_3)_4^{2+}$	7.8×10^{8}
$Fe(CN)_6^{3-}$	4×10^{43}	$Zn(OH)_4^{2-}$	3×10^{15}

付録 D 標準還元電位 (25 ℃)

表 D・1 標準還元電位 (25 ℃)

半反応	$E°$ [V]
$F_2(g) + 2e^- \rightarrow 2F^-(aq)$	2.87
$O_3(g) + 2H^+(aq) + 2e^- \rightarrow O_2(g) + H_2O(l)$	2.08
$S_2O_8^{2-}(aq) + 2e^- \rightarrow 2SO_4^{2-}(aq)$	2.01
$Co^{3+}(aq) + e^- \rightarrow Co^{2+}(aq)$	1.81
$H_2O_2(aq) + 2H^+(aq) + 2e^- \rightarrow 2H_2O(l)$	1.78
$Ce^{4+}(aq) + e^- \rightarrow Ce^{3+}(aq)$	1.72
$MnO_4^-(aq) + 4H^+(aq) + 3e^- \rightarrow MnO_2(s) + 2H_2O(l)$	1.68
$PbO_2(s) + 3H^+(aq) + HSO_4^-(aq) + 2e^- \rightarrow PbSO_4(s) + 2H_2O(l)$	1.628
$2HClO(aq) + 2H^+(aq) + 2e^- \rightarrow Cl_2(g) + 2H_2O(l)$	1.61
$Mn^{3+}(aq) + e^- \rightarrow Mn^{2+}(aq)$	1.54
$MnO_4^-(aq) + 8H^+(aq) + 5e^- \rightarrow Mn^{2+}(aq) + 4H_2O(l)$	1.51
$2BrO_3^-(aq) + 12H^+(aq) + 10e^- \rightarrow Br_2(l) + 6H_2O(l)$	1.48
$ClO_3^-(aq) + 6H^+(aq) + 5e^- \rightarrow 1/2 Cl_2(g) + 3H_2O(l)$	1.47
$Au^{3+}(aq) + 2e^- \rightarrow Au^+(aq)$	1.40
$Cl_2(g) + 2e^- \rightarrow 2Cl^-(aq)$	1.36
$Cr_2O_7^{2-}(aq) + 14H^+(aq) + 6e^- \rightarrow 2Cr^{3+}(aq) + 7H_2O(l)$	1.36
$O_2(g) + 4H^+(aq) + 4e^- \rightarrow 2H_2O(l)$	1.23
$MnO_2(s) + 4H^+(aq) + 2e^- \rightarrow Mn^{2+}(aq) + 2H_2O(l)$	1.22
$2IO_3^-(aq) + 12H^+(aq) + 10e^- \rightarrow I_2(s) + 6H_2O(l)$	1.20
$Br_2(aq) + 2e^- \rightarrow 2Br^-(aq)$	1.09
$HNO_2(aq) + H^+(aq) + e^- \rightarrow NO(g) + H_2O(l)$	0.98
$NO_3^-(aq) + 4H^+(aq) + 3e^- \rightarrow NO(g) + 2H_2O(l)$	0.96
$2Hg^{2+}(aq) + 2e^- \rightarrow Hg_2^{2+}(aq)$	0.92
$HO_2^-(aq) + H_2O(l) + 2e^- \rightarrow 3OH^-(aq)$	0.88
$Hg^{2+}(aq) + 2e^- \rightarrow Hg(l)$	0.85
$ClO^-(aq) + H_2O(l) + 2e^- \rightarrow Cl^-(aq) + 2OH^-(aq)$	0.84
$Ag^+(aq) + e^- \rightarrow Ag(s)$	0.80
$Hg_2^{2+}(aq) + 2e^- \rightarrow 2Hg(l)$	0.80
$NO_3^-(aq) + 2H^+(aq) + e^- \rightarrow NO_2(g) + H_2O(l)$	0.79
$Fe^{3+}(aq) + e^- \rightarrow Fe^{2+}(aq)$	0.77
$O_2(g) + 2H^+(aq) + 2e^- \rightarrow H_2O_2(aq)$	0.70
$MnO_4^-(aq) + e^- \rightarrow MnO_4^{2-}(aq)$	0.56
$H_3AsO_4(aq) + 2H^+(aq) + 2e^- \rightarrow H_3AsO_3(aq) + H_2O(l)$	0.56
$I_2(s) + 2e^- \rightarrow 2I^-(aq)$	0.54
$Cu^+(aq) + e^- \rightarrow Cu(s)$	0.52
$H_2SO_3(aq) + 4H^+(aq) + 4e^- \rightarrow S(s) + 3H_2O(l)$	0.45
$O_2(g) + 2H_2O(l) + 4e^- \rightarrow 4OH^-(aq)$	0.40
$Cu^{2+}(aq) + 2e^- \rightarrow Cu(s)$	0.34
$BiO^+(aq) + 2H^+(aq) + 3e^- \rightarrow Bi(s) + H_2O(l)$	0.32
$Hg_2Cl_2(s) + 2e^- \rightarrow 2Hg(l) + 2Cl^-(aq)$	0.28
$AgCl(s) + e^- \rightarrow Ag(s) + Cl^-(aq)$	0.22
$SO_4^{2-}(aq) + 4H^+(aq) + 2e^- \rightarrow H_2SO_3(aq) + H_2O(l)$	0.17
$Cu^{2+}(aq) + e^- \rightarrow Cu^+(aq)$	0.15
$Sn^{4+}(aq) + 2e^- \rightarrow Sn^{2+}(aq)$	0.15
$S(s) + 2H^+(aq) + 2e^- \rightarrow H_2S(aq)$	0.14
$AgBr(s) + e^- \rightarrow Ag(s) + Br^-(aq)$	0.07
$2H^+(aq) + 2e^- \rightarrow H_2(g)$	0
$Fe^{3+}(aq) + 3e^- \rightarrow Fe(s)$	−0.04
$Pb^{2+}(aq) + 2e^- \rightarrow Pb(s)$	−0.13

表 D・1 （つづき）

半反応	$E°$ [V]
$CrO_4^{2-}(aq) + 4 H_2O(l) + 3 e^- \rightarrow Cr(OH)_3(s) + 5 OH^-(aq)$	−0.13
$Sn^{2+}(aq) + 2 e^- \rightarrow Sn(s)$	−0.14
$AgI(s) + e^- \rightarrow Ag(s) + I^-(aq)$	−0.15
$Ni^{2+}(aq) + 2 e^- \rightarrow Ni(s)$	−0.26
$Co^{2+}(aq) + 2 e^- \rightarrow Co(s)$	−0.28
$PbSO_4(s) + H^+(aq) + 2 e^- \rightarrow Pb(s) + HSO_4^-(aq)$	−0.296
$Tl^+(aq) + e^- \rightarrow Tl(s)$	−0.34
$Se(s) + 2 H^+(aq) + 2 e^- \rightarrow H_2Se(aq)$	−0.40
$Cd^{2+}(aq) + 2 e^- \rightarrow Cd(s)$	−0.40
$Cr^{3+}(aq) + e^- \rightarrow Cr^{2+}(aq)$	−0.41
$Fe^{2+}(aq) + 2 e^- \rightarrow Fe(s)$	−0.45
$2 CO_2(g) + 2 H^+(aq) + 2 e^- \rightarrow H_2C_2O_4(aq)$	−0.49
$Ga^{3+}(aq) + 3 e^- \rightarrow Ga(s)$	−0.55
$Cr^{3+}(aq) + 3 e^- \rightarrow Cr(s)$	−0.74
$Zn^{2+}(aq) + 2 e^- \rightarrow Zn(s)$	−0.76
$2 H_2O(l) + 2 e^- \rightarrow H_2(g) + 2 OH^-(aq)$	−0.83
$Cr^{2+}(aq) + 2 e^- \rightarrow Cr(s)$	−0.91
$Mn^{2+}(aq) + 2 e^- \rightarrow Mn(s)$	−1.18
$Al^{3+}(aq) + 3 e^- \rightarrow Al(s)$	−1.66
$Mg^{2+}(aq) + 2 e^- \rightarrow Mg(s)$	−2.37
$Na^+(aq) + e^- \rightarrow Na(s)$	−2.71
$Ca^{2+}(aq) + 2 e^- \rightarrow Ca(s)$	−2.87
$Ba^{2+}(aq) + 2 e^- \rightarrow Ba(s)$	−2.91
$K^+(aq) + e^- \rightarrow K(s)$	−2.93
$Li^+(aq) + e^- \rightarrow Li(s)$	−3.04

付録E 水の性質

標準融点	0 ℃ = 273.15 K
標準沸点	100 ℃ = 373.15 K
融解熱	6.01 kJ/mol(0 ℃)
蒸発熱	44.94 kJ/mol(0 ℃)
	44.02 kJ/mol(25 ℃)
	40.67 kJ/mol(100 ℃)
比熱	4.179 J/(g·℃)(25 ℃)
イオン積定数, K_w	1.15×10^{-15}(0 ℃)
	1.01×10^{-14}(25 ℃)
	5.43×10^{-13}(100 ℃)

表 E・1 水の蒸気圧の温度変化

温度 [℃]	P_{vap} [mm Hg]	温度 [℃]	P_{vap} [mm Hg]
0	4.58	60	149.4
10	9.21	70	233.7
20	17.5	80	355.1
30	31.8	90	525.9
40	55.3	100	760.0
50	92.5	105	906.0

問題の解答

1章

1・1 (a) Cd (b) Sb (c) Am 1・2 (a) 銀 (b) ロジウム (c) レニウム (d) セシウム (e) アルゴン (f) ヒ素 1・3 (a) Ti, 金属 (b) Te, 半金属 (c) Se, 非金属 (d) Sc, 金属 (e) At, 半金属 (f) Ar, 非金属 1・4 銅(Cu), 銀(Ag), 金(Au) 1・5 (a) 3.72×10^{-10} m (b) 1.5×10^{11} m 1・6 (a) マイクログラム (b) デシメートル (c) ピコ秒 (d) キロアンペア (e) ミリモル 1・7 37.0 ℃; 310.2 K 1・8 (a) 195 K (b) 316 °F (c) 215 °F 1・9 2.212 g/cm^3 1・10 6.32 mL 1・11 428 kJ 1・12 (a) 2300 kJ (b) 6.3 h 1・13 結果は精密であり、正確である. 1・14 (a) 有効数字5桁 (b) 有効数字6桁 (c) 有効数字1桁, 2桁, 3桁, あるいは4桁 (d) 有効数字3桁 (e) 18は正確な数字である (f) 有効数字1桁 (g) 有効数字4桁 (h) 有効数字3桁あるいは4桁 1・15 (a) 3.774 L (b) 255 K (c) 55.26 kg (d) 906.40 kJ 1・16 (a) 24.612 g (b) 1.26×10^3 g/L (c) 41.1 mL 1・17 32.6 °C; 3桁 1・18 (a) 計算: 1947 °F (b) 計算: 6×10^{-11} cm^3 1・19 8.88 g; 0.313 oz 1・20 2.52 cm^3; 4.45×10^{23} 個の C 原子 1・21 280 g

2章

2・1 3/2 2・2 2×10^4 個の金原子 2・3 約40周 2・4 陽子34個, 電子34個, 中性子41個. 2・5 $^{35}_{17}$Cl は 18個の中性子をもち, $^{37}_{17}$Cl は 20個の中性子をもつ. 2・6 $^{109}_{47}$Ag 2・7 原子量 63.55 2・8 2.04×10^{22} 個の Cu 原子 2・9 (a) 72.04 g (b) 7.75 g (c) 614.8 g 2・10 (a) 0.2405 mol (b) 1.2670 mol (c) 6.205 mol 2・11 (a) $^{106}_{44}$Ru ⟶ $^{0}_{-1}$e + $^{106}_{45}$Rh (b) $^{189}_{83}$Bi ⟶ $^{4}_{2}$He + $^{185}_{81}$Tl (c) $^{204}_{84}$Po + $^{0}_{-1}$e ⟶ $^{204}_{83}$Bi 2・12 $^{4}_{2}$He 2・13 $^{148}_{69}$Tm は陽電子放射あるいは電子捕獲のいずれかで $^{148}_{68}$Er に壊変する. 2・14 (a) ^{199}Au は β線放射で壊変し ^{173}Au は α線放射で壊変する. (b) ^{196}Pb は陽電子を放射するが ^{206}Pb は非放射性. 2・15 H と He

3章

3・1 γ線, 8.43×10^{18} Hz; レーダー波, 2.91×10^9 Hz 3・2 2.93 m; 3.14×10^{-10} m 3・3 (b) の方が高振動数. (b) の方が光線の強度がより大きい. (b) は青色光, (a) は赤色光を表す. 3・4 397.0 nm 3・5 1875 nm 3・6 820.4 nm 3・7 1310 kJ/mol 3・8 IR, 77.2 kJ/mol; UV, 479 kJ/mol; X線, 2.18×10^4 kJ/mol 3・9 2.34×10^{-38} m; 原子の直径より短い.

3・10

n	l	m_l	軌道	軌道の数
5	0	0	5s	1
	1	−1, 0, +1	5p	3
	2	−2, −1, 0, +1, +2	5d	5
	3	−3, −2, −1, 0, +1, +2, +3	5f	7
	4	−4, −3, −2, −1, 0, +1, +2, +3, +4	5g	9

5番目の殻には25個の軌道が可能である. 3・11 (a) 2p (b) 4f (c) 3d 3・12 (a) $n=3, l=0, m_l=0$ (b) $n=2, l=1, m_l=-1, 0, +1$ (c) $n=4, l=2, m_l=-2, -1, 0, +1, +2$ 3・13 4個の節面 3・14 $n=4, l=2$ 3・15 1.31×10^3 kJ/mol 3・16 Cr, Cu, Nb, Mo, Ru, Rh, Pd, Ag, La, Ce, Gd, Pt, Au, Ac, Th, Pa, U, Np, Cm, Ds, Rg 3・17 (a) Ti, $1s^2 2s^2 2p^6 3s^2 3p^6 4s^2 3d^2$ または $[\text{Ar}]4s^2 3d^2$;

[Ar] ↑↓   ↑ ↑ — — —
       4s   3d

(b) Zn, $1s^2 2s^2 2p^6 3s^2 3p^6 4s^2 3d^{10}$ または $[\text{Ar}]4s^2 3d^{10}$;

[Ar] ↑↓   ↑↓ ↑↓ ↑↓ ↑↓ ↑↓
       4s   3d

(c) Sn, $1s^2 2s^2 2p^6 3s^2 3p^6 4s^2 3d^{10} 4p^6 5s^2 4d^{10} 5p^2$ または $[\text{Kr}]5s^2 4d^{10} 5p^2$;

[Kr] ↑↓   ↑↓ ↑↓ ↑↓ ↑↓ ↑↓   ↑ ↑ —
       5s   4d   5p

(d) Pb, $[\text{Xe}]6s^2 4f^{14} 5d^{10} 6p^2$ 3・18 Na$^+$, $1s^2 2s^2 2p^6$; Cl$^-$, $1s^2 2s^2 2p^6 3s^2 3p^6$ 3・19 Ni 3・20 (a) Ba (b) Hf (c) Sn (d) Lu 3・21 蛍光灯の管内で励起された水銀原子が光子を放出する. その一部は可視光であるが大部分は紫外線領域にある. 可視光の光子は目で見えるが, 紫外線の光子は見えない. この紫外線エネルギーを使うために蛍光管の内側に, 紫外線の光子を吸収しそのエネルギーを可視光として再放射するフォスファーが塗布されている.

4章

4・1 (a) イオン性 (b) 分子性 (c) 分子性 (d) イオ

ン性　**4・2**　(a)は明確な分子がないのでイオン化合物を表しており，(b)は明確な分子があるので，分子化合物を表している．　**4・3**　(a) Ra^{2+} [Rn］　(b) Y^{3+} [Kr]　(c) Ti^{4+} [Ar]　(d) N^{3-} [Ne]．それぞれのイオンは，周期表でそれに最も近い貴ガスの基底状態電子配置をもつ．　**4・4**　Zn^{2+}　**4・5**　(a) O^{2-}　(b) S　(c) Fe　(d) H^-　**4・6**　K^+, $r = 133$ pm; Cl^-, $r = 184$ pm; K, $r = 227$ pm　**4・7**　(a) Br　(b) S　(c) Se　(d) Ne　**4・8**　(a) Be　(b) Ga　**4・9**　いずれも(b)のCl．　**4・10**　Al < Kr < Ca　**4・11**　Crは4s軌道に電子を受入れることができる．MnとFeはともに，すでに電子が入っている3d軌道に電子を受入れるが，Mnの方がZ_{eff}が低い．　**4・12**　最も不利なE_{ea}をもつのはKrで，最も有利なE_{ea}をもつのはGeである．　**4・13**　(a) [Kr]　(b) [Xe]　(c) [Ar]類似（Ga^{3+}は3s電子2個，3p電子6個に加えて3d電子10個をもつことに注意しよう）　(d) [Ne]　**4・14**　電子2個を受取る．　**4・15**　-562 kJ/mol　**4・16**　(a) KCl　(b) CaF_2　(c) CaO　**4・17**　(a)がNaCl，(b)がMgO．(b)の方が格子エネルギーが大きい．　**4・18**　(a) フッ化セシウム　(b) 酸化カリウム　(c) 酸化銅(II)　(d) 硫化バリウム　(e) 臭化ベリリウム　**4・19**　(a) VCl_3　(b) MnO_2　(c) CuS　(d) Al_2O_3　**4・20**　赤——硫化カリウム，K_2S；緑——ヨウ化ストロンチウム，SrI_2；青——酸化ガリウム，Ga_2O_3　**4・21**　(a) 次亜塩素酸カルシウム　(b) チオ硫酸銀(I)あるいはチオ硫酸銀　(c) リン酸二水素ナトリウム　(d) 硝酸スズ(II)　(e) 酢酸鉛(IV)　(f) 硫酸アンモニウム　**4・22**　(a) Li_3PO_4　(b) $Mg(HSO_4)_2$　(c) $Mn(NO_3)_2$　(d) $Cr_2(SO_4)_3$　**4・23**　(c) $CaCl_2$だけが図(1)に相当する．(a) LiBrと(b) $NaNO_2$の二つが図(2)に相当する．　**4・24**　(a) -2　(b) -2　(c) -1　**4・25**　(a) $2 Cs(s) + 2 H_2O(l) \longrightarrow 2 Cs^+(aq) + 2 OH^-(aq) + H_2(g)$　(b) $Rb(s) + O_2(g) \longrightarrow RbO_2(s)$　(c) $2 K(s) + 2 NH_3(g) \longrightarrow 2 KNH_2 + H_2(g)$　**4・26**　(a) $Be(s) + Br_2(l) \longrightarrow BeBr_2(s)$　(b) $Sr(s) + 2 H_2O(l) \longrightarrow Sr(OH)_2(aq) + H_2(g)$　(c) $2 Mg(s) + O_2(g) \longrightarrow 2 MgO(s)$　**4・27**　MgS(s); -2　**4・28**　海水の蒸発；岩塩鉱床の採掘

5章

5・1

$$H-\underset{\underset{H}{|}}{\overset{\overset{H}{|}}{C}}-\underset{\underset{H}{|}}{N}-H$$

5・2　$C_5H_{11}NO_2S$　**5・3**　$C_9H_{13}NO_3$　**5・4**　(a) 極性共有結合　(b) イオン結合　(c) 極性共有結合　(d) 極性共有結合　**5・5**　$CCl_4 \sim ClO_2 < TiCl_3 < BaCl_2$　**5・6**　Hは正に分極している（青）．Oは負に分極している（赤）．これはO(3.5)とH(2.1)の電気陰性度と矛盾しない．　**5・7**　(a) 三塩化窒素　(b) 六酸化四リン　(c) 二フッ化二硫黄　(d) 二酸化セレン　**5・8**　(a) S_2Cl_2　(b) ICl　(c) NI_3　**5・9**　(a) 五塩化リン　(b) 一酸化二窒素

5・10　(a) H:S̈:H　(b)
$$\overset{\overset{\ddot{Cl}:}{|}}{\underset{\underset{:\ddot{Cl}:}{|}}{:\ddot{Cl}:\ddot{C}:\ddot{Cl}:}} \text{ （H付き）}$$

5・11　$H:\ddot{O}:H + H^+ \longrightarrow \left[H:\ddot{O}:H \atop H \right]^+$　オキソニウムイオン

5・12

(a)
$$H-\underset{\underset{H}{|}}{\overset{\overset{H}{|}}{C}}-\underset{\underset{H}{|}}{\overset{\overset{H}{|}}{C}}-\underset{\underset{H}{|}}{\overset{\overset{H}{|}}{C}}-H$$

(b) $H-\ddot{O}-\ddot{O}-H$

(c)
$$H-\underset{\underset{H}{|}}{\overset{\overset{H}{|}}{C}}-\underset{\underset{H}{|}}{\ddot{N}}-H$$

(d)
$$H-\underset{\underset{H}{|}}{\overset{\overset{H}{|}}{C}}=\underset{\underset{H}{|}}{C}-H$$

(e) $H-C\equiv C-H$

(f)
$$\underset{:\ddot{Cl}:}{\overset{:\ddot{Cl}:}{|}}-C=\ddot{O}:$$

5・13
$$H-\underset{\underset{H}{|}}{\overset{\overset{H}{|}}{C}}-\underset{\underset{H}{|}}{\overset{\overset{H}{|}}{C}}-\ddot{O}-H \quad \text{と} \quad H-\underset{\underset{H}{|}}{\overset{\overset{H}{|}}{C}}-\ddot{O}-\underset{\underset{H}{|}}{\overset{\overset{H}{|}}{C}}-H$$

5・14　$C_4H_5N_3O$

5・15　:C≡O:

5・16　(a) $:\ddot{Cl}-\underset{\underset{:\ddot{Cl}:}{|}}{Al}-\ddot{Cl}:$　(b) $:\ddot{Cl}-\underset{\underset{:\ddot{Cl}:}{|}}{I}-\ddot{Cl}:$

(c) Xeの構造（F4個とO1個）　(d) $:\ddot{Br}-\ddot{O}-H$

5・17　(a) $[:\ddot{O}-H]^-$　(b) $\left[H-\underset{\underset{H}{|}}{\ddot{S}}-H \right]^+$　(c) $\left[\overset{:\ddot{O}:}{\underset{:\ddot{O}:}{|}} C-\ddot{O}-H \right]$

(d) $\left[\underset{:\ddot{O}:}{\overset{:\ddot{O}:}{|}} :\ddot{O}-Cl-\ddot{O}: \right]^-$

5・18　$:\ddot{N}=N=\ddot{O}: \longleftrightarrow :N\equiv N-\ddot{O}:$

5・19 (a) :Ö=S̈—Ö: ↔ :Ö—S̈=Ö:

(b) [carbonate resonance structures, three forms, 2− charge]

(c) [formate resonance structures, two forms, − charge]

(d) [BF₃ resonance structures, three forms]

5・20 [two resonance structures of methoxybenzene-like ring]

5・21 窒素＋1；単結合酸素−1；二重結合酸素 0

5・22 (a) :N̈=C=Ö: (b) :Ö—Ö⁺=Ö:

5・23 (a) 折れ曲がり形 (b) 三角錐形 (c) 直線状 (d) 正八面体形 (e) 四角錐形 (f) 正四面体形 (g) 正四面体形 (h) 正四面体形 (i) 平面正方形 (j) 平面三角形

5・24 [structures of methanol/formaldehyde derivative and acetic acid]

5・25 (a) 正四面体形 (b) シーソー形

5・26 各炭素は sp³ 混成である．C—C 結合は各炭素の電子 1 個が入った sp³ 混成軌道の重なりによって生成し，C—H 結合は電子 1 個が入った C の sp³ 軌道と電子 1 個が入った H の 1s 軌道の重なりによって生成する．

5・27 ホルムアルデヒドの炭素は sp² 混成である．

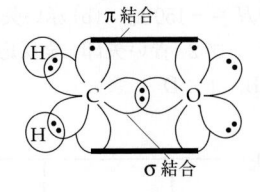

[orbital diagram labeled π 結合, σ 結合]

5・28 HCN の炭素は sp 混成である．

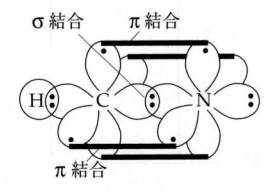

[orbital diagram labeled σ 結合, π 結合]

5・29 CO₂ の炭素は sp 混成である．

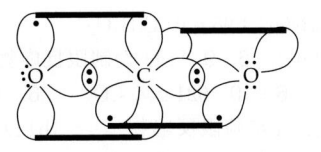

[orbital diagram of CO₂]

5・30 Cl₂CO の炭素は sp² 混成である．

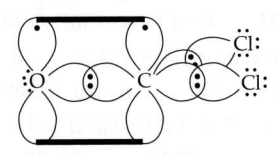

[orbital diagram of Cl₂CO]

5・31 (a) sp² (b) sp (c) sp³

5・32 He₂⁺   σ*₁ₛ ↑
              σ₁ₛ   ↑↓

He₂⁺ は安定であり，結合次数は 1/2.

5・33 B₂   σ*₂ₚ —
            π*₂ₚ — —
            σ₂ₚ   —
            π₂ₚ   ↑ ↑
            σ*₂ₛ ↑↓
            σ₂ₛ   ↑↓

結合次数 ＝ 1；常磁性

C₂   σ*₂ₚ —
     π*₂ₚ — —
     σ₂ₚ   —
     π₂ₚ   ↑↓ ↑↓
     σ*₂ₛ ↑↓
     σ₂ₛ   ↑↓

結合次数 ＝ 2；反磁性

5・34 [resonance structures of formate anion and orbital diagram]

5・35 (a) は掌性をもたない．(b) は掌性をもつ．

6 章

6・1 2 NaClO₃ ⟶ 2 NaCl ＋ 3 O₂   6・2 (a) C₆H₁₂O₆ ⟶ 2 C₂H₆O ＋ 2 CO₂ (b) 6 CO₂ ＋ 6 H₂O ⟶ C₆H₁₂O₆ ＋ 6 O₂ (c) 4 NH₃ ＋ Cl₂ ⟶ N₂H₄ ＋ 2 NH₄Cl   6・3 3 A₂ ＋ 2 B ⟶ 2 BA₃   6・4 (a) 分子量 159.7 (b) 分子量 98.1 (c) 分子量 192.1 (d) 分子量 334.4   6・5 C₉H₈O₄ 分子量 180.2；2.77 × 10⁻³ mol；1.67 × 10²¹ 分子   6・6 3.33 g の C₄H₆O₃；

5.87 g の $C_9H_8O_4$; 1.96 g の $C_2H_4O_2$ 6・7 63 % 6・8 4220 g   6・9 Li_2O が制限反応物である．41 kg の H_2O 6・10 921 g の CO_2 6・11 (a) A + $B_2 \longrightarrow AB_2$．A が制限反応物． (b) 1.0 mol の AB_2 6・12 (a) 0.0025 mol (b) 1.62 mol   6・13 (a) 25.0 g (b) 67.6 g   6・14 690 mL   6・15 1 g 6・16 0.656 M   6・17 6.94 mL の 18.0 M H_2SO_4を水で希釈し 250.0 mL の溶液とする． 6・18 10.0 mL 6・19 5.47×10^{-2} M   6・20 0.758 M   6・21 二つの体積が同じであり濃度は溶質イオンの数に比例するので，$[OH^-]$ = 0.67 M.   6・22 CH_4N; 39.9% C, 13.4% H, 46.6% N   6・23 $MgCO_3$ 6・24 C, 37.5%, H, 4.21%, O, 58.3%   6・25 $C_{10}H_{20}O$ 6・26 $C_5H_{10}O_5$ 6・27 (a) B_2H_6 (b) $C_3H_6O_3$ 6・28 つぎの仮定: (i) 油分子が小さな立方体である．(ii) 油層が 1 分子分の厚さである．(iii) 油の分子質量が 900 である．   6・29 1.0×10^{24} 分子/mol．

7 章

7・1 (a) 沈殿反応 (b) 酸化還元反応 (c) 酸塩基中和反応   7・2 0.675 M   7・3 A_2Y はイオンに完全に解離しているので，この物質が最も強い電解質である．また，A_2X は解離が最も少ないので，この物質が最も弱い電解質である．   7・4 (a) $2 Ag^+(aq) + CrO_4^{2-}(aq) \longrightarrow Ag_2CrO_4(s)$ (b) $2 H^+(aq) + MgCO_3(s) \longrightarrow H_2O(l) + CO_2(g) + Mg^{2+}(aq)$ (c) $Hg^{2+}(aq) + 2 I^-(aq) \longrightarrow HgI_2(s)$ 7・5 (a) $CdCO_3$, 不溶性 (b) MgO, 不溶性 (c) Na_2S, 可溶性 (d) $PbSO_4$, 不溶性 (e) $(NH_4)_3PO_4$, 可溶性 (f) $HgCl_2$, 可溶性   7・6 (a) $Ni^{2+}(aq) + S^{2-}(aq) \longrightarrow NiS(s)$ (b) $Pb^{2+}(aq) + CrO_4^{2-}(aq) \longrightarrow PbCrO_4(s)$ (c) $Ag^+(aq) + Br^-(aq) \longrightarrow AgBr(s)$ (d) $Zn^{2+}(aq) + CO_3^{2-}(aq) \longrightarrow ZnCO_3(s)$ 7・7 $CaCl_2(aq) + 2 Na_3PO_4(aq) \longrightarrow Ca_3(PO_4)_2(s) + 6 NaCl(aq); 3 Ca^{2+}(aq) + 2 PO_4^{3-}(aq) \longrightarrow Ca_3(PO_4)_2(s)$ 7・8 沈殿は $Mg_3(PO_4)_2$ か $Zn_3(PO_4)_2$ のいずれかである．   7・9 (a) 過ヨウ素酸 (b) 亜臭素酸 (c) クロム酸   7・10 (a) H_3PO_3 (b) H_2Se 7・11 (a) $2 Cs^+(aq) + 2 OH^-(aq) + 2 H^+(aq) + SO_4^{2-}(aq) \longrightarrow 2 Cs^+(aq) + SO_4^{2-}(aq) + 2 H_2O(l); H^+(aq) + OH^-(aq) \longrightarrow H_2O(l)$ (b) $Ca^{2+}(aq) + 2 OH^-(aq) + 2 CH_3CO_2H(aq) \longrightarrow Ca^{2+}(aq) + 2 CH_3CO_2^-(aq) + 2 H_2O(l); CH_3CO_2H(aq) + OH^-(aq) \longrightarrow CH_3CO_2^-(aq) + H_2O(l)$ 7・12 HY が最も強い酸である；HX が最も弱い酸である．   7・13 (a) Cl −1, Sn +4 (b) O −2, Cr +6 (c) O −2, Cl −1, V +5 (d) O −2, V +3 (e) O −2, H +1, N +5 (f) O −2, S +6, Fe +2   7・14 $2 Cu^{2+}(aq) + 4 I^-(aq) \longrightarrow 2 CuI(s) + I_2(aq); Cu^{2+} + 2; I^- −1; CuI:$ Cu +1, I −1; I_2: 0; 酸化剤, Cu^{2+}；還元剤, I^- 7・15 (a) C が酸化されている．C は還元剤である．SnO_2 中の Sn は還元されている．SnO_2 は酸化剤である．(b) Sn^{2+} が酸化されている．Sn^{2+} は還元剤である．Fe^{3+} が還元されている．Fe^{3+} は酸化剤である．(c) NH_3 中の N は酸化されている．NH_3 は還元剤である．O_2 中のそれぞれの O は還元されている．O_2 は酸化剤である． 7・16 (a) N.R. (b) N.R.   7・17 B は A^+ を還元するので，B は活性系列中で A より上位にある．B は C^+ を還元しないので，C は活性系列中で B の上位にある．したがって，C は活性系列中で A の上位になければならず，C は A^+ を還元する．   7・18 A > D > B > C 7・19 (a) $MnO_4^-(aq) \longrightarrow MnO_2(s), IO_3^-(aq) \longrightarrow IO_4^-(aq)$ (b) $NO_3^-(aq) \longrightarrow NO_2(g), SO_2(aq) \longrightarrow SO_4^{2-}(aq)$ 7・20 $2 NO_3^-(aq) + 8 H^+(aq) + 3 Cu(s) \longrightarrow 3 Cu^{2+}(aq) + 2 NO(g) + 4 H_2O(l)$ 7・21 $4 Fe(OH)_2(s) + 2 H_2O(l) + O_2(g) \longrightarrow 4 Fe(OH)_3(s)$ 7・22 1.98 M   7・23 $Pb(s) + PbO_2(s) + 2 HSO_4^-(aq) + 2 H^+(aq) \longrightarrow 2 PbSO_4(s) + 2 H_2O(l)$ 7・24 グリーンプロセスのためには，安全，無毒，無公害で再生可能な溶媒を探すべきである．H_2O は非常に優れたグリーン溶媒である．

8 章

8・1 (a) と (b) は状態関数，(c) は違う．   8・2 $+1.9 \times 10^4$ J が系に流れ込む．   8・3 w = −0.25 kJ. 膨張する系は，仕事のエネルギーを失い，外界に対し仕事する．   8・4 一定圧力で系の体積が減少するから，この反応の $P\Delta V$ は負．ΔH は負．その値は，ΔE より負の程度が少しだけ大きい．   8・5 w = 0.57 kJ；ΔE = −120 kJ   8・6 −45.2 kJ   8・7 (a) 780 kJ 発熱 (b) 1.24 kJ 吸熱   8・8 1.000×10^3 kJ   8・9 q = −32 kJ   8・10 0.130 J/(g・°C)   8・11 −1.1 $\times 10^2$ kJ   8・12 −202 kJ   8・13 (a) A + 2 B $\longrightarrow$ D; ΔH = −150 kJ (b) 赤い矢印: ステップ 1 緑の矢印: ステップ 2 青い矢印: 全反応 (c) 上: A + 2 B, 中: C + B, 下: D

8・14

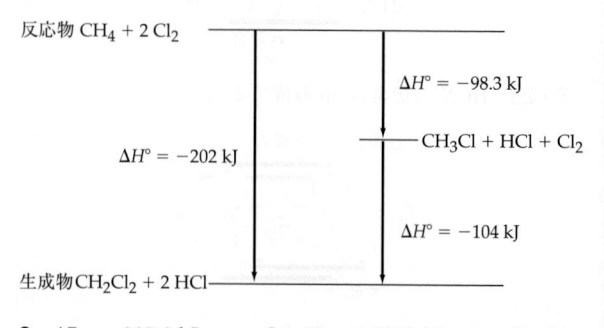

反応物 $CH_4 + 2 Cl_2$

$\Delta H°$ = −98.3 kJ —— $CH_3Cl + HCl + Cl_2$

$\Delta H°$ = −202 kJ

$\Delta H°$ = −104 kJ

生成物 $CH_2Cl_2 + 2 HCl$

8・15 −905.6 kJ   8・16 +2803 kJ   8・17

−39 kJ　**8・18**　−81 kJ　**8・19**　−2635 kJ/mol; −45.35 kJ/g; −26.3 kJ/mL　**8・20**　この反応では気体分子数が減るから，$\Delta S°$ は負．　**8・21**　この反応では，固体と気体(反応物)から，すべて気体(生成物)へと変化し，乱雑さが増すから，$\Delta S°$ は正．　**8・22**　(a) 自発的　(b) 非自発的　**8・23**　$\Delta G° = -32.9$ kJ; この反応は自発的; $T = 190$ °C　**8・24**　(a) $2 A_2 + B_2 \longrightarrow 2 A_2B$　(b) ΔH は負，ΔS は負．　(c) 低温でのみ．　**8・25**　$C_2H_6O + 3 O_2 \longrightarrow 2 CO_2 + 3 H_2O$; $2 C_{19}H_{38}O_2 + 55 O_2 \longrightarrow 38 CO_2 + 38 H_2O$　**8・26**　$CO_2(g)$ の標準生成熱(−393.5 kJ/mol)は，$H_2O(g)$ の場合(−241.8 kJ/mol)以上に負の程度が大きいから，CO_2 の生成は，H_2O の生成より，熱を多く出す．バイオディーゼルの燃焼では CO_2 と H_2O の比は，1:1 であるが，エタノールの燃焼では，化学反応式から，2:3 になる．したがって，1 g 当たりの燃焼エンタルピーは，エタノールよりバイオディーゼルの方が負の程度大きく，より好ましい．

9 章

9・1　1.00 atm = 14.7 psi; 1.00 mmHg = 1.93×10^{-2} psi　**9・2**　10.3 m　**9・3**　0.650 atm　**9・4**　1000 mmHg　**9・5**　(a), (b)

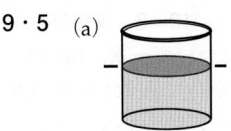

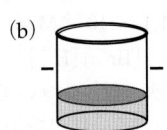

9・6　4.461×10^3 mol; 7.155×10^4 g　**9・7**　5.0 atm　**9・8**　267 mol　**9・9**　28 °C　**9・10**　(a) 体積が約 10 % 増加．(b) 体積が半分に減少．(c) 体積不変．

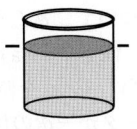

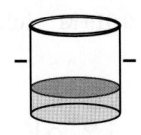

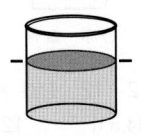

9・11　14.8 g; 7.55 L　**9・12**　190 L　**9・13**　分子量 34.1, H_2S, 硫化水素　**9・14**　$X_{H_2} = 0.7281$; $X_{N_2} = 0.2554$; $X_{NH_3} = 0.0165$　**9・15**　$P_{total} = 25.27$ atm; $P_{H_2} = 18.4$ atm; $P_{N_2} = 6.45$ atm; $P_{NH_3} = 0.417$ atm　**9・16**　0.0280 atm　**9・17**　$P_{red} = 300$ mmHg; $P_{yellow} = 100$ mmHg; $P_{green} = 200$ mmHg　**9・18**　37 °C で 525 m/s; −25 °C で 470 m/s　**9・19**　−187.0 °C　**9・20**　(a) O_2, 1.62; (b) C_2H_2, 1.04　**9・21**　$^{20}Ne(1.05) > {}^{21}Ne(1.02) > {}^{22}Ne(1.00)$　**9・22**　理想気体の法則: 20.5 atm; ファンデルワールス方程式: 20.3 atm　**9・23**　3.8×10^{-5} m　**9・24**　2.0 %　**9・25**　(a) 5.9 mmHg　(b) 0.41 g

10 章

10・1　41 %; HF は HCl よりもイオン性が大きい．
10・2　(a) SF_6 は対称的(正八面体形)であり，双極子モーメントをもたない．(b) $H_2C=CH_2$ は対称的．双極子モーメントがない．
(c)

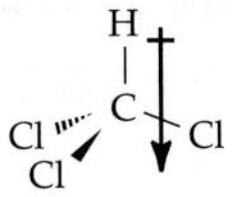

$CHCl_3$ の C−Cl 結合は極性共有結合であり，分子は極性をもつ．
(d)

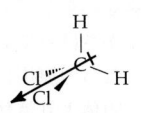

CH_2Cl_2 の C−Cl 結合は極性共有結合であり，分子は極性をもつ．
10・3　正味の →

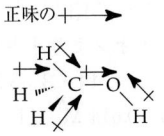

10・4　N 原子は電気陰性度が高いので，電子に富む(赤色)．H 原子は電気陰性度が低いので，電子に乏しい(青色)．　**10・5**　(a) HNO_3　(b) HNO_3　(c) Ar　**10・6**　H_2S, 双極子−双極子力, 分散力; CH_3OH, 水素結合, 双極子−双極子力, 分散力; C_2H_6, 分散力; Ar, 分散力; Ar < C_2H_6 < H_2S < CH_3OH　**10・7**　(a) 正　(b) 負　(c) 正　**10・8**　334 K　**10・9**　47 °C　**10・10**　31.4 kJ/mol　**10・11**　(a) 2 原子　(b) 4 原子　**10・12**　167 pm　**10・13**　9.31 g/cm³　**10・14**　何通りかある．その一つは，

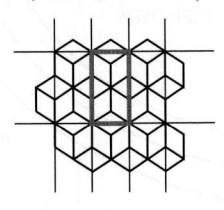

10・15　CuCl では，負電荷 4, 正電荷 4. $BaCl_2$ では，正電荷 8, 負電荷 8．　**10・16**　(a) Re 原子 1 個, O 原子 3 個　(b) ReO_3　(c) +6　(d) 直線形　(e) 正八面体形　**10・17**　三重点の圧力は, 5.11 atm　**10・18**

(a) $CO_2(s) \longrightarrow CO_2(g)$ (b) $CO_2(l) \longrightarrow CO_2(g)$
(c) $CO_2(g) \longrightarrow CO_2(l) \longrightarrow$ 超臨界 CO_2
10・19 (a)

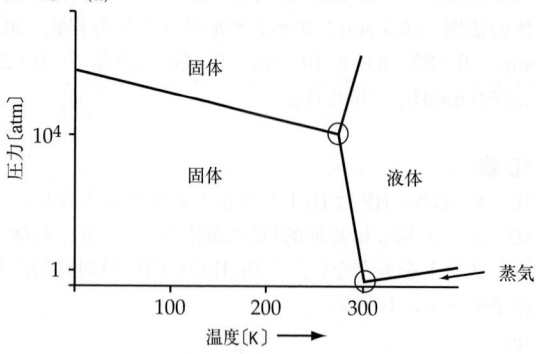

(b) 2個   (c) 圧力を加えると液相が有利になり，固液境界線の傾きは負になる．圧力1 atmでは，液相の方が固相より密度が高い．   **10・20** 名称からわかるように，イオン性液体の構成粒子は，分子ではなく，カチオンやアニオンである．   **10・21** イオン性液体では，カチオンは複雑な形をしていて，一方あるいは両方のイオンが大きくてかさばっているため，大きな体積に電荷が分散する．これらの原因によって結晶格子エネルギーが小さくなり，固体より液体の方が安定になる．

11章

11・1 トルエン $<$ Br_2 $<$ KBr   **11・2** (a) Na^+. Na^+イオンの方が，Cs^+イオンより小さいから．(b) Ba^{2+}. 電荷が大きいから．   **11・3** 5.52%   **11・4** 4.6×10^{-5} g   **11・5** 0.614 M   **11・6** 質量モル濃度=0.0249 mol/kg; $X_{C_2H_6O} = 2.96 \times 10^{-3}$ **11・7** 312 g   **11・8** 0.251 M   **11・9** 0.531 mol/kg   **11・10** 0.621 mol/kg   **11・11** 3.2×10^{-2} mol/(L·atm)   **11・12** (a) 0.0080 M (b) 1.3×10^{-5} M   **11・13** 98.6 mmHg   **11・14** 17.6 g   **11・15** 上の曲線：純溶媒 下の曲線：溶液   **11・16** (a) 27.1 mmHg (b) 46.6 mmHg   **11・17** (a) 低沸点
(b)

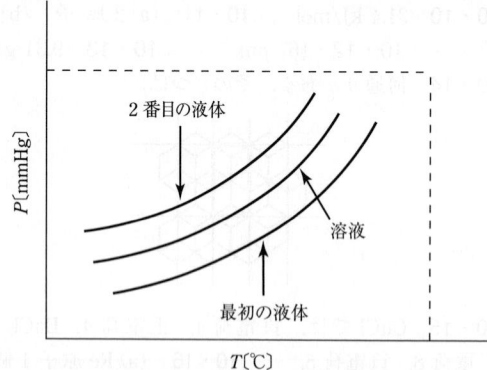

11・18 62.1°C   **11・19** -3.55°C   **11・20** 0.793 mol/kg   **11・21** 1.9   **11・22** (a) 62°C

(b) 2 mol/kg   **11・23** 9.54 atm   **11・24** 0.156 M   **11・25** 128 g/mol   **11・26** 342 g/mol   **11・27** (a)と(c)

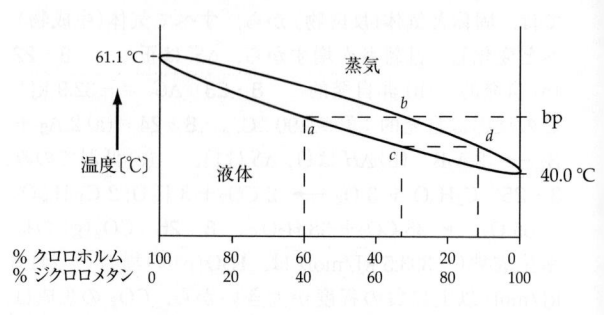

(b) 約50°C (d) ジクロロメタン90%，クロロホルム10%   **11・28** 透析膜では，溶媒分子と小さな溶質粒子の両方が透過でき，タンパク質のような大きなコロイド粒子だけが透過しない．浸透圧の測定に使う半透膜では，溶媒分子だけが透過できる．

12章

12・1 (a) 1.6×10^{-4} M/s (b) 3.2×10^{-4} M/s   **12・2** N_2O_5の分解速度 $= 2.2 \times 10^{-5}$ M/s; O_2の分解速度 $= 1.1 \times 10^{-5}$ M/s   **12・3** 反応速度 $= k[BrO_3^-][Br^-][H^+]^2$, BrO_3^-について一次，Br^-について一次，H^+について二次，全体で四次；反応速度 $= k[H_2][I_2]$, H_2について一次，I_2について一次，全体で二次．   **12・4** (a) 反応速度 $= k[H_2O_2][I^-]$ (b) $1.15 \times 10^{-2}/(M \cdot s)$ (c) 1.38×10^{-3} M/s   **12・5** 1/s; 1/s; $1/(M^3 \cdot s)$; $1/(M \cdot s)$ **12・6** (a) Aについてゼロ次，Bについて二次，全体で二次．(b) 反応速度 $= k[B]^2$ **12・7** (a) 0.080 M (b) 61 h   **12・8** $\ln[$シクロプロパン$]$を時間に対しプロットすると直線になり，データが一次の反応速度式にあてはまることがわかる． $k = 6.6 \times 10^{-4}/s$ (0.040/min)   **12・9** (a) 11 h (b) 0.019 M (c) 22 h   **12・10** (a) 5 min
(b)

○ 赤 ● 青

12・11 64.2 h   **12・12** 1.21×10^{-4} y^{-1} **12・13** 14.0%   **12・14** 44.5 d   **12・15** (a) $1/[HI]$を時間に対しプロットすると直線になり，この反応は二次反応．(b) $0.0308/(M \cdot min)$ (c) 260 min (d) 81.2 min   **12・16** (a) $2NO_2(g) + F_2(g) \longrightarrow 2NO_2F(g)$ $F(g)$は反応中間体 (b) 各素反応は2分子反応．   **12・17** (a) 反応速度 $= k[O_3][O]$ (b) 反応速度 $= k[Br]^2[Ar]$ (c) 反応速度 $= k[Co(CN)_5(H_2O)^{2-}]$

12·18

Co(CN)$_5$(H$_2$O)$^{2-}$(aq) ⟶ Co(CN)$_5^{2-}$(aq) + H$_2$O(l)
(遅い)

Co(CN)$_5^{2-}$(aq) + I$^-$(aq) ⟶ Co(CN)$_5$I^{3-}(aq)
(速い)

全反応 Co(CN)$_5$(H$_2$O)$^{2-}$(aq) + I$^-$(aq) ⟶
Co(CN)$_5$I^{3-}(aq) + H$_2$O(l)

最初の(遅い)素反応の速度式は, 反応速度 = k[Co(CN)$_5$(H$_2$O)$^{2-}$]   **12·19** (a) 2NO(g) + O$_2$(g) ⟶ 2NO$_2$(g)   (b) 正反応の反応速度 = k_1[NO][O$_2$]   逆反応の反応速度 = k_{-1}[NO$_3$]   平衡状態では, 正反応の反応速度 = 逆反応の反応速度となるから, k_1[NO][O$_2$] = k_{-1}[NO$_3$]

$$[NO_3] = \frac{k_1}{k_{-1}}[NO][O_2]$$

律速段階の速度式は, 反応速度 = k_2[NO$_3$][NO]. 2番目のステップでNO分子が反応すると, 全体反応ではNOが2分子消失するから, 全反応の速度式は, 反応速度 = $-\Delta$[NO]/Δt = 2k_2[NO$_3$][NO]   この速度式を[NO$_3$]に代入すると,

$$反応速度 = 2k_2 \frac{k_1}{k_{-1}}[NO]^2[O_2]$$

これは, 実験で得られた速度式と一致する.

(c) $$k = \frac{2k_2 k_1}{k_{-1}}$$

12·20 (a) 80 kJ/mol (b) 吸熱的
(c) A---C
    ┊ ┊
    B---D

12·21 (a) 104 kJ/mol (b) 1.4 × 10^{-4}/s   **12·22**
(a) A についてゼロ次, C$_2$について一次, B について一次.   (b) 反応速度 = k[B][C$_2$]
(c) B + C$_2$ ⟶ BC$_2$ (遅い)
     A + BC$_2$ ⟶ AC + BC
     A + BC ⟶ AC + B
     ─────────────────────
     2A + C$_2$ ⟶ 2AC   (全反応)
(d) B は触媒, BC$_2$ と BC は中間体

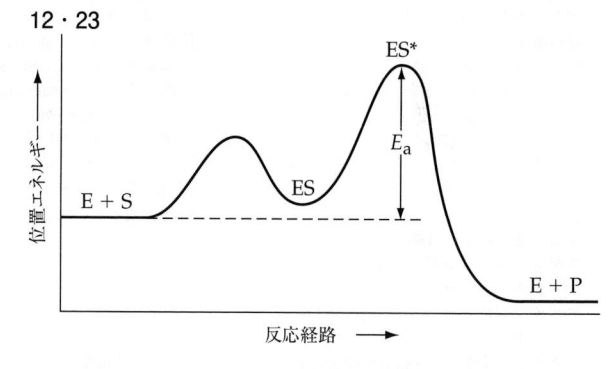

12·23

和文索引

あ

アインシュタイン (Einstein, Albert) 42
亜鉛 142
亜塩素酸イオン 77
アキシアル (axial) 101
アクチノイド 6
亜酸化窒素 98
アジ化ナトリウム 195
亜硝酸イオン 77
アスコルビン酸 132
アスタチン 82
アスピリン 123
アスファルト 179
アセチレン 177
アセトアミド 99
アセトン 212
圧力 (pressure) 188
アデノシン三リン酸 224
アドレナリン 86
アニオン (陰イオン, anion) 62
アノード 25
アボガドロ定数 (Avogadro constant) 30,121,137
アボガドロの法則 (Avogadro's law) 192,199
アリストテレス (Aristotle) 22
亜硫酸イオン 77
アルカリ金属 (alkali metal) 6,78〜80
　——の性質 79
アルカリ土類金属 (alkaline earth metal) 7,70,80,81
　——の性質 81
アルゴン 33,54,83
α線 (α radiation) 32
α線放射 33
α粒子 26,32
アルミナ 289
アルミニウム 33,54,169
アレニウス (Arrhenius, Svante) 144
アレニウスの式 (Arrhenius equation) 285
アレン 108
安定島 34
アンモニア 80,92,106,145,166,173,209,275
アンモニウムイオン 63,77

い

イオン (ion) 62
　——の電子配置 63,64
イオン化エネルギー (ionization energy) 66,67
　高次の—— 67,68
イオン化傾向 (ionization tendency) 151
イオン化合物の命名法 74〜78
イオン化列 (ionization series) 151
イオン結合 (ionic bond) 61〜78
イオン結晶 (ionic crystal) 63,222,228,229
イオン性液体 234
イオン-双極子力 (ion-dipole force) 211
イオン半径 64,65
イオン反応式 (ionic equation) 141
位相 (phase) 49
イソフルラン 204
位置エネルギー (potential energy) 14,162
一塩基酸 (monoprotic acid) 145
一次反応 (first-order reaction) 267〜271
1族元素 70,78〜80
一酸化二窒素 205,277
陰イオン　→　アニオン
陰極　→　カソード
陰極線管 25

う

ウラン 28,32
運動エネルギー (kinetic energy) 14,162

え

エカアルミニウム 4
エカケイ素 4
液体 215
エクアトリアル (equatorial) 101
SI 基本単位 9
SI 単位系 9
SI 誘導単位 12〜15
s 軌道 48
sp 混成軌道 (sp hybrid orbital) 107,108
sp^2 混成軌道 (sp^2 hybrid orbital) 106,107
sp^3 混成軌道 (sp^3 hybrid orbital) 105
s-ブロック元素 (s-block element) 56
エタノール (エチルアルコール) 176,178,184,185,263
エタン 93,102,289
エチルアルコール　→　エタノール
エチレン 102,289
エチレングリコール 125,243
X線結晶学 223
エーテル 204
エネルギー (energy) 14,162
エネルギー保存則 (conservation of energy law) 162
f 軌道 49
f-ブロック元素 (f-block element) 56

お

LD_{50} 値 20
塩 (salt) 146
塩化アルミニウム 75
塩化アンモニウム 169
塩化エチル 120
塩化銀 88
塩化水素 88
塩化水素酸 145
塩化鉄(Ⅱ)四水和物 76
塩化鉄(Ⅲ)六水和物 76
塩化銅(Ⅰ) 229
塩化ナトリウム 62,88
塩化バリウム 229
塩化ビニル 210
塩化メチレン 174
塩基 (base) 144
塩酸 145
塩素 62,82
塩素酸イオン 77
塩素酸カリウム 118,286
塩素酸ナトリウム 119
エンタルピー (enthalpy) 166,167
エントロピー (entropy) 180

お

オキソ酸 (oxoacid) 146
オキソ酸イオン 78,146
オキソニウムイオン (oxonium ion) 144
オクタン 289
オクテット 68
オクテット則 (octet rule) 70
オゾン 205,277,281,289
オゾン層 (ozone layer) 205
オゾンホール 205
温度 (temperature) 11,162

か

外界 163
回折 (diffraction) 223
壊変速度 271
壊変定数 (decay constant) 271
解離 (dissociation) 140
過塩素酸 145
過塩素酸イオン 77
化学 (chemistry) 1
化学エネルギー 163
化学結合 (chemical bond) 61
化学式 (chemical formula) 23
化学式単位 (formula unit) 117
化学的性質 (chemical property) 6
化学反応式 (chemical equation) 23,117,118

和文索引

化学反応速度論（chemical kinetics） 260〜290
化学反応の様式 139
化学量論（stoichiometry） 121
可逆性（reversibility） 165
核安定域 34
核化学（nuclear chemistry） 31
拡散（diffusion） 200
拡散速度 201
核子（nucleon） 32
確度（accuracy） 15
核反応 31
核反応式（nuclear equation） 31
化合物（chemical compound） 22
過酸化水素 267,287
過酸化物 149
過酸化物イオン 77
華氏温度（degree Fahrenheit） 11
過剰反応物 125
ガスクロマトグラフ 133
化石燃料 179
仮説 1
カソード（陰極） 25
片ひじ天秤 10
カチオン（陽イオン，cation） 62
活性化エネルギー（activation energy） 283,285
活性系列（activity series） 151〜153
活性錯体（activated complex） 283
加熱曲線（heating curve） 217
カプロン酸 134
貨幣金属 8
過飽和溶液（supersaturated solution） 245
カーボンナノチューブ（carbon nanotube） 231
過マンガン酸イオン 77
過マンガン酸カリウム 148
カラット（carat） 19
カリウム 33,54,79,79
カルシウム 54,81
カルボン 114,115
カロリー 14
還元（reduction） 148
還元剤（reducing agent） 150
換算係数（conversion factor） 17
干渉 223
γ線（γ radiation） 33
γ線放射 33

き

気圧（atmosphere） 188
気圧計 188
貴ガス（noble gas） 7,70,82,83,92
——の性質 83
ギ酸 264
基質（substrate） 292
希釈 128
キセノン 33,83
気体 187〜206
——の法則（gas laws） 190〜192
気体定数（gas constant） 193
気体分子運動論（kinetic molecular theory of gases） 198〜200

基底状態電子配置（ground-state electron configuration） 53,55
軌道（orbital） 46
——の形状 48〜51
ギブズ自由エネルギー変化（Gibbs free-energy change） 181
逆浸透（reverse osmotics） 255
急性化学毒性 20
吸着（adsorption） 289
吸熱反応（endothermic reaction） 169
球棒模型 62
キュリウム 33
強塩基（strong base） 145
凝華（deposition） 216
凝固（freezing） 216
凝固点降下 251〜253
強酸（strong acid） 144
凝縮（condensation） 216
強電解質（strong electrolyte） 140
共鳴構造 97
共鳴混成体（resonance hybrid） 97
共有結合（covalent bond） 61,85
共有結合結晶（covalent crystal） 222,230,231
極性共有結合（polar covalent bond） 88,89,208
キログラム（kilogram） 10
銀 30
均一触媒（homogeneous catalyst） 289
金属（metal） 8
金属結晶（metallic crystal） 222

く

空間充填モデル 62
空間占有率 227
空気 187
クエン酸 133
クラウジウス・クラペイロンの式（Clausius-Clapeyron equation） 219,256
グラハムの法則（Graham's law） 200,201
グラファイト 230
グラム（gram） 10
グリセリン 160,215
クリプトン 83
グリーンケミストリー 160
グルコース 86,132,176,178,263
クロム酸イオン 77
クロロフルオロカーボン 206
クロロホルム 204
クロロメタン 208
クーロンの法則（Coulomb's law） 73

け

系 163
蛍光灯 59
形式電荷（formal charge） 98
係数（coefficient） 117
ケイ素 31
軽油 179
血液透析（hemodialysis） 259

結合解離エネルギー（bond dissociation energy） 87,177
結合角（bond angle） 100
結合距離（bond length） 85
結合次数（bond order） 92,110
結合性分子軌道（bonding molecular orbital） 110
結合双極子 208
結合電子対（bonding pair） 91
結晶（crystal） 221,225〜227
ケルビン（kelvin） 11
原子（atom） 22,24
——の構造 22〜35
——の周期性 38〜58
原子価殻（valence shell） 56
原子価殻電子対反発（valence-shell electron pair repulsion） 99
原子核（nucleus） 26
原子価結合理論（valence bond theory） 104
原子質量 29
原子質量単位（atomic mass unit） 29
幻日 41
原子半径 38,57,58,65,227
原子番号（atomic number） 28
原子量 29
元素（element） 2,22
元素分析 133,134
懸濁液 237

こ

"攻撃-逃避"ホルモン 86
光子（photon） 42
格子エネルギー（lattice energy） 73,239
構成原理（Aufbau principle） 53,64
酵素（enzyme） 260,287,292
構造式（structural formula） 86
光電効果 42
五塩化リン 96
氷 222
呼吸作用 159
国際単位系 9
五酸化二窒素 260,286
固体 221〜225
孤立電子対（lone pair） 91
コレステロール 128
コロイド（colloid） 237
混合気体 197
混合物（mixture） 237
混成 105
混成軌道（hybrid orbital） 105
混和性（miscibility） 245

さ

最小肺胞濃度（minimum alveolar concentration） 205
最密充填（closest packing） 225
酢酸 145
酢酸イオン 77
酢酸ナトリウム 244
サスペンション（suspension） 237

サリチル酸 123
酸（acid） 144
　──の命名 146
三塩基酸（triprotic acid） 145
酸塩基中和反応（acid-base neutralization reaction） 130, 139
酸化（oxidation） 148
酸化還元滴定 156
酸化還元反応（oxidation-reduction reaction） 139,147～150
　──の化学量論 156,157
三角錐 100
酸化剤（oxidizing agent） 150
酸化数（oxidation number） 148
酸化鉄 169
酸化リチウム 126
酸化レニウム 229
三重結合（triple bond） 92
三重点（triple point） 232
酸性雨 203
酸素 54,79,92,149
三分子反応（termolecular reaction） 277
三方両錐形（trigonal bipyramid） 101
三ヨウ化物イオン 266
散乱実験 27

し

次亜塩素酸イオン 77
次亜塩素酸ナトリウム 122
次亜ヨウ素酸イオン 287
シアン化水素 94
シアン化物イオン 77
ジエチルエーテル 124
四角錐形（square pyramidal） 102
示強性（intensive property） 6
式量（formula weight） 120
磁気量子数（magnetic quantum number） 47
シグマ（σ）結合（sigma bond） 104
シクロプロパン 269
ジクロロメタン 174
次元解析法（dimension-alanalysis method） 17
仕事（work） 165
指示薬 130
指数表記 9
シスプラチン 125
シーソー形 101
実験式（empirical formula） 131
実在気体 193,202
質量（mass） 10
質量数（mass number） 28
質量スペクトル 135
質量パーセント濃度（mass percent） 241,242
質量分析計 136
質量分析法 135,136
質量保存の法則（law of mass consevation） 23,117
質量モル濃度（molality） 243
シトシン 94
自発過程（spontaneous process） 180
ジメチルヒドラジン 133

ジメチルプロパン 213
弱塩基（weak base） 145
弱酸（weak acid） 144
弱電解質（weak electrolyte） 140
遮蔽 52
シャルルの法則（Charles's law） 191,199
自由エネルギー 181～184
自由エネルギー変化（free-energy change） 216
臭化カルシウム 75
臭化水素酸 145
周期（period） 4
周期表（periodic table） 2～6,4,56
　メンデレーエフの── 4
15族元素 92
13族元素 91
臭素 82,264
ジュウテリウム 28
17族元素 70,81,82,92
18族元素 70,82,83,92
14族元素 92
収率（percent yield） 123
収量（yield） 123
重量 10
16族元素 92
縮退 53
主要族元素 6,78～83
主量子数（principal quantum number） 46
ジュール（Joule, James Prescott） 14
ジュール（joule, J） 14
シュレーディンガー（Schrödinger, Erwin） 45
昇華（sublimation） 72,169,216
笑気 98
蒸気圧（vapor pressure） 218,247
蒸気圧曲線 250
蒸気圧降下 247～249
硝酸 145
硝酸イオン 63,77
硝酸カリウム 23
硝酸水銀 23
常磁性（paramagnetic） 111
掌性（handedness） 114
状態関数（state function） 164
状態変化（changes of state） 216
状態量（quantity of state） 164
衝突頻度 284
衝突理論（collision theory） 282
蒸発（vaporization） 216
蒸発エンタルピー 169,252
蒸発エントロピー 252
蒸発熱 169
正味のイオン反応式（net ionic equation） 141
蒸留（distillation） 179
初期速度（initial rate） 263
初期速度法（method of initial rate） 264
食塩 83
触媒（catalyst） 286,289
示量性（extensive property） 6,171
シリンダー 190
真ちゅう 237
浸透（osmosis） 253
浸透圧（osmotic pressure） 253
浸透現象（osmosis） 247
振動数（frequency） 40
振幅（amplitude） 40

す

水銀圧力計（mercury manometer） 218
水酸化カリウム 145
水酸化カルシウム 145
水酸化ナトリウム 145
水酸化バリウム 145,169
水酸化物イオン 63,77
水晶 222
水性ガス 174
水素 53,149
水素結合（hydrogen bond） 213～215
水溶液 139～159
水和 238
スクロース 118,122
ステンレススチール 237
ストロンチウム 81
スピン磁気量子数（spin quantum number） 52

せ

正確さ（accuracy） 15
制限反応物（limiting reactant） 125
正四面体形 101
精製（refining） 179
生成物（product） 260
生石灰 176,183
静電ポテンシャル図（electrostatic potential map） 88,208
精度（precision） 15
正八面体形 102
精密さ（precision） 15
石英ガラス 231
石炭 179
石油 179
セシウム 79
節（node） 49
石灰岩 176,183,197
摂氏温度（degree Celsius） 11
絶対零度 191
セボフルラン 204
ゼロ次反応（zeroth-order reaction） 275
遷移金属族（transition metal group） 6
遷移状態（transition state） 283
潜水病 246
線スペクトル（line spectrum） 40
センチメートル（centimeter） 10
全反応 276
全反応次数（overall reaction order） 264

そ

相（phase） 216
双極子－双極子力（dipole-dipole force） 211,212
双極子モーメント（dipole moment） 208,209
相図（phase diagram） 232,233
相転移 232

和文索引

相変化〜

相変化（phase change） 216〜218,232
素過程（elementary step） 276
族（group） 4
束一的性質（colligative property） 246
速度定数（rate constant） 263
素反応（elementary reaction） 276
素反応分子数（molecularity） 277

た

第一イオン化エネルギー 67
大カロリー 14
大気圧 188
大気汚染 203
大気圏 203
第三イオン化エネルギー 67
体心立方格子（body-centered cubic unit cell） 226
体心立方充填（body-centered cubic packing） 225
体積 12
代替燃料 179
第二イオン化エネルギー 67
ダイヤモンド 230
対流圏（troposphere） 203
多原子イオン（polyatomic ion） 63,77,78
多重結合 92
単位格子（unit cell） 226,227
ターンオーバー数（turnover number） 292
単結合（single bond） 92
炭酸イオン 77
炭酸銀 143
炭酸水素イオン 77
炭酸脱水酵素 287
単純立方格子（primitive-cubic unit cell） 226
単純立方充填（simple cubic packing） 225
炭素 29,92
単分子反応（unimolecular reaction） 277

ち

チオ硫酸イオン 77
地球温暖化 204
窒素 92
注射器 13
中性子（neutron） 27
中和反応 146,147
超ウラン元素（transuranium elements） 34
超臨界流体（supercritical fluid） 233
沈殿反応（precipitation reaction） 139

て

定圧反応熱 167
d軌道 49
T字形 101
定積反応熱 167
低ナトリウム血症 21
デイビー（Davy, Humphrey） 144
定比例の法則（law of definite proportion） 23

d-ブロック元素（d-block element） 56
デオキシリボ核酸 213
デキストロメトルファン 114
滴定（titration） 130
デスフルラン 204
鉄 150
テトラクロロメタン 209
デバイ単位 209
デベライナー（Döbereiner, Johann） 2
デモクリトス（Democritus） 22
テルミット反応 169
電解質（electrolyte） 140
電荷雲 99
電気陰性度（electronegativity） 89
電子（electron） 25
電子親和力（electron affinity） 68〜70,89
電子スピン 52
電子天秤 10
電磁波（electromagnetic wave） 38
電子配置（electron configuration） 53,56〜58
電子捕獲（electron capture） 33
電池 158
点電子構造（electron-dot structure） 91〜93
天然ガス 179

と

銅 152
同位体（isotope） 28
同位体質量 29
透析（dialysis） 259
同素体（allotrope） 230
灯油 179
ド・ブローイ（de Broglie, Louis） 44
ド・ブローイの式（de Broglie equation） 44
トムソン（Thomson, J.J.） 25
ドライアイス 169,216
トリウム 32
トリチウム 28
トリニトロトルエン 168
トリフォスファ 59
トルエン 250
ドルトン（Dalton, John） 23
ドルトンの法則 197〜199

な

内殻電子（core electron） 67
内遷移金属族（inner transition metal group） 6
内部エネルギー（internal energy） 163
長さ 10
ナトリウム 54,62,79
ナノメートル（nanometer） 10
ナフサ 179
ナフタレン 134

に

二塩基酸（diprotic acid） 145

二クロム酸イオン 77
二元イオン化合物 74〜76
二酸化ケイ素 231
二酸化炭素 93,204
二酸化窒素 272
二酸化マンガン 286
虹 41
二次反応（second-order reaction） 272〜274
二重結合（double bond） 92
2族元素 70,80,81
ニトロゲナーゼ 287
ニトロメタン 170
二分子反応（bimolecular reaction） 277
ニュートリノ 36
ニュートン（newton） 188

ね，の

ネオン 53,83,92
熱（heat） 162
熱エネルギー 162
熱化学（thermochemistry） 162〜184
熱容量（heat capacity） 170
熱力学第一法則（first law of thermodynamics） 163
熱力学的標準状態（thermodynamic standard state） 167,168
熱量計 170
燃焼 158
燃焼エンタルピー（combustion enthalpy） 178
燃焼熱（heat of combustion） 178
燃焼分析 133
粘性（viscosity） 215

濃度 240〜243

は

配位結合（coordinate bond） 92,144
配位数（coordination number） 225
バイオディーゼル 185
バイオ燃料 184
π結合（pi bond） 107
倍数接頭語 90
倍数比例の法則（law of multiple proportion） 23
ハイゼンベルク（Heisenberg, Werner） 45
ハイゼンベルクの不確定性原理（Heisenberg uncertainty principle） 45
パウリ（Pauli, Wolfgang） 52
パウリの排他原理（Pauli exclusion principle） 52
パスカル（pascal） 188
パーセント組成（percent composition） 131
波長（wavelength） 40
白金触媒 275
発酵 176
発熱反応（exothermic reaction） 169
波動関数（wave function） 46,47
波動方程式 46
ハーバー法 173

和文索引

は

バリウム　81
バルマー（Balmer, Johann）　41
バルマー系列　42,51
バルマーの公式　41
ハロゲン（halogen）　7,69,79,81,82,92,149
　——の性質　82
ハロゲン化物　79
ハロゲン化物イオン　69
ハロタン　204
反結合性分子軌道（antibonding molecular orbital）　110
半減期（half-life）　270
反磁性（diamagnetic）　111
半占軌道　52
半透性（semipermeable）　253
半導体　8
半透膜　253
反応機構（reaction mechanism）　260,276,277
反応次数（reaction order）　264
反応速度（reaction rate）　260〜263
反応速度式（rate law）　263
　——の積分形（integrated rate law）　267
反応中間体（reaction intermediate）　277
反応物（reactant）　260
半反応（half-reaction）　153
半反応の方法（half-reaction method）　153

ひ

p軌道　49
非金属（nonmetal）　8
非結合電子対（nonbonding pair）　91
ピコメートル（picometer）　10
ヒ酸　263
非晶質（amorphous solid）　222
ヒスチジン　94
ビタミンC　132
ビッグバン　36
非電解質（nonelectrolyte）　140
ヒドラジン　93,173
比熱（specific heat）　171
比熱容量（specific heat capacity）　171
PV仕事　165
p-ブロック元素（p-block element）　56
ピペット　128
ビュレット　13,130
標準圧力　193
標準エンタルピー（standard enthalpy）　168
標準エントロピー変化　181
標準状態　193
標準生成熱（standard heats of formation）　175,176
標準大気圧　188
標準沸点（normal boiling point）　220
標準モル体積（standard molar volume）　192,193
標準融点（normal melting point）　232
標準溶液　130
漂白　158
表面張力（surface tension）　215
頻度因子（frequency factor）　285

ふ

ファンデルワールス（van der Waals, Johannes）　210
ファンデルワールスの方程式（Van der Waals equation）　202
ファンデルワールス力（van der Waals force）　210
ファントホッフ係数　248
フィッシャー・トロプシュ過程　289
フェノールフタレイン　130
不活性ガス　82
不均一触媒（heterogeneous catalyst）　289
副殻（subshell）　46
腐食　159
ブタン　179,212
フッ化水素　92
フッ化水素酸　145
フッ化リチウム　75
物質（matter）　10
物質量（amount of substance）　30,127
フッ素　54,82,92
沸点上昇　251〜253
物理的性質（physical property）　6
ブラッグ（Bragg, William）　223
ブラッグの公式（Bragg equation）　224
プラトン（Plato）　22
フラーレン（fullerene）　231
フランクリン（Franklin, Benjamin）　137
フランシウム　79
プリーストリ（Priestley, Joseph）　22
プルースト（Proust, Joseph）　23
プルトニウム　33
プロチウム　28
ブロック　56
プロパン　86,118,165,167,197
プロピレングリコール　160
ブロモメタン　278
分圧　197
　——の法則　197
分極率（polarizability）　212
噴散（effusion）　200
噴散速度　200
分散力　212
分子（molecule）　61,85
分子イオン　135
分子間引力　202
分子間力（intermolecular force）　210〜215
分子軌道（molecular orbital）　109
分子軌道理論（molecular orbital theory）　119〜113
分子結晶（molecular crystal）　222
分子式（molecular formula）　132
分子質量（molecular mass）　120
分子反応式（molecular equation）　141
分子量（molecular weight）　120
フントの規則（Hund's rule）　53
分別蒸留（fractional distillation）　256

へ

平均運動エネルギー　199

平均自由行程（mean free path）　200
平均速度　200
平衡（equilibrium）　245
平衡状態　182
平面三角形　100
平面正方形（square planar）　102
ヘスの法則（Hess's law）　173
β線（β radiation）　32
β線放射　33
ヘリウム　32,53,83
ベリリウム　53,81
ヘルツ（hertz）　40
ベンゼン　212,250
ペンタン　213,240
ヘンリーの法則（Henry's law）　246

ほ

ボーア（Bohr, Niels）　44
ボーアモデル　44
ボイル（Boyle, Robert）　22
ボイルの法則（Boyle's law）　190,199
方位量子数（azimuthal quantum number）　46
ホウケイ酸ガラス　231
放射壊変　271
放射性壊変過程　33
放射性同位体　32,271
放射能　32,33
ホウ素　53,91
膨張　165,166
飽和　245
ホスフィン　93
ボラン　91
ポーリング（Pauling, Linus）　105
ポルトランドセメント　183
ホルムアルデヒド　96
ボルン・ハーバーサイクル（Born-Haber cycle）　72
ボンベ熱量計　170

ま

マイクログラム（microgram）　10
マイクロメートル（micrometer）　10
マグネシウム　33,54,63,81,148
麻酔剤　204
マノメーター（manometer）　189
丸める　round off　16

み

水　79,92,106,209
　——の密度　13
三つ組元素（triad）　3
密度（density）　13,227
ミリカン（Millikan, R.A.）　26
ミリグラム（milligram）　10
ミリメートル（millimeter）　10
ミリメートル水銀柱（millimeter of mercury）　188

和文索引

ミリリットル（milliliter） 12

め

命名法 90
メスシリンダー 13
メスフラスコ 13,127
メタノール（メチルアルコール）
　　　　　179,183,210,278
メタロイド（metalloid） 8
メタン 92,106,164,166,167,174
メチオニン 86
メチルアミン 210
メチルアルコール → メタノール
メチル t-ブチルエーテル 123
メートル（meter） 10
面心立方格子（face-centered cubic unit cell）
　　　　　226
メンデレーエフ（Mendeleev, Dmitri） 3
メンデレーエフの周期表 4
メントール 135

も

モル（mole） 30
モル凝固点降下定数（molal freezing-point depression constant） 252
モル質量（molar mass） 30,196
モル熱容量（molar heat capacity） 171,217
モル濃度（molarity） 127,241
モル沸点上昇定数（molal boiling-point elevation constant） 251
モル分率（mole fraction） 198,241

や 行

冶金 159
融解 216
融解エンタルピー（enthalpy of fusion）
　　　　　169,217,253
融解エントロピー（entropy of fusion） 253
融解熱（heat of fusion） 169,217
有効核電荷（effective nuclear charge） 53,65

有効数字（significant figure） 15
誘導量 12
U字管 189
油滴実験 26

陽イオン → カチオン
溶液（solution） 237〜240
溶解エンタルピー（enthalpy of solution）
　　　　　238
溶解エントロピー（entropy of solution）
　　　　　238
溶解度（solubility） 142,245
溶解熱 238
ヨウ化カリウム 23
ヨウ化水銀 23
ヨウ化物イオン 263,267
陽極 → アノード
陽子（proton） 27
溶質（solute） 237
ヨウ素 33,82
陽電子放射（positron emission） 33
陽電子放射トモグラフィー（positron emission tomography） 33
溶媒（solvent） 237
溶媒和 238

ら

ラウエ（Laue, Max von） 223
ラウールの法則（Raoult's law） 247
ラザフォード（Rutherford, Ernest） 26
ラジウム 81
ラジオアイソトープ（radioisotope） 32
ラドン 83
ラボアジェ（Lavoisier, Antoine） 23,144
ランタノイド 6

り

理想気体 193
　――の法則（ideal gas law） 193
リチウム 53,79,79
律速段階（rate-determining step） 279
立体因子（steric factor） 284
リットル（liter） 12
立方最密充填（cubic closest packing） 225

立方センチメートル（cubic centimeter） 12
立方デシメートル（cubic decimeter） 12
立方メートル（cubic meter） 12
リボース 135
硫酸 145
硫酸イオン 63,77
硫酸水素イオン 77
リュードベリ（Rydberg, Johannes） 42
リュードベリの公式 42
リュードベリ定数 41
量子（quantum） 43
量子数（quantum number） 46,47
量子力学モデル（quantum mechanical model） 45
理論（theory） 1
リン 148
臨界圧力 232
臨界温度 232
臨界点（critical point） 232
リン酸 145
リン酸イオン 77
リン酸水素イオン 77
リン酸二水素イオン 77

る

ルイス（Lewis G. N.） 91
ルイス構造（Lewis structure） 91
ルビジウム 79

れ

励起状態 277
励起状態電子配置 105
レボメトルファン 114
連結線（tie line） 257
連鎖反応（chain reaction） 206

ろ

六方最密充填（hexagonal closest packing）
　　　　　225
ロンドンの分散力（London dispersion force）
　　　　　212,213

欧文索引

A

accuracy（正確さ） 15
accuracy（確度） 15
acid（酸） 144
acid-base neutralization reaction（酸塩基中和反応） 130,139
activated complex（活性錯体） 283
activation energy（活性化エネルギー） 283,285
activity series（活性系列） 151〜153
adsorption（吸着） 289
alkali metal（アルカリ金属） 6,78〜80
alkaline earth metal（アルカリ土類金属） 7,70,80,81
allotrope（同素体） 230
amorphous solid（非晶質） 222
amount of substance（物質量） 30,127
amplitude（振幅） 40
anion（アニオン，陰イオン） 62
antibonding molecular orbital（反結合性分子軌道） 110
Aristotle（アリストテレス） 22
Arrhenius equation（アレニウスの式） 285
Arrhenius, Svante（アレニウス） 144
atmosphere（気圧） 188
atom（原子） 22,24
atomic mass unit（原子質量単位） 29
atomic number（原子番号） 28
Aufbau principle（構成原理） 53,64
Avogadro constant（アボガドロ定数） 30,121,137
Avogadro's law（アボガドロの法則） 192,199
axial（アキシアル） 101
azimuthal quantum number（方位量子数） 46

B

Balmer, Johann（バルマー） 41
base（塩基） 144
bimolecular reaction（二分子反応） 277
body-centered cubic packing（体心立方充填） 225
body-centered cubic unit cell（体心立方格子） 226
Bohr, Niels（ボーア） 44
bond angle（結合角） 100
bond dissociation energy（結合解離エネルギー） 87,177
bond length（結合距離） 85

bond order（結合次数） 92,110
bonding molecular orbital（結合性分子軌道） 110
bonding pair（結合電子対） 91
Born-Haber cycle（ボルン・ハーバーサイクル） 72
Boyle, Robert（ボイル） 22
Boyle's law（ボイルの法則） 190,199
Bragg equation（ブラッグの公式） 224
Bragg, William（ブラッグ） 223

C

carat（カラット） 19
carbon nanotube（カーボンナノチューブ） 231
catalyst（触媒） 286,289
cation（カチオン，陽イオン） 62
centimeter（センチメートル） 10
chain reaction（連鎖反応） 206
changes of state（状態変化） 216
Charles's law（シャルルの法則） 191,199
chemical bond（化学結合） 61
chemical compound（化合物） 22
chemical equation（化学反応式） 23,117,118
chemical formula（化学式） 23
chemical kinetics（化学反応速度論） 260〜290
chemical property（化学的性質） 6
chemistry（化学） 1
Clausius-Clapeyron equation（クラウジウス・クラペイロンの式） 219,256
closest packing（最密充填） 225
coefficient（係数） 117
colligative property（束一的性質） 246
collision theory（衝突理論） 282
colloid（コロイド） 237
combustion enthalpy（燃焼エンタルピー） 178
condensation（凝縮） 216
conservation of energy law（エネルギー保存則） 162
conversion factor（換算係数） 17
coordinate bond（配位結合） 92,144
coordination number（配位数） 225
core electron（内殻電子） 67
Coulomb's law（クーロンの法則） 73
covalent bond（共有結合） 61,85
covalent crystal（共有結合結晶） 222,230,231
critical point（臨界点） 232
crystal（結晶） 221,225〜227
cubic centimeter（立方センチメートル） 12
cubic closest packing（立方最密充填） 225
cubic decimeter（立方デシメートル） 12

cubic meter（立方メートル） 12

D

Dalton, John（ドルトン） 23
Davy, Humphrey（デイビー） 144
d-block element（d-ブロック元素） 56
de Broglie equation（ド・ブローイの式） 44
de Broglie, Louis（ド・ブローイ） 44
decay constant（壊変定数） 271
degree Celsius（摂氏温度） 11
degree Fahrenheit（華氏温度） 11
Democritus（デモクリトス） 22
density（密度） 13,227
dialysis（透析） 259
diamagnetic（反磁性） 111
diffraction（回折） 223
diffusion（拡散） 200
dimension-analysis method（次元解析法） 17
dipole moment（双極子モーメント） 208,209
dipole-dipole force（双極子-双極子力） 211,212
diprotic acid（二塩基酸） 145
dissociation（解離） 140
distillation（蒸留） 179
Döbereiner, Johann（デベライナー） 2
double bond（二重結合） 92

E

effective nuclear charge（有効核電荷） 53,65
effusion（噴散） 200
Einstein, Albert（アインシュタイン） 42
electrolyte（電解質） 140
electromagnetic wave（電磁波） 38
electron（電子） 25
electron affinity（電子親和力） 68〜70,89
electron capture（電子捕獲） 33
electron configuration（電子配置） 53,56〜58
electron-dot structure（点電子構造） 91〜93
electronegativity（電気陰性度） 89
electrostatic potential map（静電ポテンシャル図） 88,208
element（元素） 2,22
elementary reaction（素反応） 276
elementary step（素過程） 276
empirical formula（実験式） 131
endothermic reaction（吸熱反応） 169
energy（エネルギー） 14,162

欧文索引

enthalpy（エンタルピー）166,167
enthalpy of fusion（融解エンタルピー）169,217
enthalpy of solution（溶解エンタルピー）238
entropy（エントロピー）180
entropy of fusion（融解エントロピー）253
entropy of solution（溶解エントロピー）238
enzyme（酵素）260,287,292
equatorial（エクアトリアル）101
equilibrium（平衡）245
exothermic reaction（発熱反応）169
extensive property（示量性）6,171

F

face-centered cubic unit cell（面心立方格子）226
f-block element（f-ブロック元素）56
first law of thermodynamics（熱力学第一法則）163
first-order reaction（一次反応）267〜271
formal charge（形式電荷）98
formula unit（化学式単位）117
formula weight（式量）120
fractional distillation（分別蒸留）256
Franklin, Benjamin（フランクリン）137
free-energy change（自由エネルギー変化）216
freezing（凝固）216
frequency（振動数）40
frequency factor（頻度因子）285
fullerene（フラーレン）231
fusion, melting（融解）216

G

gas constant（気体定数）193
gas laws（気体の法則）190〜192
Gibbs free-energy change（ギブズ自由エネルギー変化）181
Graham's law（グラハムの法則）200,201
gram（グラム）10
ground-state electron configuration（基底状態電子配置）53,55
group（族）4

H

half-life（半減期）270
half-reaction（半反応）153
half-reaction method（半反応の方法）153
halogen（ハロゲン）7,69,79,81,82,92,149
handedness（掌性）114
heat（熱）162
heat capacity（熱容量）170
heat of combustion（燃焼熱）178
heat of fusion（融解熱）169,217
heating curve（加熱曲線）217

Heisenberg uncertainty principle（ハイゼンベルクの不確定性原理）45
Heisenberg, Werner（ハイゼンベルク）45
hemodialysis（血液透析）259
Henry's law（ヘンリーの法則）246
hertz（ヘルツ）40
Hess's law（ヘスの法則）173
heterogeneous catalyst（不均一触媒）289
hexagonal closest packing（六方最密充塡）225
homogeneous catalyst（均一触媒）289
Hund's rule（フントの規則）53
hybrid orbital（混成軌道）105
hydrogen bond（水素結合）213〜215

I

ideal gas law（理想気体の法則）193
initial rate（初期速度）263
inner transition metal group（内遷移金属族）6
integrated rate law（反応速度式の積分形）267
intensive property（示強性）6
intermolecular force（分子間力）210〜215
internal energy（内部エネルギー）163
ion（イオン）62
ion-dipole force（イオン-双極子力）211
ionic bond（イオン結合）61〜78
ionic crystal（イオン結晶）63,222,228,229
ionic equation（イオン反応式）141
ionization energy（イオン化エネルギー）66,67
ionization series（イオン化列）151
ionization tendency（イオン化傾向）151
isotope（同位体）28

J

joule, J（ジュール）14
Joule, James Prescott（ジュール）14

K

kelvin（ケルビン）11
kilogram（キログラム）10
kinetic energy（運動エネルギー）14,162
kinetic molecular theory of gases（気体分子運動論）198〜200

L

lattice energy（格子エネルギー）73,239
Laue, Max von（ラウエ）223
Lavoisier, Antoine（ラボアジェ）23,144
law of definite proportion（定比例の法則）23
law of mass consevation（質量保存の法則）23,117

law of multiple proportion（倍数比例の法則）23
Lewis G. N.（ルイス）91
Lewis structure（ルイス構造）91
limiting reactant（制限反応物）125
line spectrum（線スペクトル）40
liter（リットル）12
London dispersion force（ロンドンの分散力）212,213
lone pair（孤立電子対）91

M

magnetic quantum number（磁気量子数）47
manometer（マノメーター）189
mass（質量）10
mass number（質量数）28
mass percent（質量パーセント濃度）241,242
matter（物質）10
mean free path（平均自由行程）200
Mendeleev, Dmitri（メンデレーエフ）3
meniscus（メニスカス）216
mercury manometer（水銀圧力計）218
metal（金属）8
metallic crystal（金属結晶）222
metalloid（メタロイド）8
meter（メートル）10
method of initial rate（初期速度法）264
microgram（マイクログラム）10
micrometer（マイクロメートル）10
milligram（ミリグラム）10
Millikan, R.A.（ミリカン）26
milliliter（ミリリットル）12
millimeter of mercury（ミリメートル水銀柱）188
millimeter（ミリメートル）10
minimum alveolar concentration（最小肺胞濃度）205
miscibility（混和性）245
mixture（混合物）237
molal boiling-point elevation constant（モル沸点上昇定数）251
molal freezing-point depression constant（モル凝固点降下定数）252
molality（質量モル濃度）243
molar heat capacity（モル熱容量）171,217
molar mass（モル質量）30,196
molarity（モル濃度）127,241
mole（モル）30
mole fraction（モル分率）198,241
molecular crystal（分子結晶）222
molecular equation（分子反応式）141
molecular formula（分子式）132
molecular mass（分子質量）120
molecular orbital（分子軌道）109
molecular orbital theory（分子軌道理論）119〜113
molecular weight（分子量）120
molecularity（素反応分子数）277
molecule（分子）61,85
monoprotic acid（一塩基酸）145

欧文索引

N

nanometer（ナノメートル） 10
net ionic equation（正味のイオン反応式） 141
neutron（中性子） 27
newton（ニュートン） 188
noble gas（貴ガス） 7
node（節） 49
nonbonding pair（非結合電子対） 91
nonelectrolyte（非電解質） 140
nonmetal（非金属） 8
normal boiling point（標準沸点） 220
normal melting point（標準融点） 232
nuclear chemistry（核化学） 31
nuclear equation（核反応式） 31
nucleon（核子） 32
nucleus（原子核） 26

O

octet rule（オクテット則） 70
orbital（軌道） 46
osmosis（浸透現象） 247
osmosis（浸透） 253
osmotic pressure（浸透圧） 253
overall reaction order（全反応次数） 264
oxidation（酸化） 148
oxidation number（酸化数） 148
oxidation-reduction reaction（酸化還元反応） 139,147～150
oxidizing agent（酸化剤） 150
oxoacid（オキソ酸） 146
oxonium ion（オキソ酸イオン） 144
ozone layer（オゾン層） 205

P

paramagnetic（常磁性） 111
pascal（パスカル） 188
Pauli exclusion principle（パウリの排他原理） 52
Pauli, Wolfgang（パウリ） 52
Pauling, Linus（ポーリング） 105
p-block element（p-ブロック元素） 56
percent composition（パーセント組成） 131
percent yield（収率） 123
period（周期） 4
periodic table（周期表） 2～6,56
phase（位相） 49
phase（相） 216
phase change（相変化） 216～218,232
phase diagram（相図） 232,233
photon（光子） 42
physical property（物理的性質） 6
pi bond（π 結合） 107
picometer（ピコメートル） 10
Plato（プラトン） 22
polar covalent bond（極性共有結合） 88,89,208
polarizability（分極率） 212
polyatomic ion（多原子イオン） 63,77,78
positron emission（陽電子放射） 33
positron emission tomography（陽電子放射トモグラフィー） 33
potential energy（位置エネルギー） 14,162
precipitation reaction（沈殿反応） 139
precision（精密さ） 15
precision（精度） 15
pressure（圧力） 188
Priestley, Joseph（プリーストリ） 22
primitive-cubic unit cell（単純立方格子） 226
principal quantum number（主量子数） 46
product（生成物） 260
proton（陽子） 27
Proust, Joseph（プルースト） 23

Q

quantity of state（状態量） 164
quantum（量子） 43
quantum mechanical model（量子力学モデル） 45
quantum number（量子数） 46,47

R

radioisotope（ラジオアイソトープ） 32
Raoult's law（ラウールの法則） 247
rare gas（希ガス） 7
rate constant（速度定数） 263
rate law（反応速度式） 263
rate-determining step（律速段階） 279
reactant（反応物） 260
reaction intermediate（反応中間体） 277
reaction mechanism（反応機構） 260,276,277
reaction order（反応次数） 264
reaction rate（反応速度） 260～263
reducing agent（還元剤） 150
reduction（還元） 148
refining（精製） 179
resonance hybrid（共鳴混成体） 97
reverse osmotics（逆浸透） 255
reversibility（可逆性） 165
round off（丸める） 16
Rutherford, Ernest（ラザフォード） 26
Rydberg, Johannes（リュードベリ） 42

S

salt（塩） 146
s-block element（s-ブロック元素） 56
Schrödinger, Erwin（シュレーディンガー） 45
second-order reaction（二次反応） 272～274
semipermeable（半透性） 253
sigma bond（シグマ（σ）結合） 104
significant figure（有効数字） 15
simple cubic packing（単純立方充塡） 225
single bond（単結合） 92
solubility（溶解度） 142,245
solute（溶質） 237
solution（溶液） 237～240
solvent（溶媒） 237
sp hybrid orbital（sp 混成軌道） 107,108
sp^2 hybrid orbital（sp^2 混成軌道） 106,107
sp^3 hybrid orbital（sp^3 混成軌道） 105
specific heat（比熱） 171
specific heat capacity（比熱容量） 171
spin quantum number（スピン磁気量子数） 52
spontaneous process（自発過程） 180
square planar（平面正方形） 102
square pyramidal（四角錐形） 102
standard enthalpy（標準エンタルピー） 168
standard heats of formation（標準生成熱） 175,176
standard molar volume（標準モル体積） 192,193
state function（状態関数） 164
steric factor（立体因子） 284
stoichiometry（化学量論） 121
strong acid（強酸） 144
strong base（強塩基） 145
strong electrolyte（強電解質） 140
structural formula（構造式） 86
sublimation（昇華） 72,169,216
subshell（副殻） 46
substrate（基質） 292
supercritical fluid（超臨界流体） 233
supersaturated solution（過飽和溶液） 245
surface tension（表面張力） 215
suspension（サスペンション） 237

T

temperature（温度） 11,162
termolecular reaction（三分子反応） 277
theory（理論） 1
thermochemistry（熱化学） 162～184
thermodynamic standard state（熱力学的標準状態） 167,168
Thomson, J.J.（トムソン） 25
tie line（連結線） 257
titration（滴定） 130
transition metal group（遷移金属族） 6
transition state（遷移状態） 283
transuranium elements（超ウラン元素） 34
triad（三つ組元素） 3
trigonal bipyramid（三方両錐形） 101
triple bond（三重結合） 92
triple point（三重点） 232
triprotic acid（三塩基酸） 145
troposphere（対流圏） 203
turnover number（ターンオーバー数） 292

U

unimolecular reaction（単分子反応） 277
unit cell（単位格子） 226,227

V～Z

valence bond theory（原子価結合理論） 104
valence shell（原子価殻） 56
valence-shell electron pair repulsion（原子価殻電子対反発） 99

Van der Waals equation（ファンデルワールスの方程式） 202
van der Waals force（ファンデルワールス力） 210
van der Waals, Johannes（ファンデルワールス） 210
vapor pressure（蒸気圧） 218, 247
vaporization（蒸発） 216
viscosity（粘性） 215

wave function（波動関数） 46, 47
wavelength（波長） 40
weak acid（弱酸） 144
weak base（弱塩基） 145
weak electrolyte（弱電解質） 140

yield（収量） 123

zeroth-order reaction（ゼロ次反応） 275

掲載図出典

1章 1(左), Art Resource, N.Y; 1(右), iStockphoto; 2, McCracken Photographers/Pearson Education/PH College; 3, Richard Megna/Fundamental Photographs, NYC; 4, Richard Megna/Fundamental Photographs, NYC; 6, McCracken Photographers/Pearson Education/PH College; 7(右段左), McCracken Photographers, Inc./Pearson Education/PH College; 7(右段右), National Geographic Image Collection; 8(左段左), Richard Megna/Fundamental Photographs, NYC; 8(左段右), McCracken Photographers, Inc./Pearson Education/PH College; 8(右段), David Bathgate/CORBIS-NY; 10, McCracken Photographers/Pearson Education/PH College; 11, Dr. Tony Brain/Science Photo Library/Photo Researchers, Inc.; 12, Richard Megna/Fundamental Photographs, NYC; 13(左段), McCracken Photographers/Pearson Education/PH College; 13(右段), McCracken Photographers, Inc./Pearson Education/PH College; 15, Dex Images/Corbis/Bettmann; 18, Dennis Kunkel/Phototake NYC; 21, Richard Megna/Fundamental Photographs, NYC

2章 22, Richard Megna/Fundamental Photographs, NYC; 23, Richard Megna/Fundamental Photographs, NYC; 24, Richard Megna/Fundamental Photographs, NYC; 25, Richard Megna/Fundamental Photographs, NYC; 30, Richard Megna/Fundamental Photographs; 36(左段), European Space Agency; 36(右段), NASA/Marshall Space Flight Center

3章 40, Richard Cummins/CORBIS-NY; 41(左上), Pictor/ImageState Media Partners Limited; 41(右上), Shutterstock; 48, Richard Megna/Fundamental Photographs, NYC

4章 61, UPI/Corbis/Bettmann; 62, Richard Megna/Fundamental Photographs, NYC; 63, Ed Degginger/Color-Pic, Inc., 76, Richard Megna/Fundamental Photographs, NYC; 80(上), Richard Megna/Fundamental Photographs, NYC; 80(下), Richard Megna/Fundamental Photographs, NYC; 81, Richard Megna/Fundamental Photographs, NYC

5章 88, McCracken Photographers/Pearson Education/PH College; 111, McCracken Photographers/Pearson Education/PH College; 115(左), iStockphoto; 115(右), Shutterstock

6章 118, Gregg Adams/Gregg Adams Photography; 127, Richard Megna/Fundamental Photographs, NYC; 128, Richard Megna/Fundamental Photographs, NYC; 129, Paul Silverman/ Fundamental Photographs, NYC; 130, Richard Megna/Fundamental Photographs, NYC; 137(左段左), Library of Congress; 137(左段右), Science Photo Library/Photo Researchers, Inc.

7章 139, McCracken Photographers/Pearson Education/PH College; 140, Richard Megna/Fundamental Photographs, NYC; 142, Richard Megna/Fundamental Photographs, NYC; 143, McCracken Photographers/Pearson Education/PH College; 145, McCracken Photographers/Pearson Education/PH College; 148, McCracken Photographers/Pearson Education/PH College; 150, Getty Images/De Agostini Editore Picture Library; 151, McCracken Photographers/Pearson Education/PH College; 152, Richard Megna/Fundamental Photographs, NYC; 153, Tom Pantages/Tom Pantages; 157, McCracken Photographers/Pearson Education/PH College; 158, Tom Pantages/Tom Pantages

8章 169, Richard Megna/Fundamental Photographs, NYC; 172(右段), McCracken Photographers/Pearson Education/PH College; 176, Fred Lyon/Fred Lyon Pictures; 179, iStockphoto; 180(左), Shutterstock; 180(中), Shutterstock; 180(右), Ezio Geneletti/Getty Images Inc./Image Bank; 182, Eric Schrader

9章 188, NASA Headquarters; 194, Shutterstock; 197, E.R. Degginger/Color-Pic, Inc.; 205, NASA

10章 211, David Taylor/Science Photo Library/Photo Researchers, Inc.; 215, iStockphoto; 218, Richard Megna/Fundamental Photographs, NYC; 220, Richard Megna/Fundamental Photographs, NYC; 221(左), Jeffrey A. Scovil Photography; 221(右), Ryan McVay/Getty Images Inc.-Photodisc.; 223, Pearson Education/PH College; 230, General Electric Corporate Research & Development Center; 232(左段), Linda Whitwam/Dorling Kindersley Media Library; 232(右段), Richard Megna/Fundamental Photographs, NYC; 233, Paul Silverman Fundamental Photographs, NYC; 234, Peg Williams/US Air Force Academy

11章 240, Richard Megna/Fundamental Photographs, NYC; 244, Charles D. Winters/Timeframe Photography Inc.; 254, McCracken Photographers/Pearson Education/PH College

12章 260(左), Richard Megna/Fundamental Photographs, NYC; 260(右), Tom Meyers/Photo Researchers, Inc.; 264, McCracken Photographers/Pearson Education/PH College; 267, McCracken Photographers/Pearson Education/PH College; 269, Richard Megna/Fundamental Photographs, NYC; 282, McCracken Photographers/Pearson Education/PH College; 287(左段), Richard Megna/Fundamental Photographs, NYC; 287(右段), McCracken Photographers/Pearson Education/PH College

荻 野 博
1938 年 島根県に生まれる
1960 年 東北大学理学部 卒
東北大学名誉教授
放送大学名誉教授
専攻 無機化学
理 学 博 士

山 本 学
1941 年 東京に生まれる
1964 年 東京大学理学部 卒
北里大学名誉教授
専攻 物理有機化学
理 学 博 士

大 野 公 一
1945 年 北海道に生まれる
1968 年 東京大学理学部 卒
東北大学名誉教授
専攻 物理化学
理 学 博 士

第 1 版 第 1 刷 2010 年 11 月 25 日 発行
第 10 刷 2023 年 7 月 11 日 発行

マクマリー 一般化学（上）

Ⓒ 2010

訳 者　荻 野　博
　　　　山 本　学
　　　　大 野 公 一

発行者　石 田 勝 彦
発　行　株式会社 東京化学同人
東京都 文京区 千石 3 丁目 36-7（〒112-0011）
電話（03）3946-5311・FAX（03）3946-5317
URL: https://www.tkd-pbl.com/

印刷　大日本印刷株式会社
製本　株式会社 松岳社

ISBN 978-4-8079-0742-7　Printed in Japan
無断転載および複製物（コピー，電子
データなど）の配布，配信を禁じます．

おもな単位の換算

長さ
SI 単位：メートル (m)
- 1 km = 10^3 m = 0.621 37 mi
- 1 mi = 1.6093 km
- 1 m = 10^2 cm
- 1 in. = 2.54 cm（正確に）
- 1 cm = 0.393 70 in.
- 1 Å = 10^{-10} m = 100 pm

質量
SI 単位：キログラム (kg)
- 1 kg = 10^3 g = 2.2046 lb
- 1 lb = 453.59 g
- 1 t = 10^3 kg
- 1 amu = $1.660\,54 \times 10^{-27}$ kg

熱力学温度
SI 単位：ケルビン (K)
- 0 K = $-273.15\,°$C = $-459.67\,°$F
- K = °C + 273.15
- °C = $\frac{5}{9}$ (°F $-$ 32)
- °F = $\frac{9}{5}$ (°C) + 32

エネルギー（誘導）
SI 単位：ジュール (J)
- 1 J = 1 (kg·m²)/s² = 0.239 01 cal
  = 1 C × 1 V
- 1 cal = 4.184 J（正確に）
- 1 eV = $1.602\,176 \times 10^{-19}$ J
- 1 MeV = $1.602\,176 \times 10^{-13}$ J
- 1 kWh = 3.600×10^6 J

圧力（誘導）
SI 単位：パスカル (Pa)
- 1 Pa = 1 N/m² = 1 kg/(m·s²)
- 1 atm = 101,325 Pa = 1.013 25 bar
  = 760 mmHg (torr)
- 1 bar = 10^5 Pa

体積（誘導）
SI 単位：立方メートル (m³)
- 1 L = 10^{-3} m³ = 1 dm³ = 10^3 cm³
- 1 gal = 3.7854 L
- 1 cm³ = 1 mL
- 1 in.³ = 16.4 cm³

基本物理定数

アボガドロ定数	N_A	= $6.022\,140\,76 \times 10^{23}$/mol
気体定数	R	= 8.314 463 J/(mol·K)
		= 0.082 057 3 (L·atm)/(mol·K)
中性子の質量	m_n	= 1.008 665 amu
		= $1.674\,927 \times 10^{-27}$ kg
電気素量	e	= $1.602\,176\,634 \times 10^{-19}$ C
電子の質量	m_e	= $5.485\,799 \times 10^{-4}$ amu
		= $9.109\,384 \times 10^{-31}$ kg
光速度（真空中）	c	= $2.997\,924\,58 \times 10^8$ m/s
ファラデー定数	F	= $9.648\,533 \times 10^4$ C/mol
プランク定数	h	= $6.626\,070\,15 \times 10^{-34}$ J·s
ボルツマン定数	k	= $1.380\,649 \times 10^{-23}$ J/K
陽子の質量	m_p	= 1.007 276 amu
		= $1.672\,622 \times 10^{-27}$ kg
リュードベリ定数	R_∞	= $1.097\,373 \times 10^7$/m